建设工程施工技术与质量控制

蔡军兴　王宗昌　崔武文　编著

中国建材工业出版社

图书在版编目(CIP)数据

建设工程施工技术与质量控制/蔡军兴,王宗昌,崔武文编著.—北京:中国建材工业出版社,2018.6

ISBN 978-7-5160-2051-7

Ⅰ.①建… Ⅱ.①蔡… ②王… ③崔… Ⅲ.①建筑工程—工程施工—工程技术②建筑工程—工程施工—质量控制 Ⅳ.①TU74②TU712

中国版本图书馆CIP数据核字(2017)第262165号

内 容 提 要

本书主要内容包括:建筑结构及优化设计、地基处理及地下工程、砌体结构工程、混凝土质量控制、建筑节能及保温工程、建筑防水设计施工及工程总承包运行模式等7个方面。

本书力求文字精练,通俗易懂,符合现行规范及工艺标准。可供建筑及结构设计人员,施工技术及现场管理人员,材料设备供应、工程监理、质量监督、工程经济人员及建筑专业院校师生学习参考。

建设工程施工技术与质量控制

蔡军兴 王宗昌 崔武文 编著

出版发行:中国建材工业出版社

地 址:北京市海淀区三里河路1号

邮 编:100044

经 销:全国各地新华书店

印 刷:北京鑫正大印刷有限公司

开 本:787mm×1092mm 1/16

印 张:24.75

字 数:620千字

版 次:2018年6月第1版

印 次:2018年6月第1次

定 价:98.00元

本社网址:www.jccbs.com 微信公众号:zgjcgycbs

本书如出现印装质量问题,由我社市场营销部负责调换。联系电话:(010)88386906

前　言

建筑工程质量是建筑业参与各方及管理者追求的永恒主题，建筑质量涉及的范围极广，包括决策者、设计的构造措施、材料的材质选择及相互匹配、施工企业素质及操作人员技术修养和熟练程度、工程全过程监理和质量监督及试验检测的技术水平，因而是一个很庞大的系统工程，某一个方面的措施达不到质量标准，都会影响到预期目标的实现。为了给建设和使用者提供安全、可靠、耐久的各类建筑，建筑业多年来从国家到地方各级都制定了相应的规范标准和规程，如果切实执行对保证建设质量极其有效。

作者经历了30多年各类不同建设工程的现场实践，深切感受到由于建设工程参与人员素质的不同，应用规范和标准的力度和理解也存在较大差异。现在一些基层施工单位甚至连最基本的一些资料也不齐备，部分人员未经任何培训但仍然在进行施工操作，可见工程质量控制的难度很大。现代工程使用量最多最广泛的钢筋混凝土及钢结构混凝土已发展到高性能和高强度，其组合成分中外加剂和外掺合料普遍采用，集中搅拌的商品化和泵送技术的普及，从实际效果看结构裂缝的产生更加严重；一些中小型工程由于条件所限仍在现场搅拌混凝土，从原材料拌合料到入模过程控制不严；国家加大了对节能保温建筑材料的应用力度，并制定了相应的强制性技术措施，而围护结构的节能保温材料的应用还存在一些不规范问题，确保建筑节能达到50%～65%目标的实现还需不断努力。各种轻质材料制作的保温砌块的使用在一些地区并不普及，还需要加大推广力度；建筑、防腐、防水、装饰材料，保温材料的成品、半成品、劣质材料仍有一定市场，需要更进一步加大监督力度来规范建筑市场的不规范行为，使建筑产品质量符合现行质量标准。同时国家也必要及时地加大了对建筑工程验收的力度。

现在建筑现场的管理及技术人员，由于工作繁重没有时间和条件来学习不断修订的规范和相关规定，为了便于现场工程技术人员系统学习和掌握专业知识，作者在认真总结多年工程实践经验的基础上，深入学习和理解现行各种规范、规程和标准，写成相对独立性较强的章节供读者参考。

在本书出版之际，很欣慰能与指导老师王宗昌一起执笔共同完成此书，同时感谢长期关心和支持的同事和朋友。由于作者在实践工作中受到地区建筑的局限性以及学识的浅薄,还会存在一些不足或需要探讨的问题,恳请广大读者同行热情批评指正;同时在写作中参考了大量的技术文献和资料,在此深表感谢。

编 者
2017 年 11 月

目　　录

一、建筑结构设计及优化

1　框架-剪力墙结构概念设计应用分析

框架-剪力墙结构是框架与剪力墙两种结构协同工作的结构体系，它具有良好的多道设防功能，并且抗震性能优良。同时该结构还具备平立面，从而可以灵活布置，除此之外它的刚度大及钢材用量较省也是框架-剪力墙的优点，适用于各类房屋。建筑工程中，由于地震的复杂性以及框架-剪力墙结构本身也具有复杂性，结构抗震设计存在着一些不确定性。这些不确定性并不能够通过设计规范完全得到考虑。20 世纪 70 年代以来，经过大量总结和地震灾害的教训发现，对于结构抗震设计来说，概念设计与计算设计具有同等的重要性。在此从框剪结构的特点出发，分别从框架和剪力墙结构及其共同工作的方面，详细分析探讨框架剪力墙结构体系的概念设计中重点处理和解决的具体方面。

1.1　框架-剪力墙结构受力特点

框架-剪力墙结构由延性较好的框架、抗侧力刚度较大且带边框的剪力墙和具有优良耗能性的连梁所组成，具有多道防线。框架结构由框架和剪力墙两种不同的抗侧力结构组成，这两种结构的受力特点和变形性质不同。在水平作用下剪力墙是竖向悬臂弯曲结构，其变形曲线呈弯曲形（如图 1-1 中 b 曲线所示），楼层越高水平位移增长速度越快；框架在水平力作用下，其变形曲线为剪切型（如图 1-1 中 a 曲线所示），楼层越高水平位移越慢。框剪结构既有框架又有剪力墙，它们之间能过平面内风度无限大的楼板在一起，在水平作用下使得水平位移协调性能好，不会各自自由变形，在不考虑扭转影响的情况下，在同一楼层的水平位移必须是相同的。因此，框剪结构在水平力作用下的变形曲线，呈反 S 的弯剪型位移曲线（如图 1-1 所示）。

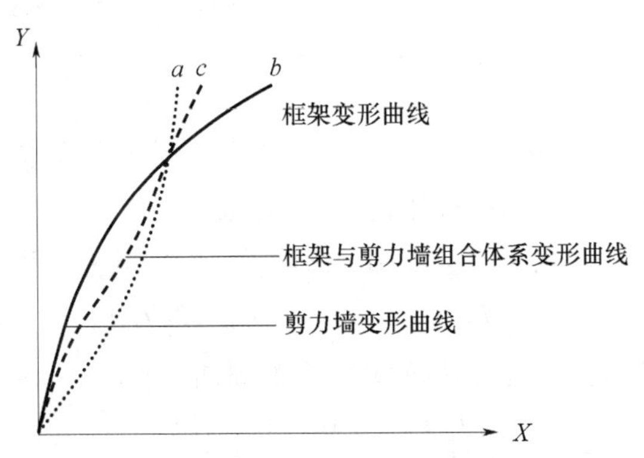

图 1-1　框架、剪力墙及框架-剪力墙结构体系变形曲线

框剪结构在水平力作用下，鉴于框架-剪力墙结构体系的侧向变形特点，由于框架与剪力墙能协同工作，在下部楼层因为剪力位移少，它拉着框架变形，使剪力墙承受了绝大部分剪力，在底部楼层剪力墙承担着总剪力的80%左右。上部楼层则是相反，剪力墙的位移越大，框架的变形反而越小。

在地震较多产生的作用下，考虑了几何非线性后的结构位移曲线和弹性位移曲线较为接近。随着荷载的不断增加，非线性位移曲线越来越偏离弹性位移曲线，这种现象在房屋的上部更加明显，表示在中等烈度地震及大地震作用下，结构非线性特点越来越明显。

1.2 框架-剪力墙结构中剪力墙设计

1.2.1 框架结构中剪力墙的数量及平面布置

在框架-剪力墙结构中，其结构设计应考虑布置成双向抗剪力体系，现行的《高层建筑混凝土结构技术规程》(JGJ 3—2010)规范中对框架-剪力墙结构体系平面布置的各条款，目的之一，就是限制结构出现扭转效应，主要从两个方面采取限制措施，首先限制结构平面布置的不规则性，避免产生过大的偏心而导致结构产生较大的扭转效应，其次是限制结构的抗扭曲刚度不能太弱。抗震设计中应采取有效措施，使结构具有必须要的刚度，在此合理布置剪力墙就显得极其重要。具体的布置要求见现行《高层建筑混凝土结构技术规程》(JGJ 3—2010)的相关条文要求，在此不再赘述。

在合理布置剪力墙的基础上，确定剪力墙的合理布置数量也是一个比较复杂的问题，在进行结构设计时，框架结构中剪力墙刚度的确定除了必须满足强度需求外，还必须使结构具有一定的侧向刚度，以免在地震作用下产生过大形变。因此，剪力墙刚度的大小会直接影响到结构的安全可靠性，也影响到工程造价。若结构刚度选择较小，会因结构产生过大形变而达不到使用要求；剪力墙刚度过大，则结构自振周期相应减小，地震荷载相应增大，在经济上造成浪费。

在方案设计阶段，作为一个初步估算的方法是按剪力墙的壁率确定。所谓壁率是单位面积上剪力墙的长度，壁率一般小于50mm/m²。另外剪力墙的初步布置还可以按剪力墙的面积率来确定，即同一层剪力墙的面积与楼层面积之比，一般认为剪力墙的面积率在2%~4%之间较为合适。随着高层剪力墙体系的应用越来越广泛，一些专家提出了多种确定剪力墙合理数量的估算方法。在现阶段采用较为普遍的方法是由水平位移确定剪力墙合理数量的方法，其主要步骤如下。

① 计算刚度特征值λ。

② 确定合理的λ值范围。从对抗震的安全考虑，为发挥框架抵抗水平荷载的作用，现行规程 JGJ 3—2010 规定在框架结构中，框架部分最好能承担总水平剪力的20%~40%。因此，比较合理的λ值介于1.1~2.2之间。由此可以推算出每一方向剪力墙的刚度：

$$\sum EI_w = (1.2 - 4.8)(H^2/C_f) \tag{1-1}$$

③ 复合顶点位移：首先估计结构的基本自振周期

$$T:T = (0.06 - 0.08)N \tag{1-2}$$

式中 N——楼层数。

接下来计算地震作用下结构底部的总剪力：

$$F_{\mathrm{Ek}} = a_1 G_{\mathrm{Eq}} \tag{1-3}$$

式中　a_1——第一周期对应的地震影响系数；

G_{Eq}——结构的等效总重力荷载。

然后按下式计算顶点位移 δ：

$$\delta = (2F_{\mathrm{Ek}}H^{3}/EI_{\mathrm{W}}) \cdot (1/\lambda^2) \cdot [(\mathrm{sh}\lambda/2\lambda - \mathrm{sh}/\lambda^3 + 1/\lambda^2) + (1 - \mathrm{sh}\lambda/\lambda)(1/2 - 1/\lambda^2) - 1/6] \tag{1-4}$$

如估算的顶点位移在规范允许范围以内，则可知剪力墙的数量基本符合要求。

1.2.2　框架-剪力墙结构中剪力墙设计一般要求

现行的抗震规范和高层建筑混凝土结构技术规程中对框剪结构剪力墙的设计与一般剪力墙结构是相同的，但是在构造上要求框剪结构的剪力墙周边应设置梁（或暗梁）和端柱，其中楼层处的梁只是作为构造要求的。剪力墙周边框架梁柱承受全部重力荷载，剪力墙受周边框架梁柱的约束，在侧向反复大的变形作用下只是承担剪力，墙板在楼层区格内产生斜向交叉裂缝，达到耗能作用，剪力墙周边框架梁柱仍然承受重力荷载，起到多重防线效果。为了避免裂缝通过楼层梁，梁截面应当满足受剪要求。剪力墙平面内的斜向压撑作用对端柱有较大的附加剪力，尤其是剪力墙底部。从这些浅要分析可以看出现行规范从构造要求设楼层梁或是暗梁，其目的主要是限制剪力墙产生裂缝的发展，剪力墙周边框架梁可以作为第二道防线。高层框剪结构的剪力墙如按一般剪力墙结构设计，不设楼层梁或是暗梁，应看到其不利的方面。

1.3　框架-剪力墙结构中框架部分概念设计

对于框架-剪力墙结构中框架部分的概念设计，主要是考虑框架-剪力墙结构中框架承担总剪力的调整。

剪力墙是框剪结构中的主要抗侧力构件，剪力墙刚度大幅度降低，必将引起整个结构总抗侧刚度的明显下降，从而使结构自振周期增大和结构所受的地震作用减小，进而引起框架-剪力墙结构总体抗侧刚度的大幅降低。由于在层间移位角 θ 达到 1/550 时，剪力墙刚度已经大幅降低，然而此时框架刚度还处于弹性刚度，这就造成框架与剪力墙之间的刚度比值发生了显著变化，这也将对地震作用在框架和剪力墙之间的分配产生重大影响，一般使框架分配到地震剪力的会明显增大。

现行的规范和规程都是用一定比例的底部总剪力 V_{o} 来调整（$V_{\mathrm{f}} \geqslant 0.2V_{\mathrm{o}}$，$V_{\mathrm{f}}$为对应于地震作用标准值且未经调整的各层或某一段内各层框架承担的地震总剪力），这种忽视各层剪力分布规律的做法显然不够合适，再用不大于各层框架分配的最大值 $V_{\mathrm{f.max}}$ 的 1.5 倍进行双控，造成概念更加模糊。

国外有研究文献提出：在框剪结构中，框架应不考虑剪力墙，满足其单独承受各层侧力设计值的 25% 进行设计。框剪结构在侧力作用下的分析表明，邻近底部几乎全部楼层剪力都被剪力墙承受，框架则随楼层向上而担负得越来越多。接近高层建筑顶部，剪力墙的剪力可能与作用力的方向相同，也就是框架承受的力大于楼层剪力。按侧力设计值的25%的要求，是为了保证底部柱有足够的刚度和强度，按侧力设计值的25%进行二次分析，主要对下部各层框架柱的设计起到控制作用。

1.4 框架-剪力墙结构的整体抗震设计

框架-剪力墙结构同时具有框架和剪力墙，在结构布置合理的情况下，可以同时发挥两者的优点进而互相制约另一方的不足，这种优势互补使得框剪结构更具较大整体抗侧刚度，侧向形变介于剪切变形之间，使层间相对位移变化较平稳，平面布置较易获得更大空间。两者的协调配合形成两道抗震防线。

(1)同单纯的框架相比，框剪结构对梁柱节点的要求较低。在框剪结构中由于剪力墙起主要作用，滞回曲线的捏缩现象是很不明显的，因此，对于梁纵筋在节点的锚固要求也不需像框架结构那样严格。地震是沿建筑物的两个主轴方向同时作用的，但是不一定同时达到最大值。正交作用主要对竖向抗震构件有影响，而对于框架结构，正交作用会使节点核心设置过多的钢筋。当框架结构有较多的剪力墙时，对于框架的设计一般可以不考虑正交作用。

(2)在抗震设计中沿着高度方向，结构超强的部位的存在会使结构的曲率延性集中于结构的较软弱部位，从而引起破坏。因为很大的非弹性形变将在该处发生，而框架的其余部位可能仍然处于弹性阶段，由此可知在框剪结构中要特别注意剪力墙高度的连续性。在进行承载力设计时要尽量保持截面设计承载力与地震反应的相互适应性。

(3)作为框架-剪力墙结构的抗震设计的第一道防线，剪力墙的延性设计是非常重要的，双肢剪力墙是一种延性优秀的抗震构造措施。由于各层连接梁形成大量塑性铰，可以有效地吸收能量，从而提高剪力墙的延性。

(4)在框架-剪力墙结构中，剪力较大的深连梁，其延性常常不能适应整体结构的延性需求。因此，按正常方式配筋的连梁，对剪力墙的延性要求应有一定的限制度，有时只有提高剪力墙的承载力，使其能在弹性阶段吸收大部分能量。这样处理是不经济的，因此，寻找一种新型的连梁方式对于改善连梁的设计构造极其重要。而双连梁在改善连梁的受力状态时具有较好的作用。考虑通过双连梁剪力墙和深连梁剪力墙的抗震性能进行有限元对比分析后，得出结论是：

首先，剪力墙深连梁剪切型脆性破坏，塑性铰不能首先在深连梁中形成，而双连梁可以承受较大的塑性极限转角，可以成为结构优良短肢剪力墙的耗地震构件。同时双连梁剪力墙结构屈服后仍然具有一定的抗侧变形能力，而深连梁剪力墙结构屈服后则迅速达到极限破坏。

其次，双连梁剪力墙整体结构的位移延性及耗能能力均优于深连梁剪力墙结构，但其极限承载力和抗侧刚度比深连梁剪力墙结构要低。

由此，当采用平常的连梁超筋处理方案时，不满足要求或连梁高度较大时，这时可以选择双连梁方案，使梁的刚度有大幅度的降低，并使截面所承受的弯矩和剪力也有一定的降低，从而改善连梁的受力性能，使连梁截面避免出现超筋现象。另外还可以将双连梁形式与其他不同连梁超筋处理方案相结合，在受剪面积不变的情况下，这会大大改善连梁与剪力墙的受力状态。

1.5 简要小结

在框架-剪力墙结构的抗震设计中,计算设计是一个重要环节,必不可少,但是概念设计是计算设计的前提和基础。随着计算机技术的完善和提高,结构设计中普遍采用的计算软件也大大加快了设计进度和计算量,但是采用不同的计算模型和基本假定,会造成计算结果的较大差异。人为的操作失误也会产生不利影响。因此,建筑结构设计人员必须遵循正确的抗震设计概念的基本精神,对计算机的设计结果应密切结合工程实际情况。从抗震概念设计的角度认真分析和判断,从根本上消除建筑抗震构造中的薄弱环节,以此为基础再辅以必要的计算和构造措施,只有这样才能够使设计出的建筑工程,具有优良的抗震性能和安全可靠度,从而为人民生命财产免遭巨大损失。

2 结构优化设计在应用中需注重的方面

结构优化的概念是用较低的投入获取结构使用的预期效果。其原则是通过优化结构使结构布置更加合理,功能更协调,成本更低,并且结构的安全耐久性满足设计要求。优化设计的重点主要是:科学合理的按照结构规范,强化结构设计人员前期主动全参与,密切地加强设计各专业的协调和配合,正确应用设计分析软件,从多个方案中比较与选择出最优的结构体系,充分挖掘基础的较大潜力,科学合理地构筑地下室建筑,优化结构构件布置,使结构件的截面与配筋设计达到更精细化的程度。结构优化设计应用的开展时间不长,是近些年才发展的设计新技术,使设计者能从被动的分析,校审转入主动设计,是结构设计上的重大转变。与应用了多年的传统设计相比,结构优化设计能够最合理地利用材料性能,使结构内部各单元得到最好的协调,并具备规范规定的安全可靠度,其耐久性也达到了设计规定年限。

2.1 结构优化设计原则

结构优化设计应该利用价值工程原理,从可行的结构设计系列方案中去寻找最佳方案。结构设计优化是追求最合理的利用材料性能,使各构件或者其他专业得到最好的协调。结构优化设计其实与传统的结构设计一样,完全符合相关规范规定,并且更具可靠性。

同时结构优化设计实际上是对结构进行更深设计、调整、改善与提高,也就是对结构进行更高质量的再深化过程。其设计优化并不是以损害结构安全度与抗震性能为代价而进行的优化节省,而是通过优化设计的工程,使得平面布局更合理,建筑与使用功能更协调,节省费用安全性更高。

2.2 结构设计规范是遵循的准则

从事工程项目设计的结构专业人员,既要在实践中积累大量结构应用经验,也要熟悉并掌握现行规范、规程强制性条文的要求,把结构设计规范作为设计的指导依据,不盲目照搬硬套条文。由于现行规范更多的是针对全国广大范围的各种不同类型工程,而且有些条文偏于保守,如用于一些复杂特殊的工程设计时则可能出现不安全情况。因此,结构设计人员在做具体工程设计时,要有良好的专业知识与正确的理解和把握,科学合理地按结构设计原则要求进行控制,不断创新优化设计成果,并对规范的条文进行分析应用。

(1)对基础灌注桩的工作条件系数的正确取值　按照现行的《建筑地基基础设计规范》(GB 50007—2011)中第8.5.9条的规定,工作条件系数ψ_c即强度折减系数,取0.6~0.7,对于人工挖孔桩其取值显然偏安全,不能充分发挥桩身强度。设有混凝土护壁的人工挖孔桩质量可控性好,施工质量容易保证,ψ_c宜取0.9~0.95。

(2)地下室结构迎水面保护层厚度的规定　根据现行《混凝土结构设计规范》第9.2.1条规定,地下室底板(有垫层)、外墙(设防水层)迎水面的钢筋保护层厚度取40mm即可;根据现行《地下工程防水技术规范》第4.1.6条规定,地下室迎水面的钢筋保护层厚度取50mm,如按50mm计算时,一方面混凝土的有效截面会减少,外墙、底板配筋会相应加大,另一方面混凝土保护层厚度过大,混凝土迎水面更易开裂,即使采取另设钢筋网措施,也会因为保护层钢筋锈蚀加速结构钢筋锈蚀的出现而产生不良后果。地下室底板、外墙基层常设计涂抹30mm厚的防水砂浆层,如此对钢筋有保护作用,因此,可考虑防水砂浆层的有利作用,地下室结构的迎水面混凝土保护层厚度取30mm时会更合理。

由此可见,两个规范的要求不一致。

(3)灌注桩桩顶箍筋加密区的合理确定　根据现行《建筑桩基技术规范》(JGJ 94—2008)中第4.1.1条的规定,“桩顶以下$5d$范围内的箍筋应加密,间距不应大于100mm”;对于小直径灌注桩,此条规定是合理的,但对于大直径1000~2000mm的灌注桩,加密区的长度显然是偏大。同时由于高层建筑有、无地下室及地下室层数不同,因此桩顶承担的水平力也不一样,加密区长度也应有所区别。

2.3　强化结构设计师前期参与

强化结构工程师前期参与和主动参与,做好事前控制是整个结构成本控制的重中之重。根据国内现状,一般的建筑师很难对结构体系的受力特征进行准确分析,建筑师的结构设计思想无法替代结构工程师的工程设计理念、经验和判断力,也无法弥补结构与建筑专业技术共识的空白与理解差异,同时,有限的结构专业知识也制约着建筑设计的层次。既具有扎实的结构设计理论功底,又具有丰富工程实践经验的结构工程师,积极主动地参与前期方案设计,帮助建筑师构思与创新,才能创作出优秀的设计作品,更好地服务于社会与大众。

结构工程师前期参与的主要工作,一方面是选择合理的结构方案,确定最佳的受力特征;另一方面是控制平面的规则性(减少平面凹凸不平、减少平面长宽比以及优化楼板开洞尺寸等)与竖向的规则性(避免竖向薄弱层、消除或减少竖向构件不连续等)。在设计前期阶段,通过做好具体结构方案的比较,选出技术经济指标最好的方案,为后续的结构优化提供基础与保障。

2.4　加强各专业尤其是建筑与结构专业的协调配合

现代建筑是由建筑、结构与设备三大要素构成的综合产品,专业分工与合作是密切相关且不可分割的环节，只有通过专业的良好协调与配合，才能创作出各个构成要素有机结合的完美作品，结构优化是一个系统的工作，需其他专业的协调与密切配合。

建筑设计与结构设计是整个建筑设计过程中最重要的两个环节，结构布置与建筑平面、立面设计密切相关，两者的协调与配合不但可以达到实用、美观、大方的效果，而且结构受力更合理、成本更低、施工更方便。在建筑设计中，一些建筑设计人员只强调方案创新的构思，不遵循建筑的基本力学规律，这样的方案往往会造成结构设计困难。比如在建筑师眼里，矩形平面的建筑物总是规则的，而实际上长宽比（L/B）大于6的矩形建筑物，在地震作用下，由于两端地震波输入有位相差，而容易产生因不规则振动而导致的较大震害，实际上属于不规则结构。还有少数建筑师在设计过程中往往忽视力学的基本规律，如将抗震设防区的高层建筑电梯或楼梯偏置在建筑物一侧，使得刚度中心与质量中心之间的偏心距过大，在水平荷载作用下产生较大的扭转效应。因此，在设计过程中建筑师与结构师需协调两个方面的工作。

首先是结构传力途径宜简单、直接、明确。选择合理的建筑形体与布置；沿建筑物高度方向布置的抗侧力构件（剪力墙、柱、支撑）宜均匀、连续，避免形成软弱层与传力途径的突变；宜使结构平面布置的正交抗侧力构件（剪力墙、柱及支撑）刚度中心和建筑物表面力（风力）作用中心、质量重心接近或者重合，以避免或者减少结构的扭转效应；楼板的设计应起到水平隔板的作用，避免楼板局部的不连续，以保证竖向构件的共同协调作用。其次是美观性与适用性、经济性应有机统一。在不影响建筑美观与使用功能的前提下，平面布置尽量方正实用，空间尺度适当；建筑造型尽量简洁大方，不做过多的装饰构件，主要通过色彩搭配组合丰富建筑形象。

给排水设计方面：水泵房、消防水泵房以及水箱等，荷载较大，尤其是置于建筑物顶部的高位水箱对结构设计更为不利，因此，此类设施应优先置于地下室；给排水管道直径粗，数量多，竖向管道应集中于管道井内布置，后期封闭的管道处的楼板孔洞应适当加强；结构布置应为水平管网系统创造条件，避免绕梁或者绕柱，当消防栓需暗设于剪力墙内时，采取结构对该部位的加强措施。

电气设计方面：室内敷设，原则上应以导线在金属管或硬塑管中沿墙及楼板暗设，箱盒应避免过于集中设置，减少对剪力墙、柱等承重构件的消弱，当不可避免时，应采取加强措施，如表面敷设钢丝网片。

暖通设计方面：风管、空调机位、风井等通常在楼梯间、电梯间等集中布置，且因功能要求，需与给排水、电气布置在一起，应将各种功能用房与电气、给排水专业统筹安排，暖通管与给排水管可以布置于管道井内，电气管线必须单独设立，不要和暖通布置在一起。

2.5 正确地使用结构分析软件

在结构设计中普遍采用计算机技术。目前软件种类繁多，不同软件常常会导致不同的计算结果；同时在计算机辅助设计时，由于程序的某些假定与结构实际情况不符，或软件本身的缺陷，或人工选用的参数有误，常会导致错误的计算结果。因此，当应用结构分析软件进行内力分析时，应正确把握其基本理论假定、应用范围、限制条件以及设计参数的定义与选取。并要求对同一结构采用两个或两个以上不同力学模型的结构分析软件进行整体计算,做互相比较和校核,并且从力学概念和工程经验方面对计算结果加以分析判断,确认其合理性和可靠性,以保证结构的安全性与经济性。

例如,支撑在剪力墙平面外的非框架梁,PKPM 程序默认其为固接,当不进行人工调整时,其计算结果异常;剪力墙支座部位的负筋很大,跨中受弯纵筋不足,既不经济也不安全。因此,当剪力墙的截面厚度不满足梁的纵筋锚固要求时,应按铰接处理;当剪力墙的截面厚度满足梁的纵筋锚固要求时,其支座处应加设暗柱,暗柱通过计算确定其配筋量。

随着城市化进程的快速发展,建筑规模越来越大,建筑形态也越来越复杂,现有的结构设计程序有时难以满足设计要求,例如某些力学模型或计算假定与结构的复杂受力不吻合、缺乏足够的计算功能处理复杂结构的计算等,因此需完善与提高计算程序的功能,并会更节省、更具安全可靠性。

2.6 多种方案比较选择最佳结构体系

优秀的设计首先应选择一个经济合理的结构方案,方案中的结构体系应受力明确、传力简单,同一结构单元不宜混用不同结构体系,地震区应满足其相应的平面和竖向规则。不同结构体系的选择,直接关系到建筑平面布置、立面体形、楼层高度、机电管道布置、施工技术的要求、施工工期的长短及造价高低等问题,进行多结构方案的比较与计算分析,从而选择最佳结构体系。高层建筑结构设计与低层、多层建筑结构设计相比较,结构专业在各专业中占有更重要的地位。建筑结构体系可以分为水平分体系和竖向分体系,结构工程师必须综合考虑竖向分体系与水平分体系的最佳组合方式,这样才能充分发挥两者的最大潜力。对此,必须根据工程的特点与设计构造要求、地理环境、材料供应以及施工条件等情况进行综合分析,并与建筑、水、电、暖通等专业充分协商,在此基础上进行结构选型,最终确定结构方案。

例如,低层或多层别墅,相对框架结构、砖混结构等,采用异型柱框架结构更合理。对于 45m 以下的小高层住宅,采用异型柱框架-剪力墙结构往往不经济,而采用框架-剪力墙结构相对经济;底层为小商铺的高层住宅,采用框架-剪力墙结构或者剪力墙结构,综合考虑商铺开间与住宅功能用房的协调与统一,比采用部分框支剪力墙结构要经济一些。

2.7 充分挖掘基础设计的内在潜力

根据地质条件和建筑物的功能,合理确定基础的埋深。对于高宽比大的建筑,基础埋深要从严控制;高宽比小的建筑,基础埋深可适当放宽。岩石地基可不考虑埋置深度的要求。

复核基础荷载计算是否正确合理,应利用工程价值原理,做综合经济技术方案的比较,优先选择最佳基础方案。以高强预制管桩复合地基:某 26 层的高层住宅,采用剪力墙结构,该基础埋深部位标高以下 35 ~ 45m 的范围均为强风化砾岩,经浅层平板载荷试验,其天然地基承载力的特征值取为 350kPa,变形模量为 37.88MPa,上部结构荷载产生的基础底面平均压力值为 462kPa。如采用预应力高强度混凝土管桩基础,基础综合成本约为400万元,经济性不好,无法利用天然地基本身较高的承载力。为充分利用地基土的原有承载力,设计采用复合地基来满足建筑物承载力和形变的要求。按照现行的《建筑地基处理技术规范》(JGJ 79—2012)中规定,采用水泥粉煤灰碎石柱处理,经计算桩径 $D=500$mm,桩距@1500mm×1500mm,桩长约18m,基础综合成本约为350万元,成本仍较高。为进一步优化设计,按现行的建筑桩基技术规范中第5.2.5条规定,考虑采用承台效应的复合基桩,即基桩采用预应力高强混凝土管桩,经试算桩径 $D=400$mm,桩距@2400mm×2400mm,桩长约15m,地基处理费用约为250万元,基础综合成本大大降低,基础潜力得到充分发挥。

结合该领域的最新概念与发展,在可能的条件下,采用新技术、新材料、新工艺。如近年来被引进的液压振动锤击PHC桩施工,具有重锤低击,噪声低,穿透力强的优点,适用于局部含有强风化夹层的土层,及夹有较厚砂卵石的土层,灌注桩后注浆工法,能大幅度提高桩的承载力,减少桩基沉降,该施工工艺已成熟可靠。

根据受力特征,进行优化基础构件设计。如在剪力墙下布桩,应尽可能将桩布置在剪力墙下,设计时应考虑承台与剪力墙是否可以共同工作。有限元分析表明条形承台上满布剪力墙时,条形承台与剪力墙共同工作,宜按深受弯构件进行受弯及受剪承载力计算。

2.8 正确合理地设计地下室

认真分析地质勘察报告,加强与地勘技术人员的沟通,结合地层岩性及周围环境,合理确定地下室抗浮水位,地下水位对地下室梁、底板、外墙配筋影响均很大。同时严格控制地下室层高,在满足消防喷淋、风管与净高要求的前提下,尽可能降低地下室层高,一则可以大幅度减少墙体(外墙、人防墙)配筋,二则减少墙体混凝土、土方、防水等施工工作量。对可能选用的楼盖体系(单向板-梁楼盖、双向板-梁楼盖、双向密肋楼盖或预应力无梁楼盖)进行综合经济分析比较,选择合理的楼盖体系。

当地下室顶板覆土较厚时,约达1200mm时,不应直接记取《荷载规范》中荷载值,而应取考虑扩散后的折算荷载,同时合理确定柱网尺寸,确保经济性。此外,还应考虑竖向力的扩散,地下室底板、顶板、外墙的混凝土不宜采用C35以上强度等级的混凝土,一则节省成本、二则更有效地控制混凝土的裂缝。

对地下人防墙体设计应细化,如人防监控墙,它一般为三向固接、一向铰接,按不同跨度计算,可取得良好的经济效果。

2.9 优化结构构件布置

在结构设计优化中,竖向构件结构布置优化占据着决定性的地位,极大地影响建筑物的抗震性能、安全度及工程造价。首先强化建筑物最外围的阳角角部位置,建筑物的结构整体指标将会有良好的表现;其次强化建筑物最外围边界的竖向构件,该部位的重要性仅次于建筑物的外围阳角角部位置;第三是适宜地布置建筑物中间部位竖向构件,相对于外围构件,此部位的竖向构件主要承担竖向荷载,最后是均匀、对称地布置竖向构件,减少或避免结构扭转效应。

如矩形平面的高层建筑，当其长宽比较大时，其扭转位移比(大于1.2甚至更大)往往很难符合规范要求，如一味地加大剪力墙肢截面高度或增加数量。可能效果并不明显，反之弱化内部剪力墙刚度，将建筑平面的宽度方向外围梁高度适当增加，其扭转位移能有效减少，这种方法常是经济有效的。当自然条件为七度抗震设防区，且基本风压较小时，剪力墙不宜布置过多，满足承载力与层间位移角要求即可。

水平结构分体系即楼盖体系，结构工程师应认真比较与选择最佳楼盖体系，合理确定梁的截面高度。在高层建筑中，由于楼盖的结构高度将直接影响建筑物的总高度及其抗侧力效应，且不同楼盖体系的自重会逐层叠加影响基础造价，较重的楼盖会加大地震作用效应；在多层工业厂房或者综合楼等其他用房中，注意柱网与主、次梁的合理布局，如主、次梁楼盖的柱网应为矩形，且短跨与长跨的比例宜小于0.75，这样相对经济。

2.10 构件截面与配筋设计精细化

结构设计过程中的成本控制包括宏观控制和细部控制。宏观方面，可以在结构布置、经济性指标上进行控制；细部方面，控制工作较为具体和细致，包括进行模型分析、对比力学指标、灵活运用规范下限等，这部分工作量较大，所占用时间与精力较多。

充分考虑多因素的有利影响，优化配置梁端纵筋。一是计算梁端截面纵向受拉钢筋时，应采用与柱交界面的组合弯矩设计值，即梁柱重叠部分简化为刚域，并应计入受压钢筋；二是应考虑楼板翼缘内纵筋的有利作用，结构计算时，考虑楼板作为梁的翼缘，将梁的刚度放大系数取值2.0(或1.5)，配置梁的支座负筋时不考虑楼板钢筋的有利作用是不经济合理的。墙、柱、梁、板等结构受力钢筋应优先采用性价比高的HRB500、HRB400级钢筋；除外墙采用烧结多孔砖外，户内隔墙宜选择加气混凝土块等轻质墙板材料，有利减轻结构自重，对墙、柱、梁的设计更为有利。

高层建筑的竖向构件，宜优先选用较高强度等级的混凝土，合理控制剪力墙、柱的轴压比，一方面提高剪力墙、柱的塑性变形能力，另一方面达到经济配筋的效果。合理确定剪力墙墙肢截面高度也很重要，尤其是短向墙肢截面高度，应根据计算结果适当调整截面高度，使其满足构造配筋为宜。应合理确定梁的截面高度，梁的计算结果应尽可能满足经济性配筋率：0.6%~1.5%。要按跨度合理确定楼板厚度，确保板的经济配筋率，但板突出外角部分必须设置辐射配筋。

综上浅要分析可知结构优化是系统工程，要求结构工程师与其他工种的设计人员密切配合，通过正确地使用结构分析软件、选择最佳结构体系、充分挖掘基础设计的内在潜力、正确合理设计地下室、高度重视和优化布置结构构件、使构件截面与配筋设计精细化，运用科学的方法与手段，推广和利用新技术，让结构优化贯穿设计的全过程，充分体现结构优化的价值，使建筑功能更为合理甚至得到提升，使结构安全度和抗震性能提高，减少和避免设计差错，降低工程建设造价，缩短建筑工期，从而达到优化设计工程更节省，科学合理，安全可靠性不降低的目的。

3 建筑工程平面布置与风玫瑰的应用

工业及民用建筑的布局与所在地的风向关系密切，尤其是生活居住区工业废气和烟尘的危害,往往与当地的气象条件和地形有关,其中风向和风力的共同作用尤其重要,对工业用地不可教条地依据风玫瑰及城市主导风向的下风向或最小风频的上风向布置。图纸上表示主导风向的风玫瑰是表示风向的一种方法,是常规意义上进行工业用地布局的重要依据,因而导致一些城市规划初用者或当地领导认为工业用地必须位于风玫瑰的下风向或最小风频的上风向处,而不可能接受工业用地的灵活布置。应该考虑到如果全年只有一个盛行风向的地区,工业用地尽可能沿盛行风向作纵列布置,占下风向;全年有两个盛行风向的地区,工业用地尽可能沿顺风轴作横列布置;全年无盛行风向的地区,工业用地应着重考虑风速;全年基本为静风地区,工业用地宜集中布置,而远离居住区为好。切不可教条用事。

3.1 传统理念中风玫瑰在规划中的应用

(1)风玫瑰图的概念　风玫瑰图也称作风向频率玫瑰图,是各个方向上气流状况重复率的统计汇总,因按频率做的图形像玫瑰花,因而叫做风玫瑰。风玫瑰图所表示的风向是指从外面吹向该地区中心方向,一般是将风向作为 8 个或 16 个方位,在各方向线上按各方向风的出现频率,截去相应的长度,将其相邻方向线上的截点用直线连接形成闭合折线图形,即风向玫瑰图。不同城市风玫瑰形状如图 1-2 所示。

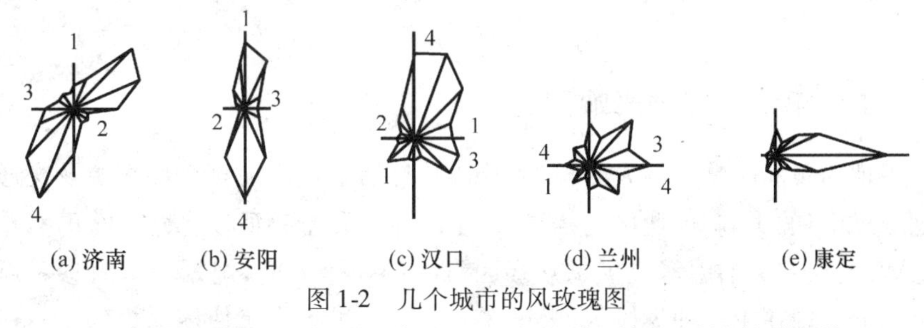

图 1-2　几个城市的风玫瑰图

1—上风论污染源;2—小风论污染源;3—上风论污染区域;4—小风论污染区域

(2)风玫瑰图的应用　风向玫瑰图是各种工业布置、民用建筑住宅区规划设计、站场设计及规划设计方面应用十分广泛,主要是考虑规划中对污染源位置的控制,通过合理地利用风向使污染对居住区降低到最少程度。现代各类工业生产所产生的大气污染物主要是通过空气流动来扩散传播,气体的水平流动即形成风,风在工业废气流动扩散传播中起主导作用。风向决定着污染物传播方向,其形式是由风的上游向下游方向扩散,所以有污染物的工厂布局总会在人口密集居住的下风向,即风玫瑰图中最小风频侧、风速大的方向。长期以来风玫瑰图一直是作为城市总体规划的重要依据,在工业用地布局中存在着上风论、小风论和风伞论 3 种基本认识及应用。

① 上风论:上风论是指在布置工业用地时把怕污染的区域放在上风向,把有污染的工业区放在相对的方向,如图 1-2(d)所示。这样风首先吹到怕污染的区域,然后经过中间缓冲地带,最后才到达有污染的工业区。当反方向吹来的几率很低时,就确保把有污染源的整个规划区,特别是对怕污染的区域造成的不利因素降低到最少程度。这种做法已应用了若干年,但对于形状各异的风玫瑰图,在应用中也会遇到一些例外,如上风向所相对的方向不一定就是频率最小的方向,如图 1-2(b)所示。风吹至怕污染的区域的频率

居在首位时,其相对方向正好是风吹到怕污染的区域仅次于其频率的方位。许多地方的风玫瑰都有这种第一主导风向与第二主导风向对吹的特点,这种情况按上风论布置肯定是不合理的。

② 小风论:小风论是指将一年中最小风向频率作为工业用地布局的考虑因素,因为某一风向频率越大,其下风向受影响越大;反之某一风向频率越小,其下风向受影响越小。而同一地区的盛行风向与最小风频往往又不在同一条直线上,因此,应把产生大气污染的气体及粉尘,放在最小风频的上风侧。

③ 风伞论:一些人认为上风论和小风论不是很合理,因为风玫瑰图每个方向都是孤立的量,未考虑其他方向的影响,把规划问题作为线处理,缺乏某方向对全区的数据统计和全局盛行风向的定性结论,故提出风伞论。风伞论是根据全年规划区外刮至该区的频率和进行绘制的。风伞图上距离中心最近的点即该规划区真正的上风向,居住区等怕污染的区域应放在此方位;距离中心最近的点即是该规划区真正的下风向,工业生产污染的区域应放在此方位。

但是不论上风论、小风论和风伞论,判断工业用地产污染的区域都被人为假设成会造成大气污染,但并非所有工业建筑类型都会造成大气污染,同样并非仅仅是大气污染会影响工业布局,因而应考虑将工业用地分类,再按照不同地区盛行风向的特点,安排合理的布局。

3.2 工业用地布局的影响因素

工业用地的布局会受到各方面因素的影响,包括工业用地自身如水源及交通运输的要求,工业对城市的影响,工业区与居住区的空间关系等。而影响最大的仍然是风向和风频等,其实与风有关的因素仅仅是众多因素中的一个方面,规划布置时参考风玫瑰也只是一个部分。现在工业种类极多,由于在生产加工过程中所使用原材料、设备、工艺和产品不同,对环境的污染状况程度也有很大差异。通常可以分为散发大量有害烟尘的工业、禁忌大气污染的工业、易燃易爆的工业、释放毒气和腐蚀气体的工业及既不大量散发也不绝对禁忌烟尘的工业等5类,在利用风玫瑰进行用地规划中分别研究采用,工业分类与风玫瑰关系如表1-1所示。

表1-1　工业分类型与风玫瑰关系

序号	工业类型	具体生产产品类型	特点	风玫瑰影响
1	散发大量有害烟尘的工业	钢铁、冶炼、水泥、火电、化肥厂等	散发大量有害烟尘	受影响
2	禁忌大气污染的工业	仪表、电子、纺织、食品等	禁忌大气污染	受影响
3	易燃易爆的工业	化工、炼油、制氧、棉花加工等	易燃易爆	不受影响
4	释放毒气和腐蚀气体工业	农药、硫酸、炼铝厂等	释放毒气和腐蚀气体	受影响
5	散发量小但不绝对禁忌烟尘的工业	机械制造厂,塑料加工厂等	既不大量散发也不绝对禁忌烟尘	不受影响

3.3 受风玫瑰影响工业用地布局

各地区受季风影响的程度不同,而主导风向只有一个盛行风向,也有同时存在着两个基本相等、方向不同盛行风向的地区,在两个方向不同的盛行风向转换方式中,既有直接转换也有旋转转换。这样就不能单用一个盛行风向,或单用一个最小风频率来判断对大气污染严重的工业区与民用住宅区的相对位置,而要根据当地全年盛行风向的不同情况分别对待。主导风向与工业用地布局如图1-3所示。

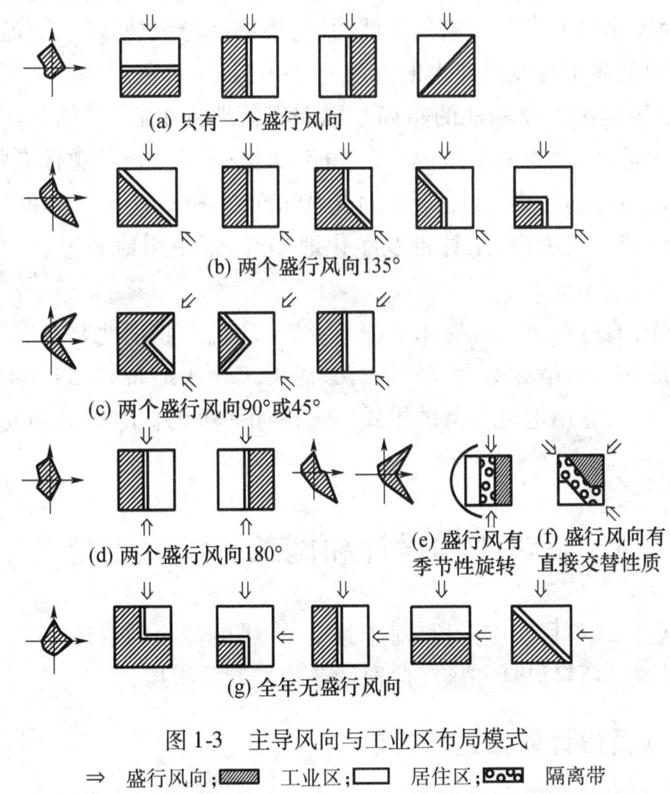

图1-3 主导风向与工业区布局模式

⇒ 盛行风向; 工业区; 居住区; 隔离带

(1)只有一个主导风向地区工业用地的布局 如我国北方广大地区常年在西北风控制之中,风向偏西,即便在夏季也很少受热带海洋季风的影响;而云贵高原西部广大地区,常年风向西南风;青藏高原风向比较复杂,但是具体到某一地区,工业布局中仍然只有一个主导风向。在这些地区的工业布局因全年只有一个主导风向,可将城市功能区尽量沿着盛行风作纵列布置,居住区在上风地,工业用地在下风地,如图1-3(a)所示,也可以考虑在最小风频率条件下,按横列布置,如图1-3(a)所示。

(2)有两个主导风向地区工业用地的布局 我国东部季风区全年有两个方向基本相反,呈180°的盛行风向,工业布局时应考虑避开冬季、夏季所吹的不同方向的风,各种城市用地应对应风轴作横列布置,布置方式可参考图1-3(d);两个盛行风向呈135°夹角时,其布置形式如图1-3(b)所示;如果全年两个盛行风向呈90°或45°夹角,则各种城市用地应与两风向作斜交布置。居住区位于夹角内侧,工业区位于如图1-3(c)所示的外侧;如果盛行风向具有季节旋转性质,则居住区应布置在旋转的一侧,即旋转过程中的上风侧,工业区安排在其对侧,如图1-3(e)所示;如果盛行风向具有直接交替性质,则居住区要布置在最小风频的下风侧,工业区布置在其上风侧如图1-3(f)所示。

(3)无主导风向地区工业用地的布局　西北地区甘肃的河西走廊及陇东,内蒙古的阿拉善左旗等地方,风向多变,冬季影响我国的4条冷空气路线,也不同程度地影响到该地区。夏季偏南风也难以到达这里,而且冷空气还不定期地南下,形成了一个各方向风向频率相当的区域。该区域是一种无主导风向的玫瑰图,表现出全年无稳定风向特点,即没有一个盛行风向,各风向频率相差不大,一般在10%以内。在这里工业布置应重点考虑的是风速,因风速越大大气污染物越低,其污染浓度与风速成反比,城市布局应将大气排放有毒物质的工业布置在风速大的方向上,如图1-3(g)所示。

(4)基本为静风地区工业用地的布局　以四川盆地为中心,包括陇南、陕南、湘西贵北及西双版纳广大地区,全年的静风频率在30%以上,这样城市的总体布局可以考虑:为了尽量减少对周边地区的污染,工业用地宜集中布置在相对最小风频的上风侧;居住用地必须与污染源保持一定距离,用林带及净化地隔开,集中用地布置在相对最大风频的上风侧。

综上分析可知,通过对风玫瑰应用的探讨,结合现代工业用地要考虑许多因素,风玫瑰仅可以指导造成大气污染和对大气污染有禁忌的工业用地布局;结合不同地区环境气候特点,提出了一些工业用地可参考的模式。无论如何考虑住宅区必须安排在无任何污染区域是规划的关键因素。

4　建设工程设计和施工阶段的控制

建设工程在设计和项目实施阶段,对于其造价、进度及合同管理极其重要,本节结合工程应用实际,对建设项目设计和施工阶段的各项控制分析探讨。

4.1　建设项目设计阶段造价控制

工程建设项目造价分为:项目决策、项目设计、招投标、施工验收阶段和竣工结算这五个阶段。作为前期的决策阶段和设计阶段,其影响建设项目总造价的可能性占30%~85%;而施工阶段和结算阶段对总造价影响的可能性只有5%~25%。所以,工程建设造价控制的重点在设计阶段。

4.1.1　造价控制的关键在设计阶段

工程造价控制既是工程项目全过程的控制,同时又是动态的控制。在设计阶段,由于针对的是具体项目的设计,是从设计方案到初步设计,又从初步设计到施工图设计,使建设项目的模型显露出来,并使之可以实施。因此,这一阶段控制造价比较具体、直观。在设计过程中,可以利用价值工程对设计方案进行经济比较,对不合理的设计提出意见,从而达到控制造价,节约投资的目的。因此,设计阶段控制造价是非常关键的控制环节。

设计阶段的工程造价控制应该充分做好事前控制。设计阶段是项目还未开工前的阶段,一切还停留在图纸上,不需要花费资金,但是一旦进入实际的工程实施阶段,则所有的这些都需要资金的支持来实现,在设计阶段能够把所有一切可以预想和设想到的都考虑周全,细致地进行设计就显得非常重要。它不仅可以避免工程实施阶段对图纸的修改,还可以避免不必要的设计变更,可以在很大程度上减轻施工阶段工程造价控制的压力。很多业主不注重设计阶段的造价控制,往往在施工阶段才想办法控制材料价格、赶工期,甚至想办法去压低设计费,结果在施工阶段无法有效进行造价控制,最终不仅没有节省投资,反而会因为施工阶段省工省料,产生严重的工程质量安全隐患及后果。

所以,工程设计的质量高低对整个工程建设的效益影响是十分巨大的,在设计阶段进行有效的造价控制,不但对于提高设计和施工质量有着重要的作用,而且对于控制和降低工程成本有着很明显的优势。

4.1.2 设计阶段造价控制目标的确定

控制造价的关键在于设计阶段,要明确这个思路还只是一个概念,而有效地进行设计阶段的造价控制,就必须要制订合理可行的控制目标。

(1)设计阶段控制造价的目标一般是用投资估算(一般是可行性研究的投资估算)作为方案设计估算的控制目标,用方案设计估算作为初步设计概算的控制目标,如果有技术设计时用初步设计概算作为技术设计修正概算的控制目标,用修正概算作为施工图预算的控制目标,如果没有技术设计时就直接用初步设计概算作为施工图预算的控制目标。

(2)在正常工作的情况下,业主委托设计单位的投资都会偏低,这也是为了能够立项,所以在投资决策阶段即项目建议书和可行性研究报告中的估算偏低,但在立项后又提高标准,但这也往往会造成初步设计概算超过了可行性研究投资估算。通常情况下,初步设计报批时,业主都必须要追加投资。

由此来看,在投资决策阶段将资金预算做足也是十分重要的,否则,将会给设计阶段的工程造价带来很大的困难。所以,在方案设计阶段把方案估算做足,初步设计阶段把概算做全,施工图设计阶段把预算做准是对设计阶段造价控制目标确定的关键。

(3)现在有些建设项目的建设单位要求进行两阶段设计,即方案设计和施工图设计,这种情况多发生在住宅的设计。这时就用方案估算作为施工预算的控制目标。

(4)做好设计概算。许多建设单位在委托设计时并没有要求设计单位进行概算编制,设计单位也没有去编制概算,所以,在设计阶段的造价控制没有目标,无法有效控制。使后来的施工阶段造价控制受到很大影响,所以做好设计阶段的概算编制是一项重要工作。对此,在设计阶段造价控制目标确定的时候,一定要结合实际情况,使目标和实际情况相结合,不要差距太远,成为一纸空白的东西。

4.1.3 设计阶段造价控制措施

当确定设计阶段造价控制目标后,就要以科学的策略进行造价控制。利用价值工程对设计方案进行评估,进行限额设计和标准化设计。这都可以对造价控制起到很大的作用。但是强化对设计阶段方案估算、初步设计概算、施工图预算编制的管理和审查才是最为重要的。在工作中方案估算不够完整、限额设计的目标值缺乏合理性、概算不够正确、施工图预算或者标底有不正确的地方等问题也是时有发生。

首先,方案估算必须建立在科学的基础上,其重点在于细致的分析和测算,能够比较全面真实地反映各个方案所需的造价。对各类设计资料进行分析测算,掌握大量的第一手资料数据,这对于设计单位进行方案估算是有帮助的。

其次,进行限额设计是设计阶段控制造价的一个好办法。很多建设单位都对设计单位有要求进行限额设计。但限额设计不是建设单位随便报个数就能够执行的,如果限额设计的目标不正确,它就是一个空设,起不到任何作用。所以,限额设计不单是一个单方面的造价,而更为重要的是应该对其进行科学的分析。将限额按各专业工程分解,分析其是否合理,是否具备可行性;若以上分析可行,则应按各单位工程的分部工程再进行分解,看其是否合理。若以上分解或分析都能够说明该限额可行,则该限额可以成立。确定好限额,控制好设计标准和规模是限额设计技术的关键。在设计之前,对限额进行分解分析应被看做是一项重要的工作。在工作中或多或少都会出现初步设计概算不准,与施工图预算差距较大等问题。造成这些问题的原因是多方面的:图纸的深度不够,人为的责任心不够,设计、概算、施工各单位缺乏管理沟通等。例如在初步设计阶段就应该加强设计与概预算编制的沟通,解决图纸上不能体现的地方。提高概预算人的责任心,让其多了解设计和施工过程。并且应该制订建立概算抽查制度。这些措施都可以避免重大失误的出现,有效地提高概预算的质量。

最后,加强概预算审查。为了能确保概算真实地反映出图纸的意图和标准,一方面要提高设计的质量,使图纸符合设计标准的要求;另一方面更需要加强对图纸及概算的审查,包括设计单位、建设单位和概算审批部门都要有严格的概算审批制度。以上这些都有助于有效控制工程造价。

4.1.4 加强设计造价控制的策略

(1)有效进行设计工作管理和审查　实施设计招标,促进技术和经济的结合。一个设计方案首先应建立在功能适宜、技术先进与经济合理的基础上,这三者的有机结合才能充分体现出建筑的价值。但一直以来形成了设计单位只管设计,概预算人员只管概预算的现象,相互不产生配合协调。这就造成了技术和经济的严重脱节,无法从根本上有效进行造价控制。所以面向市场时要进行设计招标,进行多种设计方案的经济比较,这不但增强了设计单位的责任心,更能有效地提高设计的质量,并且使技术与经济进行结合。这样既能优化设计方案,还能有效地控制工程造价。实行设计制裁优奖劣罚,要求设计单位在投资限额内能够认真地进行方案的经济分析和技术比较,在不降低安全和使用功能的前提下,实现工程投资的节省。并且对其节省的投资按比例给予奖励,对限额超标的投资则进行罚款,使其能够更有责任心,这种设计费用的分配办法,促使设计单位在设计过程中,考虑技术与经济的结合,有效地控制造价。

(2)加强设计变更的审查　对于通过设计变更扩大建设规模,提高建设标准的情况,视是否有原审批部门的批准而定;必要的变更是否先做工程量和造价的增减分析,经建设单位同意,设计单位审查签章,出具相应的图纸和说明方可发变更通知。对不符合程序的口头变更或便条变更的工程量不予认可;监理单位发现设计图中的问题,需要进行变更时,必须征求建设单位和设计单位的意见。对监理单位和施工单位擅自更改设计图的,不予认可。

总之,造价控制是一个系统而又动态的过程,它需要各个参与单位的密切配合,当我们充分认识到设计阶段是造价控制的关键后,则更应该去合理地制订目标,运用科学的方法,多进行分析比较,这样不但能使建筑设计的合理性和经济性更上一个台阶,更能有效地控制工程成本,从而降低投资。

4.2 工程实施阶段的投资控制

建设项目完成施工图设计后即转入实施阶段。项目实施阶段是把工程从图纸设计转变为使用功能的建筑实体的过程,主要包括工程招标投标及工程施工。项目投资控制的重点也由前期的决策阶段转入实施阶段。项目实施阶段也是狭义的工程造价真正形成的阶段,所以,搞好项目实施阶段的造价管理与控制,对实现项目整个建设期的造价控制至关重要。

相比建设期的其他阶段,项目实施阶段参与的部门及人员要更多,所涉及的问题也更多、更复杂且更具体。所以,项目投资控制面临的困难也会更多。

4.2.1 实施阶段存在的问题

(1)招投标阶段存在的问题　项目实施阶段首先要开展的是工程招投标工作。虽然国家早在2000年就已经颁布并实施《中华人民共和国工程招标投标法》,各地也制定了相应的工程招标投标管理办法和操作程序,但在具体的应用过程中还是存在各种方面的问题。如一些招标方提供的工程量清单不准确,致使招标控制价也不准确,投标方接到工程量清单后,在复核过程中发现对己有利的情况而不指明,那么最终招投标的结果将会造成工程造价偏高。另外,一些要求公开招标的工程在实际操作中却采用其他方式或通过暗箱操作进行,招标方采用虚假指标的手段,投标方采取陪标、串标或围标的现象时有发生。由于以上种种现象和原因,导致工程投资控制在招投标阶段就已经无经济效益,后期的施工过程中只能偷工减料降低质量为代价。

(2)合同管理存在的问题　最重要的是缺乏专业的工程合同管理人才。很多建设单位,即城市里一些新建的经济开发区等政府性单位基建项目多,但建筑类专业人才却很少甚至没有,由一般办事人员兼职甲方代表进行合同管理,将合同管理简单地视为一种事务性和综合管理性的工作,而一般办事人员根本不了解工程施工管理知识、不熟悉相关法律法规、不具备工程合同管理意识和风险防范意识。目前普遍存在的现象是现场管理工程的工程师绝大多数手中也没有合同文本,也不了解合同内容。对于发生的争议或纠纷往往按常规经验对待,而不是依据合同,这不利于按合同办事原则的要求。

(3)设计变更管理存在的问题　工程施工中的设计变更是难免的。但近几年存在的一些工程项目,设计变更出现得太频繁和随意了,引起变更的主要原因往往是施工图纸设计的缺陷。究其原因还是设计人员的业务素质过低,另外他们还缺少敬业精神。很多刚刚从学校毕业的大学生,由于缺乏工程现场实践锻炼的经验、缺乏有经验的老师傅的教导和指引,而且现今几乎完全利用电脑设计制图,自己用手画图锻炼的机会很少,结果导致了他们所设计的图纸往往犯很低级的错误,该标尺寸的地方却没有标、尺寸标注错误、标注前后不一致以及说明表达不清的问题总是很多。另外,由于设计人员对现场条件掌握得不全面,按照设计图不能满足要求或无法继续施工,因此必须要提出设计变更,这样的设计常常造成工期拖延或费用增加。

(4)经济签证管理存在的问题　①格式不规范。由于有些建设单位内部签证管理有严格的审批制度,使得承包商和现场管理人员对一些本该要按经济签证格式签认的项目不敢签证而变换为其他格式。比如工程现场申报单或联系单,作为竣工结算追加费用的依据。②内容不规范。经济签证要求列明签证的原因、内容和产生的具体费用。但在现实中,很多签证只列原因和内容,不列费用,使限额签证管理无法实现。③现场监理工程师和甲方代表缺乏对工程造价知识的了解,使本该已经含在合同范围之内的工作内容也额外签证,从而造成重复计算,增加工程投资。

(5)工程进度款支付存在的问题　首先是申报工程量不准。承包商为了争取付款,有意多申报工程量,而审核人员由于时间紧迫等因素,做不到针对每项工程量都详细审核。另外对于一些按综合费记取的费用项目,如综合模板、综合脚手架或垂直运输费等,都不能形象地从进度上做直观判断或计算工程量。往往就会出现超付进度款的情况,从而影响工程投资控制。另外,监理把关不严也是造成进度款超付的原因之一。一些审核部门本身负有审核进度款的职责,却在审核进度报表时,只负责审核了工程项目,而将费用审核推给建设方,但通常进度报表传到建设方造价审核人员手中时,离合同规定的付款时限已经不远,因此也无法做到对进度款的详细审核,从而造成每次进度款支付的准确性不高,影响工程投资控制。

4.2.2　采取的应对措施

(1)提高招投标工作的质量　实践证明,实行工程招投标选择承包商是控制投资、缩短工期并保证工程质量的有效方法和途径。为了提高招标工作的质量,要严格遵守《中华人民共和国招投标法》的规定开展招标、评标与定标工作,保证数据准确,程序合法。首先,要保证工程量清单的准确性。因为工程量清单的准确性与否直接影响着招标控制价、投标报价以及合同价的准确性,可以说工程量清单是整个招投标过程中费用计算的根源。为此要聘请有经验、有资格、业务水平过硬的人员编制工程量清单,并通过专业工程师的认真审核,尽量杜绝误差,确保工程量清单的准确性。其次,招投标程序一定要合法,坚持阳光操作,优胜劣汰的原则。为防止一些保密信息泄露和不正当竞争,要提高保密防范意识和措施。为防止招标过程中的暗箱操作等不正当竞争行为,可采用先进的媒体设备进行全程监督,及时公布数据和结果。保障招投标的真实性和有效性,从而达到正确合理确定合同价,实现有效控制投资的目的。

(2)把好工程合同关　首先,要提高合同管理人员的业务素质。建设工程合同涉及内容多、专业面广,合同管理人员需要有一定的专业技术知识、法律知识和造价管理知识。只有经过严格的培训和考核,使其熟悉工程建设领域的常识及工程造价管理方面的知识,并取得相应的职业资格证才能上岗从事工程合同管理工作。其次,让组织和管理工程施工的所有人员知悉合同的具体内容。合同是确保工程管理和控制系统正常运作和实现最终目标的重要手段，人人都要熟悉合同，按合同办事，这是原则。所以，施工合同签订以后，建设方应组织由所有参与工程建设和管理的部门及人员参加合同的宣贯会，宣读合同内容，明确分工与职责，必要时复印、下发并传阅，使所有参与工程建设和管理的建设单位人员和代表、施工单位、设计单位以及监理单位参与人员了解合同具体内容，以便更好地履行合同开展工作。

(3)严把设计变更关　首先要把好施工图设计关，杜绝因施工图纸本身缺陷而引起的变更。设计人员未经规定年限的现场施工实习和专业的设计培训，不得从事实际工程的施工图设计。重视施工图纸的复审及审批，提高施工图纸设计的质量，减少因施工图纸的设计而引起的工程变更。为此，可以制订相应的奖罚制度，明确各自的责任与权利，激励和督促设计人员和图纸审核人员提高业务和责任意识。另外要制订和完善工程设计变更的审批程序，使之形成严格的管理制度。比如对于涉及费用较大的变更，在出具正式设计变更之前，先出具一个代表变更意图的变更申请联系单或审批单，下发到监理、业主代表、造价控制部门和项目主管领导处，让各方都了解一下变更的原因、变更的内容以及变更产生的费用变化。最后各部门人员在一起汇总研究，提出各自的意见，分析讨论变更的必要性或优化设计方案，最终设计部门根据讨论意见及结果出具最终的设计变更。通过完善和细化设计，严格控制设计变更，尽量减少项目实施以后费用增加与变动，从而达到主动控制投资的目的。

(4)严把经济签证关　首先要制订严格的审批程序，如果未按程序办理，不允许签认，否则要追究相关责任人的责任。统一经济签证的书面格式，对于没有按统一格式要求填报的，不能签证，并且拒绝支付签证费用。承包商申报的签证中必须要写明造成签证索赔的原因，产生的工作内容、工程量以及所需的费用，并经负责人签字和单位盖章方能申报监理，监理审核确认后甲方代表审核，最后费用经甲方造价审核人员核定后报主管领导审批后，方能进入工程造价。

另外要加强现场管理工程师的业务知识培训及考核，使工程师不但要熟知现场施工的技术知识，同时还要了解工程造价方面的知识，并且尽量选派具有执业资格的专业人员管理工程，以提高现场管理水平，避免重复签证计费，减少投资损失，从而更好地实现项目管理的控制目标。

(5)把好工程款支付关　为加强项目的投资管理和控制，需要在工程前期编制全过程和全年度资金使用计划。在工程施工过程中，根据工程实际进度及发生的各类情况及时分析进度和投资偏差，适时调整，严格按照合同、进度、质量和资金使用计划支付工程款。对各项付款申请逐个审核把关，根据合同严格履行参建各方主体责任，建立付款档案并定期公示制度，接受各部门的监督。

综上可知，工程实施阶段是将建设项目真正转变为实体的过程，是工程造价形成中所占比重最大的阶段，重视实施过程中的每一个环节，对实现项目投资的控制，提高项目投资的效益都非常重要。

4.3　建筑工程施工进度管理

施工进度管理是指在项目建设过程中按已经审批的工程进度计划，采用适当的方法定期跟踪、检查工程实际进度状况，与计划进度对照、比较找出两者之间的偏差，并对产生偏差的各种因素及影响工程目标的程度进行分析与评估，以及组织、指导、协调、监督监理单位、承包商及相关单位，及时采取有效措施调整工程进度计划。使工程进度在计划执行中不断循环往复，直至按设定的工期目标（项目竣工），即按合同约定的工期如期完成，或在保证工程质量和不增加工程造价的前提下完成。在现代工程项目管理中，进度已经被赋予更广泛的含义，它将工程项目任务、工期及成本有机地结合形成一个综合的指标，能全面反映项目的实施状况。所以进度控制不仅仅只是传统的工期控制，而且还将工期与工程实物、成本、资源配置等统一起来，其基本对象是施工活动。施工进度管理控制就是对工程建设项目建设阶段的工作程序和持续时间进行规划、实施、检查与调查等一系列活动的总称。工期、费用、安全及质量构成了项目的四大目标，这些目标均能通过进度控制加以掌握，而项目进度的控制是工程建设四大目标的重要部分。因此，进度控制是项目的灵魂，必须加强项目进度控制管理。

4.3.1 工程施工中进度管理的意义

（1）保证工程按期完成　在开展建筑工程施工之前，相关企业、单位就根据该工程制订了相关的工期，而施工企业、单位在实施施工的过程中加强对自身建设的进度管理，则能够最大限度地保证工期按期完成，进而保障自身的利益。

（2）提高经济效益　建筑工程施工是一项动态性、多变性的项目，而在施工的过程中，如果能够有效地实施进度管理，不仅仅能够准时履行合同，而且更能够提高自身企业或单位的经济效益，从而促进自身企业和单位的发展。

4.3.2 加强工程施工进度管理的有效措施

（1）提高综合管理水平　正如上述所说，建筑工程施工是一项动态的项目，而其中的各种因素都会直接影响到施工的进度，如施工材料的采购、施工安全事故的发生、施工质量的好坏等。由此可以看出，要想真正加强建筑工程施工进度的管理，就必须从源头上强化施工进度的管理意识，并且提高综合管理水平，这样才能够实现预期的管理目标，确保工程的施工进度。具体的实施措施包括了以下几点：①不能够盲目地因为加快施工进度而忽略施工的质量，因为质量是建筑工程的灵魂，一旦质量出现问题，不仅仅会影响到相关企业、单位的利益，更会威胁到人们的生命安全及财产安全；②做好施工材料的统计，及时地补给施工材料，以杜绝因为缺少材料而造成的停工；③加强施工过程中的安全管理，因为一旦出现任何安全问题，都将会直接影响到施工进度。

（2）加强对进度的记录　对于建筑工程施工过程中的进度管理工作，相关部门的工作人员必须积极、及时地做好相应的记录，因为记录既是对工作的验证，也是对工作的反映。通过客观、全面、详细地记录，不仅能够及时整合自身的管理，更能够有效弥补工作过程中的不足，从而保障建筑工程的施工进度。具体的实施措施包括以下几点：①编制好工作计划，例如每月工作计划、每周工作计划以及每日工作计划等等，以确保后续施工进度管理工作能够有计划可依；②将日常的施工落实为表格，并且严格地做好相关的记录，比如施工中的某一个环节施工到了哪一个步骤，预计多少个工作日能够完成等；③对于工期比较紧的施工任务，应该派相关的负责人落实督促，并且做好跟踪记录。

(3)建立施工的大环境　影响到施工进度的因素是多种多样的，而要想从本质上做好建筑工程施工进度的管理，就必须先建立起良好的管理环境与施工环境，这样才能够确保施工的顺利开展，也能够保证施工的进度。具体的实施措施包括以下几点：①及时做好施工进度计划的交接工作，以确保每一个层次、每一个部门的工作人员都清楚、了解施工进度的计划，从而避免因为沟通、交流不当而造成的不必要损失；②建立并完善关于施工进度管理的制度，因为制度的建立是为了能够确保每一个环节都有章可循，不仅如此，还必须将对施工进度的管理落实到责任人身上，一旦施工进度出现问题，就应该给予处罚；③企业年、季、月度计划及各管理部门的有关计划必须从制度上使之与施工进度计划紧密配合、互相衔接、彼此呼应并且融为一体；④必须充分落实编制施工进度计划的条件，避免过多地假设而失去指导施工的作用；⑤运用现代科学管理方法来编制施工进度计划，以提高计划质量。

总而言之，施工进度管理与施工质量管理、施工安全管理等众多管理内容一样，也是建筑工程施工过程中的重点管理内容，而加强对施工进度的管理，不仅能够为施工企业、单位带来直接的经济效益，更能够强化施工企业、单位的形象以及声誉，从而获得可持续性的发展。正因为如此，建筑工程施工企业、单位必须加强对自身施工进度的管理，这样才能够在促进工程发展的同时，为企业自身获取生存发展的良好条件。

4.4　建设项目施工过程中的合同管理

合同既是建筑企业承揽任务的外在表现形式，又是对内经营的主要载体。从建筑市场总体情况来看，目前建筑市场竞争极其激烈，建筑企业利润较低，合同的风险较大。只有重视合同条文及合同管理，才能有效地降低工程风险，增加企业利润。项目承包部作为企业成本控制的管理者，加强施工过程中的合同管理是十分必要的。现将在以下几个方面浅谈项目施工过程中的合同管理。

4.4.1　合同管理的重要性

随着市场经济的发展和经济法规的完善，合同成为企业对外经济活动的载体。企业经营的根本目的是获取利润最大化，合同管理的水平直接影响到项目利润。特别是工程项目施工阶段合同管理尤为重要，因为合同履行时间长，协调关系多，涉及到各个方面。但目前的项目合同管理仍制约着整个工程项目管理水平和工程经济效益的提高。

4.4.2　合同管理存在的问题

(1)合同管理意识淡薄　由于项目的主要管理者因自身素质和对合同效果不显著而产生的怀疑，从而使其对合同的意识淡薄，往往不习惯按合同办事，出现问题不找合同而是习惯性地找关系；有的项目管理者对合同签订非常重视，但签订后却束之高阁，忽略合同履行过程中的权利和义务，容易造成纠纷。对于经济纠纷不能及时处理，同时缺乏可行的有效的合同管理体系及操作流程，项目部合同管理人员身兼多职，导致合同管理仅是少数人的管理职责行为，很难提高合同的综合管理水平。

(2)签订手续不全,合同条款不严谨　签订合同前应了解签约方的资金、信誉和履约能力等情况;审查签约方资质证书、营业执照、安全许可证及经营范围是否有效;审查签约方法人代表身份或委托代理人的身份,代理事项、代理权限和代理期限,留存这些证件的原件或加盖红章的复印件;合同的签订必须由各方法定代表人或法人授权委托代理人签订;合同签订后,应当加盖签约双方单位印章,合同文本还需加盖骑缝章。但各项目部合同签订上普遍存在手续不齐的现象。

(3)合同台账没有建立　合同台账没有建立,容易出现应当变更合同的时候没有及时变更、该签订补充合同的时候没有签订、合同执行完毕应签订清算协议的时候没有签订、应当追究的时候却过了诉讼时效等情况发生,从而引起合同纠纷或造成不必要的经济损失。

4.4.3　加强合同管理的具体措施

(1)建立合同管理的相关制度

① 加强合同管理的评审制度。通过评审,集思广益,不但可以在合同签订前对合同审核使之更全面,进行风险识别,察觉隐患,提前修订或预防;还可以使各业务部门对合同有一个全面的认识,确保合同中关键工序的施工,把合同对施工过程中的有利因素发挥到最大,把不利影响降至最低;并根据企业的风险清单,进而采取一些合理措施,尽量改变苛刻条件对工程造价的影响,发挥出最大的优势。

② 加强合同审批制度。项目在合同签订前应建立审查、批准制度,即在项目部评审会后,送交公司业务部门、合同专门管理机构及法律顾问审查,再报请法人代表签署意见,明确表示同意对外正式签订合同,使合同签订的基础更加牢固。

③ 建立合同交底制度。各种合同签订后项目部应进行合同交底。合同签订人员向项目部合同参与执行人员进行合同交底,全面陈述合同背景、合同工作范围、合同目标、合同执行要点、合同风险防范措施及特殊情况处理等。并解答参与执行人员所提出的问题,形成书面交底记录。项目部合同管理人员根据问题,由其对合同执行计划、合同管理程序、合同管理措施及风险防范措施,并进一步修改、完善,从而形成合同管理文件,交相关人员了解掌握指导其活动。

(2)设立合同管理机构,培养合同管理人才　项目部设置合同管理岗位,制订岗位职责,按岗位职责及任务,分工完成自己的工作,并做到信息共享。现今,项目中从事合同管理的人员水平良莠不齐,这就需要加强合同管理人才的选拔和培养,选拔有责任心、有施工经验且熟悉相关专业知识的技术人员或工程管理人员参与合同管理工作,企业应当经常提供法律及合同管理等知识的培训机会,使合同管理人员不断学习新知识、拓宽视野进而满足工作需要。

(3)建立合同管理控制目标　合同管理控制目标指合同管理活动应当达到的预期结果和最终目标,包括进度目标、安全质量目标及投资(或收益)目标。项目部应建立各目标的控制流程,制订相应的控制措施,项目部管理人员和施工人员协调统一,保证控制目标的实现。

(4)掌握各类合同的重点控制条款

① 工程承包合同。工程承包合同是发包人与承包人之间为完成商定的建设工程项

目,确定双方权利和义务的协议。施工单位应按合同规定,完成业主交给的工程施工任务,业主应按合同规定提供必要的施工条件并支付工程价款。因此,对项目部而言,其全部生产经营活动是围绕工程承包合同开展的。

施工承包合同的纠纷多数情况下源于合同款结算方式的纠纷,如工程款如何拨付,设计变更单价如何审定,停工或窝工造成的损失如何计算、材料价格异常变动的处理办法等。故在施工前项目部应仔细研究签订的工程承包合同,对合同约定的关键节点、违约责任和索赔部分应做到心中有数。施工中注意搜集、保存相关证据,以减少不必要的纠纷。

② 劳务合同。项目部劳务合同主要指项目部与劳务输出公司或施工劳务队之间就有关提供和使用劳动力问题而订立的合同。劳务合同管理首先要选择满足资质要求的劳务企业,并从劳务人员配备、资金、施工经历和施工成本等方面对劳务企业进行考察。劳务合同中应明确工程名称、地点、工种、人员数量、工程数量、质量、安全、工期、结算方式、进出场时间和有关奖罚条款等内容。劳务分包工作最好以清单的形式给出,在清单中将具体的工作内容、费用内容、计量单位及单价等进行明确。劳务分包的数量应明确为实际数量还是暂定数量,其中暂定数量应说明最终明确方式。对工程质量、安全和工期的奖罚措施进行明确约定。劳务分包合同的管理是贯穿于队伍引进、合同谈判、签订、过程施工及结算支付的整个过程。

③ 租赁合同。项目部租赁合同主要指项目部因租赁所需机械、设备和周转料等所签订的合同。在租赁合同签订前,出租方应向承租方提供出租房的营业执照、租赁资质、机组人员操作资格以及建委和特种设备检测中心审发的各种有效证件和拆装单位的拆装资质证书复印件。租赁合同中明确约定交付时间、地点、交接清单、租赁期限、租赁费结算方式和租赁设备的维修、保管、运行、保养等。

④ 供应合同。建筑材料和设备是建筑工程必不可少的物资。它涉及面广、品种多、数量大。材料和设备的费用在工程总投资(或工程承包合同价)中占很大比例,一般都在40%以上。建筑材料和设备供应合同是连接生产、流通和使用的纽带,是建筑工程合同的主要组成部分之一。建筑材料供应合同的主要内容有购销物资的名称(注明牌号、商标)、品种、型号、规格、等级、花色、技术标准或质量要求;购销物资数量、包装;运输方式;价格;验收内容、方式和标准;货款结算;违约责任等。

⑤ 专业分包合同。专业分包合同是指将某些专业工程施工交由另一承包商(分包商)完成而与其签订的合同。主要内容应包括以下几个方面:明确工程名称、施工地点、分包工程项目及范围、工程造价、施工期限及其他双方认为应明确的事项;总包单位的主要职责;分包单位的主要职责;任务范围及施工责任划分;施工技术资料管理(包括总包应向分包单位提供的文件和分包应向总包提供的资料两部分);预结算及工程款拨付办法;设计变更及经济责任;工程质量及竣工验收等。签订专业分包合同首先确定可分包的工程范围,工程分包合同应遵守《中华人民共和国建筑法》、《中华人民共和国合同法》等国家法律、法规,以及与业主签订的工程合同中的约定。然后严格进行分包方资格审查。合同签订后为分包方建立档案。档案包括协议书、图纸、变更设计、验收记录、工程隐蔽记录、结算付款单、往来的信件、交底资料,以及索赔资料、会谈纪要等。

加强合同管理是项目部管理工作的核心之一,它是一个复杂的体系,涉及项目部的众多部门。面对我国建筑业国际化的趋势,没有有效的合同管理体制,就不能实行有效的工程项目管理,也不能顺利地完成工程各项预期目标,项目部作为施工企业的基础单位和合同的具体履行者必须要加强合同意识,只有合同管理制度化与规范化,企业才能在激烈的市场竞争中发展壮大。

5 框架-剪力墙设计与施工对裂缝的控制措施

框架-剪力墙结构在现阶段的应用极其广泛,框架-剪力墙是在结构中同时布置框架及剪力墙,兼顾框架结构与剪力墙结构两者的优点。剪力墙具有整体性好、抗侧刚度大、在水平荷载作用下侧移小、承载力容易得到满足、形成的墙面比较平整、没有外露的梁柱以及便于住宅建筑室内布置等优点,经过重新认真设计,剪力墙结构可以成为抗震性能优良的延性结构。框架-剪力墙不但拥有较大且灵活的空间用以布置,而且整体性好,抗侧刚度大且层间变形比较均匀。

对于现今超长超宽的框架-剪力墙结构,由于其侧向抗弯刚度的存在,建筑物在混凝土收缩或温度应力下,很容易产生较大的应力,使结构体出现开裂。虽然很多裂缝不一定会影响结构的安全,但是对于结构的整体耐久性及外观产生不利影响,对此多年来同行业人士都认为要采取各种措施预防和限制这类裂缝的产生和发展。在剪力墙的预防裂缝方面,有很多人士做出了极大努力,如对剪力墙中混凝土裂缝成因的研究,探讨剪力墙开裂的防治措施,对高层建筑短肢剪力墙的结构肢高进行分析等深入探索。此节要从设计方面对不设缝的框架-剪力墙预防裂缝的方法措施入手,从施工工艺的角度分析探讨。

5.1 框架-剪力墙结构裂缝成因

业内普遍将对于结构混凝土中宽度小于0.05mm的裂缝视为无裂缝结构,但是这样小的裂缝可能导致建筑的渗漏,从而会影响到耐久性。对于结构裂缝的控制就是将这些裂缝控制在允许范围之内,以保证结构的安全使用。框架-剪力墙的裂缝一般分为:塑性裂缝、化学反应裂缝与变形约束裂缝。剪力墙的裂缝产生原因主要有以下几方面。

(1)混凝土在制作准备过程中,水泥和外掺合料与水拌合后体积会膨胀 当混凝土浇筑后伴随着水泥发生水化作用,水分被吸收,多余游离水逐渐蒸发,体积有一定的缩小。混凝土体积收缩则结构内产生内应力,当收缩达到一定程度时混凝土就会产生裂缝。塑态裂缝和化学反应裂缝的产生主要是因为这个原因。

(2)约束引起的裂缝 约束裂缝分为内部约束和外部约束两种情形,内部约束主要来源于混凝土中的配筋;而外部约束主要是基础及模板、超静定结构。当混凝土在收缩变形时产生内应力,若是内或外部约束很强,产生的内应力不能使其变形时,就会产生裂缝。

(3)构件对框架-剪力墙裂缝产生的影响 墙柱的截面尺寸对于裂缝的产生有着很大的影响,当截面选择处理不当时,基础以上的所有荷载全部由柱体、筒体传给基础,当地基出现沉降或基础压缩下沉时,墙体在基础边缘部位产生剪力,造成裂缝的出现。

5.2 框架-剪力墙设计控制裂缝措施

从框架-剪力墙裂缝产生的主要原因可知,设计阶段可以针对约束裂缝和截面尺寸构造因素进行设计控制。对于约束荷载在结构的裂缝控制中,主要还是由于主拉应力大于混凝土当时自身的相应强度造成的。其中外荷载在静定结构中产生应力应变,在超静定结构中还会产生次应力。变形荷载在静定结构中因为其可以自由变形,一般不会产生应力。在超静定结构中由于约束的存在,构件不可能自由变形,就会产生应力。当这种应力大至超过此时混凝土的抗拉强度时,构件即开裂随之约束也得到释放,但结构的刚度也降低,应力出现松弛。因温度、收缩等因素影响变形荷载引起的应力大小,是随着约束的变化而变化的,若无任何约束则不会出现应力。刚度越大则约束也越强,产生的应力越大。为此设计中应考虑增加抵抗应力的水平约束钢筋布置,充分利用构造筋的约束作用以减小墙板结构的温度应力和收缩产生应力。

对于结构件的截面构造,为了预防墙板结构的温度裂缝,框架柱断面大,墙板厚度小,柱墙连接断面变化较大时,将不利于框架剪力墙结构对裂缝的预防控制。因为直线是两点的最短距离,直线墙收缩变形的内约束力很大,直线方向无伸展的余地;而曲线及弧线、折线伸展的余地比较大,内约束力则比直线墙要小。在一般情况下如果采用曲线、弧线或折线较多的建筑物墙体,裂缝会少但施工就复杂了。

5.3 框架-剪力墙施工控制裂缝分析

进入施工阶段对框架-剪力墙结构的裂缝预防控制,主要是以混凝土的浇筑为主进行预防控制。主要是从以下方面入手。

首先,混凝土的组成。如果所建工程采用的是高强度标号水泥,最有效的方法是减少单位水泥用量,尽可能使用低水化热水泥,这样可以降低混凝土的水化热。严格控制外加剂的用量及品种,一般掺纤维剂是用来抵抗混凝土的早期裂缝,而用膨胀剂则是补偿混凝土的收缩。细骨料砂宜选用中粗砂,而粗骨料石子的自然级配一定要合理。对于粗细骨料的含泥量必须严格控制,尤其是砂子含泥量。如果含泥量越高,其表面的泥土会影响到粘结牢固,而易产生大量裂缝,降低混凝土的抗拉强度及承载力。

其次,混凝土的养护及模板拆除。大家知道混凝土的早期养护对于框架-剪力墙结构的裂缝预防起着极其重要的作用。当混凝土终凝以后必须要对其表面及剪力墙边模及时浇水保湿,同时也降低了温度。如果在混凝土中掺入了微膨胀剂后,混凝土会因强度上升而抑制膨胀量,因而剪力墙拆除模板后也仍然坚持养护,最好在墙两侧的喷淋时间不少于7d。

最后,对于施工的组织管理工作。针对施工过程中容易存在冷缝或施工缝的实际情况,要认真做好施工组织及人员安排。根据混凝土的凝结时间对混凝土的浇筑施工及混凝土搅拌站的混凝土供应作出科学的组织协调。使上层混凝土在下层混凝土浇筑后的2~3h内浇筑完。混凝土的初凝时间并不是混凝土不可能产生冷缝的终凝时间。如果在初凝时间段内浇筑混凝土是上下层混凝土的结合粘结力比较弱,即便对混凝土再次进行振捣,同样也会在新旧混凝土之间形成一层薄弱层,影响结构整体性,从而形成冷缝。

5.4　设计控制工程应用

某多层办公楼为12层钢筋混凝土框架剪力墙结构,底层高度4.8m,其余标准层高为4.0m,建筑物地面以上高度为56.6m。针对框架-剪力墙结构容易产生裂缝的特点,对框架-剪力尺寸设计为:柱截面为800mm×800mm,框架梁尺寸为400mm×800mm;剪力墙厚度为300~350mm不等,墙体内设置相应构造筋。楼面恒荷载为5kN/m^2,活载为2kN/m^2;屋面恒载为6.5 kN/m^2。本工程为7度(0.1g)抗震设防,场地类别为Ⅱ类;梁柱与墙的受力主筋为HRB335,箍筋为HRB235。

对结构的剪力墙进行分析,主要是梁和墙两种单元,其中梁柱采用二节点三维弹性梁单元,在每个节点上有6个自由度,可以承受单向的拉伸、压缩、扭转和弯曲。剪力墙采用四节点三维弹性墙单元,在每个节点上分别有6个自由度。同时也考虑了恒载、活载、X方向及Y方向风载四种不同的荷载考虑。

5.5　设计结果分析

从设计结果分析可知,对于框架-剪力墙的剪力墙进行受力分析,得到在最不利荷载下的内力状况。中间部位的剪力内力云图及相邻的梁柱内力云图,如图1-4~图1-7所示。

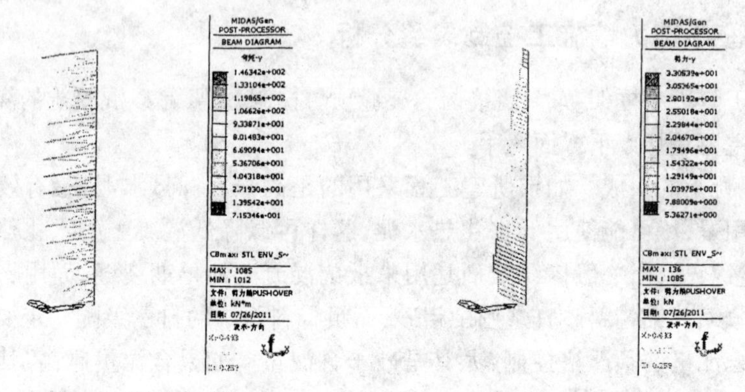

图1-4　梁柱的弯矩图　　　　图1-5　梁柱的剪力图

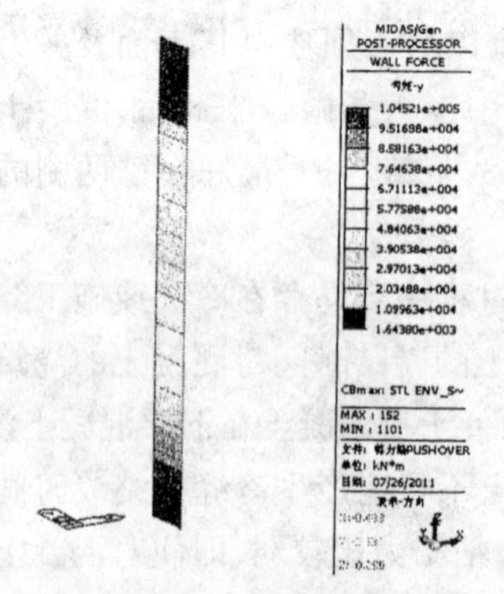

图1-6　剪力墙的弯矩云图

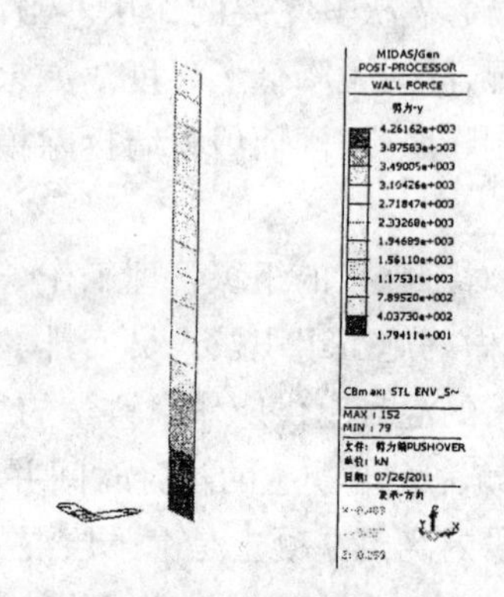

图1-7　剪力墙剪力云图

从上图中可以看出,刚度较大的剪力墙承受了结构的主要剪力和弯矩,而梁柱的内力相对较小,从而能够有效预防控制结构裂缝的产生。同时在结构进行施工的过程中,严格控制混凝土的配合比组成,并科学地组织施工过程控制。在浇筑混凝土和后期的养护每一个环节都要认真处理。如果条件允许,工程投用后的1~2年间组织技术人员进行检测评价,对裂缝的控制效果是显著的。

综上所述,针对框架-剪力墙结构裂缝产生的原因,可以从最主要的两个方面进行控制,即在设计方面合理选择各结构件截面尺寸及形状,处理好由不利约束引起的裂缝。在施工方面对组成混凝土原材料进行合理选择,并组织协调好施工及过程控制,后期养护及成品保护同样需要做好。

6 工程框架结构中支撑形式的应用范围

建筑工程中框架的采用极其普遍,框架也就是纯抗弯构件,其优点在于柱网布置灵活,延性好且塑性变形能力强。单纯的框架为单一抗侧力体系,则抗侧刚度不足,在水平地震作用下易产生较大侧向形变,可能会造成非结构构件的严重破坏甚至结构的整体倒塌。但是汶川地震中大量带柱间支撑钢筋混凝土框架结构成功抵抗大地震表明,在部分框架柱之间设置竖向支撑,形成许多榀带支撑框架,可以提高框架结构的抗倒塌能力。

支撑体系通过楼板的变形协调与框架体系共同受力,形成双重抗侧力结构,在遇到地震作用时支撑提供了附加抗侧刚度,结构水平位移得到控制,减弱了非结构构件的开裂。因此对不同形式支撑的抗地震性能进行分析探讨,研讨性能可靠、经济实用的支撑形式用于建筑结构,大幅度提高框架结构的抗倒塌能力,或者加固既有框架结构,显得十分必要也非常关键。

框架结构的支撑形式:至现在为止建筑工程中框架结构支撑形式主要有7种不同形式:中心支撑、偏心支撑、斜隅支撑、防屈曲支撑、附设耗能器支撑、自复位支撑和索系支撑等。

6.1 中心支撑形式

中心支撑是指支撑斜杆轴线与框架梁柱轴线交汇于一点,或两根支撑斜杆与框架梁柱轴线交汇于一点,也可与柱子轴线交于一点的框架形式。中心支撑主要有对角式、交叉式、人字式及K字式等,如图1-8所示。中心支撑构造及原理简单,提供的附加抗侧刚度较大,在地震下可满足规范中框架结构侧移限值的要求。在罕见的地震下受压支撑容易发生屈曲,导致承载力和刚度极速下降,安全性也降低。

交叉形支撑能在两个方向抵抗水平地震作用,建筑立面布置灵活,工程采用的较多。在应用中一些人员只考虑交叉支撑中拉杆对压杆平面内的约束作用,忽略平面外的约束作用而取支撑全长作为平面外的计算长度取值。有的直接将交叉式支撑等效成两个独立的单杆支撑,不考虑拉杆对压杆的约束,也有的把交叉式支撑按拉杆设计等。

在布置支撑时,支撑与横梁的合理夹角为30°~60°,当框架跨度较大层高较小时,采用人字式支撑布置比交叉式支撑更合理。但人字式支撑中压杆容易屈曲,在与支撑相交的横梁处产生竖向不平衡力,可能会使梁破坏。此时可考虑采取跨层 X 型支撑或在跨中布置附加杆件。如果设计中未采取这些方法,需要验算横梁抵抗跨中不平衡力能力。跨中 X 型支撑和链式支撑如图 1-9 所示。

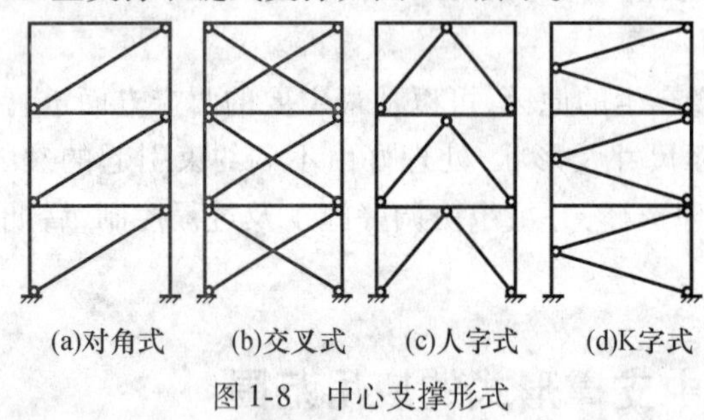

图 1-8　中心支撑形式

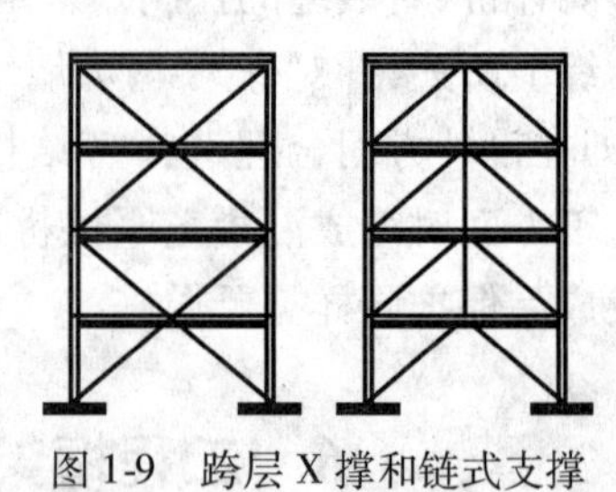

图 1-9　跨层 X 撑和链式支撑

6.2　偏心支撑形式

偏心支撑是指支撑中至少有一端偏离梁柱节点,或是偏离另一方向的支撑与梁构成的节点,在支撑与柱或两根支撑之间构成耗能梁段的支撑形式,如图 1-10 所示。

偏心支撑的设计原理是:多遇地震下偏心支撑提供附加刚度,框架梁柱保持弹性,当遇地震耗能梁段先屈服,通过塑性变形耗能,延缓或阻止支撑斜杆的屈服,柱和耗能梁段外梁保持弹性,有效延长结构抗震耗能的坚持时间。偏心支撑框架中耗能梁段的性能决定着结构的抗震能力。耗能梁段性能的影响参数包括:梁段长度、加劲肋布置、截面高宽比和腹板高厚比等。一般认为剪切型耗能梁段的耗能能力及延性均优于弯曲型,设计应优先选择用剪切型。设置加劲肋有利提高剪切型耗能梁段的耗能能力,而耗能梁段截面高宽比及腹板高厚比越小,耗能梁段延性越低,耗能能力越小。如果截面高宽比太大可能导致腹板失稳。

通过地震灾害分析表明,耗能梁段及楼板在强震中破坏严重,震后修复严重。另外由于钢筋混凝土梁剪切变形能力远小于钢梁,且属于脆性破坏,耗能能力很低,因此如图 1-10所示中的偏心支撑布置不宜用于钢筋混凝土框架结构。对此技人员又改进为普通人字式支撑和竖向剪切单元组成的 Y 型偏心支撑,如图 1-11 所示。

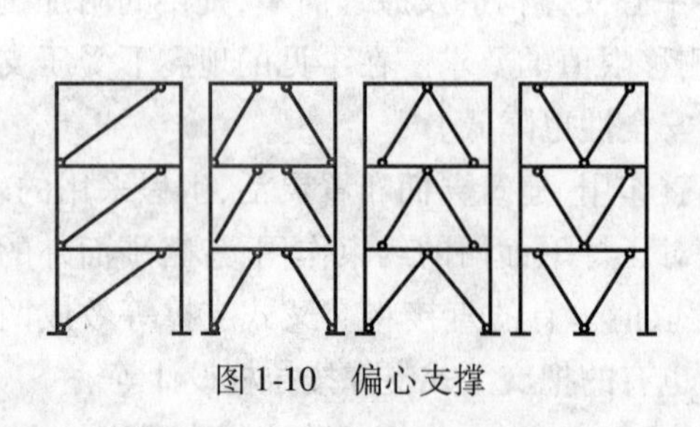

图 1-10　偏心支撑

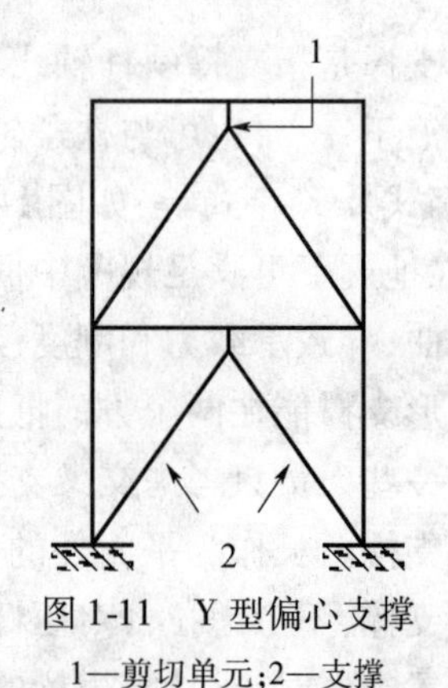

图 1-11　Y 型偏心支撑

1—剪切单元;2—支撑

在水平地震作用下剪切单元先屈服,延缓或阻止支撑的屈曲。

6.3 斜隅支撑应用

斜隅支撑是指在框架节点两侧与框架柱、梁连接的短斜杆。支撑构件连接在斜隅的中部,构成斜隅支撑,如图 1-12 所示。

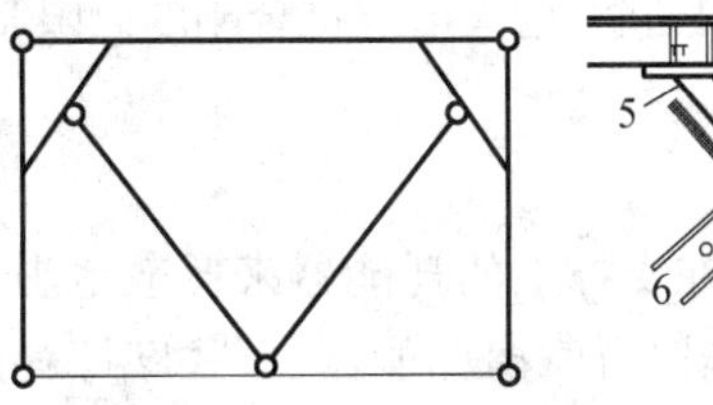

图 1-12　斜隅支撑形式及连接构造

1—梁;2—上翼缘;3—斜隅;4—柱;5—下翼缘;6—支撑

斜隅支撑的受力原理类似于 Y 型偏心支撑,结构的塑性破坏集中在斜隅,延缓或阻止支撑的屈曲,减轻框架梁的破坏。破坏后只需更换损坏的斜隅,同样可以应用于钢筋混凝土结构。斜隅是决定斜隅支撑框架结构的重要因素。弯曲型斜隅的塑性变形仅集中于局部弯曲塑性铰区,而剪切型斜隅的塑性变形可扩展到斜隅全长,在初期的刚度和延性及耗能能力优于弯曲型斜隅,合理采用斜隅使之成为剪切型单元较好。对于斜隅的长度与框架对角线的合适比例十分重要,有人认为 0.2 ~ 0.4 较为合适,层高大时取小值;也有的认为 0.15 ~ 0.25 为好。斜隅的布置方向及截面惯性矩对斜隅支撑框架抗震有重要影响。斜隅与柱及截面惯性矩之比取 0.2 ~ 0.3 为宜,为防止斜隅产生平面外失稳,斜隅应与框架梁柱刚接并选择平面外回转半径较大方钢管或宽翼 H 型钢。

6.4 防屈曲支撑

防屈曲支撑(简称 BRB),是近年来研究较多的支撑形式。BRB 中心是低屈服点钢材制成的芯材,芯材外侧布置约束单元,约束芯材受压时不发生整体屈曲而产生高阶屈曲,确保芯材受压和受拉时材料都达到屈服,通过产生较大的塑性变形耗散能量。为减少或消除因芯材传递而约束单元摩擦力,确保芯材可自由伸缩,在芯材和约束单元间设一层无粘结材料或狭小空气层,典型的防屈曲支撑 BRB 构造如图 1-13 所示。

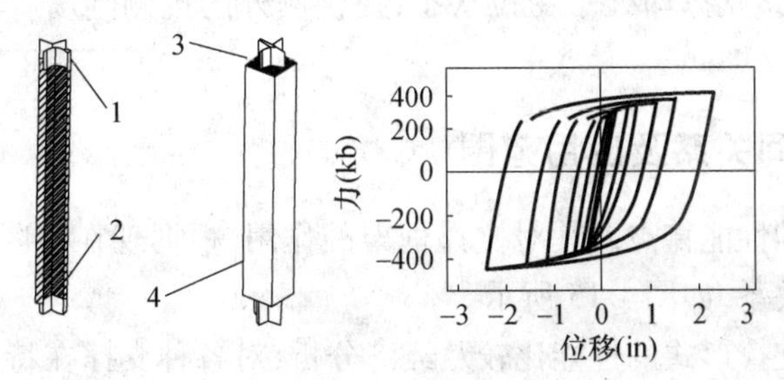

图 1-13　BRB 构造及典型滞回曲线

1—核心钢支撑;2—无粘结材料;3—内填砂浆;4—钢管

注:图中滞回曲线为引用文献,故坐标计量单位为英制。

防屈曲支撑BRB拉压等强,较好地解决了普通钢支撑受压易屈曲现象,在反复拉压作用下支撑的滞回曲线饱满稳定,耗能力好是一种较好的抗侧耗能元件。如果BRB与框架的连接节点设置不当,BRB无法充分发挥其作用。BRB是由低屈服点钢材制成,BRB框架在地震中会产生大的残余变形。早期的BRB节点主要是刚性连接,易造成节点板的屈曲损坏。如果将节点做成铰接允许BRB端部转动,在BRB端部套个套管并采用粗短节点板;也可用硬的方法在节点板自由端增设加劲肋,增大节点抗合刚度以限制BRB端部的转动。

6.5 附设耗能器支撑

附设耗能器支撑主要依靠附着在支撑上的耗能器来耗散地震能量,主要考虑的重点是耗能器,并不是支撑。常用的耗能器有摩擦耗能器,板式摩擦耗能器,简式摩擦耗能器和复合型摩擦耗能器等,对于附设耗能框支撑是在交叉支撑的中间部位,设置时用软钢等延性好的金属材料做成矩形、圆形或菱形连接框,依靠连接框的屈服滞回节能。附设耗能器支撑如图1-14所示。

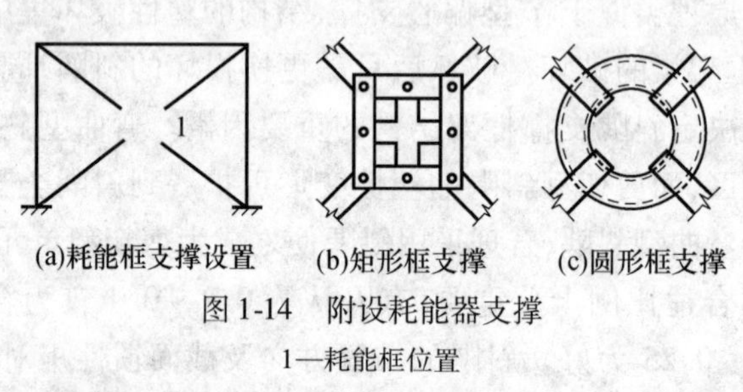

(a)耗能框支撑设置　(b)矩形框支撑　(c)圆形框支撑

图1-14　附设耗能器支撑

1—耗能框位置

6.6 自复位和索系支撑

(1)自复位支撑　在大地震下各类支撑框架普遍存在残余形变大以及修复困难的情况。现在开始使用拥有大形变及恢复原始状态能力的高性能材料制作自复位支撑,使框架在震后能自动恢复原始状态,减小结构残余变形。主要是利用超弹性形状记忆合金制作自复位支撑。

(2)索系支撑　为了解决中心支撑受压屈曲这一问题,有的提出仅承担拉力的索系支撑。索系支撑使用钢绞线作为受拉支撑,把对角索支撑连成一个闭合回路,在各种地震作用下,两个对角索支撑均处于受拉状态,提供额外的抗侧刚度。但索系支撑在目前应用的工程并不多。

6.7 各支撑间关系及应用范围

按照各种支撑的性能特点及其对支撑框架的作用,根据现在实际应用归纳出以上7种支撑形式的相互关系,如图1-15所示。

现在缺乏各种支撑形式的性能比较及经济分析,对各种支撑在特大地震下的性能优越也无统一的评定标准,因此,只能根据工程具体要求选择较为可靠的支撑形式应用。

本节对现代国内外建筑支撑框架结构中的支撑形式进行分析比较,介绍了中心支撑、偏心支撑、斜隅支撑、防屈曲支撑、附设耗能器支撑、自复位和索系支撑的基本原理和应用现状。在现行规范中仅涉及中心支撑及偏心支撑框架的设计方法和构造措施,对于其他支撑形式并未做出相关规定。因此,需要提高抗地震能力的支撑框架形式,保证建筑物的安全耐久及正常使用。

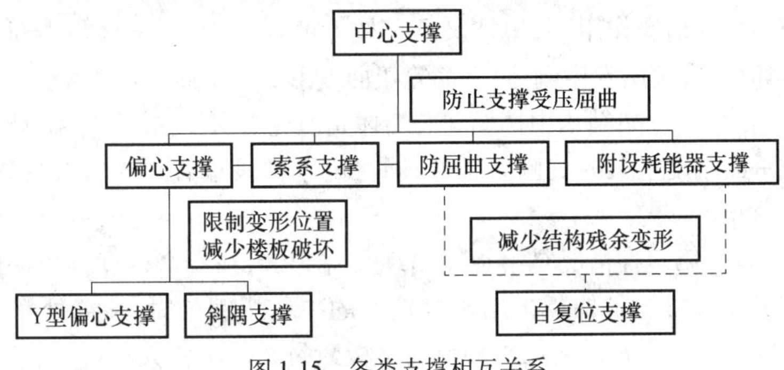

图 1-15　各类支撑相互关系

7　框架结构抗震中楼梯震害分析及设计应用

无论是公共建筑还是民用建筑,楼梯承担着逃生路线的作用,特别是发生地震或者火灾时,楼梯是最重要的竖向通道。然而在震害调查中发现,楼梯间的震害较为严重,而且大部分楼梯间是在主体结构破坏前发生破坏,严重影响了楼梯作为逃生路线的重要功能。钢筋混凝土框架结构中的楼梯破坏是普遍现象。常见板式楼梯结构中,板式楼梯在地震作用下对主要震害进行分析。

7.1　楼梯震害状况分析

楼梯分为板式和梁式两种,现在主要对最常用的板式楼梯进行分析。板式楼梯是由梯段斜板、平台板和平台梁所组成。地震时楼梯与楼梯间比较薄弱,与之相连的墙体由于受到嵌入墙内楼梯段的削弱,其破坏情况比其他墙体要严重。同时由于楼梯间面积比较小,但水平方向刚度较大,受到地震作用力也大,并且墙体沿高度方向缺乏支撑,造成空间刚度差,破坏程度严重。

(1)框架结构楼梯间　楼梯对主体结构的影响取决于楼梯与主体结构的相对刚度比。楼梯对主体结构的影响程度取决于楼梯与主体结构的结构体系,主体结构的刚度越大整体性越好(如剪力墙结构,框架剪力墙结构),楼梯对主体结构的影响较小;主体结构刚度越小,整体性越差,楼梯对主体结构的影响程度越大。框架结构较柔,在地震力作用下楼梯的斜撑作用比较明显。

地震后看到楼梯斜板的1/3~1/4跨度梯段板处,出现一道较宽的水平裂缝,混凝土层剥落,梯段板下端受力筋弯曲屈服,严重的会产生裂缝。在地震的往复作用下,楼板上下颠覆,中间位置处易出现负弯矩,在板上部未配置相应的受拉钢筋时,负筋的截断造成了梯段处受拉刚度的突变,断裂点恰好是截断点。

(2)平台板和平台梁　中间平台板和平台梁的破坏也较严重。在往复的地震作用下,上下楼板相互错动,楼梯的平台梁和平台板由于承受空间的弯矩、剪力和扭矩的作用，受力状态非常复杂，往往在平台梁的中间发生破坏，混凝土被压碎，钢筋笼扭曲变形。

(3)梯柱　梯柱作为传递并承担水平平台板竖向荷载的受力构件，在框架结构的平台梁的约束下，容易形成短柱（剪跨比 λ 为 $1.5\leqslant\lambda\leqslant2$），由于短柱的剪跨比较小，轴压比较大，其延性较差，在地震作用下，短柱又承担较大的水平力，节点处与中间处容易发生严重的剪切破坏，混凝土层发生剥落，钢筋笼扭曲变形。

(4)填充墙　由于框架结构中楼梯间的墙体是填充墙，具有较大的刚度，并且与框架连接以后形成平面刚度很大的抗侧力构件；同时由于梯段板有斜向支撑的作用，使得框架结构的刚度分布不均匀。

(5)楼板震害　第一种情况是沿板宽出现贯穿裂缝，在一个梯度分布一道或多道裂缝，梯板压曲或拉断，特别是梯板采用延性较差的冷轧扭钢筋时，通缝处钢筋全部被拉断，导致梯板断裂垮塌；梯板震害第二种情况是板断裂并产生较大错动，钢筋与混凝土剥离；梯板震害第三种情况是在板施工缝位置产生剪切滑移裂缝；梯板震害第四种情况是垂直梯度方向产生剪切斜向裂缝。前三种震害均为顺梯段方向的破坏，在该方向梯板受力类似斜撑，地震时受到反复的拉、压作用。第四种震害则表明除顺梯度的斜撑作用处、梯板也具有在垂直梯度方向的类似剪力墙的抗震力作用。

7.2　砌体结构的楼梯间

对相关砌体结构的楼梯间被破坏特征的分析表明：在地震作用下，砌体结构的楼梯间受力复杂，梯间布置不规则，梯间墙体约束不足，是导致砌体结构楼梯间在地震作用下破坏的主要原因。前面已经分析了楼梯各个部分的破坏，这些在砌体结构中也都出现过。下面主要介绍由于约束拉结措施不足而引起的梯间破坏现象。

(1)梯间外纵墙与内横墙无拉结措施　在砌体结构中，横墙和纵墙互相提高其平面外的约束，防止墙体发生平面外的整体倒塌。这些纵横墙间的有效约束措施是由拉结钢筋、构造柱及圈梁予以实现的，拉结钢筋应每隔一定间距布置于墙体中，并且具有足够的钢筋量，具体规定见现行的《建筑抗震设计规范（附条文说明）》（GB 50011—2010），条文7.3.8中对楼梯间的具体规定。

(2)纵墙破坏　外纵墙倒塌，内横墙未倒，由破坏部分的墙体可以看出纵墙和横墙交接触的拉结筋布置不够或者根本没有布置。在往复地震作用下，纵墙的倒塌引起预应力空心板的塌落，使整个房屋结构受到破坏。

(3)梯间层高处无连续封闭的拉结圈梁　圈梁与楼盖共同作用，可以减小墙体的面外自由长度，增加墙体的稳定性，约束墙体的裂缝发展，提高墙体的抗剪能力，在《建筑抗震设计规范》有具体规定。圈梁的设置必须连续闭合，楼梯间由于楼面板的不连续，设置了休息平台及楼梯斜向板本身的斜向支撑作用，使得梯间受力十分复杂。此时，圈梁的设置不能因为梯间的空间受力特点而不闭合，对于复杂的空间结构更应该加强圈梁的设置，使得梯间通过圈梁和周边有更好的约束连接，提高房屋的整体性，增强其抵抗地震作用的能力。楼梯间层高处未发现闭合的圈梁，造成了楼梯间整体的倒塌，严重威胁到经此逃生的群众的生命财产安全，同时也不利于震后的房屋里面的人员进行紧急救援工作。

(4)平台板震害　第一种情况是上下梯板相交处的平台板剪切裂缝，由平台梁剪切坏裂缝进一步发展而成;平台板第二种震害情况是沿梯梁边缘产生的平台板受拉裂缝;平台板第三种震害情况是悬挑板式平台产生类似少筋梁的板平面内受弯破坏,裂缝由内向外逐渐展开并贯通悬挑板。

(5)平台梯梁震害　出现在梁端及上下梯板的相交处,梯梁在上下梯板相交处处于面内和面外同时受力的复杂应力状态,破坏形态以剪扭破坏为主,梁端部有剪切和弯曲破坏两种,从部分梁端的剪切破坏裂缝形状看出,与普通梁不同的是引起这些梯梁剪切破坏的剪力是向上的,而梯板相交处的破坏和梁端的破坏常常同时发生。

7.3　楼梯对框架结构抗震性能的影响

在重点关注的框架结构系统中,即使两跑楼梯这种传统上被认为对主体结构影响不大的楼梯体系,对于框架结构的抗震性能也有不可忽略的影响。福建建筑设计研究院通过建模分析指出楼梯的存在显著增大了结构局部的抗侧刚度,减小了结构的自振周期。计算结果显示,梯板在平行梯板方向的地震作用下会产生非均匀分布的轴向应力,靠近框架平面的一侧的正应力水平是另一侧的2.5~3倍,梯板呈现偏拉的受力状态,在底部两层梯板的最大正应力约为7000kN/m^2,在楼梯平台板正对梯缝的位置产生了显著的应力集中,应力水平大致为梯板应力的3倍。

通过框架结构的楼梯间试验分析得出了相似的结论。其楼梯间试验模型分两阶段制作:第一阶段不浇筑楼梯,但将楼梯钢筋按设计要求绑扎好,待未浇筑楼梯的框架养护到设计强度后,先进行其弹性层刚度测试;第二阶段浇筑楼梯,将其养护到设计强度后,进行带楼梯框架结构的弹性及弹塑性试验。弹性阶段采用荷载和位移联合控制的加载方法,弹塑性阶段主要以位移控制加载。试验结构表明楼梯对结构刚度和承载力的贡献是不容被忽视的。在弹性阶段,楼梯的抗侧刚度约为两榀中框架抗侧刚度的1.12倍,而层剪力是按刚度分配的,所以楼梯在弹性阶段对结构的支撑作用是较大的。但是超过弹性阶段后,楼梯刚度衰减的速度快于框架的,因此层剪力在楼梯与框架之间的分配比例是有变化的。

7.4　楼梯抗震设计中的两种思路和建议

目前,在实际的建筑结构抗震设计中,考虑楼梯对结构性能的影响多停留于构造方面的要求,例如考虑到楼梯间的不对称布置可能带来几个扭转,故应尽量将楼梯间对称布置;楼梯间使楼板有较大削弱时,应采取加强楼板及连接部位的措施;对楼梯间短柱应全长加密箍筋;楼梯间的非承重墙体,应采取与主体结构可靠连接或锚固等。同时,在建筑结构设计中,框架结构楼梯间的设计是与主体结构分开进行的,并没有考虑地震作用对其影响,也没有考虑其对主体结构的影响。

新版《建筑抗震设计规范》中明确指出应考虑楼梯构件对抗震设计的影响。对此有两种基本设计思路,一种是考虑楼梯参与整体分析计算的方法;另一种认为,框架结构的楼梯为了避免形成支撑,可以采用滑动理解的方式消除其对主体结构的附加影响。

楼梯的抗震设计建议:在结构设计中,尽量采用单元模拟梯段板,进行精细的结构计算,板单元模拟出来的内力作为计算的内力指标;对于一般的结构,把楼梯简化成支撑构件的形式在模型中进行计算。梯段板要加厚,受力钢筋采用双向布置,间距较密,尽量使用延性好的钢筋;平台梁应该加大梁的截面,箍筋按全长加密设置,使梁具有足够的抗剪能力。短柱宜提高一个抗震等级,采取复合的井字箍筋,或者在柱身内配置一定数量的斜向钢筋。楼梯间周围计算中作为荷载存在的非结构构件的,也因该采用合适的材料,并且保证其与墙体可靠连接。砌体结构中,应严格按照抗震规范布置拉结钢筋、构造柱及圈梁,保证在地震作用下结构的整体稳定性。

7.5 楼梯间设置滑动支座

地震作用下的主体结构发生侧移并导致楼梯承受拉力及压力作用,对楼梯结构而言是一个被动的受力过程。显然,不能期望通过改变楼梯的设计去限制地震作用下楼层的剪切形变,而只能考虑调整楼梯的结构设计以提高其适应变形的能力,从而确保楼梯结构不在主体结构倒塌前坍塌而失去逃生通道的功能。从结构整体受力的角度来看,如果楼梯参与抵抗水平地震作用,受力是很复杂的,同时楼梯构件对于保证人的生命安全又极其重要,因此其结构的安全要求和构造措施(抗震等级)宜比主体结构有所提高。但这对矛盾使得我们要考虑楼梯在地震作用下的构建承载力验算,楼梯构件的受力十分不利,所以在这种情况下,如果按照传统设计方法,势必将极大增加构件截面尺寸和配筋面积,而与此相反又导致楼梯间的局部刚度增大,从而在水平地震作用下分配到更大的地震力。因此,目前有很多人对此进行讨论,是否能够改变传统的施工方法,使得楼梯同规范计算所假定的条件一样。

例如北京市建筑设计研究院胡庆昌提出,框架结构中的楼梯为了避免形成支撑,可采用滑动连接,楼梯段的上端节点为铰接,下端节点为滑动支承。重庆大学的金全有等人则认为,可只在梯段板下端与平台梁(板)处设置为滑动支承,通过层间位移角限值条件下梯段拉、压应变估计,同时提出建议滑动支座支承长度不小于300mm。同时还认为,滑动支座支承长度的确定应按照高层建筑物在跨度方向大震下的弹塑性水平位移计算、确定并考虑梯板最小支承长度80mm。并给出参考示例,假设某工程抗震设防烈度为8(0.2g)度,梯板和休息板之间跨度方向在小震下的弹性水平位移为12.5mm。则计算出的支承长度应为279mm。

关于滑动支座的构造要求。一些人提出隔离滑动层处钢筋不连通,为减少摩擦,水平缝处可采用聚氟乙烯板,或采用柔性材料如聚苯板;也可直接将隔离滑动层设置为施工冷缝,但这种做法摩擦力较大。可以采用两块钢板组成滑动支座,具体做法为一块固定在上部梯段板下端,并与梯段板钢筋焊接固定,另一块预埋在梯段梁上部。两块钢板之间可涂防锈润滑剂以减少摩擦力。为了进一步改善滑动支座在地震与正常状态下的受力性能,可在钢板之间增设橡胶垫片,做成类似橡胶支座的形式。

该方法的优点是从构造上将主体结构与楼梯构件脱开,消除了楼梯构件对主体结构抗震计算中的不利影响。只需保证楼梯间围护墙及主体结构不倒塌,即可保证在遇到地震时下楼梯的疏散功能,在结构整体抗震计算中,也可不考虑楼梯构件的刚度作用。楼梯构件也可按传统的设计方法,仅考虑竖向荷载作用下进行配筋计算。该方法的缺点是在地震作用下,水平缝处的装修材料存在于局部破损的可能,需要在地震后进行局部装修的处理。鉴于楼梯间作为疏散及救灾通道的重要性,该缺点应在可接受的范围内。

8　建筑物栏杆的牢固与安全耐久性

建筑物金属栏杆是最常见的附属设施之一,任何建筑物都要安装栏杆,现在使用的栏杆包括空花栏杆、实心栏杆及两者的组合。建筑物栏杆是设置在阳台、外廊、室内回廊、内天井、上人屋面和室内外楼梯段及平台边缘等临空处具有一定刚度的栏栅设施。扶手是附在栏杆顶端的长条配件,作用为行走时依扶之用。栏杆与扶手组合后,除了有好的装饰效果外,更重要的是一种安全设施。现在的栏杆扶手材料多以金属为主,仍然是用不锈钢及铝材等为主要用材,因而必须要有合理的高度、强度及构造要求才能满足使用要求。其材质、壁厚及安装牢固程度影响到栏杆的安全使用及耐久性年限。然而因栏杆间隙超标发生儿童坠楼伤亡及阳台栏杆交工不久立柱锈穿,被业主告上法庭的现实。通过观察发现,工程验收合格后仅几年的栏杆立柱也会存在完全锈蚀损伤的现象。栏杆的质量隐患不容忽视,但目前仍缺乏民用建筑栏杆的具体要求,在栏杆的设计、材料选择及施工,质量监督检查方面存在不规范行为,对正常安全使用及生活造成一定的不安全因素。

8.1　栏杆的设置高度要求

楼梯斜梯段栏杆高度,一般是指踏步边缘线至扶手上表面的竖直高度。由于广泛用于量大面广的工业及民用建筑工程中,其高度也随着其作用和用途的不同而进行变化。根据现行工程建筑规范、标准、规程及标准图集有关资料,不同用途栏杆高度如表1-2所示。

表1-2　　各种不同用途栏杆高度表

<table>
<tr><th>序号</th><th>分类</th><th>用途及具体要求</th><th>设置高度(m)</th></tr>
<tr><td>1</td><td>托儿所、幼儿园</td><td>楼梯应在靠墙一侧设幼儿扶手,其高度不应大于</td><td>0.60</td></tr>
<tr><td rowspan="2">2</td><td>民用建筑通则</td><td>供轮椅使用的坡道,两侧设扶手,其高度为</td><td rowspan="2">0.65</td></tr>
<tr><td>供残疾人使用</td><td>供残疾人使用的坡道、走道、楼梯设置的上下两层扶手的下层扶手高度为</td></tr>
<tr><td rowspan="2">3</td><td>供残疾人使用</td><td>供残疾人使用的坡道、走道、楼梯设置的上下两层扶手的下层扶手高度为</td><td rowspan="2">0.90</td></tr>
<tr><td>民用建筑通则</td><td>室内楼梯的扶手高度不应小于</td></tr>
<tr><td rowspan="2">4</td><td>民用建筑通则</td><td>靠室内楼梯井一侧水平扶手超过0.5m长时,其高度不应小于</td><td rowspan="2">1.00</td></tr>
<tr><td>钢梯及栏杆</td><td>平台高度小于2m时,防护栏杆高度不得低于钢管活动栏杆高度为</td></tr>
<tr><td rowspan="3">5</td><td>民用建筑通则</td><td>阳台、外廊、室内回廊、内天井、上人屋面及室外楼梯栏杆高度不小于</td><td rowspan="3">1.05</td></tr>
<tr><td>住宅</td><td>楼梯水平段栏杆长度超过0.5m时,其扶手高度不应少于</td></tr>
<tr><td>多层低层住宅钢梯及栏杆</td><td>阳台、外廊、内天井及上人屋面在临空处,栏杆不应低于扶手高度,一般为</td></tr>
</table>

续表

序号	分类	用途及具体要求	设置高度(m)
6	中高层住宅	阳台、外廊、内天井及上人屋面在临空处栏杆不应低于	1.10
	中小学校	外廊栏杆(板)的高度、室外楼梯及水平栏杆(板)的高度不应小于	
	建筑防火	作为防烟的室外楼梯(倾斜角为45°)、栏杆扶手高度为	
7	文化馆	文化馆屋面用作屋顶花园或活动场所时,其护栏高度不应低于	1.20
	托儿所幼儿园	阳台、屋顶平台护栏高度不应低于	
	民用建筑通则	高层建筑阳台、外廊、室内回廊、内天井、上人屋面及室外楼梯栏杆高度不超过	
8	铁路车站	旅客天桥栏杆高度不应小于	1.40

8.2 栏杆的牢固性要求

栏杆的安全性主要表现在牢固程度、高度以及净空3个方面的要求。栏杆的牢固性不仅是安全的需要,而且是满足栏杆耐久性不可缺少的条件,尽管栏杆的强制性条文有明确要求,对高度和净空也有明确的规定,但对栏杆的牢固仅有两条定性的规定。即《民用建筑设计通则》(GB 50352—2005)中第6.6.3条第1款规定“栏杆应以坚固、耐久的材料制作,并能承受荷载规范规定的水平荷载”,《建筑装饰装修工程质量验收规范》(GB 50210—2001)中第12.5.6条中规定“护栏安装必须牢固”。

栏杆的牢固程度是由设计确定的,也可以按设计指定的图集中选择使用。栏杆属于建筑构造范围,应由设计人员负责,但也会存在设计人员不考虑力学计算,迫于节省费用的原因,往往不选择成熟的图集而自行设计,容易造成在立柱截面选择、柱距离、立柱与房屋结构的连接环节上出现失误。施工人员图方便省力应付,监理单位不认真检查是导致栏杆牢固程度差的主要因素。从理论上对栏杆牢固程度差的原因进行分析,栏杆的主要受力构件立柱应当视为悬臂构件,计算其倾覆力矩M,使$M \leqslant [\sigma]W$即可满足要求。

8.3 栏杆牢固度的构造要求

(1)栏杆扶手的构造要求　栏杆扶手的材质与连接形式品种繁多,栏杆扶手有钢管焊接、铝型材螺纹连接或铆接、木扶手螺钉连接等形式。这样安装固定不仅有一定强度和刚度,也可提高栏杆整体性,且不需要再进行计算。钢管可使扶手成为整体,但是纳入栏杆力学模型成为超静定结构,不便掌控。需要考虑的是扶手两端基底若非是混凝土结构,缺乏计算依据;如在砌体上锚固,现在无相应规范要求。按照现在栏杆使用寿命大大低于结构使用的实际,在立柱满足强度要求的情况下,把扶手功能作为增加栏杆牢固度的条件,从而提高栏杆耐久性的措施,不纳入计算较妥。

(2)栏杆扶手的构造分析　在此需要说明的是铝型材立柱对钢套管的分析。铝合金强度较低,一般采取双立柱形式,在住宅宿舍荷载小的场合一般是可以满足要求的,但是在学校或商场荷载大的场合,荷载不能满足要求。其立柱根部是立柱的危险截面,力矩由钢套管承担,但钢套管顶部的力矩将转由铝制型材承担。这就要求钢套管有一定的高度且把截面处铝型材进行计算,否则无法保证其安全。采用钢套管加固的不锈钢薄壁立柱也应同样处理。

8.4 栏杆的耐久性要求

栏杆的耐久性即使用年限,由于现在还没有对栏杆的使用寿命做具体规定,所以不便进行定量表示。从传统的使用上分析,栏杆的耐久性是通过栏杆的牢固度及防护措施来决定的。

(1)提高栏杆的牢固度增加耐久性的措施　提高栏杆的牢固度使栏杆有大的安全富余量,也就是在受力杆件不断锈蚀的条件下仍然有一定的强度及刚度。这样会提高费用,如何在不增加投资前提下保证耐久性呢?首先,要确保立柱的安全余量,施工企业决不能在关键环节节省。栏杆立柱是主要受力杆件,特别容易受到碰撞伤害及腐蚀损害,尤其是碳钢管材立柱,一定要确保壁厚可靠。其次,要保证扶手的刚度及连接牢固。扶手的刚度越大整体性越好,可分担立柱的荷载。安装扶手连接可靠则效果好且节省费用。扶手与砌体连接处宜把空心砖或加气混凝土砌块低强度材料剔除,换上用细石混凝土在其上固定,如果扶手两侧不能有效固定,会降低扶手的刚度,增加立柱强度或缩短立柱间距保证栏杆牢固。如果扶手是钢质材料,且两侧都是混凝土结构,其固定是很可靠的。在1kN/m荷载场所扶手臂厚和刚度较大时,也可适当降低强度。如住宅、办公楼、医院、托儿所、宿舍及旅馆栏杆的荷载(水平推力)取0.5kN/m即可。

(2)提高栏杆的抗腐蚀能力　碳钢栏杆的腐蚀是降低栏杆使用年限的重要原因。原材料一般由工厂除锈热镀锌喷塑或喷漆的措施除锈,但重要的是在设计和施工两个环节上进行的防锈处理措施。

设计上的防锈处理措施:立柱根部不仅是力学计算的危险截面,同时也是易锈的部位。立柱根部低,易积水,且底板与立柱往往被主材的焊接所烧伤。对此除了材质厚度外,还需工厂提供焊接底板。对容易受风雨浸渍的室外栏杆,阳台栏杆尽可能不要采用碳钢管材,尤其是玻璃栏杆,一旦立柱锈蚀,更换立柱的难度较大;如采用扁钢就不易锈蚀或减薄基材,也不会因焊缝不饱满而导致空气从内部腐蚀。不锈钢管和铝制型材立柱内套管上口一定要封堵,外部要进行防腐处理,焊缝处更加处理,彻底防腐。

(3)施工把防腐作为关键工序控制　材料进场的报验及抽查复试是控制的重要环节,材质厚度,尤其是管材壁厚是保证耐腐蚀的根本,因此测量厚度不容忽视。镀锌喷塑的检查也很重要,热镀锌变成冷镀锌、厚度不足或内孔不镀等最为常见的现象应严格控制。管材焊缝尺寸不足更是通病,管材焊缝不饱满或有气孔是大忌,应严格排查。现场组装焊接刷漆质量差、涂刷遍数不够是控制难点,另外对成品保护也非常重要。

8.5 需要规范建筑金属栏杆

(1)栏杆荷载要规范　现在许多住宅区底层均设有商场,而荷载规范要求并无商场栏杆的荷载要求,一般商场人流较大,按1kN/m设置栏杆荷载时较安全。

(2)明确栏杆的使用年限　建筑工程结构的合理使用年限为50~70年,而栏杆使用年限相对要短,假若经常更换栏杆不仅要给使用者带来诸多不便,增加费用且多次拆装对结构造成损坏。在目前条件下15~20年更换一次是可以承担的。如何保证栏杆的使用年限需要有一个强制性的规定,如限定不同管壁厚度、立柱间距及底板厚度等具体要求。

(3)设计控制要求　由于栏杆不属于建筑结构,建筑人员不熟悉其力学分析计算,所以栏杆的计算模型及方法应尽量简单明了,应该有多个常用典型栏杆的计算实例,还应有不同立柱材料截面及焊缝的计算表格。立柱的连接方式要适应现在的实际施工水平,对栏杆整体性能要求高的如走廊栏杆,在自然环境中遭受风雨浸渍的室外碳钢栏杆,对立管壁厚要增加1mm。对整体性或可靠性差的拼装成型铝合金栏杆,要特别加强立柱的强度。同时要对管材壁厚做严格限制,现在建筑标准图集上栏杆立柱最薄壁厚为2mm,而要求扶手最薄壁厚为1.5mm,有些偏薄。如果标准要求高成本加大,推行有困难,对一、二类荷载管材壁厚规定为:立柱不小于3mm,扶手不小于2.5mm,其他杆件不小于2mm。

(4)栏杆的安装要求　栏杆立柱必须固定在混凝土基层上,在设计结构时预先安排。一类栏杆混凝土基层宽度不得小于150mm;二类栏杆混凝土基层宽度不得小于200mm;基层如果是砌体的应预埋混凝土块,宽不少于200mm,厚度为120mm以上,内配4根10mm@150mm6筋,扶手同上述要求。

(5)栏杆的施工质量要求　栏杆应该属于强制性条文要求,但用于控制施工质量时显得有些不足。在修订新条文时明确一些保证施工质量的强制性条文,尤其是保证牢固度,如立柱与底板连接的要求及焊接规定;栏杆玻璃的连接方式,螺杆距玻璃边缘距离,嵌入深度,耐候密封胶的宽度及外观要求应具体。另外栏杆应该属于装饰装修项目,对保修2年太短的情况,要确保牢固耐久及防腐蚀,因此需要延长保修期至5年;这样可以促使施工企业加强质量控制,特别是对关键部位的处理。

(6)对栏杆质量检测　由于栏杆在边缘防护区域设置且数量较多,这些年来也因此发生了不少事故,对栏杆的验收、检验应作为一项重要工作进行。但由于缺乏权威机构的检测,反而会导致误判,给少数责任性差的人员留下借口。对于栏杆的安全系数,设计预留一定考虑安全余量,还有整体效应,除了用来确保栏杆的牢固度,最重要的还是提高安全使用年限。一般情况是新安装的栏杆牢固度比较好,一般很难反映出问题。

综上所述可知,由于现行规范标准对栏杆牢固度检查方法只是手扳及目观看检查,这对荷载为0.5kN/m的栏杆比较适用,而对于1kN/m的栏杆不太适合。对1kN/m的栏杆在必要时应当进行单根立柱的承载力甚至破坏性试验。在特殊情况下才做栏杆的整体抗水平推力位移实验,大风地区还可考虑做风载试验。期望对民用建筑金属栏杆技术规范及标准做到规范统一,便于设计、材料选择、施工控制及检查验收,使建筑栏杆同建筑物同寿命。

9　改善和提高短柱的抗震技术措施

近些年来随着建筑结构跨度加大、层数增多、高度升高以及对特殊建筑功能、美观等需求,使结构所承受的荷载加大,特别是框架底层柱所承担的竖向轴力增大更多,为满足现行《混凝土结构设计规范》(GB 50010—2010)、《建筑抗震设计规范(附条文说明)》(GB 50011—2010)中对构件延性的要求,必须把柱子的轴压比控制在限值以内,这必然就使柱子的截面积增大,从而造成部分短柱的存在。在正常使用中不容易暴露短柱潜在的危害,它对承担竖向荷载并没有影响,而在强烈地震作用下容易发生剪切脆性破坏从而造成结构突发性破坏甚至倒塌,并且毫无预兆。

9.1 对短柱的辨识

根据规范规定,柱净高 H 与截面高度 h 之比 $H/h\leqslant4$ 时为短柱,大多工程技术人员也都据此来判定短柱,简便而易得,这只是一种简化方法并不一定准确,只有在反弯点位于或接近柱中部的时候才有效。确定短柱的参数是柱的剪跨比 λ,只有剪跨比 $\lambda = M/Vh\leqslant2$ 的柱才是短柱,按 $\lambda = H/h\leqslant4$ 来判定是因为框架柱反弯点大都靠近柱中点,因此可取 $M=0.5VH$,$\lambda = M/Vh=0.5VH/Vh = 0.5H/h\leqslant2$,由此即得 $H/h\leqslant4$。对于高层建筑结构为实现“强柱弱梁”,梁柱线刚度比较小,特别是底部几层,由于受柱底嵌固的影响且梁对柱的约束弯矩较小,因而反弯点的高度会比柱高的一半高得多,甚至不出现反弯点,此时则不宜按 $H/h\leqslant4$ 来判定短柱,而应按照短柱的力学定义——剪跨比 $\lambda = M/Vh\leqslant2$ 来判定才是正确的。框架柱内力分析如图 1-16 所示。

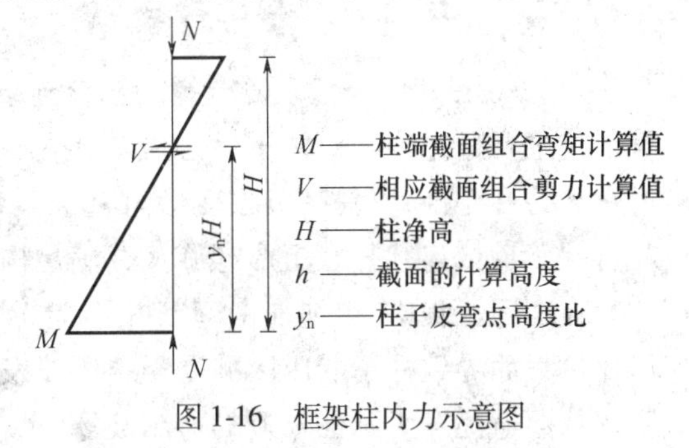

图 1-16 框架柱内力示意图

9.2 改善混凝土短柱抗震性能的一些措施

在地震作用下,短柱的破坏主要是剪切破坏或黏着型破坏,但这两种破坏形式都属于脆性破坏,突然发生,毫无预兆,结构延性差,耗能能力低,对抗震极其不利。因此,当建筑结构中不可避免地出现短柱时,在实际工程中可从以下 5 个方面入手改善短柱的抗震性能。如图 1-17 所示是复合箍筋截面示意图。

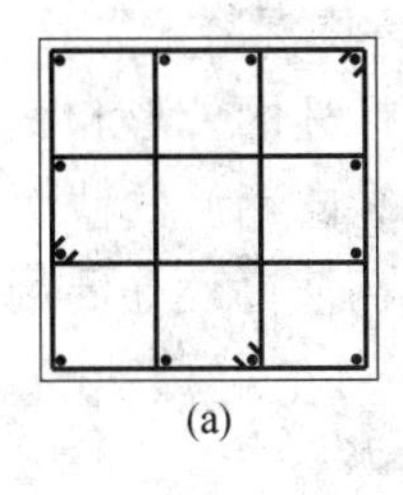
(a)

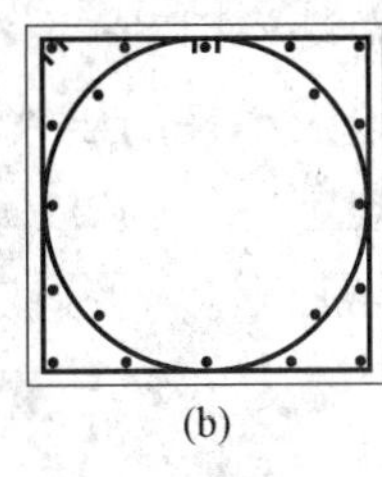
(b)

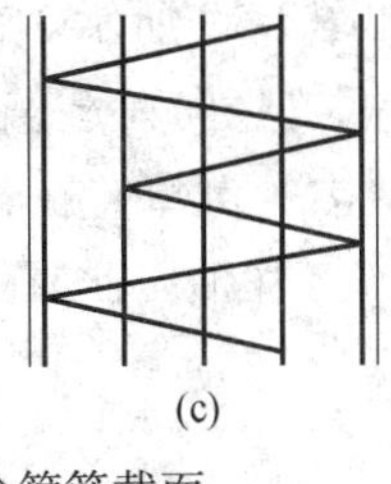
(c)

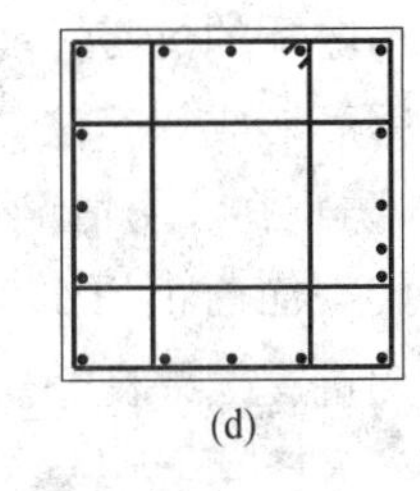
(d)

图 1-17 复合箍筋截面

9.2.1 改善构件材料性能

(1)采用高强度等级混凝土 提高混凝土强度等级可以在一定程度上提高柱子的抗压能力和抗剪能力,在不加大截面尺寸的情况下提高轴压比。低等级混凝土强度的提高对柱受剪承载力提升明显,但随强度等级提高,相互间轴心受拉强度的提高比例变小,如在 C20 ~ C30 之间,C30 ~ C40 之间和 C40 ~ C50 之间的值分别相差 30%、19.6% 和 10.5%。

当混凝土强度等级超过C60以后,强度等级的提高对抗剪能力的影响变小,混凝土的极限压应变同时变小,变形能力变差,对构件的延性将产生不利的影响。

(2)采用钢纤维混凝土　钢纤维混凝土是在普通混凝土中掺入乱向分布的短钢纤维所形成的一种新型的多相复合材料。这些乱向分布的钢纤维能够有效地阻碍混凝土内部微裂缝的扩展及宏观裂缝的形成,较之普通混凝土,抗拉强度提高40%~80%,抗弯强度提高60%~120%,抗剪强度提高50%~100%,显著地改善了混凝土的抗剪性能,且具有较好的延性。尤其是与高强度混凝土结合后能够有效改善短柱的抗震性能,但造价高且施工工艺复杂。

9.2.2　改善抗震构造措施

(1)采用井字复合箍、复合螺旋箍或连续复合矩形螺旋箍(如图1-17所示)　复合配箍形式主要通过加强对柱子核心混凝土的约束,提高混凝土的抗压强度,从而改善短柱的承载力和延性,可提高极限变形角15%~25%。在相关规定中,对于设置井字复合箍、复合螺旋箍或连续复合矩形螺旋箍并满足构造要求时,其轴压比限值可以增加0.10。

在实际工程中,单纯加密箍筋并不能无限度提高短柱的抗剪能力,并可能会由于剪压比过大而导致柱子受压区的混凝土压溃发生脆性破坏。在设计时,应该选择合理的配箍率从而避免发生延性较差的剪压破坏。

(2)柱中配置"X"主筋　在梁端弯起筋抗剪作用的启发下,可在柱中沿对角线纵向配置"X"形主筋,如图1-18所示。"X"主筋的竖向分力可承担竖向应力,而水平分力可承担外剪力,自身在柱两端又都是受压或受拉,可自相平衡,从而降低了柱子的剪压比,实现了"强剪弱弯"的设计思想。"X"主筋与高强混凝土和复合螺旋箍筋结合使用,可显著提高短柱的抗剪承载力和变形能力,是改善高强混凝土短柱抗震耗能能力的有效手段。

(3)柱中设置芯柱　芯柱就是在框架柱截面中心1/3左右的核心部位,集中配置附加纵向钢筋及箍筋而形成的内部加强区域。芯柱加强了对脆性较大的高强混凝土的约束作用,可减小柱子截面尺寸,具有良好的延性和耗能能力,能够有效地改善短柱在高轴压比情况下的抗震性能,如图1-19所示。在外荷载作用下,当柱子外围混凝土失效以后,核心钢筋形成的芯柱仍能抵抗竖向荷载,有效地减小柱的压缩,保持柱的外形和截面承载力,防止在大震情况下结构的倒塌。在相关规定中,当芯柱附加纵向钢筋的截面面积大于柱截面面积的0.8%时,柱轴压比限值可增加0.05。芯柱与高强、高性能混凝土结合使用抗震效果良好。

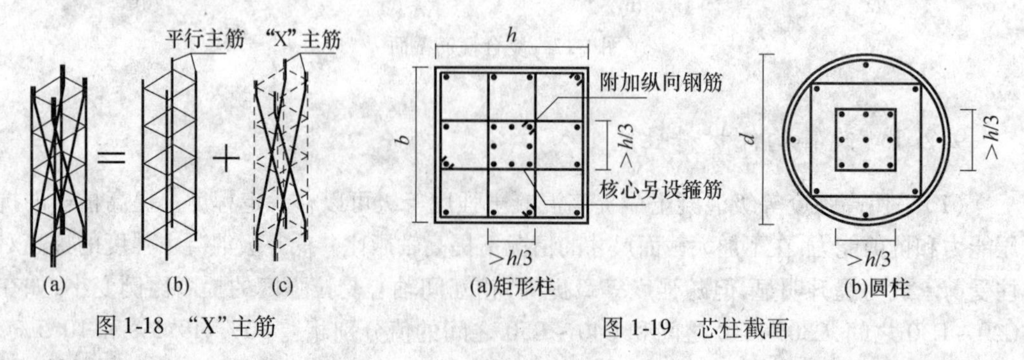

图1-18　"X"主筋　　　图1-19　芯柱截面

9.2.3 采用非传统柱截面形式

（1）钢管混凝土柱　钢管混凝土就是把混凝土灌入钢管中并捣实而形成的一种新型组合结构。这种结构中，混凝土的填充提高了钢管的刚度，防止了钢管的局部屈曲失稳，提高了承载能力；钢管的约束，使混凝土在受压区形成塑性“压铰”，由脆性破坏转变为塑性破坏，构件的延性明显改善。矩形钢管混凝土结构和圆形钢管混凝土结构应用较广，如图 1-20 所示。在钢管内可采用高强度混凝土，既最大限度地提高了承载能力，同时又可以使柱子的截面尺寸比钢筋混凝土柱截面减小一半以上，从而消除了短柱，并具有良好的抗震性能。

（2）钢骨混凝土柱　钢骨混凝土结构是以型钢为骨架外包混凝土的埋入式组合结构，简称 SRC。这种结构中，将型钢置于柱中既可增强柱子的承载能力，减小混凝土柱截面，又可与箍筋配合约束混凝土，改善其延性；混凝土则兼做受力和保护层双层作用，同时提高了钢骨的整体稳定性和钢板的局部稳定性。目前常用的型钢截面形式有工字形与十字形等，如图 1-21 所示。在高层钢筋混凝土结构下部的若干层采用钢骨混凝土柱，可使柱子具有良好的延性及耗能能力，显著改善结构的抗震性能。与钢筋混凝土柱相比，钢骨混凝土柱可使柱截面面积减小 30% ~40%，对剪跨比 $\lambda \leqslant 2$ 的短柱抗剪效果良好。

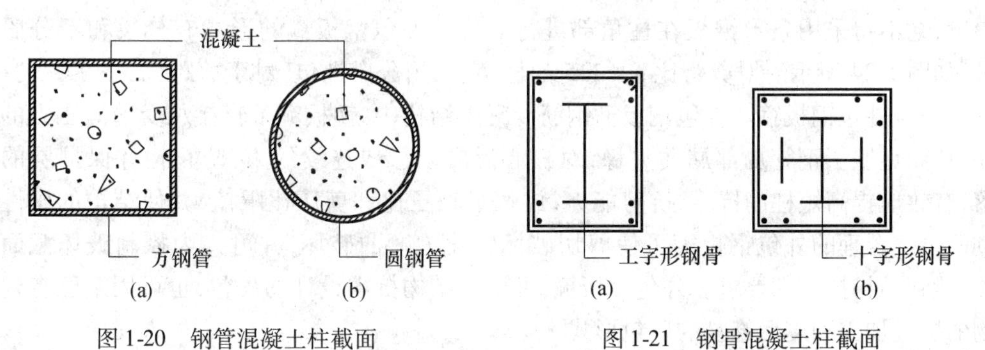

图 1-20　钢管混凝土柱截面

图 1-21　钢骨混凝土柱截面

（3）钢管混凝土叠合柱　钢管混凝土叠合柱是由截面中部的钢管混凝土柱和钢管外的钢筋混凝土叠合而成的柱，如图 1-22 所示。钢管外的钢筋混凝土可以滞后（即不同期）浇筑，也可以和管内混凝土同期浇筑（可不同等级）。叠合柱的核心部分设置钢管混凝土柱，承受结构初期荷载，并承受约 75% 的总轴力，提供主要抗剪承载力；外围混凝土仅承担总轴力 25% 左右，它的轴压比小，形变能力大，并承受截面上的大部分弯矩。与普通混凝土柱相比，它可以明显减小柱截面尺寸，从而减轻建筑自重，减少水泥用量；与钢管混凝土柱相比，它减小用钢量，克服了节点施工困难并无需特殊防火处理。与钢骨混凝土柱比较，在相同荷载、相同截面的情况下，用钢量要少得多。钢管混凝土叠合柱中，钢管内可采用

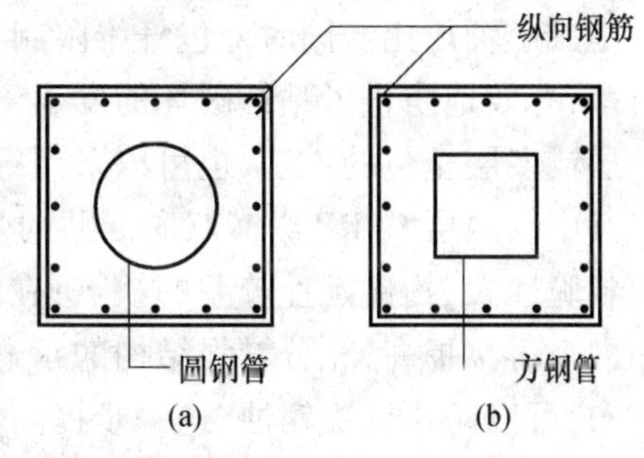

图 1-22　钢管混凝土叠合柱截面

C80 级以上高强度混凝土,钢管外可采用一般强度的钢筋混凝土。这样可以充分发挥高强混凝土的性能,提高柱的承载能力和形变能力,从而达到消除或改善短柱抗震性能的效果。

(4)分体柱　从改善短柱的抗震性能入手,减小截面尺寸“以一分多”的思路,提出了分体柱技术。这种新型技术采用分隔板(石膏板)作为填充材料将整截面混凝土框架柱沿竖向分隔成4个单元柱,每根柱中由普通纵筋和普通箍筋组成的钢筋笼中部又设置有由柱芯箍筋和柱芯纵筋组成的芯柱,如图1-23所示。整体柱的受剪承载力基本不变,受弯承载力稍有降低,但侧向变形能力和延性耗能能力显著提高,由剪切型破坏转化为弯曲型破坏,实现短柱变“长”的设想,有效避免了短柱的形成。分体柱技术适用于高层建筑框架、框架-剪力墙以及框支-剪力墙结构中剪跨比 $\lambda \leqslant 1.5$ 的短柱,并且分体柱技术无需特殊材料和工艺要求,降低了高层建筑的造价,增大了建筑的使用面积。

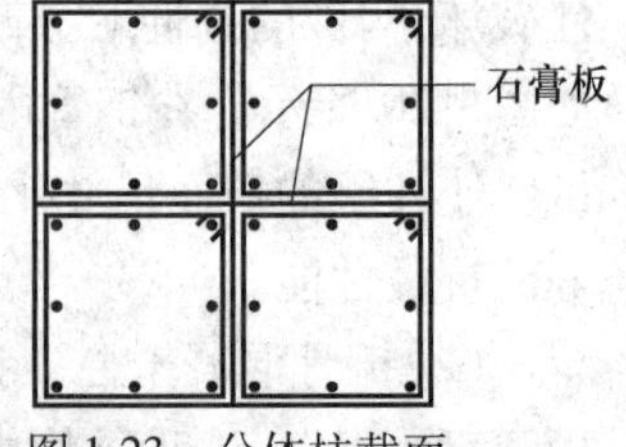

图 1-23　分体柱截面

9.2.4　约束混凝土柱

(1)外包钢板箍　外包钢板箍是采用压成U形的两块钢板在 $h/2$ 处对焊而成的环形筒箍,绝不得采用条形钢板在柱角部进行对焊。外包钢板箍的形式有分段和不分段之分,如图1-24所示。对剪跨比 $\lambda \geqslant 1.5$ 的柱,宜采用分段外包;对于剪跨比 $\lambda < 1.5$ 的柱,宜采用全外包钢板箍。外包钢板箍钢筋混凝土结构中,钢板箍不直接承受轴向压力的作用,从而克服了钢管局部屈曲失稳,对核心混凝土形成连续约束,防止构件保护层的脱落,有效地提高短柱的抗压、抗剪能力,放宽了轴压比和剪压比限值,并使结构的延性得到改善。合理的外包钢板箍可使剪切破坏转化为弯曲破坏,并可人为控制破坏截面位置,达到结构抗震的要求。外包钢板箍,可用于结构抗震设计的先包,也可用于已有建筑物的抗震加固和震后修复的后包形式。

(2)外包碳纤维布　碳纤维布是用树脂浸润碳纤维并固化后形成的碳纤维增强塑料。这种技术通过有效限制混凝土的横向变形,使混凝土处于三向受压状态,提高了混凝土的抗压强度和极限压应变,从而提高柱轴压承载力、变形能力及延性,并能有效地减小轴压比。同时外包纤维限制了裂缝的发展,在纤维拉断前保护层的混凝土不剥落,有效地防止了粘结破坏的发生。采用外包碳纤维布施工有多种形式,既可以采用1层或多层全包的方法,也可以采用纤维布条呈螺旋状或环状部分外包,如图1-25所示,其中以两层CFRP纵横双向混贴的效果明显。与高强混凝土结合使用,可显著改善材料脆性大、构件延性较差的缺点;在复合螺旋箍筋柱外裹缠碳纤维布可使混凝土的侧向力再次提高,充分增强结构的承载能力和形变能力;在钢管混凝土柱外裹缠碳纤维布,可以防止钢板锈蚀,进一步提高钢管混凝土柱的性能,达到消除短柱的目的。采用碳纤维布加固方柱不如圆柱效果好,另外碳纤维布加固柱子的效果跟施工质量有很大关系。

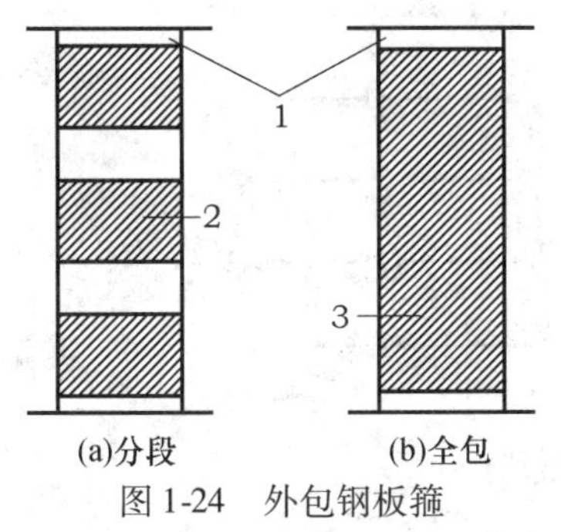

图 1-24　外包钢板箍

1—缝隙 100mm；2—分段钢板箍；3—全包钢板箍

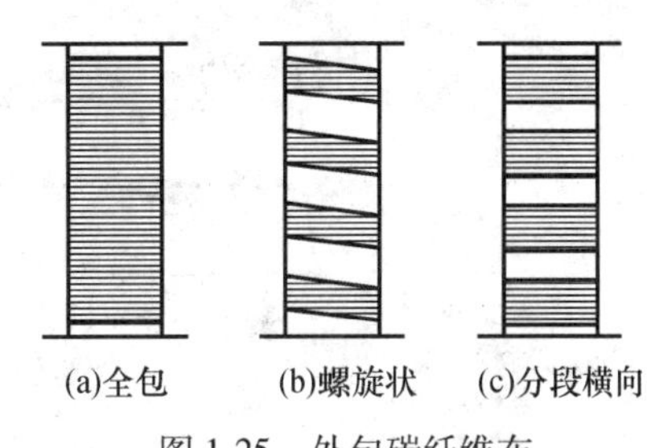

图 1-25　外包碳纤维布

9.2.5　设置抗震结构体系

(1)设抗震墙　从改变结构的水平抗力入手，在结构体系中设置只承担水平力而不承担竖向力的抗震墙、抗震柱或水平支撑结构，可显著减小短柱所承担的剪力，从而相对提高了短柱的抗剪强度，并保持一定的延性。抗震墙是用钢筋混凝土浇筑起来的剪力墙，一般都是从底到顶落地。抗震墙平面内刚度大，平面外刚度小，应在水平双向（X向与Y向）布置，来抵抗各方向水平地震作用。框架-抗震墙结构中，如图 1-26 所示，框架-剪力的最大值在 0.3～0.6H之间。框架属于第二道防线，大部分地震作用的水平剪力由剪力墙承受，框架承受的较少。只要剪力墙设置恰当，就能达到消除或改善短柱的目的。由于设置了附加水平抗震构件，该层之上、下楼板需进行水平力的重新分配，因此上、下层的楼板应按转换层楼板进行设计。

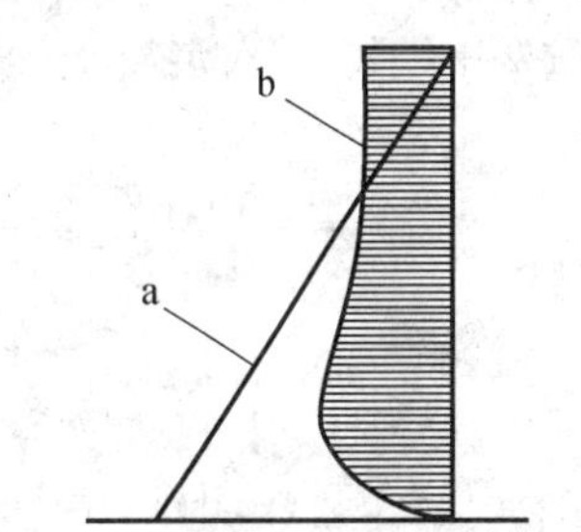

图 1-26　不同结构体系剪力分布

a—纯剪结构的剪力分布；

b—框剪结构中框架的剪力分布

(2)混合屈服机制　钢管混凝土结构（CFT）以其良好的承载能力和抗震性能得到广泛重视。有人提出了一种有别于传统的梁铰屈服机制，如图 1-27(a)所示的新型屈服机制形式——混合屈服机制，如图 1-27(b)所示。这种混合屈服机制，是通过设立几根强度大的柱来避免结构层间屈服破坏，而允许其余柱端屈服，从而使得部分柱的“强柱弱梁”条件得以放松，以适应更大跨框架结构的设计要求。这种屈服机制，充分利用钢管混凝土柱的承载能力，同时由于放松了“强柱弱梁”的限制，可以减小绝大部分柱的截面尺寸，提高柱子的剪跨比。遭遇强震时，利用钢管混凝土柱屈服后，承载力没有明显降低的优越性能，允许部分钢管混凝土柱出现塑性变形，有效地吸收地震能，缓解梁端的塑性变形，从而使结构的抗震能力得到最大限度的发挥，又达到消除或改善短柱抗震性能的目的。

大量震害结果表明，短柱剪切破坏的现象比较严重，是一种对抗震不利的结构。解决钢筋混凝土短柱的方法现在总结出的应用有很多种，但是在实际工程中，设计人员应根据具体的工程情况，合理选择短柱的处理方案，并采取一些综合构造措施来提高结构体系的延性，确保建筑物真正做到“大震不倒，中震可修，小震不坏”的抗震原则。可以设想，随着新型建筑新材料和结构形式的发展，将会有更多更好的方法应运而生，使抗震设计做到更安全、更适用、更经济可靠。

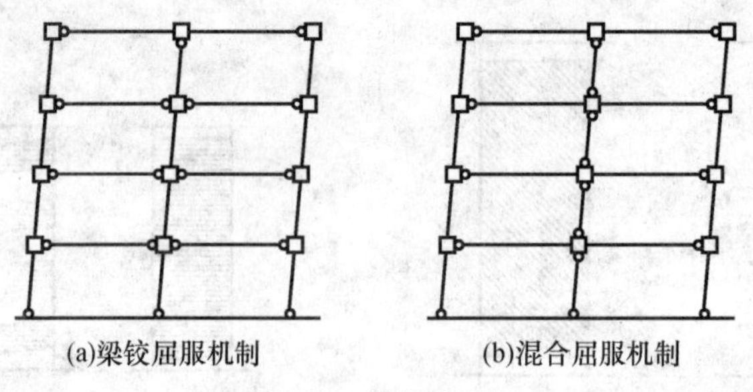

(a)梁铰屈服机制　　(b)混合屈服机制

图 1-27　屈服机制

10　无梁楼板结构的抗震能力及应用效果

无梁楼板(或称板柱结构)的抗震性能比较优良,无梁楼板一般指带有柱帽或托板的平板结构形式,如图 1-28 所示;无梁平板,一般指不带柱帽或托板的平板结构形式,如图 1-29所示。并对混凝土梁板楼盖中次梁的设计方法进行分析。

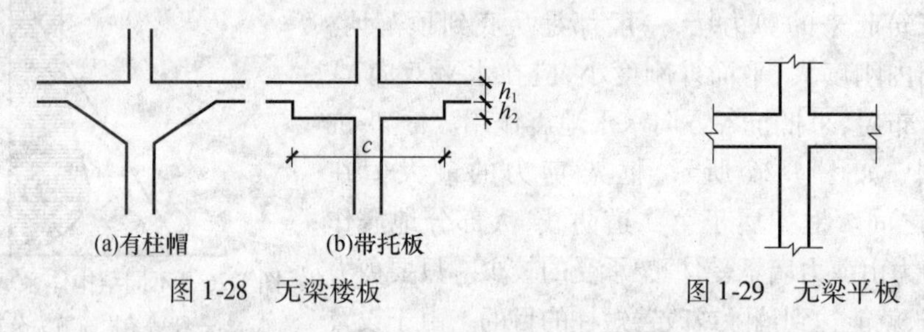

(a)有柱帽　　(b)带托板

图 1-28　无梁楼板　　图 1-29　无梁平板

另一个近年用得比较多的名词是“板柱结构”,即加抗震墙的称为板柱-抗震墙结构。这个名词在国外用得较少,一般用在节点上。无梁楼板结构(或称板柱结构)是一种比较好的楼板结构,因为这种结构具有施工简便、施工速度快、楼层净高较高(因而在同样净高的条件下,可以降低层高)与管道穿行方便等优点,所以在国外,尤其在北美洲应用很广,包括地震区和非地震区,其应用都很普遍。这种结构广泛应用于住宅、办公楼、停车楼以及其他工业与民用建筑。这些国家最常用的楼板形式是“无梁平板”,也即无柱帽也无托板的平板,整个楼板厚度是同一的。这种结构模板最简单,施工速度可以更快。

无梁楼板结构于1906 年第一次在美国芝加哥建成。当时并没有很科学的设计方法,是作为专利产品出售。由业主将需要的柱网尺寸(当时一般是 20ft × 20ft,约相当于 6m × 6m)、层高、层数及荷载大小(当时允许的活荷载一般为 100lb/ft^2,约相当于 5kN/m^2)等数据,提交承包商,由他们按合约时间建造完成,然后按合约规定,在 4 个左右区格(即柱网)内,进行堆载试验,一般加载时间为 1 ~ 3d,加载后板无明显下垂、开裂等现象,即作为完成合约,交付使用以后,随着技术发展,有了计算方法,即现在还常用的“经验系数法”:

$$m_o = 1/8ql_y\left(l_x - \frac{2}{3}c\right)^2 \tag{1-5}$$

美国规范规定,计算跨度 l_x 按净跨 l_n 计算,如两边支承柱中-中跨度为 l_0,假定 $l_n = 0.9l_0$,则按净跨计算的 M_0,大约是按中-中跨度计算的 80%。

20 世纪 50 年代，在北京设计建造了一批冷藏库，都是采用无梁楼板建筑，有肉库、水果库以及蛋库等。当时全部是按照前苏联规范和资料进行设计，有一本从俄文翻译过来名为《无梁楼盖》的书，里面介绍前苏联曾建造了 9 个区格的无梁楼板足尺模型进行荷载试验。楼板的配筋计算按上述的“经验系数法”，在 M_0 的计算中采用柱子中-中跨度。从试验结果发现，配筋富余很多，因此，规定以后在设计中都应将计算所得 M_0 乘以 0.7。当时，设计施工的那批冷库都是按 M_0 乘以 0.7 设计的。从 20 世纪 50 年代至今未发现结构有问题。而我们现在的设计，都按中跨计算，M_0 未做任何折减，所以比前苏联方法多用大约 40% 的钢筋（$1.4\times0.7\approx1.0$），比美国的按净跨计算方法也多 25%（$1.25\times0.8=1.0$）。所以，现在所设计的无梁楼板结构，从楼板本身承受竖向荷载来看，实在是富余太多了。

有的资料显示，设计无梁楼盖须遵守以下三条要求：①每方向不少于 3 跨；②各跨的跨度相差不超过 20%；③各跨荷载基本均匀。以上三条要求都是不正确的。这些要求实际上是对于经验系数法进行设计时的要求（也即近似法的要求）。如果不满足以上三条要求，则不能采用经验系数法，但是可以采用其他方法，例如等代框架法等。所以，对于无梁楼板结构不应该有这三条限制。把不应该作为限制的条文拿来作为限制，是我们现在某些同行的“常见行为”。

又如带柱托板楼板，如图 1-28（b）所示，有的资料上介绍托板宽度 c 必须满足：$c\geqslant\left(\frac{1}{6}\right)l$，$l$ 为无梁楼板跨度。实际上这个要求是：计算板支座负弯矩配筋时，如果把如图 1-30 所示中的（h_1+h_2）都考虑进去，则 c 不能太短，否则可能不满足弯矩包络图的要求。如果计算负弯矩配筋时，不考虑 h_2 的有利作用，只将 h_2 作为满足抗冲切承载力要求作用时，c 的长度就不一定非满足 $c\geqslant(1/6)l$ 不可。

所以在引用应用规范条文以及在看书学习的时候，一定要认真注意规范条文要求的背景和来源，以免误用。

10.1　无梁楼板结构的抗震性能

关于无梁楼板的抗震性能，有一种看法认为其抗震性能不好，应在地震区限制使用，以致《建筑抗震设计规范（附条文说明）》（GB 50011—2010）所规定的板柱-抗震墙结构的最大适用高度，7 度区只有 35m，8 度区只有 30m。全国兴建的冷藏库由于使用要求，基本都采用无梁楼板结构，其中有相当一部分是由商业部设计院自行设计的，结构工程师认为 2001 版《建筑抗震设计规范》所给出的最大适用高度太低了，不适用也不经济。不过，规范归规范，设计归设计，而设计中有了抗震墙和良好的抗冲切措施，建得高也不存在安全问题，如果实在不行就开专家论证会，做具体建筑超限审查。2010 版《建筑抗震设计规范》编制时由于设计同仁们的努力，使抗震墙结构的适用最大高度加以放宽，7 度区放宽到 70m，8 度区放宽到 55m，放宽了不少。

有一个概念需要解释，即《建筑抗震设计规范》中的表 6.1.1 中的各种结构“适用的最大高度”，不是“限制高度”，它是说规范所规定的计算方法、构造措施等等，只适用到一个最大高度，例如对于 7 度区的抗震墙结构，只适用到 120m 高度，超过此高度的结构应该采用比规范规定更严格的设计、构造要求，而不是不能超越这个高度。现在常用的

“超限审查”的规定其中之一就是当结构超过规范“适用的最大高度”之后，由国家规定的机构聘请专家，提出各种设计、构造要求。

所以，板柱-抗震墙结构的高度，如果超过《建筑抗震设计规范》表 6.1.1 中的适用的最大高度，可以采用进一步的加强措施，申请“超限审查”，听取专家们的意见，是可以满足增加高度的要求的。

10.2 无梁楼板结构抗震性能的不足

无梁楼板结构的抗震性能有一定的弱点，具体表现在：①抗侧刚度较弱，地震时侧移较框架结构大；②板柱节点的延性较梁柱节点差，耗能能力弱；③最重要的是板柱节点抗冲切能力差，地震时可能发生破坏，导致楼板坠落破坏，且板柱节点的不平衡弯矩会对板产生附加剪切（这点在相关的书和规范中都提到过）。针对无梁楼板结构，这些抗震性能弱点可采用有关的加强措施：在地震区宜设置抗震墙，形成板柱-抗震墙结构，这样可以减少侧移和节点弯矩。设墙以后，不仅减少了侧移，还可以减少非结构构件的损坏。

10.3 板柱结构具有一定的抗震能力

板柱结构宜设置抗震墙，并非必须设置，未设置剪力墙的板柱结构在地震时也可以表现出不错的性能。1971 年美国洛杉矶圣费南多发生强震，有一栋假日酒店为 7 层无抗震墙的板柱结构，虽然由于较大的侧移使非结构构件受到很多破坏，但是在板柱节点处并未发生冲切破坏。这是一栋 7 层的板柱结构，横向 3 跨，平均柱中距为 6.25m，柱截面为边长 450mm 的方柱。板的厚度除层 2 为 250mm 外，其余各层均为 216mm。建筑物周边的裙梁截面为 400mm × 550mm。在建筑物的首层、层 4 和顶层设置了强震仪。在发生地震后的最初 6s，结构的振动周期为 0.7s。9s 以后振动周期变成 1.5s。主体结构除了柱边负弯矩区受弯开裂外，其他并无多大损坏。从此实例可以看出板柱结构还是有一定的抗震能力的。

值得注意的是该建筑物的柱和板的截面，相对现在设计常用的截面偏小。在我国 8 度区（洛杉矶实际上相当于我国的 9 度区）设计这样一栋 7 层的板柱结构，如果要满足位移要求，柱截面要不小于 650mm，板厚将为 250 ~ 300mm，9 度区还要大很多。因此，按我国规范建成的建筑，遇到同样的地震时，位移会小得多，非结构构件的损坏也将少得多。但是，这样的位移也会造成损失，应尽量减少或避免。

1976 年唐山地震时，北京和天津的震害调查都表明，框架结构的震害较严重。2008 年四川汶川地震的震害也表明，框架结构的震害较重，主要表现在难以实现的“强柱弱梁”。为了实现“强柱弱梁”的目标，相关规范规定通过柱端弯矩增大系数提高柱在轴力作用下的正截面受弯承载力，2010 版《建筑抗震设计规范》进一步提高了增大系数，但是要确定梁端实配的抗震受弯承载力仍然有两个不确定因素：①钢筋屈服强度超强；②楼板的有效宽度取值。这两个因素导致梁端实配的抗震受弯承载力不能确定，因此尽管提高了增大系数，但仍然不能确定是否能够实现“强柱弱梁”。由此来看，板柱结构可以避免“强梁弱柱”，因此板柱结构的抗震性能并不一定比框架结构差，尤其是在层数不多、柱截面不大的情况下。

10.4 板柱结构抗震设计的有关要求

我国《建筑抗震设计规范》从2001版开始，对板柱-抗震墙结构提出了较好的抗震设计要求，要点综述如下：

(1)抗震墙应承担结构的全部地震作用 各层板柱和框架结构，应能承担不少于各层全部地震作用的20%。

(2)沿两个主轴方向通过柱截面的板底连续钢筋的总截面面积应符合：

$$A_s \geqslant N_G / f_y \tag{1-6}$$

式中 A_s——板底两个方向连续钢筋总截面面积；

N_G——在本层楼板重力荷载代表值作用下的柱轴压力设计值；

f_y——楼板钢筋的抗拉强度设计值。

2010版《建筑抗震设计规范》增加了一条重要的要求，即第6.6.4条第4款："板柱节点应根据抗冲切承载力要求，配置抗剪栓钉或抗冲切箍筋。"但最好要明确，应优先选用抗剪栓钉。

如图1-30～图1-32所示是从文献中摘出来的用以说明板柱抗冲切配筋的插图。图1-31表示板底钢筋的作用及其具体做法。《建筑抗震设计规范》要求的板底配置连续钢筋，实际工程中没有如此长的钢筋，如图1-31所示表示几种搭接做法，可供参考。如图1-32所示则是板柱结构的试验结果，共3条曲线，曲线1是未配抗冲切钢筋的，曲线2是配置了箍筋的，曲线3是配置了抗剪栓钉的。可以看出配栓钉的板柱结构的效能远好于箍筋。

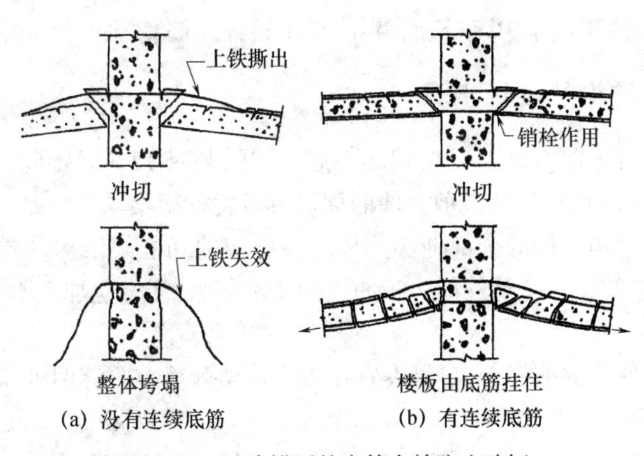

图1-30 正确锚固的底筋有效防止破坏

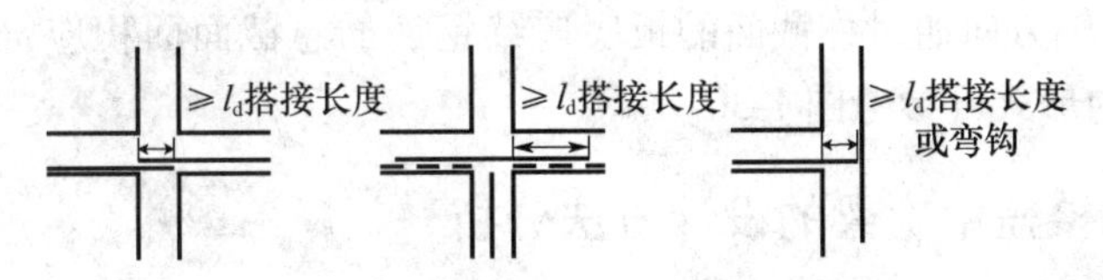

图1-31 提供有效底筋的方法

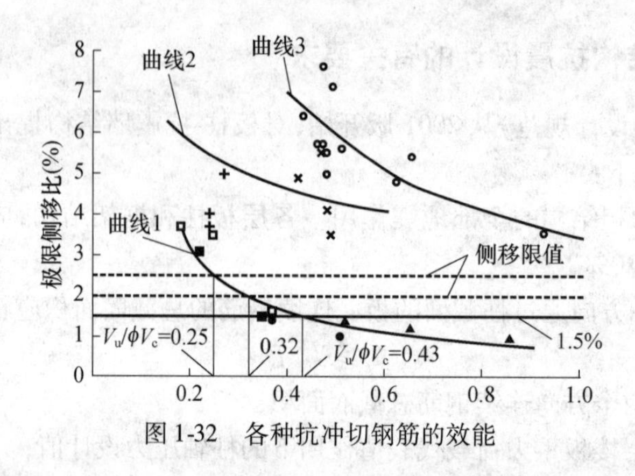

图 1-32　各种抗冲切钢筋的效能

《建筑抗震设计规范》第 6. 3. 4 条第 2 款要求框架结构梁纵筋直径不应大于柱在该方向截面尺寸的 1/20，这条规定在国外规范中也有，国内有人在试验中也验证了这个要求。这是因为在地震时梁纵筋的应力变化大，有时受拉，有时受压，容易破坏混凝土对钢筋的握裹力，产生滑移。但柱纵筋的应力因为有竖向荷载，不至于产生拉、压变化。虽然规范要求托板和柱帽根部厚度的最小值为 16d（d 为柱纵筋直径），即 20d 的 80%，有所减少，但不能简单地打个八折来规定不应有的要求。以柱纵筋直径为 25mm 计，此时厚度至少要 400mm 才能满足规范的要求。而且规范未明确对 7 度以下地区是否也有 16d 的要求。如果有此要求，则无梁平板（即无柱帽也无托板）结构基本上不可能存在，因为厚度 400mm 的平板是很不经济的。然而实际上无梁平板是很好的结构形式。再查一下美国规范，在 ACI 318—08（2008 年混凝土规范）中，规定板厚不能小于抗剪（冲切）钢筋直径 16 倍，也就是板厚不小于 16 倍箍筋直径，而不是柱纵筋直径。

10. 5　板柱结构的设计步骤

（1）确定是否设置剪力墙。一般 12m（3 层）为界，超过 12m 设置剪力墙；墙的数量宜多于一般框架-剪力墙结构的墙。剪力墙的周边宜设置框架梁。

（2）抗震墙应承担结构的全部地震作用。各层板柱和框架结构，应能承担不少于各层全部地震作用的 20%。验算柱周边板的抗冲切承载力，注意应加上不平衡弯矩引起的附加剪应力。

（3）在不影响使用的前提下，尽量设置托板。冲切验算应验算两处截面：柱帽与柱相交处以及柱帽与板相交处。

（4）宜采用栓钉抗冲切，尤其是对于板厚小于 300mm 的情况，抗冲切不宜采用箍筋的形式。

（5）沿两个主轴方向通过柱截面的板底连续钢筋的总截面面积应符合 $A_s \geqslant N_G/f_y$ 的要求。连续钢筋的形式可参考图 1-30。

10. 6　梁板楼盖中次梁的设计方法分析

对于“楼盖的主梁、次梁、楼板结构相连现浇为整体，不但自身有相对高的承载能力和弯曲刚度，对结构的整体性及侧向刚度也有较大贡献”，实际上，结构的抗侧刚度取决于框架梁、柱的刚度，与次梁关系不大。在整体计算中，通常对楼板采取刚性楼板的假定，假设楼板平面内刚度无穷大，有无次梁对结构整体的抗侧刚度并无太大影响；如果在整体计算中，采用弹性楼板的假定，也就是考虑楼板平面内的弹性形变，加入次梁，势必减小楼板的厚度，从而减小弹性楼板的平面内刚度。在楼板平面内方向，楼板对刚度得贡献要大于次梁的刚度共性，因此，加入了次梁抗侧刚度不能提高。

关于“为简化楼盖设计与施工，普遍将次梁按简支梁配筋”，首先，从工程实践中看，没有将次梁按简支梁配筋。其次，不分状况地将次梁按两端简支配筋是不科学的，也是不经济的。对于连续的次梁，支座负弯矩理应向邻跨传递，这是客观规律，没有必要人为地把支座部分考虑成铰接，使得支座上部配筋不足，容易导致开裂，显然不够科学。如果按连续梁设计，还能解决“按简支梁配筋的次梁在设计荷载作用下，两端顶面易出现较宽裂缝”的现象。因此，对于连续的次梁，应按连续梁配筋，让其正常地传递负弯矩。但对于不连续的次梁、次梁的结束端应按铰接计算并配筋。置于主梁“受扭”问题，因为有整浇的楼板，这一点不成问题，如图 1-33 所示。

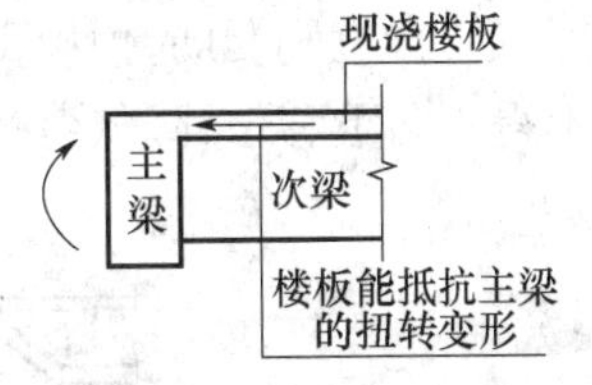

图 1-33　边梁抗扭示意图

关于“为使楼板抗裂度、刚度、受弯承载力满足规范及使用要求，设计必然选择增大楼板厚度及配筋率，导致楼盖自重及用钢量增加”，相关混凝土规范中计算裂缝的公式，只适用于简支梁的计算，对连续梁和双向板是不适用的。

关于“作为楼板的加强肋，改善楼板施工期间的抗裂性能”，由于混凝土楼板的裂缝大多为干缩裂缝，导致楼板开裂多数为施工控制问题，因此次梁对改善楼板的抗裂性能作用不大。

关于“提高楼盖主梁之间部位的抗弯刚度，减小挠度”，在主梁间增加次梁的意义在于减小了楼板的跨度，从而在楼板厚度不变的情况下提高了刚度，减小了挠度。如果增加次梁的同时，减小楼板的厚度，并不一定能提高刚度或减小挠度。

总之，楼板的刚度和挠度大小取决于自身，加设次梁最直接的作用是减小了楼板的跨度。

关于“次梁截面上部通常纵筋可兼做楼盖温度配筋”。楼盖由温度收缩产生的裂缝很少出现在次梁上，因此次梁截面上部的纵筋作为温度钢筋是没有意义的。对外伸至悬臂楼盖的边跨次梁可降低边梁的扭矩问题，因边梁与楼板整浇，不存在受扭问题，如图 1-33 所示。

对于“当次梁高度相对于板厚较大时，可认为楼板被次梁分为若干小块，主、次梁为板块边缘支座；当次梁高度相对于板厚较小时，可认为次梁是凸出板底的加强肋”，次梁是否能成为楼板的支座，取决于两者在同一荷载状态下共同工作时的相对形变，而不是简单地从两者相对高度上来判断。当次梁形变小于楼板，这说明楼板在次梁边缘的形变被次梁有效控制，换句话次梁对楼板起到了支承作用，楼板在此处出现负弯矩，这时就把次梁作为楼板的支座来考虑。归根结底还是取决于楼板与次梁刚度差，而不是简单的高度差。

对于“当梁板楼盖的抗裂与刚度控制标准较高时，设计不宜采用简支次梁，需按两端刚接确定次梁内力、验算裂缝宽度，更不宜采用无次梁楼盖”，楼盖的平面内刚度主要为楼板提供,有无次梁影响不大。而平面外刚度大小,次梁并不起决定因素。无次梁楼盖,可以通过增大楼板厚度来增大楼盖平面外刚度,不一定要通过增加次梁来实现。

对于“当主梁两侧次梁的跨度相差较多且楼面荷载较大时,应验算主梁的受扭承载力。对于悬臂楼盖,相邻边跨正交方向次梁宜外伸至悬臂构件外缘,以减小边梁扭矩及悬臂主梁的内力与配筋”,实际上有整浇的楼板作为梁的支撑,梁的抗扭不成问题。如果仅仅为了降低悬臂主梁的高度,那么次梁外伸至悬臂构件边缘,也是可用的一种方法。

还有“在混凝土梁板楼盖屋盖与梁筏基础设计中尽量设置次梁,以获得较大承载力与弯曲刚度,减少其折算厚度与配筋”,设置次梁并不是获得较大的承载力与弯曲刚度的唯一途径,通过增加楼板厚度也可以实现。是否“减小了折算厚度与配筋”也得看次梁的断面尺寸和数量的多少来判定,不能认为设置次梁就一定能达到希望效果。增设次梁,能减少自重和配筋,但施工繁琐而且不利于管道穿过,使得原本可贴近板底布置的管道不得不向下移位,降低建筑的使用高度,如图 1-34 所示。

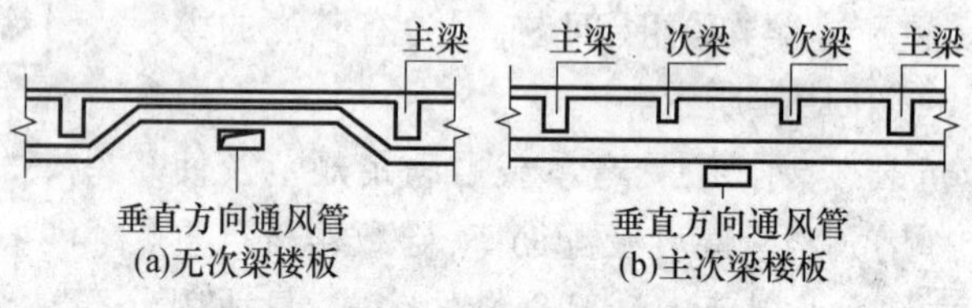

图 1-34　通风管布置示意

综上所述,无梁楼板(即板柱结构)历史沿革及国外某板柱结构经过地震的情况,分析板柱结构抗震性能的优点及不足。并分析现行抗震规范公式所需要的构造要求及做法,给出了板柱结构的设计步骤和设置抗震墙的要求。在计算中应由抗震墙承担全部地震应力,并计算柱周边板的抗冲切承载力。抗冲切宜用栓钉,板厚小于 300mm 不宜用箍筋,另外对次梁的作用与其理解也进行分析探讨。

11　建筑框架-剪力墙结构梁柱节点施工质量控制

现浇钢筋混凝土框架及框剪结构的梁柱节点处,一般认为是节点核心区域,是主体结构最重要的部分。框架及框剪结构的震害大多数出现在柱和梁柱节点的核心区域,节点的破坏主要是剪切破坏和锚固处钢筋破坏,严重的会引起整个框架的毁坏。以前和现行的结构设计和施工验收规范都强调了“强节点”的构造要求,对节点的箍筋绑扎和钢筋锚固,混凝土强度做出极其严格的要求。但是在具体工程实践中却往往对节点的施工过程并不是非常重视,对节点的控制不是非常严格、认真。根据一些工程应用保证节点施工的质量控制,并进行分析与提出处理措施。

11.1　节点区域钢筋绑扎

对节点区的钢筋绑扎控制主要是重视箍筋的间距和纵筋的锚固质量。设计时一般都会按照规范要求在节点区及加密区箍筋,它们的间距有所不同,包括箍筋的规格、直径及间距。纵向筋锚固也要满足规范构造的要求,包括伸入支座直线长度及弯钩长度。在一些工程中存在的问题是:节点区箍筋绑扎不到位、数量不够、位置不准及间距不分,或是几个箍筋扎堆在一块,或者区域内一段长度内空无箍筋;而纵向筋则可能会因弯钩被切断(短)或者锚固长度不够。究其原因,一方面是一些施工管理和技术人员以及监理人员技术的素质比较低,对节点区在构造上的理解认识缺乏,质量意识淡薄;另一方面也受到施工流程的限制,使得要做到节点区钢筋箍筋完全到位则存在操作上的较大困难,有的确实很难做到设计要求。

现在工程中最常见的框架梁柱施工的做法有两种。一种是将每层柱包括柱身、加密区和节点的全部箍筋按规定间距一次性绑扎好,然后安装柱模板,在梁底下100mm左右处留施工缝浇筑柱身混凝土,柱侧模拆除后接着安装柱头节点模和梁底模,也可以安装梁一侧模,然后绑扎框架梁钢筋。这种节点箍筋工艺做法影响了柱混凝土的浇筑,浇筑时只有将箍筋绑扣解开,从侧面敲打已绑扎合格的节点箍筋,再打开一个较大洞使拌合料能够顺利进入柱身。这样一来节点的箍筋乱了,要想恢复到原样是不可能的,费工费时也达不到原来程度。在浇筑柱混凝土时,上部钢筋会被水泥浆严重污染,影响到与混凝土的粘结。另外节点区箍筋绑扎完成后再穿梁底筋将十分困难,尤其是穿带弯钩的底筋更加不易。这时只有拆除和敲击已绑扎好的节点处箍筋,严重的会擅自烧断弯钩,从而造成纵向筋锚固长度不够的现象。

另一种是所谓"沉梁法",绑扎框架梁钢筋在绑扎柱箍筋时预留节点箍筋不绑,在木工将节点模板及梁模板、楼板底模都支设完成后,再在楼板面上绑扎梁钢筋,绑扎好后拆除临时支架,并把梁钢筋骨架落到梁底模中。这样绑扎梁钢筋比较容易操作,但很容易漏掉节点区柱箍筋,但即使放了有时也很难绑到位,数量及间距均难达到规定的要求。在实践中有些建设工程项目要求采取改进措施,即在箍筋四个角设导筋,把节点区箍筋按设计间距绑在导筋上并固定成短钢筋笼,然后再随骨架沉入模板中,或是采用两个U形开口箍套叠,再焊成封闭箍。事实上只要先把模板都安装好再沉放梁,不论是采用导箍还是采用U形开口箍,都难以达到完整箍筋的可靠质量,尤其是高层建筑,当柱比较大采用的是比较复杂的复合箍筋时,就根本不可能做到设计及规范的要求。

工程施工中常见的情况是:在验收梁或板钢筋时,监理工程师才发现和提出节点区箍筋问题要求施工班组整改。但是,此时往往模板都已经安装完毕,如果不拆除节点区模板,根本是不可能整改到符合规范要求的。遗憾的是,实际上不少工程最后都是在"尽可能整改"中被马虎放过去了。

实践证明,只有细分工艺流程,合理安排工作顺序,木工和钢筋工紧密配合,才可能保证节点区钢筋绑扎符合设计及规范要求。其具体做法是将柱的箍筋分段绑扎:首先将柱箍绑至梁底下;其次在穿好框架梁底筋后绑扎节点区箍筋;最后在绑完框架梁钢筋后在梁面上加一道节点(定位)箍筋。其具体的施工流程:绑扎框架梁以下柱箍→安装柱模→浇灌柱混凝土(顶层边柱要注意留够梁筋的锚固位置)→拆除柱模→安装框架梁底模→安放框架梁底筋绑扎→节点箍筋绑扎→框架梁钢筋梁面处加节点(定位)箍筋一道→安装节点区模板→安装框架梁侧模→安楼板底模。这样的安装可能要增加绑扎框架梁钢筋使用的临时操作架,这时可以用工具式脚手架来解决。如果楼板底模板是用钢管做顶撑,也可以先搭顶撑架,利用它来做绑扎梁钢筋的操作架。

11.2 节点区的模板安装

梁柱节点支模一般都比较麻烦,模板量小、板块多以及工效低。施工实践中最常见的是在现场采用临时找材料散装的做法,这种做法容易出现尺寸偏差过大、拼缝不严密、表面平整度及接槎垂直度较差等通病,要拆除再重装往往十分困难,不便于进行节点内的杂物清理和节点箍筋的调整处理。结合节点箍筋的绑扎顺序,在装梁底模、穿梁底筋再绑扎节点箍筋后才安装节点模板,可以采取框架梁宽度范围以外(框架梁端头梁底以下的节点模板作为梁底模的支承在装梁底模时已一起安装)的节点模板,采用工具式定制模板的改进做法。其具体要点如下。

(1)在弄清每个节点处的梁柱、楼板的几何尺寸及相互位置关系后,对节点进行分类编号。

(2)根据每个编号节点的相关几何数据,确定节点模板的制作方案。矩形节点框架梁宽度范围以外的模板,一般分别由四个侧面的一至两片矩形板组成,模板下部与柱的搭接长度取40cm使其便于固定。结合节点模板的组合方式确定每片模板的具体尺寸并编号后,绘制出各节点的模板制作图。

(3)安排有经验的木工根据各节点的模板制作图预制节点工具式模板,并做好相应的标识。模板可用18mm厚的夹板制作,用40mm×50mm(柱截面大于1000mm时可用50mm×100mm)木枋做背楞,背楞间距不超过300mm。装模专用的夹具也预先加工好,矩形柱采用钢管夹具,圆形柱采用扁铁圆箍夹具,筋骨对拉螺栓采用ϕ12圆钢。

(4)根据施工进度,现场安装节点模板。先用铁钉将相应的模板在柱身初步固定,检查安装标高及垂直度,调整合适后安装夹具并初步收紧螺栓,在复查无误后用力收紧螺栓完成安装。另外,视砌块可将节点模板与梁模板连接加固。

采用工具式定制节点模板体系,节点模板一般可以周转使用10次左右,可节省人工和材料;提前制作,又可节省现场作业时间,加快进度,尤其可确保梁柱端的外形几何尺寸。

11.3 节点区的混凝土浇灌

框架梁柱节点作为梁的支座本身属于柱的一部分,所以节点混凝土强度等级应与柱相同。在工程实践中,多数框架的强度一般都取梁板混凝土与柱混凝土等级相同的强度;若原设计图纸上标明的柱与梁板混凝土强度仅相差5MPa,一般也会在图纸会审时将梁板混凝土强度等级改为与柱相同的强度等级。这种情况的节点区混凝土施工只需与梁板一起浇筑并注意振捣密实即可,否则很难保证浇筑后不留施工缝的现象。

而在高层框架、框剪结构的抗震设计中,为了满足框架柱的轴压比的要求同时又避免柱子截面尺寸过大,往往需要取框架柱的混凝土强度等级比梁板混凝土高出2个或2个以上的5MPa。这种情况,施工时就要采取特别措施保证节点混凝土的质量。比较成熟有效的做法是,在梁柱节点附近离开柱边不小于500mm,且不小于1/2梁高处,沿45°斜面从梁顶面到梁底面用5mm网眼的密目铁丝网分隔(作为高低等级混凝土的分界),先浇高强度等级混凝土后浇筑低强度等级混凝土,即先浇节点区混凝土后再浇节点区以外的梁板混凝土。需要引起特别注意的是:

(1)节点区混凝土与梁板混凝土应连续浇筑,不得将高低强度等级混凝土的交界处,留置成施工缝或出现冷缝,安排将高强混凝土振后立即连续浇筑低强等级混凝土。

(2)应根据工程设计和钢筋密度确定合理的混凝土配合比,严格控制施工配料,并在现场测控混凝土水灰比及坍落度,加强对混凝土的早期养护,以防梁端高低等级混凝土的交界附近出现混凝土收缩或裂缝现象;节点区高强度等级的混凝土宜采取坍落度比较小的非泵送混凝土配合比,使用塔吊运输,可减少水泥使用量和用水量,从而降低砂率,并减小混凝土的收缩量;节点和梁的混凝土浇筑宜采取二次振捣法,以增强混凝土的密实性,从而减少收缩开裂。

在高层建筑的框架、框剪结构节点处,经常会出现柱混凝土强度等级比同一层梁板高的情况,通常的施工方法是先浇节点处强度等级高的核心部分混凝土,然后在初凝前再浇筑梁板混凝土。只要采取的工艺措施到位,并精心施工,梁柱节点处高低强度等级不同的混凝土交界处附近的裂缝弯曲可以得到避免,满足强梁弱柱节点的强度和抗裂基本思路。

12 建筑玻璃幕墙设计施工质量控制

玻璃幕墙已经是极普通的建筑装饰应用,建筑物立面设计的整体要求是玻璃幕墙达到的效果,玻璃幕墙的结构特点是由支撑结构体系与玻璃面板所组成,玻璃幕墙的形式、玻璃和型材的选用、立面划分对建筑立面形成以及使用效果的影响很大。由于对玻璃幕墙的造型、保温及节能的需要日趋复杂,玻璃幕墙不承担主体结构荷载和建筑结构的外围护承重,其受力情况越来越复杂,总体还是由合金金属构架与某些板材组成,考虑的受力因素多,材料的性能及组织结构的复杂,从而加大了玻璃幕墙的设计难度。结合工程实际从建筑玻璃幕墙设计及施工质量问题进行分析,通过总结施工过程中控制的一些具体做法,进行一些问题探讨。

12.1 建筑幕墙施工常见质量问题

(1)设计存在的问题　就设计这一重要方面,由于计算不准确,导致设计深度不够,图纸不全,缺少连接承载计算和焊缝长度计算,特别对风压、地震荷载和温度取值不准确等。

设计中对一些问题考虑不足,主要缺少考虑幕墙工程的安防和连接预埋件安全因素,缺少立柱强度、横梁刚度等计算,缺少玻璃强度和最大面积计算。在建筑物单位设计中,未考虑温度作用和地震荷载作用,根据建筑物的使用功能,经综合技术经济分析比较结构形式和材料的选择使用。

(2)施工材料的选择问题　幕墙铝型材立柱及横梁壁厚达不到规范要求,玻璃强度不足,导致有的施工单位在施工中,存在着安全隐患。连接件选用普通碳素钢,影响结点连接的安全性和牢固性。结构选用聚硅氧烷密封胶,有些工程设计要求的是钢化玻璃,而实际采用的是普通镀膜玻璃等。

(3)施工中存在的具体问题　施工安装时预埋件位置不够准确,膨胀螺栓未做拉拔试验。工程防水措施达不到使用要求,隐框玻璃幕墙采用施工现场打胶,玻璃碎裂,防水材料直接与玻璃接触,无净化措施,幕墙玻璃切割后,无法保证相对温度、湿度的要求,留有火灾安全隐患。结构胶与玻璃粘接处有污物,施工现场管理不当,嵌填不密实,幕墙镀膜玻璃划伤普遍,出现剥离现象。结构胶厚薄不均匀,宽窄不一,电焊渣烫伤镀膜、镀膜腐蚀斑点超过规范要求。避雷系统不完善,布线连接不合理。

12.2 建筑幕墙设计施工的控制

(1)严格从业资质管理　玻璃幕墙工程的设计必须由具有甲级建筑设计资质的设计单位承担,并在规定范围内由专业施工企业承接玻璃幕墙的施工业务,施工企业须持建设行政主管部门核发的资质证书。未获得产品生产许可证的企业不得生产玻璃幕墙产品,未获得准用证的产品不得在建筑工程中使用。

(2)重视设计交底和图纸会审工作　幕墙构件与混凝土结构是通过预埋件连接的,在材料说明中应当明确玻璃幕墙所使用的材料的技术指标要求,预埋件的锚固钢筋应有足够的锚固长度。在安装施工说明中应当说明立柱的垂直度、横梁的水平度,预埋件必须在主体结构混凝土浇灌前埋设。而耐候聚硅氧烷密封胶的施工厚度要控制在3~3.5mm之间,按要求在主体结构混凝土施工前,必须要有幕墙预埋件的图纸大样,施工宽度不得小于施工厚度的2倍,否则,只有采用膨胀螺栓连接,这样工作的可靠性较差。

12.3 原材料质量控制

(1)结构型材　常用的结构型材包括铝合金型材、轻钢型材,铝合金型材的硬度应符合设计要求,幕墙的构架型材必须要有质量检验报告和出厂合格证明,表面阳极氧化膜平均厚度不小于16μm,其化学性能和力学性能必须符合有关规范要求。用于幕墙的钢材一般用不锈钢和碳素结构钢,钢材表面不得有裂纹、结疤、夹渣和折叠等缺陷。型材的截面尺寸、镀层外观质量和镀层、厚度及色差等性能应符合设计和施工规范要求,一般通过检查产品的出厂合格证书、进场验收记录及性能检测报告应符合规范和设计要求,建筑幕墙的铝合金型材一般采用LD30或LD31型号,同时对现场堆放的材料,按照比例由监理工程师监督进行随机抽查取样复检,以确保材料质量满足要求。

(2)玻璃选择　玻璃的使用选择要符合设计规定玻璃型号,最常用的中空玻璃检查其边缘是否为双道密封,规格要检查厂家生产工艺、出厂合格证与质量检查报告。铝框型式是否为合同指定产品,镀膜玻璃的外观质量应符合浮法玻璃的生产工艺技术,玻璃应使用安全玻璃,玻璃边缘应进行打磨周围密封。

(3)结构胶材料　对粘结材料要进行抽查,相容试验必须采用同一工程的相关材料,幕墙用密封胶应检查其生产厂家、型号、出厂合格证和性能检验报告。应用于玻璃或铝型材等结构的粘结材料一般用中性聚硅氧烷结构密封胶,检验期一般需要3个月时间,结构胶的检验材料包括质量检验报告。

(4)防火、保温隔热材料　用于防火保温的材料不可直接与玻璃接触,用防火密封胶将其搭接缝隙密封。按照幕墙防火等级要求,幕墙的隔热保温应采用非易燃材料,并采取防潮措施。

12.4 施工测量放线

测量放线应与主体结构相结合,用激光经纬仪把各个区域的垂直控制线标定,用水准仪把各楼层水平控制线标定，若实际尺寸有偏差，对主体结构的外立面进行测量，应对偏差进行合理分配，然后弹出各节点细部的分格线，在测量中各种控制线均需闭合，检查实际尺寸是否符合图纸要求，避免安装不闭合。

12.5　严格执行施工工序

(1)幕墙节点安装　结构施工期间幕墙预埋件的埋设质量是幕墙节点安装的控制重点。因此幕墙预埋设件的位置与质量必须达到设计或规范的要求，在幕墙的立柱安装前一定要认真核对尺寸、规格、数量及型号。此项质量控制环节，关系到整个幕墙工程施工安装质量。安装立柱时，必须严格控制预埋件与连接角码的焊接质量、立柱与连接角码的连接质量。

安装时要先用对拉螺栓将立柱与连接件连接，相邻两根立柱的距离偏差不应大于2mm。然后将连接件与主体结构预埋件连接，立柱通过连接件与主体埋件连接并固定。预埋件、连接件必须安装牢固，用芯柱与立柱时应紧密接触，位置正确，并对每个焊接点进行防腐处理。上下立柱之间的缝隙不应小于16mm。横梁安装一般由上而下分层进行，且芯柱总长度应小于450mm。经过调整、校准后与立柱固定。

(2)玻璃板面安装　玻璃板面的安装，保证密封胶嵌缝在合适的气候条件下施工。施工时要保证胶缝厚度控制在规范要求的范围内，保证隐框幕墙各玻璃拼缝的整齐、美观，并防止产生气泡。

12.6　工程整改验收

(1)玻璃幕墙工程按照施工图纸完成后，由施工企业自己进行检查验收，对存在的质量问题一一进行认真整改，当监理工程师通过检查认为符合设计及施工规范要求时，再报请相关部门组织验收投用。

(2)玻璃幕墙工程质量验收工作以查阅工程材料及自检、验收批检查资料、工程实体质量和观感质量为主，结构聚硅氧烷密封胶相容性和粘结力试验，幕墙工程验收时必须提交的资料：设计图纸以及修改记录，分项工程质量验收记录表，施工中材料替换记录文件，置埋件拉拔检测报告，施工单位的质量自检记录，隐蔽工程验收文件，构件、材料出厂质检报告，型材试验报告，监理工作联系单、监理日记等资料。

要求幕墙外表面整齐美观，色泽均匀，门窗的开启角度和方向应符合设计和规范规定，钢化玻璃表面不得有划痕，打胶均匀不得流淌，幕墙外观具有整体安全感。幕墙的转角、侧边封口与周边墙体的连接构造牢固，外露构件、缝应横平竖直，造型符合设计要求，应按照设计满足防水要求，幕墙开启门、窗应固定牢固，安装位置正确。明框幕墙框构应竖直横平，金属材料的色泽应基本均匀，玻璃的安装方向应正确，铝合金料不应有脱膜现象，幕墙分格玻璃拼缝应竖直横平。铝合金装饰压板，缝宽均匀，表面应平整，并符合设计要求，不应有肉眼可察觉的变形、刮痕或局部压碾等缺陷。玻璃的品种、规格与设计相符，色泽基本均匀，幕墙的沉降缝、伸缩缝的处理应符合规范。

综上浅述，对玻璃幕墙设计、施工的质量进行有效的控制，并切实有效地推行建设监理制度，是控制建筑幕墙施工质量的主要监管手段。只要加强对幕墙工程的全过程管理，在各阶段均应做好审查和检验工作，幕墙工程的质量是能够得到保障的，幕墙工程也将为建筑物的安全使用和外观做出贡献。

13　剪力墙在变形缝处模板施工控制

根据现行的高层建筑混凝土结构技术规程中规定，对于高层建筑剪力墙结构设置伸缩缝的最大间距为45m。由于建设用地和建筑结构的布置需要，部分剪力墙结构因超长或结构地基差异而需要留置变形缝。而当剪力墙结构的部分变形缝两侧都是剪力墙时，且一侧剪力墙混凝土浇筑完成后，另一侧剪力墙外模板的施工难度比较大。尤其是对于两侧剪力墙长度都比较长，给模板的安装及拆除带来困难。根据实际工程过程中遇到的变形缝施工的做法，分析探讨不同施工做法的优劣，为更好地处理工程变形缝处模板的有效安装提供技术保证。

13.1　变形缝处模板安装施工选择

13.1.1　常规变形缝处模板安装施工

(1)常规支模方案一　使用高密度聚苯乙烯泡沫塑料作为变形缝的模板，另一侧用传统模板支设，用内支撑方法固定，模板与聚苯板之间采取用预制混凝土垫块控制墙体厚度，用密度为25kg/m^3的挤塑板。

后施工剪力墙外侧即靠变形缝一侧，模板采用在先施工完成的剪力墙体侧，敷设上与变形缝净空间距相同厚度的聚苯板，后施工剪力墙板内侧模，可以在作业面楼层上用常规的单面支撑模板体系。也有的为了确保施工效果，在后施工剪力墙的钢筋外侧的聚苯板表面敷设上一层三合板，以防止聚苯板松散后落入墙体内的钢筋网中，如图1-35所示。

(2)常规支模方案二　后施工剪力墙模板支撑系统在常规支模方案一上进行了改进，利用已完成的剪力墙螺杆孔穿入新支模板部分的对拉螺杆，如图1-36所示。

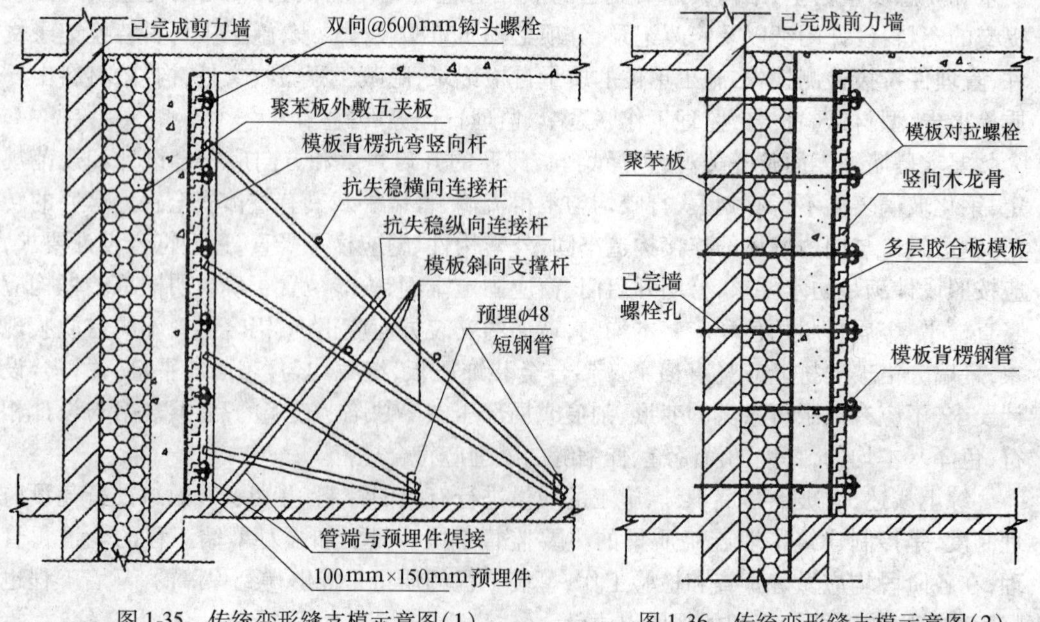

图1-35　传统变形缝支模示意图(1)　　图1-36　传统变形缝支模示意图(2)

上述两种方案的施工难度、操作安全及质量保证情况大概相当。两个方案的共同缺点是在施工缝间有一次性材料的消耗而且浪费较多,同时,施工缝间内侧聚苯板的安装固定,如果在剪力墙钢筋的绑扎工作完成后才放入,因此就需要将已成型钢筋外拉,以确保聚苯板的放入。如果在钢筋绑扎以前就放进,需要在聚苯板后面粘双面胶条,以防止聚苯板向外侧倾倒,并容易在绑扎钢筋时碰坏聚苯板,影响钢筋绑扎的进度和质量。当采用聚苯板填塞方法施工时,存在的另一不足是聚苯板的燃烧等级低,易燃;若是选择阻燃型,则在上侧剪力墙暗柱钢筋电渣压力焊连接时,要对电渣压力焊做好防火措施,防止电渣火花因掉入下侧聚苯板中所引起的火灾,这样的教训在克拉玛依某高层发生过,电焊引起其过火面积达800m^{2}以上。

13.1.2 较窄变形缝处剪力墙模板安装

当剪力墙间变形缝宽度小于1000mm的情况下,按缝内填塞聚苯板作为后施工一侧外模板,泡沫塑料板的安装应在剪力墙暗柱钢筋(焊接完成)施工完,剪力墙钢筋绑扎前进行,这样才能使聚苯板拼缝得严密。

为了阻止聚苯板向内侧倾倒,拼装聚苯板时在板的背面适当粘贴双面胶带固定聚苯板位置。剪力墙钢筋绑扎完成后,必须在聚苯板与钢筋网之间设置保护层垫块,垫块最好用水泥砂浆提前预制并埋设钢丝,垫块必须与钢筋绑扎牢固,钢筋与模板侧的垫块可采用水泥砂浆垫块或塑料卡作为保护层控制块,墙底模板一侧要根据墙厚控制线焊接模板定位控制筋。

变形缝处剪力墙模板支设要采取先施工完一侧剪力墙,待拆除模板再进行另一侧剪力墙模板支设施工。由于两墙间距仅为100mm或者更小,因此采取在钢筋绑扎完并验收后,在缝隙中用100mm厚度的聚苯板,作为墙体一侧模板,另一侧采取撑拉结合的方法支设模板。此类变形缝两侧剪力墙要先施工一侧混凝土,待先施工一侧混凝土拆除模板后再施工另一侧混凝土。

13.1.3 较宽变形缝处剪力墙模板安装

(1)支设模板方案选择　对于宽度大于200mm的变形缝,模板及其背楞、支撑支设空间已够,但是模板支设及拆除存在一些具体困难。如果采用聚苯板作模板,会造成严重浪费。当变形缝处剪力墙较长时,如果用一整块模板支设时,则模板的自重太大无法进行安装固定及拆除;若是采取两块板拼装,则模板的缝隙控制是极大难题。

现今由于常规厚度及高度的剪力墙,使用模板支撑都是采用双钢管即48mm×3mm,市场上常用的是3mm厚钢管作为主背楞,50mm×100mm方木侧立作为次背楞,而模板多使用15mm厚度多层胶合板或12mm厚竹胶板,这样正常的模板及背楞的总厚度在158~163mm的范围内。考虑双钢管上对拉螺杆帽的厚度,如按常规模板支设或拆除,只有变形缝的宽度达到200mm以上时,才能用此方法支设施工。因常规工程施工中内墙与顶板混凝土一般都是一次性浇筑,因此内墙模板都是采用小块板拼接安装施工。要按常规方法施工则变形缝处模板无法固定,要对变形缝侧模板采取一定措施,以解决两侧模板间的对拉固定,根据不同缝宽采取不同施工方法。

方法一：如变形缝宽度大于200mm或更宽时，可用15mm厚胶合板为模板，方木用50mm×100mm作为竖向背楞，钢管仍是48mm×3mm为主龙骨（水平设置），双钢管与木枋模板间使用钩头螺旋或平头拉结螺栓固定，木枋为竖向长边垂直与模板，使用铁钉自攻螺钉固定，上下每道水平钢管背枋间采取2～3道12mm钢筋用作拉结筋（杆），以确保模板整体刚度。最上一道双钢管是焊接吊装环用，以方便模板安装和拆除。

方法二：如果变形缝宽度为150～200mm时，可考虑用50mm×100mm方木侧卧，这样需增加钢管主背楞的间距，或多增加木枋背楞的数量，以确保模板背楞的抗变形能力。采用此方法可以减小模板总厚50mm。

方法三：当变形缝宽度为100mm以上时，变形缝侧模板可以使用钢模板。内墙仍然使用竹胶合模板，外墙使用大钢模板，面板用6mm厚钢板；主背楞采用#10槽钢，次背楞采用#8槽钢或∟50×5角钢，；次楞平卧于主楞之间，与主楞焊接连接，槽钢的布置间距根据内墙钢管主背楞设置。对拉螺杆的间距要根据内墙胶合板模的要求设定，具体间距可参考方法一。采取本方法时适用于外侧钢模板的多次周转，使用也比较经济合理，不然费用较高。一般适用于使用次数超过10次以上时，比采用木模板更经济合理。

（2）模板的加工制作：

① 模板与次背木楞间距连接。胶合板模板与木楞背间距连接使用35mm的平头螺钉，胶合板上的螺钉孔通过电钻完成打孔，并在钉帽处稍微扩展，要保证螺钉帽略低于模板面，在螺钉拧紧后用石膏腻子把螺钉帽的凹坑抹平，以增加模板的周转使用次数。木枋背楞的间距为300mm，侧向小面与模板背面接触，胶合板与每根木枋背楞间螺钉间距为500mm且不能少于6个。

② 木枋背楞与双钢管主龙骨间采取间隔用F型卡钉钩头螺杆或平头拉结螺杆固定，按@600的间距布置，如图1-37所示。

双钢管的布置间距：应距模板底部200mm设一道，其上间距每隔500mm设第二道，向上600mm设第三、第四道，最上700mm设第五道，共设五道是按层高3.0m考虑设的。在楼板水平向钢管龙骨上焊70mm×100mm×8mm钢板，并在2根48背楞钢管中间钢板上开出一个16mm的孔，并在钢板开孔处焊上14mm螺帽，用于楼层作业面穿入对拉螺杆进行固定，如图1-38所示。

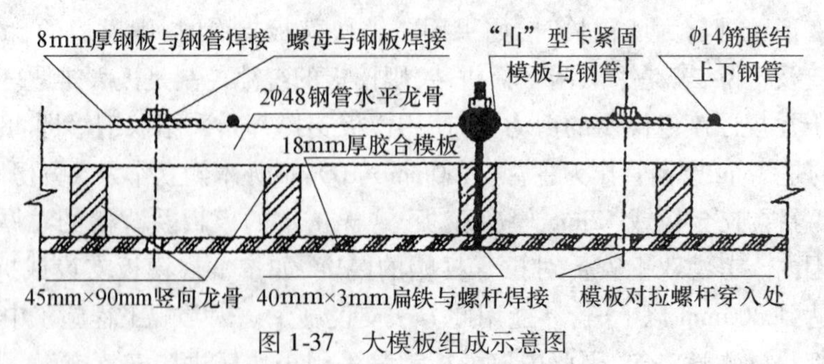

图1-37　大模板组成示意图

③ 后浇筑剪力墙外侧定型模板分段接缝。对于很长变形缝处剪力墙，因模板过长需要采取分块分段拼装，以减轻每块模板重量，方便安装，但要对模板拼接处进行处理从而

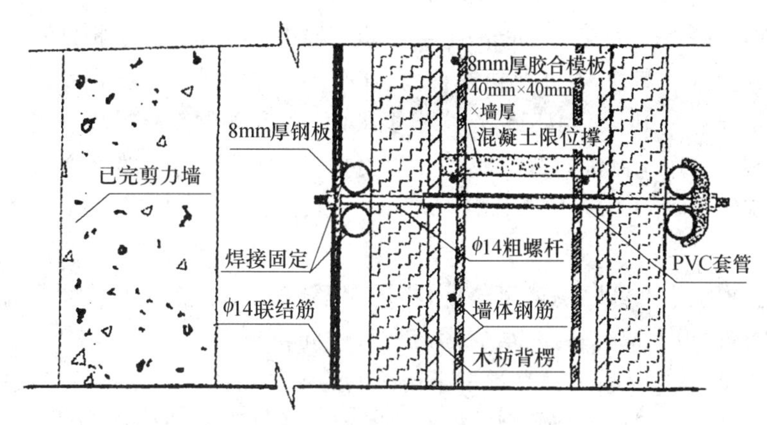

图 1-38　模板固定立面示意图

达到无缝隙。最好在拼缝接槎做成企口型，防止分段安装模板楼缝之间错位，确保严密性的需要。

④ 后浇剪力墙外侧模板的整体形成：使用定制钩板螺杆，使多层面板钩紧并将竖向木枋龙骨夹紧于钢管水平龙骨上，使模板体系形成一定刚度的整体，满足塔吊将大模板整体吊升的要求，如图 1-39 所示。

13.2　模板的安装及拆除

变形缝处模板的施工工序：模板加工制作→模板临时就位→内侧模板就位→外侧模板就位→穿入对拉螺杆→固定外侧模板→检查模板尺寸→浇筑混凝土→斜支撑拆除→拔出穿墙螺杆→拆除内墙模板→变形缝处模板松开→塔吊提出模板→上层模板临时就位。

（1）模板安装前的准备　在剪力墙钢筋绑扎前，要对墙侧下层混凝土顶面进行检查，如果有凸凹不平要进行认真修补，减少合模后产生漏浆的概率。为了确保变形缝处剪力墙的施工质量，在墙根的钢筋上间隔一段距离焊接模板定位卡，以确保剪力墙根部模板的位置正确。模板安装时应根据楼面墙根外侧 200mm 处弹出的模板控制线来定位。

为保证穿墙螺杆的位置正确一致，在进行楼面混凝土浇筑时，根据内外侧模板的高度和留孔位置及标高，在变形缝侧设置短钢筋头托支。

在施工剪力墙钢筋绑扎完成后，先吊装变形缝的侧模板，模板底部侧面要粘海绵条，吊装时应采用拉钩过墙螺杆孔，把模板紧靠控制边线位置后缓慢放下，在模板降至墙底侧的模板托架上，也可以架设在下层墙体穿墙螺杆孔内穿设的托架杆后，将模板顶部与对侧剪力墙作临时支撑点。

（2）变形缝处模板的安装　在剪力墙钢筋检验合格后，先将变形缝一侧的模板吊装就位安装，把模板根部紧贴墙体定位筋，调整好模板的确定位置，将模板间的拼缝也处理好。让模板临时斜靠在对面剪力墙上，并把模板临时就位固定，可以通过对面剪力墙模板的对拉螺旋孔用钢丝绳吊拉，然后卸掉吊装钢丝绳，以防止模板在卸掉吊装钢丝绳后，因底部未搁置于托架钢筋头上而下滑使模板坠落。

在剪力墙水平钢筋上绑扎墙厚控制混凝土撑块，再吊装内侧模板并定位，然后把两侧模板扶正再通过模板上的穿墙螺栓孔，把 PVC 套管和穿墙螺栓进行连接，PVC 套管的长度应大于墙的厚度且不少于50mm，把穿墙套管端头直接伸进多层板，防止施工过程中产生的可能漏浆进入套管，保证对拉螺杆要100%从穿墙套管中拔出。PVC套管外端穿过外侧模板不要超过10mm，由于套管穿出了板面，而不再具备控制墙厚度的限位作用，在对接螺杆附近采用预制细石混凝土条作为支撑，达到控制剪力墙厚度目的，如图1-38所示。螺栓穿墙套管采用软质PVC管，是为防止拆模提升大模板时遇到大的阻力从而增加困难。

先把外侧模板下部紧贴墙体定位筋，再固定模板底部定位支撑，然后再调整模板的垂直度，并固定模板上部的斜撑，最后固定模板中间位置的斜撑。斜撑与模板背楞钢管间采用扣件连接，斜撑钢管支撑在预设于楼板内的定位短插筋上用扣件垫铁固定。当穿墙螺栓穿墙后把穿墙螺杆先与外侧模板主背楞上的螺母连接，连接旋转长度应以超出螺母外为宜，一般旋转长度为15mm左右以保证外模板侧与螺杆固定牢固。固定好螺杆与外螺母后，进行模板内侧穿墙螺栓的紧固。

(3)模板的加固与检验　模板安装就位且对拉螺杆拧紧以后，要对内侧模板的垂直度进行检查校正，为了确保模板的垂直度且误差在允许范围内，宜在内侧模板上设置斜撑，斜撑与模板背楞钢管间采用扣件连接，斜撑钢管支撑在预设楼板内的定位短插筋上，以确保剪力墙模板的垂直度和稳定牢固。

(4)变形缝侧模板的拆除与起吊　按所需长度制作加工一根专用吊索，在后浇剪力墙外靠近变形缝一侧提升模板时，把此专用吊索的一端挂在塔吊吊钩上，另一端穿过先浇剪力墙外侧高处的悬挂脚手架空档，向下垂直起吊大模板，吊装完成后上部脚手架应及时采取封闭防护措施，以保证施工的安全。在每个分段大模板底部两侧各预留一个宽100mm、高150mm的孔洞，在提升时遇到大的阻力时，便于用撬杠协调其拆模，使模板离开墙体，模板面离开穿墙套管，如图1-39所示。

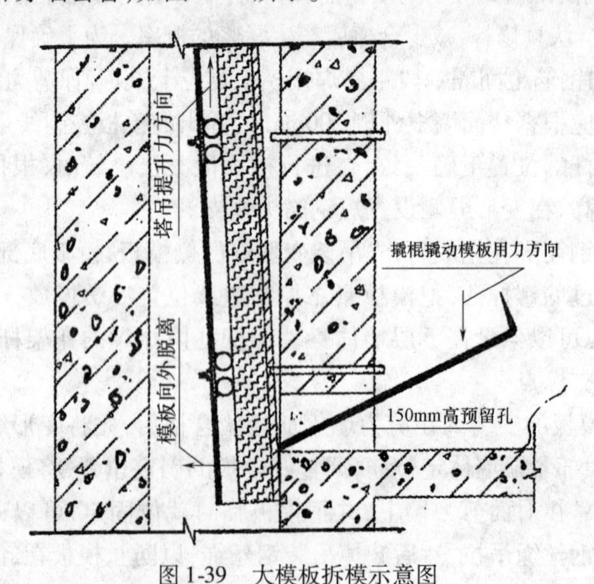

图1-39　大模板拆模示意图

综上所述，对于宽的双剪力墙处变形缝，采用传统的填塞聚苯板方式施工费用高，而采取施工方法一比较合理；对于结构施工层数高的房屋，如变形缝侧模板的周转次数超过10次,采用方法三比较经济合理;而对于层数较低多层建筑,由于变形缝在100mm或更小,宜采用聚苯板填充作外模比较合理。

对于变形缝两侧均有较长剪力墙的模板安装,要根据施工计算分析和具体缝的宽度及高度,结构墙体布置,剪力墙高厚度,结合选择施工方法及经济安全性选择最佳的方案。总之要经济安全合理,还要省材省时。

14 住宅建筑电气设计要重视安全性

由于城市化进程发展速度很快,需要的住宅建筑量巨大,因此在居住建筑的现代化设施中用电安全也非常关键。而大量住宅工程依然是以中低负荷配电来做设计的,由此所引起的电气火灾用电事故逐年上升,带来很多严重的损失及教训。因此在建筑量较大的住宅用电设计中,把用电安全的可靠放在第一位。

14.1 住宅建筑用电负荷确定

随着社会文明进步的需要,电在日常生活中的作用越来越显得不可缺少,家庭使用的电气产品也越来越多,如最常用的电脑、空调、热水器、抽油烟机、微波炉、冰箱、洗碗机、消毒柜以及大功率家庭影院等,造成家庭用电负荷的总功率大幅度上升,而大量住宅工程仍然为中低负荷配电,这就造成已有的住宅房屋原布置的线路正在超负荷运行,在用电高峰时段会经常发生开关跳闸、熔断器熔断、引起导线或干线因超负荷而烧毁甚至引起电气发生火灾而造成严重后果。对此为了确保住宅用电的安全可靠,确定准确的用电负荷尤其重要,如何才能确定住宅用电负荷?这需要进行调查分析并经过计算才能确定。

(1)正常的设计是按住宅建筑面积来考虑,一般将其分为3类:即小型住宅面积不大于90m^2,中型住宅面积90~130m^2,而大型住宅面积大于130m^2。一般小型住宅照明用电负荷为500W,娱乐用电主要是电脑、电视和家庭影院等电气负荷为1000W,厨房用电包括抽油烟机、微波炉、冰箱、洗碗机、消毒柜及电开水壶的负荷为3000W;卫生间用电包括排风扇、热水器、浴霸等的负荷为3000W;空调负荷为2000W,经调研分析计算各类电气用电每户总负荷为9500W。而中型住宅的用电总负荷乘以系数1.3为12350W,大型住宅的用电总负荷乘以系数2.5为23750W。根据上述分析计算一般的居住住宅用电的最大负荷是集中在夏季18:00~22:00这个时间段内,这时的用电负荷占住宅用电总负荷的40%左右,查设计手册求得需要的系数为0.4~0.6,根据这个实际情况,在进行设计时一般取系数0.4即可,则小型住宅负荷计算取3800W;中型住宅负荷计算取4940W;而大型住宅负荷计算取9500kW合适。

(2)按照现行《住宅设计规范》(2003年版)(GB 50096—1999)规定,对住宅工程的用电负荷标准及电度表规格作出了详细的规定,但是很明显地滞后于现在人民生活水平的需要。所以住宅工程的用电负荷在进行确定过程中,需要认真考虑到今后若干年住宅电气的安全与可靠性是否能够满足实际要求,并结合国家标准及电气行业的具体规定,更加合理准确地确定电气用电负荷。

14.2　导线与电气设备选择

(1)导线材质与截面的选择　住宅建筑的电气线路用导线的选择,线应与住宅的用电负荷相匹配,并且要符合安全及防火规定。导线要采用铜芯线。根据规范 GB 50096—1999(2003 年版)规定,住宅进户线截面不应小于 $10mm^2$,分支回路截面不应小于 $2.5mm^2$。进户线和套内分支回路最小截面的规定是考虑到用电负荷的增长趋势和提高电能质量的需求而确定的。

如果导线规格与低压断路器的动作电流不匹配,断路器就失去了保护线路的作用。如果导线截面选择过小会造成线路长期超负荷运行,使线路加速老化从而引起电气火灾的重要隐患。

(2)漏电断路器的选择　为了有效保护及减少发生人身电击,在接地故障切断电源时引起的停电范围,漏电断路器动作应有选择性。根据规范 GB 50096—1999(2003 年版)规定,可以分为二级漏电保护,即总电源进线漏电保护和一般插座回路漏电保护(除空调电源插座以外)。后者是为防止人身电击伤亡事故的发生;而前者不仅可以防止火灾,还可以作为防触电的后备保护,形成具有选择性的漏电保护体系。因此要合理选择漏电断路的动作电流和动作时间,以使两级保护协调配合。一般是第二级即插座回路使用动作电流为 30mA,动作时间小于 0.1s 的漏电断路器;第一级采用动作电流为 300mA 或 500mA,动作时间小于 0.4s 的漏电断路器。

(3)对于灯具的选择　住宅室内灯具应根据使用实际需求、房间用途、光线分布和限制眩光等因素考虑。在满足使用功能要求的前提下,一定要选择节能型、高效率、维护检修方便且经过国家安全质监部门认证的合格灯具产品。在正常环境中宜选择节能型、高效率灯具;在潮湿、烟气较多的工作环境中,还必须选择具有防水、防尘灯头灯具;楼道照明应安装声光定时开关控制的灯具;距离地面高度在 2.4m 以下的灯具是金属外壳的,应有 PE 线接地保护。另外灯具的安装必须牢固平整,方便维修及更换,不允许装在高温设备表面或有可燃性物质的部位。

14.3　住宅用电与支线回路划分

随着建设规模的扩大和城市人口的增加,更是因为居民生活需求增加,用电的需求量也是越来越高,过去简单的照明型回路设计,已经不适应现在的发展需求。从科学合理的用电角度出发,应该增加分支回路做法。这样处理使每个回路的负荷减小,实际等于增加了线路截面积,可以大大降低线路升温,减缓线路的绝缘老化,使线路使用寿命延长。根据现行民用建筑电气设计规范 JGJ 6—2008 的规定,住宅分户箱内应配置有过电流保护的照明供电回路、一般电源插座回路、空调插座回路、电炊具及电热水器等专用电源插座回路,其中厨房电源插座和卫生间电源插座不适合同一回路。这样一般家庭住宅室内至少应有 5 个回路,也可以增设 1 ~ 2 个回路。总之,多回路会很方便,用电也安全。这样处理的后果是当某一线路一旦出现短路或者其他问题时,停电的范围会很小,不会影响到住宅中其他线路的正常工作,既方便,也大大提高了线路的安全可靠度。

14.4 供电线路敷设

住宅室内线路的敷设保护方式主要是用钢管或者硬塑料管穿绝缘导线暗设,个别也有明设的线路。除要求布线整齐规范,安装固定必须牢固外,在安全方面还有一些具体要求。

首先,布线时应尽量避免导线有接头存在。若有中间接头要采用压接或焊接,穿在套管内的导线不允许有接头;接头应放在接线盒或灯头盒内,导线的连接或分支处不应受到机械力的作用;当导线穿过楼底板及墙壁时,要用加强套管保护;当导线必须相互交叉时,应在每根导线上套以绝缘管并固定牢;为保证用电安全,室内配电管线与其他管道、设备之间的最小距离要有一定的要求;管的内径不得小于管内导线束直径的 1.5 倍,要求管内导线数量不得超过 8 根。

14.5 防雷与接地要求

按照《建筑物防雷设计规范》(GB 50057—2000)中规定,建筑住宅应划分为第二类和第三类防雷建筑物。防雷措施一般可分为防直击雷、防侧击雷及防雷电波浸入的三个方面。通常是由接闪器、引下线和接地装置组成外部防雷系统。但是外部防雷系统也有一定局限性,雷电电涌是可以通过室外架空线、电缆线路入侵建筑物室内电气设备,造成设备损毁。同时建筑物内部开关操作时出现的过电压也可引起设备的损伤,这些都是外部防雷系统无法保护到的。

防止用电设备过电压损伤的主要措施是装设电涌保护器 SPD,当雷电电涌或开关操作时出现过电压值大于 SPD 的动作特性时,可能在瞬间低电阻导通,通过接地装置将大量脉冲能量泄放入大地。另外还要进行加强等电位联结,也就是把建筑物内及附近的所有金属可以导电物连接成一体,使整个房屋成为一个优良的等电位体,这样就有效地降低建筑物内部及附近不同金属物间的电位差,从而避免内部设备被高压电位反击和人员被雷击的可能发生。

为确保电气设备和人身安全不受损害,建筑住宅电气设计中切实要做好用电系统的安全接地。在中性点不接地的住宅供电系统中,电气设备必须保护接地,接地电阻 $R \leqslant 4\Omega$;在中性点直接接地的住宅房屋,供电系统中既可采取保护接地,也可以用保护接中性线。为保证接中性线保护系统的安全可靠度,必须把中性线干线或支线的终端再次接地,也就是重复接地。此外,随着家庭电气品种的繁多及向智能化发展的趋势,应作好防静电接地和屏蔽接地的防护工作。

综上所述,电的利用无疑是最好的可用能源。随着家庭用电气品种的日益增多,人们对现代化生活的要求逐步提升,这就给建筑住宅安全用电提出了更加严格的要求。高质量的住宅必须全面提高居住者的需求,保证安全是最基本的要求。在建筑电气设计中应该特别重视以人为本、安全第一的理念。在确保安全可靠、经济适用的基础上引入高新技术,满足人们日益增长的物质需要。

15 建筑工程电气设计及施工的质量控制

建筑工程尤其是数量最多的住宅电气的设计和施工,其正常使用和安全性控制是非常关键的。在住宅建筑的电气设计与安装过程中,电气施工专业人员必须严格执行国家相关操作标准和技术规程,确保安全节能的具体规定,综合考虑无安全隐患,经济适用并与周围环境相协调,同时还可以进行改造的可能性等因素。如何从实际出发并结合工程特点,因地制宜地采取相应方法及措施,在具体设计阶段和应用过程中把握关键环节,因势利导,本节提出了一些独特的对策。

15.1 住宅电气在现代条件下的主要内容

(1)最大程度降低线路损耗　住宅建筑工程的配电线路均有一定的电阻,电阻的存在必然出现功率的消耗问题,并由于线路的长度增加电阻值随着加大。要减少线损就需要尽量减少线路的电阻。因此,在住宅建筑的电气设计中,关键问题是要合理选择线路走向;最佳方案是线路走直向而尽可能不走或少走回头线。同时还要合理确定电气功能用房的位置,变压器尽量布置在负荷中心,从而减少供电半径;还要求增大导线截面,考虑季节性用电线路负荷。

(2)择优选择电气及照明设备　现在住宅中电气设备的用量比较多,而且需要消耗大量的电能,它也是住宅建筑节能的重点内容,因此在电气设计中必须重视对电气及照明设备的科学合理选用。如选择照明设备时要考虑设备运行中的能源损耗、发光功率、使用寿命以及价格等因素,再认真经过分析对比选择出适合住宅特点的照明设备。同时,除了要确保照明设备的基本特性之外还要注意建筑整体效果和视觉美感。

(3)周密计算电气负荷及供电方式　一般情况是,当住宅建筑电气的总体负荷小于200kV·A时,供电范围在200m以内,即可利用附近现有的线路(低压380V/220V)供电;当住宅建筑电气的总体负荷大于300kV·A时,为了减少线路的损耗,降低电损应采用高压供电,实现高压深入负荷中心的供电方式;当住宅建筑电气负荷小于8MV·A时,可采用10kV电压供电,在住宅建筑适当部位设置10kV/0.4kV/0.23kV变电所;此处要特别重视设置时考虑的两个主要因素:一是变电所系统的容量控制在3.2MV以下;二是变电所的供电控制半径应在250m以内合适。一般住宅小区的变压器单台容量不宜大于800kV·A,住宅用电负荷应考虑到发展需要,对变电所应有足够留量,达到规划发展一步到位。

另外还要合理确定电气控制系统:规模较大的建筑群应当建立一套科学完整的电气控制系统。在电气控制系统的制定选择时,要合理采用电动机、变频调速风机、变频水泵或无负压生活水泵等设备,以发挥有效的作用效果。

15.2 住宅建筑施工过程的质量控制

对于住宅建筑电气施工安装工程,安装过程中的质量直接影响到电气的使用安全和功能的有效发挥,因此,电气施工安装专业人员必须格外认真仔细,同时对于电气施工中常见质量问题要采取切实可行的对策。

(1)室内总开关的进线与出线直径不相同,此种情况存在的安全隐患是容易产生线路过载发热,发生火灾的危险增加。具体的预防措施是,应当根据设计出线回路的线径大小选择箱内接线线径,配电箱进场后必须认真检查验收,不符合设计的坚决退场,重新整改合格后再安装。

(2)对于插座的PE保护线与零线位置装反,相线与零线位置也装反。这种情况的危害是造成每次使用插座时,插座回路的漏电保护空开发生快速跳闸的问题,从而造成家用电器无法正常使用。正确的处理方法是,在安装时应使专用工具对插座进行全检,接触相反的,需要全部更正调换到位。开关及插座的PE保护线有串接现象,正确的处理对策是,在电气安装时严格自检自查控制,避免出现串接现象。

(3)导线的三相、零线和接地保护线色标不一致,或者混淆。此种情况极容易造成相、零接地产生错接,存在安全隐患。避免出现错接的对策是,在安装布线时确实做好标记并预防出现接错失误。

(4)其他容易出现的问题:主要涉及观感方面,如开关柜门边缘过远,开关、插座安装不正,高低错开、间距不匀;线盒预埋不正且太深;盒内砂浆或混凝土填满;面板同墙面接触不平有缝隙;面板不正污染严重;同一个墙面插座不在同一高度;灯位偏移不居中心;成排灯高度不统一、偏差大等。对这些配件的安装对策是,按照电气安装设计标高拉线控制高度,个人自检与班组检查相结合,发现问题立即整改。

15.3 建立健全电气设计管理体系

住宅建筑工程电气设计过程的质量控制,是建筑工程质量管理的主要内容,也是确保电气设计是否科学合理,符合电气设计规范要求的最重要环节。为加强住宅建筑电气设计的质量管理,建设业主单位,设计及监理单位,电气工程专业单位都应当积极参与其中,临时建立起组织合理、职责明确、有技术保障与具体工作范围的质量监控体系,努力做好以下几个方面控制工作。

(1)组建专业的电气设计质量管理小组　项目经理部要安排适应住宅建设电气设计全过程的质量监管专业人员,明确担负职责范围,制定相应的质量控制目标、管控方法和程序,保证各项管控活动的落实。

(2)建立职责明确的岗位质量管理责任制　住宅建设电气设计的过程中,关键项目和重要部门要实行挂牌负责制,并以合同的形式明确到各自的责权利。促使与电气有关的各方面参与人员的经济利益与工程质量紧密地联系在一起。

(3)建立灵活高效的质量信息管控体系　该系统可以完全利用计算机及电话等现代通信手段,及时进行信息的反馈、传递及处理工作,及时收集与电气设计质量与操作质量相关的技术动态信息。这些有用信息可以为施工中及日后的整改提供可靠技术支持,从而达到电气安装全过程处于受控状态。

(4)加强组织协调工作　在住宅建筑电气设计的监管过程中,要充分调动参与施工人员的积极性,动员参加施工人员的热情,使参与人员认识到电气工程的特殊性和电力安全使用的重要性。认识到电气工程建设是一项复杂的系统工程,加强电气专业特殊性的宣传,使住宅建筑电气设计的监管具有更加符合实际和规范要求。

15.4 确保电气施工质量的控制措施

(1)严格执行材料进场检验复检制度　在住宅电气施工过程的质量监控中,必须强化主要设备、构配件及材料的检验复试要求。所有材料进场后除了全面检查外观、出厂合格证及相关检验报告外,还要对照施工图逐一查看其规格及型号,数量材质及制作是否符合要求,对于可以进行实测实量的如芯线截面面积及电线绝缘层厚度,灯具绝缘电阻进行抽检或送专业检验机构进行复查。

(2)按规定进行检测及复试工作　电气的检测及实地检验包括:接地、绝缘电阻测试、漏电保护装置模拟动作试验、通电试运行、检查开关、闸刀的灵活牢固性、大型灯具的固定、吊挂基础的牢固性、高压电气设备与布线以及继电保护系统的交接试验等方面,这些试验必须逐一进行,将隐患在运行前全部排除。

(3)加强安装过程中的质量检验工作　除了日常的工序过程控制,采取有效的自检、互检,交接及专职人员检查外,还要认真审查项目的合法性及各个有关方的质量行为是否规范;监理及业主要审查电气专业的施工组织设计,严格图纸会审制度,控制设计变更及现场签证,防止安装过程失控及走过场行为。

(4)提高电气施工安装专业队伍的素质　建筑住宅电气安装仅仅只有几个高素质的电气技术管理人员是满足不了实际工程需要的,也不符合建筑行业整体素质提高的要求。现在建筑事业发展速度及规模扩大,住宅建筑工程电气技术管理体制的构建也在提升阶段,而且内容也有更多与更新发展,因此急需大量有专业知识和技能的电气专家,学者及技术人员参与其中,这样才能促进建筑电气管理体制的发展完善。

(5)认真绘制竣工图　工程交工资料中的竣工图要求细致详实,落实到每一个住宅建筑单元。主要是为后来的维护和二次装修提供参考,可以有效保护敷设在墙体中的线路不受损伤。

(6)在新形势下努力拓宽发展及管理思路　在传统的建筑电气安装质量控制工作中,普遍存在管理思路窄及模式落后的现象,而且安装管理过程只是单纯的注重形式和方法,却忽略了安装管理的实际效果和意义,主要是管理理念和革新思路。对于建筑电气安装质量控制的思路创新要对传统的建筑电气安装管理思路进行革新与完善,不断贯穿到现代管理理论的探索当中去,使其在控制工作中发挥更大作用。此项工作只有在电气安装管理人员、技术人员以及政府相关机构和部门共同努力与引导下,才能逐步实现思路的创新。

综上所述,现代建筑工程中电气分部工程是极其重要的一个部分,如果电气安装的安全可靠性无保证,供电的不正常及安全无保障的生活是一种多么可怕的状态,因此建筑电气设计施工全过程,一定要根据项目的实际需要综合考虑,科学选择配电系统,考虑用户现在及发展的需求,在设计方案中排除安全隐患存在的因素;在电气施工与安装中采用科学的施工工艺,严格按电气施工质量验收规范检查验收,从安装质量上确保正常的使用及安全耐久性。住宅建筑的电气专业设计与施工要认真吸取过去的经验教训,这是保证改进和提高的最好办法,同时要总结学习世界先进电气理论和应用经验,切实从总体上提高住宅建筑电气的设计与施工水平,满足人们日益增长的安全用电需求。

16 建筑防火性能优化设计应用分析

建筑防火的安全标准和目标应该是明确的并且是高要求的，即发生火灾的概率十分小。但确保安全水准实现的方法则是多种多样的，人们可以运用所有的现代科技手段进行有机的和创造性的组合。

性能化设计是一种新型的防火系统设计思路，是建立在更加合理条件上的一种新的设计方法。性能化设计不是根据确定的、一成不变的模式进行设计，而是运用消防安全工程学的原理和方法，首先制定整个防火系统应达到的性能目标，并针对各类建筑物的实际状态，应用所有可能的方法对建筑的火灾危险和将导致的后果进行定性、定量地预测与评估，以期得到最佳的防火设计方案和最好的防火保护。性能设计是一个非常复杂的体系，它的实现需要各种社会环境和技术条件的支撑。

应该指出的是，由指令性规范向性能规范的转型不是一程不变的。目前国际上所谓性能规范都只是包含部分的性能规定，并没有百分之百的性能规范。指令性规定与性能规定不是简单的替代，而是在相当长的时期内并存或互补，这样既不妨碍新技术的应用，又能够保持当前的安全程度。在本节就我国目前性能化研究与实践工作简要分析探讨。

16.1 消防工作的方向

16.1.1 性能规范的适用范围

① 规范规章没有规定的情形时。

② 规范规章虽有标准规定，但不能或不足以应对现实情况时。

③ 让设计者能在安全无虞但又合乎经济利益的情形下，自由地设计合乎需求的使用空间。

从国外现行情况看，目前的性能设计规范并不复杂，但支撑这类规范的性能设计体系却是一项非常庞大的系统工程，它需要方方面面的共同努力。

16.1.2 性能设计的原则

① 性能规范的各项规定和目标，应能保证达到不同类型建筑物的整体安全水平。

② 性能规范应具有长期的适用性，新技术、新方法的出现和使用不会导致与规范相冲突。

③ 可以使用可变式的计算模式去内插计算结果。采用模拟的办法去检验计算结果的正确与否。

④ 所有的性能设计计算均可在微机上实现，并且要保证一般的设计人员都可以非常容易地操作这些人工智能计算系统。

一个成功的性能化设计不仅可以更符合建筑物本身的要求，而且在同样符合安全的要求下，可以为业主节省不必要的消防设备费用，这是性能化设计所应体现的优点以及发展的动力。

在我国实现上述目标还需要相当长的一段路要走。目前现状是无论在人们的观念上、理论水平上、历史资料的存储量上以及经济支撑条件上,都是相对薄弱的。但从发展看,开展此项工作又是一种必然,并且越早开始越主动。

16.2 火灾发展模式及预期损害度的分析评估

16.2.1 火灾性能设计的定量分析

性能设计的核心就是运用大量的定量分析去解决工程安全的评估。定量分析包含两类程序:

(1)决定性程序　将火灾的形成、扩展、烟的移动及对人员影响予以定量化(从理论分析、经验关系推论、使用方程式及火灾模拟方法)。

(2)概率性程序　估算发生某种不预期火灾情景的可能性(即利用火灾发生频率的统计数据、系统可靠度、建筑背景资料及决定性程序所获得资料)。火灾模式的影响因子应考虑模式的输出量(例如温度、速度与热通量)及合格标准(例如侦测所需时间、达到人类无法承受的时间)。火灾模式也为概率模式,主要进行火灾风险评估,分析事件树与概率,而使人们因火灾所受损伤的风险降低。

火灾场景的设定对消防安全性能设计十分重要,即在消防安全设计之前,需先输入火灾场景的参数资料,再依假想场景去执行消防安全设计。

为能达到上述目标,火灾场景的设计应予以合理的量化分析。如今火灾发展模式不论是在工程计算、计算机评估或是概率统计等方面,已具有较合理的推算与评估,使得火灾燃烧的成长速度、热释放率以及衰退期等较复杂的状态均能被较接近真实地模拟,因而可以较正确地推算出危险状况发生的时间,以寻求如何确保人员生命安全的避难对策。火灾场景的假想,应以实际工程为基础,即针对实际使用空间的避难路径、出口设置、楼梯设置、建筑物装修材料及内含物的发热量、避难人员数与避难人员属性等实际状况设定。

16.2.2 火灾性能设计的定量评估

我国在今后的若干年中,要实现对火灾的定量评估,至少要建立下述6个分析子系统:

① 起火空间内火灾发生与发展的过程模拟。

② 烟及有毒气体蔓延规律的模拟。

③ 火势沿起火间之外空间的蔓延。

④ 火灾报警、灭火及防排烟系统综合工况的模拟。

⑤ 消防救援行为介入状况的模拟。

⑥ 人员安全疏散的路径与行为的模拟。

16.2.3 火灾发生及损失的概率统计

为了正确地给出性能规范的安全原则,最基础的一项工作是建立科学系统的火灾发生及损失的概率统计方法,包括:

① 对建筑物进行合理的类别划分,并统计各类建筑物实际存在的平方数量和火灾发生时的损失量。

② 确定火灾损失率的概率分布模型,并确定火灾损失率的数学期望和方差值。

③ 从概率的角度,对“同型”和“非同型”的火灾事件进行计算处理,并最终给出各类建筑火灾危险性的概率度。

16.3 建立建筑物火灾荷载数据库

在从事性能化设计时,最重要的一步是确立火灾载荷的大小与位置,一个错误的火源设计可能导致整个性能设计的失败。

火灾载荷密度与设计火灾的发展过程密切相关,而后者正是防火设计中最基本的输入参数之一,因而火灾荷载数据的确定对防火系统的性能设计具有至关重要的影响。我国目前基本上没有火灾荷载的相关统计方法和确定的数值。因此,应通过试验和统计的方法尽快建立适合中国国情的火灾荷载密度的数据库。同时,应考虑国际通用的方式和计算单位,以便信息的交流和共享。具体工作包括:

(1)通过实际调查和实验确定各类建筑材料和设施的燃烧热值。

(2)用概率统计的方法处理火灾荷载的分布型式。统计表明火灾荷载的分布不服从正态分布,而表现为极值Ⅰ型分布。因此将楼层火灾荷载作为随机现象,将其概型化、抽象化为统计数学模型,并根据调查数据找出其统计规律,应该是可行的途径之一。

(3)鉴于建筑结构的可变荷载与火灾荷载的统计分布均服从极值Ⅰ型分布,因此可以探讨在这两者之间建立某种逻辑联系,进而确定两者间的比值关系。这将会使规范编制和设计选用工作大大简化。

16.4 性能计算方式的选择

过去所谓的性能化设计似乎只是空谈,要真正地落实几乎是一项不可能的事情。但近年来,世界许多发达国家实现了这个梦想,并应用在现实社会的工程当中。我国也感受到性能化设计的发展确实有其必要性。

性能设计的关键是如何建立计算模型和采用适合的计算方法。目前流行的方法有两类:一是以日本为主的简算预测法;二是以欧美为主的电算模拟法。

在日本,目前性能化防火设计尚未单独立法,而且在测算中,偏好使用火灾预测简单公式进行计算,所以在个别火灾项目中有大量的简单公式完整的介绍,其中当然也还有可以加强之处,主要是关于火灾进程、闪燃现象的发生以及火灾探测与抑制方面的预测公式尚未出现,当此部分也完成的时候,日本简算公式将会成为相当好的整体火灾预测模式。而且,其简算公式中每一个参数的选择都是非常严谨的。

而在英、美、澳三国(澳洲的法规源自于英国),计算体系中的同质性相当高,目前已经有完整详细的规范提供给防火设计人员做参考。欧美国家普遍习惯采用计算机模拟软件进行火灾预测与火场重建的工作,因此对于火灾预测公式的发展不像日本那样完善。但是对于计算机模拟软件的开发不遗余力,模式也发展得越来越成熟,同时由于目前计算机的效能越来越高,进行火灾模拟的时间与精确度都大幅提升,因此采用计算机进行模拟也是性能法规验证的方法之一。

鉴于我国目前的实际情况,一般可以采取简算预测与计算机模拟相结合的方法。

16.5 安全疏散模拟

消防安全系统的目的不外乎是确保人身安全和减少财产损失两个方面。而人身安全则有赖于提升安全疏散系统的可靠性,因此各国的性能法规中,安全疏散设计占有重要的地位。

避难安全设计的最终要求为,验证实际所需的避难时间应低于避难容许时间。所以在避难安全设计时,需先分析建筑物特性,即楼板面积、走道、步行距离、出口宽度、楼梯宽度、数量及分布、建筑物高度、排烟设备及人员特性(人数、步行速度、反应能力、分布情形与环境熟悉度等)资料后,设计火源及火灾场景,推算避难所需时间和避难容许时间,验算合格后才能完成设计。

避难安全性能设计主要目的为确保人身安全,然而人的属性却是非常复杂的,如年龄、身高、体重、反应能力、敏捷度、耐心及行动能力等个人的特质因人而异,因此对于人口密度高、人数多的场所,在避难评估时若针对每一个人去评估避难结果,则相当费时费力,非人力采用公式验算所能及。因此,许多国家纷纷建立计算机模拟模式,以验算公式及相关观察实验结果为基础,评估分析各种建筑的模拟结果,以验证设计结果是否可以确保人的生命安全。

随着性能法规发展,英国、美国、日本等发达国家已提出许多计算机模式、验算模式与概率模式等避难安全检验方法。这些验算模式是以长时间的观察和实验结果为基础,再结合工程方法,进而编写成复杂的计算机软件,其花费是巨大的。在我国,目前为止尚未自行研发相关避难验算模式,因此建立避难安全设计法时,建议采用现有已成熟、开发的评估模式,分析评估各项检验模式理论框架,探讨其输入、输出的诸多使用参数,分析其假设条件及使用特性,判断其是否对我国国情特色(建筑物空间规划、使用特性和人员活动)适用可行等,并进而以引用国外技术为主,而不需再重复花费庞大的人力、物力重新建立避难安全检验模式。

16.6 烟气控制系统

在火场中,由于能见度低所引起人的心理恐慌会加大安全疏散的难度,而烟气中所包含的烟尘粒子、刺激物及毒性物质可以快速地使人窒息并危及生命。因此,防排烟系统的设计与评估是性能设计的另一支柱。在对烟气蔓延过程评估时,常常综合考虑烟气固有的浮力特性、体积变化、夹带作用及天花板喷流等效应。烟气蔓延规律模拟的目的在于从设计上提高烟层的流动高度、稀释烟团的浓度、降低烟流的温度和阻止烟气进入特定的区域空间。烟气模拟要设定火源模式,即考虑燃烧的状态与火势的发展、质量容积的流速等,继而要估算烟流量值、温度值及烟层沉降速度等,要确定排烟系统的工作时机(同时考虑风机、通风口与阀门等),以及综合考虑自动灭火系统在开始工作后对烟气过程的影响等。国外在烟气模拟计算程序开发方面进展得最快、最成熟。一些商业软件已可在特定的工程中被应用。

目前流行的模拟计算有区域模拟和场模拟两种，二者都来源于连续介质流动、传热传质和化学反应动力学的基本方程。场模拟能够以足够的空间分辨率揭示物理过程的细节，但计算量大，对火焰区的湍流和化学反应的处理较为困难，主要用于咨询和评估过程的计算模拟；区域模拟注重整体效果，以适当的工程近似描述各个物理过程，简化了方程组，大幅度地减小了计算的复杂程度和计算时间，是工程设计主要采用的计算方法。

我国目前已具备深入开展区域模拟计算方法与进行设计计算等设计方法研究的基础。建立一个好的评估方法体系才能保证性能设计的安全性，并给人们一个比较完整的系统安全概念，因此这是一项非常重要的基础性工作。

综上浅述，对于某些大空间建筑如剧院、商业区等，按性能化设计的概念，既在防火分区、安全疏散等方面通过科学的计算和评估，做出了一些突破规范的消防设计，又在某些设施上做了加强，既确保了建筑和人员的安全，又在最大限度上满足了特殊建筑的一些特殊功能需求，进而达到了功能和消防安全的完美结合。上述几点为建立性能规范所必需的最基本的条件，除此以外还有许多工作要做。只要我们有一个好的开端，打实基础，就一定会开创出“性能设计”的全新时代，为性能化设计的全面发展并造福社会做出努力。

二、地基处理及地下工程质量

1 建筑基础水文及工程地质勘察的必要性

在工程勘察设计施工过程中，由于重视不够导致地下水引起各种岩土工程危害现象，水文地质问题始终是一个最为重要但却容易被忽视的问题。为此在岩土工程勘察中要查明与岩土工程有关的水文地质问题评估对建筑物的影响，为设计和施工提供必需的水文资料以减轻地下水对岩土的危害。

水文地质勘察是运用地质学、岩土力学、工程地质学和测量学等相关理论，按照既定的勘察程序与方法，利用可靠的测试仪器和钻探技术，调查和本工程有关的工程地质条件和水文地质条件，评价存在与工程有关的工程地质和水文地质现状，为建设工程的设计与施工提供详实、科学准确的地质资料。水文地质对工程基础施工尤其重要，但是在具体的工程地质勘察工作中，勘察人员一般会更加注重对钻探出的岩石类型及其工程地质性质、地质结构的研究，而较少直接涉及水文参数的利用，在勘察报告中大多只是简单的对天然状态下水文地质条件作一简要评价，导致时常出现由地下水引起的各种地基危害存在，从而给勘察和设计带来较大困难。由此可知，重视工程水文地质勘察对工程地基的处理非常关键，且作用十分重要。

1.1 工程地质勘察中水文地质评价内容

在以往的建筑基础工程勘察报告中，通过对一些因水文地质问题引起的工程危害分析总结，由于缺少结合基础设计和施工需要评价地下水对岩土工程的作用危害，在一些地区已发生多起因地下水造成建筑基础下沉和房屋开裂的质量事故。在今后的工程勘察中，对水文地质的评价主要应考虑以下几点内容。

(1)要重点评价地下水对岩土体和建筑物基础部分的作用影响，预测可能产生的岩土工程危害，并提出预防控制措施。

(2)在工程勘察中应密切结合建筑物基础类型的需要，查明有关水文地质问题，提供选型所需的水文地质资料。

(3)要查明地下水的天然状态条件的影响，重要的是分析预测在人为活动中地下水的变化情况，还要考虑对岩土体和建筑物的反作用，主要是对基础的侵蚀破坏等影响。

(4)要从工程角度按地下水对工程的影响，提出不同条件下应该重点评价的地质问题。例如，对埋藏在地下水位以下的建筑物基础中对混凝土及混凝土中钢筋的腐蚀影响；对存在的软质岩石、强风化岩、残积土及膨胀土体作为基础持力层的建筑物用地，要重点评价地下水位活动对上述岩体可能产生的软化，胀缩作用影响等。在地基基础压缩层范围内存在着松散、饱和的粉细砂和粉土时,应预测产生液化潜蚀、流砂和可能产生的管涌;当基础下部存在承压含水层时,要对基础开挖后承压水冲毁基坑底板的可能性进行计算评估;在地下水位以下开挖基坑,要进行渗透性和富水性试验,并评价因为人工降水引起的土体下沉或边坡失稳现象引起周围建筑物稳定性问题。

1.2 岩土水理性质

岩土水理性质是指岩土与地下水相互作用时表现出来的各种特性,其水理与物理性质都是重要的工程地质性质。岩土水理性质不仅会影响岩土强度和变形,而且有些特性还直接影响到建筑基础的稳定性。在过去的勘察中对岩土物理力学性能的测试比较重视,而对岩土的水理性质却并不重视,因而对岩土工程地质的评价不够全面。我们知道岩土水理性质是岩土与地下水相互作用而显示出的特性,要分析介绍地下水的储藏形式及其对岩土水理性质的影响,然后对岩土的几个重要水理性质和测试方法进行简介。地下水的储藏形式可以分为结合水、毛细管水和重力水三种,其中结合水又可分为强结合水和弱结合水两种。

岩土主要的水理性质及其测试办法现在有 5 种:软化性、透水性、崩解性、给水性和膨胀性。

(1)软化性是指岩土体浸水以后,力学强度大幅降低的特性,是用软化系数来表示的,也是判断岩土耐风化与耐水浸能力的指标。当岩石层中存在易软化岩层时,在地下水作用时往往会形成软弱夹层。各类成分的黏性土层、泥岩和页岩、泥质砂岩等均普遍存在软化特性。

(2)透水性是指水在重力作用下岩石允许水透过自身的性能。松散岩土的颗粒越细或不均匀,其透水性会越弱。而坚硬岩石的裂隙或岩溶越发育,其透水性会越强。透水性是用渗透系数来表示的,岩土体的渗透系数是通过抽水试验求得的。

(3)崩解性是指岩土浸水湿化后因土粒连接被削弱或破坏,使土体崩散解体的特性。岩土体崩解性与土壤颗粒成分、矿物成分及结构相关。以广东的残积土为例,一般崩解时间为 5 ~ 24h,崩解量为 1.79 ~ 34,以蒙脱石、水云母和高岭土为主的残积土以散开形式崩解,而以石英为主的残积土多以裂开状崩解为主。

(4)给水性是指在重力作用下饱水岩土可以从孔隙或裂缝中自由流出一定水量的性能,用给水度来表示。给水度是含水层的一个重要水文地质参数,也影响着场地疏干时间。给水度一般采用实验室方法测定。

(5)膨胀性是指岩土吸水后体积增大而失水后体积减小的特性,岩土的膨胀性是由于颗粒表面结合水膜吸水变厚而失水变薄造成的。岩土的膨胀性是产生地面裂缝和基坑隆起的重要原因,对地基变形和土坡表面稳定性影响较大。标示岩土胀缩性的指标是膨胀率、自由膨胀率、体缩率以及收缩系数等。岩土的水理性质还包括持水性、溶水性、毛细管性和可塑性等。

1.3 地下水对建筑基础的危害

地下水引起对建筑基础的危害主要是由于地下水位升降变化和地下水动水压力的

作用造成。

(1)地下水位的变化对建筑物基础的危害影响极大,如地下水位上升会引起浅地基承载力的降低,在有地震砂土液化的地区会引起液化的加剧,岩土体会产生变形,滑移或崩塌失稳等不良的地质作用。再者,会在寒冷地区产生地下水的冻胀影响。事实上就建筑物本身来说,若是地下水位在基础底面以下,压缩层内出现上升的状况,水浸湿和软化岩土,造成地基土的强度降低,压缩性增加,建筑物则会产生较大沉降量,造成地基严重变形。尤其是对于结构不稳定的湿陷性黄土及膨胀土,这种现象更加明显,对于无地下室的建筑防潮湿也是不利的。

(2)地下水侵蚀性的影响主要反映在水对混凝土、可溶性石材、地下管道及金属材料的侵蚀危害上。突出体现在地下水的侵蚀性和地下水的化学性质的腐蚀作用,在工程上是极其有害的,侵蚀性在不停地逐渐进行着,大幅度降低各种材料的耐久年限。

(3)在含水丰富的砂性土层中施工,由于地下水水力出现改变,使土颗粒之间的有效应力降至无,土颗粒悬浮在水中,随着水一起流动的属于流砂,其没有任何强度。这种不良地质作用的影响主要表现在建筑基础施工中会出现大量土体流失,从而导致地面塌陷或是基础下沉变形,给正常施工带来极大困难,也可能直接影响所建工程及附近建筑物的安全。

(4)假若地下水渗流,水力坡度小于临界水力坡度,虽然不会产生流砂现象,但是土壤中细小颗粒仍然有可能穿过粗颗粒之间的孔隙,并在长期渗流中被带走。其结果是使地基土的强度受到破坏,土中形成的空洞导致地表塌陷,从而破坏建筑物的安全稳定,此种现象习惯性被称作潜蚀。

(5)在地下水的不良地质作用中,需要重视的是基坑涌水现象。这种情况出现在建筑物基础下面有承压水时,基坑开挖会减小坑底下承压水上部的隔水层厚度,减少较多会造成承压水的水头压力从而冲破基坑底板使水涌出。如果涌水一旦出现会冲毁基坑,破坏地基给正在施工的地下工程造成严重损失。此外,当过度开采地下水时也会使地面沉陷,当地面沉陷,给工程造成的危害和经济损失是极大的。此类现象比较多,不再举例并分析。

1.4 基础建筑对水文地质勘察的要求

加强岩土水理性质的测试质量。岩土水理性质是指岩土与地下水相互作用时显示出的各种特性。其水理性质与其物理性质都是重要的工程地质性质,而且有的性质会直接影响到建筑物的稳定性。在以往的勘察中对岩土的物理力学性质的测试比较重视,而对岩土的水理性质却不怎么重视,从而造成对工程地质评价的不全面性。

岩土的水理性质是岩土与地下水相互作用显示的性质,而地下水在岩土中有不同的储存方式,不同形式的地下水对岩土水理性质的影响程度也是不同的,并同岩土类别有关。现在一般认为岩土储存水的形式可分为 3 种,即结合水、毛细管水和重力水。在结合水中又可分为强结合水和弱结合水。

(1)强结合水又称吸湿水,吸湿水被分子力吸附在岩土颗粒周围形成薄弱的水膜,紧附于颗粒表面结合最牢固的一层水,其吸附力可达到 10MPa,在强压下的密度接近普通水的两倍，具有极大的黏滞性和弹性，可以抗剪切但不受重力作用，也不会传递静水压力；弱结合水又称弱薄膜水，其处在吸着水之外，厚度大于吸着水。弱结合水所受的吸附力小于强结合水，可以在颗粒水膜之间做缓慢的移动，颗粒水在外界压力下可以变形，但同样不受重力影响，并不能传递静水压力。

(2)毛细管水系指由毛细管作用下可保持在岩土毛细管空隙中的地下水，可以细分其为孤立毛细管水、悬挂毛细管水及真正毛细管水。毛细管水系同时受毛细管力和重力的作用，当毛细管力大于重力时，毛细管水就上升，因此地下水潜水面以上的普通形式是一个与保水带有水力联系的且含水量较高的湿水层。毛细管水能够传递静水压力，并能在空隙中上下运动，对岩土体可起到软化的效果，有时也会引起土壤的沼泽化或盐渍化，并增强岩土体及地下水对基础材料的腐蚀性。毛细管水在砂土和粉砂土中含量较多时，则在砂砾层含量较少，在黏土中含量最少。

(3)重力水系指在重力作用下可以在岩土孔隙及裂缝中自由活动的水，也就是习惯被称作的地下水。重力水系不受分子力的影响，也不能抗剪切，但可以传递静水压力。由于重力水在天然和人力的作用影响下，在岩土中的渗透活动非常活跃，对岩土的水理性质有明显的影响。重力水是研究水理性质的重点关注对象。

综上浅述，岩土工程中地下水问题占有相当重要的位置，在具体工程中一定要根据勘察到的工程所处区域的水文地质条件，制定相应的防护措施和工程计划，确保地下勘察的质量。要加强对水文地质的分析，消除地下水对岩土工程的危害，使所建工程的地质勘察准确可靠，从而不断提升建筑物的安全性。

2　水泥稳定碎石基层的施工质量控制

水泥稳定碎石是一种半刚性基层，这是由于稳定性好且强度也高，同时抗冲刷能力强及工程造价较低的特点，因此被广泛应用在高速公路及一些民用建筑中。但是水泥稳定碎石的可靠度必须通过用料的合理组合和高素质的施工过程工艺控制来实现。另外还要重视其他不利因素的影响：如性脆、抗变形能力差、在环境温湿度变化及车辆重压及振动作用下易产生裂缝，容易造成路面及地面的早期损坏，降低基层使用的耐久性能。

2.1　原材料的组成要求

(1)水泥　水泥是最关键的胶凝材料，水泥的选择关系到碎石稳定基层的最终质量，因此宜选择初凝时间在3h以上和终凝时间在6h以上的水泥。不允许使用快凝、早强及存放时间长且受潮变质的水泥。在稳定碎石中起重要作用的是水泥，其使用量的多少不仅对基层的强度，更对基层的干缩性有大的影响。若是水泥用量偏少，水泥稳定碎石基层强度不满足结构承载力需要，不仅不经济反而会使基层裂缝增多、增宽，从而会引起面层的连续裂开。所以严格控制水泥用量的经济合理，确保水泥稳定碎石基层强度满足要求。安定性必须是合格的；抗压强度3d不小于21MPa，28d不小于41MPa；抗折强度3d不小于4.0MPa，28d不小于7.8MPa；细度1.2%；标准稠度为30.5等。

(2)碎石　碎石中使用石料的最大粒径在40mm内，集料压碎值要小于25%；石料粒径中扁平及细长颗粒的含量不得超过10%,并不得掺有软质的杂物或杂质;石料按粒径可分为9.5mm及9.5~40mm两级,并与中粗砂配置,通过试验确定各级石料及砂的掺量比例。如有机质含量小于2%;硫酸含量小于0.25%;液限小于25%;塑性指数小于9%等。

(3)天然砂　天然砂在进场前要对其视密度、砂当量、筛分试验和含泥量等进行试验,在进料过程中还要进行颗粒分析和含泥量检测,当需要时应对有机含量及硫酸盐含量进行测试。

(4)配合比设计　混合料中掺加部分天然砂可以提高和易性且方便施工,减少混合料产生离析,使表面层下的结构层具有良好的整体性强度。基层混合料的级配筛分30~40mm粒径应达100%;0.6mm以下的小于8%。基层配合比设计:碎石∶石屑∶中粗砂=48∶40∶12;水泥掺量为5%;最佳含水为6.3%;最大干密度为2.32g/cm^2。

2.2　做好水泥稳定碎石试验段

为了更好地掌握水泥稳定碎石基层施工的程序化、规范化和标准化,施工企业必须认真做好试验段的工作,以此为标准进行总结,掌握施工中存在问题和找出解决办法,确定现场管理人员及机械设备,试验及检测的合理配置,由此推广大面积施工的方案。

2.3　混合料的拌制控制

(1)拌制含水率的控制　混合料采取集中拌合施工,对拌合设备的工作能力、生产能力、计量准确性及配套协调是控制拌合料质量的关键环节,建设单位及工程监理必须对稳定碎石的拌合设备提出统一要求,除要求按投标文件承诺的拌合设备进场外,拌合设备应该是强制式的,且新购置的设备或只能使用一个建设项目,拌合能力不小于60t/h,并配置电子计算装置;要加强设备的调试,拌合时必须配料准确并拌均匀;拌合时混合料的含水率控制在5.8%~6.8%之间,由于气候干燥原因最大控制在大于1%以补偿施工过程中的水分蒸发损失,还应根据粗细集料的含水量大小、气温变化的实际情况以及运输材料的运距情况及时调整用水量,确保施工用水量处于最佳拌合压实状态,

(2)水泥用量的控制　水泥用量是影响水泥稳定碎石基层强度和质量的关键因素,考虑到各种不利影响,尤其是施工过程及设备计量控制的影响,现场拌合的水泥用量应比试验室配合比的用量大一些,应比设计配合比大0.3%~0.5%,但总用量不要超过5%,发现偏差时要及时纠偏。

2.4　混合材料的施工控制

(1)混合料的施工程序　现场放样→支侧模→混合料摊铺→稳压→找补/整形→碾压(自检验收)→洒水养护→交工验收。

(2)混合料的运输　由于各施工段的施工长度不同,每个施工企业只能设立一个混合料搅拌站,如果混合料搅拌站的运距较长,就采用大型的自卸车辆运送,并加盖篷布保护。施工现场认真测试混合料的实际拌合情况,确保混合料从搅拌到摊铺不超过2h,当超过2h的混合料不允许再摊铺使用。

(3)混合料的摊铺控制　水泥稳定碎石的摊铺质量将直接影响到基层的质量,要求使用性能优越的摊铺机或者使用两台窄幅摊铺机进行梯级形摊铺。混合料的松铺系数可以通过试验压缩比确定。一般可控制在 1. 28 ~1. 35 范围内,要保证水泥稳定碎石的施工质量,还必须注意以下几点。

① 摊铺前对底层基面标高进行测量检查,每 10m 长检查一个断面,每个断面检查 5 个控制点,对不合格的点进行局部处理,并把底层基表面的灰尘杂物清理干净,洒水保湿润。

② 测量放样也是保证施工质量的一个重要环节,应保证测量工作及早进行,对平面位置、标高及回填厚度进行有效控制。摊铺机就位后要重新校核钢丝绳的标高,加密并稳固钢丝绳,固定架将绳拉紧,固定架由直径为 16 ~18mm 普通钢筋加工制作,长度只有 700mm 左右;钢丝绳直径为 3mm。固定架应固定在铺设边缘的 300mm 处,桩钉间距以 5m 为宜,曲线段可按半径大小进行适当加密。

③ 在摊铺过程中摊铺机的材料输送器要配套,螺旋输送器的宽度应比摊铺宽度小 500mm 左右,如过宽则浪费混合料,过窄会造成两侧边缘处 500mm 范围内的混合料摊铺密度过小从而影响到效果,需要时可由人工微型夯实边缘处 500mm 范围内的混合料。因采取全幅摊铺,螺旋输送器传送到边缘部位的混合料容易产生离析现象,应及时填换。摊铺时应采取人工对松铺层边缘进行修整,并对摊铺机摊铺不到位或摊铺不均匀的地方用人工进行补料,确保基层密度均匀平整。

④ 使用两台窄幅摊铺机进行梯级形摊铺时,两台摊铺机的作业距离应控制在 15m 以上,并注意两次摊铺结合面的保温处理。当进行第二层水泥稳定碎石摊铺时,为了使两层有更好的结合,可以采取在第一层水泥稳定碎石层表面处均匀撒布一层水泥素浆。摊铺作业过程中还要兼顾拌合机出料的速度,根据出料的速度调整摊铺速度,尽量避免停机待料情况产生,在摊铺机后配设专人清除粗集料离析的现象,如料过干或过湿不合格时,要在碾压前添加合格的拌合料进行填补找平。

⑤ 对施工临时作业缝的处理。因施工作业段或机械故障等原因留下的作业缝,在进行下次施工前必须在基层端部的 2 ~3m 段进行挖掉或除去,当新断面满足要求时,再用切割机进行切割,确保切割断面的顺直和彻底清除,并可能在接槎处洒素水泥浆,以达到新旧混合料的更好结合。

2. 5　混合料的碾压施工

(1)当摊铺完成后应立即进行碾压,上机碾压的作业长度应以 25 ~30m 为宜。若作业段过长摊铺,完成的混合料表面水分散失过快会影响到压实效果;如果作业段过短,因两个碾压段结合处碾压机的碾压遍数不相同,会产生波浪状。

(2)碾压机的配置及碾压遍数由水泥稳定碎石试验结果来确定,机具的配置以双光轮压路机与胶轮压路机相配合更优,并按照光轮稳压—胶轮提浆稳压的工艺进行。稳压应不少于两遍,碾压不少于 4 遍,胶轮提浆不少于两遍,压路机碾压时可少量喷水,压实度达到重型击实标准的99%以上。

(3)碾压时应按照先轻后重、由低位到高位,由边到中、先稳压后振动的工序要求进行。碾压时严格控制混合料的含水率十分关键,错轴时应重叠二分之一,相邻两作业段的接头处按45°的阶梯形错轮碾压,稳压速度应控制在25m/min;振动碾压速度应控制在30m/min;严禁压路机在已完成或正在碾压的水泥稳定碎石上急刹车或调头。

(4)在光轮稳压时若发现有混合料离析或表面不平时,应由人工更换离析混合料或者补充找平处理。进行第二遍水泥稳定碎石摊铺时,为了能够更好地使两层结合,应在第一层水泥稳定碎石表面洒一薄层水泥浆。

(5)水泥稳定碎石基层进行压实度检测,要求全部受检面积都应达到规范规定的压实度要求为止,施工表明当碾压6~8遍,再用14~16t压路机进行光面,以确保基层表面达到密实、平整无轮迹等现象。

2.6 成品保护及交通处治

当每一碾压段碾压完成并经压实度检测合格后,应立即进行养护处理,严禁新成型的基层受太阳暴晒,宜采取覆盖的保护措施并洒水养护,具体做法是:提前准备好覆盖材料并预湿,人工覆盖在碾压合格的表面洒水养护,洒水养护时间不少于7d,7d之内都保持湿润,条件具备时可养护至28d,用洒水车根据气候情况采取定时或不定时间的洒水保湿,用喷头进行雾化,不可用管直接冲击表面,防止损伤面层。洒水养护时间内不允许车辆通行,以保证其强度正常增长。

2.7 水泥稳定碎石基层质量控制的重点

(1)要严格按配合比配料控制水泥用量,水泥的用量控制在5.5%左右为宜。这是由于如果水泥用量过多,强度可以保证,但是抗干缩性困难较大;如果水泥用量太少,强度不能保证,这将会影响到基层的质量及耐久性,问题更加严重,因此控制好水泥用量最关键。

(2)基层混合料的级配应有连续性互相填补的作用,40mm以上颗粒的含量应低于65%;集料应尽可能不含有塑性细土壤,小于0.6mm及其以下粒径的含量应小于6%左右,为的是减少水泥稳定材料的收缩量,从而提高基层的抗冲击能力。混合料摊铺时应尽量减少拌合材料的离析现象,必须均匀基本一致。

(3)为减少干缩产生的裂缝进而影响到质量,应采取一些有效措施控制。①选择合适的基层用料和现场实地配合比设计;②尽量不使用含泥量多的集料;③在保证满足基层强度要求的前提下,可以减少水泥用量;④要严格控制混合料碾压时的含水率,使其处于最佳状态;⑤减少稳定层的暴晒时间,养护环节很重要,要保证足够的保湿时间,当养护时间结束后应立即铺筑罩面层。

(4)还可以考虑在混合料中掺入一定量的微膨胀剂,可以对早期开裂产生一定的抑制作用,并在一定程度上提高水泥稳定碎石基层的抗拉度与弯强度。另外水泥稳定碎石的养护不少于7d,使水泥能充分水化,有效解决其干燥收缩及温差收缩时所产生开裂。

综上浅述,水泥稳定碎石基层由于整体性、稳定性、强度及刚度较可靠,要保证其质量应做好设计配合比,施工质量也要严格控制,并做好抽查验收及测验工作,工艺过程中任一环节都重要,加强保护及养护,实行交通管制,全面提升工序质量,所施工碎石基层的质量应符合设计及规范要求。

3　普通黄土地基工程质量的处理措施

纯天然黄土是不能直接用于建筑物底层的地基土的，如果不采取一定厚度地基黄土的置换，就要对黄土进行处理，在大量工程地基土的处理中，按一定比例在黄土中掺入熟石灰粉（氢氧化钙）均匀拌合，在接近最合适含水量时夯实或碾压实后，熟石灰粉遇水后和土壤中的二氧化硅、三氧化二铝或三氧化二铁等物质结合，生成硅酸钙、铝酸钙及铁酸钙，把土壤颗粒胶结起来并逐渐硬化后形成具有较高强度、水稳定性和抗渗性的人工合成土。黄土多数为粉土或粉质黏土，颗粒细塑性指数较大，石灰同黄土的拌合料优于砂性土，可就地取材、易压实且造价低。灰土按灰和黄土虚方体积比例分为3：7和2：8两种做法，广泛应用于湿陷性黄土地区，包括建筑物的地基处理、现有建筑地基的加固、多层建构筑物的基础或垫层、灰土挤密桩和孔内深层夯扩挤密桩及灰土井桩的填充料，道路地基土置换和地下室、水池的防潮防水填料等，可以达到提高地基承载力和防水防渗目的，但是灰土的抗冻和耐水性不好，在地下水位以下或寒冷潮湿的环境中不宜大量采用。

石灰土工程受设计、施工和环境的影响较多，容易产生各种质量问题。同时还要加强过程控制和检查验收环节，在工程应用及实践中总结出一些预防和控制质量措施，分析并探讨供使用者借鉴。

3.1　勘察设计中存在的问题

（1）岩土勘察等级及地基基础设计等级人为降低　在建筑物勘察设计前应根据《岩土工程勘察规范(2009年版)》（GB 50021—2001）中第3.1条确定工程的重要性、等级、场地及地基的复杂程度后，再确定岩土勘察等级，按现行《建筑地基基础设计规范》（GB 50007—2002）中第3.0.1条来确定地基基础设计等级。地处湿陷性黄土地区的一些中小型勘察设计企业，错误地认为湿陷性黄土地基只要土层均匀，湿陷等级不高都可以作为简单场地和地基，甚至忽视挖土填沟存在的不匀性，而造成一些高低层建筑的岩土勘察等级及地基基础设计等级因人为而降低一个级别的现象，使勘察点的数量和勘察钻孔深度不到位，设计时勘察报告依据不准确，地基变形控制、地基基础的监测要求降低，给灰土地基处理留下质量隐患。

（2）建筑类别划分存在的问题　现行《湿陷性黄土地区建筑规范》（GB 50025—2004）中第3.0.1条是根据拟建在湿陷性黄土场地上的建筑物的重要性，因地基受水浸渍可能性大小和在使用期间对地基不均匀沉降限制的严格程度，把建筑物分为甲、乙、丙、丁四个类型，附录B给出了各类建构筑物的分类例子。一些勘察设计单位在勘察设计中对建筑物类别不作划分或仅从建筑物高度来确定，忽视了建筑物的重要性及对湿陷沉降敏感性的影响，从而无形中降低了建筑类别；一些设计人员把建筑物抗震设防类别混同于湿陷性黄土地区的建筑类别，可能造成建筑类别的提高，有些虽然能正确划分建筑类别，但此类建筑的地基处理措施、结构形式及防水构造未能达到规范要求，例如基础长度超长的高层建筑物，在湿陷性黄土场地上甚至采取了整体性差，对湿陷沉降敏感的砖条形基础或独立基础,采用砖砌筑的各种管沟等。

(3)石灰土工程设计常见的问题　岩土勘察等级、地基基础设计等级以及建筑类别的合理确定是石灰土工程设计质量的依据和前提,并应在设计文件中提出湿陷性黄土地区建筑物施工、使用和维护的防水措施具体要求,以达到确保结构安全目的。

石灰土垫层法处理地基中常遇到的设计问题是垫层土的厚度达不到要求,地基处理后剩余湿陷量不能满足要求,灰土垫层的平面处理范围也达不到规范规定,灰土垫层的承载力取值较高而又未验算下卧软弱素土垫层的承载力,石灰土垫层厚度超过 5m 后的深基坑未进行支护设计处置,造成基坑塌方,设计要求的地基承载力试验点数不够等。

石灰土挤密桩、孔内深层夯扩挤密桩和灰土井桩法处理地基,常见的设计问题是地基处理深度不够,剩余湿陷量超过规范规定,处理平面范围超出基础外边缘,尺寸过小造成防水隐患,桩孔直径确定未考虑夯实设备和方式,设计与施工现场实际情况有误;按正三角形布孔计算桩孔间距时,依据土的最大干密度不具有代表性,又未提出施工前试桩调整设计参数的考虑,造成桩孔间距过大或过小,基坑底及桩顶标高控制不标准;复合地基承载力特征值过高或过低,设计要求的现场单桩或多桩复合地基荷载试验点数不够;未要求荷载试验提供变形模量来验证设计地基的变形等。

应当通过初步设计的评审,设计单位施工图三级校审制度及施工图审查来解决灰土的勘察设计问题,设计审查答复意见及修改的图纸应作为设计文件的一部分,及时交给建筑各有关方使用;对施工过程中出现的异常状况要通过设计单位进行处理,设计变更资料文件必须及时归档。

3.2　施工方面存在的问题

(1)石灰土的配合比　黄土和熟石灰的体积比例不准确,未进行过筛、拌匀或把石灰粉均匀撒布在土体表面,造成石灰含量的偏差较大,局部粗细颗粒离析导致松散起包或地基软硬差别大,灰土地基的承载力、稳定性以及抗渗能力降低,压实系数离散而评定为不合格。塑性指数高的土遇到水会膨胀,而失水后会收缩,土相比于石灰对水更敏感,土的比例大则灰土越易出现裂缝,欠火石灰的碳酸钙由于分解不彻底而缺乏粘结力,过火石灰则在灰土成型后才能逐渐消解熟化,膨胀会引起灰土如蘑菇状隆起而开裂。

黄土可采取就地开挖或外运至施工现场,最大颗粒不应超过 15mm,塑性指数一般控制在 12 ~ 20 之间,使用前要先过筛并清除大颗粒及杂质;石灰可使用充分消解的且质量等级为Ⅱ级的消石灰粉,不允许含有 5mm 以上的生石灰硬块,控制欠火石灰和过火石灰含量,活性氧化物含量不少于 60%,存放应采取大棚防风避雨措施,石灰遇到雨淋失效或放置时间过久而降低了活性,使用前必须复检并重新进行配合比例。对于符合要求的土及石灰,要按虚方体积比例干拌合 2 ~ 3 遍,使混合料色泽一致,分层铺设后在 24h 内碾压,以防止石灰内钙镁含量的流失衰减。对于黏粒含量大于 60%,塑性指数大于 25 的重黏土可以分两次加石灰,第一次加一半生石灰闷 2d 以上,降低含水量后土中胶浆颗粒能更好的结合,再补充剩余一半石灰进行拌合。

(2)石灰及土的适合含水量　要根据施工时气候及时调整混合土的含水量,在最优含水量的 ±2% 范围内变化并碾压,否则会出现因干湿不匀导致的压不实现象。过湿时碾压出现颤动、扒缝及橡皮泥现象，碾压时如果表层土过湿，石灰土会被压路机轮子粘离；而表面过干且不用振动碾压机时，压实度无法达到设计要求，振动碾压时又会出现因推移而起皮的现象，碾压成型后洒水又不能使水分渗透到土层中，造成干缩开裂的现象。

石灰土混合料接近最优含水率时，可以手握成团而落地散开。碾压前土料水分过多或受到雨淋时要进行晾晒，掺入生石灰后可以降低含水量约3%～5%。当含水量过少时应洒水湿润，避开高温时段施工，随拌随摊铺碾压，当碾压遍数够且成型后，如不连续摊铺上层灰土，应不断进行洒水保湿，加速灰土的结硬。另外要进行样板试验施工。在试验段施工可以确定压实机械型号、碾压程序、过程控制、分层摊铺虚厚度及压实后厚度，从而测定最佳含水率。试验中发现质量问题后应及时分析处理，查明原因并调整配合比及工序过程，试验成功后作为样板再开始大面积施工。

(3)石灰土常见质量问题　当石灰土施工段过长时，不能在有效时间内碾压成型，如突然降雨使施工停顿，部分勉强成型的灰土可能会出现结壳或龟裂等现象，石灰土拌合机性能不稳、机械手操作不熟练水平差以及下承层顶面不平整等因素会引起基层下部存在夹层；碾压方式不当易产生壅包现象，施工场地狭小将分段开挖或其他基坑内开挖的土方大量堆积在已压实的灰土地基上，超载引起灰土表大面积较深的锅底状沉降裂缝；基坑下部可能存在未探明的孔洞、枯井或古墓等，地基在受力后塌陷、开裂、渗水或沉降；成型后的灰土养护不及时也不到位，1d以上时间内灰土水化反应后失水体积缩小出现干缩现象；降温时体积也收缩，灰土表面易产生较多裂缝，高温时更为明显，这种开裂如果不与土质互相影响，则开裂程度轻微且裂缝较浅，否则会产生较深且宽、面积较大的龟裂缝。

灰土碾压时要根据投入的压实机械数量和气候条件，合理安排作业区域长度，碾压时遵循“先轻后重、先边后中、先慢后快”的原则，在直线段采取“先两边后中间”的措施，曲线超高段则采取“先内后外”的措施，连续碾压密实；避免在压实的地基上超荷堆积土方；基坑底探孔布置应1m见方中间再加一点，深度应不少于4m，探孔用3∶7的灰，捣实以防漏水，地基受力层内探明的孔洞、枯井或古墓等必须彻底开挖，遇到孤石或旧建筑物基础必须清除，再用灰土分层夯实，灰土成型后及时回填基坑，及时覆盖养护不少于7d。

(4)灰土表面不平整　灰土的铺设是分层进行的，可能由于标高点太少、控制不严且厚度不足导致，用50mm以下的灰土贴补，碾压时易出现起皮现象；灰土表面平整偏差较大，又未进行最后一次刮补平夯实，易造成地面混凝土垫层厚薄不匀，使得空鼓开裂。

灰土摊铺厚度应留有余量，整平时加密标高控制点的间距，技术人员随时进行检查复核，避免不匀并在薄处进行补贴，对明显凸凹不平的部位及时进行均匀填补，以达到最终压夯实后基本平整。

(5)灰土接槎处理不当　如果基坑过长，在分段碾压基础时未按要求分层留槎或是接槎处灰土搭接不到位，则不能严格进行分层夯实，因此会造成接槎处不密实且强度低、防水性更差或积水浸泡则地基沉降上部建筑物则逐渐开裂。

石灰土水平分段施工时不得在墙角、桩基和承重窗间墙部位留置槎，接槎时每层虚土应从留槎处向前延伸500mm以上；当灰土地基高度不相同时要做成阶梯形，每阶宽度不少于500mm；铺填石灰混合土应分层夯实；如果是结构辅助防渗层的灰土，要将水位以下包围封闭,接缝表面扒毛并适当洒水湿润,达到紧密结合的部位不产生渗水现象,立面灰土先支设侧模压打灰土,再回填外侧土方。

(6)石灰土早期浸渍软化　基坑回填前或基础施工中遭遇下雨,基坑排水不利且积水,灰土表面未覆盖防护,受到雨水的浸泡松软无强度,抗渗性能大幅降低。

施工企业应制定雨季施工预案,遇雨前提前铺设灰土,保护上层封闭,下层用防水布覆盖已压实合格的灰土,下雨中不允许进行碾压,及早准备排水和抽水措施,防止基坑积存水。灰土碾压检查合格后应及早进行基础施工和基坑回填,如长时间不进行下道工序时应当进行临时保护措施,保证压实后7d内不受雨水浸泡,尚未夯实或者刚夯打完的灰土如果遭受雨淋浸泡,应将积水和松软灰土清除干净并夯实基层,略微受潮的灰土晾干以后再夯打密实。

(7)受冻胀后引起的疏松和开裂　进入冬季或在开春温度较低时施工,在完全未化冻的基层上铺设有少量含冻块的石灰土料,或者夯实后未及时覆盖保温,灰土受冻后自表面开始在一定厚度范围内疏松或皴裂,石灰土间的粘结力降低,承载力大幅下降严重以至丧失。

当气温不超过-10℃,冻结时间在6h以内,灰土含泥量不大于13%时,压实灰土不会受到冻结的影响。冻结会造成土壤中的水逐渐结成冰,从而使土体冻结,冰的强度远高于石灰土体的强度,抵消了部分压实功能,使压实度质量降低。石灰土冻结时间越长,孔隙水冻结越充分,大孔隙中水先冻结会使大颗粒凸起,随着小孔隙水冻结使大颗粒凸起抬高,从而引起热筛效应影响灰土的压实效果。而且当温度越低,冻结时间越长,影响越大。

在入冬前及早春的施工现场,平均温度不应低于5℃,最低温度也不要低于-2℃,此时的拌合料必须进行保温处置。夹杂冻块的土料不得使用,已经熟化的石灰应在第二天用完,以充分利用石灰熟化时的热量;灰和土要随拌随用,已受冻胀变松散的灰土要铲除,再补填新拌合料夯实,压合格的土体应立即用草帘等材料覆盖防止冻结,越冬时要覆盖足够厚度的保温材料。

(8)拌合土含水量异常　用垫层法处理地基时,基坑底土层局部含水量过多时应全部挖除晾晒或进行换土处置,也可以用洛阳铲挖坑,用生石灰吸水挤密实处理;基坑表面过湿可撒生石灰收水等。

采用灰土挤密桩时地基土的含水量应在12%~22%之间。当拌合土中水分小于12%时,桩管打拔比较困难,挤密效果也差,可以采取表层水畦(高为300~500mm)和深层浸水法(即每隔2m左右用洛阳铲挖直径为80mm孔,孔深为0.75倍桩长,填入小石子后浸水)相结合的方法处理,使土的含水量基本达到合格,浸水量需经过计算来确定,浸水后1d以上再施工。当土的含水量大于22%或饱和度大于65%时易产生缩孔现象,这时可回灌碎石砖块和生石灰和砂混合料,达到吸水降低土中含水量,待停几个小时后再打桩。遇到斜坡一边开挖一边回填的情况,因基础软硬不一,较硬地基部位桩可采用钻孔挤密桩,要考虑复合地基的不均匀变形,对基础上部另行采取处理措施。桩顶压灰土垫层施工时会遇到桩间土层含水量较大的现象,可以采取上述基坑含水量过多时的处理方法,以确保拌合土的密实性和均匀性。

3.3 石灰拌和土的质量检测

根据现行的《建筑地基处理技术规范》(JGJ 79—2002)和《建筑地基基础工程施工质量验收规范》(GB 50202—2002)的规定要求,结合黄土的地基承载力、压缩系数以及灰土配合比作为对其质量验收的主控项目,但在具体应用中灰土比例为3:7或2:8的适用范围和承载力,目前的规范均未区分和具体化,也就是由设计人员来确定其配合比例。工程应用经验表明,这两种灰土比例在施工质量确保的条件下承载力均可以达到设计和规范要求,压实系数受击实试验、施工工艺、取样深度和位置等多因素影响,会出现灰土的压实度系数大于1或达不到要求,灰土中石灰含量降低的现象。

现在工程中灰土击实还没有专用标准,主要还是依据《土工试验方法标准(2007版)》(GB/T 50123—1999),该标准中压实系数规定为轻型击实试验,轻重击实试验最大干密度换算系数为1.1,击实试验报告对试验依据及试验方法可能未做说明,因此会导致压实指标的差异,石灰土配合比测定难度大;在公路工程中有灰土击实试验方法和配合比检验标准,即《公路工程无机结合料稳定材料试验规程》(JTGE 51—2009),击实试验可以使用新旧标准引起压实度指标和灰土配合比检测差异,石灰的比例增加时最佳含水量略微降低,最大干容重明显降低;施工中3:7的灰土含水量如果低于最佳含水量且灰土含量较大时,拌合土不易压实,一些施工企业考虑到配合比更合理,反而会因压实系数达不到标准而不能验收,会常采用降低灰土比例即2:8来解决这个问题,因实验室提供的是3:7灰土的最大干密度作为压实质量的控制指标,施工中石灰比例减少其干密度就会变大,压实系统就容易达到。设计规范中对两种灰土的模糊规定及压实后灰土配合比检测手段的限制,掩蔽了灰土比例少的不足,拌合土含水量控制不严格而造成灰土压实质量的不达标,为施工企业的随意性增大且减少石灰使用量提供便利。

根据这种实际情况,需要尽快制定出可操作的建筑工程灰土的土工试验标准,在规范中要根据工程重要程度对3:7和2:8的比例设计适用性、承载力及扩散角等均有一些区别的标准;实验室提供灰土击实报告时,必须注明依据的试验标准和试验方法,如区分轻重型击实仪和击数,最大干密度指标应和现场压实灰土对应,土样、石灰材料必须要在施工现场见证取样;当需要有外运土方时,必须重新取样进行击实试验;石灰土拌合时对虚方体积比和含水量必须加强检测,借鉴公路工程的标准,用石灰干重量占土干重量的质量百分比来控制灰土的配合比,严格对石灰计量加以避免,进而减少达不到强度要求;要严格按照规范及试验室配合比的数量比例,对检测位置的规定取每层压实灰土的干密度,试验报告中一定要注明土料来源、品种、配合比、试验时间、层数及结论,并要有试验人员签字且材料齐全;对试验段密实度未达到设计要求的点位,要有处理方法和复检结果。

灰土工程施工完成后要进行承载力检测或者进行破桩试验时,必须确保设计及施工验收规范的试验数量,使试验结果具有广泛性和代表性,从而降低离散性,这样真正能反映出施工质量以验证设计条件,若不满足设计要求或超出设计要求较多时,一定要修改设计方案来保证基础安全和降低成本。

综上浅述,影响黄土中石灰掺量的地基基础工程的设计施工因素较多,关键还是人、材料、设备、方法及环境因素。其中人的因素是关键因素，只要参与建设的各主体方及工程技术人员认真负责，具有较强的质量意识和职业道德，严格按照现行的相关规范和标准，进行设计现场试验配合比和施工、检查和验收，做到事前、事中及事后的3个环节控制，发现问题及时处理，就一定可以确保黄土和石灰地基基础的工程质量，从而保证建筑物的安全，减少质量隐患的存在。

4 条形基础及基础托换设计常见问题及对策

多层砌体房屋多数采用条形基础，如设计时对细节考虑不周会引起建筑物产生裂缝。条形基础根据所选择材料，分为刚性条形基础和墙下钢筋混凝土条形基础。刚性条形基础一般采用毛石砌筑，在现阶段这种基础已很少被采用，现阶段一般都会采用钢筋混凝土条形基础。而建筑房屋基础托换就是把原来直接的、固定的竖向传力体系从适当的位置断开，重新衔接一个可动的传力系统。具体的处理措施有多种，对断开位置的选择，传力体系的置换形式也有多种选择。尤其是基础托换中涉及一些技术问题的分析比较，以下就设计过程中存在的一些常见问题并结合工程实践分析探讨，从而提出具体处理对策。

4.1 条基的最小配筋率不满足需要

按照现行的《钢筋混凝土结构设计规范》(GB 50010—2002)中第9.5.2条规定：对卧置于地基上的混凝土板，板中受拉钢筋的最小配筋率可以适当降低，但不应小于0.15%，如图2-1所示为一张施工图中的例子，其纵向钢筋明显达不到最小配筋率的要求。此种情况可以用另外一种方法处理：若是基础宽度在虚线范围以内，也就是满足刚性基础的要求时，可以不要满足最小配筋率；如果基础宽度超过虚线所示的范围，就可以满足最小配筋率要求。

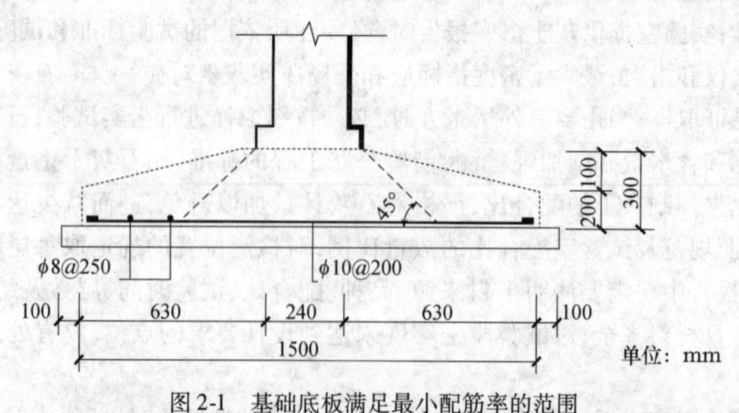

图2-1 基础底板满足最小配筋率的范围

4.2 基础宽度可不调整

在纵横墙承重的砌体建筑房屋中，横墙承受楼板与自身重量的荷载，外纵墙也承受楼板与自身重量的荷载，但外纵墙承受的楼板荷载要小很多，当有阳台时外纵墙还承受阳台的重量。按墙体各自的荷载计算，基础宽度相差太大，还存在两个问题：一是没有考虑横墙的共同工作；在垂直荷载作用下，荷载由横墙向纵墙延伸，纵横墙之间存在着竖向应力相扩散传递问题。二是在纵横墙相交处有基础面积重叠的情况，如果不调整纵横墙的基础宽度，总的基础面积肯定会减少，在基础宽度较大时尤其突出。由于存在这两个问题，墙体按各自的荷载所计算出的基础宽度应该进行调整。

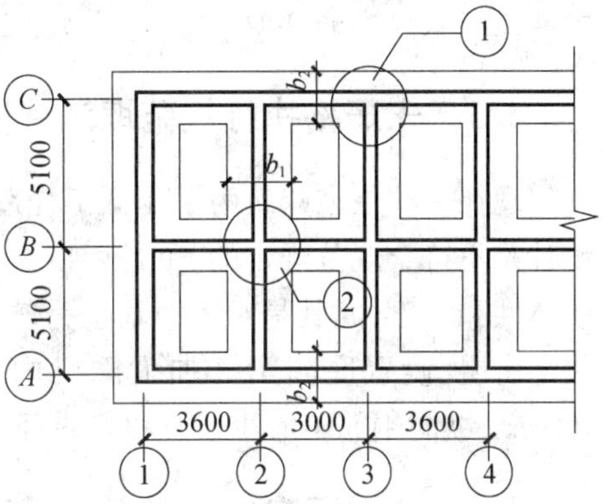

在进行工程具体设计中，要考虑按下述方法来确定基础宽度的调整系数。将纵横墙相交处定为节点，每个节点的范围为相邻开间中至中距离 b_1 乘以相邻进深中至中距离 b_2。每个节点减少的面积设为分配面积 A，分配此面积的分担长度为 L，按各自墙体所承受的荷载计算基础宽度为 b，增加的基础宽度为 Δb，增加后的基础宽度为 B。以图 2-2 节点 1 为例浅述：

图 2-2　基础平面示意图

$L = 1/2(3.6+3.0) - 1/1b_1 + 1/2 \times 5.1 - 1/2b_2$

$\Delta b = A/L$

基础宽度调整系数 $k = B/b$

按地基承载力标准值 $f_{ak} = 180\text{kPa}$，计算图 2-1 中各节点的 k 值，墙体厚度为 240mm，结果见表 2-1。

表 2-1　　节点 1、节点 2 的 k 值计算结果

节点	墙	q/(kN/m)	b/m	A/m²	L/m	Δb/m	B/m	k
1	纵	150	0.89	0.507	4.625	0.11	1.0	1.124
	横	261	1.56				1.67	1.071
2	纵	150	0.89	1.108	6.23	0.18	1.07	1.203
	横	261	1.56				1.75	1.116
	横	310	1.85				2.02	1.097

根据表 2-1 的计算数值，在设计砖混建筑条形基础时，采用表 2-2 进行基础宽度的修正。

表 2-2　　条形基础宽度调整系数(6 层)

地基承载力特征值 f_{ak}/kPa	横墙	外纵墙	有阳台外纵墙	楼梯间内纵墙	内纵墙
300	0.95	1.05	1.14	1.25	1.35
250	1.00	1.05	1.12	1.18	1.24
200	1.00	1.10	1.20	1.13	1.55
180	1.05	1.05	1.17/1.19	1.28	1.35
150	1.10	1.10	1.22/1.25	1.40	1.42

表2-2中有阳台的外纵墙一栏中,斜线上为一开间阳台、二开间纵墙承担的基础宽度调整系数,斜线下为一开间阳台、一开间半纵墙承担的基础宽度调整系数。根据荷载大小及承载力实际情况调整后,使地基压应力尽可能达到分布均衡,使基础沉降量相近且不会产生不均匀的情况。

4.3 未严格执行规范取消底圈梁

现在一些住宅建筑为了压低工程造价,达到开发商的要求而取消了基础圈梁。这样设计是不符合规范规定的,更是存在安全隐患的。基础设置圈梁的目的是增强建筑物的整体性和刚度,尤其是对于地基土为软弱土层、土质且不均匀或者底层开设较大洞口的住宅房屋,设置底圈梁并加大圈梁内配筋量是非常必要的,正常的圈梁高度不小于200mm,纵向钢筋不应少于4根且直径为14mm,混凝土强度不低于C25级。

4.4 全地下室仍然是条形基础

当多层住宅建筑全部带地下室时,建筑基础要做柔性防水层,如果是采取条形基础,在实际防水作业时有很大困难。实际工程中对条形基础进行防水施工,如图2-3所示。在其表面还要抹一层不低于C20的细石混凝土保护层,浪费材料及人工。对于此种情况可以改为筏板基础,如图2-4所示。而筏板基础不需要很厚的混凝土,一般在400mm左右即可满足受力要求。两种基础形式相比则筏板基础的整体受力状态更好,降低造价且方便施工,从多方面考虑其筏板基础的优势更明显。

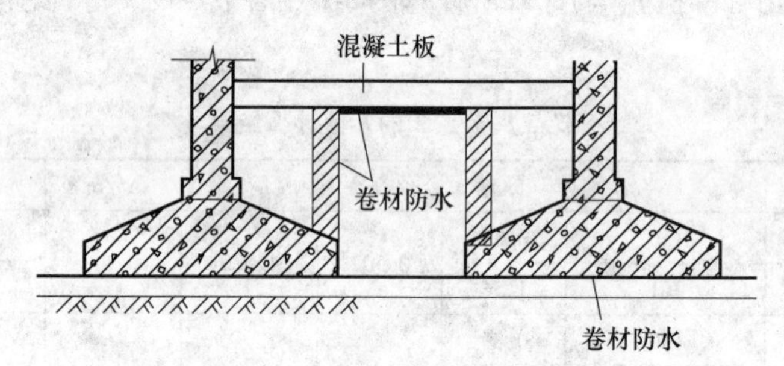

图2-3 条形基础卷材防水做法

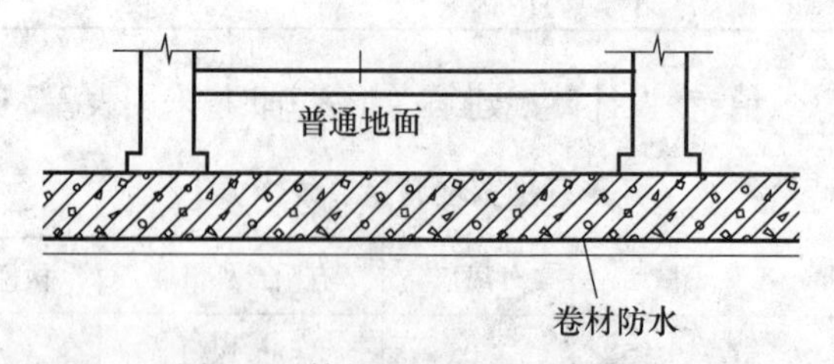

图2-4 筏板基础卷材防水做法

4.5 基础局部未做处理

在多层住宅建筑中两户阳台中间的分隔墙落地,如图2-5所示。图中的⑥轴线A轴下方的墙体即为阳台中间的落地墙体,其端部有阳台梁传来的集中荷载,一般会采取图2-5的方法进行施工,基础自墙端外出放大1.0m,外出部分的基础受力类似独立基础,7－7基础的分布筋仅直径10mm@250mm;如果没有特殊要求处理,还是采用此分布筋,则此处的受力状况不符,而应根据地基实际反力大小增大分布筋,才能符合此处的实际受力情况。

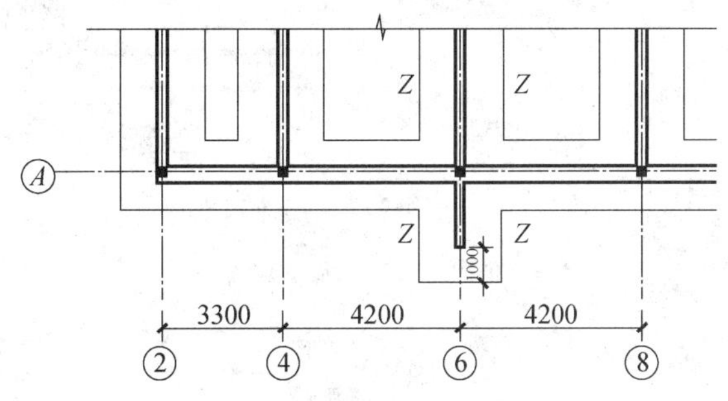

图2-5　条形基础局部处理平面示意图

4.6　基础未认真归纳整理

现在的设计多数通过软件进行,微机出图加快了设计进度。如果房屋建筑直接用软件程序形成图,不做调整处理的话,会给施工造成一定难度。例如某个工程实例如图2-6所示,同一纵墙上的基础类型多且显示较乱,给现场施工人员带来很大麻烦,对此种情况要适当归纳并整理,给施工以便利条件。

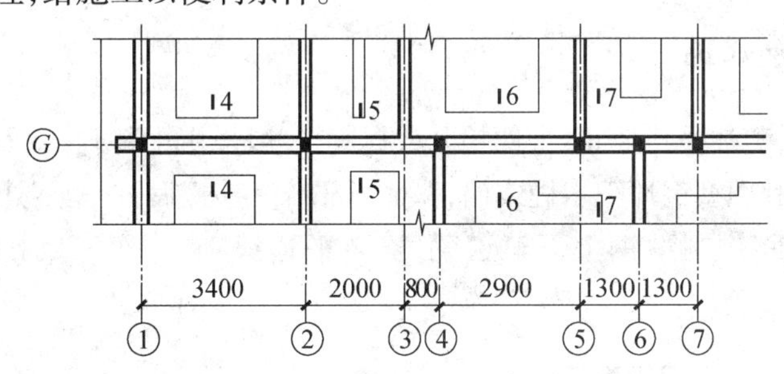

图2-6　基础需归纳调整平面示意图

上述几种情况在施工图上会出现,条形基础虽然最直观简单,但是还要按照现行规范规程要求进行设计,以保证设计质量才能确保施工质量,进而不留安全隐患。

4.7　土木(砖石)结构基础托换

土木(砖石)结构多见于需要保护的古老建筑,由于一般的古老建筑整体性及刚度比较低,采取的技术措施为:整体托换,置换包括基础及部分基础土,着手于地基土的扰动施工,减轻对原结构的影响。具体方法为:预制方形空心箱梁,分次分批(盾构)进入基础下部,置换基础土如图2-7所示,注浆加固盾构管件与地基土的间隙,箱梁空心部位铺设钢筋并浇筑混凝土,使盾构管件连成整体,形成一个有足够刚度和承载力的混凝土大托盘,再在其下部划分区域开挖土方,浇筑混凝土上下轨道梁,安装移动辊轴,完成托换施工,如图2-8所示。

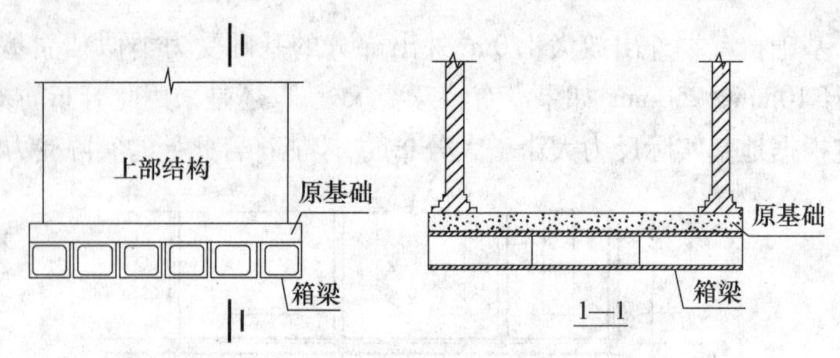

图 2-7　土木结构箱梁置换地基土示意图

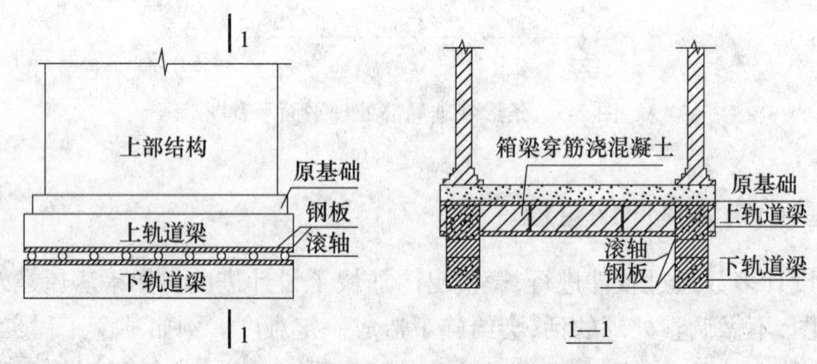

图 2-8　土木结构基础托换示意图

4.8　木结构托换

由于木结构的整体质量要小,方便抬升或提起,一般采用于基础(毛石、砖与木柱)相连部位作为分割点,利用型钢环箍木柱或墙,保证可靠统一连接后,在型钢处设置千斤顶,上部木结构被顶离开后,焊制型钢上下轨道梁,安装平移滚轴,从而完成托换托架,如图 2-9 所示。

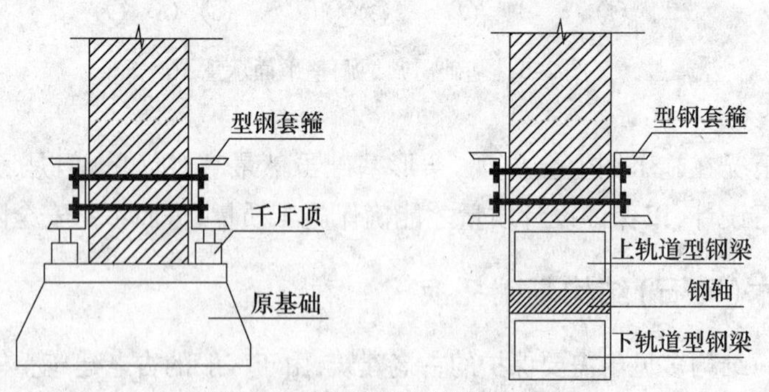

图 2-9　木结构型钢托换示意图

4.9　砖混结构基础托换

(1)单托梁式基础托换　重点考虑原来结构基础的安全性系数,分段剔除砖基础,在空出基础部位浇筑混凝土上下轨道梁,在进行基础更新置换时,施工中需要完成新基础的钢筋焊接,按预定程序流水作业,完成托换基础,如图 2-10 所示。

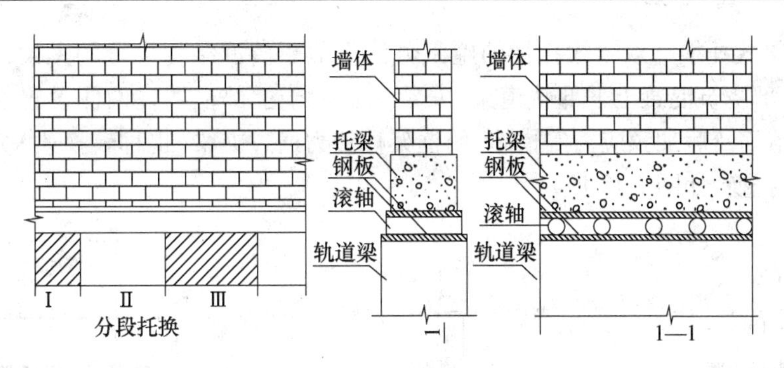

图 2-10 单托梁式墙体托换方法示意图

(2)双夹梁式墙体托换 确定承重墙的断开位置,在墙体两侧浇筑混凝土,下部轨道梁安装平移辊轴,上部浇筑混凝土夹梁,混凝土夹梁通过加连接梁及局部墙体剔除的方法与原墙体有效牢固结合,然后在中间断开墙体,完成托换工作,如图 2-11 所示。

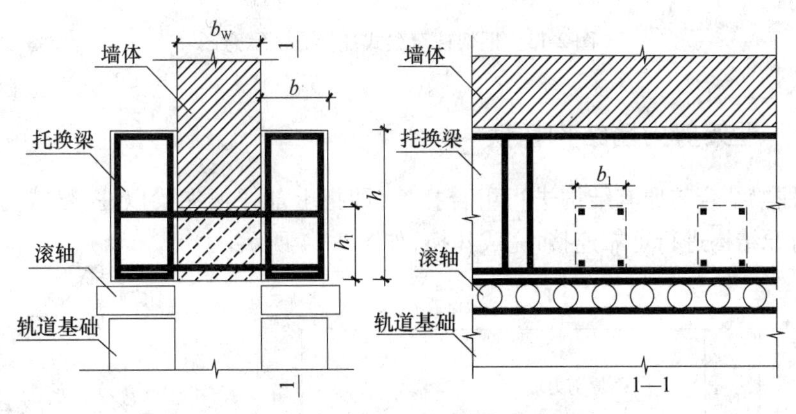

图 2-11 双夹梁式墙体托换方法示意图

4.10 框架结构托换

(1)单梁式托换 将柱两侧的混凝土夹梁设置于柱的另外两侧,利用原有基础梁作为下轨道梁,切割框架梁时应注意梁底面标高的一致性,如图 2-12 所示。

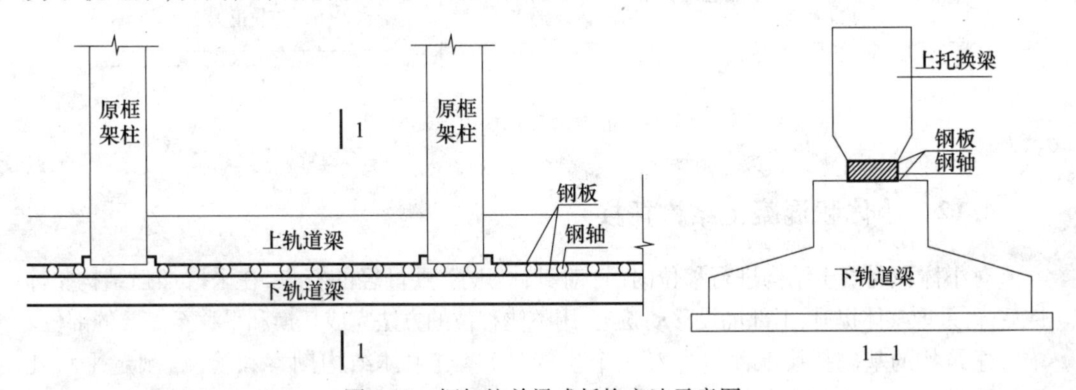

图 2-12 框架柱单梁式托换方法示意图

(2)双梁式托换　双梁式托换的施工方法类似于砖混结构设置的夹梁,于框架柱两侧分割面下部浇筑混凝土下部轨道梁,安装滚轴后于上部框架柱两侧设置混凝土夹梁,通过凿毛、植筋及后加预应力等措施,使框架柱传力通过夹梁(也称转换梁)分担,再切割框架梁完成托换,如图 2-13 所示。

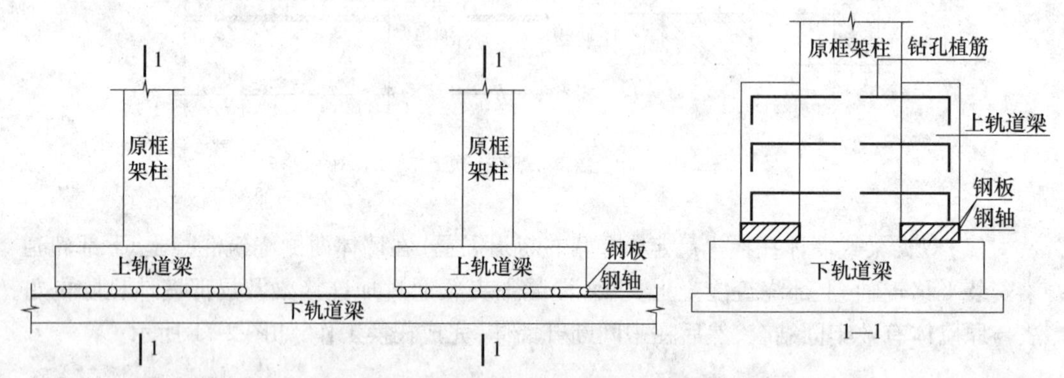

图 2-13　框架柱双梁式托换方法示意图

4.11　框架剪力墙结构托换

利用柱梁结合与原有结构进行组合托换,即把上部托换夹梁以柱、梁或剪力墙组合的形式,与原结构进行可靠连接,完成托换,如图 2-14 所示。

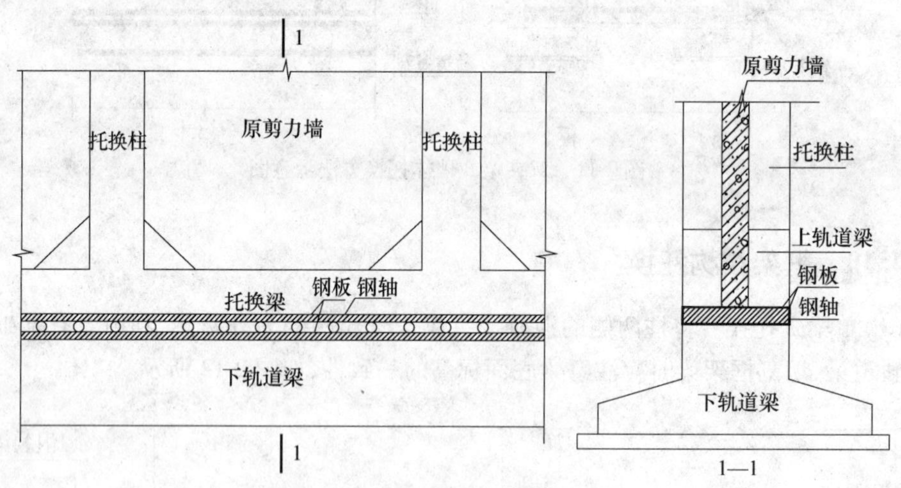

图 2-14　框剪结构托换方法示意图

4.12　小体积混凝土结构托换

对小体积混凝土结构进行移位时,针对其体积小、重量轻的特点,在采取加强结构整体性后,再采取整体提升,下部铺设移动轨道,用整体移位的方法完成托换和平移至需要的部位。

建筑物的基础托换工程包含着 3 个步骤,即建筑主体结构勘察和检测、制定平移托换方案以及施工控制和现场检测。如果要安全可靠且经济地完成平移托换,这 3 个步骤缺一不可。另外在实施中还要根据具体条件及人员、气候及环境的因素优化施工过程。

无论采取哪种方法都要确保托换过程中结构上部的安全,采取合理工作程序及监测控制,高质量地完成结构的托换顺利实施。

5 建筑物不良地基的处治与加强措施

5.1 常见不良地基土及其特点

(1)软黏土 软黏土也叫软土,是软弱黏土的简称。它形成于第四纪晚期,属于海相、泻湖相、河谷相、湖沼相及三角洲相的黏性沉积物及河流冲积物。多分布于沿海,河流中下游或湖泊附近地区。软土的物理力学性质包括以下 3 个方面。

首先,物理性质,黏粒含量较多,塑性指数一般大于 17 的属黏性土。软黏土多呈深灰及暗绿色,有臭味;含有机质及水量较高,一般高达 40%,而淤泥也有大于 80% 的比例。孔隙比一般为 1.0 ~ 2.0,其中孔隙比在 1.0 ~ 1.5 之间的称为淤泥质黏土,孔隙比大于 1.5 的称为淤泥。由于其具有高黏粒含量、高含水量和大孔隙比,因而其力学性质也呈现与之对应的特点——低强度、高压缩性、低渗透性和高灵敏性。

其次,力学性质,软黏土的强度极低,含水时强度通常只有 5 ~ 30kPa,表现在承载力基本值很低,一般低于 70kPa,有的甚至只有 20kPa。软黏土尤其是淤泥的灵敏度较高,这也是区别一般黏土的重要指标。而软黏土的压缩性却很大,压缩系数大于 0.5MPa^{-1},最大可达 45MPa^{-1},压缩指数约为 0.35 ~ 0.75。在正常情况下软黏土层属于正常固结土或微超固结土,但有些土层特别是新近沉积的土层有可能属于欠固结土。渗透系数很小是软黏土的又一个重要特征,一般在 10^{-5} ~ 10^{-8}cm/s 之间,渗透系数小则固结速率就会慢,有效应力增长缓慢,从而使沉降稳定时间长,地基强度增长也十分缓慢。这些特点是严重制约地基处理方法和效果的重要方面。

最后,工程特点,软黏土地基因承载力低,强度增长缓慢;加载后易引起变形更是不均匀;变形速率大且需要的稳定时间长;具有渗透性小而触变性及流变性大。常采用的地基处理方法有预压法、置换法及搅拌法等。

(2)杂填土 杂填土主要存在一些老的居住区和工厂矿区域内,是人类生活活动和生产活动所废弃和遗留的垃圾土。这类垃圾土一般可分为 3 类,即建筑垃圾土,生活垃圾土和工业废弃垃圾土。不同类型和不同时间的垃圾土很难使用统一的强度标准、压缩指标以及渗透性指标。杂填土的主要特点是无规划乱堆积、成分复杂且性质各异并且厚度不同无规律性。因此在同一场地表现出压缩性和强度的明显差别,容易引起不均匀沉降,要对地基认真勘察评估并进行地基处理。

(3)冲填土 冲填土一般是由人工用水力冲填方式而沉积的场地。近年来多在沿海滩开发及在河滩造地。西北地区常见的水坠土坝即是冲填土堆筑的坝。冲填土形成的地基可作为天然地基的一种,它的工程地质主要取决于冲填土的性质。冲填土地基一般具有如下自身特点:

首先,颗粒沉积的分选性明显,在入泥口附近,粗颗粒较先沉积,而远离入泥口处所沉积的颗粒变细,同时在深度方向上存在明显的层理性。其次,冲填土的含水率较高,一般大于液限,呈流动状态。当停止冲填后表面自然蒸发后会呈现龟裂状,含水量会明显降低,但当下部冲填土的排水条件较差时仍呈流动状态,冲填土颗粒越细,这种现象越明显。最后,冲填土地基早期的强度是很低的,但压缩性却高,这是因冲填土处于未固结状态。冲填土地基随着静置时间的增长会逐渐达到正常固结状态。其工程性质取决于颗粒的组成、均匀程度、排水条件以及冲填静置时间等。

(4)饱和松散砂土　粉砂和细砂地基在静荷载作用下通常具有较高的强度,但是当出现有振动荷载作用时,饱和松散砂土地基则有可能产生液化或大量塌陷变形的现象,严重的则会失去承载力。这是由于土颗粒松散排列并在外动力作用下使颗粒位置产生错位,以达到新的平衡,因瞬间出现较高的超静孔隙水压力,有效应力则迅速降低。对于这种地基进行处理的目的是使其变得更加密实,消除在动荷载作用时不产生液化的可能性。最常见的处理方法是挤出法和振冲法等。

(5)湿陷性黄土　在上覆土层自重应力作用下,或是在自重应力和附加应力共同作用下,因浸水后土的结构破坏而发生显著附加变形的土称为湿陷性土,该土属于特殊土。现行国家标准《湿陷性黄土地区建筑规范》(GB 50025—2004)中,对湿陷性黄土从工程的应用角度作了明确划分:将湿陷系数 $\delta_s \geqslant 0.15$ 的黄土定义为湿陷性黄土;同时将实测或计算自重湿陷量大于7cm的湿陷性黄土定义为自重湿陷性黄土;将实测或计算自重湿陷量小于或等于7cm的湿陷性黄土定义为非自重湿陷性黄土。黄土的湿陷等级分为轻微、中等、严重和很严重4个级别。国内黄土按地质形成年代和工程特性划分为4个地层。

①早更新世黄土:简称为Q1黄土,形成距今约70万~120万年之间,粉粒和黏粒含量比后期黄土要高,质地均匀且质密坚硬,低压缩无湿陷性。②中更新世黄土:简称为Q2黄土,形成距今约10万~70万年之间。同样具有粉粒和黏粒含量比后期黄土要高,质地均匀且质密坚硬,低压缩性的特点。但是最上部已表现出轻微的湿陷性,是西北地区黄土地层的主体。③晚更新世黄土:简称为Q3黄土,形成距今约0.5万~10万年之间,质地均匀但较疏松,肉眼可见大孔,具湿陷性或强湿陷性。④全新世黄土:简称为Q4黄土,形成距今约5千年。一般土质疏松,肉眼可见大孔,具湿陷性或强湿陷性。通常将早期和中期形成的Q1和Q2黄土统称为老黄土,将其后形成的Q3和Q4黄土称为新黄土,通常所说的湿陷性黄土指的是新黄土,例如新疆地区分布的黄土就以非自重湿陷类为主,少数为自重湿陷类。

(6)膨胀土　膨胀土的矿物成分主要是蒙脱石,它具有很强的亲水性,吸水后体积膨胀,失水时体积收缩。这种胀缩变形量很大,极易对建筑物造成危害。膨胀土在国内的分布范围极其广泛,该土质是特殊土的一种。常用的地基处理方法是换土、土性改良、预浸水及防止地基土含水量变化等技术措施。

(7)有机质土和泥炭土　当土中含有不同的有机质时,会形成不同的有机质土,当有机质含量超过一定含量时,就形成泥炭土。泥炭土具有不同的工程特性,有机质含量越高,对土质的影响越大,表现为强度低压缩大,对工程造成不利影响。

(8)山区地基土　山区地基土的地质条件比较复杂,主要表现在地基的不均匀性和场地稳定性两个方面。受自然环境和地基土的形成条件影响,场地中可能存在孤石,场地环境也可能存在滑坡泥石流或边坡崩塌等不良地质现象。这些不良地质影响会给建筑物造成直接或潜在威胁,使用时要特别引起重视。另外,岩溶(喀斯特)地区会存在溶洞或土洞、溶沟、溶隙及洼地等。地下水的冲蚀或潜蚀使其形成和发展,这对建筑物的影响极大,会使地基不均匀沉降,必须勘察探明后认真处理。

5.2 地基土的处理与加强措施

对不良地基土的处理与加强通常有以下几种方法。

(1)置换法

① 换填置换法。换填置换法就是将表面不良地基土挖除掉,再回填有较好压密特性的土进行压夯实,形成所需的持力层。达到提高地基的承载力后,形成抗变形和稳定性。施工重点是将要换的土层清除干净、关注边坡稳定、确保回填土的自身质量并掌握一定含水率,分层夯实。

② 振冲置换法。利用专门的振冲机械设备,在高压水射流下边振边冲,在地基中成孔后在孔中分批填入碎石或卵石的粗颗粒从而形成桩体。该桩体与原地基土组成复合地基,达到提高地基承载力并减小压缩性的目的。在施工中碎石桩的承载力和沉降量很大程度上取决于原地基土对它的侧向约束作用,如果约束作用越弱,碎石桩的作用效果越差,因而此方法若用在强度较低的软黏土地基时,要认真对待。

③ 夯(挤)置换法。利用沉管或夯锤的方法把管或锤置入土中,使土体向侧边挤压,并在管中或夯坑放入碎石或其他填料,该桩体与原地基土组成复合地基。由于挤压夯实使土体会侧向隆起,土体超静孔隙水压力提高,当超静孔隙水压力消散后土体强度也有一定提高。施工中当填料为透水性良好砂及碎石料时,也是良好的竖向排水通道。

(2)预压法

① 堆载预压法。在建造地基前用临时堆石、土料及建材货物或砌块等提早对地基施加荷载,并给一定的预压时间,将地基预先压缩从而完成大部分沉降并使地基承载力得到提高,卸载后再进行建筑施工。施工工艺重点:预压荷载一般要等于或大于设计荷载;大面积堆载用自卸车与装载机联合作业;堆载顶面积宽度应小于建筑物底面放大宽度;作用于地基上的荷载不要超过地基极限荷载。

② 真空预压法。在软黏土地基表面铺上砂垫层,用土工薄膜覆盖且对周围密封。用真空泵对砂垫层抽气,使薄膜下的地基形成负压。随着地基中气和水的抽出,地基土得到固结。为了加快固结,也可以采用打砂井或插塑料排水板的方法,即在铺设砂垫层和土工薄膜之前打砂井或插塑料排水板,从而达到缩短排水距离的目的。施工要点:先设置竖向排水设施,水平分布的滤管埋设宜采用条形或鱼刺形,砂垫层上的密封聚乙烯膜要铺 2 ~ 3 层,按先后顺序同时铺设。当面积大时宜分区预压,保证真空度、地面沉降量、深层沉降以及水平位移要观测;预压结束后要清除砂槽和腐殖土,还要注意周边环境。

③ 降水法。降低地下水位可以减少地基的孔隙水压力,增加上覆土自重应力,使有效应力增加,从而使地基得到预压。这种做法实际上是通过降低地下水位,靠地基土的自重达到实现预压目的。施工要点:多采取轻型井点、喷射井点或深井点;当土层为饱和黏土、粉土或淤泥和淤泥质黏性土时,此时宜辅以电极相结合。

④ 电渗法。在地基中插入金属电极并通上直流电,在直流电场的作用下,土中水将

从阳极流向阴极形成电渗。不用水从阳极补充而从阴极的井点用真空抽水,这样会使地下水位降低,土中含水量降低,从而使地基得到固结压密提高强度。电渗法还可以配合堆载预压用以加速饱和黏性土地基的固结。

(3)压实与夯实法

① 表层压实法。利用人工夯、打夯机及碾压或振动机械对比较疏松的表层土进行压实。一般工程采取分层填土夯实的方法施工。当表层土含水量较高或填筑土含水量较高时,要分层铺干石灰、水泥等,从而夯实使土体得到加强。

② 重锤夯实法。重锤夯实就是利用重锤自由下落时产生的较大冲击力达到夯实浅层地基,使得表面形成一层比较均匀的硬壳层,最终获得一定厚度的持力层。施工重点:要试夯并确定相关技术参数,如锤重量、底面直径及落距、最终下沉量及夯遍数和总沉降量;夯实前的槽坑底面标高要有设计标高;夯实时地基土的含水量要控制在最佳含水量范围内;大面积夯实按顺序进行;基底标高不同时应先深后浅;除上述因素外,还要考虑冬季施工的影响等。

③ 强夯法。该方法是使很重的锤从高处自由下落,对地基土施加很强的冲击能,反复多次冲击地面,地基土中的颗粒结构产生变化,土体达到密实,从而可以最大限度提高地基强度并降低压缩比。一般的施工流程:平整场地→铺级配垫层碎石→强夯置换设置碎石墩→平整并填级配碎石层→满夯一遍→找平铺土工布→回填碎石渣垫层,并用振动碾碾八遍。一般在大型强夯施工前,要选择面积为400m^{2}的场地进行试验,以便取得经验数据从而指导施工。

(4)挤密法

① 振冲密实法。用专门振冲机械产生的重复水平振动和侧向挤压作用,使土体结构逐渐破坏,孔隙水压力迅速增大。由于结构遭到破坏,土粒可能向低势位置移动,这样土体由松变密。施工工艺程序:首先保证场地平整并布置桩位;施工机械到位,振冲器对准桩位;再启动振冲器使之沉入土层,提升及重复使孔中泥浆变稀;然后向孔内倒填料并重复这个步骤至深度电流达到密实电流为止,记录填料量;再把振冲器提出孔口,施工上节桩段;要使制桩过程各段桩体符合密实电流、填料量及留振时间3个要求;再者在现场要提前开挖排泥水沟系,产生泥水统一处置;最后挖去桩顶1m厚桩体,对整个场地夯实整平。

② 沉管砂石(碎石、灰土、OG、低强度)桩。利用沉管制桩机械在地基中锤击,振动沉管成孔或静压成孔后,在管中投料,边振动上提边投料使管体密实,与原地基复合成一体。

③ 夯击碎石桩。利用重锤夯击或者强夯把碎石夯入地基,在夯坑内逐渐填入碎块石,反复夯击以形成碎石桩或块石墩。

(5)拌合法

① 高压喷射注浆法。以高压力使水泥浆体通过管道从管孔喷出,直接切割破坏土体同时与土拌合并起部分置换作用。凝固后成为拌合桩或柱体,同地基土形成复合地基,用这种方法可以形成挡土结构或防渗结构。

② 深层搅拌法。深层搅拌主要用于加固饱和软黏土。利用水泥浆体作为主固剂,使用特制深层搅拌机械把固化剂送入地基土中强制搅拌,形成水泥土的桩柱体,与原地基组成复合地基。水泥土桩柱体的物理、化学性质取决于固化剂与土体之间产生的各种物理或

化学反应,同时固化剂的掺量及搅拌程度与土质是影响水泥土桩(柱)以至复合地基强度和压缩性的主要因素。

(6)加筋法

① 土工合成材料。合成材料是一种新型的岩土工程材料,是人工合成聚合物,如化纤塑料及合成橡胶等。土工合成材料制成各种产品置于土体内,发挥加强及保护作用。

② 土钉墙技术。土钉一般是要通过钻孔、插筋和注浆来设置,但也可以直接钉入粗钢筋或型材形成土钉。土钉竖向与周围土体紧密接触,依靠接触面上粘结摩阻力,与周围土体形成复合体,当土钉在土体发生变形时被动受力。

③ 加筋土。加筋土是将抗拉能力很强的拉筋埋置于土层中,利用土颗粒位移与拉筋产生的摩阻力使土与加筋材料形成整体,减少整体变形和增加整体稳定性。拉筋是一种水平向增强体,多数使用抗拉能力强、摩阻系数大而耐腐蚀的条带状、网状及丝状材料,如镀锌钢管、铝合金及合成材料。

(7)灌浆法　灌浆法是利用气压、液压或电化学原理将可以固化的一些浆液注入地基介质中,或者建筑物与地基的缝隙处。灌浆的浆液可以是水泥浆、水泥砂浆、黏土水泥浆、石灰浆及各种化学浆材料,如聚氨酯类、木质素类或硅酸盐类等。根据灌浆目的可以分为防渗灌浆、堵漏灌浆、加固灌浆和结构纠偏灌浆等;按照灌浆方法可以分为压密灌浆、渗入灌浆、劈裂灌浆和化学灌浆。灌浆法在水利工程、建筑及桥梁工程领域中应用极其广泛,也有极好成效。

6　地下工程混凝土裂缝的控制方法

随着城市化进程的加快,房屋的地下建筑也不能浪费,因此几乎所有的房屋都建设了地下室。大量住宅工程的地下室作为居住者的附属用房和库房使用,而大量公共及商业地下室则作为人防、车库、超市及仓库使用,充分发挥地下空间的高利用率。但是地下室工程混凝土的裂缝现象比较普遍,严重的渗漏水导致不能正常使用,而且防止渗漏的修补效果差且难度极大,不仅影响到房屋的美观,更影响到正常的使用功能。

一般地下室结构混凝土裂缝主要分为两类,即结构性与非结构性两类。造成裂缝的原因多种多样,如在材料选择上未使用质量高的原材料,设计构造原因占的比例更大,施工工艺过程控制及自然环境因素影响等。但是经实践表明地下室混凝土的裂缝是可以预防和修复的。本节就地下室混凝土的裂缝产生原因、控制措施以及修复方法进行分析与探讨,使其使用功能不受影响并与建筑物同寿命。

6.1　地下室混凝土裂缝原因及影响

6.1.1　由温度引起的裂缝

在混凝土结构中因水泥的水化热所释放的热量带来同外界不同温度的变化,不同温度产生的温差对混凝土产生较大影响。在当代高层的地下室中,大多数基础部分的混凝土是属于大体积的构造,在混凝土浇筑中需要采取技术措施降低升温。由于在大体积内部水化热升温很集中也高，且因外部混凝土的约束无法向外散出，导致结构内部混凝土的升温很高，而混凝土表面散热快造成内外形成大的梯度，当此时内外温差大于25℃时，混凝土的约束应力就不可能承担温度应力，进而产生开裂。这种裂缝蔓延程度会逐渐扩大，严重的还具有可贯穿性。

现在的结构设计中用于地下室的混凝土强度等级比较高，大多数在C30以上。地下室的面积比较大，所用混凝土用量也多且强度高，大面积的使用混凝土肯定水泥用量也很多，从而造成混凝土在早期阶段产生大量的水化热。而混凝土对于热的传递能力很低，再加之地下室底板的面积一般都较大，热量不能排出只能聚集在混凝土内部，引起内部温度急速上升，最高达到70℃以上，而结构表面温度跟自然环境相似，由此产生的温差也就是内胀外缩的张力对混凝土表面产生的很大拉应力，当这种拉应力超过此时混凝土的极限抗拉值时便产生开裂。

6.1.2　因混凝土的收缩变形引起的裂缝

首先，混凝土会产生化学收缩。在混凝土的凝结硬化过程中，水泥会发生一系列的化学反应也就是水化反应。但通过这种水化化学反应后，最终生成物的体积会比以前的物质体积要小，这种收缩形式即化学收缩。其次，混凝土还会产生干燥收缩现象。一般干燥收缩是混凝土内部吸附了大量的蒸发水，最后引起胶凝体失水而引起干燥收缩现象。混凝土干燥收缩的程度大多取决于周围环境中湿度的变化。同时由于收缩变形引起的构件表面拉应力超过了其拉伸的极限，也会产生裂缝。干燥收缩的主要原因是混凝土硬化时表面水分蒸发过快，而无及时补充水分措施，最终干燥收缩造成开裂。

现在城市的所有建筑工程，都是采用集中搅拌商品混凝土，商品混凝土为了保证其流动性和可泵性，一般会增加较多的水泥用量，同时商品混凝土的单位水泥用量及砂率也偏高，增加了混凝土干燥裂缝的概率，这种干燥裂缝相对较小，多以网状龟裂表现。

6.1.3　不均匀沉降收缩引起的裂缝

地下工程的设计主要依据是工程地质的勘察报告，在设计时当依据地质勘察报告制作的模型与实际情况有误，就会出现地基的不均匀沉降，收缩引起的裂缝大大增加。

这主要是由于地基的不均匀沉降产生的裂缝。因为每个建筑物上部的荷载分布不同，也会是不均匀沉降的一个原因。这种不均匀沉降对混凝土产生较大拉应力，当此应力超过了混凝土当时的极限拉伸时，就会有发生裂缝的危险性，这种由于地基不均匀沉降引发的裂缝较大且严重，会影响到建筑物的使用功能。

同时因为沉降收缩造成的裂缝，这是混凝土在浇捣以后大颗粒逐渐下沉，水泥浆随之上升的现象，受到预埋件、钢筋或者大骨料阻拦，而造成混合料之间不再均匀而离析，造成组成混凝土材料不均匀沉降而开裂。这种裂缝形式呈中间宽、两端窄的形状，在截面变化较大的钢筋密集部位产生。

6.2　地下室混凝土裂缝控制

6.2.1　重视对温度裂缝的控制

为了有效控制由于温差引起的裂缝，大体积混凝土浇筑工作对气候要有选择，即避开高温时间段进行浇筑，优先选择水化热低的水泥，在确保强度不受影响的前提下，掺入一定比例的缓凝剂以减少水泥用量，同时还要降低水灰比例，有效降低水化热。掺入外掺合料最普遍的是粉煤灰，不仅可以替代部分水泥用量，减少用水量，更加有利地提高混凝土的可泵性。

同时还要控制混凝土的入模温度。例如在浇筑混凝土时加入少量的干净毛石，可以吸收一定热能，并且节省混凝土材料，但是必须注意掺入毛石的数量，以混凝土体积的20%左右为宜。另外还可以通过向骨料洒水进行降温，太阳不直接照射石子；也可以通过在拌合料中加入冰块冷却原材料的方式控制降温。

当浇筑工作进行到最后，还要把后期工作抓紧做好，即收光、压抹、覆盖、保湿及保温。由于模板在外可以减缓混凝土的降温速度，使浇筑后混凝土内外温度变化不大，有效控制混凝土因温差导致的裂缝，所以在浇筑混凝土后再拆除模板较为合适。

6.2.2 减少因沉降收缩产生的裂缝

在满足和易性达到泵送的前提下，要加强对单位混凝土用水量的控制，尽量降低其坍落度。商品混凝土中都掺入一定的外加剂改善其性能，而且延长搅拌时间尽量达到均匀一致使得前后相同；加强混凝土的振捣，防止漏振和过振；而且入模高度要控制在2m以内，过高可能造成拌合料的离析，冲击力对侧模增加张力而变形；对于截面较大结构，应先浇筑下部及厚的部分，停滞2h待自然沉降后再连续浇筑上部。

另外不均匀沉降多数原因是由地基与上部建筑结构荷载量不同引起的，由于地下室结构面积比较大，一般在主楼和裙房之间相交位置设置适当的后浇带，再加上主楼地下室过道较长，所以在相应位置也设后浇带，这样就减少了由结构早期不均匀沉降导致并产生的裂缝，也就放松了对整个地基底板的约束，同时也有效控制混凝土浇筑长度所引起的热量积累，减少温度应力，并对预防控制裂缝起到明显效果。

6.2.3 干燥收缩裂缝的预控

为了预防由于裂缝造成的裂缝，尽可能选用中低热水泥或是粉煤灰质水泥，收缩率小、干缩也小的原材料。由于水灰比对混凝土干缩的影响最大，总之水灰比越大，干缩的程度就越严重，所以在设计混凝土配合比时，严格采用控制水灰比及掺加减水剂的措施从而减少用水量，合理选择适应性好的外加剂及掺合料。

6.2.4 选择合适的水泥品种

通过对混凝土材料选择及配合比控制，在混凝土中加入外加剂和外掺合料，尽量减少水泥用量，达到因减少水化热现象引起的收缩变形。普通的硅酸盐水泥虽然其早期的强度发展快也高，但是水化热的反应也大；矿渣硅酸盐水泥比普通水泥的水化热低，但是其干燥裂缝比较严重，而且后期会产生硬度收缩；火山灰质水泥后期收缩量较大，选择使用的工程较少。通过对水泥品种的分析，粉煤灰质水泥可以降低裂缝的产生，同时再添加减水剂达到降低水灰比的目的，有效控制水化热，同时也对混凝土起到补偿收缩效果。

6.2.5 提高混凝土的抗裂性

地下室混凝土结构裂缝与混凝土的极限拉伸强度密切相关,据一些资料介绍:混凝土的极限拉伸强度与其配筋有关。为此,在混凝土中必须考虑增加抗变形筋,也就是增加混凝土由于受到长期干燥及自然环境变化所引发的热胀冷缩抗变形能力。对于地下室的墙体要增加水平温度筋,可以在结构表面起加强作用。

同时通过调整钢筋的配置形式,可用增设温度的分布筋,把混凝土内部的热量及时迁移出来,以减轻内部热量的峰值升高。采取布筋上下错列的布置形式,可使钢筋直径减小且间距更近,这样减少了混凝土的收缩量,上下错落布置的方式能够使中间的热量散发出来,减少裂缝产生。

6.2.6 加强混凝土养护不要只在口头上

整个混凝土的过程养护极其重要,不要只有要求并不落实检查。要严格监视混凝土表面温度变化,避免出现过大温差变化导致的开裂。一般地下室底板混凝土的浇筑应在每年上半年之前完成,以避免炎热季节太阳直射的时间。在混凝土养护工作中都非常重要,但一些只是停留在口头上的要求,及时落实和检查更不可缺少。当结构浇筑振压完收光后,立即覆盖塑料薄膜保湿,当需要保温时再加盖其他材料,早期表面容易踩踏要在覆盖过程中消除足迹。

为了使已经施工完成混凝土表面的热量能尽快散发,可以在表面盖上草袋,并在其上再覆盖易保温与散热塑料薄膜,从而加快降温速度。由于早期的混凝土养护十分关键,可以提高强度以及为后期使用时避免混凝土裂缝现象提供保证,从而减少不必要损失,为此必须加强混凝土强度增长时期的养护,其时间不要少于14d。

6.3 混凝土裂缝的修补方法

经过大量工程的实践应用,其经验也在不断总结中,要对混凝土已经出现的裂缝采取处理措施,而修补的方法有多种,可以根据裂缝严重的程度采取不同的方法处理。

(1)用化学灌浆法处理裂缝　化学灌浆法又叫聚合物浸入法,这种方法的粘结强度极高,而且具有一定的弹性恢复能力。根据裂缝的性质、宽度及其干燥情况选择灌浆的材料。最常见的混凝土裂缝修补材料是环氧树脂,这种材料具有极高的强度和粘结力,操作方便且成本也低。修补作业时先密封裂缝的表面,然后抽空内部空气,在大气压力作用下将纯环氧树脂注入混凝土裂缝表面,目前这种方法在地下室裂缝中应用很普及。

(2)涂层法处理裂缝　在修补混凝土结构的裂缝时,可以用表面浸渍密封剂及涂料进行涂层封闭处理。但是对表面细而密的裂缝处理,不要在低温环境下进行,如果混凝土裂缝已经停止扩大,用表面涂层处理其修补效果也较优。

(3)结构加固和柔性密封处理法　当裂缝已经影响到混凝土结构件的安全使用时,需要采取加固方法处理。现在常用的结构加固方法有:加大混凝土结构截面的面积、在混凝土构件的角部外包型钢、用在结构件表面粘贴钢板方法加固或增设支点加强等。

当活动裂缝已经发展为运动接缝,通常的做法是用柔性密封法处理。具体的修补加强方式是沿着裂缝的边缘凿开一个凹槽，在凹槽内加入适量柔性材料，最后在裂缝的部位用隔离层分开。

综上浅述，经过分析探讨地下室结构混凝土产生裂缝的原因，可以知道混凝土裂缝的产生是可以控制和修复的，工程设计人员从构造与措施上提高对裂缝的预防，在施工前慎重考虑、比较，提出有针对性的解决对策，而在施工后要加强对混凝土的养护及保护工作。通过深入了解并掌握多种预防与处理措施，提高对混凝土施工工艺技术，以减少地下室工程混凝土裂缝的形成和发展，确保建筑结构的安全性，满足设计耐久性年限的安全正常应用。

7 建筑地下人防洞口常见质量问题及对策

这里说的孔洞口防护工程是地下人防工程的重要部位，它是同外界连接的第一个入口，也是工程最薄弱的部位。孔洞口的防护主要是指人防工程出入口、通风口、水暖和电缆穿墙管道。由于孔口防护工程在设计和施工过程对规范、图纸和图集要求并不完全，若在施工过程中处理不当，会存在一些隐患，从而造成人防工程不能满足设定的防护密闭要求，也达不到一个合格的工程要求。因此，加强对人防工程质量的重视必须把孔洞口的质量放在重要位置，它是满足人防工程中防护功能的重要部分，是保证战备效益和人员生命财产安全的关键环节所在。

7.1 出入口常见设计问题及处理措施

在人防工程审查设计图中经常发现，一些设计人员在人防工程设计时对战时主要出入口不能满足规范要求。如战时主要出入口的地面段设置在地上建筑物的倒塌范围内，但是不设置防倒塌棚架；还有一些设计人员在设计甲类核六、核六B级人防地下室时，对于用室内出入口代替室外出入口时存在一定问题。如将战时出入口上的一层楼梯按战时设计；也有的人员对设计规范仅理解了一部分，只是将楼梯上部不大于2.0m处做局部完全脱开的防倒塌棚架；这些处理方法都是不符合人防规范要求的。其主要原因还是对现行规范理解不透彻，其正确做法是尽量将战时主要出入口的地面段设在地上，最好在可能倒塌建筑物的范围之外，当条件限制无法满足要求时，应在战时主要出入口的出地面段上方，按人防规范要求设置防倒塌棚架；对于甲类核六、核六B级人防地下室，对于用室内出入口代替室外出入口时，应在一层楼梯间设置一个与地面上建筑物完全脱开的防倒塌棚架；也就是说其棚架的梁、柱、板必须与地上建筑物要完全分开，只有这样做才能使结构的受力计算更加明确可靠。

7.2 常见出入口施工质量问题及处理

在人防工程现场检查中有时会发现，门框墙在施工中总会存在一些问题，如门框处的墙表面不平整，高低不平有麻面，严重的还有露筋现象，不能满足建筑工程质量验收评定的要求。甚至个别严重的门框及墙垂直度偏差过大，门框上下铰链同心度差超过规范允许值，这会给人防门扇的安装带来困难。产生这些质量缺陷的主要原因是施工操作粗糙且不规范,并且对人防门框及墙的要求不清楚,这是造成门框墙不合格的主要原因,对此必须返工处理直到合格后再安装人防门。

地下人防墙属于剪力墙,因此在门框洞口处钢筋布置得比较多,钢筋绑扎时又要求先将防护设备的预埋钢门框架立就位准确,而预埋钢门框上固定用锚固筋又多,同时锚固筋又要求与门框墙钢筋点焊牢固,因此,在安装就位固定加强过程中还要对位置、垂直度及平整度进行控制,更要求保证门框墙体结构尺寸的准确,表面平整垂直方正,支剪力墙外模时门洞内要加密支撑,且门洞四周角还要增加斜支撑,以保证浇筑混凝土防止产生变形。由于门框墙模板内空间尺寸较小,钢筋密集预埋件的锚固加强筋又多,所以,在浇筑混凝土时必须注意门洞口两侧边浇筑高度保持一致,以防止门洞模板挤压移位变形。只有这样加强处理才能确保门框墙洞口的施工质量。

7.3 常见通风口设计问题及处理

地下人防通风口包括进风口、排风口和排烟口。为保证地下内部人员的正常工作和生活,地下人防内部需要进入大量新鲜的空气,并排出废气和设备产生的烟雾气。因此,通风口在战时也要坚持不停止通风,为此要求在通风口设置防护密闭门或防爆炸波活门及扩散室等。以便把冲击波阻挡并削弱至规范允许的压力值以下,从而减小伤害内部人员和设备的概率,达到防护的功能目标。在人防工程审图中会发现一些设计人员在进行人防工程备战用竖井时,设置在通风口竖井处的防护密闭门很少有嵌入墙内构造的,这种设计是不能满足人防工程规范要求的,也即是说在战时是非常危险的情况,可能会毁掉整个人防地下工程。规范要求其正确的构造处理是"当防护密闭门设置于竖井内时,其门扇的外表面不得凸出竖井的内墙面"。如果不具备条件无法将其嵌入墙体内时,也可以在门洞上方300mm 高度处设置一门楣,门楣长度为300mm + 门洞宽度为300mm。门楣凸出竖井内墙面为250mm;门楣高度也是250mm,并配置相应钢筋,只有这样处理才能满足规范的要求,也就是满足战时的防御功能,发挥人防工程设置的作用。

7.4 常见通风口施工问题及处理

通风口一般安装的是悬摆式防爆波活门,是保证战时在冲击波超压作用下能立即自动关闭,把冲击波挡在外面。防爆波活门的施工重点是控制钢门框与钢筋混凝土墙体的整体密实性,并保证活门嵌入墙内的深度。在施工现场检查有时也会发现活门的混凝土浇筑振捣得并不好,存在一些蜂窝麻面,更加严重的存在活门嵌入墙内的深度相差较大。只有活门嵌入墙内的深度完全达到规范规定,才能保证在战时冲击波作用时,活门在要求的限时内立即关闭。如果活门嵌入墙内的深度太浅达不到设计图纸规定的数值,那么当冲击波从侧向射入时就会延误活门的关闭时间,严重时可能遭受破坏,达不到战时保护生命财产的要求。甚至对人防设施以及地下人员造成严重伤害。因此,施工单位技术人员必须对操作工人交代清楚并引起高度重视。

7.5 穿墙套管常见施工质量及处理

为了确保人防工程在战时能保证人员和物资的安全,还需要在室外引进各种管道和电缆设施。这些管道和电缆有的要穿过防护外墙或临空墙，有的还要穿越密闭墙。这就要求施工中一定要按照施工图或指定的标准图集做好防护密封处理。

规范规定与人防无关的管道不得穿过人防围护结构，当用于人防的管道穿越人防围护结构，即人防外墙、临空墙与防护单元隔墙时，必须进行防护密封处理。人防的管道穿越人防密闭隔墙、密闭通道、防毒通道、滤毒室或简易洗消毒间的墙时，也要进行密闭处理。但是在实际工程中经检查发现，并不是同规范要求的那样，一些与人防无关的管道任意穿越人防工程的围护结构，却不进行任何防护密封处理。或是有些人防工程的管道穿越人防工程的围护结构虽然做了预埋套管的处理，但是也存在不密闭处理的问题，更为严重的是由于在施工中漏设预留孔洞，施工方未征得设计方同意便采取一些加强措施，而是擅自在剪力墙上用冲击钻打孔，这样就严重地破坏了工程的防护和防毒整体性，完全达不到战时防护需要的密闭要求。

以下用几个图例来说明穿墙套管的正确施工做法，如图 2-15 所示。

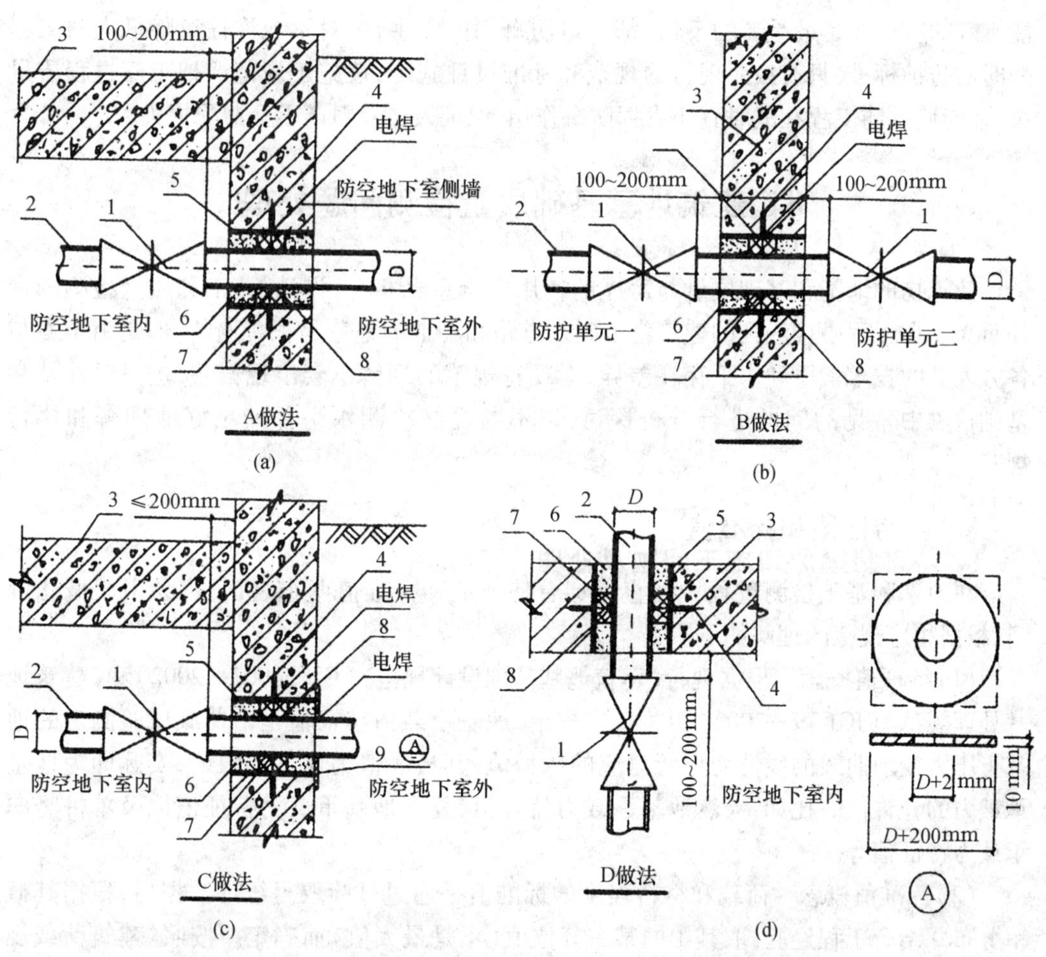

图 2-15　穿墙套管施工方法

1—工作压力不小于 1.0MPa 的阀门或防爆波阀；2—空调（采暖）水穿墙（顶板）管道；
3—防空地下室外墙、临空墙或密闭墙；4—翼环；5—预埋钢套管；6—石棉水泥；7—挡圈；8—油麻；9—防护抗力片

注：①当穿入防空地下室的空调（采暖）管道管径≤*DN*150 时，阀门设置位置分别见做法 A、B、D；

②当穿入防空地下室的空调（采暖）管道管径＞*DN*150 时，阀门设置位置见做法 C。

从做法图例可以看出，管道从室外穿越外墙、临空墙和防护单元隔墙时，必须在墙体上预埋带有密闭翼环的钢套管。规范规定预埋的钢套管壁厚为6mm，密闭翼环通常采用壁厚为5mm的钢板制作，翼高不小于50mm，密闭翼环与钢套管的接触部分必须满焊，同时在预埋钢套管与穿墙管道的缝隙之间应采用密封材料填充密实。同时为了阻隔战时冲击波进入人防地下室内，应在室外一侧的预埋钢套管上安装防护抗力片，还要求抗力片应采用厚度不大于6mm的钢板制作，另外对于与工程外部相连接的管道，规范还要求在地下内部靠内侧防护墙200mm的近处，在管道上安装防爆波阀，也可以用抗力不小于1MPa的阀门代替。只有这样处理才能保证战时冲击波或毒气不能进入，达到战时的防护密闭效果。

综上浅述，人防地下工程的设计一般是采取平战结合考虑的，要求人防工程既要有战时的防御功能，又要考虑平常兼用的双重功能。但是对于人防工程建设的最主要目的仍然是以战时防御功能为主。因此，对于人防工程的建设，不管是平时还是战时如何才能有效的应用才是最重要的事情，都应以防御功能为主，绝对不允许任意降低人防工程战时的防护标准，只有按照现行的规范和标准设计施工，按施工规范严把工序过程质量关，才能使人防工程在战时真正发挥防御作用，保证人员及财产不会遭受损失。

8　建筑地基基础质量检测问题处理

建筑物的地基和基础质量与房屋的使用安全息息相关，设计、施工和质量检测的责任重大。在工程中接触到的建筑物基础及道路和场地的地基是很普遍的，但是由于参与各方人员的技术素质和水平存在差异，对现行规范的理解也会出现偏差，这里对地基和基础检测中常见的问题进行分析探讨，以不断提高检测水平并能更好地理解和执行规范。

8.1　特征值和标准值

在地基和基础检测过程中一直贯穿着特征值和标准值两个名词，容易引起概念混淆，根据相应规范的理解如下。

(1)特征值概念　根据现行《建筑地基基础设计规范》(GB 50007—2002)和《建筑地基处理规范》(JGJ 79—2002)相关条文规定，地基承载力特征值是由荷载试验测定的地基土压力变形曲线的线性变形所对应的压力值，其最大值为比例界限值，实际即为地基承载力的允许值。比如：天然地基承载力特征值、复合地基承载力特征值以及单桩竖向承载力特征值等。

(2)标准值概念　荷载和材料强度的标准值是通过试验取得统计数据后，根据其概率分布并结合工程经验，取其中的某一分位值(不是最大值)而确定。按照《建筑荷载规范》(GB 50009—2001)规定，标准值是荷载的基本代表值，分为设计基准期内最大荷载统计分布的特征值(如均值、众值、中值或某个分位值)。GB 50007—2002规定，标准值取其概率分布的0.05分位数。如单桩竖向极限承载力标准值，岩石饱和单轴抗压强度标准值等。

(3)特征值和标准值之间的关系

特征值 = 标准值(常指的是极限状态)/安全系数

现行《建筑桩基技术规范》(JGJ 94—2008)中规定,单桩竖向承载力特征值为单桩竖向极限承载力标准值除以安全系数后的承载力值。GB 50007—2002 中的岩基荷载试验中,每个场地中极限荷载除以 3 取小值为岩石地基承载力特征值。同时规范中规定,岩石地基承载力的特征值等于折减系数乘以岩石饱和单轴抗压强度标准值,其中折减系数与岩石的完整程度相关。

现行《建筑基桩检测技术规范》(JGJ 106—2003)中规定,单位工程同一条件下的单桩竖向抗压承载力特征值应按单桩竖向极限承载力统计值(极差不超过30%时,取平均值为单桩抗压极限承载力,高应变亦同,对桩数为 3 根或 3 根以下的柱下承台,或工程桩抽检数量少于 3 根时取低值)的一半取值。

8.2 单桩极限端阻力标准值

JGJ 94—2008 中规定 q_{pk}定义是桩径为 800mm 的极限端阻力标准值,对于干作业挖孔(清底干净)可采用深层平板荷载试验确定。GB 50007—2002 中之附录 D 深层平板荷载试验要点及现行《高层建筑岩土工程勘察规程》(JGJ 72—2004)之附录 E 大直径桩端阻力荷载试验要点,均为确定阻力特征值,该值如果用于软基础时,将不再做深度修正。那么 q_{pk}如何来定?根据定义 q_{pk}是桩径为 800mm 的极限端阻力标准值;深层平板荷载试验视为桩径为 800mm,无侧阻特殊条件下的单桩荷载试验,其 q_{pk}的确定可参考 JGJ 106—2003 中单桩竖向抗压静载试验确定极限承载力的方法进行。

8.3 低应变检测桩身完整性

低应变是检测桩身完整性的主要方法,相对快速且准确性较高,最大特点是经济,因而应用非常广泛,并得到检测人员的普遍接受。但也有一些检测技术人员用低应变法计算单桩波速,用此推定桩身强度。根据 JGJ 106—2003 中规定,低应变法适用于检测混凝土桩的桩身完整性,判定桩身缺陷的程度及位置,规范中无任何条文规定利用单桩波速判定混凝土强度。按照低应变的适应性,其具体的工作大致是,在确定桩身波速平均值的前提下,根据实测的桩身应力波速时程曲线判定桩身的完整性。桩身波速平均值的确定是低应变检测中非常关键的一个环节,其方法有以下几种。

① 当桩长已知,桩底反射信号很明确时,在地质条件下,设计桩型及成桩工艺相同的基桩中,选择不少于 5 根 1 类桩的桩身波速值计算其平均值。

② 当无法根据上①中确定时,波速平均值可根据本地区相同桩型及成桩工艺的其他桩基工程的实测值,结合桩身混凝土的骨料品质和强度等级综合评定。

③ 根据《四川省建筑地基基础质量检测若干规定》,所提供的应力波纵波速度与灌注桩混凝土强度等级关系的推荐值,如混凝土强度为 C20 时,应力波纵波速度为 3000 ~ 3500m/s;混凝土强度为 C30 时,应力波纵波速度为 3800 ~ 4200m/s。

8.4 声波透射法

声波透射法适用于已埋声测管的混凝土灌注桩桩身的完整性检测,判定桩身缺陷的程度并确定其准确位置。在现场检测前的准备工作:采用标定法确定仪器系统延迟时间;计算声波管及耦合水层声时修正值;在桩顶测量相应声测管外壁间净距离;将各声测管内注满清水,检查声测管畅通情况,换能器应能在全程范围内升降顺畅。

其中标定法和计算声波管是较多检测单位易出现错误操作的情况,在测定仪器系统延迟时间,有将径向换能器平行紧贴置于水中进行测量,也有将系统延迟时间和声波管及耦合水层声时修正值统一测定的做法,是把埋管用的钢管取两小段,平行紧靠置于水桶之中,再把径向换能器放入钢管之中,测定的结果可以看作为:系统延迟时间和声测管及耦合水层声时修正值。还有的将径向换能器置于地上十字交叉位置放置,把实测结果作为系统延迟时间输入仪器。

根据 JGJ 106—2003 要求,用标定法测定仪器延迟时间的方法是将发射、接收换能器平行悬于清水中,如图 2-16 所示,径向换能器边缘从 400mm 开始逐点改变点源距离并测量相应声时,记录若干点的声时数据并作线性回归的时距曲线。另外声测管及耦合水层声时的修正值要根据测管的内外径、换能器的外径、管材的声速以及水的声速等进行计算并得出。

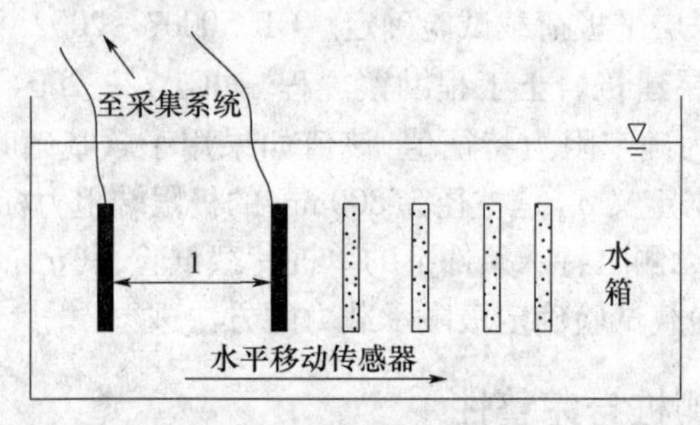

图 2-16　超声仪系统延迟时间测定方法示意图

在声波透射法的工作中应注意:要配备鉴定合格的温度计,测定耦合水的温度,用于声测管及耦合水层声时修正值的计算;配合鉴定合格的长度计量器具;确保灌注的声测用耦合水为清水,若是不干净的水会明显加大声波衰减和延长传播时间,给声波检测结果带来较大误差;实测时传感器必须是从孔底向孔口移动;在实测过程中应及时查看其结果,对异常点段要采用检查、复测及细测(即水平加密、等差同步和扇形扫测)的方法排除干扰和确定异常,不得将不能解释的异常带回去;对于参与分析计算的剖面数据,应分析剔除声测管理埋置不平行结果的数据;对于临时性的钻孔声波透射的特殊情况,钻孔是否平行会对结果产生严重的影响,如果不能确定钻孔保持等距离或钻孔情况已知时,不适合用声波透射。

8.5　锚杆荷载试验

锚杆荷载试验要依据锚杆的种类。锚杆适用的条件达到符合相应的规范和标准,锚杆有全粘结性和非全粘结性,荷载试验中反力是否作用在锚杆拉力影响范围外,这对于判定锚杆承载力是否满足设计要求十分关键,如果作用区域在锚杆(尤其是全粘结性锚杆)拉力影响范围之内,实测结果不能准确反映锚杆的拉力,而可能锚杆杆体握裹力就是如此,不准确的检查结果会误导设计,给工程留下安全隐患。

在锚杆验收试验中其合格判定的标准是:锚杆在最大试验荷载下所测得的弹性位移量(总位移减塑性位移),应超过该荷载下杆体自由段长度理论弹性伸长值的80%,且小于杆体自由段长度与1/2锚固段长度之和的理论弹性伸长值。这个判定结果十分重要,是锚杆安全的可靠保证。"该荷载下杆体自由段长度理论弹性伸长值的80%",是判定有自由段的设计时,对施工完成的锚杆自由段长度进行保证,如果未达到这个要求,表明自由段长度小于设计值,因而当出现锚杆位移时,会加大锚杆预应力损失;当边坡有滑动面时,锚杆未能穿过滑动面而作用在稳定地层上,工程会存在一定安全隐患。如果测得弹性位移大于锚杆自由段长度与1/2锚固长度之间的理论弹性伸长值,则表明在设计有效的锚固段内注浆体与杆体的粘结作用已被破坏,锚杆的承载力将被严重削弱,甚至危及工程安全。

8.6 静载试验基准桩及梁

基准桩及基准梁在荷载试验中,如使用不当会对检测结果产生影响,需要试验人员的认真对待。基准桩应使用小型钢桩打入地表以下的深度,保证不受地面振动及人为因素的干扰影响,不允许用砖块等材料代替。基准梁应具有一定的刚度,梁的一端要固定在基准桩上,另一端应简支于基准桩上。基准梁应避免气温、振动和其他外界影响,夜间工作时应避免大功率照明器具对基准梁烘烤所引起的变形,尤其是局部照射温度很高,而在白天工作时避免太阳直射到基准梁上,引起较大的变形。

就基准梁的刚度问题和温度影响因素进行试验,其温度变化对基准梁产生较大变形,影响荷载试验的稳定。不同刚度基准梁受温度影响的试验,在同样的大棚内使用10#、16#与20#工字钢基准梁进行试验,基准梁变形如图2-17所示。在一天的温度变化中刚度大的20#工字钢变形最小,而刚度较小的10#工字钢变形较大。所以在荷载试验中应选择刚度较大的基准梁,可以最大程度避免温度变化对基准梁产生的不利影响。

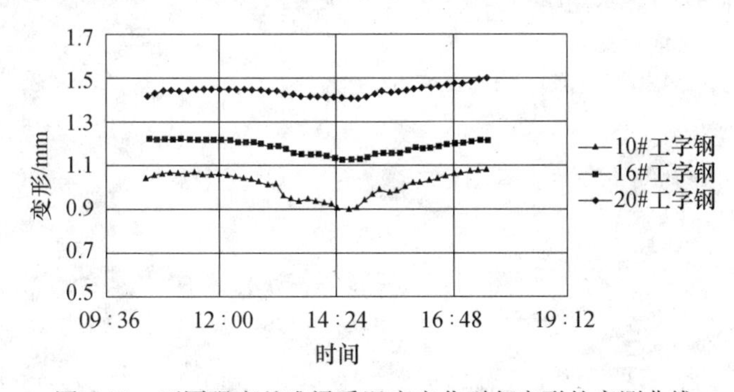

图2-17 不同强度基准梁受温度变化引起变形的实测曲线

8.7 统一荷载试验的曲线坐标

在填写荷载试验报告时,对同一工程较多的单位使用一个荷载试验点,作1条 $Q-s$ 或 $P-s$ 曲线,并采用不同的沉降纵坐标成图,使查看静载结果时不能很好地反映总静载效果,缺乏静载点之间的可比性。根据JGJ 106—2003中第4.4.1条说明,除 $Q-s$、$s-\lg t$ 曲线外

还有 $s-\lg Q$ 曲线。同一工程的一批试桩曲线应按相同的沉降纵坐标比例绘制,满刻度沉降值不宜小于40mm,其结果直观且方便对比。此种做法可以适用于所有地基的荷载试验之中,改善静载结果的直观可比性。

8.8 不同规范之间的差异

现行《建筑基桩检测技术规范》(JGJ 106—2003)和《公路工程基桩动测技术规程》(JTG/TF 81-01—2004)在声波透射法中对数据进行分析处理时,存在一些差异如表2-3所示。

表2-3 **JGJ 106—2003与JTG/TF 81-01—2004之间差异**

差异点	JGJ 106—2003	JTG/TF 81-01—2004
异常判断值或声速临界值	$(u_o=u_m-\lambda\cdot s_x)$ λ 与参加统计个数相关,变化范围1.64~2.69	$v_D=\bar{v}-2\sigma_v$,两倍标准差法
剖面与整桩	同一界面的数据为一个处理单元,同一根桩上,不同界面其异常判断临界值不同	同一根桩的声速值作为一个处理单元,在一根桩上,只有一个声速临界值

在生产检测过程中要了解这种差异,各仪器生产厂家编制的数据分析软件也有相应的差异,应根据不同的规范具体使用,以减少结果出现较大差异。

对于地基基础质量检测中存在的一些问题进行浅要分析,对规范的理解认识不一定很准确或很全面,希望在应用中实践总结,以达到确保建筑物安全为目标。

三、砌体结构工程

1　民用建筑工程墙体的质量控制

建筑物墙体裂缝是常见的房屋质量问题,墙体裂缝的产生,轻微的会造成外观质量差并引起墙体渗漏,严重的会影响到建筑结构的承载力及耐久性,如果不能采取有效处理,甚至会引起倒塌。由于墙体的裂缝比较常见,并不能引起人们足够的重视。对于墙体出现的裂缝主要是斜向裂缝、垂直裂缝、水平裂缝、女儿墙处裂缝及混合型裂缝等。对这些裂缝的主要原因应进行分析并提出预防控制措施。

1.1　墙体裂缝的种类分析

(1)斜向裂缝　现在比例很高的新建房屋的屋顶为平屋顶,这类房屋墙体的裂缝大都集中在建筑物顶层纵墙的两端,即1~2个开间的范围之内,严重的会发展至房屋两端1/3纵长的范围内,且沿建筑物两端大、中间小。尤其是在建筑房屋较长而未设置伸缩缝时,顶层端跨内纵墙会出现斜向裂缝。

(2)垂直裂缝　垂直裂缝又叫竖向裂缝,主要是底层窗台下墙的垂直上下方向的裂缝、过梁端部的垂直裂缝以及建筑剖面上有错层的墙体裂缝等几个类型。

(3)水平裂缝　在建筑物设计中,如果未能考虑温度变化对墙体的影响,屋面不在同一高度或错层时,常常会产生水平裂缝。水平裂缝最常见的是出现在女儿墙同屋面的根部,也有的出现在屋面板同女儿墙的交接处,有的则出现在顶圈梁下两皮砖的灰缝处,圈梁施工采用硬架支撑时易产生水平裂缝。

(4)女儿墙处裂缝　当在屋面板上用砖砌女儿墙时,不论墙体的长短如何,在转角处都会产生这种裂缝。如果女儿墙较长时,还会在其他部位也产生这种裂缝。女儿墙出现的这类裂缝会导致防水层的破坏,影响房屋正常使用及耐久性。

(5)混合型裂缝　有时斜向裂缝和水平裂缝会同时产生,形成一种混合型裂缝,也可能会产生因两个斜向裂缝交叉出现而形成的“X”状裂缝。不过这种裂缝出现的概率较小。

1.2　墙体出现裂缝原因分析

(1)温差变形引起的墙体裂缝　这种裂缝是平常最多见的一种裂缝。一般建筑用材均有热胀冷缩性质,房屋建筑由于自然环境温度变化引起热胀冷缩变化;钢筋混凝土屋面板和墙体材料是两种性能不同的材料,钢筋混凝土的线膨胀系数约为10×10^{-6},而砖墙体材料的线膨胀系数约为5×10^{-6}。由温差应力引起结构的伸缩值的计算:

$$\Delta L = \Delta t \times a \times L \tag{3-1}$$

式中 ΔL——相应材料伸缩值；

Δt——温差；

a——线膨胀系数；

L——结构体长度。

在炎热的夏季每天在屋面板上的最高气温不低于70℃，而在屋面板下面的墙体温度一般不高于40℃，在这样温度下的钢筋混凝土伸长值比砖砌体要增大一倍，所以在混合结构中当温度出现变化时，混凝土的屋盖、楼板、圈梁与邻接的砖墙伸缩不同，存在较大的变形量，这种变形量的分布情况是中间小、两端大。由于变形差不同且互相约束，产生的应力差使结构件开裂甚至破坏。

(2)地基不均匀沉降引起的裂缝　房屋的地基在场地平整过程中，一般都要经过高挖低填的工序，因此在房屋建成后都会出现不同程度的地基沉降。如果地基沉降不均匀，沉降大的部位与沉降小的部位会发生相对位移，在墙体中产生剪切力和拉应力，当这种附加内力超过墙体本身的抗拉抗剪强度时，就会产生裂缝，且这些裂缝会随着地基的不均匀沉降的增大而增大，一般成斜向裂缝，裂缝的方向一般是向着凹陷处。这种裂缝多数会出现在建筑物下部，由下向上发展，呈"八"字或倒"八"字、水平及竖缝等。当长条形建筑物中部分沉降过大时，则在房屋两端由下往上形成正"八"字形裂缝，且首先明显地出现在窗对角；反之，当两端沉降量过大，则形成的两端由下往上形成倒"八"字形裂缝，也首先在窗对角出现，还可在底层中部窗台处产生并形成由上至下的竖缝；当某一端下沉降值过大时，则在某端形成沉降端高的斜裂缝；当纵横墙交点处沉降过大，则在窗台墙体下角形成上宽下窄的竖裂缝，有时还有沿窗台下角的水平缝；当外纵墙存在凹凸设计时，由于一侧的不均匀沉降，还可导致在此处产生水平推力而组成力偶，从而导致此交接处的竖缝。

(3)地基土冻胀和屋面女儿墙漏水冻胀引起的墙体裂缝　当进入冬季气温降到0℃以下时，地层表面所含水分就开始结冰；而当地基土上层温度降到0℃以下时，冻胀性土中的水就开始结冻，下部土中的水分在毛细管的作用下，不断涌进上部，上部土不断结冻形成冰晶体而膨胀隆起，由于地下水位的高低不同，冻结冰的厚度也不同，随着气温的降低，地基隆起的程度就不同。一般情况下，地下水位越高，气温越低，隆起的程度越高。冻胀应力很大，可高达2×10^6MPa，建筑物很难抵抗如此大的应力，所以建筑物的某一部位就会被顶起。由于地基的含水量不同，各基础所处的环境也不同，所出现冻胀的情况也不一样，就好像地基的不均匀沉降引起的墙体裂缝。同时由于屋面排水不利、渗漏或女儿墙压顶开裂出现渗漏等情况，也同样引起墙体裂缝。

(4)因房屋结构引起的裂缝　首先是结构设计存在差错。由于计算结构荷载时有遗漏或构造不合理，造成结构本身不合理从而引起墙体裂缝。其次是砌体施工质量低劣。墙体砌筑时灰缝厚度不一且砂浆不饱满、厚度超过规范要求或组砌方式不符合要求等，砌筑砖墙时，未对砖块湿水，采用干砖上墙等违规作业都会降低砌体承载能力，使墙体日后出现裂缝。同时这种做法使墙体整体性被削弱。在实际生活中经常因为在房屋建成后，埋设各种管线穿过墙体，破坏墙体整体性，减少了墙体截面面积，削弱了墙体承载力，从而引起墙体出现裂缝。另外,随意改变房屋用途,加大使用荷载和增加振动力,也会使墙体受到破坏,引起墙体裂缝。最后,引起墙体裂缝的其他原因也不少。除了上述几种主要的墙体裂缝原因之外,还存在因施工质量不合格、使用灰砂砖、粉煤灰砖、加气混凝土砌块或其他非烧结砖等特殊砌体材料本身存在质量缺陷、地震、爆炸或其他外力作用引起的墙体裂缝等,由于这些情形在实际生活中发生的概率要低得多。因此,一般情况下对此影响造成的开裂不做深入分析,可以忽略掉。

1.3 墙体裂缝的应对措施

针对墙体裂缝产生原因的不同,具体工程中应分别根据情况采取不同的应对措施。

(1)温差裂缝的应对措施　首先,要考虑设置温度伸缩缝,这是防止墙体竖向裂缝的主要控制措施,因为各种伸缩单元中的温度应力和收缩应力要小得多。按照现行结构设计规范的相关要求,当建筑房屋长度超过50m时应设伸缩缝。伸缩缝应设置在因温度变化和材料干缩可能引起应力集中,以及墙体可能产生开裂的部位。对于现浇钢筋混凝土结构的屋面,每隔16m左右就应设置一条后浇加强带进行防裂。

同时对屋面现浇筑混凝土板可采取分段施工,即先浇筑两端板块,过一定时间再浇筑中间部分混凝土,这样可以避免混凝土收缩及两种材料的温度收缩系数不同引起的开裂。

(2)屋面上设置保温及隔热层　在设置施工保温隔热层时,最好不要选择最高温时间段。一般屋面板受阳光照射时间长同时吸收热量最多,如设置了空气隔热层或是选择了热导率小的、保温性能优良的材料用于保温层,可以有效地控制屋面的升温。习惯做法是用内隔热与外隔热两种方式结合使用,可以降低温度10℃以上,在屋面板温度降低后,它与墙体的温差可以大大减小,能够有效防止墙体顶端因温差过大而引起的开裂。

(3)采用装配式有檩条的瓦屋盖　有檩条瓦屋盖在温度变化时的水平位移很小,墙体中的主拉应力也小。用此种设计可以减小屋面的水平刚度和温度变形,对防止外墙的裂缝产生比较有效。同时可以改善顶层的居住舒适度,可以达到美观实用的效果。

(4)改进挑檐的构造设计　设计时应优先采用内天沟排水,在现浇钢筋混凝土挑檐表面采取保温、隔热层,在现浇挑檐每隔10m左右设一道伸缩缝,或者把现浇挑檐改为预制安装挑檐。

1.4 沉降裂缝的预防处理措施

沉降裂缝的产生原因多数是因与设计的考虑不周、施工过程质量控制不严有关。因此工程设计要加强地基土持力层的勘察工作,分析了解土层的性质及其可能存在的不利影响,确保基础有足够的埋置深度,具体的措施如下。

(1)防患于未然,即在设计阶段就采取预防裂缝出现的隐患。在基础设计中选择土质均匀的场地建造房屋,当地基土质严重不均匀时,要采取地基处理方式或改变其埋置深度,减轻不均匀的影响程度。如基底持力层为遇水膨胀或湿陷性土壤时,应在建筑物周围采取排水及降水措施,从而使基础的局部倾斜控制在允许范围之内。

(2)合理设置沉降缝。在房屋建筑物体形不规则时,特别是高度相差较大的部位必须设置沉降缝,沉降缝应该从基础就分开,缝宽不小于20mm,最好是3种缝合一最好。

同时在新老或相邻两个房屋之间保留一定的安全距离,避免对地基产生新的附加或叠加应力引起的不均匀沉降。

(3)利用基础梁或是加大地圈梁可以在很大程度上减少地基不均匀沉降,也可以减轻由于沉降而产生的开裂。

(4)当沉降裂缝产生以后,沉降发展速度缓慢且有减弱的趋势时,要在裂缝稳定以后对砌体进行修复,当沉降速度发展较快且有加快趋势时,要立即采取临时支护措施,减轻基础荷载,加强基础后再修复墙体。基础加固常采取的措施有加大基础面积法、桩基础托换法及注浆法等,改善和提高土壤承载力;对墙体裂缝一般是用水泥砂浆、树脂砂浆填缝或者用水泥灌浆封闭处理。

(5)严格把好施工工序质量过程关,工序过程坚持三检制,每道工序都要经过现场监理人员验收合格后才能进行下道工序。

1.5 结构裂缝的应对措施

(1)在设计阶段要做到认真的结构计算和设计,这是预防和减轻结构裂缝的最关键环节。设计前对资料的审查要细致,当荷载较大而构件尺寸受到限制时,要提高砌体材料及砂浆的强度等级,也可以采用配筋砌体的方式处理。

(2)通过卸载方法减轻墙体荷载。对由于荷载过大、砌体强度偏低并已经开始出现裂缝的墙体,可以采取减轻上层结构自重与使用荷载方法,或者在顶部砌体内增设钢筋混凝土梁来承担上部荷载。

(3)对结构件加固补强处理。由于建筑室内荷载过大、砌体截面尺寸偏小、承载力不足并已出现裂缝的墙体,可以在不损伤主体立面结构的情况下,适当加大构件截面尺寸,以提高其承载力。这种方法可以在很大程度上起到相应的作用。

1.6 冻胀裂缝的应对措施

(1)建筑房屋的埋深一定要设计在最大冰冻线以下位置。还要防止地面水浸入基础,尽量减少基础土壤中的含水率。

(2)基础下的垫层最好采用3∶7的灰土作垫层,因拌合后经夯实的灰土密度大,含水率小,且弹性也较好,不易出现冻胀问题。

(3)采用独立基础,基础梁承担墙体重量时,基础梁下应留出一定空隙,回填干砂或炉渣等松散材料,防止因下部土冻胀而顶裂基础梁和墙体。

(4)屋面的防水、女儿墙压顶一定要严格按照现行的施工规范施工,尽量减少裂缝的产生概率。

综上浅述,建筑墙体裂缝是在现实生活中难以避免的一种工程质量问题,有些细微小裂缝并未引起人们的重视。对于已经出现的墙体裂缝,在处理前要仔细观察并分析,找出裂缝的特点与发展规律,确定裂缝产生的具体原因。对于温度差引起的裂缝,轻微的裂缝一般不会影响正常的安全使用,一般在表面处理即可;而对于因地基沉降产生的裂缝,可能会危及房屋的结构安全性和耐久性,必须采取有效措施进行加固补强处理,达到安全可靠的使用效果。

2 砖石结构建筑物的应用研究分析

砖石建筑结构有着数千年的应用史，是人类宝贵的文化遗产，尤其是已建成上千年的古建筑如何能够长久保存并发扬光大，国内外学术界进行了不懈的实践探索，在理论和工程技术方面都取得了丰硕成果。从大量的文献资料看砖石结构古老建筑，主要集中在砖石建筑的抗震性能评估及加固，砖石古建筑的基础托换及纠偏顶升技术、材料性能、现代无损检测（如激光扫描、声发射技术及雷达技术等）、在保护中的应用以及砖石弯拱结构特点等几个方面，其中以抗震加固及基础托换纠偏顶升技术为主。

2.1 砖石古建筑的抗震性能评估加固

砖石结构材料本身是属于脆性的，而且由于建造年代久远使得材料强度降低，对地震作用极其敏感，在以后的岁月中如何确保地震对其造成的危害，是需要认真对待的关键问题。从目前国内外研究的文献介绍中可以了解到，对砖石古建筑检测方法归结为以下几种。

（1）实测法　采取的措施有共振法、强拉释放法、火箭反冲法和脉动测试法等。脉动测试法是一种现代无损动力测试技术，它可以直接把整个建筑物作为检测对象，利用环境随机振动对建筑物不规则的微弱干扰，引起结构体脉动响应，利用工程振动反演理论，通过线性模态参数的提取，达到测定结构的动力特征。

（2）结构力学分析法　即引入了人为简化方法，如计算体系、材料特性、连接形式及荷载形式等。建立力学模型应用数学方法求解。如在古塔的动力特性中，把塔看作底端固定的悬臂杆，采用了离散参数杆模型、连续参数杆模型、壁式框架模型及平面应力有限元模型，对西安大小雁塔的自振周期进行计算，并与实测结果进行对比，表明离散参数沿高阶梯形截面悬臂杆来计算砖塔的自振周期和评估其抗震性能是可行的。并得到计算砖石古塔自振周期的经验公式：

$$T = 0.0042\eta_1\eta_2H^2/D \tag{3-2}$$

式中　η_1——砖石砖砌体弹性模量影响系数，古砖塔取1.0，古石塔取1.1；

η_2——塔体开孔影响系数，无开孔取1.0，单排开孔取1.1；

H——塔体计算高度；

D——塔底面尺寸，多边形取两对边距离，圆形取直径。

（3）有限元全结构仿真法　摒弃结构力学分析中人为假设条件，建立三维有限元模型，选择合适的单元类型和材料结构关系，通过大型有限元商业软件进行地震反应分析的方法。

① 振型分解反应谱法。在对砖石古教堂的地震能力评估中，考虑了砖石材料物理性能和几何特征的复杂性，基于 ANSYS 软件采用线性静动力分析—非线性静力分析—非线性动力分析循序渐进的分析方法，利用振型分解反应谱法，对地震能力进行评估，此方法值得重视。

② 时程分析法。该法是目前采用较多的一种方法，国内外应用比较多，但是做法大

多相似,只是使用的地震波形式不同。

③ 静力非线性分析法。通过建立结构的3D有限元模型,运用此法进行了结构的非线性地震反应分析,可以参考使用。

另外还有一种新颖的方法:首次把结构可靠理论引入砖石古建筑的力学性能分析中,把相关计算常数如弹性模量、泊松比等作为服从正态分布的随机输入变量,基于ANSYS软件中PDS模块,采用拉丁超立方抽样的蒙特卡洛随机有限元法的基本原理,进而得到目标变量的统计特征或者进行的可靠性分析。

(4)模拟地震振动台试验法　该试验法是现在研究结构抗震性能较好的试验方法之一。为了研究结构的动力特性,对一座砖石古庙采用1∶8的缩小比例模型进行模拟地震振动台试验,另外通过建立未加固的结构缩小比例模型,使用碳纤维加固的缩小比例模型,采用模拟地震振动台试验来检验加固的效果,并进一步探索碳纤维抗震加固的机理与方法。

(5)综合法　综合法是理论与试验相结合的分析方法,主要思路是按照理论与试验结果相结合的原则,不断修正理论分析模型,更好地建立合理的动力特性分析模型。而有的则会提出对照实测值,修改结构刚度的变截面悬臂杆模型。在此基础上形成联合建模方法。用此类方法获得整体结构动力结构的综合响应,是一种非常可靠有效的途径和发展方向。

另外砖石结构古建筑的抗震加固主要原则,是从提高上部结构的整体性出发,有裂缝粘结技术和碳纤维加固技术。裂缝粘结技术主要是对已产生的裂缝用压力灌浆技术使其粘结牢固。碳纤维加固技术可以避免由于加固而增大结构截面及自重所产生的不足,且具有很高的抗拉强度,有效抵抗结构因拉应力而造成的破坏,因而砖石结构古建筑的抗震加固中应用比较多。同时一些先进的结构地震反应被动控制,如隔震及减震技术已经在砖石结构古建筑的抗震保护中得到应用。

2.2　砖石结构古建筑基础技术的应用

由地基基础损害导致上部结构不均匀沉降或者倾斜,是砖石结构建筑的主要结构病症,而基础托换技术和纠偏技术是砖石结构建筑保护工程中应用最广泛的有效方法措施。基础托换是为了对既有建筑物地基的处理,当基础需要加固或改造,增层或纠偏;或者解决对既有建筑物基础下部需要修建地下建筑,包括地下通道穿越既有建筑物或是因临近建造新工程而影响到既有建筑物安全等。如下为砖石结构保护中使用的基础托换技术。

(1)桩式基础托换技术　桩式基础托换技术是通过在原基础下设置桩,使新设置的桩或桩与地基共同承担上部结构的荷载,进而达到提高承载力控制沉降的效果,它是砖石结构建筑基础中应用最多的技术。

(2)灌注浆技术　灌注浆技术是利用液压及气压等技术,通过注浆管把浆液均匀地注入地基中,浆液会挤压土粒间或岩石缝隙中的水分和空气,占据其空隙位置,经人工掌握一定时间,浆液会把原来松软土粒或缝隙粘结为一个整体,形成一个强度高、防水性好的新结构体。

(3)置换技术　使用物理力学性能优良的岩土材料,来置换原地基范围内软弱的不良土壤,从而达到提高地基承载力和防止地基沉降的目的。

(4)基础加宽处理　基础加宽处理是通过加宽基础底面积,减少作用在地基上的接触压力,降低地基土中附加应力水平,从而减小沉降量或者为满足承载力而达到加宽的要求。

(5)手掘式矩形顶管托换技术　手掘式矩形顶管托换技术是一种全新的基础托换技术,它的基本原理是采用手掘式顶管技术方法,把预制箱型截面梁按一定顺序和方向,缓慢均匀地顶入建筑物承重墙体之下,随后浇筑箱梁内芯梁和周围托梁,最终使原来结构坐落在一个刚度满足要求的全新基础上。

(6)综合托换技术　综合托换技术是采用两种或两种以上的托换技术。砖石结构古建筑在进行基础托换后,一般还需要进行纠偏或是提升。纠偏是对因沉降不均匀造成倾斜的房屋进行矫正的处理措施。对砖石结构古建筑的纠偏技术的分类及其原理如表 3-1 所示。

表 3-1　砖石结构古建筑的纠偏方法

纠偏技术	基本原理
掏土纠偏法	在建筑物沉降最小部位处以下地基中或在附近外侧地基中掏出部分土,迫使沉降最小处进一步产生沉降达到纠偏效果
浸水纠偏法	在建筑物沉降最小部位处以下地基土体内成孔或成槽,通过向孔槽内注水,使地基土变形达到促沉纠偏目的,一般适用于湿陷性黄土地基
加载纠偏法	通过在建筑物沉降最小部位处一侧加载,促使地基土变形沉降,达到纠偏目的,常用的加载方法是堆载,如在沉降最小部位堆放钢锭等重物
顶升纠偏法	通过在建筑物墙体下设置顶升梁,用千斤顶顶升整个房屋,不仅可以调整不均匀沉降,还可因整体顶升达到要求高程
综合纠偏法	把基础托换与纠偏结合,或将几种方法综合使用,如用掏土纠偏和灌浆法,浸水法纠偏

另外,由于地质变迁,一些砖石结构古建筑原来的基础已明显低于现在的建筑地面,造成其基础长期浸泡在水中,承载力严重下降,只有通过顶升才能解决这类建筑问题。如 2002 年昆明市金刚塔重约 2150t 被整体顶升 2. 60m,总体工序是:资料收集→顶升评估→整体顶升方案→施工前准备→桩基施工→止水帷幕→基础托换→浇筑混凝土承台梁→整体顶升就位→固定塔体及周围恢复。此方法为古建筑保护提供了经验。由此实践可以看出,对于体积较大的砖石结构古建筑进行整体顶升保护,要达到使上部结构只靠几个支点的支承完成平稳上升活动,除了需要加强整体建筑物的整体性外,更重要的是在既有建筑物下,重新构筑一个具有较大刚度和足够承载力的托举新基础。这给原来的基础托换技术提出了更高要求,而手掘式矩形顶管基础托换技术较好地解决了这个问题。比较已有的托换技术,它可以在原建筑物基础下部构建一个整体性优良的新基础,为砖石结构古建筑的二次托换、纠偏、顶升和平移的保护措施提供重要的施工平台。

国内外文献中对一些砖石结构古建筑的保护案有记载,例如:①意大利比萨斜塔纠偏,地基土层承载力不足地下水开采,用堆载和掏土纠偏;②柬埔寨吴哥巴戎寺北图书馆基础托换,基础砂岩风化用石灰混合土换填并夯实;③英国温莎城堡园塔基础托换,大雨使基础严重沉降，在基础下浇筑托梁，成孔灌注桩托换；④虎丘塔的倾斜控制，地基支承不对称，挖孔灌注桩稳固地基，地基灌注浆；⑤陕西净光寺塔纠偏，湿陷性黄土地基差异沉降，成孔浸水纠偏；⑥兰州白塔纠偏，滑坡蠕动，边坡松弛偏心受压，钢筏基础托换，掏土加压纠偏，地基灌浆；⑦开封玉皇阁整体顶升保护，该基础长期受地下水浸蚀，地基不均匀沉降，采用手掘式顶管基础托换与坑式静压钢管桩托换等工程的应用。

综上浅述，砖混结构应用的历史久远，至今仍然在建筑围护结构中得到广泛应用。历史悠久的古建筑结构是极其珍贵的重要文物，也是历史文明的组成部分，保护砖石结构古建筑是非常必要的，并应引起重视。由于其结构材料脆性大且自重大，难免在多年的使用中遭受自然和人为的损害，尤其是地震灾害及地基承载力不足或支撑不对称变形引起结构的不均匀沉降等病症，通过一系列研究和保护，把各种可能遇到的破坏消灭在早期萌芽状态，是今后研究应用的基本思路。

3　框架-剪力墙结构中填充墙的应用

多层及高层建筑由于城市人口的增长而快速发展，但是传统的框架结构由于具有极好的经济适用性，建筑平面布置也灵活多变，现在和将来仍然是建筑结构设计中被广泛采用的一种结构形式，所以不会在近年消失。为了满足框架结构的使用、功能上室内分隔及围护上的需要，现在会使用空心黏土砖、加气混凝土砌块、粉煤灰砌块及多孔砖在框架内砌筑墙体，一般不作为荷载承重墙体，因此称该墙为填充墙。

现今的建筑设计人员采用的主流框架结构的计算方法是，先建立框架结构模型，填充墙是以荷载的方式输入。但是填充墙的使用会多少不同地改变框架结构的某些受力性能。例如框架结构的质量、受力重心的位置、本身的刚度、自振周期的局部和整体的变形以及位移都会有所变化。许多设计人员并没有考虑到这些变化带来的影响，造成建立的模型与工程实际有一定的差异性。当地震来临时部分建筑会有可能达不到“小震不坏、中震可修、大震不倒”的抗震要求。所以在进行框架填充墙结构与纯框架结构设计时应予以分析并处理。历来震害的经验也表明，填充墙及内部预埋管道的损坏，使得震后修复工作难上加难，而且费用也极其高。因此，对于填充墙对结构的影响及破坏形式要引起高度重视。

3.1　填充墙对框架抗震的有利因素

工程实践及分析研究表明，带有填充墙的框架结构较单纯的框架结构的抗侧刚度明显偏大，且抗震性能有较大的提高。当钢筋混凝土框架结构受到水平地震力时，填充墙参与了抵抗水平力，且分担了一部分地震力，填充墙的损坏也削弱了地震力的一定能量，起到了抗震防线上的有效耗能构件，从而起到保护框架结构的主体部分，实现了大震不倒的设防要求。

为了保温、隔热、防水及隔声，同时也是为了填充墙的稳定牢固及方便施工，多数会采取填充墙与框架柱、梁周边嵌固处理，形成刚性连接。此外框架的变形随着填充墙布置数量的增加，由单纯的框架剪切型向弯曲型变化，当填充墙布置数量较少时为弯曲型。因此如果填充墙布置合理的话，极有利于提高结构的整体抗震性能。

3.2 填充墙对框架抗震的不利影响

填充墙的布置数量在现行规范中并没有做具体的规定,还是要根据建筑物的使用功能和环境因素,而设计人员经验水平不同也存在着随意性。一些工程设计人员对此存在一个误区,即填充墙会增加结构抵抗地震的能力,这是对结构概念上的不理解,虽然在许多文献中也明确了这个问题,但这些认识往往是在全跨中都布置了填充墙,在现实工程中可能达不到实际效果,所以不具有普遍性。通过分析探讨,填充墙可能会带来一些不利影响。

(1)框架柱形成短柱时　当填充墙在框架结构两柱间留置通窗时,如果填充墙是刚性连接的,且填充墙强度也较大,此时填充墙会对主体结构的梁柱产生约束作用,对框架柱的约束作用使柱子形成短柱,从而降低了柱子延性和变形能力。在地震作用下短柱两端很容易形成塑性铰,柱子受到的剪力也会明显增大,从而发生柱间留置通窗的短柱遭到破坏,而在正常的设计中这一点很容易被忽略掉。在工程设计时应对易形成短柱的部位,如填充墙顶端到框架梁底部之间,直接按短柱的方式进行设计,防止形成的短柱导致过早出现塑性铰现象。

(2)填充墙造成框架层间刚度出现突变　在市场经济下沿街商住楼房的设计中,几乎全都采用底层框架结构,对于这种结构形式从抗震角度分析是极其不利的,但因其结构形式在大开间使用上的灵活性和便利性因此得到广泛采用。但从抗震上看它是一种并不合理的结构形式,但是限于当前的经济水平,现阶段还不可能完全被取消,因此,在国内广大中西部地区的临街建筑中仍然会普遍采用。这种建筑似乎有头重脚轻、上刚下柔的特性。现在的规范中已限制了这种结构的应用,但是规范中并没有对图 3-1 的情况有所规定。其实这两种结构形式在某些特定条件下,具有某些相似之处。

从图 3-2 中可以看出,如果框架中的填充墙与柱、梁存在刚性连接比较可靠,那么两栋房屋的层间刚度及总体刚度是比较接近的。在地震作用下它同样会像底部框架抗震砖墙房屋结构一样,在底层柱子处出现塑性铰。这种框架填充墙结构可以称作带柔弱底层的框架填充墙结构。

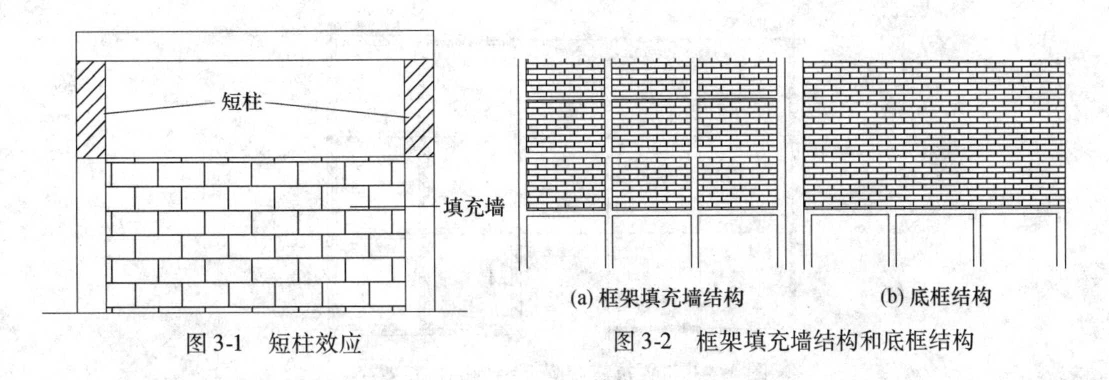

图 3-1　短柱效应

图 3-2　框架填充墙结构和底框结构

如底层为临街的商铺,临街一侧没有填充墙,而另一侧则有填充墙连续分布,造成结构的剪切中心和几何中心不一致,在水平力作用下产生扭转。如果没有填充墙的话,那会出现更加严重的后果——整体坍塌,对此设计时必须避免这种现象的发生。带填充墙的框架结构也有自身的一些特点如图 3-3 所示,框架填充墙结构如果体量比较大,这种效应会更加明显,薄弱层处会产生剪切破坏,并对结构的使用留下安全隐患。

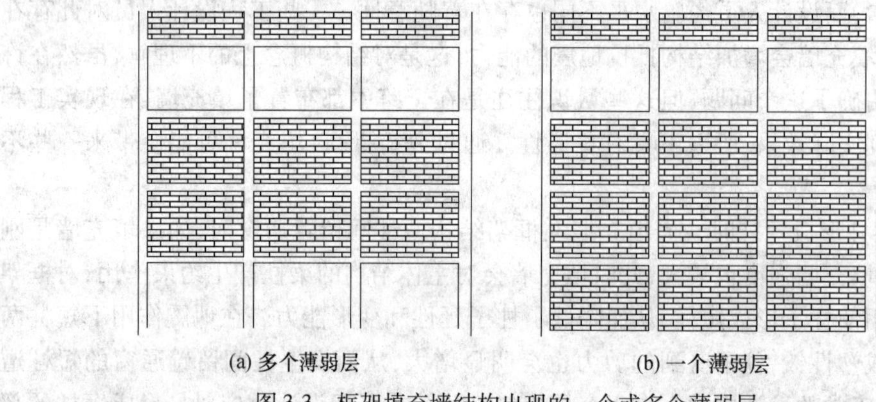

图 3-3　框架填充墙结构出现的一个或多个薄弱层

这时可考虑局部增加抗震墙或在框架中增加支撑,使底层为薄弱层的框架填充墙结构上一层,与薄弱层的层间刚度比控制在 1 ~ 2 之间。如果在结构的中部或上部出现薄弱层,则层间刚度比控制在 1 ~ 1. 3 之间,且应对房屋进行动力时程分析。

(3)框架填充墙整体产生扭转　建筑物在使用过程中由于功能可能发生改变,填充墙位置及数量的改变使结构刚度也发生变化,与原设计不相符合。框架结构可能会因为填充墙的作用而产生较大扭转。一个自身均匀的框架结构由于填充墙的参与造成结构中心刚度的偏移,从而造成结构在地震作用下发生扭转。由于现行规范没有考虑填充墙对于框架的影响,在进行结构设计时的刚度中心与质量中心可能会存在一定的差异,这样会因引起结构在地震作用下产生扭转而破坏。

可以考虑在进行结构设计时尽可能使填充墙布置规范,如不规则时可在填充墙较少的位置布置抗震墙,而增加的抗震墙尽量布置在结构平面的周边,使结构整体的抗扭刚度得到较大提升,如图 3-4 所示。在对称的位置布置抗震墙,使结构的扭转作用大幅降低,同时结构整体的抗扭刚度也得到较大幅度增加。

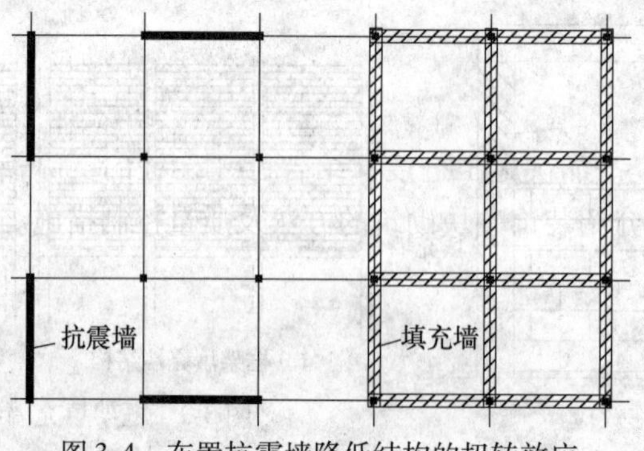

图 3-4　布置抗震墙降低结构的扭转效应

(4)填充墙破坏后的恢复补强　填充墙作为框架结构唯一的分隔体,破坏后对居住者的生活及后期恢复带来诸多不便,具体表现在填充墙本身的破坏、外墙表面装修的破坏、内部装修的破坏以及门窗由于填充墙变形而受到的破坏。特别是填充墙及装修震害的量大、范围广,同时修复工作量也大且费用高,要比结构考虑抗震增加的费用要多。在确保居住者人身安全的同时,填充墙破坏后带来的经济损失也应引起一定重视,不能因为主体结构骨架可靠而忽略这个重要问题。

3.3 简要小结

通过上述浅要分析可知,设计时只考虑填充墙的强度是不够的,简单地等同于单纯框架结构会对居住者的人身和财产造成重大损失。两者在力学模型、层间刚度及自震周期、位移方面的差异是很大的。

填充墙的增加会使结构的抗震能力有一定的提升,填充墙在很大程度上充当了结构在地震中的第一道耗能构件,保护了框架结构的主体部分。但是填充墙对结构的不利影响因素也必须引起高度重视。填充墙可能导致结构的层间刚度的严重不均匀,造成薄弱层处框架柱的塑性铰出现过早。由于结构的 $P-\Delta$ 效应,薄弱层部位的柱子一旦遭到严重破坏,严重时会导致房屋的倒塌。填充墙还会引起短柱的产生,同样造成柱子的塑性铰出现过早,且有可能使结构产生扭转。当结构设计遇到此类现象时,应采取一些技术措施来提高框架填充墙的整体抗震能力。对于因采用填充墙而产生的薄弱层和扭转效应的房屋,在设计时应当进行时程反应分析。

可以考虑在现行规范中增加对填充墙的具体规定,充分论证对结构的有利和不利影响因素,使结构设计人员有可依据的章程,从根本上处理好框架结构填充墙设计的可靠性保证。

4 混凝土装饰砌块墙砌筑施工质量控制

装饰混凝土砌块在建筑工程围护砌体中得到一些应用,但是装饰砌块砌筑的质量仍存在一定缺陷。现在国内混凝土砌块的正确砌筑工法并未得到普及,能够了解合理使用的施工队伍以及工程监理人员少之又少,而装饰混凝土砌块的施工难度远比普通砌块大。如何才能避免装饰墙面在施工中被污染,如何保证灰缝密实、平整均匀并砂浆饱满,如何确保砌体不产生干缩开裂,这些质量问题往往是施工技术人员、操作工人及监理人员面对的现实问题。如何能够尽量避免装饰砌块砌筑的墙体质量,重点控制哪些方面?如何在确保质量的前提下加快施工进度?结合已建工程的实际参照供应砌块公司提供的技术指导,简要分析介绍装饰砌块砌筑的方法及质量控制措施。

4.1 装饰砌块砌筑前的准备

(1)机具材料准备 装饰砌块砌筑前除了准备砌筑普通砌块或轻质砌块所用机具外,还要准备适当的防雨条布,要对已砌好的墙体和砌块进行覆盖,防止砌块吸水过多导致膨胀后干缩量增大。另外还要使用辅助材料如防水粉、镀锌钢丝网片、窗纱及预埋铁件等。切割砌块机及刀片、喷水壶、托线板、水平尺、橡皮锤、线坠、灰斗以及桃形铲常用工具。

(2)砌筑样板墙引路　在每一个建筑物的装饰砌块砌筑前,要求施工单位在监理到现场的情况下,要砌筑一段样板墙为标准,经建设,设计及施工三方确认符合设计及施工验收规范要求后,再进行全面施工。用样板墙标准引路只能是一个局部的放样,有条件时样板最好包含有转角、洞口、过梁、窗台及内外节点,以便尽可能体现出墙体各节点的构造、搭接压槎及连接做法,从而具有样板引路的指导性。

(3)砌筑开始前的要求　当人员进入现场准备砌筑时,现场技术人员同监理一同,按照施工图的要求,在基础或梁上检查芯柱钢筋预留位置是否准确,搭接长度是否满足机械或焊接的需要。

根据图纸尺寸提前绘制砌块平面排列图、节点详图和墙身构造图;按照平面排列图进行排块撂底,使砌块灰缝均匀,方法合理且符合工法。在此基础上在基底弹线,主要是轴线和砌块边线,包括门窗洞口位置及标高的控制线,经过监理人员检验复查确认,并对建筑物的整个尺寸进行复核,满足排块撂底及皮数杆控制的灰缝厚度要求。

4.2　砌块排块控制

一般排块由墙角或是节点处开始排块,沿着一个方向进行排列,每块砌块的竖向灰缝尺寸控制在10mm左右,如果遇到尺寸模数不够时可以进行少量调整或对砌块切割,但缝宽尺寸要控制在8～12mm之间。确保相邻墙体的灰缝尽量保持均匀一致。

平面排列图绘制应符合奇数和偶数的要求,以便了解并掌握节点的连接处理及不同砌块的型号数量。当开间或墙段尺寸是奇数(以10cm为计数单位)时,此墙段内应砌入一块七分头块,尽量砌筑在大墙中间,即墙段受力较小的部位,也可以安排在门窗洞口上部过梁的中间位置或窗口下墙中间位置,不要砌在洞口角60°的范围内。

4.3　砌筑过程控制

装饰砌块砌筑墙体施工的一般工艺流程:施工前的准备→弹线→排砖撂底→砌至一步架高度后划缝→清扫墙表面→对墙表面保护→砌一层高芯柱→绑扎芯柱钢筋→验收→浇筑芯柱混凝土→自检验收→整个墙体砌完清理→工艺防水处理缝→淋洗实验→外墙验收。

砌筑方法控制:

(1)安放皮数杆　任何砌筑块体材料墙体都要安设皮数杆,一般采取用30mm×50mm的干燥木板制作,长度与房屋层等高,杆上标明每块高度、门窗洞口、木砖、拉结筋、过梁及圈梁尺寸标高位置。皮数杆的数量直线墙在10m左右,装饰砌块清水墙在7m左右;在转角及节点处均应设置。皮数杆固定牢固,垂直两根划线高一定相同。

(2)挂线　装饰砌块砌筑墙体的挂线用平直法控制,砌块外形尺寸一般要规范,砌筑时用单线控制可以满足需求,过程中用水平尺检查大角砌块,还要随时用靠尺检查垂直度。

(3)砌块墙砌筑　首先把基底表面冲洗干净,再按照弹线位置铺浆摆砌。用反、对、错三字方针砌筑。即反砌、对孔和错缝的工序方法。反砌是将砌块壁厚面朝上;对孔是上下砌块的孔洞对齐;错缝是上一皮灰缝与下一皮灰缝错开1/2,在有七分头时应错开100mm,并加压钢筋或者网片作拉结用。

(4)对砌筑的要求　要严格按照现行《混凝土小型空心砌块建筑技术规程》(JGJ/T 14—2004)中第7.4节的具体规定。

a. 砌筑砂浆:砌筑砂浆必须要有良好的和易性和可工作性。稠度一般控制在50~70mm为宜,分层度小于30mm,保水性要好。拌合好的砂浆要防止水分从浆中析出或大量蒸发,控制使用时间在2h以内。对已经出现泌水的砂浆要增加水泥并重新搅拌才能再使用。砂浆的细度模量宜为2.5左右,砂粒过细强度偏低,砂粒过粗稠度差、过于松散。砂浆性能指标的主要要求,如保水性要不小于70;抗拉强度必须满足设计要求,收缩性不大于0.15;最好在砌筑砂浆中掺加防水外加剂,以提高砌筑砂浆(灰缝)的抗渗性能。

宜用混凝土砌块专用砌筑砂浆(干拌砂浆),自拌砂浆应参照《混凝土小型空心砌块和混凝土砖砌筑砂浆》(JC 860—2008)的有关规定,先经试验室确定配比。水泥首选矿渣硅酸盐水泥(低碱水泥,有利于控制墙面"泛碱")或普通硅酸盐水泥;砂子宜中砂和细砂各半,过5mm孔径筛子,含泥量不超过5%,并不含其他杂物。掺加粉煤灰、石灰膏或磨细生石灰粉时,要注意生石灰熟化时间不得少于7d。

b. 砌筑过程中及时清理装饰面的污物。重点防止装饰砌块堆放和砌筑施工过程中对装饰面的污染,即环境污染及施工污染,砌完一步架清水墙面后,最好使用塑料薄膜包裹装饰墙面,以减少后期的清理费用。

c. 装饰砌块墙体的灰缝应做到横平竖直,灰缝的砂浆饱满度不得低于90%。装饰面墙体有防水要求时,灰缝饱满度应尽量控制到100%为宜。砌筑施工时,竖缝两侧砌块均应采用挂"碰头灰"的施工法,即两灰相碰、上墙挤紧,再加浆将竖缝插捣密实。不得出现瞎缝或透明缝,也不得采用石子或木楔塞嵌灰缝。这点与普通砌块、轻集料填充砌块砌筑完全不同。

d. 日砌高度:总的是宜慢不宜快,日砌高度控制在1.4~1.6m之间。规定日砌高度有利于砌体尽快形成强度使其稳定;有利于减少砌块墙体收缩变形。这点装饰砌块墙体更有必要。当超过规定高度时,遇风雨天气应对其进行抗倾覆"稳定性"验算及必要的支护措施。

抗倾覆验算计算公式:

$$h = Vt^2/kq \tag{3-3}$$

式中　h——日砌高度;

V——砌体重量,kN/m^3;

t——墙体(柱)厚度,m;

q——风荷载,kN/m^2,七级风取0.3kN,八级风取0.4kN,九级取0.6kN;

k——安全系数,当$t=190\sim240$时$k=1.12$,当$t=300$时$k=1.29$,当$t=370$时$k=1.41$,当$t=490$时$k=1.49$。

e. 压缝(划缝)和勾缝。砌筑时应设专人对装饰砌块外墙面进行压缝,在砌筑砂浆中水泥没有终凝前,应基本做到随砌随划缝,以保证灰缝中砂浆的密实度。划缝的深度要均匀地留出8~10mm的余量,待建筑主体完工,再用防水砂浆对所有灰缝进行二次勾缝并压实。二次勾缝所用防水砂浆,可根据建筑图设计要求掺加颜料,调制成所需彩色砂浆。

4.4　施工质量过程控制

施工企业及现场监理人员均应针对具体装饰砌块墙体工程,提前制订出砌筑施工质量控制方案，并责任落实到人。重点控制墙体开裂、砌筑装饰面污染及外墙面渗（漏）水等质量问题。

（1）责任落实到人　首先，指定专人负责切割砌块。对不合模数的砌块、线盒、暗马牙槎切口以及清扫口等安排专人进行切割。应根据工地砌筑班组的多少及砌筑工作量，安排切割人数，一般工程需用一至两台切割机。安排专人切割有利于尺寸统一、集中加工，可随时搬用以保证供应及时。切割砌块最好采用干法作业，减少砌块污染；如果采用湿法湿切，应用毛刷随切随洗，砌块晾干后方可砌筑上墙使用。其次，指定专人清理墙体需浇筑芯柱混凝土的孔洞内的“舌头灰”即富余砂浆。根据砌筑规模大小安排人数，清理墙体芯柱孔内的多余灰，应在砌筑高度为一步架时清理一次。方法可以用圆钢筋或用一根钢筋端头焊有扁铁的工具，清理孔内砂浆，然后从墙体根部“清扫口”内掏清落地灰。清理芯柱孔内的“舌头灰”，有利于保证芯柱竖向贯通芯柱混凝土截面积，达到规范要求。最后，控制灰缝的饱满度需有专人对外墙灰缝进行监督。装饰砌块清水外墙的“碰头灰”饱满度难以由砌筑工人自觉控制，因而应设专人在外墙流动观察与提示操作者，并负责在不饱满灰缝处随时塞嵌砂浆，并进行墙面污染清理。从而达到理想的墙体清水外观，避免以后外墙渗漏。

（2）质量控制重点

① 控制潮湿砌块、壁肋中有竖向裂缝的砌块、缺棱掉角大于5mm的砌块以及色差明显的装饰砌块上墙砌筑。严格控制砌块上墙时的相对含水率且不得大于25%。

② 控制碰头即竖向灰缝灰，能够保障块材之间的饱满与粘结强度，有利于增加墙体整体性，也利于二次勾缝饱满密实，更重要的是能够杜绝外墙的渗漏。

③ 芯柱孔内多余砂浆及杂物必须清理干净；进行钢筋绑扎、并做隐检后，封堵清扫口与绑扎口；按照《规程》要求浇筑芯柱细石混凝土，并使钢筋居中。

④ “暗马牙槎”内外墙芯柱连接如图3-5所示。当内外墙不能同时砌筑时、内外墙砌块高度不一致时或分段施工需要留施工缝时，在内外交接处设置“暗马牙槎”（暗柱连接），外观为通缝内为芯柱连接。应注意连接处砌块切口上下通直宽度不小于100mm，保证混凝土连接灌入量大于砌块咬砌时搭接量。“暗马牙槎”内的芯柱钢筋应先绑扎成形，使内外主筋有辅助筋连接，形成梯状。

⑤ 芯柱施工是保证墙体整体性和结构性能的关键点，但却又是一个无法目测控制质量的隐蔽项目。而装饰砌块墙体为保证墙体的装饰效果，基本上不设置构造柱（梁），只能采用芯柱。因此，芯柱施工质量的好坏是影响装饰砌块墙体结构性能的核心控制点。芯柱的具体做法如下。

a. 芯柱的设置应有设计确定或参照《混凝土小型砌块建筑技术规程》（JGJ/T 14—2004）中的第6.3.4条、第6.3.5条的有关规定。一般情况下芯柱设置为：墙转角设3根、丁字墙4根、十字墙5根以及门窗洞口两侧各1根，墙体内不大于2m设1根。

b. 芯柱混凝土必须采用高流动性细石混凝土，坍落度为200～250mm、骨料直径不大于15mm。宜根据《混凝土小型空心砌块灌孔混凝土》（JC 861—2008）的要求进行配制。

c. 芯柱施工要认真执行JGJ/T 14—2004中第7.5节芯柱施工中各条有关规定。砌筑每片墙的第一块时，芯柱部位要留设清扫口，而第三皮砌块设置纵向钢筋绑扎固定位置，上下垂直对应。

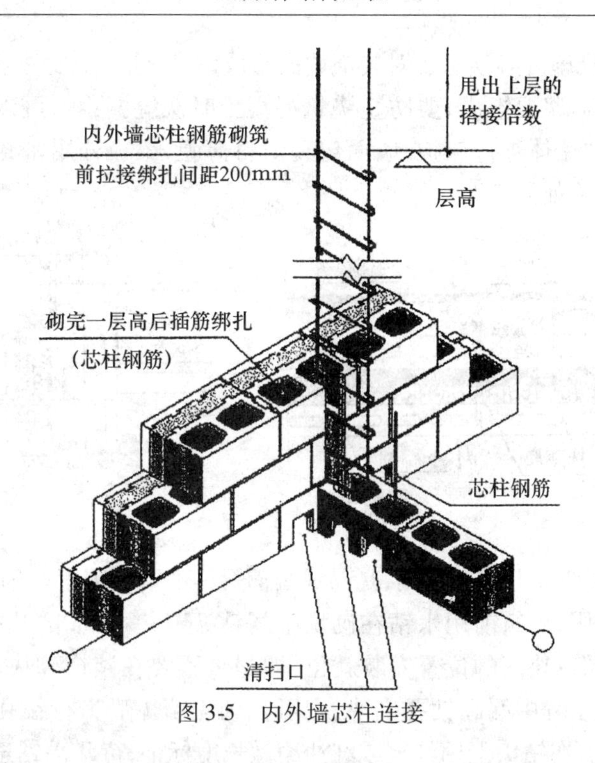

图 3-5　内外墙芯柱连接

d. 芯柱内插筋要全部检查,每根筋绑扎点不少于两个,并做好记录。在砌块强度大于 1.0MPa 后再浇筑芯柱混凝土。

e. 浇筑芯柱混凝土前要洒水湿润,再浇 50mm 厚度的 1∶2 水泥砂浆,然后分层浇筑细石混凝土,并认真捣密实。在有圈梁处,芯柱混凝土应比墙体低 50mm 左右,以作为浇筑圈梁混凝土的榫连接。

(3)墙体拉接处理　可以采取用钢丝网片拉接,由于砌块的壁比较薄,空心率高,墙体的抗裂性会差,按砌体规范要求在砌体中放置直径为 4mm 的镀锌网片,竖向间距为 400mm 一道通长设置,搭接长度为 200mm;遇到洞口断开,网片埋置在灰缝中间。但是要保证抠缝后网片不要露出。也可以用钢筋拉接:梁、板、柱及抗震节点采用钢筋拉接,要植筋或预埋甩拉接筋,长度要够并保证便于同辅助钢筋焊接或绑扎连接,其拉接方法如图 3-6 所示。

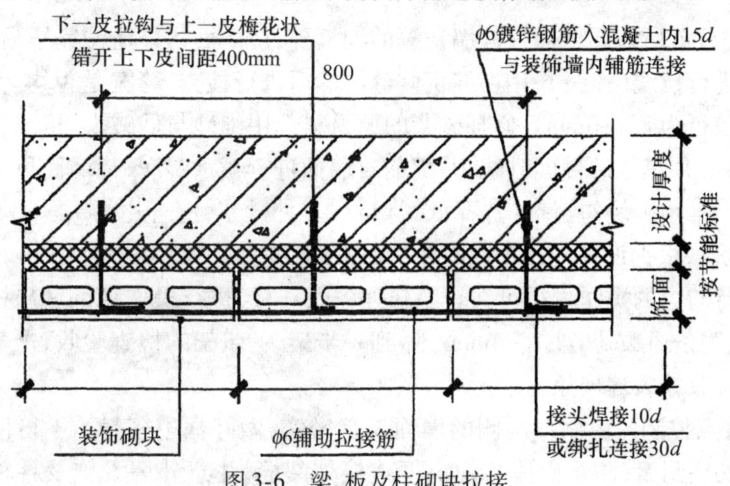

图 3-6　梁、板及柱砌块拉接

(4)污染控制措施　必须不要对装饰墙面造成污染，施工中要注意搬运及砌筑操作，砌块装饰面的砌筑砂浆要饱满，要防止浇筑混凝土时灰缝漏浆。可以利用护、包以及盖等措施，对装饰砌块墙体进行保护，墙面包裹塑料薄膜，梁板处用密封胶带、压胶条及模板外砂浆抹缝等措施如图3-7所示。

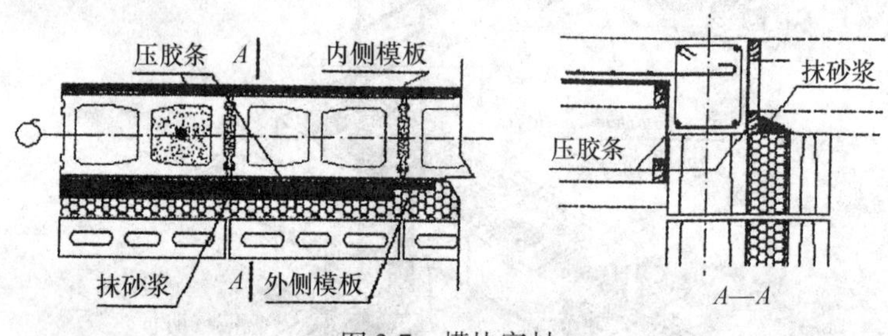

图3-7　模块密封

① 在装饰砌块墙面上钻孔凿洞，是易成墙面污染的不利因素。砌筑时应根据空调洞设计标高预留空调眼，砌筑前用水钻在砌块中间钻 ϕ60～80mm 的孔径。内插同径PVC套管，待砌墙时按照排块图的位置安装就位，即尽量不要在装饰砌块墙体砌筑完成后再钻空调洞。如实际工程中漏砌钻孔砌块，则可在砌完墙体后另行钻孔，应由内墙向外墙(装饰面)方向钻孔，在钻头上用红笔或红油漆做长度标记，待几乎钻透时，应停止供水采用干钻。

② 装饰墙面的污染清洗。使用砂浆清洗剂或使用1∶30(酸比水)的草(盐)酸自制溶液，充分搅拌均匀后用喷壶或喷雾器喷洗墙面。安排每组两人进行清洗，一人喷酸另一人用压力水管冲洗。在墙面清洗过程中，应分层次进行清洗，先洗局部污染严重的、再洗污染一般的，即表面污染严重部位先清洗一遍，第二遍同污染一般的一块清洗，第三遍时污染严重部位、一般部位及轻微的部位一块清洗。注意每次喷射清洗面积不要太大($1m^2$ 左右即可)，每遍清洗速度要快，快喷酸水、接着快冲清水，重复逐次进行。如果喷酸水与喷清水之间停顿时间，混凝土装饰面层将会有不同程度的变色现象。

4.5　装饰外墙面防水性的质量控制

(1)除进行上所述要求做好外墙灰缝的勾缝外，待墙面污染清洗完毕后，对宽度小于要求的灰缝进行拉线(弹线)，用切缝机修缝。然后进行检查：缝宽是否均匀、灰缝是否平直以及深度是否为8～10mm。修补砂浆的原材料选用细砂与低碱水泥。

(2)勾缝必须是干硬性的砂浆，并提前对墙面进行喷水湿润，待墙面风干表面无明水后即可勾缝。采用砌块勾缝剂(选择低碱型)或自拌砂浆，配合比为1∶1∶0.04(水泥∶细沙∶防水粉)，根据设计勾出不同颜色，勾成圆弧缝。

要求进行勾缝的操作人员可在较隐蔽处先做样板，进行操作训练做出样板。灰缝要求光洁密实、线条通顺，凹进2～4mm。做到一步架、一步架的检查验收，严禁出现漏勾或勾缝砂浆出现收缩裂缝现象。

(3)要重点控制门窗洞口两侧的墙面溜缝密实，做好框边密封。不得使用遇水软化及收缩裂缝的密封膏，防止砌体与门窗框连接处裂缝，注意外墙设施及各种孔槽洞的细部溜缝。对于平屋顶的女儿墙收口处,应做混凝土压顶及内外抹出小挑檐,高宽视压顶而定,否则防水卷材应卷至女儿墙顶部外边沿。

4.6 淋墙试验要求

对装饰砌块砌体装饰面完工以后进行在墙面淋水试验,目的就是检查墙体的整体防水性能,而将发现的问题解决在施工阶段。墙体的淋墙试验应有方案,一般在装饰外墙面溜缝完成后进行;需要有建设、施工及监理三方共同参与,并做好试验记录。

(1)淋墙的设备装置　根据建筑物高度选择水泵的扬程高度,应有足够的水压满足水管各孔的流量,根据墙长选用水管直径,一般 $\phi25 \sim \phi40$mm。在选定的试验装饰外墙顶部安装淋水管(塑料管),一头接高压水管、一头堵死,在管面上顺直线方向扎孔,孔距为 50 ~ 100mm,以 45°角向墙面喷水淋墙。

(2)淋水的水压不应低于 0.3MPa,淋水试验时应使水流自墙面顶部均匀下流,如挂水帘;淋水时间不少于 40 ~ 60min。淋墙后在内墙面检查墙体的渗水情况,以无渗水点为合格目标,并按有关规定判定砌体质量。同时要求在墙体施工完成及勾装饰灰缝之前,施工方先进行非正式的淋墙自检试验。如发现砌体有渗漏点,则应在勾缝时查找并修补处理。

4.7 简要小结

(1)切实做好半成品及砌筑墙体的保护工作,如运输或搬动中的缺棱少角、搭拆脚手架对墙体及门窗边的碰撞损伤,墙角、墙垛处要有保护措施,尤其是保护墙面不受污染等。

(2)装饰混凝土砌块清水墙围护砌体,具有建筑立面新颖、使用效果好、施工快以及综合费用低等特点,且没有后期维护费用。完全符合低碳、节能的可持续发展目标。

(3)装饰混凝土砌块清水墙体的施工难度要远大于烧结砖和普通(或轻集料)混凝土砌块墙体的施工难度,但是只要完善施工及检验技术标准规范并能严格执行,装饰混凝土砌块建筑的质量是可以得到有效保证的。

(4)砌块建筑的质量控制,应首先重视砌筑施工工法及过程控制,并将其作为质量的重点来抓,才能保证砌块建筑质量,从而进一步推广发展砌块建筑。

(5)需要制订装饰混凝土砌块清水墙体的施工工法、质量控制标准及验收规定,便于施工操作人员、现场技术人员及监理人员学习并掌握,使装饰混凝土砌块应用得到更好发展。

5　混凝土砌块强度偏低原因及预防

混凝土砌块作为一种用途很广的保温、节能环保型建筑墙体用材,国家及行业都制定了相应的标准及规范(达 4 部)。对砌块最重要的技术指标即强度(抗压强度)的检测,4 个产品标准中都采用《混凝土小型空心砌块试验方法》(GB/T 4111—1997)中规定的单块坐浆试件直接试压方法,即未考虑块型大小的影响。因此根据本试验方法中抗压强度试验及计算方法,分析并探讨影响砌块抗压强度因素及处理方法。

5.1 原材料对砌块抗压强度的影响

5.1.1 水泥品质因素

现在生产的混凝土砌块中使用的水泥有6个品种,即纯硅酸盐水泥、普通硅酸盐水泥(P. O)、矿渣硅酸盐水泥(P. S)、火山灰质硅酸盐水泥(P. P)、粉煤灰质硅酸盐水泥(P. E)及复合硅酸盐水泥(P. C)。现行6种水泥主要是因使用的混合材料品种及矿物掺量不同而导致其性能不尽相同。

① 纯硅酸盐水泥有明显的早强作用,3d强度可达28d强度的40%,水化热较高,适用于气温较低时施工,砌块的抗冻性好,但是后期强度增长缓慢。

② 普通硅酸盐水泥的早期强度比硅酸盐水泥稍低,但比其他任何水泥强度要高;水泥水化热也比其他任何水泥高;生产的砌块抗冻性也较好。

③ 矿渣硅酸盐水泥早期强度偏低,生产的砌块后期强度增长较快,水化热较低,抗冻性也会有一定影响,不宜在低温下使用。

④ 火山灰质硅酸盐水泥的早期强度低,砌块的后期强度有较大增长,水泥水化热低,抗冻性能也差。

⑤ 粉煤灰质硅酸盐水泥早期强度发展缓慢,砌块的后期强度有较大发展,砌块的抗冻性能也差。一定要采用在窑内养护,不可以在露天自然环境下养护。

⑥ 复合硅酸盐水泥的早期强度偏低,水化热低,抗冻性差,一般不宜选择生产砌块。

如果需要配制MU15及以上强度较高的混凝土砌块时,水泥要使用硅酸盐水泥或普通硅酸盐水泥,当砌块强度不小于MU10以上时,宜选择42.5级水泥;当砌块强度不小于MU20以上时,宜使用52.5级水泥。

5.1.2 各种集料的要求

当生产强度在MU15以下砌块时,抗压强度主要是与水泥强度等级、用量及水灰比有关。当单方混凝土水泥用量在500kg/m^{3}时,再增加水泥用量对提高砌块强度无大的作用,而集料的粒径、粒形、级配及最佳砂率等则上升为影响砌块强度的主要因素。

(1)粗集料

① 级配。受砌块壁及肋厚度的影响,粗集料粒径为5~10mm的连续级配,良好的粗集料级配可提高混凝土密实性,提高强度和耐久性,还可降低水泥用量。粗集料级配应连续,当某一粒径骨料较少时可以在配料时掺入。良好的粗集料级配应为:空隙率较小,总比表面积也小。

② 粒径及表面形状。传统用的粗集料是卵石及碎石两种,卵石表面光洁少棱角,表面积较小,与水泥浆粘接力略差,强度较低;碎石则表面粗糙,多棱角,表面积较大与水泥浆粘接力较强,在水灰比相同条件下,一般比卵石混凝土砌块高出10%以上。

③ 粗集料强度。要制作强度较高砌块的粗集料,要选择坚硬密实的石灰岩、花岗岩、辉绿岩或辉长岩等火成岩类碎石。粗集料强度可用岩石立方体强度和压碎指标表示,强

度压碎指标越小表明粗集料强度越高,粗集料中如有风化现象或软弱颗粒,则会降低砌块强度。

④ 针片状含量影响。针片状,即颗粒长度大于颗粒所属平均粒径的2.4倍者称之为针状颗粒;颗粒厚度小于平均颗粒径的0.4倍者,称为片状粒径。由于针、片状颗粒易折断,粗集料中这两类颗粒含量多时,会降低砌块的强度。粗集料中对针片状含量的要求是:当不小于MU15以上时,其含量不大于15%;当MU15~MU5时的含量不大于25%。

(2)细集料　细集料对高强度砌块强度影响较粗集料要小,但砂子的粒径和级配仍是要认真考虑的影响因素。河砂质量相对要好,山砂往往含泥量或泥块过多,要经过水洗才能用;海砂含有的氯离子等有害物质多,必须清洗达到建筑物使用标准才能用。经验表明山砂与水泥粘接比河砂要好。

生产强度比较高的砌块时,砂子的细度模量以2.6~3.2的中砂为最佳,小于0.315mm的数量要少。细集料最优0.6mm累计筛余量大于70%,0.315mm累计筛余量达到90%,而0.15mm累计筛余量达到98%。

5.1.3　掺合料的影响

矿物掺合料不仅可以代替相同水泥,同时还可以改善新拌干硬混凝土的和易性、提高混凝土砌块强度、更可以减少水泥用量和节省费用。

(1)粉煤灰　粉煤灰是现在国内生产混凝土砌块使用量最大的矿物掺合料。一般来说掺加粉煤灰的混凝土砌块,其28d之前的强度低于基准混凝土砌块,90d之后的强度才与基准混凝土砌块相当。如果生产高强度砌块应采用1级粉煤灰。粉煤灰的掺量在原则上不要超过水泥重量的25%;掺粉煤灰的混凝土砌块不宜再采用火山灰质硅酸盐水泥和粉煤灰质硅酸盐水泥。考虑到掺粉煤灰对混凝土砌块强度的影响,掺粉煤灰掺量宜控制在水泥质量的20%~35%。

(2)硅灰　硅灰是硅铁合金或硅合金生产中从电弧炉烟道中收集到的粉尘,颗粒径很小,活性二氧化硅含量很高,达到85%~95%;火山灰活性最为强烈。掺加硅灰的混凝土砌块28d的强度大大高于未掺的基准配合比砌块,正常是一份硅粉相当于2~5份水泥产生的强度。但是由于硅灰价格相对水泥要贵不少,因而生产混凝土砌块还没有掺硅灰的实际应用。

(3)细矿渣粉　掺加磨细的矿渣粉生产的砌块,其密实度有大的提高,提高了混凝土砌块的强度,改善砌块的抗渗漏和抗冻性能。目前磨细矿渣粉的数量较少价格偏高,因此砌块生产厂家很少使用。

5.1.4　外加剂的使用

在混凝土砌块的生产中掺用外加剂时,应根据使用目的不同进行添加。现在主要使用的外加剂有以下几类。

(1)早强剂　早强剂的主要作用是加快混凝土的硬化,提高砌块的早期强度。当蒸气养护和冬季生产时常会使用,一般要求砌块1d强度提高25%~35%;3d提高20%~30%;7d提高5%~10%;28d以后对强度无影响。

(2)减水剂　减水剂的掺入能使混凝土在工作性能不变的情况下,显著减少拌合物的用水量,提高和易性和强度,改善抗冻、抗渗及减少泌水性。当掺用普通减水剂的砌块时,3d 和 7d 强度比基准混凝土砌块的强度提高 10% ~15% ,28d 提高 5% ~10%;当掺入高效减水剂的砌块时,3d 强度可以提高 20% ~30% ,7d 提高 15% ~25% ,28d 可以提高 10% ~20% 。

(3)抗渗剂　抗渗剂可以大大提高砌块的抗渗透性能,当生产装饰砌块或清水墙用光面砌块时,原则上应该掺用。抗渗剂使用对砌块强度不造成影响。

需要特别强调的是,要重视外加剂的适应性问题,掺用后的效果与水泥的适应性关系大,即两者之间的协调匹配问题,同样,外加剂与矿物掺合料也存在适应性匹配问题,要经过试验后确定其是否可用。

5.2　混凝土配合比对砌块的影响

5.2.1　水灰比影响

由于受到砌块成型工艺的特性,即对干硬性混凝土振动加压成型的需要,实际水灰比对砌块强度的影响,远不如对湿法混凝土强度的影响大。据介绍,理论上水泥完全水化的水灰比为 0.21,而大于 0.21 则是毛细水或游离水,所以混凝土用水量的一部分是为满足施工和易性而增加。而确定水灰比优先考虑的是成型的需要,并不是砌块强度的需要。也就是最佳水灰比值是满足成型、振捣的最密实且成型时间要短,成型后坯体不变形。但并不是水灰比对砌块强度不影响。如水灰比为 0.30 时,3d 的强度可达设计强度的 57%;28d 达到设计强度的 110%;而当水灰比为 0.60 时,3d 的强度可达设计强度的 25%;28d 只达到设计强度的 50%,因此,在满足工艺及砌块其他性能的前提下,水灰比应该是越小越好。

5.2.2　水泥用量的影响

生产砌块的企业往往存在一个认识上的误区,即认为只有靠提高水泥用量就可以提高砌块的强度,其实并不是这样。MU15 以下强度砌块虽然与水泥用量有较大关系,但是粗细集料本身的强度比水泥水化产物的强度要高得多,增加水泥用量可以提高砌块的强度。而对于强度较高的砌块,随着混凝土强度与砂石集料本身的强度比较接近,砂石本身强度及其与水泥粘接力会直接影响抗压强度,水泥石强度不再是决定混凝土砌块强度的唯一因素。当单位混凝土的水泥用量达到 500kg/m^{3}后,再增加水泥用量对提高强度无任何意义,也就是强度与水泥用量已不存在线性关系。

5.2.3　砂率的影响

砂率对砌块强度的影响,主要是受粗集料规格、级配的因素,当粗集料选定以后,最合理的砂率也可以确定,在常规下当卵石混凝土粒径在 5 ~10mm 时的砂率应该在 36% ~41% 之间;而当碎石混凝土粒径在 5 ~10mm 时的砂率应该在 38% ~43% 之间,即在不影响成型的前提下,最大可能地填充粗集料间留下的孔隙。

砂率确定的一般要求是:细砂的砂率要小,粗砂的砂率要大些,应当随着细度模数的增大而增加。粗骨料粒径大则砂率小;粗骨料为碎石则砂率要大,粗骨料为卵石则砂率要小;水灰比大则砂率要大,水灰比小则砂率要小;水泥用量大则砂率小,水泥用量小则砂率应大。

5.3 生产设备对砌块质量的影响

(1)原材料的计量影响　原材料的计量要比体积法更准确些,在所有规范中对混凝土用的水泥、水及外掺合料的称量误差不得超过 ±2%,砂石骨料的称量误差不得超过 ±3%。施工应用表明当出现砂子的称量存在 ±8%、石子的称量存在 ±5% 的误差时,砌块强度相应会降低或提高一个等级,即最少可以出现 2.5MPa 波动。

(2)混凝土的搅拌影响　对于干硬性混凝土的拌合,使用强制式搅拌机比卧轴式搅拌机的搅拌均匀性好,也就是达到需要的强度等级。由于受搅拌机性能的影响,现在许多生产厂家仍然选择用卧轴式搅拌机,包括一些引进成型搅拌机的企业。这也是同发达国家的一个差距。

搅拌时间的长短对拌合物的匀质性有明显的影响。搅拌时间过短或料不均匀,会降低砌块的强度,在相同的配合比和养护条件下,采取二次投料搅拌工艺比一次投料搅拌,混凝土的和易性更好,砌块 3d 的强度可以提高 20%,7d 的强度可以提高 28%,28d 的强度可以提高 15% 左右。如果配制相同强度的混凝土,二次投料搅拌工艺可节省水泥用量的 15% ~ 20%。如果生产轻集料混凝土砌块,当使用的轻集料吸水率大于 10% 时,搅拌前应对轻集料进行预湿处理,这样可以提高混凝土砌块 28d 强度的 15% ~30%。

(3)成型方式的影响

① 成型机振动方式——台振和模振。台振是把振动电机安在台座下,但也有在上压头装振动器的,对砌块上表面进行振动;模振是在模箱的侧面配置振动器,振动直接传给模箱内混凝土,砌块的密实度和均匀性较好。一般台振成型机每块砌块配置的振动功率为 1.1 ~1.6kW,用于生产高强的砌块要有一定的要求;模振成型机每单块砌块配置的振动功率为 3 ~5kW,振动功率很容易生产出高强砌块。

② 振动成型参数——振动频率(n)和振幅(A)。频率的选择是迫使振动频率尽量接近混凝土骨料的自振频率,希望引起共振,但混凝土骨料颗粒径较多,自振频率不同,因此干硬性混凝土宜采用高频率和小振幅。现存国产砌块用成型机频率多为 50Hz(3000 次/min),振幅为 0.3 ~1.2mm,如果骨料粒径较小时,振幅选较小值即可。对于干硬性混凝土的振动时间在开始的 2 ~3s 时振动效果最大,而在 10 ~20s 时则作用极小。

(4)成品养护的影响　混凝土砌块硬化是水泥水化过程,水泥水化反应的速度与环境温度、湿度和养护时间有关。当温度较高时,水泥水化、凝结和硬化速度较快;当环境温度低于 0℃时则水化趋于停止,不再凝结硬化。水泥水化是水泥遇水的化学反应,在水泥表面有足够的水分,养护就是要使湿度大于 90%。

在正常养护条件下,混凝土强度随养护时间的延长而提高,早期强度增长接近后期时逐渐慢,但龄期几个月后强度仍有所增长。成型后的砌块采取自然养护时,空气中温湿度对强度增长影响很大,28d 强度一般只有标养的 70% ~95%,平均为 85% 左右。实际上存放3个月的砌块强度仍在增长,可达设计的1.25倍。

5.4 砌块形状对强度的影响

(1)砌块空心率　砌块空心率的大小对砌块抗压强度有较大的影响,一般是空心率增大砌块强度下降,但两者并不是线性关系,空心率在一定范围内对强度的影响并不明显。当混凝土立方体抗压强度 R_1 在 29.4 ~ 58.8MPa 时,$R_k/R_1=0.37$;当混凝土立方体抗压强度 $R_1<29.4$MPa 时,$R_k/R_1=0.41$。说明随着混凝土立方体抗压强度的提高,与砌块强度比值在减少。按数据统计方法其经验公式为:

$$R_k/R_1=0.9577-1.129K \tag{3-4}$$

式中　R_k——混凝土空心砌块28d抗压强度,MPa;

R_1——混凝土立方体试件28d抗压强度,MPa;

K——砌块的空心率,%。

(2)砌块的壁肋厚度影响

① 壁厚。一般是在同样空心率条件下,孔小且多比大孔少孔砌块的抗压和抗折强度要高。当大孔少孔承重砌块外壁厚不大于25mm时,砌块强度明显下降。这是混凝土小型空心砌块GB 8239规定的最小外壁厚不小于30mm的原因。混凝土多孔砖外壁厚度分别为20mm、15mm和12mm时,其单块的强度变化并不明显。

② 肋厚。有文献中列出肋厚度分别为25mm和60mm砌块抗压强度的比较值,如表3-2所示。

表3-2　砌块肋厚对抗压强度的影响

项目名称	中肋厚25mm	中肋厚60mm	两者比较/%
砌块外形尺寸/mm	390×190×190	390×190×190	
空心率/%	60	53	88
砌块重量/(kg/块)	13.1	16.1	123
混凝土强度/MPa	20.1	20.1	100
砌块强度/MPa	5.7	7.9	139

通过表3-2可以看出,当混凝土强度不变时,依靠增加中肋厚度从25~60mm,降低空心率12%,重量却增加23%,砌块抗压强度平均值提高39%。

现行标准GB 8239对肋厚规定并没指中肋还是边肋不小于25mm,应该明确对于平头块型,中肋最小肋厚为50mm,边肋最小厚为20mm;对于非平头块型,中肋最小肋厚为60mm,边肋最小厚为20mm,这对结构受力应该更加合理。

③ 内孔角影响。通过文献中比较,认为方角孔的强度最低,半径为20mm的小圆孔要比40mm的大圆角强度略低一些。孔洞角的强度影响除与砌块空心率变化有关外,还与圆角孔可以降低壁、肋交接处的应力集中关系密切。

(3)混凝土密实度的影响　砌块在使用过程中,设计人员关心的性能除强度外还有单位容重。砌块的单位容重除与密实度有关外,与空心率关系最大。当混凝土的密实度提高1%,其抗压强度可以提高4%左右。砌块在制作中提高密实度的方法是:一次布料振动,即一次性将拌合料分布满模箱,可保证砌块坯体密实性;台振机采用二次成型振动,施加上模头压力振动,把拌合料在模箱内充分振实。成型时的加压是为了加速模箱内拌合料的下沉,减少振动时间,提高混凝土的密实度。

5.5 试验方法对砌块强度的影响

(1)压力试验机影响　因试验机本身特性及质量差异,对强度试验结果值有一些影响。质量相同的砌块在不同类型试验机上进行强度试验,强度值差异可能达20%以上。

另外试验机的速度不应成为影响试件强度的因素,但实际操作中当压力机的加荷速度由1MPa/s增加至100MPa/s时,试件强度检测值增加可达10%,加荷速度在10^{-1}~10^{-2}N/(mm^2·s)范围内变化时,强度测试值无明显变化,只有速度超过此值时强度测试值才会增长。

(2)偏心率影响　根据《混凝土小型空心砌块试验方法》(GB/T 4111—1997)中规定,砌块抗压试件采取坐浆法。在具体操作过程中受人为因素影响,会造成试件两个受压面并不完全处于平行状态,受压方式由轴心受压变成小偏心受压,造成实测强度低于实际值。同时如试验机相对位置未能对中,偏心力产生弯曲力矩,导致应力分布不均匀,从而造成试件一侧压碎也是影响强度值的一个原因。

(3)试件尺寸不标准　在砌块抗压强度测试中,试块高度对强度测试值产生的影响比较明显,但无人研究过。当原材料及生产工艺完全相同时,抗压截面积大的试块其强度值较小,均方差也较小;小块型砌块强度值较大,均方差也较大。

(4)试件有裂缝的影响　标准中允许砌块存在一定数量及长度的微小裂缝。在砌块堆放处取裂缝长度不超过砌块高度的1/2砌块,且每个大面上不超过两条裂缝的同批砌块进行对比试验,结果表明,有裂缝的砌块抗压强度平均比无裂缝的砌块抗压强度降低14%。

6 加气轻质砌块墙体抹灰裂缝施工控制

加气混凝土砌块是国内外大力推广应用的新型墙体材料之一,在工程中的应用已有20多年的时间,但在加气混凝土砌块墙体施工和使用中,常因施工方法与构造措施不当,经常出现墙体裂缝、墙面薄抹灰层空鼓或开裂等质量问题,从而影响建筑物外观感质量和使用功能。为此,根据已完成多项工程的施工经验,开展技术分析并探讨,对加气混凝土砌块墙体薄层抹灰防裂缝施工技术进行实践与创新,通过在多项工程中成功应用,总结其形成工序与施工方法。

6.1 工序方法特点、适用范围及工艺原理

工序方法是通过加强对原材料控制,采取可靠的构造措施、界面处理以及附加钢板网、耐碱网格布等综合技术,提高填充墙体的抗裂性能,保证砌筑和抹灰质量。本方法施工操作简便、节约综合成本并可缩短工期,具有很好的推广及应用前景。本方法适用于所有加气混凝土加轻质填充墙及墙面抹灰工程的裂缝控制。

工艺原理为根据加气混凝土砌块湿胀干缩的物理特性,砌块提前进场陈化(预干

缩),释放干缩应力,使砌块体积基本稳定。再通过墙体埋入、后置拉结筋或预埋钢板网等合理构造措施,提高墙体整体稳定性。墙体砌块表面增加涂抹界面剂,抹底层灰前先使用专用界面剂进行基层处理,增强抹灰层与基层的粘接力。基层抹灰前,在不同材质交接处及暗埋线管孔槽处铺设钢丝网;在抹面层灰前,墙面满敷耐碱玻璃纤维网格布,有效控制抹灰层裂缝的产生。

6.2 施工工艺流程及操作重点

(1)施工工艺流程　定位放线、抄平、坎台砌筑→试排块、划皮数线→化学植筋→铺浆砌筑→砌体顶部构造处理→节点缝抗裂处理、墙体修补→喷涂界面剂→墙体结构不同材料交接处贴纤维网格布→冲筋装饰抹灰→自检。

(2)施工操作要点:

① 定位放线、抄平与坎台砌筑。根据设计图纸弹出定位轴线和砌筑边线,确定门窗洞口位置及预留预埋位置线,并进行测平。采用烧结普通砖砌筑坎台,其高度不低于200mm。

② 试排块与划皮数线。按照规范要求应错缝搭砌,加气混凝土砌块搭接长度一般不应小于砌块长度的1/3,必须在每道墙上进行试排,以确定灰缝宽度及边端填充配砖尺寸,注意当墙长超过4m时应设置构造柱。试排砌块尽量采用主规格,不应混砌,局部需要镶嵌时部位宜分散、对称并使砌块受力均匀。试排块应特别注意门窗洞口、墙顶部、墙底部及异型墙体等复杂部位的排块方法,同时绘制砌块排列图。

根据楼层高度和灰缝厚度,按砌块墙顶标高距框架梁底标高130mm来控制砌体高度,并在框架柱、剪力墙砌体侧面画出皮数控制线,灰缝厚度因均匀,水平灰缝厚度不得大于15mm,垂直灰缝不得大于20mm。框架柱、剪力墙要标明砌块高度、灰缝厚度、窗台、门口位置以及梁下预留空间尺寸。

③ 化学植筋。根据柱或墙上画的皮数线,准确定位拉接筋位置。竖向间距应不大于500mm,并符合砌块模数。为确保拉接筋位置准确、牢固,拉接筋须由专业植筋队伍施工。

④ 铺浆砌筑。砌筑时应双面挂线,砌块应做到"下符楼、上符线",从而保证墙面平整。

砌块砌筑采用"铺浆法",铺浆长度以一块砌块的长度为宜,水平铺浆厚度为15mm,浆面均匀平整,铺浆后应立即放置砌块,轻揉挤压一次摆正找平。如铺浆后不能立即放置砌块,砂浆失去塑性,则应铲去砂浆重新铺砌,竖向灰缝可采用挡板堵缝法填满、捣实并刮平,宽度为20mm。对于门窗洞口及构造柱和墙体端部的非整砌块,采用无无齿锯或专用切割机切割成型,严禁用黏土砖补充。

⑤ 砌体顶部构造处理墙体砌至接近框架梁、板时,沉降14d释放砌体残余收缩应力后,再按设计要求进行墙体顶部的构造处理。

⑥ 节点缝抗裂处理与墙体修补。在墙与柱、墙与梁节点缝处,采用PP纤维抗裂砂浆,每边抹压宽度不小于100mm。抹灰前,用钢丝刷将基层表面的尘土、舌头灰、污垢及油渍等应清除干净,随后浇水润湿墙面,将剩余的粉状物冲掉。为避免抹灰砂浆厚薄差异太大而引起开裂或空鼓,应将墙面低凹处修正补平。抹灰前检查灰缝,将饱满度不够的灰缝补满。

⑦ 界面处理。为确保粉刷层与基层粘接牢固,抹灰前将基层清扫干净,砌体表面喷涂专用界面处理剂作为结合层。采用空气泵喷涂界面剂,确保界面剂喷涂均匀。

⑧ 墙体抹灰层抗裂处理。为防止在温度作用下,不同材料之间产生裂缝,在墙体结构不同材料交接处(如加气混凝土砌块与混凝土梁、柱、剪力墙、窗台压顶等相交接处)、暗埋管线的孔槽处,用网宽为300mm钢丝网,绷紧后分别固定在混凝土与砌体底灰上;用水泥钉固定,间距为500mm。加强网采用耐碱玻璃纤维网格布,网格尺寸不大于8mm×8mm,单位面积重量不小于120g/m^2。

⑨ 贴饼与冲筋装饰抹灰。加气混凝土砌块本身具有吸水先快后慢、延续时间长,弹性模量及强度较低的特点。采用下面的抹灰方法,保证饰面质量。施工准备:抹灰工程施工前,先清理墙面表面渣屑粉末,并用水冲洗干净,根据抹灰厚度做灰饼并冲筋。

加气混凝土墙体基层抹灰。基层抹灰采用与加气混凝土砌块强度和膨胀系数相接近的混合砂浆,同时适当提高砂浆配合比中的中、粗砂的比率,减少砂浆的干燥收缩。底层灰要用抹子刮上墙,厚度在5mm以内,带有一定压力的砂浆被挤进孔或缝内形成犬牙交错的连接,有利于抹灰层与墙面的共同作用,使底灰适应基层的变形。分层抹灰,每层抹灰间歇时间,待前一层抹灰终凝后进行。

⑩ 加气混凝土面层抹灰的注意事项。墙面面积较大时,为避免墙体抹灰层开裂,可采用分格方法,分格条必须深入过渡层表面。墙体易被水渗部位,如卫生间、墙裙等应抹防水砂浆(防水砂浆参考配比为1:2.5,并在水泥砂浆中加入水泥重量的5%的防水剂)。

6.3 特殊部位抹灰

(1)阳角　阳角做法应符合设计要求,无要求时应采用1:2的水泥砂浆做暗护角,其高度不宜低于1.8~2m,每侧宽度不应小于50mm,且避免尖角。

(2)窗台抹灰　窗台抹灰前,应将基层清理干净后,用水湿润浇透并用C20细石混凝土捣实后,再进行水泥抹面。

(3)门窗侧壁　木门侧壁分层填实抹严后,用抹子划出深宽为3mm×3mm的人沟槽,避免框体膨胀造成侧壁空鼓。需要打密封胶的框体周围,抹灰时应留出5~7mm的缝隙以便嵌缝打胶。

(4)面层抹灰压实　表面的罩面灰应边抹边用钢抹子抹平、压实并抹光。使表面细腻光滑、色泽并抹纹一致。

(5)成品养护　墙面抹好后应做好成品保护,不得剔凿、刻划墙面,同时应按时喷水养护,保持湿润。

6.4 主要材料与设备

(1)砌筑材料

① 砌块。填充墙所用砌块应达到《蒸压加气混凝土砌块》(GB 11968—2006)的质量要求。

② 结构胶及ϕ6钢筋:化学筋专用结构胶、ϕ6钢筋应经检测合格。

③ 界面剂。加气混凝土砌块墙体专用界面处理剂。

④ 钢丝网。选用10mm×10mm的孔眼钢丝网。

⑤ 纤维网格布。采用耐碱玻璃纤维网格或布网格,且布网格尺寸不大于8mm×8mm,单位面积重量不小于120g/m²。

(2)主要施工设备

① 机械。塔吊、人货梯、砂浆搅拌机、砌块切割机和气泵等。

② 机具。手锯、镂槽工具、灰铲、卷尺、托板、靠尺和抹子等。

6.5 质量控制

(1)严格控制材料质量

① 加气混凝土砌块。施工现场的砌块材料按产品标准进行质量验收,砌块块材应有产品合格证、产品性能检测报告以及主要性能的进场复检报告,砌块强度等级必须符合规定,各项性能指标、外观质量以及块型尺寸允许偏差应符合国家标准《蒸压加气混凝土砌块》(GB/T 1968—2006)的要求。质量不合格或产品等级不符合要求的加气混凝土砌块,不得用于砌体工程。

② 进场后按批次、品种、规格分别堆放整齐,堆放高度不超过2m。科学合理地安排堆放空间和使用时间,保证砌块放置天数满足材质控制的龄期要求,砌块的龄期应超过28d后可进行砌筑。

在运输、装卸过程中,严禁抛掷和倾倒。进场后应按品种、规格分别堆放整齐,堆放高度不得超过2m。砌块严禁暴晒、雨淋,以防破损。堆放场地做到防雨、防潮、坚实。切割砌块应使用手提式机具或相应的机械设备。

③ 砌筑砂浆。砌筑用砂浆的原材料,即水泥、砂、掺合料和外加剂的性能指标,应符合现行国家技术标准的规定,并抽样复查,合格后方可使用。

砌筑砂浆、抹面砂浆的干密度、抗压强度、抗折强度、粘接强度以及收缩性能等准备必须符合国家建材行业标准《蒸压加气混凝土砌块》(JC 890—2001)的要求。

配制砌筑砂浆、抹面砂浆与优化砂浆的配合比。

④ 界面剂。选择封闭性、附着力良好的界面剂,应具有耐水、耐候、耐老化以及抗冻融等性能。

(2)砌体质量控制　砌体工程应满足《砌体工程施工质量验收规范》(GB 50203—2002)的规定。

在砌筑上墙前应提前2d浇水湿润,同时应向砌筑面进行适量浇水;在砌筑墙体前,墙底部位应砌烧结普通砖、多孔砖或现浇混凝土坎台等,其高度不小于200mm,加气砌块不要与其他砌块混砌;砌体的砂浆饱满度水平灰缝不低于90%,竖向灰缝不低于80%;砌体的砂浆饱满度及检验方法应符合规范规定。砌体留置的拉结钢筋或网片的位置应与块体皮数高度相符合,拉结钢筋或网片应置于灰缝中,埋置长度应符合设计要求。填充墙砌筑时应错缝搭接,其搭接长度不应小于砌块长度的1/3。气体的灰缝厚度和宽度应在规定范围之内,其水平灰缝厚度及竖向灰缝宽度分别为15mm和20mm。加气混凝土墙砌至梁、板底时,应留一定孔隙,待墙砌筑完并应至少间隔14d后,再将其补砌挤紧。砌体工程采用化学植筋法进行施工,需进行抗拔检测;抽检数量为每300根拉接筋抽取一组,每组3根。在抹灰分层接茬处,先施工的抹灰层应稍薄,结合部要均匀接合,接茬不应过多,防止面层凸凹不平。

(3)抹灰质量控制　抹灰工程质量控制严格按现行《建筑装饰装修工程施工质量验收规范》(GB 50210—2001)相应面层验收标准执行。墙面专用界面处理剂应喷涂均匀,厚薄一致。墙体结构不同材料交接处应附加钢丝网,宽度不少于300mm,绷紧固定在混凝土与砌体的底灰上,并要固定牢固。外墙抹灰工程施工前应先安装门窗框、护栏等,并将墙上的施工孔洞堵塞密实。室内墙面、柱面和门洞口的阳角做法应符合设计要求。当设计无要求时,应采用1∶2的水泥砂浆做暗护角,其高度不宜低于2m,每侧宽度不应小于50mm。当要求抹灰层具有防水或防潮功能时,应采用防水砂浆。内、外墙的抹灰层与基层之间及各抹灰层之间必须粘接牢固。各种砂浆抹灰层,在凝结前应防止快干、水冲、撞击、振动和受冻,在凝结后应采取措施防止沾污和损坏。水泥砂浆抹灰层应在湿润条件下养护。

(4)安全环保措施　施工前对操作人员进行安全教育,并按分项工程做好书面的安全技术交底。砌筑时要求有专人搭设脚手架或高凳,做到平稳可靠。砌块裁割时应注意用电安全,以防电锯伤人。砌块堆放不可过于集中,以防集中荷载过大影响结构安全。采用内脚手架砌筑,不设脚手架眼。墙体每天砌筑高度不超过2m。施工中严格遵守安全操作规程及有关规定。

(5)环保措施

① 环境管理目标。节能降耗,重大环境因素空置率为100%;杜绝环境事故(事件)的发生。

② 环境管理措施。在严把质量关的基础上加大施工现场文明管理与环境防治工作。现场加大环境管理力度,杜绝运输车辆遗洒及施工现场的扬尘、减少环境污染以及在运输车辆进大门时必须清理干净。按国家、地方行业对机动车尾气排放的要求,对运输用车进行检修,并通过检测合格。认真执行国家、地方(行业)对减少事故噪声的要求,合理安排作业时间,在夜间避免进行噪声较大的施工作业(小于55dB),施工中防止粉尘飞扬,保护周边空气清洁。建立有效的排污设施,保证现场和周围环境整洁。机械喷涂界面剂时应戴防护用品。在使用多余的界面剂、化学植筋胶后不能随便乱倒,应进行集中掩埋处置。

(6)社会与经济效益

① 社会效益。克拉玛依项目的施工方法可有效控制加气混凝土砌块填充墙和墙面薄层抹灰开裂的现象,从而改善建筑物的使用功能,提高了结构耐久性。应用了加气混凝土砌块墙体薄层抹灰裂缝的控制施工方法,圆满完成了克拉玛依市多个公共及民用建筑工程项目的砌体及墙面抹灰施工,此外一些工程还获得省级优质工程奖。

② 经济效益。克拉玛依已建的多项公共及民用高层建筑工程,应用了轻质加气混凝土砌块墙体及薄层抹灰裂缝控制施工方法,工程施工质量满足规范要求,在施工过程中加快了工期,降低了成本,在工程回访期内也从未发现墙体裂缝的质量现象,与同地区同行业相比,节约工程回访成本费为10多万元,证明加气混凝土砌块填充墙和墙面薄层抹灰防开裂工序方法是可行的,为质量控制措施提供了可靠保证。

7　建筑用保温砂浆研制应用技术状况

国内建筑总能耗约占全国总能耗的39%左右，建筑耗能是消耗能源最大的行业，在当今能源紧缺的情况下节省建筑能耗显得十分迫切及重要。因此，建筑节能已成为当前和今后的几十年必须面临的重大课题。然而我国建筑节能工作引起足够重视的时间还不长，高能耗的建筑比例占绝大多数，节能任务任重道远，同时社会各行业对建筑节能的认识并不深刻，对建筑物围护结构保温系统和应用材料并不清楚，在一定程度上阻碍了建筑节能技术的推广进程。而砌体结构中用量仅次于砌块的砂浆对保温起重要作用，现在研制使用的保温砂浆作为一种绿色节能建筑用材，不但可以节省资源、利用工业废料生产，还可以节约能源、减少石油消耗量并推动建筑行业健康有序的发展。

7.1　保温砂浆研制与工程应用

现在国内工程应用较多的有机保温砂浆为胶粉聚苯颗粒保温砂浆，而无机保温砂浆主要是以膨胀珍珠岩或玻化微珠等无机矿物为主的轻骨料保温砂浆。

传统的开孔膨胀珍珠岩为多孔物质，存在大口孔隙，具有极强的亲水性，容易因吸水而造成保温砂浆的热导系数大，降低热工性能，为此限制了其在外墙保温浆料的推广与应用。目前采用最广泛的闭孔膨胀珍珠岩表面熔融，气孔也封闭，不仅吸水率较低，而且其热导率也很低，为0.045~0.058W/(m·K)，接近于玻化微珠的导热率即0.028~0.054W/(m·K)。新研制的玻化微珠保温砂浆蓄热系数大，隔热性能也好，属于不燃烧材料即A级，但是现在建材市场上玻化微珠的质量差别较大，真正符合质量要求能够上墙质量可靠的，玻化微珠保温砂浆热导率在0.070W/(m·K)以上，限制了其在寒冷地区外的墙外保温工程中的应用。相对于无机保温砂浆来说，聚苯颗粒保温砂浆虽然防火性能略差，但密度低热导率也小，而且国家建设主管部门制定了行业标准，即《胶粉聚苯颗粒外墙外保温系统标准》(JGJ 158—2004)，使得胶粉聚苯颗粒保温砂浆在全国广大地区得到应用，不论地处南北其使用比例占60%以上。

7.2　砂浆的吸水性

对于聚苯颗粒保温砂浆而言，其吸水性与采用的聚苯颗粒形状有关，习惯利用经过处理后的废弃聚苯颗粒为骨料的保温砂浆，其吸水性要高于新发泡的聚苯颗粒，这主要是由于新发泡的聚苯的圆球状颗粒形态较好，均匀完整，而且因废弃聚苯颗粒破碎后使得表面不规则，比表面积大，需要的用水量也多。另外，在无机保温砂浆中掺入有机硅憎水剂及在无机保温砂浆表面喷涂液态憎水剂，是现在解决无机保温砂浆吸水性问题的一个主要手段。也有的采取热雾化喷涂方法处理，即用苯丙乳液聚合物改性膨胀珍珠岩，在一定程度上降低了膨胀珍珠岩的吸水性，从而提高其粘结强度。

玻化微珠及闭孔膨胀珍珠岩与传统膨胀珍珠岩相比较，由于膨胀体积表面玻璃化封闭物质的包裹，从机理形态上分析无法较好处理吸水性高的问题，而实际上吸水率范围分别达38%~84%和20%~30%，远远低于传统膨胀珍珠岩360%~480%的高吸水率，而采用有机硅等憎水性添加剂会更进一步降低其吸水率。在实际应用过程中玻化微珠保温砂浆不论是生产过程、加水搅拌和施工过程中,都会受到不同程度的外力作用,而造成膨胀颗粒的破烂及吸水率的提高、湿密度增大和热导率增加的问题。玻化微珠保温砂浆也不太适合于用机械喷涂施工,由于喷涂机械的挤压和喷头高压气流的冲击力,玻化微珠粒径的破裂更加严重,这是目前尚未解决的难题。

7.3 可施工性能

保温砂浆一般密度较低、保水性差、极容易产生分层离析现象并且在施工中此类浆料易出现严重的失水现象,不但影响到砂浆的正常水化,而且会造成砂浆与基层墙体的粘接强度降低,导致保温层的空鼓、开裂甚至脱落。正常情况下掺入引气剂后,可再分散乳胶粉、纤维素醚和淀粉醚等多种聚合物和外加剂,这样可以有效改善砂浆的可施工操作性。

对于聚苯颗粒保温砂浆而言,膨胀聚苯颗粒与胶凝材料的亲和性是影响保温砂浆工作性和粘接牢固性的另一个重要因素。现在生产的膨胀聚苯颗粒保温砂浆主要是通过掺入高分子粘接剂、偶联剂几种有机聚合物来改善颗粒和水泥拌合浆之间的粘接性能和适应性,如果加入乳胶粉也可以解决施工中膨胀聚苯颗粒遇到水会上浮造成浆体不均匀和分层度大的质量缺陷。在膨胀聚苯颗粒保温浆料中掺入有机聚合物的拌合方法主要是两种,即直接分散混合和二次分散混合。

膨胀聚苯颗粒的自然级配、粒径也会影响其拌合浆料的工作性能。一般认为破碎后的膨胀聚苯颗粒级配比较合适,所配制的保温砂浆的和易性,粘接性能应当优于新发泡膨胀聚苯颗粒。同时用了破碎的膨胀聚苯颗粒配置的保温砂浆吸水率增加,而软化系数却降低,抗压强度也会降低。要综合考虑保温砂浆的可工性和力学性能,混合使用新发泡和破碎膨胀聚苯颗粒达到优势的互补,关键是最佳配合比的确定,是关系到可施工性及质量保证的重要环节。

7.4 保温浆料的力学性

抗裂性可一直关系到保温砂浆的主要性能,抗裂砂浆的优化问题大体思路,即通过增加可再分散乳胶粉用量来提高压抗比,同时增添加聚丙烯纤维和木质素纤维提高其抗裂的能力。掺入可再分散乳胶粉,是通过聚合物在砂浆中与骨料形成具有高粘接力的膜,从而使砂浆粘接强度得到提高,压折比则降低。另外掺入一定比例的纤维在砂浆中,形成内部有一定规则的似钢筋网,从而提高砂浆整体性和内聚力达到抗裂性。如果纤维掺量过多则纤维之间易粘接成团,砂浆的和易性和抗裂性就会变差,正常化学纤维的合理掺量应控制在1%左右。

同样在保温砂浆中适宜掺入合格粉煤灰,不仅可以改善孔结构及浆料的施工和易性与力学性,还可以降低保温砂浆的线形收缩量。

7.5 保温浆料的热工性

保温浆料的热导率与砂浆的干表观密度和含气量有关。一般保温浆料的热导率随着其干表观密度的增大而增加,随含气量的增大而减小。原材料的选择和保温浆料的骨料级配都会直接影响到砂浆的热工性能。对于聚合物干粉种类和掺入量对新拌膨胀珍珠岩保温浆料体积密度、稠度和含气量等性能的影响,以及与保温性能之间的关系。一些生产企业从改善保温砂浆的配置考虑其浆料的热工性能。使用单一性能的保温骨料容易产生较多的大空隙,这些空隙需要较多的胶凝材料来填充,必然会增加保温砂浆的表观密度,明显降低保温效果。再通过不同的保温骨料组成复合骨料,可以更好改善其级配从而消除或减少颗粒间的较大孔隙,降低砂浆的热导率。现在建筑市场还是有用膨胀珍珠岩、漂珠、粉煤灰材料与原生或破碎后用膨胀聚苯颗粒复合作为保温砂浆骨料的保温砂浆的产品。

保温砂浆的含气量对干表观密度和热导率有较大影响,并存在一定的相互关系。而提高含气量在保温砂浆中引入加气剂产生均匀气泡,也可以优化新发泡聚苯颗粒本就单一的级配,从而提高其保温性及强度。

7.6 简要小结

综上浅述,绿色建材及节能环保理念逐渐被人们所接受并引起重视,使用保温隔热节能效果好。防火安全性强的保温砂浆材料是当前建筑节能总的发展方向。但是国内保温砂浆的研制开发起步较晚,保温节能材料的使用缺乏市场监管力度,其产品质量差异性大,特别是新开发的玻化微珠保温砂浆在工程应用中,存在圆球度差且易破损的问题,给正常使用及工程质量带来一定影响。对此需要加强相关部门对建材市场的监督控制,规范对产品的监督检验力度。

对于保温砂浆的材料研制还是远远不够的,现在的工作重点强调了对保温砂浆的配合比设计,但缺乏对保温材质的基础研究,尤其是保温砂浆的热工性能及其影响因素之间的关系研究很少,面对强度和耐久性更缺少可靠的技术保证。应当正确衡量和兼顾保温砂浆的力学、保温性、耐久性与可施工性,还需要不断的应用与探索。

8 提高砖混结构房屋抗震的技术措施

我国绝大多数人口不论城乡,现在仍然居住在多层砖混结构的房屋中,砖混结构房屋抗震能力的高低,直接关系着人民的生命及财产安全。我国地震区域较多,建筑工程抗震防范技术措施是长期以来我国建筑工程技术和设计人员一直不断努力探索和研究的课题,并在理论与实践抗震措施中取得显著成效。建筑结构特别是多层砖混结构,在强震中破坏情况历来严重,主要与抗震设计技术措施的缺失有关,难以确保和满足抗震规范对提高结构抗震的总体原则要求。采取有效的抗震技术措施,对烈度在 8 ~ 9 度区的房屋建筑,做到“大震不倒”是完全可能的。本节针对多层砖混房屋结构类型,介绍一种简单可行而有效的抗震方法,提供给广大工程技术和设计人员参考与借鉴。

8.1 震害状况及原因

根据以往对地震震害的情况研究及 2008 年 5 月 12 日四川汶川 8 级特大地震震害的情况分析,多层砖混结构房屋在地震作用下,主要有以下几方面破坏特征和产生原因。

(1)在水平往复地震力作用下,层间特别是底层位移较大,纵、横墙企图阻止其侧移,但由于砖砌体的极限变形量较小,墙的斜向抗拉强度作用受墙体顶部与底部作用方式的影响,斜向拉伸破坏形成较陡的对角线齿缝破坏面。此外,由于多层砖混结构房屋中重力产生的墙中轴力较小,墙体特别是底层墙体所受水平地震剪力较大,在构造柱上、下柱脚和墙体中较易发生剪切破坏,构造柱脚纵筋受剪切和扭转影响而发生屈曲,震害严重时则发生倒塌。

(2)墙体门及窗洞口等薄弱处,由于在地震力作用下丧失抗震能力,产生较大的应力集中或塑性变形集中,破坏严重甚至倒塌。

(3)由于楼层安装预制板,整体连接性差,墙体破坏后,楼板塌落,致使房屋倒塌。

(4)附着于楼、屋面结构上的非结构构件及楼梯间的非承重墙体与主体结构无可靠连接或锚固,由于结构顶端"边端效应"作用,从而造成倒塌。

(5)同一结构单元的基础,设置在性质完全不同的地基上,导致基础下沉不均匀而破坏或倒塌。

(6)未按规定设防震缝,致使房屋发生破坏等。

8.2 抗震性能方法分析

现在多层砖混结构房屋的抗震构造措施,主要是在房屋结构竖向及水平规定部位设置构造柱和圈梁;建筑材料及砂浆强度等级适当提高。这一构造措施虽对房屋整体抗震能力有所提高,但其整体结构抗震性能提高的幅值并不大,大约是结构抗震能力的10% ~20%,再由于当前抗震措施的局限性及受施工质量特别是柱脚施工缝等的影响,柱脚抗滑移剪切能力有限,对房屋结构抗扭转能力和两主轴方向的抗侧力提高不大。面对相应抗震设防烈度的特大地震,结构破坏和倒塌的可能性较大。针对上述普遍存在的震害情况及原因,较大程度地提高多层砖混结构房屋的抗震能力很有必要,继承和保留现行砖混结构抗震规范的局部优势,完善和提高现有抗震措施的不足,其方法应从以下几方面进行:

(1)加强基础与构造柱的连接强度,提高柱节点和塑性区的抗弯刚度　竖向钢筋混凝土构件即构造柱的设置,按现行规范要求设置,其形状按墙体结构特点应充分考虑所受地震力情况,并应针对不同的墙体结构部位进行设置,习惯的设置类型有5种,如图3-8所示。

一般使用时如Ⅰ型用在纵横无交叉的墙体结构中;Ⅱ型用在有纵横交叉的墙体结构中;Ⅲ型用在内纵横墙体结构相交的转角处;Ⅳ型用在纵横墙体结构的交叉处;Ⅴ型用在房屋外墙阴阳角位置。根据以上5种类型,以首层Ⅰ型为例,其剖面图构造如图3-9所示。

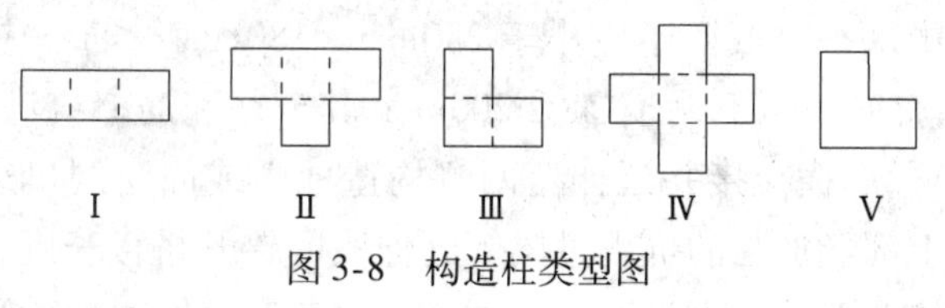

图3-8　构造柱类型图

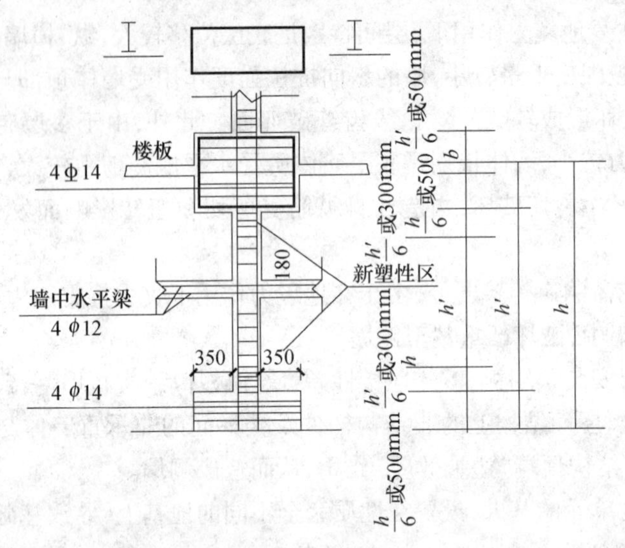

图 3-9　Ⅰ型构造柱

以Ⅰ型构造柱为例，在构造柱上下塑性区各 $h/6$ 或 500mm 的高度范围之内，墙体纵向或横向每边加宽 240mm 或加等于墙厚的宽度，加宽后该柱塑性区宽度约为 750mm，其纵向配筋及横向配筋按设计或规范要求具体设置。新增加塑性区高度纵筋不应小于构造柱纵向钢筋直径，且不应小于 14mm，其数量每边不少于 2 根。加宽后构造柱上、下塑性区之间柱中部砌筑形状及砌体拉墙筋设置，均按规范要求设置。经加宽后构造柱上、下两塑性区的高度、墙体刚度以及强度增大，并在两塑性区之间形成新的塑性区且向柱中转移，仅靠原塑性区位置，其高度近似为 $h/6$ 或 300mm。通过以上有针对性的构造柱形状变化设置，使构造柱柱脚与基础地梁或地圈梁连接面积加大、连接强度提高，使柱节点强度和原塑性区抗弯刚度大大增加，理论上降低了层间控制计算高度。

（2）增加墙体水平钢筋混凝土构件对墙体及柱的约束　为提高多层砖混房屋结构的抗震能力，现行规范对圈梁的设置要求，在现行抗震措施中已经承担了很重要的作用，但要使房屋结构做到“大震不倒”还明显存在不足。墙体在水平地震力作用下，上、下圈梁间的墙体和楼梯段等上、下端对应的墙体，特别是门窗及洞口等薄弱处破坏较为严重。由于提高多层砖混结构房屋抗震能力的原则是提高结构的整体强度和刚度，而提高砖混结构整体强度和刚度最直接有效的方法是，将层间墙体做到有效的分割、包围，对房屋中不同的结构部位情况，可按以下两种方法处理。

① 对于整体墙片，在墙片中部位置，增设墙中水平梁，其断面尺寸及配筋，原则上按斜截面受剪承载力和墙片抗震承载力之和，大于或等于相应设防抗震烈度产生的水平地震剪力，来确定该墙中水平梁大小，但截面不应小于 240mm（宽）×120mm（高），纵筋不小于 $4\phi10$；底层墙中水平梁截面不应小于 240mm×180mm 纵筋不应小于 $4\phi12$；混凝土强度不应小于 C25；箍筋间距不大于 $\phi8$@200mm，其箍筋配筋率应满足斜截面受剪承载力要求。墙中水平梁纵、横交接并延伸至两侧构造柱中或门窗洞口边缘位置止，其墙中水平梁与门窗洞口上部经加强的抗震过梁等延伸段的错开搭接长度，按现行圈梁错开搭接长度规定执行；若窗间墙高宽比大于 1 或宽度小于 2m 的，在墙中部可以不设水平梁；

若窗间墙较大，门窗洞口高度不一致时，可由具体情况而定。

② 对类似于门窗洞口等薄弱部位，按现有抗震设计规范要求设计，在较大的水平地震力作用下，较易产生过大应力集中或塑性变形集中。因此，在以上特殊部位，要克服过大应力集中或塑性变形集中发生或过早发生，要视具体情况分别对待。

a. 对于门、落地窗等洞口较高的，要将其过梁按照在其墙片中具体位置，参与可能发生破坏的墙体截面抗震承载力，一起抵抗该墙片分配得的水平地震力，确定其过梁截面、配筋大小及混凝土强度等级。过梁两端搭接在墙支座上，长度不小于1m；若与相邻洞口上部存在同标高过梁时，要尽量与其连接；若与相邻洞口上部过梁或墙中水平梁高度不一致时，按圈梁搭接封闭要求，形成规范性封闭。

b. 对窗及洞口等除在其上部设置规定过梁外，还应在窗台等一定高度位置增设一道水平梁，长度与上部过梁一致，该窗洞口等上部过梁在满足承重或构造要求外，与窗台及洞口下部水平梁及墙体截面抗震承载力一起抵抗该墙片分配所承受的水平地震力，并确保其结构所在设防地震烈度下不被破坏来确定窗及洞口等上部过梁及窗台、洞口下部水平梁断面尺寸、配筋大小和混凝土强度等级。对于以上门窗洞口等宽度为1m及以上的上部过梁，梁高不应小于180mm。第1层不应小于240mm。箍筋大小不小于$\phi8$，间距不应大于200mm，纵筋不应小于4$\phi12$；梁端箍筋按1.5h梁高长度范围加密且不小于$\phi8$@100。对上部过梁梁端伸入墙支座1m后，下部窗台、洞口水平梁纵筋及断面，可参照墙中水平梁设置。对于门窗、洞口等两侧有构造柱的，应伸入柱中；在较大洞口两侧，可按现行规范要求设置相应钢筋混凝土柱。

(3)楼板结构构造措施　在我国大部分民用住宅、学校及公共建筑中，往往采用多层砖混结构，其楼板在1992年以前绝大部分采用装配式钢筋混凝土预应力空心楼板。这一楼板结构，在相应地震烈度作用下，如果墙体结构发生一定的破坏，板端墙体支座发生错动或倒塌，使预制空心楼板塌落，直接造成严重的伤亡事故和巨大经济损失。进入21世纪随着国民经济快速增长，人们生活水平不断提高，对于多层砖混结构的民用住宅、学校及公共建筑等重要民生工程，其楼板结构已要求不再使用预制空心楼板，均应采用整体现浇混凝土楼板结构，或比较可靠的现浇结构和整体式钢筋混凝土楼板结构。该结构措施对提高整体结构抗震，预防或减少楼板直接坍落非常有利。现行的《建筑抗震设计规范》(GB 50011—2010)中已对此措施做出明确的强制性规定。

(4)基础结构构造措施　建筑房屋的地基一般具有较好的抗震性能，极少发生由于地基承载力不够而产生的震害。因此，我国多数抗震设计规范，对一般性地基与基础均不做抗震验算。但值得注意的是，从2008年5月12日四川汶川发生8.0级特大地震中可发现，由于震源的深浅直接影响地表产生地震烈度的大小，使地面产生激烈晃动的程度不同，局部地面产生地裂或震陷等。当穿越建筑基础时，由于地梁或地圈梁断面及配筋较小，强度较弱，房屋从基础底部开始断裂或破坏，将房屋分成几个部分，可直接导致地面建筑物破坏或倒塌。为预防或减轻此类破坏，应从理论上考虑使基础结构处于弹塑性工作状态来确定该地梁或地圈梁断面及配筋大小。但是，对房屋纵向、横向特别是纵向，由于地裂或震陷等影响，要做到基础结构不发生断裂或破坏，实际上是不可能的。要预防并减小以上破坏，较好的方法是减小房屋纵向长度，在适当位置设防震缝，严格控制房屋高宽比等。但对不同的场地、岩土情况及基础类型等，其震害和预防措施有所不同，有待更深一步采取构造处理方式。同时对附着于楼、屋面结构上的非结构构件及楼梯间的非承重墙体与主体结构的连接等,必须按现行抗震规范要求处理。房屋平面设计应尽量规则、造型布置合理并按规定设防震缝等构造措施。

8.3 抗震结构构造可靠性

根据以上抗震构造方法,对构造柱形状进行改进并在砌体墙中设置水平梁后,多层砖混结构房屋在往复水平地震力作用下的计算结果分析表明:房屋相关部位抗震能力均在满足原相应抗震设防烈度的基础上有一定提高,进一步验证了该抗震方法与原结构抗震的破坏机理和抗震性能等的差别。经以上抗震方法改进后在设防烈度为8度时的水平地震力作用下,结构未发生破坏,仍处于弹性工作状态,现行抗震构造房屋模型如图3-10所示。如图3-11所示为经该方法改进后构造柱的荷载-位移滞回曲线,由于房屋刚度较大,可完全吸收水平地震力。根据计算结果,可近似绘制出荷载-位移滞回曲线,荷载与位移关系近似于直线,滞回曲线包络面积非常小,刚度无明显下降,结构处于弹性工作状态。通过现在应用的这些构造方法,提高多层砖混结构房屋的抗震性能还体现在以下几方面。

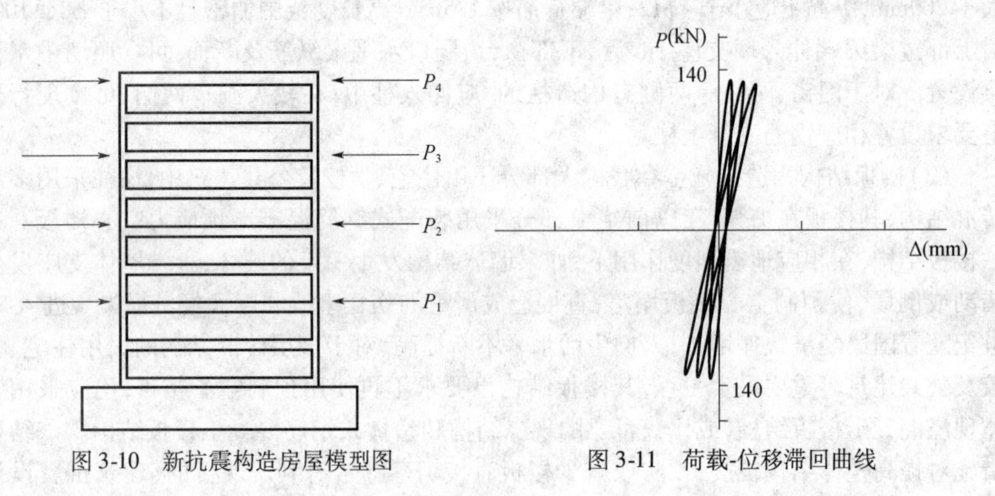

图3-10 新抗震构造房屋模型图　　图3-11 荷载-位移滞回曲线

(1)有效加大了竖向混凝土构件与基础的可靠性连接,其连接面积比原构造的连接面积增大2~3倍左右,并且避免了施工缝对塑性区抗震能力的影响,这对提高砌体结构,特别是不规则砌体结构的抗扭转能力和两主轴方向的抗侧力,有着非常明显的效果,同时还提高了构造柱节点及塑性区的强度、刚度、抗弯性能及柱脚抗滑移剪切能力。由于水平地震作用对于房屋层间竖向构件的破坏,可能会发生在构造柱新塑性区位置,其层间原计算高度必须进行适当调整,调整系数取0.75。由此,墙柔度δ变小,而侧移刚度k增大,吸收的地震能量相应增大,能有效分担比原抗震构造方法更大的水平地震力。由于增设的水平梁等延伸至柱中部连接,进一步约束了柱在整体结构中的稳定性,墙中水平梁和门窗洞口上部过梁参与墙体一起抵抗和吸收水平地震力,有效约束构造柱在新塑性区过早发生变形或破坏,并在以上抗震方法的作用下,形成很好的房屋水平及竖向结构相互约束的结构抗震体系,构造柱在以上抗震体系中,对结构的抗震贡献有较大幅度提高,由原来的10% ~20%可提高到25% ~35%左右。

(2)由于砌体结构的墙体受剪承载力验算,只考虑水平地震剪力,不考虑水平地震剪力与重力荷载内力的组合。而多层砖房墙体的受剪承载力与墙体1/2高度处的平均压应力δ_o有关。通过以上水平梁等的设置,会使墙段1/2高度处平均压应力δ_o有所增加。因此,墙体受剪承载力也相应提高。

(3)因为砌体的延性非常有限,其极限压应变小于钢筋混凝土的极限压应变,从而避免了砌体墙竖向劈裂破坏特征会使受压区的压力迅速衰退的不足。而理论上看矩形砌体墙的延性是随着墙体的轴压力、含钢率、钢筋屈服应力及墙的形状比的增大而减小,但实际上会导致在极限状态下,产生较小的曲率延性,必将增大弯曲受压区的面积,而作用于墙上的轴力仍较低,有利于结构抗震。

(4)通过在门窗洞口上加强抗震过梁和窗台、洞口处水平梁的设置,可有效避免由于窗间墙或墙体高宽比较大,特别是大于1.0时,形成在抗震薄弱处对整体结构造成抗震能力降低的影响,并在该部位墙体形成合理的刚度和承载力分布,避免结构局部削弱和突变形成薄弱部位,产生过大的应力集中和塑性变形集中,使该部位保留足够的强度和安全储备。同时,在抗震措施上,满足相应设防烈度条件下,因内、外墙开洞率过高或门窗洞口宽度可适当加大。通过改进以上方法后,构造柱、过梁、水平梁以及现行法规要求设置的圈梁等延性构件对砌体结构形成较小块体分割或包围,提高了砌体结构的整体强度和刚度,形成较好的结构抗侧力体系;增强了砌体墙的极限变形能力;提高了砌体墙抵抗初裂破坏并具有一定的极限承载能力;有效预防结构破坏和防倒塌能力,从根本上更好地改善了墙体结构抗震性能,并找到了较为有效的抗震构造方法,从而达到预期效果。

现行抗震规范及某些地方性建筑技术规程规定,在约束墙体的方法上均采用砌体配筋方式,与现在应用的方法采取抗震措施部位类似。配筋砌体在抗震能力上有一定提高,主要表现在结构变形能力增大,但在相应设防烈度地震作用下,未能确保所约束的墙体不被破坏或破坏后不会发生较大的变形和位移,甚至倒塌。因此,采用通过改进后的构造柱、过梁及墙中水平梁设置等的紧密配合作用,能有效约束砌体墙发生早期裂缝破坏,控制变形或位移,能使墙体受剪承载力在满足控制设防烈度基础上有较大幅度的提高。

8.4 抗震验算方法

经上述方法改进后的房屋结构,虽在某些部位增设了钢筋混凝土结构件,但对整体结构来讲,仍属多层砖混结构类型,按现行建筑抗震设计规范要求,对多层砖混结构房屋一般不考虑地震倾覆力矩对墙体受剪承载力影响,只按不同基本烈度的抗震设防控制房屋高宽比。所以,该抗震计算方法仍需进行地震作用计算和抗震验算,其方法可归结为以下两个步骤:①按多质点体系水平地震力作用近似计算法——底部剪力法,求得各纵横墙在不同结构楼盖条件下地震剪力的分配V_{jm};②验算层间墙中水平梁、门窗洞口上部过梁及窗台等部位水平梁,在水平地震力作用下发生斜拉破坏时,水平梁受剪承载力V_{CS}与黏土砖墙体截面抗震承载力$f_{VE}A/r_{RE}$一起抵抗相应砖墙在不同结构楼盖条件下地震剪力的分配V_{jm}。由于改进后的构造柱与原层间圈梁组成的抗震体系,对房屋整体结构抗震能力的贡献大约在25% ~35%左右。所以当墙片两端有构造柱时,墙片承载力控制调整系数取0.75，即$(V_{cs}+f_{VE}A)/0.75$大于V_{jm}。

8.5　实例抗震计算与现行规范抗震能力的比较

举例说明，某4层砖混结构办公楼、平面图如图3-12所示，楼盖和屋盖采用钢筋混凝土现浇板，横墙承重。窗洞尺寸为1.5m×1.8m，房间门洞尺寸为1.0m×2.5m，走道门洞尺寸为1.5m×2.5m，墙厚均为240mm，窗下墙高度为1.0m，窗上墙高度为0.8m，楼面恒载为3.10kN/m²，活载为1.5 kN/m²，屋面恒载为5.35 kN/m²。雪载为0.3 kN/m²，外纵墙与横墙交接处设钢筋混凝土构造柱，砖的强度等级为MU10，混合砂浆强度等级均为M7.5，设防烈度为8度，用地为Ⅱ类场地。利用上述抗震验算方法，以1层横墙2轴交$C-D$轴墙片抗震能力的计算为例，进行抗震验算并进行比较。

(1)按底部剪力计算出2层横墙轴交$C-D$轴墙片在现浇结构楼盖条件下地震剪力，经计算总水平地震剪力标准值$F_{EK}=\alpha_{max}G_{eq}=1535kN$。由于墙中水平梁的设置，墙体1/2高度处横截面上产生的平均压应力δ_0实际提高不大，可近似按原墙体1/2高度处产生的平均压应力δ_0计算，其1层总水平地震剪力标准值不变。经计算在单位力作用下有洞横墙总侧移刚度K为$0.46Et$，首层横墙总侧移刚度K为$6.711\ Et$。由于现浇结构楼板地震剪力V按$(k/\sum k)F_{EK}$进行分配，即2轴交C－D墙片分担的地震剪力为104.07kN。

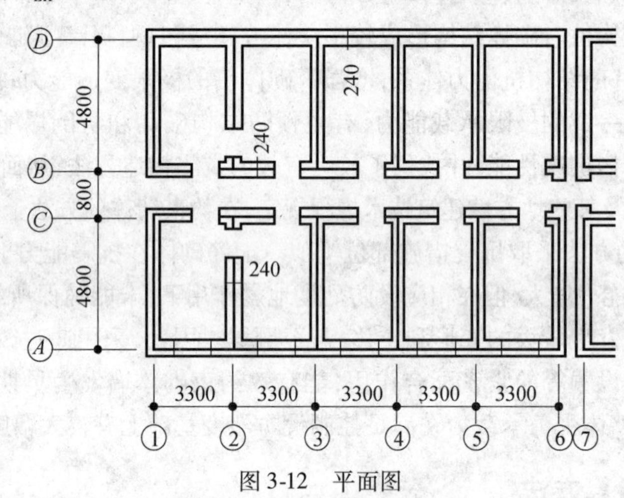

图3-12　平面图

(2)由于2轴交$C-D$轴墙体开有门洞，以靠近整体墙面一侧为界，将该墙片分成两个墙段，靠近走道的墙段门洞口上部按以上方法设置抗震过梁，其C轴梁端伸入柱内，另一端伸入墙内支座小于1.0m，在地震力作用下，高宽比大于4的墙垛和门洞上抗震过梁组成一个抗震段，能抵抗部分地震力作用，而现行规范对该段抗震能力却近似为零。无门洞墙段中部新设置水平梁，从门边到D轴柱内，组成一个抗震实体墙体。根据以上抗震验算方法，分别进行计算分析。

① 对于有门的抗震墙段，1层层高为4.25m，门高为2.50m，过梁高为240mm；过梁偏离该层墙1/2高度处400mm，该抗震过梁和所处位置对该层抗震有利，按照比例折减。在计算斜截面受剪承载力时，因上述构造柱塑性区位置出现变化，为更准确计算层间抗震高度要调整，可乘以抗震调整系数0.75。还由于过梁受地震剪力破坏发生在梁端支座

处,剪跨比 λ 为 0,即 $V_{cs}=0.75\times(0.2/1.5\times f_{c}bh_{o}+1.25f_{YV}/S\times h_{o})$;门上 1.4m 高砖墙,墙中 1/2 高度位置与该层 1/2 高度位置高差相距约 1.4m,按门上实体墙中部高度位置偏离该层中部位置墙体抗震存在一定折减规律,应乘以调整系数 0.3,即墙体截面抗震承载力为 $0.3f_{VE}A/r_{RE}$。由于在两端设构造柱,r_{RE} 为 0.75 的计算结果为 18.06kN,即含门洞墙段抗震承载力为 93.16kN,这是抗震过梁设置前该段墙所无法承担的。

② 对于实体墙段,按上式对 1/2 高度处水平梁斜截面受剪承载力计算,其结果为 52.92kN。而现行规范在墙中要配置 3ϕ8 钢筋砖带,当受到大于 21kN 外力作用时,钢筋开始屈服被拉伸,其对墙体抗震耗能比较好,而对抵抗裂缝发生的破坏作用很小。而无门洞墙段的抗震承载力经计算为 236.7kN,大于底层该墙片所分配的地震力 135.29kN。所以该墙片 2 轴交 $C-D$ 轴抗震承载力为 382.78kN,约是现行规范该墙抗震承载力 206.08kN 的 1.8 倍。经过上述计算分析,不考虑基础结构抗震方法的设置对整体抗震能力的影响,仅对构造柱构造形式的改进,墙中窗台、洞口处水平抗震梁的设置及门窗洞口上过梁的加强等措施,对房屋整体抗震能力的提高效果非常明显。

8.6 简要小结

通过上述浅要分析探讨可知,这些应用多年的方法弥补了多层砖混结构抗震性不足的问题,确保房屋在强烈地震作用下,建筑物有足够抵抗地震的能力,尽可能使结构在弹性范围内抗震,避免和减轻对建筑物的破坏和倒塌。上述采用的方法简单方便,抗震效果明显且容易施工,节省经济且安全可靠,可以实现"小震不坏,中震可修,大震不倒" 的抗震目标。同时又经过实例比较和分析计算,找出有针对性的克服多层砖混结构房屋,在地震作用下容易发生破坏的薄弱部位的有效措施,在使用方法和理论上较有效解决了造成震害发生的根本原因所在。完善现行抗震规范提及的提高结构抗震性的措施和目标,可以有效保护人民生命财产安全,具有重要的社会现实意义,供工程技术及结构人员参考。

9 砌体结构抗震规范的改进与提高

砌体结构材料属于脆性,其延性抗震性较差,但是结合国情,量大面广的房屋围护体还将继续使用。传统的"秦砖汉瓦"曾是我国几千年来的传统建筑结构主体材料。在中华人民共和国成立初期开始的大规模工业及城市建设工程,砖混结构形式也是主要的结构形式。在改革开放前的建筑材料中砌体几乎占到 90% 以上。因此,砌体结构在我国不但历史悠久,而且应用数量很广,无论在城市和村镇都占有绝对优势。砌体材料的地方性、经济性和可操作性,使其具有广泛的应用空间,不论是在民用和工业建筑中都有其适用之处。即使在今日,城市建设中出现大量高层或超高层建筑,钢筋混凝土、钢结构和钢骨混凝土结构等新材料的涌现,使城市面貌日新月异。但是,在中、小城市,在多层和低层建筑范围内,仍然大量地采用着各种砌体材料,如黏土烧结制品、工业废料制成的新型砌体材料以及如混凝土砌块和混凝土砖一类的砌体材料,根据最新统计,它们仍占有 70% 以上的建造面积。在我国各类砌体结构的建筑仍将是一种主要的建筑砌体形式,所以砌体结构抗震的任务任重而道远。

9.1 从地震中接受教训

中华人民共和国成立初期所遇到的几次破坏性地震，如邢台、河间、河源、东川、乌鲁木齐以及阳江等都发生在中等以下城市或村镇，一般都只有砖混或砖木结构房屋，钢筋混凝土结构很少；村镇建筑中则是以砖和生土类低层房屋为主。因此1974年制订的我国第一本抗震规范产生的背景主要是以上述几次地震调查资料为基础的。此后的1975年辽宁海城地震和1976年的唐山大地震，突然发生在中等工业城市并造成了毁灭性的灾难，极大程度地提升了工程界对地震巨大破坏性的认识，并迅速地、但也是初步地对这两次强烈地震的经验进行了总结，修订的《建筑抗震设计规范》于1978年开始颁布执行。我国在工程抗震领域掀起了一场试验研究和理论探索的热潮，同时还在部分城市开展了既有建筑物的抗震鉴定及加固改造工作。

随着我国改革开放政策的推行，地震工程与工程抗震界还与国际上主要地震国家开展国际合作与课题研究，如与美国、日本、罗马尼亚及前南斯拉夫等国。2011年在试验研究、设备引进、震害经验及人才培训等方面都进行了许多交流和课题合作，从而扩大了视野，开拓了抗震防灾的新领域。通过历次地震经验总结和认真分析，对于在我国占墙体材料绝大多数的砌体结构而言，主要总结出下列规律。

(1)多层砌体结构房屋的地震破坏，主要发生在下部几层，特别是底层墙体　破坏或倒塌首先从底层开始逐层向上，墙体裂缝的开展程度自上而下逐步增加，具有明显的规律性。并且底部墙体主要发生剪切型的破坏，裂缝呈X形分布。仅有个别房屋的底层会产生弯曲型的水平裂缝，此类情形比较特殊。

(2)多层砌体房屋两端墙体的破坏比例较高　砌体房屋属于刚性结构，自振周期短，地震反应大，尤其是在房屋两端的墙体，由于端部墙体缺乏约束，加之端部外墙转角部位受到两个方向地震作用的共同作用。因此常常破坏较重，类似局部突出顶部的结构，可称之为“边端效应”。

这一破坏规律告诉我们，如楼梯间、大房间一类的大开间不宜布置在房屋尽端，以避免不利于抗震的因素集中叠加在一起，加剧破坏。

(3)多层砌体房屋的层数越多、震害越重　这一规律也是通过大量地震调查得出的结论。砌体结构每一楼层作为一个质点，所具有的地震作用按倒三角形分布，由于砌体材料的抗拉强度极低，因此随着高度增加所需的抗倾覆要求也要提高，这对砌体结构而言是有困难的。因此，对于砌体结构，最好也是最有效的抗震措施即限制其总层数和总高度，以避免产生弯曲或倾覆破坏。当然，在层数受到限制时，实际也同时限制了相对应的高度，因为两者是相互关联的。但是从破坏的敏感度而言，高度相对来说并不十分明显。

(4)横墙布置直接影响多层砌体房屋整体抗震性能　砌体房屋中唯一的抗侧力构件就是墙体，而且就整体结构而言，它只有一道抗震设防线，墙体破坏意味着抗震能力的丧失。所以对多层砌体房屋来说，一般是墙体越多，抗震能力越强，反之亦然。因此，抗震横墙间距成为一项必须遵守的条款。

当然，横墙布置的均匀性很重要，限于材料的性质，只有均匀地布置墙体，使地震作用最直接地从楼、屋盖传递到墙体和基础，才能保证砌体房屋的整体抗震性能。

(5)薄弱开间楼梯间　在多层砌体房屋中,楼梯间具有特殊的结构布置,形成了它的薄弱开间。因为楼梯间没有楼板做侧向支承,墙体相对开敞,且高度也常常超过楼层总高,在传递水平地震作用时楼盖相当于一根深梁,楼梯间相当于深梁中的一个缺口;在整体房屋空间工作时楼梯间相当于一个洞口。因此,更易于在地震中破坏。

特别是当楼梯间设置在房屋尽端或房屋转角时,这种不利因素将叠加,肯定要造成更重的破坏。楼梯间主要是要加强墙体自身的整体抗震性能,从而避免楼梯间的破坏。

(6)纵横墙的连接至关重要　多层砌体房屋是由纵横墙体组成的一个空间刚体结构,在任意方向的地震作用下,其抗侧力能力将得到更充分的发挥。地震后见到的纵横墙脱开、纵墙外甩的震害屡有发生;施工纵横墙砌筑时要求咬砌,留缝时要求采用马牙槎等措施,但仍不足以使纵横墙连接成整体。因此,为了加强多层砌体房屋的整体性,首先要求纵横墙体形成刚性连接、设置拉结钢筋和现浇混凝土构造柱都是十分必要的措施。

(7)楼、屋盖的整体性是保证多层砌体房屋整体性的基础　楼、屋盖可分为现浇钢筋混凝土板、预制钢筋混凝土板和木楼盖。限于木材资源的匮乏,目前已很少有采用木楼盖了,它只是作为一种柔性楼盖的代表而出现在规范中。

根据多次震害调查统计,现浇楼盖和预制板楼盖在多层砌体房屋中的破坏倒塌比例是接近的,并无显著的差异。当然,这里指的预制板楼盖应是符合正规设计要求和满足抗震构造措施的楼、屋盖,而不是指预制板间没有任何拉结措施的不合格板。

楼、屋盖作为多层砌体房中的最重要的水平构件,它承担着发生地震作用时的传递、分配,从而使地震作用能够均匀地分布到各个竖向抗侧力构件——墙体,并逐层传递到基础。因此,楼、屋盖的整体性是决定地震作用能否顺利传递,并使多层砌体房屋的空间工作能否发挥的关键。所以必须要求楼、屋盖自身的整体性要好,同时还应加强楼、屋盖与纵横墙的连接要可靠,以保证地震作用均匀、简捷地传递。

(8)局部凸出易受地震破坏是震害的一大特点　地震动造成的复杂运动至今仍不甚清楚,许多破坏规律还只能从震害现象中去总结、发现。地震中局部凸出物易遭受破坏是普遍存在的规律。首先从客观上看,对局部凸出的地形如山包、山梁、悬崖、陡坎以及高台陡坡等的地震动参数的放大作用已有所规定。这些都是根据宏观震害调查结果得到的结论。

对于凸出屋面的楼、电梯间、女儿墙以及出屋顶烟囱等局部凸出物,它们的地震作用效应同样会放大。因此,采用乘以增大系数的办法加以体现。

然而,对于局部凸出物的地震动反应,在某些情况下又很难解释,例如唐山地震和四川汶川地震中的高烈度区都曾拍摄到单摆浮搁在阳台栏杆上的花盆,均完好无损地摆放着,并无倾倒或移位的迹象。又如悬挑 1 ~ 2m 的钢筋混凝土阳台和雨篷,很少见到折断或倾倒的现象,当然当墙体倒塌后,依附于墙体的阳台和雨篷肯定会同时坍塌。这些看似矛盾的现象有些至今还难以理清,尚待深入探索和研究。

(9)砌体结构迫切需要约束与配筋　砌体是由块材组成的构件和墙体,房屋结构是作为一个整体的空间结构受地震作用,如何保证它的整体工作十分重要,而砌体结构恰恰缺乏这方面的性能。

砌体材料及其构件,只有通过各部位的牢固连接才能获得整体性能,比如楼、屋盖通过设置周边的圈梁实施对楼、屋盖的约束;砌体墙砌筑时设置钢筋混凝土构造柱达到对墙体的约束;各部分的构件通过设置连接钢筋,也可以达到约束的目的。可是,在砌体结构中,由于缺乏相互约束和连接而导致整体性能下降,甚至产生局部或连续破坏导致倒塌的实例也不少。

唐山大地震后,总结在砌体结构的墙体中设置钢筋混凝土构造柱,是最为成功的例子之一,它使砌体墙在大震中裂而不倒,对墙体起到了有效的约束作用,它对砌体结构抗震作用的贡献是突出的。

当然,我们从震害调查中也已发现,构造柱约束墙体的范围是有限的,也就是构造柱设置的间距不能过大;另外,构造柱间的墙体裂缝仍时有发生,这就说明对砌体墙的约束不能仅局限于设置边框,还应考虑被约束范围内的墙体本身,例如配置水平拉结钢筋和混凝土条带等,都是对砌体结构增强约束极为有效的措施。

(10)底部框架-抗震墙结构的震害规律　底部框架-抗震墙结构最早是从砌体结构中的局部框架和内框架发展起来的。砌体结构中的部分大开间、大房间采用局部框架获得较大空间;另外,早期的一些轻型厂房如仪器仪表、印染厂等从经济上考虑采用了内部以梁柱框架承重、外墙以砌体墙承重的混合承重结构。1975 年海城地震和 1976 年唐山地震中,此类结构被破坏殆尽。

与此同时,且国外一些学者提出以柔性底层框架来减轻上部结构震害的设想。但是这一理念很快被证明是错误且不现实的。而我国也从唐山等地震中总结出底框结构的性能比内框架或局部框架的好,并且通过试验研究证明,为了保证底部框架结构具有足够强的侧移刚度,要求底框架中必须设置抗震墙,从而形成了目前底部框架-抗震墙结构的特有形式。应当说这是具有中国特色的一种结构,国外还很少见到。

底部框架-抗震墙结构是采用了两种结构形式和两种结构材料形成的一种混合结构,从抗震概念设计评述,它肯定不会是一种良好的抗震结构体系。但是,出于经济和工程实践上的考虑,这类结构形式在大量城镇建设中还十分需要。通过近十余年所进行的许多模拟试验也证明了只要掌握关键技术,此类结构的抗震性能是能够保证的。

从众多的震害经验得知,底框-抗震墙房屋的震害主要发生在底部框架和过渡层部位,发生严重震害或倒塌的部位一般都集中在该处,因此规律性比较明显。

综上所述,我们通过国内外大量地震震害的宏观调查,对砌体结构在地震中的破坏规律有了一个比较清晰的认识。特别是结合宏观震害还进行了大量的试验研究工作,从实践到理论得到了提升,为指导我国的抗震设计奠定了可靠的基础。

9.2　规范中采取的相应对策

地震工程学是 20 世纪发展起来的新学科,它是以地震学作为基础,并结合各类工程的特点,形成诸如房屋结构、桥梁、构筑物以及核电站等各类结构的工程设计和计算。规范则是定量化的标准。但是,就目前地震学的发展水平,还远远不能满足地震工程学中所提出的一系列要求,而且还相距甚远。

那么,地震工程学中各类结构物的研究基础又在哪里?目前的认识还是要从实践出发,从大量的震害中总结经验、寻找规律进而提升到理论高度,这是一条正确的探索之路。砌体结构房屋具有它的广泛性和普遍性,每次发生地震时,首先遭到破坏的总是砌体结构房屋,而且数量众多,不同程度的震害均有发生。所以为砌体结构房屋震害规律的调查统计奠定了有力的基础。

抗震模拟试验技术在近些年取得了长足的发展,并取得了很大的进步,但是相对于真实地震时的破坏毕竟还有相当大的差距。然而即使在某一方面获得的近似结果,能为结构动力学或工程设计服务也是可喜的进步。砌体结构抗震设计的若干关键技术措施,集中体现在我国历年来的抗震设计规范中,规范中反映了历次大震的破坏震害经验,同时汇集了近代的科研试验研究成果,无疑是集中了当代技术的最高水平。因此,通过我国历年来抗震设计规范的修订、补充和完善,即可看出我国在砌体结构抗震设计方面拥有的水平和进步。

下面就我国抗震规范中对砌体结构采取的主要对策作一浅述和比较,以加深对新规范中相应条文的理解和探讨。

(1)层数和高度控制的必要性　20 世纪 50～60 年代中华人民共和国建国之初的大规模建设中,砌体结构作为一种主要的结构形式被大量建造,当时砌体房屋的建造高度也越建越高。如建设部大楼、四部一会大楼、国务院一招以及万寿寺办公楼等建筑,都达到了 8～10 层。同时,为提高建造高度而谋求更高的块材强度等级的趋向也很热门。到 20 世纪 70～80 年代北京建造的 8～10 层的砖砌体房屋已为数不少。与此同时,全国各地也相继建造了一批 9～10 层的砌体结构房屋,并有逐步发展的趋势。

随着人口增长、城市发展及土地减少,增加建筑物高度是无可厚非的。但是对于砌体结构这样一种低强度、低延性的材料来说,虽然它能满足静力荷载作用下的强度和稳定要求,但是对于突然发生的地震作用来说却又是另一回事。大量的宏观震害调查统计表明:在同一烈度区内砌体房屋破坏的比例与房屋的层数成正比。层数越多,破损或倒塌的比例也越高。对于房屋高度虽然没有专门作过统计,但是因为一般调查的砌体结构房屋多为住宅、办公楼、学校及医院等多层建筑,它们的层高都比较类同。因此,层数和高度一般能够对应。

地震区砌体房屋层数和高度的确定,应当综合考虑到技术和经济两方面的因素。虽然多层砌体房屋在我国一直被认为是最经济的结构形式,但是无筋砌体材料的性质又决定了它不适合在地震区建造较高的房屋。即使从静力设计角度考虑,层数和高度过大后对块材强度的要求也是不合适的。因此,从制定的抗震设计规范草案开始至今的四五十年中,我国对于砖砌体结构的层数和高度的控制一直在 7～8 层以下,高度在 24m 以内。砌体建筑结构层数和高度规定的变化,如表 3-3 所示。

表 3-3　砌体建筑结构层数和高度规范规定的变化　单位:m

规范制定年代	墙体材料	墙体厚度/mm	地震烈度			
			6	7	8	9
1964	砖石房屋	—	—	8～22	8～18	10～14
1969	实心多孔砖	24	—	18	15	—
	实心多孔砖	18	—	10	7	—
	轻混凝土砌块	—	—	12	10	—

续表

规范制定年代	墙体材料	墙体厚度/mm	地震烈度			
			6	7	8	9
1974	实心墙	24	—	18	18	6
	实心墙	18	—	9	6	—
	实心墙	—	—	8	6	—
1978	空心墙	24	—	19	13	10
	实心墙	18	—	12	9	—
1989	黏土砖	24	24(8)	21(7)	18(6)	12(4)
	混凝土小砌块	19	21(7)	18(6)	15(5)	—
2001	普通砖	24	24(8)	21(7)	18(6)	12(4)
	多孔砖	24	21(7)	21(7)	18(6)	12(4)
	多孔砖	19	21(7)	18(6)	15(5)	—
	小砌块	19	21(7)	21(7)	18(6)	—
2010	普通砖	24	21(7)	21(7)	18(6)15(5)	12(4)
	多孔砖	24	21(7)	21(7)	18(6)15(5)	9(3)
	多孔砖	19	21(7)	18(6)15(5)	15(5)12(4)	—
	小砌块	19	21(7)	21(7)18(6)	18(6)15(5)	9(3)

注：1. 括号内数为层数；

2. 1964 年规范中按砌体级别分为 1 ~4 级。

由此可见，我国抗震设计规范始终把限制砌体结构在地震区的建造高度和层数作为首项对策而且是完全有必要的。参考国外的抗震设计规范更可以认识到，我国现行规范规定的层数和高度应当说是世界各国中最高的了。

（2）抗震横墙间距的限制　建筑结构地震作用强度验算时的主要假定，即至少沿结构两个主轴方向分别计算水平地震作用。砌体结构很少出现斜交结构，因此只要沿纵、横两个主轴方向就可以。

对于纵向墙体布置，一般的规律是三或四道纵墙，即单面走廊或中间走廊的布置形式。纵墙间距小，布置比较规则。对仅有二道纵墙的挑廊式布置，新规范已予以禁止。因此，沿纵轴方向的验算是明确的，尽管有时在高烈度区因底层或底部数层的抗剪强度不足而需要采取各种加强措施加以弥补，但对纵墙的间距是不需要限制的。

对于横向墙体布置，规范中提出均匀、对称、连续和对齐等一系列的要求外，最重要的当属对横墙间距的限制。作为房屋横向地震作用下的主要抗侧力构件就是各道横墙，它决定着多层砌体房屋的主要抗震能力，这是很显然的。

历年的抗震设计规范中都对抗震横墙间距作为一条主要的抗震措施提出限制，并从趋势上看是逐年减小的，这是为了提升砌体结构整体抗震能力的重要方面，新规范也反映了这一方面的精神。关于房屋横墙间距的限制的对比如表 3-4 所示，从表中可知一般减小3 ~4m。

表 3-4 **房屋横墙间距的限制规定** 单位:m

规范制定年代	楼、屋盖类别	烈度			
		6	7	8	9
1964	现浇钢筋混凝土	—	20	16	12
	装配式钢筋混凝土	—	16	13	10
	木楼板	—	10	8	6
	砖拱楼板	—	10	—	—
1969	现浇钢筋混凝土	—	25	20	—
	装配式钢筋混凝土	—	20	16	—
1974	现浇钢筋混凝土	—	25	20	12
	装配式钢筋混凝土	—	20	16	9
	木楼板	—	12	8	4
1978	现浇钢筋混凝土	—	18	15	11
	装配式钢筋混凝土	—	15	11	7
	木楼板	—	11	7	4
1989	现浇和装配式	18	18	15	11
	装配式钢筋混凝土	15	15	11	7
	木楼板	11	11	7	4
2001	现浇和装配式	18	18	15	11
	装配式钢筋混凝土	15	15	11	7
	木楼板	11	11	7	4
2010	现浇和装配式	15	15	11	7
	装配式钢筋混凝土	11	11	9	4
	木楼板	9	9	4	—

注:在 1964 年规范中,房屋横墙间距 L 与宽度 B 之比,四种楼盖分别为:3∶2∶1∶1。

限制横墙的间距,一方面是考虑到砌体材料实际强度的普遍性,同时也是考虑到对此类结构的现实需要。在新规范中即使对横墙作了进一步的限制,一般情况下也完全能满足实际工程设计的需要。

(3)关于抗震圈梁的设置 早期的水平圈梁主要为解决房屋连接的整体性和解决地基不均匀沉降而采取的措施。水平圈梁分钢筋混凝土圈梁和砖配筋砌体圈梁两种。在早期的地震震害调查中发现,设置有水平圈梁的多层砌体房屋震害都明显减轻,于是在抗震规范中纳入了设置抗震水平圈梁的要求。抗震圈梁与一般圈梁并无实质的区别,只是早期的一般圈梁并不要求层层设置,主要设在底层或顶层,因此抗震规范中的圈梁设置也一度可以区别不同烈度隔层设置圈梁。当然从现在的认识中分析是不适当的。抗震圈梁作为楼、屋盖的约束边缘构件,在采用预制楼屋面板结构中作用是十分明显的,它对单块楼板进行约束并起到重要的边缘受力构件的作用,因此它是必不可少的。

在现浇或装配整体式楼、屋盖中,虽然楼、屋盖的整体性已经较好,但楼、屋盖作为水平深梁工作状况,还是缺少了边缘构件的约束和加强,因此规范强调了即使现浇楼盖也同样要设置边缘的加强钢筋来增强楼、屋盖边缘的约束功能。

历年来抗震圈梁设置的变化主要在圈梁的层别和间距上。关于抗震圈梁的设置如表 3-5 所示。当然总的趋势是减小内横墙间设置圈梁的距离；强调了屋盖处加密圈梁的必要性，以及适当增大了圈梁纵向钢筋的配筋率。

表 3-5　　抗震圈梁的设置规定

规范年代	墙类	烈度				备注
		6	7	8	9	
1964	外墙承重内墙等	—	最多隔 12m 设	屋盖圈梁沿外墙每隔 1m 用竖向短筋锚入墙 300mm		可用装配式及砖配筋圈梁
1969	各层设置	—	顶层每隔一层设置	各层均设置	—	—
	平面内设置	—	楼梯及外墙全设置。其他横墙每 12m、顶层每 7m 设置	顶层所有墙设，其他层同 7 度	—	
1974	沿内外纵墙及山墙	—	屋盖处必须设	屋盖处设，房屋大时隔层设	屋盖及各层设	配筋：7 度同非震区，8 度 4 根 10mm. 9 度 4 根 12mm
	沿横墙	—	同非震区	每隔 12 ~ 16m 设	每隔 12 ~ 16m 设	
1978	沿外墙及内纵墙	—	屋盖处必设，楼层隔层设	屋盖及各层都设	—	配筋：7、8、9 度分别为：4 根 8、10、12mm
	沿内横墙	—	屋盖不大于 7m，楼盖处不大于 15m	屋盖不大于 7m，楼盖处不大于 11m	屋盖横墙楼盖处不大于 7m	
1989	外墙及内纵墙	屋盖处及各层楼盖处		屋盖处及各层楼盖处		配筋：6、7 度 4 根 8mm，8 度 4 根 10mm，9 度 4 根 12mm
	内横墙	屋盖不大于 7m，楼盖处不大于 15m，构造柱对应部位		屋盖所有横墙不大于 7m，楼盖处不大于 7m 构造柱对应部位	各层所有横墙	
2001	外墙及内纵墙	屋盖处及各层楼盖处		屋盖处及各层楼盖处		配筋：6、7 度 4 根 10mm，8 度 4 根 12mm，9 度 4 根 14m
	内横墙	屋盖不大于 7m，楼盖处不大于 15m，构造柱对应部位		屋盖所有横墙不大于 7m，楼盖处不大于 7m 构造柱对应部位	各层所有横墙	
2010	外墙及内纵墙	屋盖处及各层楼盖处		屋盖处及各层楼盖处		配筋：6、7 度 4 根 10mm，8 度 4 根 12mm，9 度 4 根 14m
	内横墙	屋盖不大于 4.5m，楼盖处不大于 7.2m 构造柱对应部位		各层所有横墙不应大于 4.5m，构造柱对应部位	各层所有横墙	

（4）房屋的局部尺寸控制　多层砌体房屋中的局部尺寸控制，主要是为了避免因个别墙垛首先被破坏而造成连锁反应，发生连续倒塌等震害。在结构抗震验算中，墙段按刚度大小分配地震作用，小墙垛反映不出其地震时的危险性。因此只有通过宏观震害调查中发现的规律，对一些重要部位或重点墙段，进行最小尺寸的限制。局部尺寸的限制，既很难通过试验研究来论证，也无法通过计算分析得到。规范中的表列数值的变化除了依据调查分析之外，还应结合实际工程中的模数和传统加以规定。

考虑到规范的连续性和设计人员的传统习惯，房屋局部尺寸限值自 1989 年规范规定以来,基本上未作变动。这也说明两点,一是现行规范中规定的局部尺寸限值,对砌体材料来说已经不可能用得更小;二是多年来的实践已经能够证明,这一限值是可靠的,对砌体结构房屋安全是有保证的。

现行设计规范中,对房屋局部尺寸限制与2001年规范基本相同,未作变动:仅增加了注;当局部尺寸不足时,应采取加强措施弥补,且最小宽度不宜小于1/4层高和表列数据的80%。

(5)构造柱的设置　在多层砌体结构中设置钢筋混凝土构造柱,是从唐山大地震中构造柱的破坏受到的启发,经过一系列对比试验研究,于1978年正式纳入抗震设计规范。由于当时对唐山大地震经验总结尚在进行之中,系统的试验也仅完成了一部分。对于在多层砌体房屋中是否都要设置构造柱,还存在着不同看法以及领导机关对增设构造柱后带来的建筑造价和施工难度均会适当增加有所顾忌。因此,在1978年颁布的抗震规范中规定:凡超过规定高度3m左右时,每隔8m左右在内外墙交接处及外墙转角处设构造柱;凡超过规范规定高度6m左右时,每隔4m左右在内外墙交接处(或外墙垛处)及外墙转角处设构造柱。

这一改进带来的影响是深远的。其一,当时规范对多层砖房的高度限值较低,比如240mm厚墙体在7、8、9度时的高度分别为19m、13m和10m;厚180mm的墙体在7、8度时只有12m和9m。所以建造中一般都会超过上述高度,因此大多数情况下都要设置构造柱。其二,构造柱在唐山大地震后的影响极为深刻,不但新建房屋中设置,许多既有建筑也大量采用外加构造柱的加固方案。其三,自1978规范颁布到1989年施行新规范,整整11年中,大量的砌体结构房屋在地震区受到了多次不同烈度的考验,证明设置构造柱对提高砌体抗震、防止房屋突然倒塌是有显著作用的。这也就为1989规范中全面提升在多层砌体结构中普遍设置构造柱的措施奠定了实践基础。

从1989规范开始对构造柱的设置要求,按地震设防烈度和层数多少分别设置不同数量的构造柱,到2010年颁布的新抗震规范其变化是不大的,变动主要体现在:其一,楼梯间的构造柱设置,除楼梯间墙四角应设置外,对休息板和楼梯段上下支承处的墙体也要求设置构造柱;其二,楼梯间对应的一侧内横墙与外纵墙交接处应设构造柱;其三,强调了山墙与内纵墙交接处也必须设构造柱。

当然,对某些部位的构造柱间距也作了加密规定,这一系列的措施,对提高多层砌体房屋的抗震性能是有极大好处的。现在,构造柱几乎成了业内外人士共知的名词。不但新建采用,既有房屋加固也同样在用,不但城市里的房屋用,农村的民居中也要求采用。可见其普遍性极广并得到认可。

(6)墙体约束配筋　砌体结构的抗震抗剪强度过低是一个致命的弱点,也很难被改变。设置边框约束构件,可以提高抗倒塌的能力,但对抗剪能力的增强仍无显著的作用。以往砌体结构中设置网状配筋提高抗压抗弯强度;设置砖和混凝土配筋的组合柱提升承载能力,应当说已经是比较成熟的技术了。

但在砌体结构抗震中,如何提高其墙体的整体承载能力,特别是它的抗剪能力?单从组成砌体的块材及其粘接材料的强度和粘接性能考虑,虽有一定作用但是很有限。因此必须另辟蹊径,寻找切实有效的措施来弥补。

新规范根据多年的实际应用拉结筋的做法，以及多年来对在砌体中配置水平钢筋来提高抗剪强度的启发，提出了在多层砌体墙中、在设置构造柱间的范围内，设置通长拉结钢筋或网片的新措施。在区别于不同烈度区的前提下，分别按下部1/3楼层（6、7度时）、1/2楼层（8度时）以及全部楼层（9度时）设置上述水平钢筋。这项措施的涉及面较广，即对于多层砌体房屋来说，包括了所有的下部墙体都要求配有水平钢筋。当然这是十分必要的，首先地震震害告诉我们，底部墙体总是首先或较早地破坏甚至倒塌；其次从地震作用强度验算中也早已被发现，总是底部数层的抗震抗剪强度不能满足要求。这项措施无疑将大大改善原先的状况，使底部不再成为全楼的薄弱环节。

从深层的角度分析，墙体的配筋肯定将改变裂缝的分布及其承载能力。以往构造柱的边框约束作用更着重体现当墙体开裂后，约束破碎墙体不使其坍塌，但无法阻止裂缝的出现及其发展。因此墙体配筋带来的效果是：推迟墙体裂缝的出现，阻止裂缝的延伸及发展，使墙面裂缝分布得细而均匀分散，从而能够耗散更多的能量，达到增强延性的目的。

综上所述，以上列举了抗震设计规范中最主要的六项对策，作为对砌体结构抗震设计时的最主要也是最基本的要求和经验，也是最重要的抗震措施，这是经过几代人的共同努力为之奋斗的结果。经验来之不易，对策被证明是行之有效的。只要设计人员严格遵循规范中所要求的原则和措施，正规设计的各类砌体结构房屋是能够抵御地震的考验的。现行设计规范的实施，对于多层砌体房屋来说，这一措施可能是最具有实质的意义。至少它是为多层砌体房屋从无筋砌体提升为约束砌体，再向配筋砌体过渡的重要一步。再经过若干年在我国还会发生地震灾害，但有理由相信，对于多层砌体房屋的震害将会大幅度地减轻或减少，这才是我们共同的愿望。

9.3 砌体结构的发展

砌体结构在我国仍将是一种主要的结构形式，而且随着新材料的不断开发、改进，还将会有一定的发展。因此，对于砌体结构的抗震问题，虽然我国已经经过几代人的努力，积累了比较丰富的震害经验并研究了相关的对策，但是事物总是在不断发展变化的，更何况我们至今仍对地震及其作用的认识存在差距，相距真正、彻底地解决这一问题还有一定距离，因此我们仍要不断总结震害中的新经验、采取新对策措施，以防止强烈地震造成的巨大破坏。

（1）发展各类砌体材料应结合各地实际情况，就地取材，因地制宜　砌体材料的最大特点是地方性和经济性。根据国务院的规定，自2011年开始全国全面禁止黏土砖的继续使用，无疑这是我国为了保护耕地面积而采取的积极措施。但是，我国丘陵地带众多，土丘、山包在有些地区比比皆是。另外如黄土高原的土资源也很丰富，因此，结合当地资源情况，发展地方性砌体材料是有条件的，不可能完全被取消。有些地区地处于工矿区，大量的采矿、选矿产生的废料、尾矿可以用来做墙体材料，既保护了环境，又利用了资源，各类矿产、煤炭及粉煤灰等资源极为丰富，综合利用粉煤灰、煤矸石及矿渣等工业废料生产砖或砌块材料就是极好的选择。

另外，利用再生材料如废弃混凝土或砖块等建筑垃圾，也是生产砌体的原材料之一。随着城市扩建和房屋更新换代，废弃的城市垃圾数量也为数不少，这些废弃物的利用也是很有价值的。

砌体结构是由块体砌筑而成的,早期对砌筑的浆料极不重视,因为当只要求承担静力抗压时对砌筑砂浆要求不高。随着抗震要求的提出,对浆料的抗剪要求越来越高,对砌体的抗震抗剪强度也提出了更高的要求。砌体中砌筑砂浆是重要环节,以往习惯用混合砂浆用于各类砌体材料,现在已认识到这是不对的。目前,应该根据砌体结构中各类材料的性质,选用相应的专用砂浆才是正确的途径。通过对各类专用砂浆的研制,不断提高砌体构件的强度和整体性。新型专用砂浆的特点应是改变以往的厚砂浆砌法,改用3~5mm的薄砂浆砌法,以节约水泥用量,也有利于外墙的保温节能。

总之,发展新型砌体材料,既要考虑地方特色,更应贯彻绿色节能的总体方针,对块体不必过分追求高强度,一般能满足多层建筑的强度要求就可以。对于块材型式,除已在国内定型的以外,应多从有利抗震和配置钢筋以及便于施工操作的前提考虑,积极发展新型墙体材料。

(2)从约束砌体结构向配筋砌体结构发展　经过40年的努力,我国已经从无筋砌体结构向约束砌体过渡,这就是从唐山地震后发展起来的钢筋混凝土构造柱和圈梁体系。从四川汶川地震中已经可以看到采取这一体系后所带来的积极影响、巨大的经济和社会效益。说明了方向和措施是正确并有效的。但是在肯定成绩的基础上,也应当认真、深入地总结其存在的不足之处。例如目前的约束尚不能完全防止墙体在地震时的裂缝发生,在荷载和应力比较集中的部位,甚至还会有倒塌的可能。特别是对砌体结构来说,地震的不确定性更易造成结构的巨大伤害,这也是不能不顾及的。

那么砌体结构为了防止大地震的破坏,应当继续从哪方面入手呢?笔者和业内同行的考虑是只有向配筋砌体结构方向发展,才能最终使砌体结构真正达到“大震不倒”的目标。由于砌体结构的块材原材料是多种多样的,通过砌筑浆料形成的砌体的极限强度是有限的。因此,从砌体本身来挖掘抗震潜力的可能性并不大,借助配置钢筋来提高砌体结构的整体抗震能力就成为主要和唯一的途径。

砌体结构的配筋方式以往多采用网状配筋、水平配筋及组合墙配筋等。从抗震的目的出发,发展墙体内和墙外配筋都是可以考虑的方式。另外,在砌体结构中采取预应力配筋同样是一种有前途的受力形式。在混凝土空心砌块中配筋形成的配筋砌块砌体结构用于多层和中高层建筑已日渐增多,短肢剪力墙结构在多层建筑中也得到推广。也不妨大胆设想在砌体结构中采用不同材料或结构组成的“混合结构”,作为试验研究的探索课题,从而使在砌体结构中也能做成两道或多道设防的结构体系,从而提高整体结构的抗震能力。

现行《建筑抗震设计规范》(GB 50011—2010),在第七章多层砌体和底框房屋中的抗震措施部分,已展现了配筋砌体构造做法的前景,对6,7,8度区和9度区的部分或全部墙体,在构造柱间的墙体内增加了配置水平拉结钢筋的要求,这就有可能使墙体内的配筋率达到0.2%左右的水平,符合配筋砌体的标准。实践是检验真理的唯一标准,所有这些还有待强地震的检验。

(3)在砌体结构中适当推广隔震技术　隔震技术已被国内外的历次强震记录所证实是行之有效的减震措施。国内也有不少在经过地震后减轻震害的实例。对于低层和多层的砌体结构,由于其自振周期短,结构变形特征为剪切型,因此特别适用隔震技术来减轻地震灾害。我国现行《建筑抗震设计规范》对此也加以肯定。

但结合我国目前的实际国情,要将隔振技术普遍推广并应用于各类砌体结构可能还会有相当困难,而且国外也尚未发展到这种程度。目前在砌体结构中推荐应用的橡胶垫隔震在技术上已比较成熟,但在经济性和耐久性等方面还是有待进一步探讨。因此,推荐在砌体结构中适度推广该项技术是恰当的,在实践中总结并不断更完善。

10　提高混凝土空心砌块的应用水平

随着我国建设资源节约型社会的更加深入,许多城市已不再使用烧结实心黏土砖,墙体使用新型围护材料已经成为我国土地资源可持续发展战略的重要内容。混凝土小型空心砌块的使用在20世纪90年代以前一直发展较缓慢,从20世纪90年代开始国家逐步对小砌块的生产及工程应用制定了必要的政策、规范,并从国外引进了一些先进的砌块生产成套设备,小砌块进入了全面发展时期,我国的小砌块生产从传统的粗放型逐渐向集约化、规范化转变,小砌块的应用也突破仅仅建造、村镇住宅的局限,逐步在多层、中高层建筑中进行应用,小砌块节地、利废、施工方便以及综合工程造价低等优势得到充分体现,已逐步被社会所接受,但小砌块产品仍存在诸多质量问题,小砌块建筑易出现开裂、节能效率低等缺点也限制了其推广应用。

10.1　砌块的种类及规格

混凝土小型空心砖按粗骨料的种类分为普通小砌块和轻集料小砌块,按用途分为保温型、承重保温型、承重型小砌块与装饰砌块,按砌块空洞数分为实心、单排孔、双排孔与多排孔小砌块。

目前我国小砌块主要规格为390mm×190mm×190mm,其他常见的规格有390mm×240mm×190mm,390mm×290mm×190mm,还有作为辅助砌块的规格有190mm×190mm×190mm,190mm×90mm×190mm,190mm×56mm×90mm以及一些复合节能砌体的不同块型及配块。

10.2　小砌块建筑节约能源和资源

生产$1m^3$的小砌块用标煤约30kg左右,而生产$1m^3$传统墙材实心黏土砖则用标煤114kg左右,生产$1m^3$实心页岩砖用标煤136kg左右。$1m^3$小砌块的生产能消耗只占实心黏土砖和实心页岩砖的26.3%和22.1%。

混凝土小砌块不使用黏土,利用工业废渣,不会破坏耕地和土地资源。如煤渣、粉煤灰、自燃煤矸石、磷渣以及矿渣等工业废渣可以生产轻骨料混凝土小砌块,也可以将粉煤灰、磨细的煤渣、矿渣以及磷渣取代部分水泥,加入极少量的外加剂,可以生产高性能砌块。

10.3　适用范围广可持续发展

与加气混凝土砌块等相比,混凝土小砌块不但可以作为墙体填充材料,高性能的也可作为承重砌块。据综合分析可知,混凝土小砌块承重墙体厚度薄,相同建筑面积的砌块住宅比砖混住宅的使用面积要多2% ~3%,而与造价基本持平,与普通钢筋混凝土结构建筑相比有明显的经济优势,经测算小砌块住宅比普通框架结构住宅每平方米造价降低约150 ~200 元左右,小砌块建筑是继砖混结构之后多层住宅土建造价最低的建筑体系。

生产混凝土小砌块可减少环境污染、保护生态平衡,它既能满足当代人的需要,又不危害后代的经济发展与社会进步,符合我国资源可持续发展战略。

10.4 小砌块建筑存在的主要问题

(1)生产设备相对落后　小砌块的生产工艺大致分为四个环节,即原材料制备、成型、转运养护以及码垛。这四个环节的设备性能优劣程度直接影响着砌块的产品质量和生产效率,目前国内的部分企业存在生产设备陈旧、自动化水平低以及管理不严的现象,从而导致许多小砌块的性能指标达不到标准要求,强度低且缺棱掉角,产品质量差。

(2)小砌块养护期不到即出厂应用在工程墙体　根据国家行业标准《混凝土小型空心砌块建筑技术规程》(JGJ/T 14—2004)的规定,小砌块在厂内的自然养护龄期和蒸汽养护期及其后的停放期总时间必须确保28d,但有的厂方为了增加产量获取利润,小砌块自然养护7 ~10d 即出厂,出厂前砌块无防雨和排水措施。因此,小砌块相对含水率超标,上墙后干缩率大,容易导致墙体开裂。

(3)单一小砌块墙体保温隔热效果较差　在各类小砌块中,陶粒小砌块保温隔热性能相对较好,根据《混凝土小型空心砌块建筑技术规程》(JGJ/T 14—2004),190mm 厚的单排孔陶粒(500 级)小砌块其热阻仅为 $0.43W/(m^2 \cdot K)$。在我国以往的各类砌块建筑中,绝大多数墙体采用保温隔热性能较差的19mm 厚的单排孔混凝土小型空心砌块,使得多数建筑墙体的热工性能差、能耗高。随着我国建筑节能要求的逐步提高,单一小砌块墙体保温隔热效果差的缺点也日益突出,必须与高效保温材料复合才能达到节能50%的要求。

(4)小砌块建筑易出现裂缝问题　小砌块的含水率相对较大,混凝土在硬化过程中会因逐渐失水而干缩,在自然养护28d 后,其干缩约完成60%,在装修抹灰后又进行一次干缩,会产生很大的拉应力,当拉应力超过砌体的抗拉强度后,易在梁底、柱边或窗边等部位出现干缩裂缝。

另外,小砌块砌体的线膨胀系数约为 10×10^{-6},对温度比较敏感,特别是在夏季,建筑物顶层的小砌块墙体与屋面混凝土楼板形成不同的温度场,当温度较高时,屋面板的变形大于墙体变形,对顶层墙体产生水平推力,同时屋面板又受到墙体的约束。因此,在墙体内产生拉应力或剪应力,由于小砌块砌体的抗拉、抗剪强度较低,当墙体内的温度应力超过砌体的抗拉或抗剪强度时,就会在墙体出现裂缝或水平裂缝。

(5)小砌块砌体结构技术尚不是很完善　目前小砌块在应用中均沿用了国外的做法,即在小砌块的孔洞中插入一根钢筋并浇筑混凝土形成芯柱,达到砌块结构形成整体的目的,但是这类做法也存在诸多弊端,一是设置芯柱数量过多,根据我国有关规范、标准规定,内外墙连接处、外墙转角处、内墙交接处及洞口两侧均需设芯柱若干个,如此一栋6层建筑将设置数千个芯柱,这无疑对施工操作造成一定困难,不利于保证工程质量;二是众多数量的芯柱至今没有解决如何检查其浇筑混凝土的质量和钢筋的连接问题,许多工程存在着芯柱空洞或离析、钢筋弯折或无搭界问题。

10.5 小砌块建筑发展状况

(1)生产模式需要转变　由于一些地方的小企业、小作坊的生产设备落后,管理措施不当,其砌块产品质量较差,为工程质量埋下隐患,随着科技的不断发展和对砌块产品质量要求的日益提高,传统的粗放型生产模式将发展为集约化、自动化的模式。小企业、小作坊将逐渐减少,取而代之的是拥有高度自动化的生产设备、管理体系完善的大企业,这将有利于保证砌块产品质量,模范砌块市场。

(2)因地制宜发展小砌块企业　我国各地具有不同的资源,随着实心黏土砖的限制使用,充分利用当地的资源发展小砌块,替代实心黏土砖。根据不同的当地资源,东北三省、内蒙古与山西等地可广泛发展火山渣和浮石混凝土小砌块;北京、天津、安徽、云南与新疆等地可发展页岩陶粒、粉煤灰陶粒混凝土小砌块,山东、河南等地可发展煤矸石和煤渣混凝土小砌块等。

(3)小砌块建筑节能措施需要多样化　小砌块建筑向节能建筑发展是历史的必然。针对目前严峻的能源形式。国家陆续制定了一系列建筑节能标准、政策,规定新建居住建筑必须达到节能50%的要求,北京、天津及山东的地方标准要求更高,新建居住建筑须达到节能65%,公共建筑达到节能50%。这些建筑节能标准、政策对混凝土小砌块建筑提出更高的要求,为达到各地的节能标准要求,应在小砌块建筑中采用不同的节能措施。使小砌块建筑达到节能要求的有效途径是将小砌块与高效保温材料复合构成复合墙体,目前主要包括内保温、夹心保温及外保温三种形式。内保温是将保温材料置于建筑物内侧,但热桥、结露等问题解决起来有一定的困难,目前主要用于南方地区建筑隔热;夹心保温做法效果好,但对墙体厚度要求较高,主要用于北方严寒地区。外保温做法既能保护主体结构,又能减少温度应力对房屋结构的破坏作用,增加房屋的使用寿命,在我国许多地方得到广泛应用。另外,根据小砌块中空的特点还可以在孔洞中插入保温材料并结合上述三种保温措施进行建筑节能,可有效达到节能要求。近几年来,我国一些单位对小砌块建筑节能工作进行了研究和工程试点应用,并取得了较好的效果。如克拉玛依市某大厦,建筑面积约为6000m^2,保温措施采取了夹心保温,外墙采用页岩陶粒混凝土小砌块,内侧厚为190mm,外侧厚为90mm,内外抹灰厚为15mm,内外墙砌块之间嵌入50mm厚的聚苯板,屋面采用100mm厚的聚苯板,据测算,节能前建筑物耗热量指标高达41W/m^2,节能后为27W/m^2;节能前耗煤量为238t/d,节能后为119t/d。

(4)承重小砌块的各类建筑将日益增多　近些年,我国对混凝土小砌块承重建筑进行了许多研究工作,结果表明在承重墙体中设置适量的芯柱,在纵横墙体交接处、薄弱墙肢以及其他重要部位设置钢筋混凝土构造柱,形成钢筋混凝土与砌块组合结构体系,从而保证了墙体连接的可靠性,提高了房屋整体性,并改变了砌体的受力状态。上海、天津、山东及黑龙江等地均进行了小砌块承重建筑工程应用,结果表明这种砌体结构经济合理,相同建筑面积的砌块住宅比砖混住宅的使用面积要多,与普通钢筋混凝土结构建筑相比，又有着明显的经济优势，因此，具有广阔的推广应用前景。

(5)各地制定或完善小砌块地方标准　目前，虽然有相关的国家标准和行业标准对小砌块进行规范、指导，但由于我国各地小砌块差别较大，国标、行标的部分内容不完全适合地方小砌块，因此，全国许多省份制定了各自的地方标准，用于指导当地小砌块的生产及其工程应用。2006年山东省发布实施了《混凝土小型空心砌块建筑技术规范》(DBJ 14－038—2006)，该规范根据山东省实际情况，结合目前建筑节能技术发展的要求，参考有关国家现行标准和其他地方标准，进行了大量的科研工作，在产品质量、砌块块型、墙体控制缝和屋面分隔缝做法，砌筑砂浆的分层度，砌块的含水率和相对含水率，混凝土的坍塌度，砌块热工性能指标，建筑节能构造做法等方面均提出了不同于国标、行标的具体要求，有助于解决小砌块产品及其工程应用中的诸多质量问题，为山东省小砌块建筑的健康发展提供了技术支持。

10.6　简要小结

通过上述浅要分析可知，混凝土小型空心砌块具有节能、节地、减少环境污染并保持生态平衡的优点，符合我国建筑节能政策和资源可持续发展战略，已被列入国家墙体材料革新和建筑节能工作重点发展的墙体材料之一。目前小砌块市场竞争激烈，产品质量参差不齐，许多小砌块生产制作人员，小砌块建筑结构设计、施工操作人员专业素质低，针对这些问题更加需要加强市场监管力度，加大科研投入力度，及时组织小砌块行业的技术培训。只要生产企业、设计、施工以及监督等单位人员提高技术水平，确保产品及工程质量，认真解决小砌块生产和应用中的问题，我国的小砌块及小砌块建筑一定会得到更健康、更有序的以及可持续的发展。

四、混凝土设计与施工质量控制

1　建筑混凝土结构设计中重视的一些问题

现在的建筑结构设计中由于建筑工程单体量较大，结构形式也趋于复杂，而设计周期又比较紧，加之建筑方案调整所带来的反复修改与变动，造成设计中普遍存在一些问题需要解决。现结合混凝土结构施工图审查中遇到的一些问题进行分析与探讨，提出可以得到具体解决问题的方法措施。

1.1　建筑物基础设计构造要求

(1)地质勘察报告是地基与基础设计的依据　地基与基础对一个建筑物而言极其重要，设计一项工程必须先勘察再设计，最后才能进入施工实施阶段。不允许在无任何工程岩土勘察报告、未进行地质勘察或参考临近地质勘察报告的情况下进行地基与基础的设计。如果依据的地质勘察报告内容不完善或勘察深度不足时，设计单位必须要求勘察单位重新勘察，并补充合格地质报告。而在施工图审查时发现，仍有少数工程无地质勘察或参考临近地质勘察报告进行地基与基础的设计工作。这样的设计不可能做到经济合理，安全可靠，还会存在潜在的质量隐患，所以应坚决杜绝此类问题的存在。

(2)建筑物标高表示不明确　有的建筑物设计未标清楚 ±0.00 标高，仅文字交待 ±0.00 的绝对标高。当房屋总图和工程地质勘察报告均采用绝对标高时，结构图纸说明 ±0.00 的绝对标高值是可以的；当工程地质勘察报告中采用相对(假定)标高时，在总图说明或基础图中就应说明建筑所定的 ±0.00 与工程地质勘察报告中相对标高的数值关系。因为只有这样处理，基础设计的底标高和持力层才能够确定，才可以准确地进行基础设计及下卧层承载力的计算。

(3)基础设计计算不规范　有的设计人员未按规范进行地基变形验算，其结果不能满足设计规范要求。一些设计人员误认为地基处理后的承载力提高了，基础变形就不需要计算，也有的验算结果不能满足规范要求也不进行调整。按设计规范要求，设计等级为甲级、乙级的建筑物，均应进行地基变形计算设计；设计等级为丙级的建筑物，如采用了地基处理，处理前按《地基设计规范》(GB 50007—2002)中第 3.02 条中对变形验算的建筑物，地基处理后仍应做变形验算。此时必须采用地基处理后的压缩模量和基础的实际宽度进行计算，并应满足设计规范中 5.3.4 条的规定。对砌体结构应重视规范要求的是局部倾斜，即砌体承重结构沿纵向 6～8m 内基础两点的沉降差与其距离的比值。这样就要求基础底部的地基附加应力要均匀、大荷载用宽基础并且小荷载用窄基础，仅有一层的内纵墙基础不要做得过于宽，否则变形不容易达到规范的要求。

(4)下卧层验算中易存在的问题　计算下卧层顶部的地基承载力时,只能作深度修正而不能作宽度修正,修正系数要根据土质而定。当扩散角的取值满足规范中5.2.7条要求时可以直接采用,不满足时应采用其附录K中的平均附加应力系数计算。

复合地基要选择承载力相对较高的土层作为持力层,如存在软弱下卧层必须进行承载力验算,如果是软弱下卧层控制承载力,表明持力层选择不当,必须进行调整。对复合地基承载力计算时宽度不作修正,深度修正系数应取1.0,但对下卧层验算时深度修正系数应视下卧土层质量而定,不一定都取1.0。

(5)独立基础的配筋处理　独立基础的厚度一般由受冲切或受剪切承载力来控制,并非按受弯载能力确定,所以可不满足最小配筋率的要求。按照规范第8.2.2－3条的规定要求,扩展基础底板受力钢筋的最小直径不小于10mm,间距不应大于200mm,但也不应小于100mm。设计时满足此要求即可视为无问题,不必按最小配筋率要求配筋,否则就会因基础高度越高构造配筋越大而造成不必要的浪费。

1.2　建筑上部构造措施

框架结构、剪力墙结构、框架-剪力墙结构以及框支剪力墙结构是采用最多的结构形式,而这类结构中的构件量大而且面广,所以存在配筋量偏小或者超过配筋量规定,违反强制性条文规定现象也有存在。

(1)框架柱规定　端头角柱是两个方向与框架梁相连的框架柱,在计算时要考虑柱的自身定义,如果未定义角柱而实际配筋又基本满足计算结果时,就可能出现不能满足最小配筋要求的现象。

① 短柱是剪跨比不大于2及因为填充墙设置、楼梯平台梁或者雨篷梁的设置形成柱净高与其截面高度之比不大于4的框架柱,箍筋应沿柱全高加密。箍筋间距不应大于100mm,箍筋的体积配筋率不应小于1.2%,在9度设防区不应小于1.5%;一级抗震时沿柱全高箍筋间距不应还大于6倍纵筋直径。剪跨比不大于2的框架柱要根据情况由设计者判定,配筋时应注意前面的1.2%和1.5%为构造要求不受钢筋品种的影响。对这样的框架柱不能直接进行等强度代换,不同强度等级的箍筋均应满足计算强度要求。

② 超短柱是剪跨比小于1.5或柱净高与柱截面高度之比小于3的框架柱。设计中应尽可能避免出现超短柱;如果确实不能避免时,可以采取的做法,即控制轴压比,轴压比限值至少比规范规定的限值降低0.1,采用性能更好的箍筋,如井字复合箍、复合螺旋箍或连续复合箍筋等,体积配箍筋率应高于对短柱的要求;在框架柱中增加芯柱或型钢,加斜向X形交叉筋承担剪力应力等。

(2)框架梁的设置

① 框架梁实际配筋远大于计算结果的情况,一般出现在大小跨相连的支座或带有长悬臂的支座。绘图时没有按计算结果将配筋分别原位标注在支座两侧,而仅在支座某一侧标注一次配筋,这样很可能造成小跨的支座处配筋率超过2.5%,或者是支座处配筋率超过2.0%后箍筋没有按规范要求增大一级,再者如跨中配筋与支座配筋之比小于0.3或者0.5的情况。这些都是违反强制性标准,设计中必须特别引起重视。当遇到这种情况时,可以在支座两侧分别进行原位标注配筋,将大跨部分配筋锚入框架柱内或者箍筋

直径增大一个级别,也可以增加小跨框架梁的截面高度和跨中配筋。

② 计算当SB=100时应注意核算非加密区箍筋是否满足计算结果,以及沿全长的面积配筋率的要求,尤其是宽扁梁,箍筋经常不能满足规范要求,此时计算结果中在多数情况下加密区和非加密区的箍筋几乎相同。造成这种结果的原因,即混凝土梁加密区和非加密区的剪力值相差较小,剪力包络图中的曲线接近直线;混凝土梁加密区和非加密区的箍筋面积均由最小配筋率控制;SATWE软件在计算梁加密区和非加密区箍筋面积时所采用的箍筋间距是相同的。所以设计人员在配置非加密区的箍筋面积时,不能简单将加密区的箍筋直径在不做任何验算的情况下,直接按照加密区箍筋间距的2倍配置到非加密区中。这样处理有时是不安全的,有时也不能满足规范要求。

③ 框架梁加密区箍筋的最大间距在抗震等级为1~4级时均不应大于梁高的1/4。对于梁高小于400mm的框架梁,如果加密区箍筋间距取100mm时就违反了强制性标准要求。为了减少和避免这种现象产生,在满足建筑物使用功能的情况下,梁高不应小于400mm。

(3)连梁要求　连梁的刚度和折减系数主要是为了考虑其开裂以后的折算刚度。当设计进入此项系数之后,实际上就已经允许该连梁在中震或大震的作用下开裂。为了避免在正常使用极限状态下连梁开裂,折减系数通常不应小于0.50,一般工程应取0.6以上。该系数的大小对于以洞口方式形成的连梁,及以普通梁方式输入的连梁都起作用。

对于跨高比不大于2.5的连梁,仅用墙体水平分布筋作为连梁的腰筋时,梁两侧腰筋的面积配筋率不满足0.3%的情况会出现,这属于违反强制性标准的行为,设计中要特别引起注意。如200mm厚度的抗震墙,当配筋直径为8mm@200mm时,对跨高比不大于2.5的连梁如果仅依靠墙筋作为连梁的腰筋,其配筋率为0.25%,小于3%的情况,此时可将梁两侧的腰筋提高至直径为10mm@200mm或另设附加腰筋。

(4)框支剪力墙

① 框支剪力墙结构中的转换层属于薄弱楼层,不管它的刚度比值多少,按照《高层建筑混凝土结构技术规程》(JGJ 3—2002)中第10.2.6条规定,均应将地震剪力乘以增大系数。用计算机计算时应在总信息中输入薄弱楼层所在的层数。

② 框支梁纵筋的最小配筋率,纵筋的拉通,腰筋的设置,支座处箍筋加密及最小含箍率,均应满足现行规程中第10.2.8条的规定,框支梁的构造还应符合规程中第10.2.9条的规定。对框支梁的理解要清楚,设计人员对定义不能全面掌握时,可能会出现遗漏。

③ 框支柱纵筋的最小配筋率及对箍筋设置的要求,要符合现行规程中第10.2.11条的规定,框支柱的构造还应符合现行规程中第10.2.12及7.8.9条的相关要求。对框支柱配筋时要注意箍筋配置率不得小于1.5%的要求。

1.3　对结构的分析

(1)建筑物的位移比是反映其扭转效应的重要指标,为了减轻或避免由于局部振动的存在而影响到结构位移比的计算,现行规范GB 50007—2002中在刚性楼板假定下计算结构的位移比。对此,设计人员在计算此项指标时,应在考虑偶然偏心的地震影响下,强制执行刚性楼板假定;楼层位移计算时不考虑偶然偏心的影响。在计算结构的内力和配筋时,可以不考虑此要求。对于楼板开大洞的结构、楼板错层或越层等结构件,均应采用刚性楼板假定计算位移比。

(2)现行《建筑抗震设计规范》(GB 50011—2001)中规定,有斜交抗侧力构件的结构,当相交角度大于15°时,应分别计算各抗侧力构件方向的水平地震作用。设计时应在总信息中填补充附加地震作用方向和相应角度,此条文是强制性且必须遵守的条文。

(3)抗震验算时的剪重比应符合《抗震设计规范》(GB 50011—2001)中第5.2.5条的规定。现在的结构设计受到开发商为降低成本对用钢量的限制,会在许多方面都要求使用钢量达到最小值,多层及高层住宅建筑剪重比不能满足要求的现象时有发生,有时还存在一定的质量隐患。对于高层建筑的地下室,当嵌固部位在地下室顶板时,因地下室地震作用明显是衰减的,所以一般不要求核算地下室楼层的剪重比。

当剪重比小于规范第5.2.5条的规定时,应区分不同情况进行处理。当相差较小时可以采用地震作用系数或修改自振周期折减系数的方法;如果相差较多时表明结构整体刚度偏小,宜调整结构总体布置,增加结构刚度;若是部分楼层相差较多,表明结构存在薄弱层,应当对结构体系进行调整,如提高这些薄弱层的抗侧刚度。

(4)对于混凝土板的计算应符合《混凝土结构设计规范》(GB 50010—2002)中第10.1.2条的规定。混凝土楼板的配筋应满足最小配筋率的要求,异型板应选择符合板实际受力情况的计算,异型板的墙体阳角处应设置放射钢筋。

当板的边支座为砖墙或扭转刚度较小的梁时,应按简支支座计算。板的边支座为混凝土墙或扭转刚度很大的梁;当混凝土墙的抗弯刚度或梁的扭转刚度接近或达到板的抗弯刚度的5倍或更高时,可以按固定支座计算;计算出的固端弯矩应传给支承板的墙或梁,并对墙的平面外受弯或梁的扭转进行验算。当楼板与悬挑板相连时,只有在悬挑板的悬挑弯矩接近或大于等于相连板的固端弯矩时,才可按固定支座计算;挑出板的跨度较小时,应按简支计算,大小板相连时同样处理。

(5)当采用多塔结构建模时应重视的一些问题:在进行多塔定义时,1号塔应是所有塔中最高的;2号塔应是第二高,其余的依次类推;对于带变形缝的结构,在定义多塔时应注意不要让同一个构件同时存在于两个塔中;不要让某些构件不在塔内。

通过上述从日常工作审查存在的问题分析,时间紧而任务重,校审走过场不到位是建设工程存在问题的主要原因。如果设计单位加强程序管理,提高设计人员的质量责任意识,严格执行校审制度,更加需要一个合理的设计过程和思考周期,许多问题是可以得到早期解决的,更是可以避免的,设计质量是可以得到确保的。

2　大体积水工混凝土抗裂设计及施工控制

大体积混凝土,国内相关规范的定义:根据《普通混凝土配合比设计规程》(JGJ 55—2000)中对大体积混凝土的定义是“混凝土结构物实体最小尺寸等于或大于1.0m,或预计会因水泥水化热引起混凝土内外温差过大而导致裂缝的混凝土”;根据《大体积混凝土施工规范》(GB 50496—2009)中第2.1.1条的定义是“混凝土结构物实体最小几何尺寸不小于1.0m的大体积混凝土,或预计会因混凝土中胶凝材料水化引起的温度变化和收缩而导致有害裂缝产生的混凝土”。

国外相关规范的定义:如美国混凝土学会规定任何就地浇筑的大体积混凝土,其尺寸之大必须要求采取措施解决水化热及随之引起的体积变形问题,以最大的限度减少开裂;日本建筑学会对大体积混凝土的标准定义,结构断面最小尺寸在80cm以上,同时水化热引起的混凝土内最高温度与外界气温之差,预计超过25℃的混凝土称之为大体积混凝土。

2.1 大体积混凝土裂缝原因分析

国内外大量建设工程实践表明,各种类型大体积混凝土结构裂缝的产生和形成,主要是因环境温度变化引起的,是混凝土自身强度和抵抗变形能力与温度应力和应变同时矛盾发展的结果。温度变化引起混凝土体积胀缩变形,当此时内外部受到较大约束不能自由变形时,就会产生应力积累集中现象,其中大体积混凝土结构后期的降温或失水,会导致混凝土收缩产生较大拉应力,当这种拉应力达到并超过此时混凝土自身的抗拉强度时,就造成混凝土结构裂缝的产生。

现在一般把大体积混凝土结构温度变化分为升温和降温两个阶段,升温阶段发生的时间早且速度快,而降温阶段则相对缓慢。大体积混凝土在浇筑和强度增长过程中,早期温度上升极快,正常在3~5d达到峰值,在持续几天以后开始缓慢降温。温度升降变化会使结构体积胀缩,其线胀缩值应符合 $\Delta L = L_o a \Delta T$ 的规律。

混凝土的特点是抗压强度高而抗拉强度很低,且其导热性也很差,散热也慢。在混凝土浇筑成型的早期,其内部的温度因水化而升得很快也高,其中水泥水化放热是混凝土内部升温的主要原因,而大体积混凝土结构物截面总体都较厚,水泥释放的热量聚集在结构物内部难以散发出来。混凝土在早期快速升温阶段总体上属于热膨胀状态,由于混凝土在早期的强度和弹性模量都很低,且自身约束小而徐变大,温度升高产生内部超强拉应力的可能性几乎无,所以早期升温阶段的体积膨胀一般不会对混凝土产生不利影响,更不可能在结构内部形成裂缝。

当后期进入降温阶段,混凝土从热膨胀体积的最大变形开始降温收缩,随着混凝土龄期延长及强度提高,弹性模量同时也提高,对混凝土内部降温收缩的约束也越加强大,加上外部的约束作用,降温收缩与失水干燥收缩叠加在一起时,大体积混凝土内部或外表面会产生相当大的拉应力,当这种拉应力达到或超过此时混凝土的自身抗拉强度时,就会很容易使混凝土结构产生裂缝。由细微裂缝处形成应力集中时,裂缝会很快发展并加宽延长,甚至产生贯穿性危及安全的有害裂缝。

2.2 水工闸室结构混凝土特性

水工闸室混凝土一般采用C30级,根据结构承载需要,底板设计要变截面,厚度在0.8~1.6m之间,地基约束条件为底板底层为粉砂土的水泥搅拌桩复合地基接触;墩墙为固支于底板上的悬臂式变截面结构,根部混凝土厚度为0.8~1.6m。在常温施工条件下底板与墩墙一般要分开进行浇筑,墩墙底部受先浇成型底板的约束。遵照大体积混凝土的相关规定,由于水工结构跨度较长,设计计算结构体厚度为1m,且闸室混凝土体积达700m^3,浇筑后结构内外温度变化和混凝土自身体积的收缩,可能导致闸室在底板顶面以及墩墙底部以上约1/3高度范围内产生有害裂缝。对此闸室必须按大体积混凝土进行设计和施工,采取切实可行的抗裂预防措施。

2.3 设计采取抗裂预防措施

根据裂缝产生的成因,大体积混凝土裂缝的主要影响因素涉及结构件的体积大小、约束条件、各种组成材料的特性及施工控制等诸多因素。在结构设计时,通过对大跨度结构的设计优化,从地基约束、结构尺度、体量以及抗裂配筋等方面,尽量消除抗裂设计中各种对结构抗裂不利的因素,满足大体积混凝土的抗裂设计要求。

(1)改善地基约束条件 本工程为松散的粉砂土地基、中等透水且承载力仅85kPa,为了满足弹性地基条件下的常规结构设计需要,一方面,通过降排水对砂性土地基进行预压密实;另一方面,采用水泥搅拌桩复合地基。复合土层压缩模量大大提高,地基承载能力和抵抗变形的能力随之提高,对结构受力较为有利,复合地基条件较天然地基有较大改善。

(2)合理选择结构块体尺度 结构单体尺度越大,受地基约束的影响就越大,合理确定结构块体尺度,可改善大体积混凝土来自地基的约束作用。工程整体式闸室底板宽度方向尺度达28m,已用足规范规定的最大结构单体尺度,长度方向应考虑地基约束条件对大体积混凝土结构尺度宜小不宜大,根据结构使用尺度及相关设计需要,闸室总长140m,,分节尺度取14m,共分为10节。

(3)大体积混凝土结构体量优化 满足防渗、抗浮、承载等设计需要,在合理确定结构块尺寸的基础上,还应尽量控制单体结构体量,根据结构设计需要,断面体量需大就大,宜小则小,工程设计过程中,依据不同工况条件下的计算成果,通过设计优化与节约混凝土工程量的同时,进一步精简不需要的结构体量。

满足弹性地基条件下的常规结构设计需要,大跨度闸室结构厚度应满足1/10~1/8跨度的要求,底板厚度应在0.8~1.5m之间取值。如采用天然地基,虽然可勉强满足要求,但由于地基条件较差,底板厚度取值宜大不宜小,由于结构厚度增大,地基应力较大,将导致闸室沉降变形增大,对大跨度、大体积混凝土结构受力较为不利。设计通过简单的地基处理,不但改善地基约束条件,而且边的荷载作用影响明显减小,计算成果显示,大跨度底板结构跨中内力明显减小,底板厚度取下限值即可满足要求,经设计优化后,闸室底板的大体积混凝土厚度由1.3m减小为1.0m,底板厚度减小0.3m,底板结构单体体量缩减量超过15%。

另外,结合弹性地基上的整体闸室结构受力特点,底板和墩墙均按变截面结构进行设计优化。一方面,悬臂式墩墙自底部向上为自由端,结构内力随挡土高度减小而逐渐减小,结构断面可按缩减渐变处理,墩墙厚度自下而上由1.3m渐变缩减为0.6m;另一方面,整体闸室结构的底板两端与悬臂式墩墙固支,设计对悬臂式墩墙底部固支节点处增设1m×1.5m的贴角予以加强后,将底板两端各1/3跨长度范围内的底面向上翘起1.2m,不但保证了底板与墩墙固支节点处的刚度,而且施工开挖深度减小,挡土和挡水高度减小,两侧悬臂结构承受的内力和固支节点向大跨度底板传递的内力均大大降低。通过变截面设计优化,进一步减小大体积混凝土的结构体量。

(4)配筋抗裂钢筋 混凝土和钢筋的作用是共同承受抗压和抗拉,使得钢筋混凝土结构具有较强的承载力。其中,混凝土结构中的拉应力主要由钢筋承担,对于大体积混凝土结构,当考虑温度作用的影响,在温度应力作用下不满足抗裂要求时,应配置温度钢筋限制裂缝扩展。由设计工况条件下的结构受力特点可知,整体结构中底板沿跨度方向在跨中面层和跨端底层内力较大,悬臂式墩墙受土压力与水压力作用,临土侧竖向内力较大,因此,底板顺闸宽方向和墩墙临土侧竖向均需按承载力极限状态(底板为受弯构件、墩墙为偏心受压构件)来计算配筋,并按正常使用极限状态验算裂缝开展宽度,以上部位一般计算配筋较大;而底板垂直闸宽方向和墩墙水平向内力较小,一般均为架立、构造性配筋,且配筋量较小。

在施工过程中,大体积混凝土的温度作用一般发生在混凝土浇筑成型早期和混凝土强度增长期,早期的温度作用主要表现为升温膨胀,对尚未固结成型、具有较强徐变能力的混凝土基本无害,而有害的温度作用往往出现在混凝土固化期,温度作用表现为降温收缩产生拉应力。根据常规施工加载程序,此时大体积混凝土中温度应力一般不可能与设计常规荷载遭遇或组合,根据计算复核成果显示,按结构受力条件配置的受力钢筋一般均能起到限制温度应力的作用,其钢筋配置基本可满足温度作用的配筋要求,不需要额外增加温度钢筋;但在构造配筋的部位,由于大体积混凝土中不可避免的温度作用,按构造要求配置的架立钢筋,一般较难满足温度作用下的配筋需要。

对照规范中大体积混凝土的温度作用下的抗裂设计要求,闸室大体积混凝土的抗裂配筋需作专门设计,现行的《水工混凝土结构设计规范》(SL 191—2008)中第 11.2 条"关于大体积混凝土在温度作用下的裂缝控制"规定,对大体积混凝土中的架立钢筋,除了需要满足结构构造要求外,还要满足大体积混凝土温度作用的要求。根据大体积混凝土抗裂计算需要确定配筋量,通过钢筋的超强抗拉作用,有效限制裂缝扩展。

因工程为弹性地基上的大体积混凝土结构,利用混凝土应力松弛系数进行徐变温度应力计算。将时间划分为 n 个时段,计算每一时段首末的温度 ΔT_i、混凝土线热胀系数 α_c 及混凝土该时段的平均弹性模量 E_c,然后求得第 i 时段 ΔT_i 内弹性温度应力的增量 $\Delta\sigma_i$,并利用松弛系数考虑混凝土的徐变。

根据抗裂设计成果,闸室结构的抗裂钢筋配置情况如下。

①底板抗裂钢筋。正常架立配筋 ϕ14@200,计算成果显示,温度钢筋比主筋小,但比普通架立钢筋大,本工程按 ϕ18@200 配置。②墩墙抗裂钢筋。正常架立配筋 ϕ14@200。由于温度作用早于其他荷载出现,设计将墩墙水平分布钢筋布置于外层;对厚度较大且受底板约束较大的下部约 1/3 高度范围内的墩墙水平分布钢筋,经抗裂验算,实际配筋为 ϕ16@100。③设计抗裂暗梁。在大体积混凝土内部出现较大拉应力、计算必须配置抗裂钢筋时采用。可在大体积混凝土的适当部位,设置一道或几道抗裂暗梁,配置抗裂钢筋,限制混凝土内部裂缝扩展。本工程架立筋加大并采取了有效的温控措施后,抗裂验算均满足要求,不需要再设置抗裂暗梁。

2.4 抗裂设计的温控措施

(1)温度控制原则　在大体积混凝土中水泥水化引起升温,在绝热状态下混凝土内部的温度可以用规范 SL 191—2008 中的公式计算。

$$T = T_o + T_t \tag{4-1}$$

$$T_t = WQ_t(1 - 0.75p)/Cp \tag{4-2}$$

$$Q_t = Q_o[1 - \exp(-mt^n)] \tag{4-3}$$

式中 T——在绝热状态下不同龄期混凝土内部温度,℃;

T_o——浇筑温度,℃;

T_t——在龄期 t 时绝热升温,℃;

W——胶结材料用量,kg/m^3;

Q_t——龄期 t 时的积累水化热,kJ/kg;

p——粉煤灰用量百分数;

C——混凝土比热容,取 0.96kJ(kg. ℃);

p——混凝土密度,按 $2400kg/m^3$;

Q_o——最终水化热,不同品种水泥取值不同,kJ/kg;

t——龄期,d。

实际上由于混凝土浇筑时处在自然环境中,与大气存在热量交换,处在散热而非绝热状态中,混凝土由水化热引起的升温远比绝热状态下最终水化升温要小。同时混凝土内部最高升温还与浇筑块体厚度相关,块体越薄散热越快,最高升温也越低,反之散热慢而升温高。因此工程实践中引入一个与浇筑厚度有关的系数 §,内部最高升温用公式:

$$T = T_o + T_t \S \tag{4-4}$$

根据一些资料介绍对于厚度超过 1. 0m 的大体积混凝土内部,当绝对升温超过 50℃,随着结构体积的增大,内部的绝对升温会更高。由温差引起的变形和应力值的计算公式:

$$\Delta L = L(t_2 - t_1)\alpha \tag{4-5}$$

$$\sigma_t = E_c \Delta L/L = E_c(t_2 - t_1)\alpha \tag{4-6}$$

式中 ΔL——钢筋混凝土构件变形值;

L——构件长度;

$(t_2 - t_1)$——温度差变化值;

σ_t——混凝土温度应力。

混凝土降温时热量从内向外传递扩散,表面散热快温度低,从而造成内外温度差,由上式计算允许混凝土内外温差应在 10℃左右。但是存在结构件不可能受到绝对约束,且不可能完全不存在塑性变形和徐变,在众多实际工程中的内外温差在 15 ~25℃时也未出现开裂。因此现行有关规范对大体积混凝土浇筑时的内外温差控制在 25℃以内是可行的。

另外环境温度越低产生内外温差的概率越高,引起开裂的可能越大,只有采取表面覆盖保温来控制以防止表面散热太快。从这些分析中对于大体积混凝土施工中,考虑温度应力的影响并尽量减弱温升过高,降低内部同外界的温差,是防止裂缝最直接有效的方法。

(2)温控具体措施 对于温控措施要具有适用性和灵活性。根据大体积混凝土的特点及升温原因,按温度作用要求结合工程实际和施工条件,对水工闸室设计直接做到有效辅助措施,明确了混凝土结构体内外温差控制小于20℃的设计限量值。即在混凝土结构体内部预埋冷却水管,利用水管内流动的恒温水4℃不停带走大体积混凝土内部积聚的大量水化热,降低浇筑层水化温升。

设计时具体措施为,在每块大体积混凝土浇筑前,预先按设计要求布置并固定冷却水管,水管用材质为铁管,支管直径为40mm壁厚为2mm,底板或墩墙上下均布置3层,水平及竖向间距不大于1m;每层支管设总管集中供排水,总管径为100mm。结合工程地基土质和地下水位较高特点,可以直接引接降排水获得的地下水,作为恒温冷却水源,用水泵和闸室控制冷却水的循环或外排,混凝土中预埋一定数量的温度传感器,监督混凝土凝固过程中的内部温度,并根据检测数据调节水流量。通过利用水冷却措施,降低混凝土内部温度,与外界保温、保湿措施共同作用,有效地控制混凝土内外温差。降温结束后水管内用压力砂浆封堵。

2.5 抗裂设计采取的补偿收缩措施

大体积混凝土进入降温阶段通常也是结构干燥的失水阶段,两种应力都会导致大体积混凝土收缩产生较大拉应力,两种应力互相叠加后破坏力更大。如果设计采取有效的补偿其收缩措施,使混凝土自身具有微膨胀及低收缩性,则可大大改善混凝土的自身抗裂性能。

(1)掺入高效复合抗裂外加剂　根据其他工程设计经验并结合本工程施工实际情况,由于各种混凝土几乎都是由集中商品供应站搅拌,商品混凝土是由泵送浇筑的,坍落度大,造成混凝土水化热高,混凝土自身胀缩变形也大,为了有效控制混凝土自身变形,设计采用了适应泵送的高效抗裂复合材料,掺量为水泥质量的10%。外掺复合材料主要成分为微膨胀剂和聚丙烯纤维,主要是补偿混凝土收缩并减少脆裂,从而提高混凝土抗拉强度,加上保水组分及改性组分多种材料的共同作用,从阶段抗裂到层次抗裂达到多方面抗裂目的,而掺量多少还要根据工程及气候条件灵活掌握。

(2)掺加减水剂　设计要求外掺高效的缓凝型减水剂也是有效改善大体积混凝土自身抗裂性能的有效措施,可以大幅度降低拌合用水量,并减少单位水泥用量。缓凝型减水剂还有抑制水泥水化作用,降低水泥水化升温,同时还能延迟水泥放热速度使热峰不要过早出现,由于高效缓凝型减水剂可以缓凝,从而有效改善大体积混凝土冷缝的产生,提高工作性及流动性,便于泵送浇筑。

2.6 抗裂施工控制措施

尽管在设计的各个环节都考虑了多项防裂技术措施,但是大体积混凝土的抗裂是一个综合而复杂的问题,且涉及多种因素。当其中某个环节出现对抗裂不利的因素,就会引起裂缝的产生。因此,仅从设计环节采取措施是远不够的。施工的工序环节更加重要,在施工中必须严格按大体积混凝土的规范及设计要求,才能够确保大体积混凝土的裂控措施实现。需要从材料选择、配合比、施工温度控制及浇筑后的养护方面提出具体控制措施。

（1）原材料及配合比控制方面　水泥遇水后产生的水化热是大体积混凝土因温度变化而导致体积变化的主要原因。由于矿物成分及掺合料用量的不同，水泥产生的水化热差异也较大。为了降低水泥产生的水化热减小混凝土体积变形，大体积混凝土需有针对性地选择水化热较低水泥，严格控制水灰比，从而降低混凝土绝热升温。依据混凝土配合比设计要求可知，当骨料的粒径越大则表面积和空隙率越小，混凝土中水泥浆及水泥用量就越小，因此，应尽可能采用较大粒径骨料，同时还要设法减少水泥用量，掺用混合材料。实践表明掺用外掺料可以降低水化热峰值的过早出现，并通过掺加优质粉煤灰，控制骨料粒径达到降低温度的目的。

（2）施工温度控制及监测　混凝土入模温度很重要，而入模温度取决于各种原材料的初始温度，应严格控制混凝土入仓温度，必要时材料入仓可采取适当的降温措施。一些主要方法是施工时加冰块冷却拌合水，骨料、水泥尽量选择较低气候时间段浇筑混凝土。大体积混凝土的裂缝中尤其是表面裂缝，主要是由于内外温差梯度所致。为了使大体积混凝土的内外温差梯度降低，可以采取表面保温的方法，使内外温度降低以减少开裂。常用的保温材料有麻袋、草帘及锯末等。不仅要覆盖在结构混凝土表面，而且对结构的四周也要保温。

对于大体积混凝土的内外温度要跟踪检测，要及时准确地掌握各个部位的温度变化，以便采取相应措施降低温差使得不要产生裂缝。一般是在混凝土浇筑后的1～4d内温度聚集及升高的关键时段，应每小时测温一次，5d以后可以每2h检测一次，一般养护14d以上即可从事其他作业，有条件时可继续了解温度情况，直至28d为止。最后归类整理资料保存。本施工工程监测数据显示当控制裂缝的所有措施严格执行后，温控措施极其有效，所浇筑的大体积混凝土升温得到有效控制。

（3）混凝土浇筑时段及养护问题　在夏季浇筑混凝土一定要避开高温时段，合理安排浇筑时间，以减少混凝土内部温度升高。而进入深秋季则避免在夜间低温时段施工。不论是炎热还是低温时段，混凝土表面的覆盖保温保湿非常关键，当混凝土振捣并抹压收光后，要立即覆盖一层塑料薄膜，再在上面盖一层草帘保温，减少内外温差。人们都知道混凝土养护十分重要，但工程落实并不认真，要昼夜派置责任性强的人进行洒水保湿。还要考虑延长拆模时间，一方面是使强度更高，另一方面也是保证结构的温湿度时间长一些，避免气温陡降及失水过快而产生收缩裂缝的出现。

从上述分析可知，大体积水工闸室混凝土结构体，通过设计改善地基约束条件，优化结构体量及布置冷却循环降温，掺入抗裂外加剂及配置温控钢筋从设计角度进行有效控制；再结合施工环节的自控搅拌入仓原材料温度、配合比及温度控制、浇筑时间段及温度检测、养护保湿保温的措施，达到了控制裂缝的预期目的，实践表明其方法措施正确，工程后期检查也无明显的开裂现象。

3　大体积混凝土产生裂缝原因与施工控制

大体积混凝土结构的施工技术措施直接关系到混凝土结构的使用性能，如不能很好地分析并了解大体积混凝土结构开裂的原因，以及掌握应对此类问题所采取的相应施工措施，那么实际建设中就很难保证施工质量。根据多年施工经验可知，裂缝是会经常产生并发展的，会影响结构的耐久性和安全，如何最大限度地减少或消除裂缝并保证工程结构安全，是工程管理人员急需掌握的基本需求。本节介绍某工程大型高基础大体积混凝土的配制、搅拌及养护等各个重要环节对裂缝的控制措施。

3.1 大体积基础简介

某公司基础大体积混凝土设计为C30，具体尺寸为：底部方形边长为28m×28m，高度为4.55m，上部圆柱形直径5.2m，高度为4.1m，混凝土体积达3646m^3。施工季节为夏季，天气较为炎热。基础如图4-1所示。

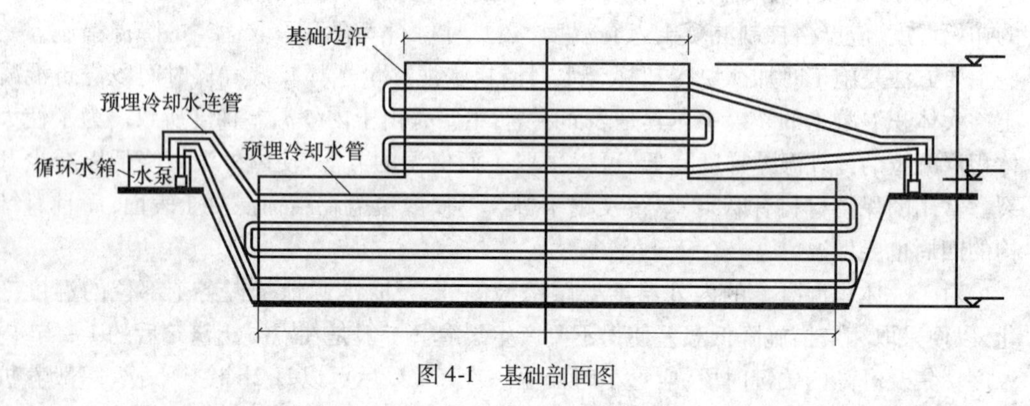

图4-1 基础剖面图

3.2 裂缝的成因及危害分析

大体积混凝土结构因截面和体积较大，埋置较深，混凝土一次浇筑量常以数千立方米计，浇筑时间短而集中，混凝土浇筑后水泥与水发生化学反应产生大量的热量，在升温阶段，水化热大量积聚在结构体内部不易散发，导致混凝土内部温度不断上升，而混凝土表面散热较快，表面环境温度低，从而形成了较大的内外温度梯度。由于外部温度低产生体积收缩，约束力内部膨胀，因而在混凝土内部产生压应力，在混凝土表面产生拉应力，此时混凝土的抗拉强度低，当超过该龄期的混凝土的极限抗拉强度和变形极限，便会在混凝土表面产生裂缝，这种因表面与内部温差引起的裂缝，又称内约束裂缝。这种裂缝一般产生得很早，多呈不规则状态，深度较浅，属表面裂缝。

在混凝土降温阶段，热量逐渐散发，混凝土温度逐渐下降，而达到使用温度（最低温度）时产生内外温差，因降温使混凝土体积逐渐产生收缩，当结构受到地基、老混凝土垫层的约束或结构边界受到外部约束，将会产生很大的温度收缩应力即拉应力，则在混凝土的底面交界处附近以致混凝土中产生收缩裂缝，又称外约束裂缝。严重的会产生贯穿整个基础全面的贯通性裂缝。

两类裂缝中表面裂缝危害性较小，以外约束应力引起的深进的和贯穿性裂缝最为严重。这类裂缝影响基础结构的整体性、耐久性、防水性以及正常使用，即使在基础内配置了相当数量的结构或构造钢筋，如不采取有效的防裂措施，也常难以阻止裂缝的出现。施工时应避免出现表面裂缝，坚决控制贯穿性裂缝的产生和发展。

3.3 大体积混凝土裂缝控制措施

3.3.1 降低水泥水化热温度

(1)用水化热较低的42.5级矿渣水泥,配制混凝土,以减少混凝土凝聚时所产生的发热量。

(2)在混凝土内掺15%左右的粉煤灰双掺技术,补充泵送混凝土要求0.315mm以下细骨料应占20%左右的要求,可改善混凝土的可泵性,降低水灰比,减少水泥用量,降低混凝土水化热,并可改善混凝土后期强度。

(3)高炉大体积混凝土一般以90d的龄期为准,降低水泥用量。

(4)在基础内部预埋冷却水管,通过内部循环水来控制内外温差。

(5)采用自然连续级配粗骨料配制混凝土,并尽可能增大粗骨料粒径,针片状按重量计且不大于10%,含泥量控制在小于1%的范围,砂含泥量小于2%,它能增大混凝土早期抗拉强度,减少混凝土收缩。在满足混凝土可泵性前提下,应尽可能降低混凝土中砂率值,以增加混凝土强度质量。

(6)在基础钢筋较稀疏的混凝土中掺加20%以下的块石,可吸热并可节省混凝土。

3.3.2 降低混凝土入模温度

(1)由于施工在夏季,采用低温水或加冰水拌制混凝土,对骨料喷冷水雾进行预冷,降低混凝土拌合物的温度。混凝土浇筑时,在其温度不大于28℃时进行控制。

(2)掺加缓凝型减水剂,采取薄层浇筑,每层厚为250mm,减缓浇筑强度,利用浇筑面散热。

3.3.3 合理的浇筑振捣方法

(1)混凝土浇筑方法采用全面分段分层连续浇筑完成,分层厚度为250mm左右。混凝土自高处倾落的自由高度不应超过2m,以免发生分层离析;下料口处钢筋网临时解扣,下完料后立即恢复。

(2)混凝土浇灌顺序宜从低处开始,沿长边方向自一端向另一端推进,且逐层上升。保持混凝土沿基础全高分层均匀上升。浇筑时,要在下一层混凝土初凝之前浇筑上一层混凝土,不使用产生实际的施工缝,并将表面泌水及时排出。

(3)混凝土的捣实采用插入式振动棒,在泵管出口处设第一道振动器,第二道设置在混凝土的中间部位,第三道设置在坡脚及底层钢筋处,确保下层钢筋混凝土振捣密实。

(4)在混凝土终凝前对混凝土进行二次振捣,排除混凝土因泌水在粗骨料、水平钢筋下部生成的水分和空隙,提高混凝土与钢筋的握裹力,防止因混凝土沉落而出现的裂缝,减少内部微裂缝,增加混凝土密实度,使混凝土抗压强度提高,从而提高其抗裂性。

(5)采取二次抹面,减少表面已有收缩裂缝及裂缝的愈合。

3.3.4 养护及温度控制方法

(1)由于是在夏季施工,为避免暴晒,施工作业场地上部搭设遮阳棚,同时可以降低混凝土表面的温度梯度,防止温度突变引起的降温冲击。

(2)混凝土浇筑完毕后,在8h以内浇水养护,缓慢降温,充分发挥徐变特性,降低温度收缩应力。每日浇水次数应能保持混凝土处于足够的润湿状态。常温下每2h浇水一次。

(3)混凝土浇水养护日期为28d。在混凝土强度达到1.2MPa之前,不得在其上踩踏或施工振动。

(4)混凝土温度检测及控制监测布置。为进一步了解大体积混凝土基础内部混凝土水化热的大小,不同深度温度场升降的变化规律,随时监测混凝土内部温度情况,以便采取相应技术措施,确保混凝土质量。混凝土内部温度监测采用在不同部位埋设铜热感应XQC-300型混凝土温度测定记录仪进行施工全过程的温度跟踪监测。监测位置对称轴短方向上,监测点在中心部位设置两处,间距为500mm,轴线中间部位按间距2m左右布置,外侧测点距混凝土边缘1m控制。厚度方向上,每一处的测点数不少于5点,其上下距混凝土表面距离取100mm,中间竖向布点按间距不大于600mm进行控制。几何平面尺寸发生变化或混凝土温度应力可能发生集中部位应增设测温点。

混凝土温度监测时间:混凝土上表面温度每工作班(8h)不少于2次;内外温差、降温速度及环境温度测试,每昼夜不少于2次。

具体监测时间周期或频数为:第1~5天,1次/1h;第6~15天,1次/2h;第16~30天,1次/4h;第31~37天,1次/18h;第38~60天,1次/24h。

温度控制:冷却水管用ϕ80mm钢管,进出水口温保持20~25℃的差值,水温可由进水口水压控制;并且控制出水口水温与构件内部温差不大于25℃。

两个阶段进行混凝土裂缝控制计算及控制措施如下。

① 第一阶段的混凝土裂缝控制计算。混凝土浇筑前根据拟定的施工条件及相关参数进行。主要内容包括:混凝土水化热温升值;混凝土各龄期的收缩变形值;各龄期混凝土收缩当量温差;各龄期混凝土的弹性模量;估算可能产生的最大温度收缩应力。根据所计算的数据判定混凝土的抗拉强度能否抵抗裂缝的产生,并进行相应的调整与处理,或采取相应有效的降低混凝土内外温差措施。一般采取循环水管冷却的方式,如图4-1所示,循环水管用ϕ80mm钢管,进出水口温保持20~25℃的差值,水温可由进水口水压控制;并且控制出水口水温与构件内部温差不大于25℃。

② 第二阶段的混凝土裂缝控制计算。混凝土浇筑后,根据实测温度值和绘制的温度曲线,分别计算各降温阶段混凝土温度收缩拉应力,当累计总拉应力不超过同龄期混凝土抗拉强度时,其防裂措施是有效的;如超过,则进行加强养护、保温、降低混凝土降温速度和收缩等措施进行处理,提高混凝土各龄期混凝土抗拉强度。该阶段应根据工程状态下的大气平均温度计算出混凝土养护保温所需要的材料及保温厚度。

对大体积混凝土浇筑温度的控制,由于大型基础的裂缝控制非常重要,施工及管理各方参与人员必须引起足够重视,施工前,对施工方案进行了认真审查确定。施工期间监理人员、施工工作人员要严格按照施工方案的要求监督执行,养护期为28d,工程已投产使用一年并没有发现混凝土裂缝出现,施工质量控制较好,达到了预期效果。

4　当前泵送混凝土裂缝产生及预防控制

现在混凝土的裂缝是一个普遍存在而又难以解决的施工应用实际问题。现在的泵送混凝土相对于传统意义上的混凝土来说，其骨料粒径更小、水泥用量多、掺外掺合料及外加剂品种多、水灰比及坍落度大的特点，使裂缝的预防控制难度增大。但泵送混凝土材料仍然是由水泥、石、砂、水、外掺合料、外加剂及聚合物多种材料组成的复合体材料。混凝土的结构是由这些材料按既定的设计形式，在一定的环境气候条件下浇筑完成的产品。因此，混凝土的裂缝问题是与设计、材料选择、施工及环境因素密不可分的。本节对泵送混凝土的设计考虑、材料质量和施工工艺应用特点，综合考虑各种因素对混凝土结构的影响，分析探讨泵送混凝土结构产生裂缝的根本原因，提出有针对性的预控对策。

4.1　设计对裂缝的影响

据介绍在混凝土的裂缝中，有20%左右的裂缝为荷载引起的，其余80%的裂缝是由于温度作用，收缩并沉降非荷载性裂缝。对于荷载裂缝在设计时可以通过计算对受力引起的进行控制。而对于非荷载性裂缝的产生和出现，多数是由于构造措施不当引起的，这种结构设计缺陷的表现形式如下。

(1)在具体工程实践中多有发现，建筑设计时考虑到结构外观效果多，体形上凹凸变化多的部位极容易形成应力集中，从而引起裂缝产生；在结构体形变化处如折角、凹陷处未配置专门抗裂筋，或是钢筋布置不合理，不能够抵御应力集中的影响力，也易产生开裂；配筋不合理造成的开裂，实践表明细而密的钢筋可以较好地控制开裂，少而粗的配筋做法往往无法控制裂缝的产生，且裂缝宽度大；当局部范围配筋不足时，无法承担由于受力或多种间接作用引起的拉应力而产生开裂；结构留缝位置布置不合理，后浇带的设计构造不正确，也会在最薄弱部位产生裂缝。

设计过程中未考虑施工过程中出现的荷载集中问题，使得已浇筑完混凝土遭受突然的内力，导致裂缝的产生；设计对环境的影响因素未作考虑，混凝土保护层厚度不足，引起钢筋生锈和锈胀裂缝，或者长时间使用产生耐久性裂缝。针对设计考虑不周或经验不足等原因产生的裂缝，可以采取控制措施。

(2)设计选择的构造措施合理与否，对混凝土结构的裂缝状态有着重要的影响。在设计中必须考虑设计因素对混凝土裂缝的影响程度。

在现实情况下建筑结构平面规则，避免平面形状突变；当必须有凸凹时，在凸凹部位加厚楼板，并增加配筋，将楼板的负筋拉通布置。采用细而密的配筋布置受力筋，在混凝土表层设置钢筋网片，在板角及柱外侧增加辐射构造筋抗裂。在温度和可能产生收缩约束应力集中部位，留置控制缝，引导裂缝出现以缓解约束应力，避免产生对结构出现严重影响的贯穿裂缝。在挑檐和阳台等不宜采用悬臂板，要选择用挑梁式结构更合理。还可以用预应力的配筋形式，达到控制裂缝的目的。

4.2　材料对裂缝的影响

现在建筑上的泵送混凝土几乎都是用抗压强度和坍落度作为质量控制的两个关键

指标,而对混凝土原材料及配合比对混凝土的影响重视不够,事实上使用材料对裂缝的影响是明显的。泵送集中搅拌混凝土的组成,除了传统混凝土所包含的水泥、粗细骨料外还包括外加剂及矿物掺合料的复合使用,这也是为了便于输送而必须添加不可缺少的材料。各组成材料对混凝土裂缝的影响是不同的,有的会增大混凝土的开裂风险,而有些则可减少混凝土的开裂;各因素之间也存在相互交叉作用,其中对于泵送混凝土来说,最关键的问题如下。

(1)坍落度过大　集中搅拌站配置的泵送已经覆盖了全国所有城镇,为了满足顺利输送对和易性的要求是大坍落度。但拌合料的坍落度过大,易造成拌合料离析不均匀且极易产生裂缝。传统施工自行搅拌的混凝土坍落度很小,混凝土的干燥收缩率约为$(3\sim4)\times10^{-4}$,而坍落度大的混凝土干燥收缩率约$(4\sim5)\times10^{-4}$。可见泵送混凝土的收缩开裂比自拌混凝土要严重得多。现行的《混凝土泵送施工技术规程》规定了混凝土拌合物入泵的坍落度为100~180mm,以满足不同建筑高度输送距离时对拌合物流动性的需求。这就要求施工企业要根据所建工程的具体情况,选择拌合物所需的坍落度。而且不同掺量的各种掺合料、外加剂以及坍落度是不同的,在施工过程中要考虑多种因素,在拌合物入模时要求坍落度不要过大。

(2)配合比在泵送过程中的变化　泵送混凝土从搅拌站运送至施工浇筑地点的时间一般较长,搅拌后的运输过程中坍落度损失比较大,在现场组织管理不到位的情况下,往往会出现随意向已预拌好的混凝土中加水的违规现象,这样会改变混凝土的配合比例,严重影响混凝土的质量,使设计配合比无法落实而造成坍落度增加,使收缩量加大产生裂缝的概率极大提高。另外在下雨天浇筑混凝土,也会改变混凝土的配合比发生改变,水灰比增加、收缩量也加大且裂缝会增多。

对此,必须严格控制混凝土组成材料的质量,各个环节如配料、计量、拌合、运输及入模时间都要控制。泵送混凝土的坍落度应当每车都要测试,避免出现大的波动造成不均匀的情况。坍落度一旦抽检中发现问题,绝对不允许任意加水,以确保原组成材料的比例不变动。也要严格禁止在搅拌机外二次加水重拌,如果要进行重新拌合必须要增加水泥再拌。

混凝土是属于多种不同材料组成的复合体,新浇筑的混凝土在塑性阶段和凝结硬化后的早期,往往产生肉眼无法观察到的微裂缝及微缺陷,这些微裂缝及微缺陷是混凝土宏观裂缝形成的主要原因。而产生微裂缝及微缺陷的因素,除了与混凝土的本身材料性能相关外,还与施工因素、设计配合比、材料的适应性及施工时的环境因素密切相关。

4.3　施工过程对裂缝的影响

从施工过程控制中对裂缝的分析,要尽可能抑制裂缝,除了严格控制原材料的质量和施工配合比,还要重视模板支设、钢筋绑扎、混凝土的备制、运输、入模、摊铺及振实、养护和成品保护多个环节控制。

(1)入模高度过大　泵送管出口过高,下料高度大,冲击力也大,造成拌合料产生较大离析,影响混凝土的匀质性,引起裂缝的产生。现场混凝土的下料高度控制在2m以下或者更低,当管理指挥不到位的情况下浇筑下料管口超过2m是比较常见的。

(2)浇筑顺序不合理　不同结构件的受力状态不同,对混凝土的约束也是不同的。在混凝土浇筑过程中,要根据构件特点及约束状况来确定混凝土的合理浇筑顺序。如梁、柱、板的浇筑顺序是不允许颠倒的,应先浇筑柱,再浇筑墙板下部,最后浇筑梁。

(3)浇筑速度要掌握合理不能过快　现在施工中的混凝土浇筑因工期原因都比较快,全部用商品泵送混凝土浇筑工艺,由于泵送车的输送动力比较大,每小时输送量在40m^3以上。在拌合料运输保证供应的前提下,混凝土浇筑的速度更快。而因浇筑的速度过于快速,下料又有较大冲击力造成模板的侧压力极大,从而引起变形甚至胀裂现象,这样产生不均匀沉降造成混凝土开裂。混凝土浇筑时要控制入模速度,绝对不易过快而引起结构表面有坡度时无法抹压及掌握坡度。

(4)振捣不到位或过振　若是振捣不到位则混凝土达不到密实度或内部均质性差,不但影响到强度数而且会产生较大的沉降裂缝。或者过振也会造成大石子下沉上面浮浆太厚的不均匀,且强度也不一致,更甚者产生漏浆缺陷,会引起不均匀的裂缝。

(5)终凝前振动引起的开裂　混凝土浇筑后的3d以内一般不允许上人、堆放重物及振动影响。当混凝土浇筑后尚未硬化并无任何强度时,受到重压或振动的外力影响作用时,混凝土会发生局部破坏导致开裂,结构体受到损伤。如在施工中无法避免时,要及早堆放材料,必须使荷载分散,堆放重物的底部要增加支撑加强,防止重压变形而产生开裂。

(6)养护不到位产生的开裂　早期失水且补充水分不足,浇筑之后水分从混凝土表面急速蒸发,其表面很快干燥产生收缩而引起裂缝。因此,尽量避开在夏季阳光直接照射时间即当天12:00～16:00时,进行混凝土浇筑施工。如果确实需要施工浇筑则要采取遮阳措施,以减少水分的快速蒸发。

(7)确保钢筋位置的准确　在浇筑混凝土时因输送管的架设往往会造成钢筋的扰乱移位,垫块位置改变或马凳减少,钢筋下沉错乱或弯曲,截面有效高度降低使抗裂性效果变差引起开裂。同时在下料和振捣过程中,保护层垫块压碎,或者因为固定不牢出现移位,也有垫块数量过少,预埋管线、埋件可能在保护层厚度范围内,实际保护层更无保证,振后混凝土保护层厚度改变,当钢筋保护层厚度过小时,会使混凝土开裂的概率提高。

应该要求保护层垫块有足够的强度和数量保证,而且在制作时要保证尺寸准确。固定垫块时必须采取绑扎牢固防止碰撞倒地及移位,尤其是在浇筑过程中下料振捣环节。管道和埋件的布置不要影响钢筋保护层厚度,要布置在两层钢筋中间或内侧,并绑扎牢固避免踩踏变动导致位置不准。

(8)模板刚度及牢固性　模板支设必须有足够的强度、稳定性和刚度,尺寸准确不得松动变形,在浇筑过程中不胀模松弛。对可能出现的变形的部分特别加强,尤其保证支撑牢固稳定不下沉。

有的工程为了加快进度及节省费用,在混凝土未达到设计强度时即要求拆模,在未得到允许自行拆除后又不能及时保护和养护,造成未达到强度的构件撬、砸或敲的损伤,缺棱角及沿钢筋方向的不规则裂缝。

模板拆除坚决按施工规范及设计要求,必须养护到规定强度达到的百分比才能拆除,足够承担自身及要求荷载和结构荷载所产生的应力时才可拆除。拆除以后养护不要停止,避免出现收缩开裂。同时在浇筑混凝土表面在终凝前进行二次振捣及二次抹压,对减少沉降和表面开裂极其有效。

4.4 环境因素对混凝土裂缝的影响

(1)自然环境对早期混凝土的影响主要是温度、湿度和风速的因素。对凝结后强度增长期及使用中的影响主要是荷载碳化及腐蚀作用等。

周围温度湿度的变化直接影响混凝土内部湿度场的分布,进而影响混凝土的收缩值及温度变形的大小。所以在炎热和寒冷混凝土浇筑时,温度影响是被考虑重要内容,尤其是体积较大混凝土的入模温度要重视。夏季气温高在拌合料中掺入冰屑作为部分拌合用水,目的是降低混凝土内部温度,防止产生温度应力裂缝。同时还要注意突然暴雨所带来的降温影响,阻止诱发裂缝产生;一般是风速越快,混凝土表面水分蒸发越快,干缩变形越大。在混凝土浇筑时对气候条件也要考虑。

(2)控制和防止混凝土裂缝的产生,主要是考虑有害介质的进入,尤其是氯化物的渗入使混凝土内部钢筋产生锈蚀膨胀加快混凝土的劣化。在盐渍土地区及沿海因为土壤中及水中含有氯盐,氯离子通过混凝土微裂缝逐渐进入混凝土内部,钢筋锈蚀产生膨胀力,会沿着钢筋走向使混凝土开裂。在内陆广大地区也会出现盐害造成混凝土开裂的问题,如道路的除冰盐使用。雪天在公路和桥梁结构面撒除冰盐保证交通畅通,这种现象会严重引发混凝土开裂,这种做法危害很大,需要引起特别重视。

(3)要严格控制水灰且比不要超过160mm,水灰比越大氯离子的浸入量就越大,一般控制在0.5以内较理想。可以在混凝土中掺入氯离子吸附剂,可以减少氯离子的浸烛。用人工控制钢筋电位对钢筋的锈蚀也可以得到控制,因为混凝土中钢筋腐蚀也是电化学腐蚀。

(4)还要从使用和维护方面分析,不要随便改变结构用途和构造形式,不要造成使用环境的变化,如湿度、高温可能引起的裂缝。另外在使用中或装修时不要乱砸乱破坏,也不要堆放过重材料减少集中应力,材料堆放时不要用力砸碰和码放过高,过负荷超载会引发裂缝产生造成安全隐患。

通过上述浅要分析可知,混凝土结构产生裂缝的原因很多,主要与组成混凝土的原材料质量、配合比、结构构造设计、施工质量工艺控制和当时的自然环境气候条件、建筑物的使用环境以及维护管理密切相关。对一个建筑物来说,要想避免和减少裂缝,必须从设计、材料、施工、检验和环境方面综合考虑,作出符合规范要求又能避免裂缝的开展,为建筑物的耐久性提供可靠保证。

5 泵送预拌混凝土堵塞原因及防治措施

集中搅拌商品混凝土的应用已经代替了传统的现场自行拌合混凝土浇筑,泵送混凝土至浇筑地点入模代替了过去塔吊施工的模式,加快了施工的进度并缩短了工期,节省了大量劳动力,是现代社会文明施工进步的体现。预拌商品混凝土泵送的施工形式得到广泛认可并被积极应用。但是由于各种影响因素的存在,包括集中搅拌商品混凝土的供应商,施工及劳动分包商,造成预拌混凝土在泵送的过程中,出现堵塞而降低了浇筑效率,处理过程又难度较大,导致质量隐患及安全事故。经过工程实践从几起堵塞的原因中,分析并处理预拌商品混凝土堵塞的原因,从中寻找解决的办法。

5.1 预拌混凝土泵送堵塞前兆

(1)泵管堵塞的征兆　预拌混凝土泵送堵塞部位绝大多数在管道部分,少数堵塞在设备部分。在泵送设备方面堵塞前兆表现为料斗内混合料下降很慢,搅拌困难,搅拌压力表波动很大且S阀不换向,其原因主要是混凝土配合比存在问题,或者是混凝土拌合物严重离析。管道堵塞征兆主要表现为发动机声音异常大,噪声也大而转速提高,泵送压力急速升高,输送管道明显抖动,出料口无料出表示已经堵塞。

(2)控制堵塞方法　首先,当发现泵送管道堵塞后,应立即反向操作输送泵使混凝土拌合物吸回料斗中,重新进行搅拌达到均匀,减小排量进行正确操作。如果操作仍然无效要放掉料斗内的拌合物,并重新倒入质量好的混凝土拌合物,反复进行正反泵运转直至输送正常。其次,当发现泵送管道堵塞后不再强行泵送,要进行反泵操作,观察混凝土拌合物返回料斗的情况,如果混凝土拌合物返回料斗的情况正常,应检查浇筑附近管道的情况,如布料机的弯管处等,要敲打该部位使管内混凝土松散,减小排量进行正反泵运转操作,直至输送正常。再次,如果返泵操作仍无效,混凝土拌合物返回料斗,应立即沿着输送管道敲击检查堵塞的位置,首先在变径管、弯管处敲击检查判断,如果畅通则进入正常输送。若是在查找过程中发现有卡管松动、密封圈老化产生漏浆,应立即将此段泵管拆卸掉,清除干净管中混凝土,重新密封安装固定好管卡,低排量操作,使泵送达到正常状态。最后,如果这几种方法仍然无法使泵送达到正常状态,必须进行分段清理,当需要拆卸管并发现管内混凝土拌合物开始凝结时,要立即把所有管头卸开,快速清理彻底再恢复。

5.2 预拌混凝土泵送堵塞原因及防治

(1)堵塞是因混凝土拌合物原因　混凝土拌合物坍落度过大,产生离析严重;石子量多堆积一块泵送阻力过大;混凝土拌合物坍落度延时损失太快,出站时拌合物坍落度应符合泵送要求,经过运输时间长入泵前坍落度严重受损而无法满足输送管需要;混凝土拌合物坍落度过小;混凝土拌合物拌合不匀结块;粗骨料级配不连续,大颗粒太多;粗骨料粒形太差,针片状过多;细骨料级配不好,比例偏少;混凝土拌合物中胶凝材料比例过低,浆料太少,可泵性极差;配合比砂率比例失调偏低;混凝土拌合物中有杂质、铁丝、钢筋头、砖块、织物袋及树枝纸袋等。

(2)控制的一般方法

① 要在现场进行试配,选择与外加剂相适应的水泥品种,并对水泥中指标提出要求,如关键的:安定性、初凝时间、比表面积、标准稠度及用水量、C_3A含量等,使胶结材料处于最佳状态。通过认真试配选择与水泥品种相适应的外加剂,并使得含固量、减水率、引气性以及凝结时间等重要指标在适用范围内,保持外加剂性能稳定,起到其应发挥的作用效果。

② 选择粒状好、针片状颗粒含量满足规范小于8%的要求,粒径级配连续性好,符合

《混凝土泵送施工技术规程》附录A要求的粗骨料。最大粒径与输送管径之比不宜大于1/3。细骨料对可泵送影响也较大,其最佳级配应按《混凝土泵送施工技术规程》附录A中图A-5选用,其中0.315筛的筛余量不应大于85%。

③ 水泥用量控制。在泵送过程中水泥起减少骨料与泵送管道之间的摩擦作用。水泥用量一般是根据混凝土设计强度和水灰比来确定的。为了满足可顺利泵送的要求,一般都是掺入一定比例的粉煤灰或矿渣等外掺合料,或者利用其他技术措施提高其可泵性。通过工程应用及泵送经验表明,泵送混凝土的单位水泥用量不应小于280kg/m^3。对于低强度混凝土而言250kg/m^{3}应该是最低限度,这个水泥用量是不能满足泵送施工技术规程要求的,应该以280~300kg/m^{3}为宜。根据混凝土强度等级、坍落度、坍落扩展度及保水性合理选择水胶比例。

④ 根据粗细骨料的品种、粒形、规格、细度模量及胶凝材料用量等因素,通过试配确定砂率;依据当时环境温度,运输距离及交通状况,坍落度经时损失,确定混凝土拌合物出站的坍落度值。

⑤ 按照泵送设备类型、泵送距离及高度、输送易难程度及浇筑部位确定混凝土拌合物入泵时的坍落度范围值。

(3)泵送设备及操作原因

① 泵送设备经常是从完工的工地直接运入新开工地,或者长期存放在一个工地,缺乏必需的维护及保养,即使设备有毛病也坚持使用,在正式输送过程中极容易产生故障,更换及抢修需要较长时间,混凝土拌合物会出现初凝问题。

② 泵送操作人员技术素质较低,操作不熟练不当,不能根据拌合物的实际状态,环境温湿度来综合考虑管道的压力情况,施工部位的难易及输送管弯曲太多的影响;同时泵送操作人员没有及时同搅拌站运输车辆联系协调,输送过程中较长时间供应不及时停顿或大量积压;泵送过程中因泵送操作人员比较疲倦、吃饭或临时有事,让非专业人员代操误操等。

(4)正确的控制措施

① 泵送设备要定期检查维修保养避免带病工作;制定泵送计划,特别是输送预案;在输送过程中当设备出现故障,必须按输送预案制定的措施处理;泵送操作人员要进行专业培训,考试合格后才能持证上岗操作;泵送操作人员要根据拌合物的实际状态,环境温湿度及输送管弯曲布置情况,施工部位的难易程度,运输车辆及到现场时间调整泵的输送量,尽量做到连续不间断。

② 由于某种原因输送临时中断,要每隔10min左右进行2~4次正反操作,使管道保持畅通。

(5)管路布置方面的原因　管路布设走向不合理,弯管过多增大了输送阻力;管道连接固定不牢固,管卡松动密封胶圈老化损伤,漏浆漏气降低了传递中正常压力;上次泵送结束未对管末端彻底清干净,管道内壁粘存废浆,增大了泵送阻力;正式送料前必须用砂浆润滑管道内壁,如果未进行润滑随着内壁不断吸附拌合物浆液,靠近管壁的混凝土流动性不断降低,阻力更大;泵送前未认真检查泵管道质量,对管道内壁磨损严重的管段未及时更换,导致输送过程中的爆管发生。

(6)正确的控制措施

① 管路布置要符合线路最短、弯管最少、接头密且牢固可靠的要求;垂直向上布置管路要克服逆流阻压力,可以通过设置一定长度水平管或加设插管来解决。

② 向下方布管。当布管的倾斜角大于5°~7°时,管内混凝土因自重会向下自流,使输送管内产生空洞或因自流造成管内混凝土离析堵塞,对此情况应在向下倾斜布管前端设置相当于5倍落差的水平管,当条件受到限制可增加弯管或环形管;当倾斜角在7°~12°时,除倾斜配管前端设的5倍水平管外,还要在下斜管的上端设置排气阀。

③ 泵送前要严格检查管道、管卡及接头密封状况,对于管道内壁磨损严重、厚度达不到4mm的管段进行更换;输送前对认真检查润滑管道内壁的工作不容忽视。

④ 当每批次混凝土泵送完成后,认真冲洗管道防止内壁积存混凝土粘接。

(7)浇筑混凝土分包施工问题

① 现在状况是施工的大多数工序都是由劳务分包人员完成,劳务人员几乎都是农民工,流动性大,技术素质低下,这些人员对于混凝土的相关知识掌握很少,多数人未经过专业培训,有些时施工是因为操作不当引起的泵送堵塞及其他质量问题,同时也存在由于不是长期从事建筑工作,造成质量意识淡薄,不按程序进行,方便就干,随意加水使拌合料离析引起不匀堵塞。

② 正确的控制措施。应该对劳务分包单位提出要求,制定有针对性的培训计划,明确责任并加强管理,在专业技能和安全上提高质量和安全意识,对参加施工的人员进行技术交底,监督检查要认真细致。

(8)施工企业存在的问题

① 对泵送工艺不熟悉也未引起重视,缺乏完整的泵送施工方案;在正式泵送施工过程中,缺少现场协调调度人员,与混凝土搅拌站对供应的速度及数量缺少沟通及协商,造成缺料、断料及积压严重。

② 移动布料管机时间过长,造成泵送停滞时间过长;在浇筑过程中突然发生异常现象,如停电、跑模及胀模等情况,也会造成泵送停滞时间过长。

③ 浇筑布料方法不合理,使接管及拆管工序增加。

(9)正确的控制措施

① 制定周密可行的泵送浇筑方案,召开参加单位协调会,理顺各方面的关系;在泵送施工中,施工单位有专人协调安排,确定供料频率次数;在浇筑过程中突然发生异常现象要有预案,发生后处理应果断及时。

② 对运送的混凝土拌合物进行逐车检查,超出约定范围的混凝土拌合物作必要调整或退料处理,不合格的拌合物不得用于工程。

综上浅述,预拌商品混凝土泵送工艺是现代施工工艺的重要体现,对此要有必要的认识及合理安排,制定工艺方案及预案,协调配合及时沟通,做好4个关键环节的控制,即预拌混凝土原材料的质量控制、搅拌过程的质量控制、混凝土运输过程的质量控制以及泵送过程的技术要求与质量控制。只有这样才能大幅度减少和杜绝预拌商品混凝土泵送中的堵塞,提高效率及保证浇筑质量。

6 混凝土工程中钢筋的施工质量控制

钢筋工程的施工是建筑物主体结构施工过程中最重要、最关键的步骤之一，严格控制好钢筋工程施工中的每一道工序质量，是确保整个建筑工程施工质量的前提。因此，在钢筋混凝土工程中钢筋的施工过程，必须从每一道工序入手，层层把关，严格遵守上一道工序合格后方可进入下一道工序的过程控制原则。

6.1 施工准备阶段

(1)技术准备　首先，组织技术人员、工长及班组长熟悉图纸，了解结构特点，考虑钢筋穿插就位顺序，做好内业翻样工作。其次，提前提供各部门的材料计划，进场钢筋分类、分规格地堆放整齐，并且配合现场监理工程师，按比例做好各种规格的材料外观检查和力学性能试验取等样工作，试验合格后方可使用。

最后，组织人员培训，学习规范和操作规程，熟悉图纸和料表。特殊工种人员必须经考核合格后方可持证上岗作业。

(2)现场准备及材料准备

① 对施工现场要清理干净，搭设钢筋加工间，安装机电设备加工制作钢筋的如卷扬机、弯曲机、切断机、电焊机及调直机等，并进行维修、保养、就位及调试，搭设好钢筋操作平台和机械防护雨棚，确保正常工作。

② 要准备好所有足够的钢筋原料，另外准备好绑扎用的铅丝等，钢筋的材质要符合施工验收规范要求。

③ 机械连接所需的各种辅助材料，必须具有出厂合格证。

④ 要搭设好机械操作和操作间防护雨棚，加工好的各种钢筋构件，不允许雨淋，从而防止锈蚀。

(3)机械设备的准备　钢筋切断、调直机、钢筋弯曲机、卷扬机、电焊机、砂轮机、剥肋滚轧直纹套丝机、冷挤压机械以及闪光对焊机等必须安装就位，尤其是电线连接必须符合安全规定。

6.2 钢筋材质及基本构造要求

(1)钢筋材质要求　首先，钢筋进场应有出厂合格证明及试验性能报告单，钢筋表面及每捆钢筋均应挂有标识牌，外观检查必须合格，现场抽样进行力学实验必须合格；同时，要求钢筋抗拉强度的实测值与屈服强度实测值不应小于1.25，钢筋屈服强度实测值与钢筋强度标准值不应大于1.3。如有一项实验结果不符合要求，则从同一批中另取双倍数量的试样重新进行各项试验，如仍有一个试样不合格，则该批钢筋为不合格品，进行退场处理。其次，对进场钢筋要按规格、型号分类码放，钢筋下方要用木方垫起，防止水泡生锈。进场钢筋要分级、分规格做好标识，对钢筋规格、已检、待检、合格与否、进场日期、数量以及货源厂家等要标识清楚，对复试结果未达到要求的要立黄牌提示，严防不合格的钢筋混入料场误用。最后，对进场验收合格的后钢筋要及时做好台账、注明出厂的合格编号、复试单编号及其合格与否,而且实验室取样复试的试验报告单也应注明现场钢筋垛号且与材料台账的编号一致。

(2)构造的基本要求　钢筋主筋保护层混凝土厚度,要根据每个工程的设计要求及质量要求而定。对于钢筋搭接、弯勾长度及锚固长度必须符合图纸的设计要求和国家有关规范的规定,不同品种钢筋的搭接、弯勾长度及锚固长度是不相同的。

6.3　钢筋加工翻样方法

(1)钢筋配料翻样

① 钢筋下料长度。首先是下料工序步骤,计算下料长度及根数→填写配料表→切断钢筋→挂牌编号。同时对下料长度计算:

直钢筋下料长度 = 构件长度 - 保护层厚度 + 弯曲调整值

弯起钢筋下料长度 = 直段长度 + 斜弯长度 + 弯钩增加长度 - 弯曲调整值

箍筋下料长度 = 箍筋内(外)周长 + 钢筋弯曲调整值 + 弯钩平直长度

② 翻样时注意事项。配料计算时,钢筋的形状、尺寸必须满足设计要求,同时尽可能做到长料长用,短料短用,以节约钢材。配料时,对外形复杂的圆弧、椭圆弧钢筋及其他异型钢筋应现场采用 1 : 1 放大样尺量钢筋长度,以求准确。配料时,注意接头的位置错开,且位置合理并符合规范要求。

(2)钢筋加工

① 加工顺序:复检进场钢筋→钢筋调直及除锈→钢筋切断→钢筋弯曲成型→按规格、型号与部位捆扎分类堆放且挂标识牌。

② 钢筋除锈。严禁使用有颗粒状或片状老锈的钢筋,对于表面有浮锈、水锈的钢筋,用钢丝刷人工除锈。

③ 钢筋调直。工程中主要有Ⅰ级盘圆钢筋需要调直,以前常采用 1.5T 卷扬机拉直,拉直时就注意控制好钢筋的冷拉率小于 4%。粗钢筋的调直用专门调直机进行调直。冷拉盘条时应在冷拉机卡具端至地锚卡具之间划定长度,作为冷拉钢筋的切断长度,再按此长度根据冷拉率计算出拉伸总长度、切断长度并划出标记,以此控制冷拉率,现在一般不允许用卷扬机拉直。

④ 钢筋切断。工程中凡是用于电渣压力焊、直螺纹连接部位的钢筋均采用砂轮切割机切断下料,除此之外均用切断机下料。钢筋切断应根据钢筋编号、直径、长度及数量长短搭配,先切断长料后切断短料,尽量减少和缩短钢筋接头,以节约钢材。钢筋切断过程中,如发现钢筋有劈裂、缩头或严重的弯头等必须切除。钢筋切断长度要求准确,允许偏差为 ±10mm。

⑤ 钢筋弯曲成型。弯曲机转速:$\phi18$ 以下钢筋弯曲采用高速,$\phi18 \sim \phi22$ 钢筋弯曲采用中速,$\phi25$ 以上钢筋弯曲采用低速。钢筋弯曲时应先划线,不同的角度将线划出,同时根据加工牌上标明的尺寸将各弯曲点划出,再根据钢筋外包尺寸,扣除弯曲调整值,以确保弯曲钢筋弯曲成型后的外包尺寸准确无误。

6.4　钢筋绑扎控制

(1)基础钢筋绑扎　基础底板钢筋绑扎前,在底板面上先弹好墙线、暗柱线及门窗洞口线,用红油漆做好标志,然后弹好底板的钢筋线,底板的第一根钢筋从墙边 50mm 开始弹线,同时注意当有窗井和竖井位置时,画线应先画出窗井两侧的钢筋,然后向中间排筋。画好底板钢筋分档标志后,开始摆放下筋,并用拉线拉直。

(2)基础钢筋施工顺序　集水坑的钢筋绑扎→短向底板下层筋摆筋→长向底板下层筋摆筋→绑扎板下层筋→施工马凳→长向底板上层筋摆筋→短向底板上层筋摆筋→绑扎板上层筋同时绑扎底板的拉钩→插柱、墙钢筋。

(3)底板下钢筋绑扎完毕后,及时安放柱定位箍筋,墙水平定位筋并与底板钢筋绑扎牢固。穿放上层筋,将加工好的铁马凳搁在底板下层钢筋的下筋上,间距为 1200mm,并用铁丝绑扎好。

(4)底板钢筋的保护层根据设计而定,使用高标号水泥砂浆制作垫块,间距为 800mm × 800mm,梅花形布置。

(5)基础钢筋绑扎采用20#火烧丝,绑扎头呈八字形布置。钢筋接头位置为下铁在跨中,上铁在支座,连接方式根据设计而定,接头错开至少 $35d$ 以上,而且尽可能不放在同一跨度间,底板钢板边跨锚固要满足要求。

(6)集水坑和电梯井的钢筋绑扎。底板的集水坑和电梯井呈异型,制作时根据现场实际放样,放样方法采用 $\phi12$ 的钢筋在现场按照坑的形状尺寸加工并在坑内摆放好,同时在底板上用马凳摆放在底板的转角处,然后具体量出坑内每根钢筋的长度。最后再加工,加工注意对加工的每个钢筋部位的钢筋要标色清楚,画出简图以便于摆放钢筋。底板钢筋绑扎前必须先绑扎好坑的下层钢筋,然后按照顺序摆放钢筋,同时注意钢筋的上口平齐,坑的上口钢筋待板筋绑扎时再进行绑扎。

(7)墙体钢筋及暗柱插筋按设计图纸要求,伸入底板下铁上表面,根据弹好的位置线,将插筋绑扎固定牢固。外墙插入底板内的钢筋必须绑扎三道水平筋。

6.5　柱、墙钢筋绑扎控制

(1)绑扎顺序　弹线→检查纠正偏位→竖向连接→划出平分格线→摆筋或套箍筋→绑扎→安放保护层垫块。

(2)绑扎柱、墙筋前必须检查立筋的垂直度和保护层,个别有偏位的在 1∶6 范围内进行调整,严禁弯成豆芽状。受混凝土浆污染的钢筋用钢丝刷清理。

(3)柱钢筋和墙水平筋按预先抄好的水平线划好间距,确保水平。绑扎墙第一道水平筋或柱第一根箍筋时从结构面向上 50mm。当墙第一道水平筋与暗柱第一道箍筋重叠时,允许暗柱第一道箍筋下移,但距结构面不得少于 20mm(大于混凝土粗骨粒径)。

(4)墙体钢筋先绑扎暗柱筋,后绑扎墙体钢筋。暗柱钢筋的绑扎同上,墙体双排钢筋网按图纸要求绑扎好钢筋,拉筋的间距:加强区为 400mm,非加强区为 600mm。

(5)柱箍筋接头应交叉布置在四个角的纵向钢筋上,主筋到角应到位,并紧贴箍筋。绑扎过程中每个封墙的大角部位应先用吊垂线校正并临时固定,防止立筋在施工过程中有倾斜现象,然后再划线绑扎箍筋,绑扎过程中随时校正其垂直度,并注意箍筋是否水平。如有不水平的现象要及时调整。

(6)柱、墙钢筋绑扎完毕后,在支设好的模板上口位置处采用柱定位框、墙水平梯子筋并固定好间距和排距,防止混凝土浇筑时产生的偏位,柱定位框、墙水平梯子筋可周转使用。

(7)墙竖向梯子筋间距为2000mm,当两暗柱间距小于2000mm时可不加竖向梯子筋,竖向梯子筋可充当墙立筋,但梯子筋规格应比同部位墙体立筋规格高一规格。

(8)对于所有暗柱锚入底板内均需设箍筋。

(9)墙立筋接头距结构面不小于35d且不小于500mm和净高的1/6,接头错开间距47d,错开率为50%。墙立筋搭接长度必须根据混凝土不同的标号符合设计规范和规范要求。水平筋接头错开的间距不小于500mm。绑扎搭接接头必须满足三道扎丝,距端部50mm各一道,中间一道,立筋搭接部位的水平筋不得少于三道。

(10)墙栓留洞　洞口单边尺寸小于300mm时该单边原有钢筋不切断,当洞口尺寸在300~800mm时需按设计要求加筋,当洞口尺寸大于800mm时需按各部位要求加过梁筋或暗柱。

(11)墙体钢筋绑扎时,地下室部位外墙的水平筋在竖向筋的内侧,而地下室内墙及地上部分结构外墙的水平筋在竖向筋外侧。

(12)对于剪力墙与楼梯体系平台的预留钢筋要按统一放置,与墙立筋及水平筋绑好,并与墙面保持平行,检查合格后,方可先合靠近预留筋一侧的模板。合模时随时观测预留筋位置是否移动,若出现位移应立即派人隔着墙筋在另一侧整理,经过整理合格后方可合另一侧模板并进行固定。

6.6　板钢筋绑扎控制

(1)板钢筋绑扎顺序　弹线→摆下层钢筋→绑扎→安放马凳→摆上层筋→绑扎→垫保护层垫块。

(2)绑扎板筋前在模板上弹好板筋位置线,带线绑扎,确保板筋的间距符合设计要求,其中第一道和最后一道板筋距支座边50mm,绑扎时弯钩按图纸朝向一致。板筋搁置在梁或墙上时在板筋的弯钩处设置一根同板筋规格的钢筋,并绑扎牢固。

(3)双层板筋之间用双工型马凳@800mmϕ20钢筋制作。马凳垂直于板上层受力筋方向通常布设,钢筋不重叠在一起,马凳高度为板厚减去下层钢筋加上上层双层钢筋的直径与保护层厚度的和,马凳支脚处板筋下必须垫放保护层垫块。

(4)板筋接头位置　上铁在跨中,下铁在支座,接头百分率为25%。当采用搭接接头时,搭接长度要符合设计要求,接头错开距离为1.3倍搭接长度。

(5)后浇带位置的板筋为保证钢筋间距和保护层厚度,在两层钢筋之间摆放定位夹。同时注意板筋在后浇带位置是否断开并根据设计要求而定,而墙筋在后浇带位置不断开。

6.7　钢筋工程隐蔽验收

(1)加工过程中的质量三检制　半成品加工时,每断一批料,每加工一批箍筋等,完成后操作者本人检验合格并经加工班组检验合格后,填报自、互检合格单,向绑扎班组移交。绑扎班组应对接受钢筋所用部位钢筋的规格、尺寸及质量(核对图纸)进行核对检验后,方可进行该部位施工。

(2)绑扎过程中的质量三检制　每个检验批施工完毕后经自检、互检合格后、填报自检及互检合格单验评记录,向质量专检部门报验,质量专检部门检验合格后,填报隐蔽工程检查记录,报监理单位验收合格后,方可进行下一道工序施工。也就是墙体钢筋验收合格后,方可支设墙体模板;楼板钢筋验收合格后,钢筋可以隐蔽,浇筑楼板混凝土。钢筋工程施工工序过程中,严格按以上各工序施工重点和控制重点施工,一般都能满足施工验收规范要求,确保钢筋位置准确及保护层厚度控制。

7　混凝土外观缺陷的原因与处理

随着目前建筑业的快速发展,钢筋混凝土结构的应用更加广泛,那整洁美观、拔地而起的各种大型建筑及城市里飞跨的高架桥无不成为各城市一道靓丽的景观,同时给人们以美的享受。由此可见,钢筋混凝土结构不仅要保证其内在的质量,其外观质量也非常重要。符合要求的混凝土外观应具备表面平整、色泽均匀及边棱角分明等特点。混凝土的外观缺陷问题是个普遍存在而又不太好处理的工程实际问题,本节对混凝土外观缺陷存在的原因以及如何预防进行分析探讨,并针对具体情况提出了一些处理措施。

7.1　混凝土表面麻面

(1)麻面现象　混凝土表面局部缺浆露出砂石粒无浆显得粗糙,或有许多小凹坑,但无钢筋和石子外露。

(2)原因分析　模板表面粗糙或清理不干净,粘有干硬水泥砂浆等杂物,拆模时混凝土表面被粘损;钢筋模板脱模剂涂刷不均匀,拆模时混凝土表面粘接模板;模板接缝拼装不严密,浇筑混凝土时缝隙漏浆;混凝土振捣不密实,混凝土中的气泡未排出,一部分气泡停留在模板表面。

(3)预防措施　模板面要清理干净,不得粘有干硬性水泥砂浆等杂物。木模板在浇筑混凝土前,应用清水充分湿润,清洗干净,不留积水,使模板缝隙拼接严密,如有缝隙,填严,防止漏浆。钢模板涂模剂要涂刷均匀,不得漏刷。混凝土必须按操作规程分层均匀铺浆并分层振捣密实,严防漏振过振,振动棒在每个振点快插慢拔,使混凝土振捣至气泡全部排除为止。

(4)处理方法　麻面主要影响混凝土外观,对于面积较大的部位要进行修补。即将麻面部位用清水刷洗,充分湿润后用水泥砂浆或 1 : 2 的水泥砂浆抹刷,修补后的养护十分关键。

7.2　混凝土表面蜂窝

(1)蜂窝现象　混凝土局部酥松、砂浆少石子多以及石子之间出现空隙,从而形成蜂窝状的孔洞。

(2)原因分析　混凝土配合比不合理,石、水泥材料计量不准,或加水量过多产生离析,造成砂浆少石子多;混合料搅拌时间过短,没有拌合均匀,混凝土和易性差,振捣不密实;未按操作规程灌注混凝土,下料不当,使石子集中,振捣不出水泥浆,造成混凝土石子集中离析;混凝土一次下料过多分层不清,没有分段、分层浇筑,振捣不实或下料与振捣配合不好,未振捣又下料漏振;模板缝隙未堵塞好,或模板支设不牢固,振捣混凝土时模板移位,造成严重漏浆。

(3)预防措施　混凝土配料时严格控制配合比及水灰比,经常检查,原材料采用电子自动计量,保证材料计量准确。混凝土拌合时间不要过短,一般不少于90s,颜色要一致,其延续搅拌最短时间应符合规定。混凝土入模自由倾落高度一般不得超过2m。如超过2m时,要采取串筒、溜槽等措施下料。混凝土的振捣分层捣固。浇筑层的厚度不得超过振捣器作用部分长度的1.25倍。捣实混凝土拌合物时,插入式振捣器移动间距不大于其作用半径的1.5倍;对细骨料混凝土拌合物,则不大于其作用半径的1倍。振捣器至模板的距离不大于振捣器有效作用半径的1/2。要保证上下层混凝土结合良好,振捣棒插入下层混凝土深度不小于100mm。混凝土振捣时,必须掌握好每个振点的振捣时间。合适的振捣现象,即混凝土不再显著下沉,不再出现气泡。混凝土浇筑时,经常观察模板、支架、板缝的变化或渗浆情况。发现有模板鼓胀变形,立即停止浇筑,并在混凝土初凝前修整完好。

(4)处理方法及措施　当混凝土表面有小蜂窝,可先用干净水冲洗干净,然后用1:(2~2.5)的水泥砂浆修补,如果是大蜂窝,则先将松动的石子和凸出松动颗粒剔除,尽量形成喇叭口,外口大些,然后用清水冲洗干净湿润,再用高于原配合比一级的细石混凝土捣实、抹平、覆盖并加强养护。

7.3　混凝土表面孔洞

(1)表面孔洞呈现状况　混凝土从表面检查其结构内有空隙,局部没有混凝土。

(2)原因分析　在钢筋密集部位或预埋件处,混凝土灌注不畅通,不能充满模板间隙;未按顺序振捣混凝土,产生漏振;混凝土离析,砂浆分离向上,石子底部成堆,或严重跑漏浆形成孔洞;混凝土的浇筑施工组织不好,未按施工顺序和施工工艺认真操作;混合料中有硬块和杂物掺入,或木块等大块料掉入混凝土中;未按规定高度下料,吊斗直接将混凝土卸入模板内,一次下料过多过集中,下部因振捣器振动作用半径达不到深度,形成松散状态。

(3)预防处理措施　首先,在钢筋密集处,可采用细石混凝土灌注,使混凝土充满模板间隙,并认真振捣密实。在机械振捣有困难时,可采用人工配合振捣密实;另外在预留孔洞处的两侧同时下料。下部往往灌注不满,振捣不实,采取在侧面开口浇筑的措施,振捣密实后再封好模板,然后向上部连续浇筑;同时,采用正确的振捣方法,严防漏振。其具体操作按下述要求进行。

用插入式振捣棒采用垂直插入方法振捣,即振捣棒与混凝土表面垂直或斜向振捣,即振捣棒与混凝土表面成一定角度,约40°~45°;振捣棒插入点均匀排列,可采用行列式或交错式顺序移动,不要混用,以免漏振。每次移动距离不大于振捣棒作用半径的1.5倍。振捣棒在一个点操作时快插慢拔;控制好入模下料高度。要保证混凝土灌注时不产生离析,混凝土自由倾落高度不超过2m,大于2m时要用溜槽、串筒等下料方式;防止砂、石中混有黏土块或其他杂物等；如地下基础承台如采用土模施工时，要注意防止土块掉入混凝土中；发现混凝土中有杂物，及时清除干净；加强施工现场技术管理和工序的质量检查工作。

（4）混凝土孔洞的处理　当出现结构中有孔洞的严重质量问题时，必须要会同有关单位共同研究协商处理办法，一切补强方案都需经批准后方可进行。

7.4　混凝土表面露筋

（1）露筋表现形式　钢筋混凝土结构的主筋、副筋或箍筋等露在混凝土表面。

（2）露筋原因分析　混凝土浇筑振捣时，钢筋垫块移位或垫块太少甚至漏放，钢筋紧贴模板；钢筋混凝土结构断面较小，钢筋过密，如遇大石子卡在钢筋上，混凝土中水泥浆不能充满钢筋周围；因配合比不当混凝土产生离析，浇捣部位缺浆或模板严重漏浆；混凝土振捣时，振捣棒撞击钢筋，使钢筋移位；混凝土保护层振捣不密实，或木模板湿润不够，混凝土表面失水过多，或拆模过早受损，拆模时混凝土缺棱掉角等。

（3）预防处理措施　浇筑混凝土前，检查钢筋位置和保护层厚度是否准确；为保证混凝土保护层的厚度，要注意固定好垫块。一般每隔1m左右在钢筋上绑一个水泥砂浆垫块；当钢筋较密集时，要选配适当的石子。石子的最大颗粒尺寸不得超过结构截面最小尺寸的1/4，同时不得大于钢筋净距的3/4。结构截面较小，钢筋较密时，可用细石混凝土浇筑；为防止钢筋移位，严禁振捣棒撞击钢筋。在钢筋密集处，可采用带刀片的振捣棒进行振捣。保护层混凝土要振捣密实。浇筑混凝土前用清水将木模板充分湿润，并认真堵好板缝隙；混凝土入模自由落高度超过2m时，要用串筒或溜槽等进行下料；拆模时间要根据现场同条件养护试块试验结果确定，防止过早拆模；操作时不得踩踏钢筋，如钢筋有踩弯或脱扣者，应及时检查调直并补扣绑好。

（4）露筋处理方法　必须将外露钢筋上的混凝土残渣和铁锈清理干净，用水冲洗湿润，再用1∶2或1∶2.5的水泥砂浆抹压平整，如露筋较深，将薄弱松动混凝土石子剔除，冲刷干净湿润，用高于原混凝土一级的细石混凝土捣实压抹平整并覆盖认真养护。

7.5　混凝土缺棱掉角

（1）缺棱掉角现象　混凝土局部损伤掉落，不规整，棱角有缺陷。

（2）存在原因分析　木模板在浇筑混凝土前未充分湿润或湿润度不够，浇筑后混凝土养护不好，棱角处混凝土的水分被模板尽快吸收，致使混凝土无水及时间发生水化，强度降低；常温施工时，过早拆除承重模板；拆模时受外力作用或重物撞击，或保护不好，棱角将被碰掉；冬季施工时，混凝土局部会受冻损伤。

（3）预防处理措施　木模板在浇筑混凝土前要充分湿润，混凝土浇筑后要认真覆盖保温浇水养护。拆除钢筋混凝土结构承重模板时，混凝土具有足够的强度，表面及棱角才不会受到损坏。拆模时不能用力过猛、过急，注意保护棱角，吊运时，严禁模板撞击棱角。加强成品保护，对于处在人与运料等多的通道处的混凝土阳角，拆模后要用槽钢等将阳角保护好，以免碰损。冬季混凝土浇筑完毕后，认真做好覆盖保温工作，加强测温，及时采取措施，防止受冻。

(4)缺棱角治理方法　当缺棱掉角较小时,清水冲洗可将该处用钢丝刷刷净充分湿润后,用1∶2或1∶2.5的水泥砂浆抹补整齐。可将不实的混凝土和突出的骨料颗粒凿除,用水冲刷干净湿润,然后用比原混凝土高一级的细石混凝土补好并认真养护。

7.6　混凝土施工缝夹渣层

(1)夹渣层现象　施工缝处混凝土结合不好,有缝隙或夹有杂物,造成结构整体性不良。

(2)存在夹渣层原因分析　在浇筑混凝土前没有认真处理施工缝表面,浇筑时捣实不够;浇筑大体积混凝土结构时,往往需要分段分层施工。在施工停歇期间常有木块、锯末等杂物积存在混凝土表面,未认真检查清理,再次浇筑混凝土时混入混凝土内,在施工缝处造成杂物夹渣层。

(3)预防处理措施　在施工缝处继续浇筑混凝土时,如间歇时间超过规定,则按施工缝处理,在混凝土抗压强度不小于1.2MPa时,才允许继续浇筑施工;在已硬化的混凝土表面上继续灌注混凝土前,除掉表面水泥薄膜、松动石子或软弱混凝土层,并充分湿润和冲洗干净,残留在混凝土表面的水予以清理,在无明水时才能在上继续浇筑;在浇筑前,施工缝宜先铺抹素水泥浆一道或与混凝土相同的无石子砂浆铺一层,厚度为30mm左右即可;在模板上沿施工缝位置通条开口,以便清理杂物和冲洗。冬季施工时可采用高压风吹。全部清理干净后,再将通条开口封闭,并抹水泥浆或无石子砂浆一层,再浇筑上层混凝土。

(4)夹渣层处置方法　当表面夹层缝隙较细时,可用清水将裂缝冲洗干净,充分湿润后抹素水泥浆。对夹层的处理一定要慎重仔细。补强前,先搭临时支撑加固后,方可进行剔凿。将夹层中的杂物和松软混凝土清除净,用清水冲洗干净,充分湿润,再采用提高一级强度等级的细石混凝土或同强度混凝土浇筑减少石子砂浆,捣实并认真覆盖养护。

综上浅述可知,大量混凝土工程的建设实践证明:万一结构混凝土表面发生不利于“面子工程”所要求的外观缺陷时,通过恰当的工艺对其进行认真仔细并谨慎地修饰,则也能较好地获得清水混凝土应有的外观效果。但要获得较理想的修饰效果,达到自然、美观和符合验收标准的质量水平,也是极其不易达到的。混凝土外观质量决不能寄托于修饰,必须在混凝土施工工艺上狠下功夫才能达到要求。

8　混凝土结构裂缝综合修补技术应用

混凝土结构裂缝的产生几乎是难以避免的,但实践表明大多数裂缝均可以通过修补使混凝土结构恢复原有的功能。混凝土裂缝的存在会严重影响结构工程的安全性和耐久性,严重的会影响结构的承载力。在多数情况下需要对裂缝进行修复加固处理。现在常用的裂缝修补技术多种多样,造成裂缝修复应用具有一定复杂性,也有一些工程因修复技术选用不当而出现二次开裂的现象。因此有必要对裂缝的修复技术进行分析比较,选择性价比最可靠的方法,为修复裂缝提供依据。现在采用的技术是用玄武岩纤维水泥砂浆结合灌浆法,通过对受弯混凝土梁进行综合修补分析对比发现,用这种修补方法使新补混凝土层中的收缩裂缝与受力裂缝得到明显控制,使修补结构获得良好的整体性,显著提高粘接界面的抗疲劳性,其耐久性也有大幅度的提高。根据试验结果分析和经验总结,提出裂缝的修复方法和措施供借鉴。

8.1 混凝土梁裂缝修补试验方法

(1)试件基本要求　试验用梁净长为2200mm,截面高为200mm. 宽为100mm;主筋两根均为10mm的一级筋,如图4-2、4-3所示。加载方式是在距支座500mm处由分配钢梁进行加载,采取分级加载;在纵筋应变接近屈服应变时,根据试验情况适当加荷载级别以确定屈服荷载。由于混凝土在一年内可完成20年收缩率的85%左右,此试验只是重视到新老混凝土的收缩差,所以修补时间确定在混凝土梁制作后的1年半后进行,此时由于混凝土梁收缩且绝大部分已完成,可以忽略不计。

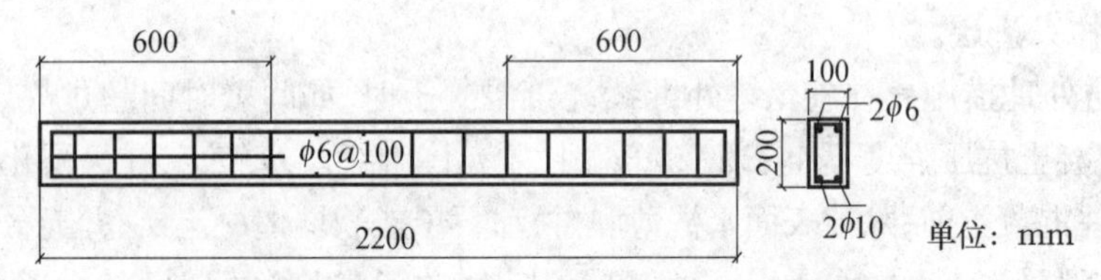

图4-2　钢筋混凝土试验梁的模板及配筋示意

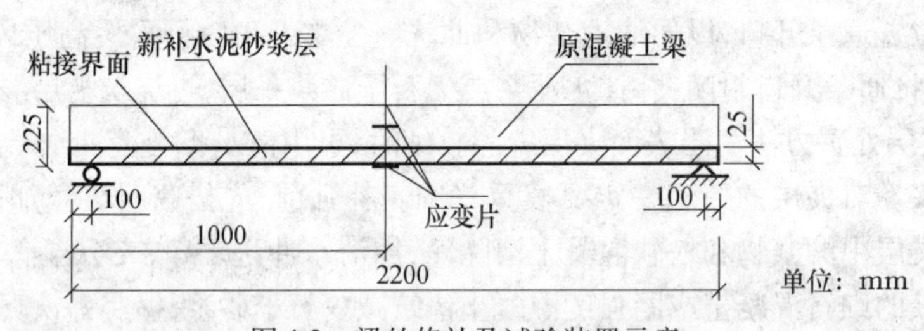

图4-3　梁的修补及试验装置示意

(2)修补试验方案确定　将制作符合试验要求的5根梁均加载至20kN后再卸载,此时受拉钢筋还未屈服;在二次加载前对干燥裂缝及受力裂缝采取低压低速灌浆法对裂缝进行处理,然后分别对修补界面采用两种方法处理。其中一个试件未作裂缝修补作为对比用;由于老混凝土表面的粗糙度对新老混凝土界面的粘接强度有很大的影响,为了达到修复界面有优良的粘接性能,需要将老混凝土表面凿毛露出石子,表面粗糙度达3mm左右,再用压力水冲洗干净。在无明水情况下在表面涂刷一层1∶0.5的素水泥浆,厚度为2mm;再在素浆上抹一层25mm左右厚的玄武岩纤维水泥砂浆。再将5根试验梁重新二次加载达到破坏,采集量取梁裂缝、开裂荷载以及挠度等数据进行认真分析。

(3)低压低速灌浆施工方法　首先,设备使用YJ系列的自动压力灌浆机,长度约为260mm;弹簧压力为60kPa,一次装入树脂量为50g;而有效注入量为40g,注入不够时连续补充加树脂,可以直观地确认注入情况。此外还有角向磨光机,其电压为220V,频率为50Hz,转速为11000r/min;600mL量杯配树脂用,并配防护手套。

其次,使用的原材料为AB灌浆树脂,溶剂型,其黏度为60～100MPa/20℃,抗压强度不小于35MPa,粘结强度大于3.0MPa,无延伸性;可以灌缝宽度大于0.1mm较细裂缝用,低黏度强度高,适宜在干燥环境中用。甲∶乙=4∶1;J H－高强封缝胶:要在10min内初凝,1h 后达到终凝;用于微细裂缝表面用封闭,甲:乙=100:2。

最后,施工过程的质量控制:用裂缝放大镜仔细观察裂缝的实际宽度;对基层的处理;清除干净裂缝表面及周围灰尘杂物;确定注入口位置,正常情况是在200mm 左右长度范围设置一个注入口,注入口位置尽可能设置在裂缝较宽且开口畅通的部位,粘贴胶带标留。封闭裂缝:使用 YJ 一块干型封缝胶,沿裂缝表面涂抹,留出注入口。安置塑料底座:掀开注入口上胶带,用封缝胶把底座粘在注入口上。安装灌浆器:把配置好的灌浆树脂注入软管中,将装有树脂的灌浆器旋紧在底座上。灌浆:松开灌浆器弹簧,确认可以进行灌浆,如果树脂不够可以补充足后开始灌注。注入完毕:注至速度降低确认不可能再进胶时,拆除灌浆器,用堵头将底座封严。用后的灌浆器要用酒精立即洗干净保存待再用。并把底座一同清干净。

8.2 玄武岩纤维水泥浆原材料

在玄武岩纤维使用要被切短的且杂乱的长度在 5mm 左右为宜。分散纤维需要甲基纤维素和硅粉等分散剂。配置玄武岩纤维水泥砂浆的配合比如表 4-1 所示。

表 4-1　玄武岩纤维水泥砂浆的配合比

水泥+硅粉	硅粉	砂子	玄武岩纤维	分散剂	高效减水剂	消泡剂	早强剂	水
1.0%	13%	1.4%	0.6%	0.4%	2%	0.02%	0.6%	0.48%

先将分散剂即甲基纤维素在水中溶解,放入玄武岩纤维消泡剂,搅拌至纤维均匀分布。再把此搅拌好的混合物、水、水泥、砂子和硅粉,放入自备的搅拌器中按预先设定的程序搅拌 5min,然后再加入减水剂和早强剂,再继续搅拌 5min,直至玄武岩纤维水泥砂浆均匀分散为止。

8.3 试验主要进行的内容

(1)在混凝土浇筑前,在纵筋和箍筋的不同部位分别按一定间距粘贴应变片,通过静态电阻应变仪记录各级荷载作用下钢筋的应变数值,如表 4-2 所示。

表 4-2　钢筋与混凝土实测性能表

	项目	f_r/MPa	f_b/MPa	E_c/MPa
钢筋	直径 6mm	412.6	516.8	1.98×10^5
	直径 10mm	238.8	352.7	2.03×10^5
混凝土强度		26.7	23.2	2.66×10^4

(2)在梁跨中顶面及梁底面处分别贴两片应变片,梁两侧分别粘贴三片应变片,通过静态电阻应变性记录各级荷载作用下混凝土的应变值。

(3)在梁支座及跨中处设置百分表以量测跨中挠度,由 $X-Y$ 函数记录仪绘出梁挠度曲线。

(4)首先进行梁的加载试验,加载至钢筋恰好屈服,使之由于钢筋塑变产生主裂缝。记录钢筋应变、开裂荷载、屈服荷载、裂缝宽度及裂缝间距等。

对产生的弯曲裂缝及受剪斜裂缝使用低压低速灌浆法进行修补，修补完毕后敷设玄武岩纤维水泥砂浆面层，然后二次加载，观察被修补梁的裂缝、挠度等发展情况，以验证低压低速灌浆法及玄武岩纤维综合修补技术对构建刚度和抗裂度的影响，玄武岩纤维性能指标如表4-3所示。

表4-3　　玄武岩纤维性能指标

纤维直径/μm	计算厚度/mm	抗拉强度/MPa	弹性模量/GPa	断裂伸长率/%	密度/(g/cm³)
9	0.121	2.32	128	1.68	2.80

8.4　试验结果分析

从试验结果可以看出，采用玄武岩纤维水泥砂浆作为修补面层对混凝土受弯梁裂缝的数量与宽度有较明显的控制作用，修补梁裂缝宽度较未修补梁有较大改善，裂缝分布特点是细而密，其最大裂缝宽度可减小30%左右，挠度最大值减小20%左右，被修补梁的刚度得到明显提高。

采用玄武岩纤维水泥砂浆修补方法修补的梁与未修补梁在承受荷载时，裂缝的出现、发展以及梁的破坏形式都有很大的差别。根据梁的裂缝发展特点，可将裂缝发展分为两个主要阶段。以新老混凝土的粘接界面出现的裂缝为分界，在此之前，粘结界面尚未开裂，修补对梁裂缝的发展没有影响，此时新老混凝土能很好地共同工作，每根梁的裂缝出现情况都与普通整体梁相似。

在进入第二个阶段，当梁截面竖直裂缝、斜裂缝发展达到新老混凝土的粘接界面时，普通梁由于混凝土抗拉强度较低，裂缝就沿薄弱的区域开展。而在玄武岩纤维水泥砂浆修补梁中，由于新老混凝土有良好的粘接性，裂缝通过粘接界面继续朝上发展，并贯穿新补混凝土层，最后梁的破坏形态与整体梁的破坏形态基本一致。

由试验结果可见，随荷载等级的不断提高一直到梁被破坏，普通梁的正截面裂缝和斜裂缝开裂荷载很低，裂缝发展较快，裂缝宽度较大，破坏时梁的有效高度急剧降低，而受压区混凝土以压碎而告破坏。而采用综合修复方法修补的梁，修补上去的水泥砂浆层能很好地起到与老的混凝土协同工作以抵抗外荷载的作用，开裂荷载得到显著提高，最大可提高66%，修补梁裂缝宽度较未修补梁有较大改善，裂缝分布特点是细而密，试验结果如表4-4所示。

表4-4　　试验梁修复裂缝与试验结果

构件编号	补强加固情况	梁开裂荷载/kN		梁屈服荷载/kN		裂缝间距/mm	裂缝宽度/mm	挠度/mm
		试验值	提高百分比/%	试验值	提高百分比/%			
I—1	未修补对比梁	6	—	25	—	480	0.6	44
I—2	敷设25mm厚玄武砂浆	8	33	27	8	418	0.52	39
I—3	敷设25mm厚玄武砂浆	9	50	26	4	421	0.46	36
I—4	敷设25mm厚玄武砂浆	9	51	27	8	399	0.48	35
I—5	敷设25mm厚玄武砂浆	10	65	28	8	404	0.43	38

8.5 简要小结

为有效解决混凝土结构裂缝修补达到耐久性问题，减少由于新老混凝土收缩差在新混凝土中引起的收缩裂缝及受力裂缝，以及提高其抗裂性能，在试验研究分析时采取了在二次加载前先用低压低速灌浆法对受力及收缩裂缝用环氧树脂灌浆法技术处理，然后用玄武岩纤维水泥砂浆做修补过渡层的新修补方法。试验结果表明，这种新旧裂缝综合修复方法能够有效地减小新混凝土中的裂缝数量级宽度，其最大裂缝宽度可减小30%左右；梁的最大开裂荷载提高60%以上；挠度也得到有效控制。此外这种修补方法还可有效提高被修补结构的整体性，使修补梁的破坏形式与整体梁基本相似，克服了传统的修补梁的修补层在破坏时脱落损坏的缺陷。结果表明：玄武岩纤维水泥砂浆与传统的碳纤维修复砂浆修补裂缝都能有效提高构件刚度和抗裂度，且玄武岩纤维水泥砂浆修补方法具有更好的可操作性；对施工过程技术要求也较低，因此更具有可发展应用的前景。

9 混凝土结构有害裂缝的成因及预防处理

随着基础设施、工业建筑规模及体量的加大，对于建筑结构用量最大的混凝土使用要求更高，近些年对混凝土的研究及应用技术也取得了重大发展，各种不同使用范围的化学外加剂与不同成分的矿物掺合料的应用使混凝土的性能发生了一定的改变，满足和适应建筑工程的需要。但是混凝土结构件的裂缝问题不但没有减少，反而较原来现场自拌混凝土更多、更严重了。虽然许多工程采取了诸如加强对结构的养护及掺用膨胀剂等措施，但混凝土结构件的裂缝依然不少。习惯上对于混凝土的裂缝，总是简单的归结为施工中的振捣或养护不当所致，但是随着施工技术和质量要求程度的提高，大范围频繁地产生裂缝，已不能简单的再归结为施工不当了，根据现在建筑用混凝土的实际情况，对混凝土的裂缝类型进行浅要分析并探讨。

9.1 混凝土裂缝的类型及成因

混凝土的组成是多向复合的脆性材料，当产生的拉应力大于抗拉强度时，或者拉伸变形大于极限拉伸变形时，就会产生开裂；其裂缝按深度不同划分，可分为表层裂缝，深层裂缝和贯穿性裂缝。

按裂缝开展变化可分为死缝（即不随气候变化而变化）、活缝（即宽度随自然环境和荷载变化而变化，长度变化小）和增长变化缝（即宽度或长度随时间延长而增长）。

裂缝按发生的时间一般可分为早期裂缝即浇筑后7d以内、中期裂缝即7～180d以及后期裂缝即180d以后产生的裂缝。按其产生的原因可以分为温度裂缝、干缩裂缝、钢筋锈蚀裂缝、超载裂缝、碱集骨料反应裂缝及地基不均匀沉降裂缝等。根据不同工程施工经验分析温度裂缝、干缩裂缝、钢筋锈蚀裂缝、超载裂缝、碱集骨料反应裂缝及地基不均匀沉降裂缝。

9.1.1 温度裂缝

温度裂缝一般被认为是大体积混凝土在浇筑以后，水泥水化热使得混凝土内部温度逐渐升高，当水化热温升达到高峰值后，由于环境温度较低造成混凝土温度逐渐开始降低。在降温过程中混凝土产生收缩，在约束条件下当降温收缩变形大于此时混凝土极限拉伸变形时，混凝土则产生裂缝，这种裂缝被认为是温度裂缝；而另一种温度裂缝是由于混凝土内外温差的作用，如当混凝土遭遇突然降温或夏季遭受阳光直射暴晒后突降暴雨，造成混凝土表面与内部极大的温差，混凝土表面温度下降很快，而内部温度几乎不降低，内部混凝土对表面混凝土起到较大约束作用，是产生温度裂缝的另一主要原因。

9.1.2 干缩裂缝

干缩裂缝是处于空气中未饱和的混凝土因为水分析出而引起的体积缩小变形，称作干燥收缩变形，温度的扩散速度比干缩速度要快1000倍，正是由于干燥扩散速度小，混凝土表面已产生干缩现象。而其内部并不干缩，这样内部混凝土对表面混凝土干燥起到约束作用，造成混凝土表面产生干缩应力。当混凝土产生的干缩应力大于抗拉强度时，混凝土就会产生裂缝，这种裂缝称为干缩裂缝。

9.1.3 钢筋锈蚀裂缝

钢筋锈蚀产生的裂缝是由于混凝土产生裂缝，是因其水分或有害气体进入钢筋表面而产生的锈蚀，锈蚀产物即氢氧化铁的体积比原体积增长3倍左右，从而对周围混凝土产生膨胀应力，当其膨胀应力大于此时混凝土抗拉强度时，混凝土就会产生裂缝，这种裂缝被称为钢筋锈蚀裂缝。而裂缝严重时其表面混凝土会开裂以至脱落，钢筋外露直径减小导至承载力下降。

9.1.4 超载裂缝

当建筑物在遭受超载作用时，其结构件产生的裂缝一般为超载裂缝。这种现象不会发生太多，但有时也会存在，如楼板上堆积过多物品，水泥或砌块堆积高度超过1.2m以上也会使板产生裂缝。

9.1.5 碱集骨料反应裂缝

碱集骨料反应主要有碱-碳酸盐反应，属于水泥中的碱（Na_2O及K_2O）与骨料中的一些活性物质如活性SiO_2、微晶体白云石即碳酸盐及变形石英等发生反应而生成吸水性极强的凝胶物质。当反应物增加至一定数量且有足够的水分时，就会在混凝土中产生较大的膨胀应力，导致混凝土产生裂缝，这种裂缝一般称为碱集骨料反应裂缝。

9.1.6 地基不均匀沉降裂缝

地基不均匀沉降裂缝是由于地基不均匀沉陷，造成混凝土结构体产生较大剪力，当所承受剪力大于混凝土抗剪切强度时，混凝土就会出现裂缝，这种裂缝一般称为地基不均匀沉降裂缝。

9.2 混凝土有害裂缝的预防

9.2.1 原材料质量的控制

混凝土的原材料二百年来很少有大的变化,仍然包括传统的水泥、粗细骨料和水,现在又增加了外掺合矿物料和不同用途化学外加剂,所以对使用材料的质量控制就是对这些主要材料质量的控制。

(1)水泥的质量控制　水泥产品出厂前按同品种、同强度等级及炉号编号并取样,袋装水泥与散装水泥分别存放抽样。出厂样品要分别进行不溶物、烧失量、氧化镁、二氧化硫、碱、比表面积、细度、凝结时间、安定性及强度等项目的检验,以保证水泥产品的质量。如抽检样品中氧化镁、三氧化硫、安定性与凝结时间中有一项不合格时,该批产品为不合格。当细度、不溶物、凝结时间和烧失量中任意一项不合格或混合物掺量超过国家规定最大限量时,且强度低于规定强度等级时,该批产品也判为不合格。

(2)粗细骨料的质量控制　对进入现场的骨料是以 400m^3 或是 600t 为一个验收批次,小型工具运输的骨料应以 200m^3 或是 300t 为一个验收批次,每个验收批要进行颗粒级配,含泥量及针片状颗粒的含量的检验。进入现场的骨料应按不同粒径分别堆放,使用时分级称取以达到骨料级别合理准确。堆放骨料的场地应平整且要硬化,不积水且使用方便。

(3)拌合用水质量　按照正常使用要求,混凝土拌合用水用生活自来水即可,无自来水时要取样进行化验,水质化验取样不应少于 5L,用于测定水泥时间和胶砂强度的水样不少于 3L。采集水样容器要干净无污染,用取样水冲洗不少于 2 次,取样后封口送检。

(4)矿物掺合料的质量控制　矿物掺合料要按批进行验收,供应商要提供出厂合格证件及检测报告。合格证及检测报告的内容必须齐全,包括厂名、合格证或检测报告序号、级别、生产日期、代表量及本检验批的检验结果和结论等内容。对于进场的矿物掺合料,应分类按检验内容进行,包括细度、需水量比、烧失量比、安定性、比表面积及流动度比等,组批或批量进行验收,还可以根据需要检验其他内容。

(5)外加剂质量控制　选择用外加剂时,应根据混凝土的性能要求,施工及气候条件,结合混凝土的原材料和配合比等因素,综合考虑及参考以前应用经验,确定选择外加剂的品种,并根据生产厂家的推荐使用掺量并结合同水泥匹配性试验结果而掺用。

对选择进场的外加剂必须附有生产厂家的质量证明书。外加剂进厂时必须检查正规生产厂家名、品种、包装、数量、生产日期及质量检验结果报告等。

9.2.2 施工过程中的质量控制

混凝土浇筑过程的质量控制主要包括:入模时拌合料的温度,分层厚度及振捣均匀性,在表面自然沉陷后的二次振捣及二次抹压,表面抹压后的覆盖(包括塑料薄膜及草袋保温)等。配合比中尽量减少水泥用量,用水化热低的胶结材料,达到降低温差防止开裂;根据工程需要及气候条件掺入合适的外加剂,延长混凝土的凝结时间。区分不同季节采取散热及保温措施,尤其是进入冬季一定要采取预防措施,拌合混凝土时根据不同温度掺入一定比例的早强防冻剂，而且对浇筑后的混凝土采取有效保温措施，保证达到受冻前的最低强度即受冻临界强度。按照现行的建筑工程冬期施工规程的要求，水工混凝土一般都有抗渗要求，北方地区还有抗冻耐久性要求，其受冻临界强度不宜小于设计强度等级值的70%，否则气温正常后无法恢复至设计强度。夏季应重视保湿及降温措施，冬季应加强保温措施。

9.3 混凝土有害裂缝的处理措施

9.3.1 表面涂抹覆盖及叠合面层法

表面涂抹覆盖法是指在有裂缝的混凝土表面涂刷防水涂膜，以达到封闭裂缝的最简单修补方法。适用范围是裂缝宽度小于0.2mm的裂缝修补，同样也可以用于混凝土表面的装饰及防水处理，除此之外还可以防止混凝土保护层的碳化和有害气体及离子对结构的腐蚀。表面涂抹覆盖法是沿着混凝土表面涂刷水泥浆，沥青，油漆及环氧树脂等材料来修补混凝土结构表面细小的结构表面，可以根据结构的使用要求选择适当的表面涂覆材料达到需要要求。

当混凝土结构表面产生大量裂纹或龟裂，采用其他方法单独处理各个裂缝费时费力，而且难以达到理想效果，用叠合面层法封闭及覆盖裂缝效果极佳。对于早期出现的大面积网状裂缝，此方法非常适用。

9.3.2 开槽密封处理法

开槽密封处理法通常用于隐蔽性裂缝上或没有结构限制要求的裂缝部位，该方法是沿着可见裂缝再扩大其截面的混凝土，再用合适的伸缩缝密封胶进行封闭处理。开槽的宽窄及深度根据结构部位及具体情况而定，扩大后的修补利于嵌填材料的进入从而达到饱满，该处理方法用途最广而且用量最大，如电气埋管则开槽封闭最多。当宽度较大时表面再敷设钢丝网片密封抹平。

9.3.3 钻孔嵌塞处理法

用钻孔嵌塞处理法通常是用来灌注墙体中的裂缝，如果是需要密封防水，在孔中填入柔性防水材料如沥青来替代水泥；如果灌注拴塞的作用比较重要，孔中必须灌注环氧树脂类胶泥加强。钻孔和堵塞裂缝包括钻穿至裂缝的全长度并灌浆使之形成一个塞子，该技术适用于很直的裂缝，而只能从一个侧面进入。此方法一般适合用于挡土墙的垂直裂缝修补加强。

9.3.4 灌浆法处理

(1)用水泥灌浆　当裂缝深度大于保护层厚度的混凝土结构件宜直接采用灌浆法修补。较宽的缝和厚的混凝土结构体是可以用水泥浆来充填处理的。其方法是沿裂缝把混凝土清理干净，在裂缝中安装上灌浆螺纹短管，用水泥浆、密封胶或液体来密封灌浆管周围的裂缝。

(2)化学灌浆　采用的化学浆液中含有几种组分溶液,混合以后即可成为凝胶、固体或泡沫塑料等。化学灌浆可以不考虑环境影响,可以在潮湿的环境中进行,胶凝时间可以在较大范围内控制,并能够进入很细的缝隙中应用并发挥出效果。用化学沉积修补法是利用混凝土的特性及水环境条件,施加一定的热电流产生电解沉积作用,在混凝土结构裂缝中,表面上生长并积沉一层化合物,填充愈合混凝土的裂缝并封闭混凝土表面。

9.3.5　干填及弹性密封法

干填塞法是用降低水灰比的干硬性砂浆,用人工连续填入捣紧塞入裂缝中,形成与原来混凝土结构紧密连接的砂浆粘接。方法也是在裂缝处开槽,清理干净后涂抹界面剂,再填入干硬性砂浆。

而弹性密封法同样是将裂缝略凿宽大,用喷砂、空气-水枪或者两种方法并用清理,在缝内充填合适的所需密封胶,要求尽量接近实际需求,切割密封槽的宽度形状必须同伸缩(沉降)缝相符合。

9.3.6　裂缝阻隔法

现在大体积混凝土应用得比较多,在施工时由于表面冷却较快及更多种原因引起的裂缝,在施工过程中会形成并扩展到一定深度,严重的会扩展至贯穿性裂缝。对于这些裂缝可以通过抑制或是把应力分散到更大范围来阻止裂缝的发展从而造成更大危害。

9.3.7　聚合物浸渍法

单体可以有效地修复裂缝。一个单体系统是一种液体,它含有能形成固体塑料的有机小分子。用于浸渍的单体系统含有一种催化剂或引发剂和基本单体或混合体。同时也含有交联剂,当加热时单体聚合在一起,形成一种坚硬的且耐久性好的塑料体,大幅度提高混凝土的性能。

9.3.8　水泥基渗透结晶涂覆法

水泥基渗透结晶涂覆法是指采用一种水泥基渗透结晶型材料,采取涂覆、喷涂或干撒工艺在混凝土表面,达到修补密封混凝土表面的裂缝,起到密实防水的效果。同时,裂缝修复的一种自然过程也会产生自然愈合。它在混凝土中有潮气,但是在没有拉应力存在时会产生自动愈合。

综上浅述可知,混凝土开裂的现象十分普遍,产生的成因比较复杂且随机,但也并非无法控制或无规律可循。更加全面地掌握并了解混凝土结构裂缝的原因,提供预防措施及控制方法,尽量减少和消除混凝土结构裂缝对建筑物使用带来的不利影响,从而更加有效地执行混凝土结构工程施工质量验收要求,使建筑工程质量达到设计预期的耐久使用年限。

10　建筑施工现场混凝土标养试件强度问题

现在在建设工程施工中时常会出现现场混凝土标准养护试件强度偏低的问题,以前现场施工中可能偶然也会发生混凝土标准养护试件强度低的现象,但是会很少出现混凝土标准养护部分试件强度连续出现低于规范规定值的现象。但在2010年11月某住宅小区施工工地连续几天发生多组C35、C30混凝土28d标准养护试件强度仅为设计强度的81%~97%的情况,其中有近40%的标准养护试件强度低于90%。根据现行的《混凝土强度检验评定标准》(GB/T 50107—2010)规定,混凝土标准养护试件强度低于90%为不合格,而混凝土强度高于90%以上的试件强度,需要经过评定来判定混凝土强度是否合格。因此,对于上述不合格的现象会引起严重的质量问题,对已经施工28d以上的混凝土结构如何评定,是需要认真思考对待的。但是对其原因要认真分析探讨,才能针对结构件进行科学评判。

10.1 强度偏低问题分析

10.1.1 集中搅拌站预拌质量问题

近年来一些集中搅拌商品站的混凝土强度产生偏低的问题,有一定比例的混凝土强度仅达到设计强度等级标准值的下边缘,会使现场混凝土标准养护试件强度低于设计强度等级标准值的风险增加。由于集中搅拌站配制预拌的混凝土经运输送到浇筑现场时间都较长,会有多种因素影响到混凝土强度:首先,集中搅拌的预拌商品混凝土是否能达到设计强度等级是一个未知的关键因素;其次,混凝土罐车运输环节如路远、时间长以及气温过高;运入现场的入模浇筑阶段,停留时间长,输送泵发生堵塞,模板要处理或临时加固等;最后的养护环节也很重要,直接关系到实体混凝土的强度。因此,预拌商品混凝土的生产过程控制及运输过程,成为影响混凝土标准养护试件强度中最关键的因素。

在市场经济的体制中,混凝土搅拌站的供货单位也出现了许多新问题:最大的原材料如水泥、砂石料供应不足,货源少价格高,造成搅拌站生产的混凝土也大幅提高出站价,更严重的是经常还不能及时供给的现状。这直接影响到搅拌站拌制混凝土的质量不稳定,有的施工现场还不断出现预拌混凝土产生离析,坍落度过大的问题。也有搅拌站的技术人员认为,几乎所有预拌混凝土都掺用外掺合料,会影响到混凝土强度的早期增长,在28d以后混凝土的强度还会有一些增长。对于标养28d以后混凝土的强度是否完全能准确推测出混凝土的确切强度,还要进一步深入探讨。

而混凝土搅拌后出罐离析及坍落度不稳定等现象,更加会影响到混凝土的强度,这仍然是搅拌站质量控制的重点。搅拌站要根据进场原材料的不断变化,随时调整配合比例,严格控制出站混凝土的质量,为施工单位提供合格的预拌混凝土拌合料。

10.1.2 现场混凝土取样及试件制作

现场有经验的技术及试验人员可以凭着多年施工经验辨别出混凝土的和易性质量,制作出合格的试压试件。事实上如今现场有经验的技术及试验人员比较少,一些施工单位的技术及试验人员已经不是自己制作试压试件,而是由分包单位现场找一个人负责做几组试件即了事。由于较大体积混凝土的连续浇筑,夜间施工是很普遍的事,而且浇筑量大部分也多,夜间制作混凝土试件量也大,还要区别不同部位取样制作。在监管失控或不严的情况下,也会出现一车混凝土制作几组试件从而替代不同部位的现象。尤其是现阶段混凝土的质量并不稳定,在制作试件时并不是和易性好离析现象就不会存在。而这些不确定性是无经验的取样人员所无法辨别的,而现场施工管理人员也不可能监管到现场所有情况包括试件制作。

10.1.3 试件制作的振捣

混凝土试件制作的振捣一般采取振动台的方式进行,现场试验振动台的应用一般都会被忽视。振动台使用时间过长会出现振动力降低的问题,从而会影响到振动的效果,而管理人员往往是在试件强度出现不合格的情况之后才意识到振动台的问题,因此,不可忽视试件制作中的振密实环节。

10.1.4 试件养护过程控制

许多施工现场管理人员重视试件的标准养护工作,配置了标准养护箱并经常检查养护工作是否正常进行,也了解温度及湿度的控制。当标准试件拆模后,本应按规定立即放入标养箱内,但由于现场标准养护箱空间有限,不可能全部及时放置在标养箱内养护。一般现场是每天联系检测试验人及时将试件送至检测试验室进行标准养护,但仍可能使标准试件存放的时间过长,而不能直接进入标准养护的状态。我们知道新浇筑的混凝土7d之内的养护是最关键的,如果标准试件在早期内得不到标养,必将影响到混凝土试验的最终结果,因此,混凝土标准养护试件必须要确保标准养护的条件不受影响。

通过以上的分析与探讨可知,现场标准养护试件要从取样、制作、振捣及养护几个环节切实控制好,但实际上这些关键环节仍存在隐患及失控现象。这些问题不应该被忽视但有时却忽视了。为此,应当引起现场管理及技术人员的高度重视是刻不容缓的现实问题,更是确保试验正确与否的关键所在。采取切实有效的措施管理好这些环节,才能在混凝土合格的前提下避免因试件原因不合格导致的质量问题。

10.2 分析探讨标养试件与实际混凝土强度关系

当施工出现混凝土试件连续不合格时,很容易造成现场管理及技术人员心理紧张或压力,作为总监理工程师首先想到的是要对实体结构进行检验,并查找多种造成不合格的因素及其原因,然后才能确定该部位混凝土的强度是否真正合格。检测一般是采取对实体结构回弹加钻芯取样修正的方法进行判定。

混凝土是否合格,这种钻芯取样检测费用比较高。以某工程为例,对11月之前的6部位混凝土在现场进行检测,其结果评定为全部合格,如表4-5所示。

表4-5　　某工地现场28d标养试件回弹及取芯修正结果

序号	取样部位	设计强度等级	28d抗压强度/MPa	28d达到设计强度值/%	检测强度值推定值/MPa	达到设计强度值/%
01	地下一层顶板	C35	29.4	84	37.5	107
02	三层一段墙体	C35	33.1	94.6	36.1	103

续表

序号	取样部位	设计强度等级	28d 抗压强度/MPa	28d 达到设计强度值/%	检测强度值推定值/MPa	达到设计强度值/%
03	二层三段墙体	C35	33.0	94.3	37.4	107
04	二层六段墙体	C35	28.9	82.6	36.4	104
05	二层二段墙体	C35	32.7	93.4	38.1	108.8
06	三层二段墙体	C35	29.0	82.8	38.0	108.6

根据规范规定要求，混凝土标准养护强度达到设计强度等级标准值的90%以上时，可以参加评定来判定混凝土是否合格。根据现行的《混凝土强度检验评定标准》(GB/T 50107—2010)规定评定方法，混凝土试件组数超过10、15、20组的评定系数是不同的，组数越多则合格评定系数越小。由于该工程各个不同强度等级的组数都超过了20组，根据规范及实际情况表明，超过90%的多组混凝土试件的强度值均参加各个单位工程的强度评定，结果表示全部属于合格。

按照评定标准规定，当混凝土标准养护试件强度低于90%时应判定为不合格，还需要通过现场检测方法来进一步判定实体混凝土是否合格。为了能够真实准确地反映出实体混凝土的实际强度，混凝土应累积到600℃·d时的实体混凝土的强度才能基本增长到位。而当时混凝土累计还不到400℃·d时，应该是不要立即在现场检测，而是更应该加强养护等技术措施，积极促进混凝土强度最终的增长。应用实践表明实体混凝土的强度一直在增长，但后期的速度缓慢，加强保湿才是增长的重要环节。

通过现场试件不合格的质量教训，给施工人员发出警告。如果出现混凝土28d标准养护试件强度不合格，也可能造成实体混凝土强度也不合格。而现场混凝土标准养护试块的取样与制作也应切实引起重视，按照规定在出料口取样及振动台振实，只有规范才能如实反映出实体混凝土的质量，避免后期重新检测造成人工、时间及费用的损失。因此，最重要的是要确保现场制作混凝土标准养护试件强度必须合格，才能确保实体混凝土强度的合格。对此，加强现场管理使每个环节有所规范，责任落实到个人，否则施工中的任何管理环节出了问题，都有可能造成混凝土强度问题，而影响到强度及后期的评定。

10.3 确保实体混凝土强度的措施

为保证实体混凝土强度在确保做到混凝土标准养护试件强度真实有效的基础上，施工企业还要加强另外几方面的监管力度。一是加强对集中搅拌站生产和供应环节的监管；二是加强施工现场浇筑过程各环节的工艺控制；三是加强浇筑后混凝土成品的养护、保护及保温保湿过程的管理。

10.3.1 对搅拌站生产和供应的监管

(1)施工企业应安排人员对搅拌站生产地进不定期行各环节的抽检。主要检查内容是:搅拌站使用原材料状况；配合比计量装置及材料含水率及粒径变化时是否及时调整配合比；是否配置严格并按配合比进行；外加剂及外掺合料的掺加控制；进入冬期拌合用水温度及混凝土出罐温度等。若随时检查中发现不规范的任何环节,必须立即开具整改通知单督促并及时整改。

(2)混凝土从出罐、运输到现场的整个环节都应该由搅拌站严格监管,确保送达现场的预拌混凝土完全符合设计要求的质量等级。针对一些搅拌站运至现场浇筑的时间过长,砂浆与混凝土混装及离析严重问题,要随时与搅拌站取得联系,督促搅拌站及时进行调整,如果施工单位发现混凝土供应方面确实存在一定的质量问题,又不积极进行整改,应果断采取措施坚决停止使用该搅拌站的混凝土,严格防止由于混凝土因在供应环节存在质量隐患而影响到实体质量。

(3)在混凝土供应方面,施工企业必须同搅拌站签订正式供货合同,从而加大对预拌混凝土质量方面的经济处罚措施,以便促使搅拌站引起各个环节的控制。合同中要明确施工方及监理单位对搅拌站的检查办法,明确当发现质量问题承担的责任及处罚额度,形成严格有效的质量约束机制。严肃规定由于质量原因而无法执行合同所终止的条文,要采取用合同的形式最大限度地确保供应的预拌混凝土质量。

10.3.2 加强施工现场浇筑环节的控制

当混凝土运至现场后,施工人员要及时、仔细检查每次混凝土运输单据中的施工部位、强度等级是否符合,并观察混凝土的外观质量。每次入模浇筑时试验人员都要认真检测出罐混凝土的坍落度及温度并如实做好记录。当发现出罐混凝土的坍落度及温度有异常现象时,立即报现场技术负责人做出相应处置。施工人员要确保现场道路畅通,有序安排进场罐车且有序停放保证顺利浇筑。针对现场混凝土输运泵可能出现的故障等问题,要有提前做好预案备用泵或其他措施的安排,确保混凝土浇筑的正常进行。如果浇筑中发现混凝土的坍落度、离析及停滞时间过长的现象,要由技术负责人做出处置,施工人员将直接督促清退出场,并认真写好记录。对于发生所有退料记录,应单独保存在施工卷中备查。混凝土的进场要由专人负责协调,尤其是连续浇筑进入夜间时,施工及现场协调人员需更加努力协调以保证浇筑正常进行。

10.3.3 加强浇筑后成品的养护、保温及保护管理

混凝土的养护环节众所周知都知道非常重要,但口头上讲得多却落实不到位的现象却普遍存在。要求对浇筑后的混凝土安排专人进行养护,不仅是白天,夜间也同样要保湿,有条件的楼板可以蓄水养护,尤其是掺入膨胀剂的混凝土,早期 7d 内对水分的需求更加重要,普通混凝土也一样需要确保早期的不缺水。当进入负温时,按施工验收规范规定可以不浇水养护,但必须覆盖保温并延长时间,检查落实很重要,实践表明只安排不检查是做不好养护工作的。

当工程施工进入冬期施工阶段,保证混凝土不受冻是关键,要安排管理人员检查模板、混凝土覆盖保温及下层洞口的封闭情况,在每次质量验收中均要对保温进行认真检查,发现问题要切实整改到位。同时对保温存在隐患的部位由技术负责人及时进行成熟度计算,根据当时气候环境下的临界强度试验报告,再通知保温拆除的要求。对于实际强度未达到临界强度即可自行拆除模板。

10.3.4 混凝土试件制作要严肃规范

针对试件制作及试验管理中存在的诸多问题,技术部门要据此安排足够的、有上岗证的并经验丰富的人员从事试验专职岗位。技术负责人对试验人员进行的试件制作提出要求并交底,按试验规范要求取样和振密实。在制作试件中如发现混凝土坍落度、离析质量问题,要及时汇报并由技术负责人做相应处置。切实保证所做试件拆模以后及时放入标养箱中,安排专人全面检查督促试验人员的制作情况,还要检查标养箱温度是否正常,振动台等设备完好状况。

综上所述,建筑结构的工程主体,混凝土施工及管理有很大的难度。搅拌站提供的预拌混凝土质量是决定结构质量的关键因素;而施工现场的工序管理也是不可缺少的方面。由于搅拌站是施工企业的供应商,不论哪个环节出了问题,施工单位都有不可推卸的责任。因此,作为施工方需要从各个方面更加认真细致地做好管理,使制度落实到位,责任落实到人;狠抓管理,严把各个环节的质量关,切实保证实体混凝土强度达到设计要求,所施工程安全、可靠及耐久。

11 混凝土同条件养护试件的强度问题

混凝土试件同结构的同条件养护,是现行的《混凝土结构工程施工质量验收规范》(GB 50204—2002)中要求必须留置的试件,具有多种用途。规范中第 7.4.1 条中规定:用于检查结构构件强度的试件,每次浇筑至少要留置一组标准养护试件,同条件养护试件的留置组数应根据实际需要确定。现实状况是由于参加建设的各有关方专业技术人员的基础知识和专业技能经验有较大差异,对规范中同条件养护试件的理解和执行力并不敢肯定,存在执行中的一些误区:

如自行随意留置同条件养护试件,没有经建设方或监理单位共同认可的留置方案;制作留置方法不对,所有不同强度等级的混凝土都要留置;留置数量不足,按标养试件的留置数量来要求同条件养护试件的留置数量,这是不符合规范要求的;同条件养护试件与结构实体不能相同对待,放置位置与养护环境并不同条件,而是关照比较多;不能正确把握同条件养护试件的等效养护龄期,按标准养护试件 28d 同等对待;当同条件养护试件强度有任意一组不合格时,即要求委托有检验资质的单位对结构实体进行检验;当出现同条件养护试件经评定达不到设计要求时,处理程序存在不规范等。

对于存在的理解和执行中不规范的行为,根据工程检查并按照现行规范,对同条件养护试件的作用及留置种类要求,强度评定,不合格时的处置等具体问题分析探讨,并对地基与基础分部混凝土结构是否需要留置同条件养护试件浅要分析,以便同行之间交流从而取得共同认识。

11.1 同养作用及种类

根据同条件养护试件的用途可以分为以下 3 种类型:

(1)验收规范 GB 50204—2002 中第 4.3.1 条规定结构件底模及其支架拆除时的混

凝土强度应符合设计要求，无设计具体要求时，混凝土强度应符合表 4. 3. 1 的规定，检验方法为检查同条件养护试件强度试验报告（表 4. 3. 1 是底模拆除时的混凝土强度要求，分为：板、梁拱壳及悬臂构件，对跨度及抗压强度百分比提出要求）。另外当预制构件出池、出厂、吊装及预应力筋张拉或放张，及在施工期间需短暂负荷的混凝土，对其强度有一定要求，强度值要参考同条件养护试件强度的试验报告。此类试件均属于施工试件。

（2）验收规范 GB 50204—2002 中第 10. 1. 2 条规定，结构实体检验的内容包括混凝土强度、钢筋保护层厚度及工程合同约定的项目；第 10. 1. 3 条规定混凝土强度的检验，应以混凝土浇筑地点制备，并与结构实体同条件养护的试件强度为依据。此类试件均属于实体检验试件。

（3）如果工期紧急则需要提前进行隐蔽或验收的混凝土试件，根据实际需要多制备几组同条件养护试件，其提前龄期抗压强度可以作为提前隐蔽或验收的参考依据。此类试件均属于提前验收试件。

11. 2 试件的留置规定要求

11. 2. 1 留置的数量规定

验收规范 GB 50204—2002 中第 7. 4. 1 条规定了试件的留置数量的需要，包括标准养护试件及同条件养护试件，其中对标准养护试件数量规定比较确定，而对同条件养护试件留置数量应根据实际需要而定，数量未限定且随意性也大，给具体操作者带来不便，对此可以分析探讨。

施工用试件和提前验收试件的留置数量可根据具体工程而定，如需要提前拆模、吊装与隐蔽，则需提前进行验收时间约定，由施工单位自行确定。

结构的实体检验范围仅局限于涉及结构安全的柱、墙与梁板结构件的重要部位，非重要部位的如基础及设备垫层不需要留置同条件试块。验收规范附录 D. 0. 1 条第 1 款规定：同条件养护试件所对应的结构构件或结构部位，应由监理（建设）、施工及有关方共同确定。因此，施工前应根据工程实际确定需留置同条件养护试件的结构件及具体部位，并制定同条件养护试件的留置方案，必要时会同设计单位共同确定，报监理（建设）批准后施行。如表 4-6 所示。

表 4-6　同条件养护试件留置方案（部分楼层示意）

建筑分部	试件组数	部 位	强度等级	说 明
主体	4		C40	
一层柱	1	1/A		600℃ · d
一层剪力墙	1	5 – 6/H		600℃ · d
二层柱	1	15/B		600℃ · d
二层剪力墙	1	F – F/4		600℃ · d
主体	14		C35	600℃ · d
二层梁	3	3 – 4/C		1 组 7d，1 组 14d，1 组 600℃ · d

续表

建筑分部	试件组数	部 位	强度等级	说 明
二层梁	3	H－J/12		1组7d,1组14d,1组600℃·d
三层柱	1	9/M		600℃·d
三层剪力墙	1	8－9/K		600℃·d
三层梁	3	3－4/C		1组7d,1组14d,1组600℃·d
三层梁	3	H－J/12		1组7d,1组14d,1组600℃·d

验收规范附录D.0.1条第3款规定同一强度等级的同条件养护试件数量不宜少于10组,且不应少于3组。不宜少于10组是《混凝土强度检验评定标准》(GB/T 50107—2010)按统计方法评定混凝土强度的基本条件;不应少于3组是按非统计方法评定混凝土强度时,必须有足够的代表数量代表。而涉及具体工程的留置数量应根据混凝土的工程量和结构特点而定,按照提前共同商定的试件留置方案制备,不可以理解为同条件养护试件不要少于3组就满足了。

11.2.2 取样及送检过程

对于混凝土的养护,验收规范GB 50204—2002中第10.1.3条规定,对混凝土强度的检验,应以在混凝土浇筑地点制备并与结构实体同条件养护的试件为依据。因为混凝土在泵送过程中可能产生少量离析,同条件养护试件制作取样点应在所对应的构件旁,非混凝土泵车出料口,确保试件的组成与结构实体相同。根据现行的《建筑工程施工质量验收统一标准》(GB 50300—2001)中第3.0.3条6款及验收规范GB 50204—2002中第10.1.1条要求,同条件养护试件要在监理工程师或建设单位项目技术负责人见证下现场取样制作、送样检测,检验报告单加盖见证取样章有效。

11.2.3 混凝土的养护及龄期规定

混凝土的养护在标准条件下有严格的温度和湿度控制要求。而现场同条件养护是在试件拆模以后,放置在靠近相应结构件或结构部位的合适处,并采取同构件相同的养护方式,其浇水时间及次数按方案进行;并做好标识和防护,防止试件损伤、拿错或丢失不全,造成缺少试件的严重后果。

养护龄期问题:施工试件和提前验收用试件的养护时间,根据实施方案确定,无明确的龄期规定。对于实体检验试件,按照验收规范GB 50204—2002附录D.0.3条中第1款,等效养护龄期可取600℃·d所对应的龄期,0℃及以下的龄期不计入,等效养护龄期不应少于14d,也不宜大于60d。正常情况下日平均气温不超过40℃,如果达到600℃·d时,龄期会大于14d,可以满足规范不应小于14d的要求。进入冬期施工,日平均气温很低,60d不可能达到600℃·d,根据条之中说明可知,当龄期超过60d时,混凝土强度增长缓慢,到60d时可以进行试压,结果是有效的。

对于日平均温度问题,一些人误认为一昼夜中最高气温与最低气温的平均值就是一天的平均温度。其实并非如此,依据气象方面的规定,日平均温度应当是一天中4个固定时刻(2时、8时、14时、20时)实测气温的平均值,要了解日平均温度还要以气象部门的准确温度为宜。

11.3 混凝土强度的评定

一般情况是结构实体混凝土强度通常会略低于标准条件养护下的混凝土强度,这主要是由于同条件养护试件与标准养护条件存在一定差异,包括温度湿度等条件的差异,不利于强度的有效增长。因此按照验收规范 GB 50204—2002 附录 D.0.3 条第 2 款规定,应将同条件养护试件的强度代表值乘以折算系数 1.1 后,再按照评定标准 GB/T 50107—2010 进行评定。当样本容量不少于 10 组时,因现场浇筑的混凝土影响因素多,稳定性相对差,应按标准差未知方案计算评定,即按评定标准中第 5.1.3 条统计方法评定,当容量少于 10 组时,按 5.2 条的非统计方法可合理评定。

11.4 对评定不合格的处置

11.4.1 抗压强度低于标养强度

试件的强度要根据现行《混凝土强度检验评定标准》(GB/T 50107—2010)进行评定。无论样本数量大小,都是对平均值和最小值进行限定,其中最小值要求大于 0.85 倍(当样本数量少于 10 组时,应为 0.95)抗压强度标准值,因此,检验批的混凝土强度评定为合格,表明该检验批的混凝土强度符合要求,但是也可能出现个别试件抗压强度值略小于标准值现象,个别不合格试件所代表的结构部位是否要处理,由包括设计在内的各方面共同来确定。

11.4.2 不合格的检测范围

标养试件是代表混凝土的检验批,而同条件养护试件代表的是所对应的结构构件或结构部位,二者代表的对象不同,对不合格处置的方法也不同。如果某一组标养混凝土试件强度不合格,则应采取非破损或局部破损的方法检测,推定该检验批混凝土强度,并作为处置依据。检测的范围,即为标养试件所代表的这一结构段浇筑的混凝土,如果是某一组同条件养护试件混凝土出现不合格,应检测的范围仅是这组试件所代表的结构构件或结构部位。检测要委托有相应资质等级的检测机构,要按照国家有关标准的规定进行。可以看出二者对应的验收层次不同,验收不合格时检测处理的范围也不同,其处理费用也低。

11.4.3 对评定不合格的处置

若试件经过评定达不到设计要求时,按照《建筑工程施工质量验收统一标准》(GB 50300—2001)标准中第 5.0.6 务和验收规范 GB 50204—2002 中第 10.2.3 条处理,分别为返工后重验,检测合格予以验收,检测不合格设计认为可给予验收和加固后再验收等处置方法。

11.5 地基与基础分部混凝土是否留置同条件养护试件

根据《建筑工程施工质量验收统一标准》(GB 50300—2001)附录 B 表 B.0.1 中,建筑工程分部、分项工程划分,地基与基础分部包括桩基子分部和混凝土子分部。

桩基子分部结构实体全部处于土体中,同条件养护试件的养护条件无法做到与结构实体的同条件养护,试件强度无法真实反映结构实体强度。如用同条件养护试件检验结构实体强度会产生误解,甚至存在结构隐患。同时现行的《建筑地基基础工程施工质量验收规范》(GB 50202—2002)和《建筑桩基技术规范》(JGJ 94—2008)中规定,桩基混凝土试件留置的要求中均未提到同条件养护试件。因此,桩基子分部不需要留置同条件养护试件。

混凝土基础子分部施工技术要求原则上与主体结构分部工程中混凝土子分部基本相同,同条件养护试件留置要参考混凝土验收规范执行。同时基础底板和外墙结构实体一个面临土,另一面临空,同条件养护试件的养护条件很难做到真正意义上的同实体同条件。用同条件养护试件检验该部位结构实体强度时,要考虑养护条件及环境的差异,需要时可增加实体检测。其他部位结构构件或结构部位,都是可以完全按照《混凝土结构工程施工质量验收规范》(GB 50204—2002)执行。

综上浅述可知,结构混凝土的同条件养护试件在执行和理解中存在一定误区,需要参与施工建设的各方技术人员认真理解规范条文,加深对规范的认识才能正确按规范办事;质量监督与监理要加大监管力度,确保试件在有效见证取样制度下运作,保证试件的真实可靠;同时更加强化同条件养护试件强度不合格的有效控制,及早发现按规定处置,不给工程留下质量隐患。

12　水泥复合砂浆钢筋网加固混凝土结构

建筑结构加固是通过有效的技术措施,使受损构件或老化结构恢复原有功能,或者提高已有结构的承载力、延性和刚度等。随着混凝土结构加固技术的快速发展,采用新型的无机材料加固混凝土结构已成为现实。高性能水泥复合砂浆钢筋网薄层(HPFL)加固材料正是为了顺应这种发展趋势而产生的,它是以高性能水泥复合砂浆为基础,以钢筋网为增强料,再辅以粘结性能优良的界面粘结剂,当必要时辅以剪切锚固钉的一种加固方法。

12.1　HPFL 加固 RC 结构的特性

HPFL 加固钢筋混凝土结构是一种新型的结构加固方法,是对传统普通钢丝网水泥进行改良所获得的最新应用成果。它是利用高性能复合砂浆作为胶结材料,钢筋网作为增强材料粘结于混凝土表面,从而达到对结构构件补强加固的目的。高性能复合砂浆具有很高的抗拉强度(3～5MPa)、抗压强度(40MPa 以上),同时具有良好的粘结强度、韧性、延展性和较大的极限拉应变。试验表明,高性能复合砂浆在温度达到 600℃,其强度降低不大于 30%,高温下高性能复合砂浆能有效地保护钢筋网,使其继续承载。钢筋网具有分散性好,裂缝间距小,与原构件中钢筋的弹性模量、抗拉强度十分相近等特点,故 HPFL 与被加固构件混凝土的相容性、工作协调性好,它可以代替钢筋应用于混凝土的抗弯、抗剪加固,直接有效地提高其承载能力。如在原柱体上包裹钢筋网水泥砂浆,则可以提高结构抗震的延性和耗能能力。由于原有需加固的结构是在承受一定荷载下进行的，与其他的加固方法一样，HPFL 加固钢筋混凝土（RC）结构也存在二次受力问题。被加固的结构在加固前已经承受荷载，当结构因承载力不足进行加固时，截面应力水平一般较高。新加部分在加固后，在原荷载作用下应变为零，因此并不能立即分担荷载，只有当荷载改变作用时才开始承担荷载。这样整个结构在第二次受力的过程中，新加固钢筋网的应变始终滞后于原结构的累加应变。当原结构中受拉钢筋达到极限状态 $\sigma_s = f_y$时，新加固钢筋网的应力应变可能还很低，此时，钢筋网应力可能低于屈服应力。一般认为当初始荷载设计值作用下的效应大于或等于原构件承载力设计值的 20% 时，应考虑二次受力影响的计算；当初始荷载设计值作用下的效应大于或等于原构件承载力设计值的 70% 时，应考虑卸载或部分卸载后，再重新进行设计。

12.2　HPFL 与原构件的粘结牢固性

原混凝土与加固层之间的粘结性能直接关系到加固层与原构件能否共同受力、协同变形。高性能复合砂浆与原混凝土的粘结由 3 部分组成：化学粘结力、摩擦力和机械咬合力。化学粘结力主要存在于加固层与混凝土表面发生相对滑移前，当粘结面发生相对粘结滑移后，化学粘结力大大降低，粘结力主要依靠摩擦阻力和机械咬合力来维持。摩擦阻力主要取决于加固层与混凝土连接面上的正应力和摩擦系数，机械咬合力主要取决于原混凝土表面的粗糙程度和表面状况。一些研究表明：HPFL 加固层与原混凝土层界面的粘结剪应力以及粘结法向应力，随粘结层的弹性模量和剪切模量的降低而减少，随粘结层厚度的增大而减小，随钢筋混凝土梁抗弯刚度的增大而减小，随加固层钢筋面积的减少而减小。在加固梁端部植入一定数量的剪切销钉，能有效改善加固梁的破坏形态，避免发生端部 U 形加固层与梁整体剥离。同时销钉大幅提高界面粘结的抗剪能力及延性。建议销钉间的间距不小于销钉埋入深度的 2 倍，销钉在界面上分布越均匀，越有利于界面粘结，同时，销钉的存在减缓了加固层沿法向外移的趋势，这使得界面摩擦阻力和机械咬合力得到充分发挥，也利于延性的提高。

12.3　HPFL 加固 RC 结构的基本原理

HPFL 加固混凝土结构，主要是利用钢筋网的抗拉强度、弹性模量、应变性能和原构件中钢筋的性能相近，通过高性能水泥复合砂浆提高与原混凝土结构的粘结性和抗剪销钉的锚固作用，加固补充原混凝土结构受拉纵向钢筋和受剪、抗扭箍筋的不足，从而提高结构抗弯、抗剪及抗扭的承载力。HPFL 加固柱子主要是利用 HPFL 对原构件的约束力，提高柱子的延性和混凝土受压能力。故较适宜于轴压比较大、抗震性能不佳的混凝土柱加固。HPFL 加固混凝土梁主要是利用梁底和梁侧的 HPFL 提高跨中正截面抗弯强度和梁端的斜截面抗剪强度。对于柱端、梁端钢筋网不能连续的问题，可采用植筋的方法使梁、柱端的钢筋网连续锚固，解决大偏心受压柱和梁端负弯矩加固问题。采用四面围箍加固，约束核心部位内混凝土的横向变形，使受压构件核心混凝土产生三向压应力，从而间接提高混凝土的强度和延性，进而提高了结构的耗能能力及结构整体的抗震性能。

12.4　HPFL 加固 RC 结构的优势

(1)强度高、韧性好　试验表明,用 HPFL 加固的混凝土构件承载力和延性明显提高。且耐久性及抗老化性能好。

(2)环保性能好　碳纤维复合加固筋材(CFRP)加固法粘结使用以环氧树脂胶为主剂的有机结构胶,会长期逸出有害气体,对室内环境造成污染,直接影响人体健康。HPFL 加固法使用无机材料,不会对环境和人体产生有害影响。

(3)防火、耐高温性能好　HPFL 加固层中,其组成成分都是无机材料,对高温的影响不敏感,防火性能好,许多情况下无须另做防护层;而 CFRP 加固层中,结构胶中的环氧树脂胶在温度大于 60℃ 时会呈现软化现象,使已建立的加固效果被削弱,用 CFRP 加固的构件需另做防火保护层。

(4)HPFL 与原混凝土材料兼容性较好　HPFL 属于无机材料,与混凝土材料性能非常接近,不会形成材质不兼容的隔离层。

(5)施工简易,经济实用性强　施工工序为:表面凿毛处理→表面清洗→植入剪切销钉→铺设钢筋网→涂刷界面剂→粉抹或喷射高性能复合砂浆。HPFL 加固法,其单位面积造价(直接费)仅为 CFRP 加固法的 1/4 ~1/3.7,构件的重量与截面尺寸增大不明显,加固层厚度仅 20mm 左右。

12.5　HPFL 加固 RC 构件的主要研究

HPFL 现在所做的理论研究和试验工作主要有:①高性能水泥复合砂浆材料性能研究;②剪切销钉在钢筋网高性能水泥复合砂浆加固混凝土构件的性能研究;③钢筋网高性能水泥复合砂浆加固混凝土受弯构件一次、二次受力研究、疲劳性能研究以及耐火极限的试验研究;④钢筋网高性能水泥复合砂浆加固混凝土压弯构件静力研究和抗震性能研究;⑤钢筋网高性能水泥复合砂浆加固混凝土结构端部及节点处理;⑥HPFL 在火灾后结构加固中的应用研究。

(1)对高性能复合砂浆材料性能的研究　通过对高性能复合砂浆的试验研究表明,聚丙烯纤维增强的复合砂浆(高性能复合砂浆)的抗压强度和抗拉强度,比同条件的普通水泥砂浆的抗压强度和抗拉强度有明显提高;其良好的变形性能和韧性满足加固层随构件适时变形和防止构件脆性破坏的需要,满足吸能性的要求;良好的阻裂性和密实性改善了加固层的耐久性;对钢丝(筋)网和骨料良好的粘结作用成就了钢丝(筋)网水泥加固片的整体工作性能。高性能复合砂浆开裂时的应变比普通砂浆大,其主要原因是砂浆中的聚丙烯纤维能抑制砂浆因失水、温差和自干燥等作用引起的原生裂缝;高性能复合砂浆由于其弹性模量较低,其断裂伸长率大于砂浆的断裂伸长率,有利于提高砂浆的延性,改善砂浆的变形性能;高性能复合砂浆配合其界面剂的使用很适合于目前用复合砂浆钢筋网加固 RC 结构的工程应用。所用界面剂由 A、B 两组分构成(简称 AB 组分界面剂),A 组分为树脂系列减水剂为水剂;B 组分为水泥基复合含 18% 的硅灰、粉煤灰等超细掺合料组成的无机界面粉剂。

同时对高温后的高性能复合砂浆抗压强度及耐火性能进行了一些试验研究,结果表明:高性能复合砂浆与同条件的普通水泥砂浆高温后抗压强度的变化规律相似,都随着温度的升高显著下降,但是高性能复合砂浆的残余强度较高;高性能复合砂浆中掺入的聚丙烯纤维能对减小抗压强度损失有利,能缓解爆裂现象,与普通水泥砂浆相比,水泥复合砂浆材料的加固层可以提高试块的耐火极限。

(2)对 HPFL 加固 RC 受弯构件的性能

① 抗弯性能研究。对常温下 HPFL 加固 RC 梁进行了系统研究,其主要性能表现为:HPFL 加固 RC 梁能有效提高混凝土构件的截面承载力,较好地约束了裂缝的发展。加固梁的极限承载能力提高幅度随加固梁纵向配筋率的增大而减小;随配筋特征值的增大而减小(但变化不显著),随梁高宽比的增大而减小。复合砂浆钢筋网加固抗弯 RC 梁能有效地提高被加固少筋梁和超筋梁抗弯承载力和截面刚度,但对少筋梁的加固效果更为显著。采 HPFL 对钢筋混凝土梁 U 形加固的方式,加固效果明显。一次受力加固试件屈服荷载提高程度为67% ~110%,极限荷载提高程度为26% ~102% ;二次受力加固试件屈服荷载提高程度为51% ~78%,极限荷载提高程度为48% ~77%;同条件下一次受力比二次受力极限承载能力提高幅度要大。

② 同时对在高温下 HPFL 加固 RC 梁进行一些研究,其高温性能表现为:随着试验温度的升高,加固梁的极限承载力总体呈下降趋势;到了 800℃时,由于纵向钢筋受到高温影响,率先屈服使得构件破坏形态由受剪破坏变为受弯破坏;加固梁的跨中挠度随着温度的升高而增大,这是因为随着温度的升高,加固梁的弹性模量下降,从而挠度增大;在400 ~800℃的温度下,用 HPFL 加固的 RC 梁均未发生加固层剥离破坏,故此加固技术具有良好的可靠性。剪切销钉的间距对 HPFL 加固梁的耐火性能有着重要的影响,在Ⅰ级粗糙度的情况下,所有加固梁界面均出现裂缝,无剪切销钉的加固梁均早于植入剪切销钉的加固梁破坏;剪切销钉的数量、间距对 HPFL 加固梁在高温下的延性有显著影响,植入间距为 2 倍钢丝网直径的销钉加固梁破坏时的挠度远远大于未植入剪切销钉的加固梁;销钉间距为 4 倍钢丝网直径的加固梁比间距为 2 倍钢丝网直径的加固梁在高温-外力共同作用时变异性更大。

(3)抗剪性能

① 通过 4 根 HPFL 加固的约束梁和 2 根未加固的对比梁经过抗剪性能试验发现:HPFL 抗剪加固约束梁的整体工作性能良好,一次受力和二次受力的开裂荷载、极限荷载均有明显提高;抗剪加固约束梁,不仅斜裂缝出现较晚、发展较慢,而且斜裂缝的分布形态较细密。这表明该加固方法对斜裂缝的产生和发展都具有良好的约束作用;抗剪加固约束梁对于其剪切刚度和延性有一定提高,提高了斜截面的受剪变形能力。

② 对 7 根三面 U 形加固梁(在梁的受拉面和侧面进行加固)和 1 根未加固对比梁从加固界面原混凝土表面粗糙度、初始荷载两个方面进行了高温抗剪试验研究。结果表明,在一定的初始荷载条件下,加固界面为Ⅰ级粗糙度的试件耐火时间较短,出现了加固层剥离退出工作的现象,Ⅱ级粗糙度、Ⅲ级粗糙度试件的耐火时间显著延长,且均为整体破坏,说明当加固界面为Ⅱ级、Ⅲ级粗糙度时,能显著提高试件的耐高温性能。在界面粗糙度等级相同的条件下,随着初始荷载的增大,加固梁的耐火性能迅速下降。

(4)抗疲劳性能

① 通过对比梁和加固梁的静力和疲劳性能试验,研究 HPFL 加固技术对钢筋混凝土梁受弯疲劳性能的影响和作用。试验结果表明,加固后试件的疲劳变形有所减小,试件的疲劳抗裂性能也得到较大提高;在疲劳荷载水平和幅度较高时,梁的疲劳破坏模式为钢筋疲劳断裂,混凝土压碎,而较低疲劳荷载作用下加固梁疲劳寿命大于 200 万次;在疲劳荷载作用下,加固梁的混凝土压应变和纵筋拉应变都有所降低,裂缝间距和宽度都比较小,裂缝开展情况与未加固梁相比明显减小。

② 通过 2 根对比梁和 9 根加固梁的静力对比和疲劳试验,研究了超载情况下 HPFL 加固钢筋混凝土梁的疲劳性能。结果表明,超载情况下试件的破坏模式均始于梁底纵筋的疲劳断裂,疲劳寿命只有 32.7 ~ 66.8 万次,而未超载情况下加固试件的疲劳寿命均大于 200 万次。加固梁的疲劳寿命均明显高于对比梁,疲劳寿命随加固钢筋网用量的增加而增大。在经过相同次数的循环之后,加固试件的挠度和混凝土及钢筋的应变都低于未加固梁。由于加固梁端部植入了剪切销钉,未发生梁端部加固层与混凝土之间的界面剥离。

12.6 HPFL 加固 RC 压弯构件的性能

(1)轴压性能　先后对 9 根直径为 150mm、高为 450mm 的小圆柱进行单调加载的尝试性试验,研究发现:加固柱的抗压承载力、峰值应变、延性与刚度都得到了明显提高。加固柱的裂缝分布形态由原柱的疏而宽变得密而细,极限破坏形态由原柱的脆性转为延性。横向网筋可对核心柱提供有效的约束作用。将原柱表面凿毛,涂刷高效界面剂,上、下端部横向网筋加密,均成为防止发生界面粘结破坏的有力措施。

(2)一次受力和二次受力加固偏压柱性能研究

① 在对 9 根近似足尺偏心受压柱(包括小偏心受压和大偏心受压柱)的试验研究中发现,被加固的偏压柱其承载力有了较大幅度的提高。在相同的加固条件下小偏心受压柱加固后承载力提高幅度比大偏心柱大;较低强度等级混凝土偏压柱的加固效果好于较高强度等级混凝土的偏压柱,尤其对于小偏压柱,这一现象似乎更加明显。加固层显著地改善了混凝土偏压柱的裂缝形态,对裂缝的发展有明显的抑制作用。

② 对近似足尺偏心受压柱的试验研究中还发现,HPFL 对偏压柱的加固作用机理表现为:受拉侧纵向网筋参与受拉,受压侧纵向网筋和砂浆参与受压,受压侧的横向网筋能有效地约束混凝土的横向膨胀变形、横向网筋,特别是端部加密了的横向网筋还起到了锚固纵向网筋的作用。纤维增强复合砂浆良好的粘结作用、高强特性、延展性和保护层作用成就了这种薄层加固材料的整体工作性能。

③ 对 4 根近似足尺偏压柱进行了用 HPFL 作二次受力加固的试验测试。发现一次受力应力水平指标 β 越小,其承载力提高幅度越大。在 β 不大(约小于 0.7) 的前提下,二次受力加固柱比一次受力加固柱延性的改善情况更明显。二次受力加固柱在主筋屈服后刚度也有一定程度的提高。二次受力加固柱比一次受力加固柱的开裂时间要晚。这种加固方法可使原柱已出现的裂缝被加固层砂浆中的活性成分所修补。

12.7 HPFL 加固 RC 构件的抗震性能

对 HPFL 加固 4 根 RC 足尺方柱在不变轴力和周期水平反复荷载作用下受力性能的

试验研究,验证了提高其抗震性能的有效性。只要对柱根部预计的塑性铰范围的钢筋网配筋率及配筋形式进行合理设计就能达到预期的抗震加固效果。将方形或矩形截面柱四角的保护层混凝土捣除后,将其用 HPFL 加固成圆形截面柱是一种加固效果非常显著的加固形式。轴压比是影响加固层利用效果的重要因素。

综上所述,高性能水泥复合砂浆钢筋网薄层(HPFL)是一种新型无机材料的加固技术,具有可靠性高、环保性能好、耐久性好、耐高温性能较好、造价低廉、施工简易方便、与原混凝土构件粘结性能好以及协同工作性能好等优点,是目前比较好的一种构件加固可应用技术。

13　用点荷法检测混凝土抗压强度技术应用

自从建筑使用水泥技术制作混凝土以来,对于结构用混凝土的实体检测技术仍在不断地实践完善中,结构混凝土几乎不能用破损的方法进行检测,破损部分是无法恢复到原有状态的,因此只有采用无损检测技术,才能保证结构不留质量隐患。现在常用的混凝土抗压强度实体检验方法主要是回弹法、超声回弹综合法、钻芯法及后装拔出法等,其中钻芯法是最直接的实体混凝土检测抗压强度的较佳选择,相对于其他几种检测方法,钻芯法能够更准确,更直接反映被检测混凝土的真实强度,应用比较广泛。钻芯法作为一种微破损检测手段,检测对于结构混凝土的破坏影响还是不容忽视的,尤其是对于配筋密度较大的梁、柱构件的取芯检测时,会切断一些结构钢筋,如果恢复措施不当也会对结构件的安全留下严重隐患。而且钻芯法检测试验时间比较长,一般要在 4d 左右才能出结果,检测效率并不高。

鉴于这些检测方法的不足,如果能够找到一种既能像钻芯法一样可比较直观地反映出被检测混凝土的实体强度,又不会对被检测构件造成一定损伤,既可以较快得到混凝土的实体强度,又可以操作不复杂的程序,将会对结构实体混凝土抗压强度检测产生大的提高,其影响是深远的。本节根据工程应用实践围绕使用“点荷法”检测实体混凝土抗压强度进行分析与探讨。

13.1　检测方法的提出

用“点荷法”检测实体混凝土抗压强度是借鉴砌筑砂浆强度的“点荷法” 应用。在砖砌体结构的质量检测鉴定中,砂浆抗压强度的检测是一项重要的检测内容,“点荷法” 是一种间接的砂浆抗压强度测试方法,它是从砌体中取出砂浆试样后,对试样施加集中的点式荷载,根据试样破坏时的荷载值、作用半径和试样厚度,通过计算得到相对应标准立方体试块的抗压强度值。既然“点荷法” 能够通过对砂浆片进行点荷试验,确定出砌筑砂浆的强度,假如采用“点荷法” 对混凝土切片进行测试,是否可以达到同样的检验效果?对此要通过一些试验进行探讨。

13.2　对“点荷法” 检测的探讨

(1)钻取混凝土芯样　根据现场被检测结构件的配筋状况,在少筋的适当部位钻取混凝土芯样，钻芯方法及所使用设备均同于钻芯法，钻取深度只要满足切取厚度为10mm的混凝土切片即可，芯样直径不作严格限制。再对钻芯切取10mm厚度的混凝土切片。

(2)“点荷法”试验　在试件上标出作用点(一般为圆心附近，避开粗骨料)，量出该位置的准确厚度，误差小于0.1mm。将准备好的混凝土片水平放置于点荷仪的下加荷头上，上、下加荷头对准提前画出的作用点上，并使上、下加荷头轻轻压紧试件，然后再缓慢均匀地施加荷载至试件破坏，试件可能被破坏成多个小块。此时记录荷载值精确至0.1kN。再把破碎后的试件拼接成原状，测量实际作用点中心至试件破坏线边缘的最短距离，即荷载作用半径，精确至0.1mm。

(3)数据的处理　把试验过程中测到的压力值数据、破坏点处的试件厚度及最小破坏直径，代入现行的《砌体工程现场检测技术标准》(GH/T 50315—2000)中第12.4.1条的“砂浆试件的抗压强度换算公式” 进行计算，得到相应的混凝土抗压强度值，由于是属于探索性的试验，暂且借用了上述用于砂浆点荷法计算公式进行计算。

13.3　与钻芯法数据对比

为了验证采用“点荷法”检测实体混凝土抗压强度的可靠程度，将其与“点荷法” 进行了数据比较，在正常的混凝土芯样加工过程中，从芯样上提前切取混凝土切片，进行如上所述的点荷试验，取得点荷强度，将同构件的混凝土芯样按照《钻芯法检测混凝土强度技术规程》(CECS03:2007)的规定加工磨平处理后进行正常的抗压强度试验，取得芯样实压强度。将两种方法测得的数据进行对比，部分数据比较如表4-7所示。

表4-7　　点荷强度与芯样强度对比

混凝土强度点荷	设计强度值	芯样对比	强度系数
C25	31.2	15.6	2.00
C25	31.5	13.9	2.27
C30	34.5	16.1	2.14
C30	32.1	15.5	2.07
C35	44.5	15.9	2.79
C35	42.1	16.9	2.49
C40	41.5	22.3	1.86
C40	44.3	23.8	1.89
C40	40.3	21.1	1.91

从表中可以看出，芯样强度与点荷强度的对比系数大部分都集中在1.85～2.50的范围之内，可见点荷法能够反映出混凝土抗压强度的高低，而且具有一定的规律性。同时发现对比系数也存在一定的离散性，这是由于混凝土切片中含有粗骨料成分，进行点荷试验时只是使作用点避开粗骨料石子，但是在混凝土切片受力直至破碎的过程中，粗骨料还是会产生一定的作用，当切片厚度越厚时这种影响会更加明显。这与砂浆片受力破坏的过程是略有不同的，由于是试验探讨性的进行测试，现在只能借用砂浆试件的抗压强度换算公式，直接进行混凝土切片的点荷强度计算，砂浆的计算公式并不能完全适

用于混凝土切片，只是探索性地反映出点荷强度与芯样强度之间存在一定规律性。

13.4 采用“点荷法”检测问题及处理

13.4.1 “点荷法”检测优点

通过初步对比试验可以认为，用“点荷法”检测实体混凝土抗压强度具有其现实意义，用最简单的钻芯、切片和点荷载试验 3 个工序过程就可以获得混凝土抗压强度。如果此种方法可以得到广泛使用，“点荷法”检测会成为一种比较简单易行的混凝土实体抗压强度检测方法，与传统的钻芯法相比，其特点是明显的。

（1）钻孔深度　“点荷法”需要钻取混凝土芯样很浅，只要满足切片厚度为 10mm 的混凝土实体即可，即使是钻取直径为 75mm 的小芯样，按照钻芯法的要求，钻取深度至少要达到 100mm 才能满足芯样在加工打磨的需要。

（2）芯样直径　“点荷法”对芯样直径没有严格的规定，如条件允许时例如在检测实体为剪力墙时，可以钻取直径为 100mm 芯样，当被检实体为柱子配筋较多的混凝土构件时，可以钻取小直径如 75mm 至更小直径芯样，同时钻取深度也浅，保护层厚时可能到不了主筋部位，可有效地避免对构件钢筋造成损伤。

（3）检测周期　用“钻芯法”按常规的操作程序需要 3 ~ 4d，包括钻取芯样、切磨、加工、晾干及压试的过程。而“点荷法”只需在芯样端部切取一片混凝土试件，配备一台小型混凝土切割机即可。强度试验所用的点荷仪是制成品机，需要时甚至可以在工程现场进行取样测试取得数据，这样会大幅度提高实体混凝土抗压强度的检测效率。

（4）试样制作　“点荷法”对混凝土切片的厚度并未严格规定，因为切片厚度是计算公式中一个重要参数，在一定范围内可上下浮动，相对于“钻芯法”对标准芯样的加工要求来说，切取混凝土切片较为简单快捷且操作方便。

13.4.2 “点荷法”问题处理

任何一种实用检测技术都需要经过长期、大量系统的试验研究、数据收集、整理及分析处理，再经过认真仔细论证才能成为一种可靠的检测应用技术。用“点荷法”检测实体混凝土抗压强度只是一种探索，这种方法还是有一定的科学性的，要应用于工程中还需要解决一些具体问题：

（1）数据数量　现在所进行的初步试验相对较少，无法达到回归拟合出专用测强曲线的数据量要求，还需要做进一步大量的试验，分析和总结其中的规律。

（2）影响因素　进行点荷试验时，混凝土芯样切片的直径、厚度及切片位置等因素，会直接影响到测试的结果，还需要做进一步扩大试验，总结出影响因素对测试的结果的影响程度，再确定统一的试验方法。

（3）检验用设备　现在使用切割混凝土芯样切割机切片，在切取过程中对混凝土产生扰动，如果在切割中出现裂纹切片就成废品，这就要求有专用切割设备，更精确地进行芯样切片工作，小型切割设备方便在现场检测使用，它可以快速获得检测数据，从而提高检测速度及准确性。

综上浅述,希望在混凝土检测中有更多的方法可以被采用,能够在现有的检测基础上深入研究并总结出之间的规律,使用“点荷法”检测实体混凝土抗压强度是一种实践探索,是否可行还需要进一步实践总结,为结构实体检验开辟一条更便捷的方法。

14 掺合料在混凝土中的应用技术

掺合料在混凝土中的应用已有多年的时间,早期的掺入是为了改善混凝土拌合物的和易性和节省水泥,但随着混凝土技术的发展,人们逐渐意识到掺合料在混凝土中的重要作用。现在配制高性能混凝土采取的工艺通常是强度比较高的硅酸盐水泥加高性能减水剂等外加剂及外掺合料,这种工艺成为制备高性能混凝土不可缺少的组分,它在改善混凝土力学性能及耐久性方面起着极其重要的作用。

14.1 掺合料的分类和作用机理

14.1.1 掺合料的分类

常用的混凝土掺合料是指具有火山灰活性的固体粉末,可用来改善水泥基混凝土的强度、和易性和耐久性的胶结材料。掺合料在混凝土中的活性大小可以分为活性材料和非活性材料两种。活性材料是指在常温状态下有水存在时与激发剂水化形成水硬性胶凝材料的物质,而非活性材料仅仅是能改善混凝土的和易性。但这两者又不能分开,在一定条件下可以相互转化,如石灰石粉一般不作为活性材料,如果水泥配置熟料矿物铝酸钙较多时,则石灰石粉可与铝酸钙的水化产物形成水化碳铝酸钙,对混凝土的早强有利。而石英粉一般不作为活性材料使用,但是当混凝土构件养护温度较高时,活性则可大幅度增加,当石英粉体颗粒研磨得足够细时也会具有一定的活性。活性材料按照水化机理又可以分为火山灰活性和潜在水硬性活性两种,如粉煤灰、凝灰岩与烧结黏土等是火山灰质活性材料;钢渣、水淬矿渣是具有潜在水硬性活性材料。人们习惯上把水泥生产时加入的活性材料称作混合料;在混凝土拌制时加入的活性材料称为混凝土掺合料。

14.1.2 掺合料的作用机理

混凝土掺合料是通过改善水泥胶结材料的组成和数量,达到混凝土强度、提高耐久性、改善混凝土和易性及体积的稳定性,其主要机理如下。

(1)掺合料活性效应　掺合料活性实际上是指掺合料颗粒表面在常温条件下碱性石灰溶液里溶解 SiO_2、Al_2O_3 等组成的难易程度。活性效应的大小不仅与化学组成有关,而且与掺合料的比表面积有关。在相同化学组成时玻璃体活性最高,同样是玻璃体,由溶体快速冷却比缓慢冷却得到的玻璃体活性高,同样由化学组成的微晶体比粗晶体活性高,高温亚稳型晶体比常温晶体活性高。

(2)掺合料形态效应　形态效应是指掺合料颗粒的表面特征,如圆球形、椭圆球形、片形、柱形及不规则形状,还包括颗粒表面的粗糙程度、孔隙形态等。当掺入好的圆球形外掺料则混凝土拌合物的流动性会好,需水量也小,有利于提高混凝土拌合物的和易性、强度和耐久性，同时体积稳定性和其他性能也好。

(3)掺合料填充效应　填充效应是指掺合料颗粒填充在水泥胶结材料的空隙中，特别是掺入了高效减水剂之后，再掺入了矿物掺合料的混凝土，具有更好的减水增塑效果，即高性能混凝土的双掺应用技术。

上述这3个效应互相影响又互相制约；不同性能的混凝土对掺合料的需求也不尽相同，应用时要有所侧重，这也是混凝土掺合料应用中的重要技术措施。

14.2　掺合料的应用技术效果分析

现在的建筑工程技术人员都会了解到，许多特殊性能要求的混凝土是可以通过掺入外加剂来获得需要的混凝土来实现的，如正确运用外掺合技术，有时也可以全部或部分取消外加剂，也能达到相同的效果，这样不仅能降低混凝土的生产成本，还能避免外加剂对混凝土产生的不良后果。

14.2.1　掺合料在混凝土中的应用效果

混凝土中的掺合料具有改善混凝土和易性、提高混凝土的强度和耐久性的功能，因此在混凝土中掺入掺合料的技术是一项涉及全面提高混凝土性能的实用性技术。与混凝土外加剂作类似比较，掺合料在混凝土中起到作用主要是以下一些。

(1)明显减少用水量　使用最多的掺合料是优质粉煤灰，由于其多数为圆球形，具有较多的减水功能是显而易见的，但是需要指出的是掺加高效减水剂的混凝土，再掺入矿物掺合料会更加具有减水性效果，尤其是当化学减水剂在超低水灰比时，矿物掺合料还具有减水功能，如用硅粉更会减少用水量。

(2)具有明显早强及增强作用　硅粉因为颗粒更小且水化速度更快，对强度提高更有利；石灰石细粉也具有早强作用，尤其是铝酸三钙(C_3A)含量超过9%以上的水泥更加明显。当石灰石细粉与水化铝酸钙反应时可以形成具有一定胶凝能力的碳酸铝酸盐复合物质。同时由于矿物掺合料水化后形成的针状水化产物晶体具有良好的胶结能力，增加了水泥石与掺合料颗粒之间的界面粘结强度，因此认为可以用低强度等级的硅酸盐水泥制作出高强混凝土。

(3)具有明显缓凝作用　一些掺合料在混凝土中的水化速度比较缓慢，如粉煤灰、矿渣粉及煤矸石细粉等均有一定的缓凝作用，合理选择矿物掺合料的品种和数量可以起到缓凝剂的作用效果。

(4)具有明显膨胀作用　“铝矾土+石膏+硫酸铝”是混凝土膨胀剂，为了降低膨胀型矿物掺合料的成本，充分利用工业废弃物，可以用含铝成分较多的自燃煤矸石，或者粉煤灰替代铝矾土制造具有膨胀功能的混凝土掺合料，或者在研磨矿物掺合料时掺入一定活性的轻烧镁也可以。

(5)具有防水功能　掺有高效减水剂和微膨胀掺合料的胶凝材料，可以形成密实良好的水泥石，完全可以做到不掺入防水剂即可制造出抗渗性能良好的混凝土。

(6)具有抗腐蚀功能　掺合料在混凝土中具有改善混凝土抗腐蚀的功能。掺合料在混凝土中水化时消耗了水泥熟料与掺合料界面过渡区的部分氢氧化钙及水化铝酸钙，形成了耐腐蚀的低碱型水化硅酸钙和钙矾石等,钠离子、钾离子与铝氧八面体络阴离子粘接形成四面体进入硅酸盐晶体结构,形成水化铝硅酸钙被固结,使游离碱含量降低,避免了碱集骨料反应的产生。

14.2.2 掺合料的生产制作要求

由于混凝土矿物掺合料的广泛使用,使得掺合料的生产和使用已经成为一个专业成熟的技术,现在一些工业废弃物经过加工处理后作为混凝土的外掺合料使用。混凝土的外掺合料的生产和使用所涉及工艺方法和技术措施,简单分析如下。

(1)超叠加效应　要充分利用各种矿物掺合料的不同显微形态、不同细度、不同表面活性和不同数量进行有效搭配,取其精华并合理优化组合,使混凝土拌合物具有更佳性能,从而形成超叠加效应。超叠加效应采取不同种类或细度的矿物掺合料复合使用,会取得比单独使用其中任何单一种都好的效果。如大幅度提高矿物掺合料的用量,经验表明可提高混凝土强度的10%左右。

(2)复合激发剂技术　目前复合激发剂是由3种主要成分所组成。一种是硫酸盐激发剂即石膏,可以激发混凝土掺合料的活性,尤其对 Al_2O_3 含量高的煤矸石、粉煤灰等效果更佳;另一种是水泥熟料即石灰激发剂,激发活性以 SiO_2 为主的混凝土掺合料,如硅粉、矿渣及钢渣等;第三种是钾、钠等碱金属盐,如 Na_2SO_3、Na_2SO_4、Na_2CO_3 及 $NaHCO_3$ 等,可以提高混凝土的早期强度,促进混凝土掺合料硅氧四面体网络结构分解进入溶液,在水泥水化产物 $Ca(OH)_2$ 的激发下,最后形成具有胶结能力的水泥铝硅酸钙。同时要求掺合料颗粒有足够的细度才能发挥作用,研磨时要加入助磨剂以提高研磨效率。

(3)预加外加剂技术　混凝土掺合料在制作时提前掺入各种成分,如成核剂及引气剂,因为这类外加剂掺入的数量较少,例如引气剂的掺量仅为万分之几,在混凝土拌制现场是很难拌均匀的,而在制作掺合料时加入则十分方便,如水工混凝土掺合料的制作。

(4)预处理技术　预处理技术是指有的矿物掺合料经过预处理,可提高掺合料的质量水平,如粉煤灰含碳量高会影响外加剂的使用效果,对粉煤灰进行预处理除去活性炭的活性,或者经预处理激发掺合料的活性,有利于提高混凝土的早期强度。

14.2.3 掺合料的生产必须工厂化

为了更好地使混凝土掺合料的各种技术综合使用,从生产掺合料开始时就充分运用这些技术,应该做到设计优化,如在施工现场是很难处理时,只有在专业工厂才能做好,又如研磨细提前掺入减水剂及早强剂作为助磨剂使用,使其具有助磨减水双重效应。

合理生产使用掺合料,要按混凝土性能要求制造需要的外加剂,按现行外加剂规范执行。为推广、生产和使用混凝土掺合料提供依据,因此必须区分为水工混凝土掺合料、普通混凝土掺合料、高性能混凝土掺合料和抹灰砂浆掺合料等。

14.3 混凝土掺合料使用重视问题

掺合料使用不当会对混凝土性能产生不良影响,因此混凝土掺合料生产应用要重视以下几点:

首先,混凝土掺合料不是最终产品,使用时还要根据其水泥品种、减水剂性能及混凝土性质来确定合理的掺入量。同时混凝土掺合料不同于水泥熟料,它仅是掺合料颗粒表面层发生水化反应,通过强化界面层粘结强度达到节省水泥目的,其本质相当于增大水泥熟料胶凝材料的体积。在经济条件的允许下,适当增加混凝土掺合料用量是可行的,即是掺合料超量取代的应用措施。

其次,虽说混凝土掺合料的活性较低,其活性也会因为存放的时间延长而降低,因而尽量使用新生产的掺合料,对存放时间要严格规定且有保护措施。对于加入混凝土掺合料的混凝土也会由于水化速度慢而造成强度降低,也明显地表现在表面泌水、碳化起砂在低强度混凝土中,对此在施工的混凝土未达到终凝结前,进行二次抹压效果最优。

最后,掺加掺合料的混凝土常会因为流动性大和水化慢,便施工中易产生过振而导致部分轻质混合料上浮从而形成分层问题。这需要调整混凝土和易性,提高混凝土粘结度以防止振动时产生的离析现象。同时对于掺入混凝土掺合料的混凝土,也因水灰比大和水化慢造成施工中表面系数大的构件表面产生大量裂缝,此种现象只有采取二次振捣来解决时效果最好,此外还要及早覆盖保温及养护,防止早期塑性裂缝的产生,不要以掺加微膨胀剂的方法处理。

综上浅述可知,掺加混凝土外掺合料的方法仍然不是十分广泛,缺乏生产和使用配套的技术,混凝土掺合料在工程中的优势并不十分明显,还需要在工艺各个环节得到提升。为了更有效地运用掺合料技术,掺合料生产在专业厂家进行,而且按混凝土的性能要求生产,使矿物外掺合料的使用更加科学合理,发挥其更大的使用效应。

15　后张法技术在体外预应力加固中的应用

后张法预应力技术除了在各类新建筑物、构筑物及桥梁结构工程中被广泛使用外,在建筑结构加固改造工程领域中的应用前景也十分好。本节结合一些工程实例,分析探讨后张预应力加固技术及其在结构加固改造工程中的应用实际,并进行分析和介绍。

15.1　后张法预应力技术

(1)采用后张体外预应力筋加固钢筋混凝土结构技术的应用比较多,对于承载能力或刚度降低的混凝土受弯构件,包括框架梁、板等采取后张预应力筋加固,达到提高其刚度及承载力。当构件受压承载力不足的轴心受压柱,偏心受压柱采用预应力撑杆加固,对混凝土桁架结构中承载力不足的轴心受拉构件和偏心受拉构件等应采用预应力拉杆加固等。

(2)后张预应力技术还可用于钢结构和钢与混凝土组合结构的加固。通过对钢结构和钢与混凝土组合结构施加预应力,产生与外荷载反向的变形和内力,一方面可提高钢结构以及钢和混凝土组合结构的正常使用性能,另一方面可以显著提高结构的承载能力。

(3)后张预应力技术还可用于砖砌体结构的抗震加固。自20世纪90年代开始在一些欧洲国家、澳大利亚和新西兰等国家或地区,开展了把后张预应力技术用于砖砌体结构的抗震加固的研究应用。试验结果表明采用后张预应力技术加固砖砌体结构,可以显著提高砖砌体结构的延性和耗能能力,使砖砌体结构抗震能力有大幅度的提升。

15.2 后张预应力加固受弯构件处理

15.2.1 预应力筋布置形式

对由于承载力不足而采用后张预应力进行加固的混凝土受弯构件,宜采用接近于其弯矩图布置的折线预应力筋进行加固;对于简支梁也可以采用布置于受拉区的直线预应力筋进行加固。几种常见的加固预应力筋布置形式如图 4-4 ~ 图 4-6 所示。

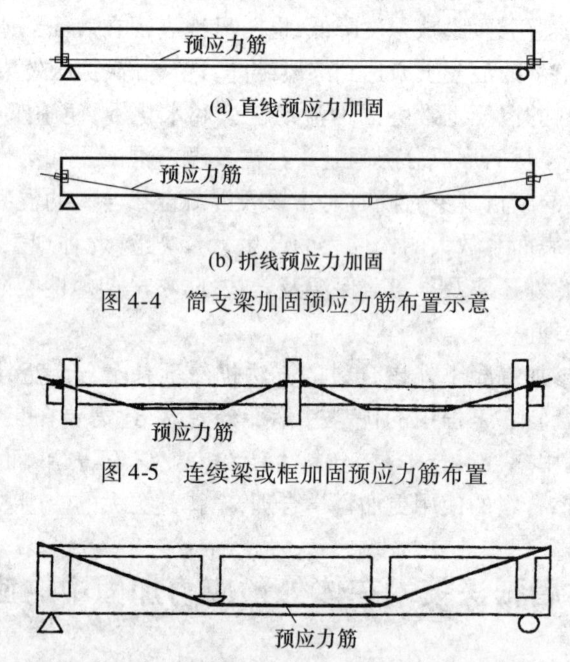

(a) 直线预应力加固

(b) 折线预应力加固

图 4-4 简支梁加固预应力筋布置示意

图 4-5 连续梁或框加固预应力筋布置

图 4-6 T 形或工字形梁加固预应力筋布置

15.2.2 常用节点构造形式

采用后张预应力筋加固钢筋混凝土受弯构件时,为了确保预应力施加的可靠性,预应力筋应锚固在专门加工的钢托件上。钢托件的形式要根据施工现场条件而定,钢托件与被加固结构之间应实现可靠连接,如采用套箍或锚栓固定的方法。几种常见的钢托件构造形式如图 4-7、图 4-8 所示。

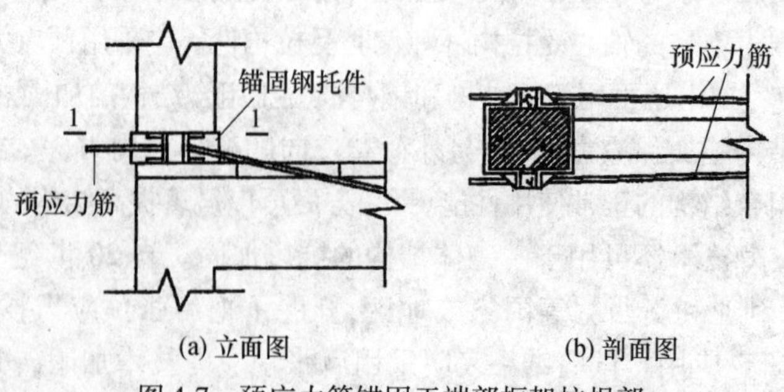

(a) 立面图 (b) 剖面图

图 4-7 预应力筋锚固于端部框架柱根部

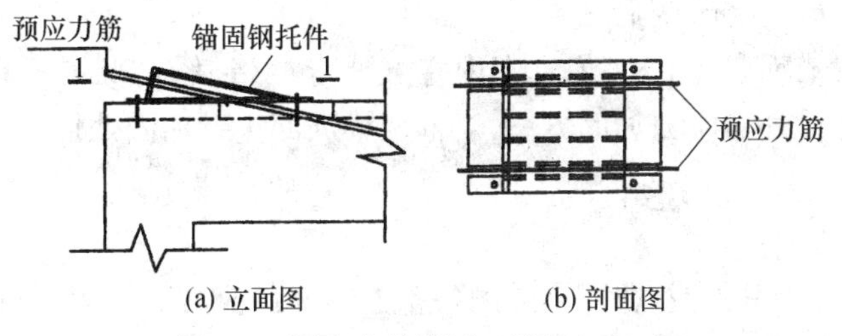

(a) 立面图　　(b) 剖面图

图 4-8　预应力筋锚固于楼板上表面

对于折线预应力筋的弯折节点要采取圆弧过渡，增大弯折点的接触面积，降低接触应力，避免预应力筋产生死弯曲。同时为确保预应力筋强度的降低幅度小于 5%，弯折节点应保证有一定的曲率半径。弯折节点的最小曲率半径 R 可按下式求得：

$$R = \frac{aN}{nd} \tag{4-7}$$

式中　d——单根预应力筋的直径；

N——一束内预应力筋的根数；

n——与弯折点相接触的预应力筋的根数；

a——系数，弯折点接触面为钢材时取 $a = 20$。

对于弯折节点的形式也应当根据现场实际条件而确定，常用的弯折节点的构造形式如图 4-9、图 4-10 所示。

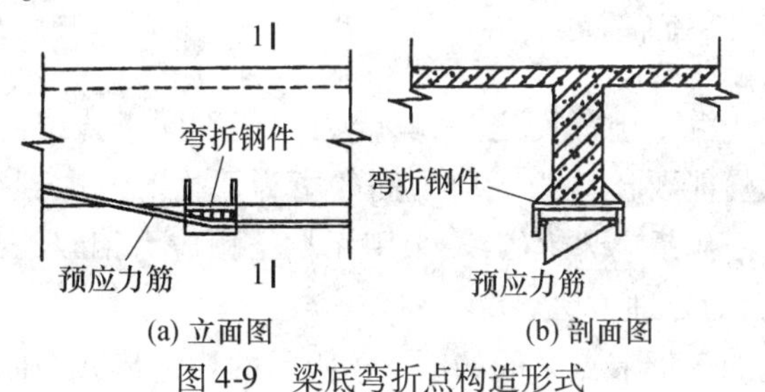

(a) 立面图　　(b) 剖面图

图 4-9　梁底弯折点构造形式

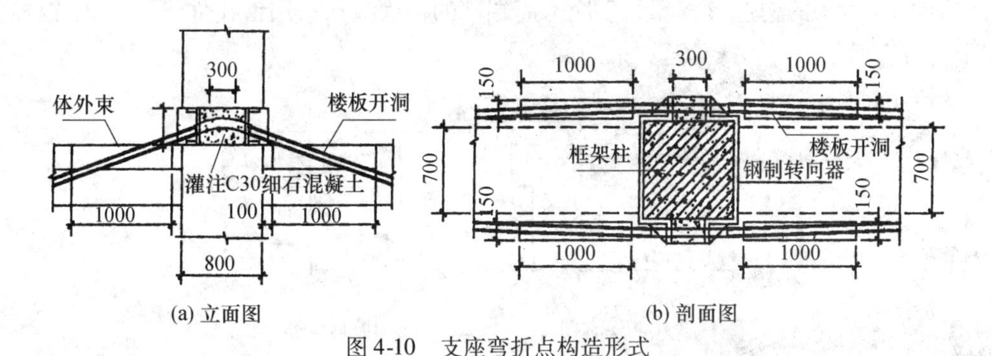

(a) 立面图　　(b) 剖面图

图 4-10　支座弯折点构造形式

15.3　工程加固中的具体应用

建于 1998 年的某工业厂房，建造时的结构形式为 4 层钢筋混凝土框架剪力墙结构，层高为 4.50m，房屋总高度为 18.0m。现由于使用功能发生改变，通过对该结构 3 层部分框架梁的核算,不能满足改变后的承载力要求,要求进行加固处理。由于加固施工期间厂房不能停止生产,而且生产工艺对室内空气要求严格,经过认真考虑、分析加固方法后,确定采取后张体外预应力加固方法,对框架梁局部进行加固处理。

15.3.1 设计优化加固方案

依据计算结果考虑,沿着加固梁两侧各布置体外预应力筋 2 束,每束为 2 根 15.2mm 的低松弛预应力钢绞线,张拉控制应力取 $0.5f_{PK}$,且 $f_{PK}=1860N/mm^2$,加固梁的最大张拉力达到 520kN,加固梁平面布置如图 4-11 示。选择的加固梁为框架主梁,每榀梁在三分点处布置两榀次梁,主梁所承受的主要荷载为次梁所传递的集中力。因此,预应力筋采用三折线的布置方式,预应力筋的弯折点分别位于两榀次梁下方,会产生直接向上的反力,平衡集中荷载,预应力筋束形如图 4-12 所示。

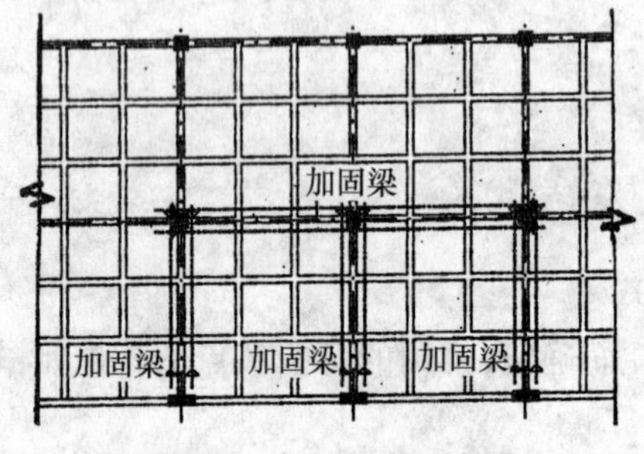

图 4-11 加固梁平面布置

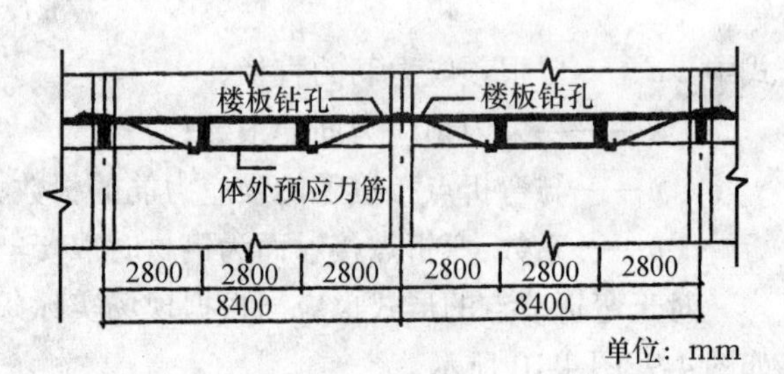

图 4-12 预应力筋束形

由于预应力筋位于混凝土截面之外,其受力性能不同于传统的体内预应力,对预应力筋的防腐蚀及防火性能要比体内预应力筋的更为严格。考虑到梁两侧体外预应力筋为 2 根 15.2mm 的低松弛预应力钢绞线,采用无粘结预应力钢绞线外包裹多层高密度防火布,后再喷防火涂料的处理方法。

预应力筋在梁底的弯折节点采取如图 4-9 所示的构造形式,在中间支座处梁顶则采取如图 4-10 所示的构造形式。而预应力筋端部的锚固节点采用钢托件,通过化学锚栓固定于梁上表面的节点形式处理,如图 4-13 所示。

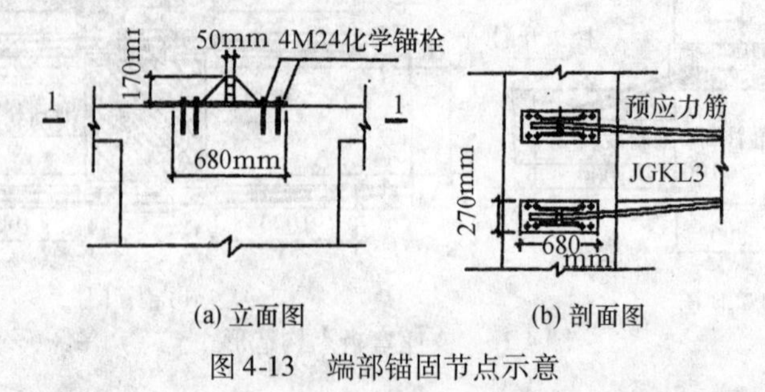

图 4-13 端部锚固节点示意

15.3.2 加固施工措施

本工程既有房屋的主要工程集中在楼板开洞、体外节点的锚固安装及预应力的张拉几项，在工期比较紧、确保质量的前提下，并结合工程特点因此从设计、施工快捷的角度考虑，采取了一些具体控制措施。

（1）楼房开洞　在3层加固部位楼板，被主次梁分割为多个2780mm×2780mm的板格，楼板厚度为120mm，板内配筋为双层双向10mm@150mm。开洞时应避免切断板内任何方向钢筋，因此楼板开洞只能用冲击钻逐步扩孔的方法，开洞尺寸为50mm×400mm左右。施工时根据图上定位尺寸及角度，先在楼板上放线，用冲击钻开洞，通过试打了解板配筋间距，确保不损伤板筋。

（2）锚固节点安装　现在最好的方法是用化学方法粘结锚固，其成孔深度的要求应大于200mm，考虑到主梁内配筋比较多，成孔深度很难达到设计要求，为避免伤及主梁内钢筋，考虑到锚固节点主要是传递水平剪力，因此把锚固节点的位置后退在平台上锚固较好。

（3）预应力束安装及张拉　在体外锚固节点优化设计时，应综合考虑锚具和体外束的大小，以防止制作的钢构件放不下锚具或造成穿束困难。在预应力张拉前，先要根据千斤顶的标定和张拉控制应力，计算出油压表的数据，由于体外束在锚具安装过程中需提前进行预紧，张拉力以油压表的读数为依据，并以计算伸长值为辅，张拉时要用两台千斤顶在梁的两侧同步对称张拉，每根筋按顺序首先张拉到控制应力的1/2，然后再按顺序张拉到控制应力，适量超张拉。

（4）预应力筋切断及锚具封堵　当预应力筋张拉完成后，对锚具外露预应力筋要采取切断处理。切断后预应力筋外露长度不要少于30mm，切多余筋应使用手执砂轮锯或者其他液压切割设备进行切割，不允许用电弧切割，预应力筋切断后用专门灌浆料进行认真的封堵处理。

15.4　砖混结构后张预应力加固

后张预应力加固结构件技术，除了用在钢筋混凝土结构外，还能用于砖砌体结构的抗震加固工程中。砖砌体结构是抗震性能较差的围护结构形式之一，由于砖砌体属于脆性材料，是通过砌筑砂浆粘接在一起，结构整体性比较差，在地震中倒塌的概率非常高，是地震震害最严重的围护结构体。

砖砌体结构的传统抗震加固技术包括钢筋网砂浆面层、混凝土板墙加固法、外加混凝土构造柱加固法、型钢材包角以及镶边加固法等。这些加固方法一般会造成使用面积的减少，建筑外观效果受影响，且噪声大，加固施工质量难得到有效控制，同时加固还会导致建筑物不能正常使用。

在国外一些国家开展了采用后张预应力技术对砖砌体结构进行抗震加固技术的研究，并在实际工程中得到应用。其结果表明，采用后张预应力技术对砖砌体结构进行抗震加固能有效提高砌体结构的延性和耗能能力，从而使砌体结构耗能能力和抗震性能得到大幅度提高。

后张预应力技术之所以可以用于提高砌体结构的抗震性能，一方面由于预应力筋的设置使砌体结构成为配筋砌体结构，另一方面是施加了预应力后，更加有效地提高了砌体结构的整体性，特别是对震后变形恢复能力有明显的提高。同时，由于预应力的施加，提高了砌体的轴向压应力,还可以大幅度提高砌体的抗剪承载能力。

砖墙采取竖向预应力加固的平面内受力简图如图4-14所示,砖墙采取竖向预应力加固的平面外受力如图4-15所示。从图中可以看出,采用竖向预应力加固后,砖墙无论在平面内还是平面外的抗裂能力与抗剪承载力都得到了一定提高。另外,由预应力加固砖墙进行的水平低周反复载荷试验表明,加固砖墙的滞回环明显丰满,延性和可能能力有大的提高。

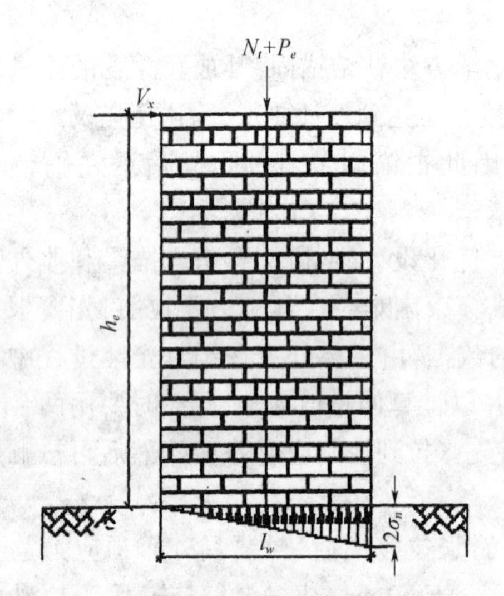

图4-14　预应力加固砖墙平面内受力简图

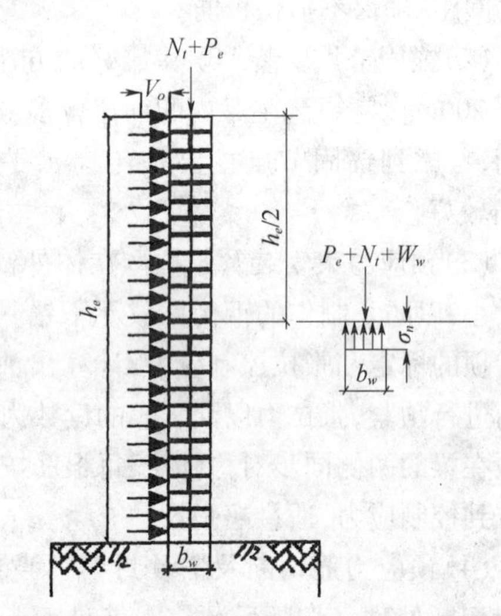

图4-15　预应力加固砖墙平面外受力简图

综上浅述可知,后张体外预应力技术在结构加固改造工程中的应用,预应力筋束布置、节点构造和施工方法措施等,同时对预应力加固砖墙结构体的方法进行浅要介绍,从中可以得出,预应力筋的布置宜采用接近于其弯矩图布置的折线束形,对于简支梁也可以采用布置于受拉区的直线束形;锚固节点和弯折节点可以采用专门设计的钢托件以保证传力效果。

后张体外预应力加固砖砌体结构技术在抗震性能研究上,国外一些国家得到较多成果,也经过了地震的考验,是一种值得国内研究并大力推广的抗震加固新技术。

16　提高盐渍土区域混凝土耐久性的原理及方法

盐渍土及沿海岸工程的混凝土结构,由于长期处于氯离子的潮湿空气中,土壤和水中还有大量的氯盐、镁盐和磷酸盐,它们与混凝土中的水泥水化产物 $Ca(OH)_2$ 作用后生产 $CaCl_2$、$CaSO_4$ 等易溶物质,NaCl 又提高其溶解度,增大了混凝土的孔隙率,使混凝土遭受腐蚀;而氯离子引起的钢筋锈蚀导致该处混凝土结构被破坏最为常见,同时,磷酸盐侵蚀也是威胁钢筋混凝土结构耐久性的重要因素之一,已有研究发现掺入适量的胶凝材料可以提高混凝土抗硫酸盐的侵蚀能力。

此外,处于盐冻环境下的盐渍土混凝土,除受氯离子和硫酸盐的结晶应力、渗透压力等因素作用外,还遭受干湿循环、温度应力等环境因素的影响,与混凝土抗冻性能试验标准(CDF)中抗盐冻性能试验中混凝土所受的作用类似。这样,可以将 CDF 抗盐冻性能试验作为海工混凝土耐久性评估的试验方法和指标。

16.1 钢筋混凝土的腐蚀原理与氯离子的传输机理

(1)钢筋混凝土的腐蚀原理　当混凝土接触的周围介质,如空气、水(海水、地下水)和土壤中含有不同浓度室外酸、盐与碱类侵蚀性物质时,一旦其进入混凝土内部,与混凝土中的成分发生化学反应,混凝土将遭受腐蚀,并逐渐发生绽裂剥落,进而引起钢筋腐蚀,最终导致结构失效。

混凝土中钢筋的锈蚀过程是一个电化学过程,钢筋锈蚀产生的化合物由于体积增大而在混凝土内部产生较大膨胀应力,造成混凝土保护层剥落或顺筋开裂。由于混凝土材料是非匀质体,自身存在着各种孔隙结构的不均匀性缺陷和微观裂缝等不连续的物理现象。随着时间的推移以及环境条件的变化,混凝土结构的不连续微观裂缝,将可能扩展成为宏观裂缝,从而使海水易于到达钢筋表面,加速腐蚀进程。

(2)混凝土中氯离子的传输原理　氯离子在混凝土中的传输包括压力梯度下的渗透、浓度梯度下的扩散、湿度梯度下的毛细吸收以及电位梯度下的离子迁移等。氯离子在混凝土中的传输是扩散、渗透、物理或化学吸附以及毛细吸收等多种机理不同组合的综合结果。

16.2 盐渍土结构混凝土耐久性的评价

盐渍土环境下的混凝土需满足工作性能优良、体系密实、宏观无缺陷并且强度符合设计要求,同时兼具经济性和质量稳定性。在原材料达到上述要求的基础上,为衡量混凝土的质量或者控制其最终质量,海工混凝土的各项指标除须满足现行行业标准《水运工程混凝土质量控制标准》(JTS 202-2—2011)的设计要求外,盐渍土环境混凝土的耐久性能还应具备以下性能。

(1)混凝土抗冻融性能　试验方法参照现行《水运工程混凝土试验规程》(JTJ 270—1998),混凝土的抗冻性是海工混凝土耐久性能的重要指标,尤其在我国北方地区,盐渍土混凝土大多存在冻融危害。总之,有冻融危害的海工混凝土施工必须满足抗冻融性能的试验要求。

(2)混凝土电通量和氯离子扩散系数　混凝土 28d 电通量,试验方法参照现行《混凝土耐氯离子穿透能力电标试验方法》(ASTW C1202—1997),混凝土氯离子扩散系数,试验方法采用水工 NTBUILD443(标养 28d 后,浸泡 90d)。

这两项指标反映混凝土密实程度的重要指标。一方面,反映了混凝土抵抗外界有害杂质离子入侵的能力,能体现混凝土的使用寿命;另一方面,反映了混凝土抑制钢筋锈蚀的能力,体现钢筋的寿命,这对混凝土结构的耐久性是非常重要的。

(3)混凝土碱含量　试验方法参照现行的《混凝土碱含量限值标准》(CECS 53—1993),总碱含量要求不大于 3.0kg/m^3,控制混凝土中的碱含量时抑制碱-骨料反应的重要手段,应结合混凝土中各原材料的含碱量进行综合考查。

(4)混凝土抗硫酸盐侵蚀　试验方法主要有两种,即耐蚀系数法和膨胀率法。“耐蚀系数法”试验方法参照《水泥抗硫酸盐侵蚀试验方法》(GB/T 749—2008)并按下式计算：

$$k_n = R_{液}/R_{水} \tag{4-8}$$

式中 k_n——胶凝材料在侵蚀龄期为90d时的耐蚀系数；

$R_{液}$——试件在溶液中浸泡规定龄期后的抗折强度,MPa；

$R_{水}$——试件在20℃水中养护同龄期抗折强度,MPa。

“膨胀率法”试验方法参考《水泥抗硫酸盐侵蚀试验方法》(GB/T 749—2008)按下式计算,计算精度至0.001%。

$$P_t = (L_t - L_0)/250 \times 100\% \tag{4-9}$$

式中 P_t——某龄期的膨胀率,%；

L_t——某龄期的测量读数,mm；

L_0——初始测量读数,mm;试件有效长度为250mm。

(5)钢筋耐锈蚀　采用线性极化方法测量钢筋混凝土中钢筋的锈蚀,试验采用两电极体系,将工作电极与待测钢筋连接,辅助电极和参比电极连接到另一根钢筋上,参比电极要更接近于工作电极,以保证电位的稳定,两个电极之间形成一个回路,原来测量极化电阻、锈蚀电流和锈蚀速率,测量原理如图4-16所示。仪器扫描速率为1mV/s,扫描电位范围从-20mV到+20mV。用相应的PowerSuite软件进行数据处理和分析。

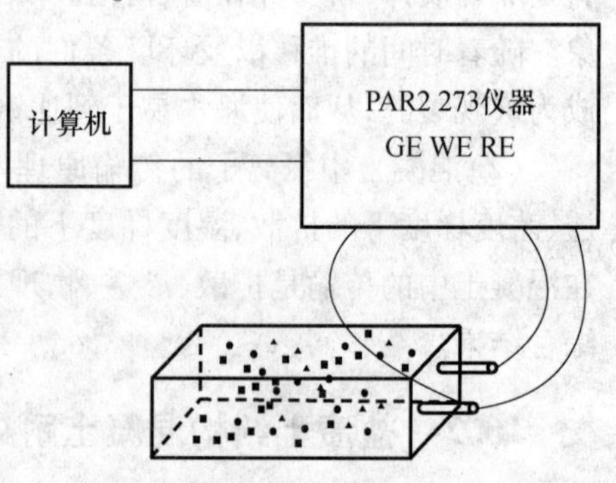

图4-16　线性极化方法测量原理

16.3　改善混凝土耐久性的技术措施

(1)控制混凝土使用材料

① 水泥选择。使用中热及低热硅酸盐水泥,水泥中的C_3A的含量不超过6%,C_3S与C_3A的总和通常不超过58%。该类水泥具有较高的抵抗硫酸盐侵蚀的能力,并且水化热较低,可避免混凝土表面产生温度裂缝。

② 骨料粒径及自身质量。严格控制骨料中的氯离子和其他杂质含量,禁止使用海砂,选用中粗粒径干净砂,并且要求保持较低的拌合温度,避免冷缩裂缝的产生。

③ 外掺合料。应选择磨细粒化高炉矿渣或Ⅱ级以上粉煤灰作为矿物掺合料,确保矿物掺合料具有良好的水硬活性。实践证明,适宜掺量的粒化高炉矿渣粉和粉煤灰的盐渍土环境下高性能混凝土的电量和扩散系数显著降低,可满足海工高性能混凝土高耐久性的需要,而且粒化高炉矿渣粉的最大掺量可以达到胶凝材料质量的70%左右。此外,掺加纤维(如聚丙烯腈纤维)也可较大程度增强海工混凝土的韧性,降低开裂的敏感性,进而提高混凝土的耐久性。

④ 水灰比和混凝土保护层厚度。水灰比对混凝土的抗渗性影响最大,水灰比越大,混凝土结构中游离水越多。在硬化混凝土中会留下相互连通的、无规则的大量毛细通道,使水泥石的孔隙率增加,混凝土的抗渗性降低。混凝土保护层的厚度根据不同结构部位的增加,则氯离子渗入混凝土到达钢筋的时间就会增加,将显著延迟混凝土内部钢

筋的锈蚀。

(2)优化结构设计措施　盐渍土环境中的构筑物类型一般有高桩梁板结构、薄壁结构和大体积结构。在结构物中，由于结构截面突变多、表面积与体积之比大、结构分缝过长不适应温度变化、结构刚度不足导致水平变位大、不均匀沉降以及地基基础约束条件差异大等方面的原因，都会导致混凝土结构产生裂缝。因此应重视优化结构设计，采取必要措施避免上述不利因素的发生。此外，对于重要结构和构件修复困难的部位，在第一类荷载作用下，也应控制混凝土裂缝的产生与发展。对于高桩梁板结构码头，还应合理布设一些透气孔，以减小北方雨季及沿海湿空气的渗透与侵蚀。

(3)提高施工质量　混凝土的施工质量对混凝土的孔结构和孔隙率有很大影响，即使是配合比很好的混凝土，浇筑成型时如果没有按规范过程进行控制施工、钢筋绑扎不到位、模板支撑加固刚度不够、保护层控制无方法厚度不够或振捣不密实以及过振等，都会造成混凝土结构内部缺陷，从而降低其抗渗性，因此提高混凝土施工工序过程的质量极其重要。

(4)优化施工工艺方法　优化施工工艺是多方面的，在选择优质原材料的基础上，重点是控制混凝土如下两个方面的收缩量，以控制或减少混凝土收缩变形所引起的裂缝。

首先是合理分层浇筑混凝土。在混凝土浇筑过程中，若分层浇筑的厚度较大，经振捣后，粗骨料下沉，表面上涌的砂浆和水泥浆含量较高，从而加大混凝土不均匀收缩量，也是引起混凝土产生收缩裂缝的原因之一。因此，合理分层浇筑混凝土并振实是减少混凝土不均匀收缩量的重要措施。同时如果在终凝前采取二次振捣及表面二次抹压，其效果是很明显的，不但可以消除钢筋下面的水层，使得中间均匀密实，更是可以使表面的裂缝愈合。

同时还需加强混凝土养护工作。养护工作大家都认为不可缺少，但对其重要性并不十分明确。在混凝土硬化成型过程中，混凝土开始收缩变形，表面产生早期裂纹，在混凝土水化升温初期(一般 72h 为升温最高值)，会促使早期裂纹的发展。及时并充分的养护能够促使混凝土内部水泥充分水化、防止水分散失过快、可阻滞早期裂纹的扩展和过早发生混凝土碳化作用。

(5)混凝土表面涂层处理　引起混凝土内钢筋腐蚀最主要的原因是混凝土的碳化和氯化物的渗透。使用长效防腐涂层来保护钢筋混凝土是较为方便且实用的方法，它可有效阻止氯化物、溶解性盐类、氧气、二氧化碳和海水等腐蚀介质的侵入，从根本上切断腐蚀的源头。

在混凝土耐久性的设计方案中，如果对处于大气区、干湿交换区和水位变化区的混凝土构件采用以表面涂层为主的附加防腐措施，可使海工混凝土服役寿命延长 20 年左右。常用的涂层材料主要有防腐涂料、DB - H538 混凝土硅烷防护剂以及国外超陶防腐涂料等，具体使用中可根据结构所处环境，在水位变化区和浪溅区等海水侵蚀作用严重的部位进行涂层防护处理，以提高混凝土耐久性能。

(6)采用高性能混凝土　目前，我国盐渍土混凝土构筑物已开始应用高性能混凝土。高性能混凝土具有高流动性、高强度和高耐久性等特点，其中实现高耐久性的基本机理是：通过在混凝土胶凝材料中，掺加优质矿物微粒，与水泥水化产物氢氧化钙 $Ca(OH)_2$ 发生二次反应,使混凝土内部致密;通过配合比优化设计和优质施工,保证高性能混凝土内部的结构细化致密、收缩变形小、抗裂性能高、水化热低以及抗渗性优于普通混凝土。已有实验表明,高性能混凝土在90d龄期时,抗氯离子渗透系数能低于1000C,氯离子扩散系数一般不超过$1.2\times10^{-12}m^2/S$,大幅度降低氯离子在混凝土中的渗透扩散速度。使用高性能混凝土与普通混凝土相比,施工工序相同,成本增加不多,值得广泛推广运用,尤其是特殊环境中的混凝土工程。

综上所述,盐渍土混凝土结构不同于一般的混凝土结构,其所受环境因素更加恶劣,所受侵蚀过程更加复杂,因此应当采用多种方法对其耐久性能进行评价,并且严格从控制原材料质量入手,进行合理的配合比设计,从而优化结构设计,提高结构施工质量,优化施工工艺,采用高性能混凝土来提高恶劣环境下结构混凝土的耐久性。

五、建筑节能及遮阳技术

1　现代工程中低碳节能与绿色能源的应用

经济的快速发展及建设规模的扩大,能源供应出现越来越紧张的趋势,低碳节能更加显得重要。终端节能放在重要位置的观念已被人们所接受,不论是建筑工程中的空调、工业及公共建筑的照明,乃至家庭照明、节能灯具等现在应用得很深入且广泛,但是(自动)智能配电控制系统一般会被忽略掉,真正的低碳节能应该是智能控制系统与节能灯具、空调、太阳能以及光伏发电的有机结合,使节能效果达到更优化。

1.1　低碳节能与绿色能源的应用

据一些文献资料介绍,在工程配电系统中除了工艺设备用电外,空调和照明的用电量约占整个工程公用能耗的70%左右,空调控制和照明设备费用包括此两项的配布线工程费用,约占电气工程费用的10%以上,因此合理地选择空调与照明的方案优化并配置先进的控制系统,不仅可大量简化布线穿管的工作量,而且更加有效地节省能源,降低各种运行费用,提高管理水平并创造社会价值。

如今太阳能光伏发电系统的投资进一步降低,使电网并入更加方便,国家对太阳能光伏发电给予大力的支持,目前在一些大城市的工程设计中越来越普及,作为一个独立的电源并入公共电网设备的投资,对公用电网的安全运行的影响无法避免。采取把智能配电控制用于太阳能光伏发电系统之中,从而减少太阳能发电系统蓄电池的投入,统筹考虑配电系统的电能使用,可极大地发挥太阳能光伏发电的效率。

智能配电控制系统的技术伴随着现代建筑技术的发展而不断更新完善,达到更加适应各种建筑结构布置的需要。使用的不同空调系统及灯具系统,对太阳能发电系统的选择,可以实现多样化的控制模式。配电系统事实上是一个开放性的系统,选择标准接口可以方便与其他系统,如安保、消防与门禁系统互相连接并可完成系统集成功能。同时利用系统配备的监控软件,使管理工作进入用户界面,可以更方便更敏捷地遥控和监控建筑工程内部所有控制设备的工作状况。

1.2　现代工厂及办公楼配电与照明

(1)现代工厂配电照明　现代化工厂内的厂房及生产设施配套先进,生产厂房内空调、风机、热风幕及水泵等公用设备更加齐全,管理运行多数属于手工作业。采用智能配电控制系统后,可以按需用进行投入使用,减少不需用的时间运行,避免造成的不必要浪费。

由于现代化的工厂厂房大多数为多跨度联合用房,建筑面积有上万平方米或者更大,按照使用功能区分:有生产制造区域、生产辅助用房及仓库用区域等,各个区域的照明用具根据其用途和需要,有很大的不同。生产区域和仓库的照明使用光源主要是大型金卤灯与无极灯为主,此外还有一些需要防暴功能的要求;而生产辅助用房多采用节能型荧光灯或 LED 灯。照明度水平的设计主要取决于视觉作业的需要及产品精度质量。联合用厂房的工作时间一般是在白天,可以考虑利用窗外和天窗进入的大量自然光进行光亮补充,不仅可以节省大量电力,更加有效地保持厂房内有舒适的天然视觉环境。联合厂房内的夜间照明多数为少数工种工作的局部区域,在厂房内可以对照明采取分散的控制措施进行处理。现在的智能配电控制系统,一方面通过合理的管理以达到节省能源和降低运行费用,另一方面可方便操作和管理,提高电能管理水平,给用户提供一个舒适的工作环境。作为一个真正的有效的控制系统,上述都是要求达到的。

(2)多高层写字楼配电照明　现代化的办公大楼按照功能区域划分,通常为办公区域、门厅、经理室、会议室及多功能厅等,因此各个功能区域的照明具有不同的特点。办公区域照明使用的光源主要是荧光灯、LED 灯与白炽灯,其中荧光灯和 LED 灯用于一般性照明,而白炽灯多用在局部处照明。照度水平的设计主要取决于视察作业的需要及受经济条件所限制。办公区域照明的主要时间是在白天,可以尽量利用窗户入射的充足太阳光进行照度补充,不仅可以节省大量电能,而且可以维持室内舒适的视察适合感。

现代化多高层办公大楼的照明控制系统,是通过合理管理即在需要的时候和需要的区域把灯亮开到合适的照度,以节省电能并降低运行成本,也是便于操作及管理,从而提高楼内管理水平;除此之外,还主要给用户提供一个良好的工作场所和环境,确保工作人员具有良好的心情,提高工作效率。作为一个真正有效的照明控制系统,上述都是要求达到的。

1.3　建筑设计中一般存在的缺陷

现代社会空调的应用极其普遍,而空调控制系统多数采取分散就地控制,集中统一式中央控制。其缺点是造成人为的电能浪费,日常中可以发现单独一个人的办公室一天或连续几天无法关闭空调设备,或个别房间长期没有人工作也开启空调及照明设备,多人办公室也经常有不关空调及照明设备的现象,造成人为的资源浪费,同样在工程中使用的风机、水泵也存在无人员管理造成空转的浪费现象。

照明控制系统一般是把某些照明回路接入由工程系统控制的 V 点,通过控制这些 V 点实现例如区域控制、定时开关及中央监控等功能。但这种控制方法具有一定的局限性:控制回路的数量一般较少,只是大面积区域控制。若将回路划分的较细则造价太高;现场一般不设置开关,所有照明回路通过中控室控制,现场不能干涉照明情况,使用不方便;若控制功能简单,只能实现定时开关的功能;若是实现场景预设、亮度调节及软启动软关断等较复杂功能技术,难度大成本也高。由于照明系统并不是一个单独的系统,所以当系统某一处出现故障,照明系统也会受到影响。

太阳能光伏发电系统一般需要相同容量的蓄电池组为其服务,或者直接输入到公共电网系统中。而蓄电池组的使用寿命及运行成本会极大地影响整个太阳能光伏发电系统,蓄电池组的费用占到整个系统投资费用的30%以上,直接输入到公共电网系统中,虽然可以降低蓄电池组容量,也可考虑取消蓄电池组,但接入公共电网系统存在一定的技术风险,可能对电网的安全运行存在隐患。

1.4 智能配电控制的应用

现在大型石油化工企业的联合厂房及其联合办公楼工程,在设计中采用智能配电控制系统,联合厂房内风机、水泵、热风幕、照明和配电箱的控制,统一在智能配电控制系统中进行就地控制或远程控制,在联合办公楼的设计中把整个空调、风机、水泵、照明和配电箱及太阳能光伏发电等系统统一在智能配电控制系统中,采取就地控制和远程控制运行。

1.4.1 空调系统及控制

空调系统的控制通常采用高性能、功能强大的联网控制来实现灵活的室内温度控制。联网温控器具备 KNX 通信能力,可以根据需要来设定室内温度,并提供舒适模式、节能和保护模式,可根据 KNX 通信总线传输过来的时间表进行自动定时模式运行。风扇速度既能采用自动模式,也可以采用手动模式选择速度。

(1)制冷/供热模式切换　制冷模式及供热模式的转换可以通过自动或手动完成,自动方法包括利用制冷/供热模式转换传感器或者远程转换开关实现,也可以通过执行经由 KNX 总线传输过来的中央控制站的指令实现。手动方式可通过按“运行模式”按钮来完成。如果要随意改变室内温度,在舒适模式下按“+”或“-”按钮,可以升高或降低当时的室内温度设定值。

(2)自由调整风扇速度模式　在自动风扇模式下,温控器能够基于室内温度设定值和实际室内温度自动选择风扇速度。室内温度达到设定值后,风扇以低速(出厂设定)运转工作;在手动模式下风机会根据手动选择的速度(低速、中速、高速)运转。

(3)自由变更温控器的运行模式　在保护模式下,设备停止运行。但是如果室内温度降至10℃以下,供热功能将启动,以防止室内结露。供热保护温度的限值可根据需要进行改变。在舒适模式下,温控器会把室内温度保持在设定值,此设定值可以通过“+”和“-”按钮重新调整。在节能模式下室内温度保持在一个较高或者较低的设定值,达到节省电能目的。节能目标的出厂设定值,即供热温度值低于15℃,制冷温度值高于30℃。节能温度限值可以按照实际需要进行调整。在自动定时模式下,温控器可以根据经过 KNX 总线传输过来的时间表,在舒适模式和节能模式之间进行自动转换。延长舒适模式的临时定时功能,即可以定舒适模式的运行时间。对于过滤器的清洁及外部故障提醒:可以用图形提醒用户清洁暖通空调设备的过滤器,或者出现故障提醒。

1.4.2 照明系统及控制

采用网络控制,优点是功能好、范围广、方法多且自动化程度高,通过实现场景的预设置和记忆功能,操作时只需按一下控制板上相就的按键,即可启动一个灯光场景,各照明回路随即自动变换到相应的状态。通过亮度感应和恒照度控制器,可以设置以用户为导向的室内照度值,并依据室内照度值的强弱,自动调节室内灯光的照度。在充分利用室外自然光的同时,最低限度地降低照明用电量。在此系统中采用的是集亮度感应、恒照度控制和人体存在感应为一体的吸顶式感应器。感应器的应用为办公室的节能发挥很大的作用。它可以根据人体微小移动判断是否有人存在,并与恒照度功能形成合理的匹配关系;当有人且室内亮度值低于设定值时,灯调整到亮度合适,有人而室内亮度值高于设定值时,灯自动调暗甚至关闭;无人时,无论室内亮度值低于或高于设定值时,灯调暗至某个特定值或者关闭。如果无人的时间占据工作时间的30%,而无人时的亮度值为15%,保守的节能统计为:30% ×(1-15%)=25.5%。而且通常在以销售为主体的公司中,无人的时间远大于30%,这些功能也可以通过其他方式如PC、PDA等形式实现。

照明方式:统一控制方式比较单一,只有开、关两个动作。智能配电控制系统采用调光模块和开关模块,通过灯光的调光在不同使用场合产生不同灯光效果,才能营造出不同的舒适氛围。

管理方式:智能照明系统可以提供如下管理方式并可任意组合,即照度补偿管理智能控制系统可实现能源管理自动化,通过分布式网络可实现与BA系统的完整集成。

对于一些公共使用区域如走廊的照明,采取红外移动的控制方式,当有人经过且光线低于设定的情况时开启走廊照明,人离开后该路照明延时关闭。由于人们在走廊等地方停留时间较短,利用红外移动探测的控制方法可以防止浪费现象,可以减少白天仍开灯的问题。

采用智能配电控制系统后,可使照明系统运行在全自动状态,系统将按预先设置切换一些基本工作状态,目的是为夜晚、安全及清洁的场所根据设定时间自动在各种工作状态之间转换。如上班时间系统会自动把灯打开,且光照度自动调节到工作最佳状况;靠近窗户的位置,系统能利用室外光线进行调整;当室外天空晴朗,室内灯光会自动调暗,天阴室内灯光会自动调亮,始终保持室内恒定的亮度需求。

1.5 节能效果

采用智能配电控制系统,根据需要及时控制空调、水泵、风机及热风幕的开关量,达到既可满足设备运行,又可节省大量电能的目的。在各个配电箱中安装电能监测仪表,可以对电流、电压、功率及电能等近30个电力参数实现监测。上位机使用软件进行监控和分析,实现整幢楼房能耗的监控和变化记录,并根据室内各回路电流监测情况进行统一管理与分析。智能控制太阳能光伏发电系统电源的接入,根据太阳能光伏发电系统蓄电池容量、太阳光强度和电能使用情况等因素,能将太阳能光伏发电系统蓄电池内的电能有效使用,使太阳能光伏发电蓄电池容量减少,太阳能光伏发电系统投入及维护费用降低25%左右。

对能耗监测数据进行有效的历史数据统计、分类和查询,并采用能耗监测输出报表,为能耗的高效监测、经济分析、节能研究和对设备的优化控制提供方便。

节省能源和降低运行费用是大家共同关心的问题,按国际标准办公室的最佳亮度为300~500Lx;智能控制照明系统可以利用智能传感器感应室外光线,自动调节光亮度,即室外自然光强则室内灯光变弱;反之则变强,以保持办公室恒定的标准照度。

由于智能配电控制系统可以通过合理管理,即利用智能时钟管理器根据不同日期、不同时间按照各个功能区域的运行状态,预先进行光照度的设置,不需要照明的时间保证照明系统关闭;在大多数状况下很多区域其实不需要全部照明系统打开或开到最大的亮度,智能配电控制系统可用经济的能耗为用户提供舒适的照度;在一些公共区域如会议室等场所,利用动静态功能在有人进入时才把灯开启或者切换到需要照明场景。智能配电控制系统要切实保证在需要的时候才亮灯或达到必要的亮度,从而降低整个建筑物的电能。

延长灯具的寿命:灯具损坏的关键原因是电网电过高压。灯具的工作电压越高则寿命越短,反之,灯具的工作电压越低则寿命越长,因此适当降低灯具的工作电压是延长灯具寿命的最好办法。智能照明控制系统能成功抑制电网的冲击电压,使灯具不会因电压过高而损坏,也可以通过人为确定电压限制提高灯具的使用寿命。智能配电控制系统采用了软启动和软关断技术,避免了灯丝的热冲击,使灯具寿命得到进一步的延长。

保护灯具:传统开关控制灯具由于电网冲击电压和浪涌电压的影响,容易损坏灯具。智能照明控制系统可把照明灯具上的电源经调光模块进行控制调整,因此电源质量稳定,可以避免电网冲击电压和浪涌电压;同时引入了软启动和软关断技术,延长灯具使用寿命2~4倍。这样可以有效节省电能,降低费用。智能配电控制系统由于使用自动化照明、空调及太阳能等智能手段控制,减少不必要的耗电;同时也降低了运行维护费。智能照明、空调及太阳能使用控制系统比传统开关控制节电量在30%以上,使工程真正体现出低碳和绿色节能的特点。

通过上述浅要分析可知,采用低碳节能的智能配电控制技术,可以根据需要设定室内温度,提供舒适的节能和保护模式,使空调系统更节能、更舒适;控制照明、空调及太阳能系统,不仅要满足灯光效果,而且要有可观的节能效果,即节电30%以上及灯具使用寿命延长2~4倍。作为低碳节能的智能配电控制技术的广泛应用,该系统是工业厂房、办公场所、娱乐及商业中心必不可少的应用控制系统。

2 建筑外保温系统在节能中的质量问题分析

在现代建筑工程中建筑保温节能被提高到重要的位置,节能保温是从基础到主体结构直到屋面工程,无一不是从最普通的常规建材到现代新型环保节能建材产品的开发利用过程中。屋面保温隔热材料的应用从炉渣、油毛毡到蛭石、陶粒、膨胀珍珠岩、泡沫混凝土到挤塑泡沫板;主体及填充结构中的各种砌块代替了实心黏土烧结砖,到现在的空心多孔砖,到轻集料混凝土小型砌块到蒸压加气混凝土砌块;采暖通风工程从传统的用铸铁管集中供暖到壁挂炉的分户计量,到现在的地源热泵及太阳能采暖系统;门窗由古老木质至铁质、铝合金门窗至PVC门窗;玻璃由单层平板普通玻璃发展到如今双层中空、真空、夹层镀膜至低辐射玻璃等。采光系统中电灯照明由普通灯泡至由白炽灯、日光灯管到现在的各种类型节能灯。特别是作为建筑节能最重要且量最大的围护体外墙外保温系统,现对该保温系统应用中的质量问题进行分析与探讨。

2.1 外墙外保温系统应用情况分析

外墙外保温系统是房屋工程中最重要且量最大的围护体,也是保温工程的核心环节,该系统是由保温层、保护层和固定材料如锚杆粘接剂所构成,并适用于外墙外表面的非承重保温构造。外保温的关键是保温材料,现在实际应用最多的是膨胀聚丙乙烯泡沫塑料板,也就是常说的“苯板”。现在常用的苯板分为两类:一类被称为绝热模塑聚乙烯泡沫塑料即模塑板(简称为 EPS 板);另一类称为挤塑聚苯板(通常称之为 XPS 板)。现在国内常用的外墙外保温系统种类较多,主要是聚苯板 EPS 板和 XPS 板薄抹灰系统、现浇混凝土聚苯板 EPS 板和 XPS 板无网格布系统、现浇混凝土聚苯板 EPS 板有网格布系统、硬泡聚氨酯喷涂系统、聚氨酯饰面板系统和胶粉聚苯颗粒保温浆料系统 6 个系统类型。现在使用最多的主要有以下 3 类。

第一类为胶粉聚苯颗粒保温浆料系统,主要构造为粘结砂浆-胶结聚苯颗粒保温板、镀锌钢丝网、锚栓、抹面粘结砂浆和饰面砖;第二类为 XPS 板薄抹灰系统,主要构造为结砂浆、挤塑 XPS 板、耐碱网格布、锚栓、抹面粘结砂浆和饰面涂料;第三类为 EPS 板薄抹灰系统,主要构造为结砂浆、模塑膨胀聚乙烯泡沫 EPS 板、镀锌钢丝网、锚栓、抹面粘结砂浆和饰面砖等。在常用的三种外墙外保温系统中,第三类最常见为。第二类的质量应当最好;但是挤塑 XPS 板的价格比模塑 EPS 板要高,使用时也受到一些影响。第一类由于热导率最大,可达 0.060W/(m·K),施工工艺繁杂且价格偏高现在几乎不采用。

开展外墙外保温系统的实施虽然只有 20 多年的时间,但从保温原材料质量到现场施工技术及检测水平,仍处于不断总结和完善提高阶段,系统中存在的一些技术问题有待改进。尽管现在的外墙外保温系统应用成为节能保温不可缺少的重要组成部分,但是作为建筑节能环节的内容,图纸会审时将其列入建筑节能的专项审查内容,竣工验收中也将其列入建筑节能的专项验收备案中。由于各种不确定因素的影响,目前外墙外保温系统在工程应用中仍存在着许多需要解决的问题,若不及早采取有效措施,在投入使用后的若干年出现面砖空鼓脱落,雨水渗漏造成保护层开裂以至出现整个保温系统脱离、被大风刮掉的严重问题,因此质量隐患不容忽视。

2.2 外保温系统相关质量问题探讨

外保温系统的检测包括原材料检测试验及现场的实体拉拔试验,并出具有资质的检测结果报告。现场拉拔试验即粘结强度检测包括 3 项内容:墙体与粘结砂浆的粘结强度;保温层与粘结砂浆的粘结强度;保温层与保温层的粘结强度。按 2006 年外保温曾针对不同类别保温系统对原材料检测试验及现场的实体拉拔试验结果来说,并不是十分理想和可靠。如当时的第一类为胶粉聚苯颗粒保温浆料系统和第三类为 EPS 板薄抹灰系统的合格率不足 50%;第二类为 XPS 板薄抹灰系统当时应用较少,但现场的实体拉拔试验结果达到合格标准。对于外保温系统施工质量合格率偏低的问题,通过对原材料检测试验及实地调查分析,主要存在两个方面的原因。

(1)施工企业管理及技术理念、思想技术素质、材料质量及市场非正当的竞争　思想观念上未引起足够重视、技术水平相对落后并未按相关规范标准施工。有相当一部分施工企业对外墙保温工作缺乏正确的认识，认为不是主体结构出了严重问题，只要是建筑物结构不存在安全性，其他也没有可重视的，因此施工过程马虎草率，这是造成外墙保温施工质量合格率低的主要原因之一。目前施工企业对外墙保温工程的施工通常有两种途径，一是自己组织施工，即现场施工技术人员看了图集和施工方案后，就安排人员进行施工，由于没有进行专门学习和培训，也没有操作熟练工人带班实际操作指导，现场施工技术人员也是一知半解，工人操作难免会出现问题。还有的施工企业索性把外墙外保温工程分包给当地自称专业的施工队。据了解这些所谓的专业施工队没有一个人取得外墙外保温专业资质证明。只是在以前从事过建筑装饰工程，自认为有保温施工经验，这也是存在质量问题的另一重要原因。

现行的《外墙外保温技术规程》(JGJ 144—2004)中第5.0.1条明确规定：外保温工程施工期间以及完工后的24h内，基层及环境空气温度不得低于5℃。夏季应避免太阳暴晒，当风力为5级及5级以上天气和雨天不得施工。可是一些施工单位为了赶进度抢时间，不论天气环境多差也要抓紧施工，规范中要求的天气环境对他们不具约束力，也无任何防护措施，施工质量也就不可能得到保证。

(2)原材料本身质量不符合要求　外墙保温工程是一个系统工程，需要的材料包括保温板、耐碱玻纤布、镀锌钢丝网、粘接专用砂浆、抹面抗裂砂浆、腻子及各种锚固件等。存在问题的重点如下。

① 保温板。保温板的生产厂家一般规模比较小，质量水平相对较低，加上产品需求量大，材料加工出来后还没有时间进行陈化就被运入施工现场。为了保证工期施工企业对这些未进行陈化的产品仍然在工程中使用。

② 耐碱玻纤布：有的耐碱玻纤布根本就不具备耐碱性能，网格布如果经过碱溶液浸泡，耐碱拉伸断裂强度损失非常明显，甚至强度损失降低50%以上，满足不了规范要求，作为有碱性浸渍的地区耐碱玻纤布的使用非常重要。

③ 镀锌钢丝网。在进行外墙保温现场抽检时发现，大部分的镀锌钢丝网已经产生锈蚀。经检查所有钢丝网的三证齐全，从开始施工到现场进行检查的相隔时间不足1个月，因此，对外墙保温工程质量担忧的同时，对其三证齐全的锈蚀现状使人无以置信。

④ 外墙保温工程所用的粘接砂浆和抹面抗裂砂浆。作为专用的粘接砂浆和抹面抗裂砂浆是经过严格配置的专用产品。运至现场加水拌和即可使用，而施工现场人为偷工减料，采用尽可能少的专用砂浆还要另掺入大量普通砂子，大量的专用砂浆被放置在工地上，用以对付监督检查用。因此，粘接砂浆和抹面抗裂砂浆在施工现场并不被使用只是摆设。在实际抗拉试验中是从界面断开，而不是开裂在保温层中，导致抗拉强度不合格。这种情况是同实际相符合的但对质量危害极大。

(3)市场的不规范竞争导致的质量下降　现在外墙保温工程使用的各种保温材料多数是由地方的小型生产厂家提供，很多产品处于试生产期，质量并不可靠。而市场符合质量要求的产品价格高于小厂产品，建设及开发商为了降低成本，施工企业为了追求更大利润，所以大家都知道产品不合格但还是使用。此外还存在保温材料市场的不正当竞争行为，互相恶意压价，为了有利可图，产品生产过程的控制及以次充好是难免的。

2.3 质量检验方面存在的问题

对已完成工程实体检查的滞后,检测结果的局限性及检测方法水平的问题。

(1)委托不及时造成进行检查的滞后,从而带来不必要的浪费或损失　很多施工企业只追求工程进度而节省检测费用,忽视了必须要的检测环节。当检测人员进入实体检测时,外墙保温工程已接近收尾阶段,按照正常的检测程序,外墙外保温系统现场粘接强度要检测3个项目。因此为了进行检测不得不破坏已经完成的保温层结构,而且龄期短对于实体检测有一定影响,甚至造成检测值偏低而产生不合格的现象。

(2)实体检测现场条件限制可能会造成检测结果的不真实　对于外墙保温工程的实体检测,按照规定应在进行外墙外保温的墙体上随机抽查,由于委托工作严重滞后,现场检测时因外保温工作已经完成,脚手架及安全防护全部拆除,出于安全和操作的难度等综合因素,通常会把检测点选择在底层、窗台或阳台等处。从某种程度上看,这些边缘部位可能代表不了外墙外保温系统真正的施工质量,而且因整个工程已经完成,并已贴上了面瓷砖,为了防止破坏已经完成的系统结构,再进行破坏性检查的可能性极小。

通过上述浅要分析并探讨可知,外墙外保温系统的材料质量直接影响外墙外保温工程的整体质量,更加影响到建筑保温节能的效果。由于近年来外墙外保温系统的施工质量和检测方法存在一些不足,应该以结构节能、技术措施和管理节能为主体,不断提升节能减排工作的力度,强化现场施工监管控制措施的力度,加强施工工序过程的质量检测检验工作,使施工企业认识到外墙外保温系统工程的质量关键点是哪些,使规范要求的内容能够落到实处,最终满足《建筑节能工程施工质量验收规范》(GB 50411—2007)的要求,使保温节能的系统工作满足设计及使用标准,从而为业主建设节能保温的房屋建筑。

3　砂加气混凝土砌块优化保温技术措施

现在房屋建筑工程对节能保温有了更加严格的要求,房屋的保温外墙体面积最大,通过多年的应用实践,比较成熟的围护结构节能保温措施,就形式分析,保温措施主要还是有外墙外保温和外墙内保温两种。其中外墙内保温由于冷桥部位的处理上存在构造措施不当,保温效果差且易产生结露,发霉及减少了使用面积问题因此已经很少采用此种保温。以EPS及XPS为保温材料的外墙外保温体系,因保温性能比较好因此在北方地区得到广泛使用。但由于一些生产厂家配套材料不过关或施工措施不当也存在一些质量技术问题。

许多地区研制开发的砂加气混凝土砌块的保温隔热性能,完全能够满足建筑节能标准的要求,对热桥部位再进行多种形式的保温处理,就形成了砂加气混凝土砌块的自保温体系。该体系与现在应用最多的复合外墙外保温和外墙内保温相比,克服了保温层与墙体不能同耐久性的缺陷,具有价格合适、质量轻、保温隔热性能优良、防火性能好、表面坚实抗冲击力强和施工及维修方便的优势,同时还可以用于外饰面处理,已得到许多地方的推广和使用。

3.1 系统的组成特点

建筑围护结构基本是两种体系，即复合保温节能体系和自保温节能体系。复合保温节能体系虽然可以达到比较好的保温效果，但严重的问题是耐久年限短、施工程序多及价格偏高，应用中也存在一些问题；相对来说，自保温节能体系施工较为方便，质量可靠且价格并不高，兼顾砌体和保温隔热双重性能。同时由于加气混凝土砌块生产高度工业化，材料质量可以保证，中间环节少且不受人为因素影响小，在砌体的保温好并且价格低。根据热工计算和许多地区外墙传热系数指标，加气混凝土砌块作为房屋围护砌体结构材料，用在夏热冬冷及北方广大地区非常适合。

砂加气混凝土砌块的自保温体系主要是由砂加气混凝土砌块、砌筑砂浆、界面剂、抹面抗裂砂浆、弹性底涂、柔性防水腻子、玻纤网格布、热镀锌钢丝网、内抹灰砂浆、热桥处理、修补材料以及五金配件等材料所组成，并使用专门配套的施工机具进行施工作业。

砂加气混凝土砌块的自保温体系的特点是具有优良的保温性能，作为填充墙在梁柱等冷桥部位采用砂加气混凝土砌块或其他高效保温材料处理，也可以直接用板材作为外包于结构的墙体和屋面，形成建筑物外围护与保温层结合一体的保温体系，从而达到建筑保温节能的要求，蒸压砂加气混凝土砌块自保温体系节点示意图，如图 5-1 所示。

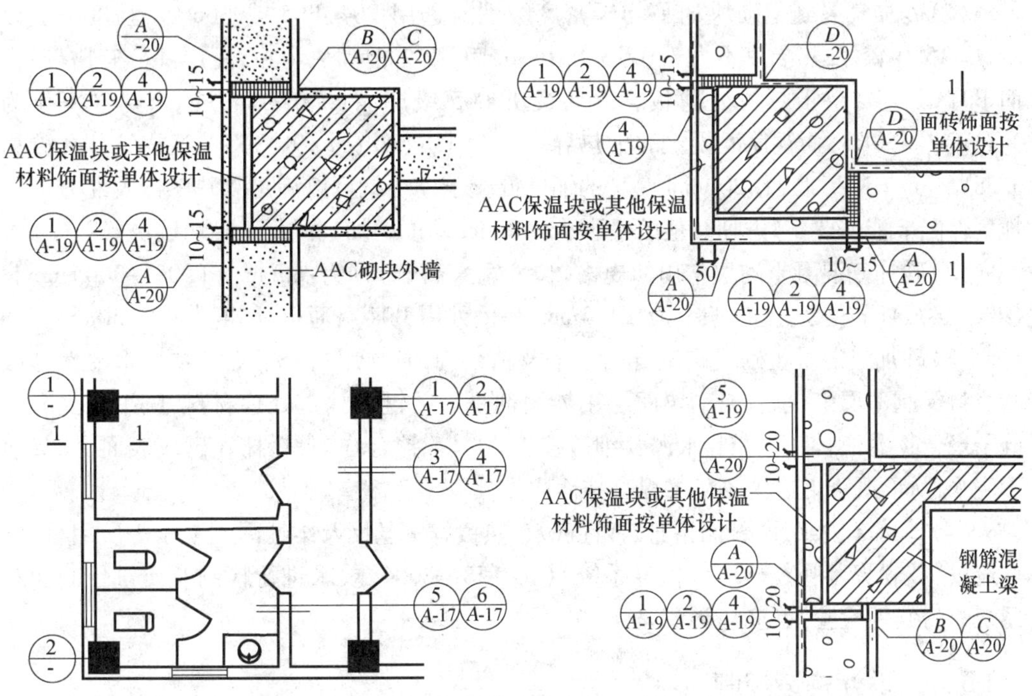

图 5-1　蒸压砂加气墙体自保温系统节点

3.2 材料质量控制

现在生产砂加气混凝土砌块的企业主要有 3 类。一类是引进国外生产线的企业，如上海伊通、南京旭建与浙江开元等，这些企业规模大，技术先进，产品质量好，外观尺寸的偏差小于1.5mm,这些企业多采用能发挥加气混凝土特性的专业技术,包括使用的砂浆和专用配件,工具专业,施工后无空鼓及开裂质量问题。第二类是使用先进国产设备的企业,这类生产企业在技术上直接紧跟国外引进生产线,产品外观尺寸的偏差接近1.5mm,这些企业所使用的原材料主要采用普通河砂和尾矿砂,产品的性能基本接近一类企业。但由于生产成本较低,产品质量稳定,而且采用专门技术施工,建筑质量可以得到有效保证,因此竞争力比较强。第三类为非定型切割机、自制切割机及非定型工艺设备和手工切割生产线企业,这些企业规模小,设备落后,产品质量波动大且仍然是传统的施工方法,难以满足较高的质量要求。

调查资料表明,现在绝大多数生产企业无自保温体系的企业标准,砌块外尺寸的偏差大于1.5mm;而产品以B06为主,而B05及B04基本未生产,销售为非整系统产品。因此要提高自保温体系的性能,对产品规格尺寸进行严格控制,充分发挥加气混凝土单一材料能够达到节能50%的要求。而对节能65%的要求,如果采用传统的砌筑方法施工则难以达到。因为当灰缝超过3mm时,热导率要乘以1.35的修正值,另从经济角度来看,灰缝宽使用的专用砂浆量会增加,砌块外观偏差小于1.5mm较理想。

为了确保自保温体系的各项技术指标合格,系统的各组成材料要满足相关标准外,还要采取其他如下措施。

(1)砂加气混凝土砌块的平均干密度级别应选用B04、B05或B06级,强度等级以A3.0、A5.0较好;热导率不大于0.13、0.16、0.19;以无槽砌块为主,配用部分有槽砌块,而B04级主要用于热桥处薄板。例如板块B05级产品(500kg/m^3)的干热导率仅为0.14W/(m·K),而钢筋混凝土的干热导率仅为1.74W/(m·K),KP1型烧结多孔砖为0.58W/(m·K)。因此,200mm厚度的加气混凝土砌块就可以满足夏热冬冷及北方广大地区保温节能需要,考虑到其他因素影响,240mm厚度的加气混凝土砌块墙更好。

(2)砂加气混凝土砌块常用的规格(长×宽×高)分别为:66mm×(200~300)mm×(200~300)mm;尺寸允许偏差为±1.5mm;热桥处用B04级薄板,厚度为40~50mm。

(3)砂加气混凝土砌块砌筑专用砂浆及粘结剂,必须用高分子聚合物和水硬性硅酸盐材料配制薄层砌筑用;而砌块面层用界面剂是最关键的抹灰处理材料,应用自交联高分子聚合物乳液,辅以助剂、水泥及细砂按1:1:1拌合均匀,涂抹在砌块表面,抹灰前不浇水,从而既降低施工难度又提高抹面质量。

(4)抹抗裂砂浆、耐碱网格布、弹性底灰、热镀锌钢丝网及柔性耐水腻子等所用材料,均应按《胶粉聚苯颗粒外墙外保温系统》(JG 158—2004)要求进行检测及质量控制。对系统的耐候性检验,也按此要求进行。

3.3 设计构造控制

(1)在建筑结构设计过程中,设计人员应充分了解砂加气混凝土砌块自保温体系的适用范围,注重其系统的构造问题。外墙厚度不但满足强度要求,更要根据保温节能的需要进行计算复核,并要符合相关规范及地方具体规定,选择成熟合适的构造图集指导施工。

(2)砂加气混凝土砌块自保温体系及其相关材料的热导率,蓄热系数设计计算值如表5-1所示。

表 5-1　相关材料导热系数及蓄热系数设计计算值

<table>
<tr><th colspan="2" rowspan="2">材料名称</th><th colspan="2">设计计算值</th><th rowspan="2">备　注</th></tr>
<tr><th>热导率 λ_c[W/(m·K)]</th><th>蓄热系数 S_c[W/(m^2·K)]</th></tr>
<tr><td rowspan="3">砂加气混凝土砌块</td><td>B04 级</td><td>0.13</td><td>2.06</td><td rowspan="3">砌块之间用粘结剂时，灰缝宽度为 3mm，灰缝影响系数取 1.0，大于 3mm 取 1.35</td></tr>
<tr><td>B05 级</td><td>0.16</td><td>2.61</td></tr>
<tr><td>B06 级</td><td>0.19</td><td>3.01</td></tr>
<tr><td colspan="2">水泥砂浆</td><td>0.93</td><td>11.37</td><td>用在热桥处找平</td></tr>
<tr><td colspan="2">防裂砂浆</td><td>0.87</td><td>10.75</td><td>用于饰面层</td></tr>
<tr><td colspan="2">石膏砂浆</td><td>0.76</td><td>9.44</td><td>用于内饰面层</td></tr>
<tr><td colspan="2">钢筋混凝土</td><td>1.74</td><td>17.20</td><td>用在梁、柱、剪力墙</td></tr>
</table>

(3)通过对砂加气混凝土砌块自保温体系在工程应用中的实践，根据《蒸压加气混凝土建筑应用技术规程》(JGJ/T 17—2008)及《蒸压轻质砂加气混凝土(AAC)砌块和板材结构构造》(06CG01)要求，对砂加气混凝土砌块自保温体系提高一些如下改进措施。

系统基本构造外墙为：基层① + 界面层② + 抹灰层③ + 饰面层④；热桥处理：基层① + 粘结层② + ALC 薄板③ + 抹灰层④ + 饰面层⑤。改进方案如表 5-2 所示。

表 5-2　砂加气混凝土砌块自保温体系设计改进方案

<table>
<tr><th></th><th colspan="2">涂料饰面外保温系统</th><th colspan="2">涂料饰面热桥处理</th><th colspan="2">面砖饰面外保温系统</th><th colspan="2">面砖饰面外保温系统</th></tr>
<tr><td rowspan="5">部位外墙外侧做法</td><td>①</td><td>砌块用粘结剂砌筑</td><td>①</td><td>混凝土梁、柱、墙面</td><td>①</td><td>砌块用粘结剂砌筑</td><td>①</td><td>混凝土梁、柱、墙面</td></tr>
<tr><td>②</td><td>2～3mm 厚界面剂</td><td>②</td><td>粘结剂</td><td>②</td><td>2～3mm 厚界面剂</td><td>②</td><td>粘结剂</td></tr>
<tr><td>③</td><td>8～12mm 厚防裂砂浆+玻纤布</td><td>③</td><td>40mm 厚加气薄板</td><td>③</td><td>8～12mm 厚防裂砂+镀锌钢丝网</td><td>③</td><td>40mm 厚加气薄板</td></tr>
<tr><td rowspan="2">④</td><td rowspan="2">腻子+涂料</td><td>④</td><td>界面剂+防裂砂浆+玻纤布</td><td rowspan="2">④</td><td rowspan="2">3～5mm 厚粘结砂浆+面砖+勾缝剂</td><td>④</td><td>界面剂+防裂砂浆+镀锌钢丝网</td></tr>
<tr><td>⑤</td><td>腻子+涂料</td><td>⑤</td><td>粘结砂浆+面砖+勾缝剂</td></tr>
<tr><td>外墙外侧做法</td><td>做法 1</td><td>基层处理：2mm 界面剂：1：1：6(混合砂浆找平：腻子：涂料)</td><td>做法 2</td><td>基层处理：2mm 界面剂：15 厚石膏面层：涂料</td><td>做法 3</td><td>基层处理：2mm 界面剂：刮腻子：涂料</td><td>做法 4</td><td>基层处理：2mm 界面剂：1：1：4(混合砂浆找平：贴面砖：勾缝)</td></tr>
</table>

(4)砂加气混凝土砌块厚度尺寸的选择应以超过梁外表 50mm 为宜，便于热桥处薄板的粘贴，若是凹槽深度不足 50mm 时则可采用胶粉聚苯颗粒外保温体系，或者 EPS 及 XPS 外保温体系，也可用聚氨酯保温体系处理。同时应考虑外立面规整，妥善处理门窗洞口、层高及砌块模数，绘制砌体排列图。

(5)在进行设计时综合考虑外墙抹灰层的分格缝宽及间距，缝宽水平及竖向不应大于 6mm，面砖缝宽水平及竖向不应小于 6mm；并用柔性防水材料勾缝，明确要求窗台板等构件的滴水槽构造，防止外墙裂缝产生渗漏水。

(6)填充墙应每隔 2 皮砌块高度用角钢拉结件或 2 根 8mm 钢筋与主体的柱或墙拉

结；当抗震设防为6.7度时，钢筋伸入墙内长度不少于墙长的1/5，且不应少于800mm；或至门口窗口边缘；拉结钢筋应在砂加气混凝土砌块上开槽压入。当墙体高度超过4m时，要设置与柱或剪力墙连接贯通沿墙的钢筋混凝土圈梁，圈梁高度不小于180mm，配筋不少于4根12mm，且箍筋为8@200；端头筋为4根14mm为宜。

3.4 施工质量控制

（1）对使用砌块货比三家，以系统整体采购为主，必须有当地认可的砂加气混凝土砌块自保温体系证书，并考查企业标准及配套机具，各种施工用具等。

（2）施工企业应经过培训或有外保温施工经验，除了执行国家规范标准外，还应根据砂加气混凝土砌块特点按照生产厂提供的说明书及施工操作要求进行施工，如上墙含水率应小于20%。

（3）对块材的保存要垫起悬空，不直接放置于地面，不同规格分别堆放且不混用，并注意出厂时间；不同强度等级的不混砌；砂加气混凝土砌块同混凝土接触处用宽度为200mm钢丝网钉牢在缝处。

（4）由于加气混凝土砌块容易吸水，潮湿后强度会降低，导热系数增大，因此外抹灰用干作业法进行施工。抹灰前在表面涂抹界面剂，用乳液类材料刷均匀，不要漏刷和透底，应该刷2遍为宜。同时在抹灰时先刮一层薄浆粘上网格布，边抹边压入，不得在抹后再压入网格布。

（5）砌块应有排列图排砌，排列合理，水平及竖缝厚度均匀，砂浆水平缝饱满度保持在90%以上，竖缝砂浆饱满度保持在80%以上；每日砌筑高度1.5m后停止，下雨天不砌；砌至梁底或板底预留20mm的缝，静置7d以后用通长泡沫条嵌填，泡沫条两侧用PU发泡剂弹性连接，也可以用M7.5水泥砂浆嵌填塞缝，表面用柔性腻子或其他嵌缝材料柔性处理。

3.5 需要重视的一些问题

（1）当砌块在运输及搬运过程中产生破裂时，可以采用粘结剂进行粘接，粘结剂必须是高分子聚合物和水硬性硅酸盐类材料，粘接合格才能使用。当砌块遭意外撞击造成凹陷、损伤的，用钢丝刷全刷一遍，清除干净表面所有抹灰层及其他杂物，重新用粘结砂浆找平。为防止抹灰层过厚不均匀收缩产生的空鼓和开裂，应分层抹灰，每层厚度10mm以内，多次抹平会避免空鼓、开裂现象出现。

（2）对于施工过程中由于抹灰控制不严所产生的空鼓、开裂质量问题，空鼓部位凿除冲洗干净，涂刷界面剂重新分层抹至同大面相同；对裂缝处区分原因处理，窄裂缝刮柔性腻子，裂缝较宽则用切割机扩大，用开槽办法处理。经验表明，凡是开裂处下面肯定空鼓，因此对缝及空鼓部位一同处理。

（3）墙体电线开槽、预留孔洞及穿墙套管等部位要按要求封闭处理。电线开槽的处理是分层抹灰至表面略低，贴防裂纱布抹面；预留孔洞及穿墙套管等部位，应该用防裂砂浆大概补平，表面再钉钢丝网防裂；也可采用玻纤布沿缝长抹压在抗裂砂浆中防裂。

通过上述介绍可知，砂加气混凝土砌块自保温体系要充分发挥自身优势，需要在系统组成及整体工程中进行综合控制,并采取适当的技术措施,才能有效提高系统的抗空鼓、开裂及防渗漏特性;同时需要对系统进一步完善,提高砌块的质量和系统的耐久性,尽快有异形块应用图集和行业标准;企业建立一条龙服务,以专业化服务配套的产品,确保砂加气混凝土砌块自保温体系的质量。

4 节能应贯穿于室内装修装饰中

我国每年大约有装修需求的新旧房屋呈数以千万套计,加上公共建筑的室内装修,每年新装修的房屋接近或超过1亿套之多,室内装饰装修的实际费用达到6千亿元以上。现在许多居住者盲目追求高档次豪华装饰,造成材料、资源和能源的巨大浪费。目前,国家正在大力推广节能型建筑,推广应用节能型室内装饰装修理念,寻求探索适宜可行的材料及施工技术方法,更有效地节省能源,创造适宜绿色室内环境也是室内设计及装饰业发展的必然趋势。

4.1 室内设计节能环保存在的问题

建筑物的能耗可以分为建造过程中的能耗和使用过程中的能耗两个部分,建造能耗和使用能耗之比大约在1.8~2.9之间,而使用中的能耗主要集中在室内。因此,室内使用能耗的节能措施是建筑节能工作研究考虑的重中之重。现在建筑节能在建筑设计上的应用有成熟经验,并得到现有装修装饰规范的支持,但是室内装饰的设计工作开展较晚,室内节能方面的一些相关规范及标准还要完善及提高。

(1)节能装饰的认识需要提高　广大居民总的看对室内节能装修并不很迫切,对节能的理解并不清楚,还没有形成节能装修的自觉意识,把室内节能装修概念简单化,装饰中的节能措施仅限于选择节能的电气家具上;由于装饰节能的前期费用投入比普通装饰要多,节能材料及设施价格较贵,加上节能装饰的短期效果并不明显,使得节能装饰普及率很低;很多居民在观念上认为装饰是属于“面子设施”,豪华装修的想法占主流,设计审美与节能装饰的矛盾依然广泛存在。

(2)装饰设计及施工人员对节能装饰无意识　装饰设计及施工人员作为室内装饰工程的具体实施者,对节能装饰缺乏必要的认识,加上节能装饰设计观念和具体措施过于依赖设计者的意愿和选择,专业装饰人员缺少专门技术指导,在施工过程中按现行规范检查验收不到位,合同条款约束力度不够,对装饰人员的管理不力等方面的因素,造成目前节能装饰效果及广度极有限。

(3)室内节能装饰管理和技术应用标准滞后　现阶段在装修装饰行业中,有关节能装饰的技术标准和应用规范还没有制定颁布,缺乏指导性的节能装饰用图集,节能装饰措施还需要配套完善。节能装饰涉及范围广,市场巨大,国内对节能装饰的研究相对起步晚,尚缺乏具有可操作性的措施。同时,各地建设领域的发展受经济不平衡影响较大,住宅室内装修市场发展不同,诸多因素加大了室内节能装饰的推广难度。

4.2 室内节能装饰的设计

室内节能设计的主要作用是保证优良舒适的居住环境的同时,尽量降低能耗。就现在的实际状况而言,室内节能是从装饰技术入手,综合平面布置、保温、隔热、节水节电等方面采取有效技术措施,达到既确保室内环境的优良和实用、美观,又达到节能低碳设计效果。

对于室内围护结构改造的节能措施,应以外墙和门窗的保温隔热为重点,不要损坏原有建筑结构体系,并尽量避免墙体和屋面增加新的荷载,采取合理的节能构造设计理念,达到良好节能目标。

(1)围护墙体节能　装修时必须针对特殊部位的外墙,如寒冷地区北面和西晒墙壁,加厚内保温层并在相应外墙内表面固定30mm厚度的木龙骨或是轻钢龙骨架,龙骨间距以400~600mm为宜;中间堵塞矿物棉或玻璃棉耐火保温材料,龙骨表面挂石膏板或其他饰面板,表面统一涂层处理。

(2)门窗节能　门窗在建筑围护结构中隔热性能最差,其保温节能是重要环节。通过门窗损耗的热量占整个建筑物的40%以上,其中的75%是通过玻璃的传导、辐射损失的。因此对于门窗的选择和节能设计,是建筑围护结构设计时需考虑的重要问题。

首先,控制窗墙面积比很必要。门窗面积小肯定保温节能效果好。但是在现实建筑设计中,为了满足采光和景观的需要,把外窗及门设计得很大,还有一些外窗设计为落地式,这样虽然外观可能效果佳,但是却给节能造成巨大困难。在工程应用中因气候原因,一般把北、东、西向窗墙比设计得小些,南向相对大些。按照现行设计规范要求:东西向窗墙比不应大于0.25(单层)或0.30(双层);北向窗墙比不应大于0.20;南向窗墙比不应大于0.35。

其次,选择玻璃和外遮阳措施。玻璃和外遮阳措施也是节能应用中的有效技术手段。门窗采用普通玻璃的遮阳系数和传热系数都很高,尤其是夏天无法遮挡太阳的辐射热;冬季无法保证室温不降低,属于高能耗材料。为了节省能耗,可选择高反射率和吸热玻璃。如果原有外窗使用普通单层玻璃,可以更换为隔热性好的中空玻璃,并加设密封条。随着技术的进步,低辐射镀膜玻璃Low-E玻璃已得到比较多的应用,虽然早期费用较高,但在空调制冷、制热时随着使用量的增加,节省的电费会大幅超过早期多投入的费用,节能效果还是明显的。

对于外遮阳的节能效果还要远远超过改变玻璃品种的效果。尤其是广大南方地区,太阳辐射强度很大,在室内设计时可以考虑在窗口,尤其是居室西向、东向窗口设置活动外遮阳装置,例如导流翼板、遮阳篷、活动遮阳板等,减少进入室内的辐射热,这些措施可以降低室温5~8℃。

还有处理好门的节能。大门应选择保温密封好的防盗门。门腔内填充有矿物棉或玻璃棉防火材料的保温防盗门,能有效阻拦外部冷空气进入室内,减少室内热空气的交换,即降低了能耗损失。另外用量多的夹板门中间空隙可以填充矿物棉或玻璃棉等材料,耐火且保温,双层金属门中间可填充15mm厚的玻璃岩棉板。同时为了防止空气渗入,应该在门框加贴密封条。

最后,还要配置适宜的窗帘。窗帘要选择布质厚密、保温隔热效果明显的窗帘布料,也可以在窗帘上加设一层遮光布。在室内装饰中还要采用厚薄、深浅不同的两层窗纱来满足不同气候环境下的需要,同时也可以增加室内节能效果。应根据气候变化,夏天用较厚白色窗帘反射太阳光,而冬季用深色布料利于吸热和保温。把颜浅质薄的纱质窗帘置于外侧,反射大量辐射;将颜色较深的厚质布窗帘置于内侧,吸收大量太阳光,在节省能源的同时室内的舒适度也有提高。

4.3 对室内环境的营造

室内环境的营造可以从空间布局、家具布置和材料选择方面设计出更加科学合理和节能环保的室内空间布置。

4.3.1 室内的功能布置

(1)室内采光　阳光不但是用之不尽的热源,同时更是照亮室内环境不可少的光源。因此,在进行空间的划分或改造时,应尽量引进自然光到室内,有阻碍性遮挡墙体的地带,要选择透光性和私密性适宜的装饰材质,避免采用人工光源照明。控制好采光面积和遮阳措施,以达到居住者舒适度为目标,使室内冬季不低于20℃,夏季不高于26℃。

(2)室内通风　设计要掌握自然风在室内的流通情况,充分利用自然风以减少对能源的消耗。房间如是南北通透的空间结构,一般不要人为改变。如不是直接的南北通透的空间结构,应该合理组织穿堂风,从空间结构上最大限度地组织有效通风。另外还可以利用隔墙、屏风,在冬季降低进到室内的风速,减少房屋场地表面热损失,节省能耗。

(3)空间朝向　朝向选择需要考虑的影响因素是:冬季要有适当的日光射入地面;炎热季节尽量避免太阳直射室内及卧室外墙;夏季通风良好,冬季避免或减少冷风直接吹入。比如将客厅等活动频繁的空间布置在南向或东向,厨房及储藏间等安排在北偏西向合适。

(4)阳台的处理　多数连接房屋的阳台,从节能方面考虑,在物业许可条件下,应尽可能对阳台进行封闭处理,使阳台形成一个冷暖变化的缓冲地带,即夏季热空气、冬季冷空气不可能直接作用于室内,起到一个过渡区域的效应,减少空气的直接交换,相对减少了能耗损失。

4.3.2 室内家具的布设

家具陈设的高低及围隔方式对空气的流通和房间气流组织有很大影响。考虑到冬季保温和夏季通风的需要,有条件的住宅可采用可调节、可移动的家具,不要固定在一点不方便移动。

家具布置要利于穿堂风通过,这样利于夏季很快散热,也保证室内空气的新鲜。考虑到室内自然通风的需要,家具布置尽量保持南北风向呈直线流为主,以保证南北面房间空气流畅顺,不被家具所阻挡。另外靠近窗户的家具不要高出窗台,防止阻碍通风和空气流畅。

4.3.3 室内材料的选择

选择保温性能优良的装饰材料,可以节省电能。以一间20m^{2}居室为例,夏季室温控制在26℃以下,使用一台功率为2匹的空调,一天要耗电10～15kW・h,如果使用具有良好保温效果的节能型装饰材料,空调一天只用电 5kW · h 就足够了。因此,采用保温性能优良的装饰材料,也是装饰节能不可忽视的问题。

在室内装饰材料选择方面,结合采暖、隔热要求,要选择热容量、传热系数较小的装饰材料。如室内功能区的隔墙,使用传热系数低的轻质砖墙、轻钢龙骨石膏板等。为了使保温隔热指标达到规范要求,龙骨内可填充保温防火材料。另外在铺设木地板时,可在地板下的隔栅层放置耐火保温材料。对于居住在顶层的居民,吊顶时同样可在纸面石膏板上放置耐火保温材料,达到保温隔热整体效果。

4.4 室内灯光及空调选择布置

4.4.1 室内灯光照明设计

(1)照明节能的设计及施工　在照明节能的设计上把自然光作为主要装修内容来考虑,尽量减少不必要的人工照明。灯具设计要讲究实际,在保证所需照度的条件下,单只高瓦数的日光灯管比多只低瓦数的灯管要节省电,因此居室的照明设计中要尽量采取综合重点式照明,少采用满天星式的布置形式。尤其少采用耗电量大的射灯。同时合理布置照明回路,避免一个开关控制几个灯具现象,要根据需要多分组控,达到节能的效果。

另外在施工中宜采用优质的电缆及电线,既可减少线路发热及损耗,又减少安全隐患。合理有效地设计布置插座,要减少使用连线插板,使用可控制开关的插座能减少使用中插拔次数,不但节能而且可以延长插座及电气使用寿命。

(2)尽可能采用节能灯具　在照明灯具的选择使用上,尽量采用节能灯具以节省耗电,从价格上看节能灯具要比普通灯具贵,但事实上节能灯具的使用寿命要比普通灯具长得多,而且用电量低,是普通灯具的 2/3 左右。现在市场上节能照明灯多数为荧光灯,光效强且寿命长,产品分为直管形、环形及紧凑型几种,采购时尽量选择印有“COC”标记和“节”字标志的灯具。

(3)选择节能型家电　家庭用节能型电器的潜力很大,如节电节水型洗衣机、节水环保型坐便器都可以起到节电节水效果。在节能型家电中热水器的节能尤为重要。现阶段家用热水器首选是太阳能热水器,该设备只要一次性购置即可长久免费使用,应该是最好的选择。用得最好的是直插式太阳能热水器。但直插式太阳能热水器一般集中放置在屋顶,输水管延续在外墙立面,会影响立面观感,需要进行改进。而分体式太阳能热水器把集热板安置在外墙的向阳面,储水箱放在室内,可以解决外立面观感的问题,也是未来发展的方向。

另外一个供应热水的节能措施是双源热水供应系统。这种供应系统主要是针对无法安装太阳能热水器的住户,根据洗涤需水量且很分散、淋浴用水量大而低频集中使用的需求,将淋浴用大型热水器、卫浴热水线路与清洗用小型热水器、厨房用热水线路分开平行布置,达到节水省电的目的。这样处理既可以避免单一热水器长时间保温使热能消耗,又能避免管路过长使热量损失,及使用前排放过多凉水带来的浪费。同时还可根据用水量和使用频率安装双热水器,也减少了等待的时间。

4.4.2 空调的安装使用

(1)空调的选择 空调有中央空调与分体空调之分,根据需求及房间大小正确选择对节能很重要。一般而言中央空调对室内的空气分布比较均匀合理,利用室内吊顶可将室内机、送风管道、制冷剂管道或水管隐蔽地安装在吊顶棚内,并同装饰融为一体。而分体式空调系统更加灵活方便,具有良好的节能时效性,可以满足任何不同房屋的使用要求,可通过不同人群的自调达到节省能源的效果。总之空调选择要从自身需要出发,切不可盲目追求大容量而造成不必要的能源浪费。

(2)空调安装的高度及位置选择 空调的安装高度及位置对节能也有一定影响。夏季封闭的室内只有微弱的空气流动,因此最热的空气会聚集在高处顶棚部位,而制冷的目的主要是降低人体周围的环境温度,对于人体头顶以上的热空气可以不去理会。为此可以认为普通挂机空调安装高度设置在1.80m适宜,即略高于多数人身高的高度,可以使制冷不浪费在无功的范围内,达到节能效果。另外,对于空调安装的位置要选择在太阳不直接照射、不受刮风影响的部位,以减少不必要的电耗损失。

4.5 室内相关节能措施

4.5.1 室内节水的一些措施

节省用水的含义是节省用水量及使用节水型的设备和器具,提高水的利用率及效果。居室内厨房及卫生间使用水的频率高且用量大,因此,厨卫间的装饰首先应重视的是节水问题。

(1)采用节水型设备 在装饰设计中选择节水型便器、节水型水龙头、节水型洗浴器具、空气压水掺气式喷头等节水型卫生器具。采用节水型水龙头能有效从源头节水,在水压相同的条件下,节水龙头比常规龙头有着更好的节水效率,节水量正常情况下可达到15%~30%,且静压越高、普通水龙头出水量越大,节水龙头的节水效果越明显。选择龙头时要特别关注龙头上是否有起泡器。节水龙头上的起泡器能使水不飞溅并减少一次出水量,节省水的同时带气泡的有氧气流冲刷力和舒适流度都比较好。使用者选择前要进行试水检验,看水流是否呈现出气泡。节水龙头的价格略高,但由于用水量减少,长期使用还是节省较多水费的。其他一些节水型设备也可以达到明显的节水效果,如设计采用节能型中水系统,卫生间用红外感应式节水器具等。

(2)在设计和施工措施上重视节水 传统的把式水龙头使用操作时很难自主控制水流量,无形中增加了用水量。若是在水龙头下方安装流量控制阀门,根据自来水压力合理控制水流,则既节约了水量且水流的冲溅力和适宜度也好。卫生间如果相对较大,在安装大便器的同时再安装一个男用小便器,不但方便老人和小孩,同时更是安全卫生,节水也比较明显。浴室内地砖采用亮光型的来替换表面多孔粗糙的亚光砖,在正常清洁时也可节省用水。尽量缩短热水器与出水口的距离,同时对热水管道进行保温处理,可以确保热水在经过管道时不降低温度。安装浴缸与淋浴配合使用,在洗涤盆下安装储水装置与坐便器连接,平日洗刷用水可以冲洗便器。

4.5.2 室内的绿化处理

居室内的绿化不仅会降低室内有害气体的浓度，改善室内空气质量，美化居住环境和降低噪声，如果绿化安排布置得当，还能对降低室内的能耗有一定意义。

在家庭居室中阳台应当是绿化的重要部位，但是阳台的空间有限，适宜种植蔓生和攀附草本植物。西面阳台夏季西晒严重，采用垂直绿化形成绿色屏幕，可以起到有效的隔热降温作用。建筑物顶层居民在屋顶绿化不仅可以改善小区的绿化环境，还能改善屋面的热工性，起到降低室温、节省电力的效果。

综上浅述，节省资源和能源是当今低碳社会所必须要做的事情。我国的资源有限而且整个能耗在逐年上升，尤其是建筑能耗占到整个耗能的约40%，而室内生活能耗占到建筑能耗的约50%。创造节能室内空间不仅是建筑行业必须引起高度重视的问题，也是一个社会系统工程，需要全民的参与，并非只是设计和施工企业可以解决的。只有让节能从文件及设计图纸中走出来，落实到所有建筑及维修工程中，进入广大用户的实际生活中，才能实现节能价值有效的具体落实。

5 节能建筑中窗户遮阳技术的应用

现代建筑追求开放的空间和开阔的外部视野的需求，使得建筑物外围护的窗洞口越开越大，或者采用大面积的玻璃幕墙。玻璃的透明体会把室内外空间融为一体，达到人们感受自然景观及自然光线效果的同时，也带来建筑物内部空间的采暖和制冷损耗的大幅度提高。因此，针对不同朝向在房屋设计中采取适当合理的遮阳措施，是改善室内舒适环境、降低空调能耗、提高节能效果的最佳途径。而且良好的遮阳构件和构造措施是反映建筑设计和满足现代感的重要因素。从节能应用效果分析，遮阳技术是不可缺少的一种适用技术，在冬夏季都有节能和提高舒适性的需要。尤其在炎热的夏季，人们期望阻挡和减少太阳光进入室内，因为即使只有很少部分光透过窗户进入室内，也会造成很大的室内空调负荷，特别是太阳辐射强度大的水平面和东西立面。这时遮阳的设置就显得尤其重要，遮阳是隔热最有效的方法。据资料介绍，窗户遮阳所获得的节能效益为建筑能耗的15%～25%，而用于遮阳的建筑投资还不足2%。

当房屋建筑采取了遮阳措施时，不但降低夏季外窗的太阳辐射透过率，大幅度降低空调运转的电耗，还可明显地改善自然通风条件下的室内热环境。有效的遮阳措施可以使室内空气最高温度降低1.4℃，平均温度降低0.7℃，使室内各表面温度降低1.2℃，从而减少使用空调的时间，获得显著的节能效率。特别是广大炎热干旱地区，窗户的遮阳是建筑节能的最主要技术方法。但是遮阳还需要解决夏季有效的遮挡和冬季避免遮挡见到太阳光问题。因此，选择合适的围护墙体开窗朝向和遮阳构造措施是非常重要的技术手段。

5.1 围护结构的遮阳形式

遮阳的目的是有效防止太阳辐射，避免产生眩光，改善室内空气环境；同时也要达到建筑物立面外观的观感效果,对室内的采光和通风带来不同层次的影响。从遮阳系数本身分析,根据安装设施位置可以分为内遮阳和外遮阳,其中又可分为活动式遮阳和固定式遮阳;从遮阳形式来分,一般可以分为4种:即水平遮阳、垂直遮阳、挡板式遮阳和综合式遮阳。

按照不同地区的气候特点和房屋的使用功能要求,可以把遮阳设计成永久性和临时性的。永久性就是在玻璃幕墙内外设置各种形式的遮阳板和遮阳帘;而临时性的是在玻璃的内外设置轻便的布帘、竹帘及软百叶和帆布等材料。在永久性的遮阳设施中,按照其使用构件可否活动,又被区分为固定式和活动式两种形式。活动式的遮阳可以根据一年季节的变化、一天中时间的变化和太阳照射情况,任意调节遮阳板的角度;而进入冬季气候寒冷时,可以避免遮挡阳光,争取多得到日照。

(1)水平遮阳　采取水平式遮阳可以有效遮挡水平角较大的、从窗口上部投射下来的光线,因而适用于近南方向窗口,或是北回归线以南低纬度地区的北向附近窗口。水平式遮阳必须与建筑结构相结合,因此适应于新建房屋的应用。

水平式遮阳的不足之处是容易受风荷载的影响,在北方地区也容易积雪。假如窗户比较高也宽大,为了减少遮阳板挑出过长,可以使其边缘突出或向下倾斜,以减少悬挑长度;也可以沿窗户高度方向分层设置,南立面遮阳板的设置不但起到水平遮阳的作用,处理得当还具有建筑审美的特征。

(2)垂直遮阳　垂直式遮阳能有效遮挡高度角较大的、从窗口侧斜射过来的阳光。但对于高度角较大的、从窗口上部投射下来的阳光起不到遮挡作用。因而适用于在东北、北和西北向附近的窗口。

(3)挡板式遮阳　挡板式遮阳包括百叶和花格式等。也能够有效遮挡高度角较小的、正射窗口的阳光。主要适用于东西方向附近的窗口。在设计中应根据工程实际和艺术的构思综合运用,不要拘束在已有的类型中。如某大楼安装在立面的格栅式遮阳,由水平遮阳板和成一定斜角的垂直遮阳板组合而成,其中水平遮阳板遮挡刚到下午时的阳光,那时太阳高度角较大,而斜置的垂直遮阳板又类似于挡板式遮阳的形式,遮挡黄昏前低角度的夕照。

(4)综合式遮阳(格栅式遮阳)　综合式遮阳结合了水平和垂直遮阳的优点,可以更加有效地遮挡中等高度角、从窗前斜射下来的阳光,遮阳效果比较适当,因而适用于东南或西南向附近的窗口。

(5)活动式遮阳　固定遮阳会对冬季太阳能采暖产生不利影响,而活动式遮阳从某方面缓解了这种不利影响,可以根据需要人工进行调节使用,几乎可以遮挡任何角度的直射阳光,太阳传感器自动控制的活动遮阳装置节能效果更好,但其初始费用及维护成本都比固定遮阳装置要高出不少。活动式遮阳包括活动式水平遮阳板、活动式垂直遮阳板、活动式挡板遮阳板,即推拉式遮阳及遮阳卷帘等。另外还有百叶遮阳,包括升降式百叶帘及百叶护窗等形式。百叶帘既可以升降也可以调节角度,在遮阳和采光及通风之间达到了平衡,因而在办公楼公建及民用建筑中得到了较多应用。同时根据使用材料的不同可分为铝百叶帘、木百叶帘和塑料百叶帘。百叶护窗的功能类似于外卷帘,在构造上更加简单,一般为推拉的形式或是外开的形式,在国内外都得到了广泛应用。

(6)绿化遮阳　对于低层房屋建筑而言,用绿化遮阳是一种既经济又见效快且美观的遮阳措施。绿化遮阳可以通过在窗外一定距离种植树木,也可以在窗外及阳台上种植攀附植物实现对墙面的遮阳,还可采取在屋面种植等措施。落叶树木可以在夏季提供遮阳,而常青树可以全年提供遮阳。植物能通过蒸发周围的空气达到降低地面温度的作用。常青灌木和草坪也能较好地降低地面反射和建筑物反射。植物除了在房屋室外环境中起到调节微气候的作用,在现代建筑中也可采取和建筑立面的结合,需要在设计方案阶段就考虑植物的种植和维护问题。

(7)用其他方法遮阳

① 阳台。阳台和水平遮阳板有相同的效应,并且为多层和高层建筑物的使用者提供了接触室外自然环境的空间。

② 外部卷帘。一般是用铝制作。既可以遮阳也能起到安全防护的作用。同室内卷帘一样,可以无方向性,但会造成室内采光效果略受影响。

③ 凹进窗。采用凹进窗的围护墙体要求很厚,从效果上分析就是利用窗户周围的墙壁遮阳,它的设置适合于新建建筑和开小窗才能实现。凹进窗不是控制阳光最有效的方法,采取这种构造处理是考虑到建筑物风格问题,因为作为遮阳措施,其造价很高且浪费房屋内部空间。但是当气候环境决定围护结构很厚时,凹进窗是可以选择使用的。

④ 固定百叶。百叶的最佳朝向取决于玻璃的朝向。南方向百叶应是水平的;北方向百叶应是竖直的;其他朝向的百叶可以采用倾斜的。百叶可以如反光板一样地水平排列,也可以像软百叶帘般垂直排列,或者以任何角度排列,类似遮阳篷那样使用。

5.2　建筑遮阳的作用效果

现在的房屋建筑窗户更加大,玻璃幕墙更是如此。由于玻璃幕墙表面换热性强,热透射率高因而对室内热条件有极大影响。进入夏季阳光透过玻璃进入室内,是造成室内温度升高的主要原因。尤其是在南方和北方广大干旱地区,如果人体再受到阳光的直接照射,会造成极度不适甚至伤害。建筑物设置遮阳系统,可以最大限度减少太阳的直接照射,从而降低室温,是炎热地区防热的主要措施之一,设置遮阳系统后会产生如下的作用效果。

(1)遮阳降低太阳光的辐射　外围护结构的保温隔热性受多种因素的影响,其中关键因素的指标是遮阳系数。一般而言,遮阳系数受到材料本身特性和环境的控制。遮阳系数就是透过有遮阳防护措施的围护结构和未设遮阳防护措施的围护结构的太阳辐射热能量的比值。遮阳系数愈小则透过外围护结构的太阳辐射热量愈小,隔热效果则愈好。由此可知,遮阳对遮挡太阳辐射热的效果是非常明显的,玻璃幕墙建筑设置遮阳措施的效果则更加显著。

(2)遮阳对室内温度的影响　遮阳对防止室内温度的上升有极大的作用,在炎热地区试验观察表明:在关闭窗的情况下,有无遮阳对室温差值影响较大。当有遮阳时房屋的温度波幅值较小,室温出现最大值的时间延迟,室内温度场比较均匀。因此,遮阳对空调房间可减少冷负荷,对空调房屋建筑而言,遮阳更是节省电能的重要措施。

(3)遮阳对室内采光的影响　自然采光是最理想的,从自然采光角度看,遮阳设施会阻挡太阳光直射，防止产生眩光，达到室内照明分布比较均匀，有利于视觉的正常状态。对于周围环境遮阳可分散玻璃幕墙的反射光，尤其是镀膜玻璃，避免了大面积玻璃反光造成的光污染。但是遮阳设施产生的挡光效应，降低了室内的照度，在无阳光的阴暗天更是如此。对此，在设计中对遮阳可能造成的负面效应要充分考虑周到，尽量满足室内天然光线的需求。若采取侧面采光可能会导致房间内的亮度过高，有时会产生眩光。选择用何种形式的玻璃需要兼顾采光和节能两个方面的要求，采用遮阳篷可以兼顾到采光和节能两个方面需求。

(4)遮阳对建筑外观的影响　习惯上认为玻璃幕墙的采用只能是平板的，无法设计外部遮阳的构造措施，但是由国内外的一些建筑物成功经验可知，金属框架玻璃幕墙可以用轻巧的金属板做成优美的遮阳形式，并成为建筑造型的部分。遮阳系统在玻璃幕墙外部的墙体上形成光影效果，体现出现代建筑的艺术特征。因此在一些发达国家，已经将外遮阳系统作为一种活跃的立面元素加以应用，甚至称作双层立面形式。即一层是建筑物本身的立面，而另一层则是动态的遮阳后状态的立面形式。这种具有动感的建筑物形象不是因为建筑物立面的时髦需要，而是在现代材料利用技术上，为解决人们对建筑节能和享受自然需求而发展的新型建筑立面形态。

(5)遮阳对房间通风的影响　遮阳设施对房间通风造成一定的阻挡作用，在开窗通风的情况下，室内的风速会减弱22%～45%，具体视遮阳设施的构造状况而定，对玻璃表面上升的热空气有阻挡作用，对散热很不利，这一现实问题在遮阳构件设计构造上必须引起高度重视。

5.3　遮阳设施与建筑的一体化设计

(1)遮阳构件的发展　随着现代建筑技术的更加成熟完善，遮阳构件已经呈现出新的发展趋势：首先是多样化。遮阳构件的多样化包括两个方面，一个是遮阳构件本身是各个地区建筑对当地环境气候文化的一种反映。具有一定的文化多样性和地域不同性；另一个是随着技术的发展进步，遮阳构件的种类、材质及工艺会出现更多选择。其次是智能化。遮阳构件的智能化是通过计算机等集成技术，根据检测到的室外气候数据及室内人的需要，对遮阳构件的角度、开合及升降等情况进行调整，达到实现建筑物安全、健康、节能、舒适及高效率的工作环境。以遮阳百叶为例，当前的遮阳百叶系统，已经可以实现构件的单独控制、组控，还可以通过日光及风雨的自动感应在角度上进行调节。最后是复合化。现在常用的遮阳构件一般都功能明确，设计时与建筑物其他构件分别考虑。目前出现了设计理念的变化，即构件与建筑物浑然一体，这种理念现在得到越来越多的应用和实践，创造出与传统不同的建筑立面，形成节奏明快的立面效应。

(2)遮阳设施与建筑的一体化设计理念　遮阳构件是建筑功能与艺术相结合的产物，精心设计的遮阳构件主要是具备完整的遮阳功能，另一方面具有令人赏心悦目的审美效应。现在的很多建筑师都很注重建筑遮阳需要与美学的有机结合，在设计中突破各功能构件之间的界限，把遮阳作为建筑的有机部分进行综合考虑，使遮阳构件与建筑浑然一体。一些大型的遮阳构件都有着双重作用，即既满足遮阳的需要，又兼备标志性和美学风格，凡是优秀的建筑，其建筑功能通常具备多重功能。一些建筑物运用了巨大挑檐,创造了温暖舒适感,同时也营造出美学意味。

综上浅述,建筑物若是采用了遮阳技术,不但降低夏季外窗的太阳辐射透过率,大幅度降低空调运转的电耗,还可明显地改善自然通风条件下的室内热环境。科学合理的遮阳系数会对建筑的艺术与技术作用产生一定效果,尤其是在建筑节能与智能化应用中,需要不断开发和深化。对现在已经使用的遮阳技术和构造方案进行研究,对遮阳构造性能及适用系统节能软件进行开发,是今后必须加强的方面。建筑遮阳不应该仅是一组组物理数字计算,只要合理地整合技术和艺术,就可以成为具有表现力的建筑立面要素,成为可呼吸的建筑表面,更好地发挥其作用,来实现建筑节能。

6　绿色建筑中暖通空调系统的节能

随着城市化进程的飞速发展及人们生活水平的不断提高,空调系统及新型家用电器成为人们生活中的一个部分,建筑用空调成为改善室内环境、保证生产舒适度、提高工作效率和发展生产的可靠保证。空调在营造舒适环境的同时也在消耗宝贵的能源,发展方向影响到国民经济发展、能源应用和环境保护的各个方面,建筑能耗在总能耗中所占比例会越来越大,这就给建筑业提出更严要求,发展绿色节能建筑成为今后的紧迫任务。

6.1　建筑节能是绿色建筑方向

绿色建筑不能简单地理解为“园林及草坪”、水景,其实较准确定义是指为居住者提供健康、舒适的工作、居住和活动空间,同时效率更高地利用能源,最低限度地影响环境的建筑工程。其核心是尽量减少能源和资源的消耗,减少对环境的破坏,同时更有效地利于提高居住品质的新技术、新材料应用。建筑能耗主要内容有:建筑物中采暖、通风、照明、空调及各类电器、热水供应等方面的能耗,用于暖通及空调的能耗又占建筑总能耗的50%左右,更有逐年上升的趋势。

为了保持建筑物内部环境的空气温、湿度舒适度,现代建筑中普遍采用设置暖通空调系统,来确保这一需求,而所消耗的能量即是暖通空调系统的消耗量。在这部分消耗量中包括建筑物冷热负荷消耗的能量,新风负荷引起的能量及输送设备的能耗。建筑能耗涉及各方面的问题,其中把空调采暖能耗降低下来是最经济有效的环节。与空调采暖能耗相关的重要影响因素是:外围护结构的保温、隔热、气密性能;暖通空调的设备及系统的节能。

6.2　绿色建筑外围护结构

绿色建筑应当立足于对资源的节省、再利用及循环回收利用,在开发利用再生资源方面,建筑结构的材料也应符合使用要求,即围护结构的材料一要无害防火,二是本身也要节省能源。

对于采暖空调系统,通过围护结构的空调负荷占的比例较大,而围护结构的保温性能决定围护结构综合传热系数的大小,即决定通过围护结构的空调负荷大小。为此,现行国家节能设计规范和保温节能施工及验收标准中,首先提出的是提高围护结构的保温隔热性能,一般建筑物中已经考虑了外围最大的墙体和屋面的保温隔热要求;控制窗墙比例,在确保室内采光的前提下合理地确定窗墙比,同时规定了房屋各个朝向的窗墙比,朝北向不得大于25%,东西向不得大于30%,南向不得大于35%;更要提高门窗的气密性;房间的换气次数从0.8h提升至0.5h;建筑物的耗能可降低8%左右,对此要求设计时应采用密闭性好的门窗产品,加设密封条是不可缺少的,而且选择耐候性好的密闭材质,其次,要求在建筑围护结构中使用绿色建材作为保温隔热用材,可以减少材料用量和建筑物的自重,在确保建筑室内空气质量的同时,可以大幅度节能降耗。

日本已研制开发出一种可自动调节室内湿度的新型墙体材料。这种墙体材料只需占室内面积的10%左右,即可以实现室内湿度调节幅度达到10%左右,当湿度在50%以下时基本不吸收水分,但室内湿度一旦超过50%时则开始吸湿气,相反,当室内湿度过低时,它还会释放湿气。当然绿色建材在使用中也应当根据需要,对材料的合理性认真选择,推动建筑业的可持续向前发展。

6.3 绿色建筑及暖通空调节能

(1)建筑能耗中暖通空调的制冷耗能需要引起重视　绿色建筑在实际工作中经常得不到一些设计人员的足够认识,加上设计周期又普遍较短,设计费用及设计产生的效益又不挂钩,以及仍然有一些技术问题未得到有效解决,一些设计企业只求进度而忽视质量的问题的确存在,使得设计施工后的建筑物不仅投资大,运行中能耗损失也是惊人,大幅度超过国家标准,甚至少数的公共建筑暖通空调能耗占建筑总能耗的60%左右。作为设计人员必须及时学习掌握国家相应节能政策,并对新产品新技术的节能潜力充分了解,尽量选择性能系数高的产品,对这些新产品的节能效果充分认识,如国内现在主流厂家空调产品的能效限定值为2.3,新标准将这一指标提高到2.6。按照新标准制定的能效指标,每台新的家庭用空调每年节电80kW·h。所以合理设计及正确选型可以节约建筑工程投资和运行费用,从而在高效的经济状态下运行。暖通空调系统尤其是中央空调系统,是一个庞大且复杂的系统,系统设计的水平优劣直接影响到系统的应用功能,可以这样认为,暖通空调系统的设计对系统的节能起着关键的作用。

影响人体舒适度的环境因素很多,不同的环境因素参数组合可以得到相同的热舒适度感觉,但是不同的热湿环境因素参数组合空调系统的能耗是不相同的。如有一住宅楼在冬季,若是采用传统的空调方式,把整栋楼各个房间空气加热,通过空气达到人体与环境的热湿交换,就需要很高的空气温度,此时通过围护结构的热损失和加热新风的热损失都比较大。如果根据热湿环境的研究,改变传统的空调方式,而是增加辐射热,如低温地板辐射采暖形式,此时需要的空气温度肯定不高,一般只有14℃左右,而传统的方式需要18~20℃,显然后者较前者节能效果明显,在夏季也有类似的问题。

(2)施工质量是绿色建筑节能的可靠保证　绿色节能建筑要通过合理的优化设计,把设计构想通过施工变成实实在在的工程。而现在有的工程施工管理不到位,质量有下降的趋势,并同设计脱节,造成一些房屋的能源消耗不降反升。例如在设备选型时,有些施工企业认为国产风机盘管总体水平较国外同类产品相比不差多少,但与国外先进水平比较,耗电量、盘管重量和噪声方面有差距。因此在设备选型时一定选择重量轻、单位分级功率供冷(热)量大的机组;空调机组应该选择机组风机风量和风压匹配合理,漏风量少及空气输送系数大的机组。有的施工企业认识不到管路系统中阀门和仪表的重要性,而且有的自动阀门价格极高,所以在施工过程中减少阀门和仪表数量,以此降低工程费用。这样做虽然不会使管路无法投运,但在运行过程中操作人员缺少对仪表数据的控制了解,不能根据实际需要调节控制阀门,会造成浪费及危险。

另外,现在建筑施工监理人员中对于暖通空调专业技术水平参差不齐,很大一部分人员非本专业院校毕业或不是对口专业,甚至相当多的人员根本未经过任何培训,对监理专业理论知识了解很少,凭借一些习惯方法或粗浅手法,监理的深度没有,可以说现在的监理队伍在建筑业中最乱、素质最低下。由此在设计或施工中遇到一些涉及技术和方案调整问题,不可能进行及时正确的处理,最终导致系统出现无法挽回的质量隐患,给以后系统运行、管理留下严重后果,在实际生活中由此而造成的各种损失是处处可见的。

(3)平稳运行是绿色建筑节能的重要措施　除了精心设计和认真施工,正常平稳运行是非常关键的环节。在实际工作中有些单位认为设计施工合格任务就完成了,因此不重视对暖通空调操作人员的学习培训,一部分操作人员不了解暖通空调的应用基本知识,不懂得根据室外参数的变化进行运行中的调整,一年四季只有开机和关机动作,显然系统不可能达到节能和降低能耗。

对系统的调试非常重要但容易被忽视,只有认真调试使系统达到最佳状态才能平稳运行达到节省。如果系统不认真调试或运转不合理,往往采取加大系统容量才能达到设计要求,这样不仅浪费能源而且造成设备过载和磨损。运行平稳是最大的节省,因此必须培训员工了解掌握暖通空调系统知识和提高专业技能,实行操作人员持证上岗制度,对考试不合格的不允许上岗;同时还要提高管理人员的素质,增强责任心,只有这样各级人员才有能力根据室外参数的变化进行运行中的适当调整,达到节能目标。

(4)减少暖通空调系统噪声控制涉及暖通空调、建筑、结构及声学专业的协作配合要融合各专业进行综合考虑设计才能有效控制。暖通空调设计应结合建筑物实际情况,重点考虑噪声控制要求进行,尽量选择最低噪声的实施方案,系统的送回风管道。每个送风系统的总风量和阻力要最小;要选择高效率低噪声风机,使工作点位于或接近风机的效率限值点;当系统风量一定时,选用风机压头的安全系数不宜过大,需要时选用送风机和回风机共同承担系统总阻力;尽可能把大风量系统分成几个小系统,从而降低单台风机的声功率,达到降低噪声的目的。施工中尽量避免管道急转弯产生涡流引起的再生噪声;在条件允许的情况下加大送风温差,以降低风机风量,从而降低风机叶轮外周的线速度,风机产生的噪声也会随着降低。伴随着暖通空调技术的发展和进步,新材料新工艺技术的不断更新,可以通过多种方法降低生产过程中的噪声,现在常用的控制噪声技术有消声、吸声、隔声及隔振阻尼等,主要是在噪声源及噪声传播途径及接受点上进行控制。

暖通空调系统在工业及公共大型建筑中起到改善生产操作、工作环境、生活环境及保护身体提高效率有不可替代的作用。但是噪声会对人体产生伤害,也不符合声学要求的声音会影响暖通空调系统的使用效果,甚至造成部分或全部系统不能正常工作。如何有效地控制运行中产生的噪声,在系统的噪声源和振动源上进行改进处理,采取合理的技术措施,也是暖通空调系统噪声控制的关键环节。

6.4　需要引起重视的几个方面

(1)推广使用可再生能源和低品位能源　怎样才能有效利用可再生能源和低品位能源,是一个重要的技术问题。地源热泵空调系统就是在这种需要发展利用起来,它是利用地下恒温层土壤热显著提高空调系统的 COP 值,使得在同等制热(冷)量下的系统能耗大幅度降低。同时还利用太阳能供热或供冷技术,做进一步研发工作。

(2)冷热回收是实现能源最大限度利用的重要内容　目前许多空调系统冷热回收利用在快速进行中,如空调系统的排风全热回收器与夏季利用冷凝热的卫生热水供应等项目,都是对系统冷热回收利用,从而显著提高了空调系统能源的有效利用率。

(3)集中加强中央空调的利用效率　对中央空调的操作人员必须经过培训使其掌握空调的专业知识,此外还要提高管理人员的素质,实行空调作业人员持证上岗的制度。各项运行指标和节能措施的落实,都与操作人员的技术水平相关联;要懂得根据室外参数变化进行调节才能节能;中央空调实行计量收费是建筑节能的一项重要措施,国外一些资料表明:实行空调计量收费后,其节能在 8% ~15% 之间,且效果明显。

目前国内在计量方面取得了较大进展,节能是实现可持续发展的关键因素,应该把目光主要放在占总能耗 20% 左右的空调能耗大户上,作为建筑专业中的暖通专业,任务和责任是艰巨而光荣的。

(4)用行政手段规范和调动各方参与　目前的建设领域法律法规比较完善,但涉及节能方面却有所欠缺,尤其体现在管理体制和奖罚制度上不够完善。对于设计方及施工企业而言,绿色节能建筑要以牺牲一定的经济为代价,因此目前执行节能标准的比例不是很高。经验证明,建筑节能不可能自觉自愿地实行,必须在政府的主导下,推动相关建筑节能法规体系的建立和完善,从而促进绿色节能建筑的有序发展。

综上浅述可知,要促进绿色节能建筑全面发展,必须从建设者、设计和材料选择、施工质量控制、设备调试和平稳运行以及高素质的管理等环节狠抓并落实,把建设节能项目纳入正常的运行程序,形成长效监督机制;目前的迫切任务是积极研发新能源,大力推进太阳能、地热能及核能的开发及在建筑领域中的利用。现有的新能源在世界各国引起高度重视,将对世界能源紧缺的状况起到关键作用。我国在地源热泵系统、太阳能-水源热泵系统及太阳能-空气能热泵系统等方面有大的发展,由于这些系统高效节能且无污染,确实是一种可以利用的天然能源,在各有关方的重视与扶持下,绿色节能的可持续发展目标可以实现。

7　各类型电机房屋的建筑及节能改造处理

目前节能减排的理念和行动已深入国民经济的各个领域中,各种类型的机电运营工程的节能意识从战略高度由被动变为主动。但是在具体的生产运营活动中发现,实施了许多节能技术的机电运营机房并不节能。既有的机房节能首要的任务是建筑节能,因为机电机房本身就是整体建筑的一部分。机电机房设备不仅要节能,建筑物本身更需要节能,从现实出发分析在节能减排上存在的认识不足,提出从系统思考理念对机房进行节能改造的具体措施。

7.1 系统节能的节能理念

(1)系统节能是建筑节能的基础　房屋建筑是一个复杂的系统工程,如果只依靠大量节能技术,导致的结果为实际能源消耗并没有降低,在许多情况下实际能源消耗反而提高了。究其原因,建筑物是一个有机的整体,节能是属于建筑各专业模块被整合到配置合理及应用协调的整体层面上的良性属性。节能建筑的构造及设计过程需要把系统中各个专业模块的技术、设备充分融合,重新组合做出全新的系统知识体系才能建成一个工程。靠专业模块节能技术的组合而不充分融合的思维是设计或构造不出节能建筑的;建筑的本质是一个耗散结构系统,耗散结构系统中耗能的过程是有效能通过能量耗损传递链流动的过程。这个节能过程的核心是花最小代价实现跟踪负荷的过程。

(2)既有建筑节能的误区　传统建筑节能陷入了按专业模块片面思考、堆砌和叠加的一个误区中。虽然专业节能的技术和节能方法较多,在本质上,建筑节能整体层面占至少90%以上的智能建筑是不节能的。从现在来看现在缺乏的不是技术,而是系统节能理论及应用实践。事实上目前的本专业工程师接触其他专业的渠道并不多,这就造成了设计人员缺少系统专业原理知识,遇到问题习惯于用本专业模块来看待和处理整体问题。设计人员一般在本专业内了解或熟悉,但是对于系统中不熟悉或了解不深的专业却是无从下手,对专业模块之间相互关联的关注度多限于表面硬连接,而对于系统性能有重要性的则是软连接,则缺乏这方面的关注度。所以对于建筑节能,只靠技术堆积的观念形成并不奇怪,它是建筑节能长期处于专业模块片面思考、堆积和叠加误区的必然表现。

(3)系统节能理论容易应用在工程中　系统节能理论都可以体现在设计、施工以及应用中,并完全改变了传统的以还原论为依托的堆积节能方式。

智能建筑本身作为一个有机的整体,应该以系统的理念去思考并审视现有智能建筑系统存在的问题。按照系统科学原理是为了达到某种目的,整合相互关联要素组成的有机整体。系统的功能是组成系统要素间相互关联方式的特定系统结构,整体在环境发生关联时表现的属性。智能建筑是将结构、系统、服务运营及其相互联系全面综合,达到最佳组合,从而获取高效率、高功能与高舒适度的建筑。其建筑物本身就是一个有机的整体,因此,解决智能建筑的节能问题还是要依靠其他行业系统,用系统思考理念推广智能建筑才是有效的方法。

(4)节能建筑在观念上的转变　要彻底改变"目前运行的所谓智能建筑约占90%以上是不节能的"事实,观念上的转变是重要的,把智能建筑按专业模块片面思考,集成的传统认识转变到有机系统整体系统集成观念上。由于建筑节能专业涉及面很广,普遍存在的问题单从技术层面是不可能全面解决的,这样容易陷入具体的专业技术细节上,而看不到其他存在的问题,科学的最终目标是理解整体,看清现在的形势来解决整体存在的现实问题。

(5)通信机电房屋节能设计理念的转变　设计处于整体工程的主导地位,也是关键环节。在建设和改造机电房的设计中,必须按照一体化整合的设计理念,处理好节能与改造的问题。由于此类机房是一个集建筑、各种设备为一体的有机体,在进行整体考虑前,要树立能量是有序的、流动的整体理念,从而在流动中节能才能达到理想的效果。同时由于通信机电机房对环境的要求比较高,在传统理念中对这类房屋设计的密闭性越好,使用节能技术也越好,这样才能达到防尘效果,设备运行才达标。从系统节能理念上分析,这其实是一个误导,既消耗了大量的能耗,又无法达到才能目的,这样是不明智的。

7.2 机电房屋建设中的节能

(1)建筑墙体节能　目前建筑节能比较成熟的技术主要是以建筑外墙外保温为主。采取外墙外保温系统虽然可以有效提高墙体热工性能,但是使用的年限比较短,一般只有25年左右;由于有机类保温材料易燃,且存在着火灾隐患。自保温墙体技术因自身热工指标能够达到国家现行节能建筑的要求,具有同建筑物同寿命且安全性也合格的优势。此外,采用建筑隔热保温涂料对墙体节能同样发挥作用,如建筑隔热保温面漆可反射约80%以上的辐射,结合高反射面漆,隔热效率可达55%以上。

(2)建筑外门窗节能　玻璃是建筑得热与失热的集中部位,外窗的能耗约占围护结构总能耗的40%以上。因此增强外窗的保温隔热性能,是围护结构节能的重点。在设计中尽量减少门窗的面积,应提高门窗的保温隔热性能及气密性,减少空气渗透量,合理设置遮阳设施。目前建筑上使用比较好的门窗产品是断桥式节能窗、复合材料节能窗、中空玻璃门窗、多层中空玻璃门窗以及热辐射 Low-E 中空玻璃门窗等。

(3)建筑屋面节能　如倒置式屋面就是把传统屋面结构中的保温层与防水层颠倒设置,把憎水性保温材料放在防水层的之上,降低了费用结构也使施工更简单化。种植屋面是以绿化植物为主要覆盖物,并配以植物生存所需要的种植土层,以及种植屋面所需要的耐根穿刺层、蓄排水层、防水层和保温层等所共同组成的整体屋面系统。城市建筑实行屋面绿化,可以大幅度降低建筑能耗、减少温室气体的排放,同时增加城市绿化面积、美化城市并改善城市的气候环境。屋面蓄水是在刚性防水屋面上蓄一层深度大于300mm的水,利用蒸发时带走大量水层中的热量,大量消耗晒到屋面的太阳辐射热,从而有效地减弱了屋面的传热量并降低屋面温度,因此屋面蓄水是改善屋面热工性能的有效途径之一。

(4)建筑电气节能

① 供配电系统节能。使供配电系统整体分布合理,努力减少线路损耗;对供配电系统的构成进行技术经济分析;选用低损耗节能型的变压器;注重提高设备运行的负荷率,尽可能使变压器及电动机类电气设备等处在经济运行状态;部分对供配电质量要求高的工程项目采用有载调压变压器,在确保供电质量的同时起到节能的作用;采用低耗无噪声的节能型接触器;尽可能使三相负荷平衡;提高用电设备的功率因数,合理进行无功补偿;采取抑制和消除谐波的措施等。

② 照明系统节能。照明系统监控实现的方式有两种,一种方式是通过建筑监控系统实现区域控制、定时通断以及中央监控等功能,另一种方式是通过独立设置的智能照明控制系统采用“预设置”、“合成照度控制”“人员检测控制”等多种方式,对不同时间、不

同区域的灯光进行开关及照度控制。照明监控系统节能的潜力在于更好地与照明设计相结合,以绿色照明为标准,选用高发光效能的光源、绿色光源或高效率的灯具,合理地、正确地选用照明控制方式,使整个照明系统可以按照经济有效的最佳方案来准确运作,最大限度地节约能源。

(5)空调系统节能　在建筑能耗中,用于暖通空调系统的能耗占建筑总能耗的30%~40%,通信电机房尤为如此。在选择机房的能耗中,主要的消耗是来自于IT设备能耗、制冷系统能耗、电源和照明设备的能耗。根据调查在数据中心,单纯用在IT设备、服务器及存储上的电力输入只占总消耗的30%,而空调的能耗甚至已经占到了机房电能消耗的一半以上,这说明空调、服务器与关键电源都是耗能大户。

随着暖通空调的广泛应用,其能耗必将进一步增大。对暖通空调系统采取节能措施,不仅可以大大缓解电力紧张状况,同时,对于降低不可再生资源的消耗、保护生态环境以及维持可持续发展等都有着重要的意义。目前建筑领域暖通空调主要技术有变频空调器、变风量中央空调系统、变水量系统、变制冷剂流量空调系统(VRV)、冷(热)回收技术、冰蓄冷空调和热泵技术等。

同时,在实践中探索了一种可解决的方法,即中央集中空调(或变频空调)与新风排风(变频调速风机)系统相结合的技术手段,来实现精细化的精确送风,这种方法无论对驻站式通信机房还是移动式通信机房,尤其是对于通信数据中心节能降耗有很大实用价值。这种方法的核心节能理念就是有效改变机房的气流组织。气流组织是机房中的关键配风手段,通过改善基站和机房内的气流组织,使环境内部的温度分布均匀,满足高温在上、低温在下的温度自然分布规律,使冷量的利用率提高,达到使机房气流组织有序循环,避免冷热气流混合,这种送风方式比上送风空调提高2~3℃送回风温差,所需送风量小,可节能15%左右。

根据机房制冷风系统工程采用设备下进风式设计(即将送风管道铺设在机房静电地板上),直接将出风口接至设备下端并固定在支架上,与设备形成温度由低到高的垂直散热体系,由机房室内综合温控器控制,当室内温度A高于所设定的设备最佳工作温度且低于室外温度B时,温控器通过延时继电器控制新风风机开启、空调系统将不工作,将室外低温空气经过滤尘网通过送风管道先与设备进行热交换;高温空气经过排风口排出机房,达到温度平衡后,延时继电器断电,风机系统停止工作;当室内温度A高于所设定的设备最佳工作温度且高于室外温度B时,启动空调系统制冷、新风系统将不工作,当温度达到设备最佳工作温度后,延时继电器断电,空调系统停止工作。这里,引入了一个基准温度——设备最佳工作温度为20~25℃,两个变量——通信机房室内温度A与室外温度B。同时,在空调与新风管道汇接处,加装活动风量分隔板及防尘滤网口,便于维护人员经常更换滤网以解决防尘问题。而节能的目的是最大限度地消耗可再生资源,以减少对不可再生资源的消耗。

7.3　机电设备在制造中的节能起主导作用

(1)设备制造厂家要承担节能的社会责任　机电通信企业的节能包括核心设备节能、配套设施节能和科学地回收设备,此外还有施行节能减排的技术创新。因此,机电通信设备制造厂应有社会责任，不断推出创新的节能减排产品，从电路设计、OS 软件、芯片到电源实现绿色环保，帮助运营厂大幅度降低设备功耗。

(2)产品设计要合理布局电器元件　制造厂家在机电通信产品的设计初期，应考虑综合布局，使用更高集成度的芯片，以减少散热风扇的使用数量，大幅度降低设备的能源消耗；产品应采用先进的智能 OS 软件进行架构设计，除了全面支持数据网络运行所需的各种业务，还要加入整机节能管理，使之在设备运行时提供更优的能耗管理，对未使用的单板及端口自动或手动保持在低功耗状态，从而减少能源消耗、降低产品运行时所产生的热能，并延长设施的生命周期。制造商对产品的外观设计应做到最优和最小，占用更少的安装空间，减少对机房面积的需求，从而大大节省机房建设成本。设备的包装应采用可再生材料。

(3)采用先进技术　在硬件单板的设计上，制造商应使用高集成器件以有效地降低单板的能源消耗；对单板上所有器件进行合理布局，使单板的散热与设备整体的散热风道最大程度地融合和匹配，减少设备自身散热所需用到的风扇数量，降低散热风扇的能源消耗；采用高效率开关电源，以减少电源本身带来的功率损耗。

智能 OS 软件架构主要包括业务功能动态调节和设备器件动态调节。业务功能动态调节可以通过多种方式对很多不常用的业务功能实现动态调整，使得各线卡 CPU、NP 等主要的能耗器件具备动态调节能力，从而降低设备功耗。在网设备每天约有 1/3 时间的负荷非常小，此时很多器件的利用率、功耗及散热都很低，设备使用期间动态调节通过软件手动配置的自动检测能够将设备负荷小的功耗降低，如关闭部分器件部分功能、调节器件运行频率、控制器件进入热待机及降低风扇速率等多种方式降低功耗。

制造商要通过分布在机框内部的温度监控系统，实时监控系统温度，并根据监控结果动态调整风扇转速，避免风扇一直满负荷工作，从而降低功耗。还要实时监测单板和端口的使用情况，对未使用的单板或端口启动并切换到待机模式，从而减少能源消耗并降低产品运行时所产生的热能，还可以延长设备的生命周期；闲置单板可通过配置保持在低功耗状态，闲置端口可置于电源关断状态。

(4)产品严格执行标准化环保控制　制造商要在设计之初从选用环保原材料到 PCB 单板的生产、架构设计及制造工艺等各个方面都严格执行 ROHS 标准，即选标准型中，首先采用低功耗环保器，加入了器件的功耗、器件中环保标准要求，严格规定器件必须实现无铅、无铬等标准，对能满足应用需求的器件，选择的首要条件之一是低功耗和环保；包装材料可再生、可回收及可重用的基本原则；对于报废产品及时回收、处理，可再生部分经拆卸后，零部件重新使用，不仅节省了新材料，同时也减少了环境污染。

7.4　建设节能机房

(1)运营商要有社会责任　机电信业不仅要做好自身的节能减排工作，还要发挥信息技术的优势，以信息化手段为其他行业的节能减排工作服务。节能减排不仅是电信业不可推卸的社会责任，同时还可以帮助电信业降低自身成本，获得更多的市场机会。要从战略高度建立节能减排的理念和措施，即设备运行最主要的节能工作是节约电能(电耗在总能耗中的比重超过 80%)，不断上涨的运营成本压力迫使运营商的节能已由被动变为主动,从实际运营以及社会责任的角度出发,把节能减排作为一种切实的通过运营效率的手段。因此,运营商已从战略管理的高度实施节能减排,在运营维护管理的过程中,从明确目标、责任分解、举措落实和资源保障等方面使包装节能减排工作的顺利开展。节能减排工作从粗放式管理向精细化经营转变,要实现对基础数据的分析和总结,对能耗进行量化和制约。

(2)节能要遵循技术要求　机电通信机房节能有如下四点技术要求应该遵循。

① 节能的系统性。节能是一个系统工程,需要综合性地全面考虑。要因地制宜,根据当地的实际情况和条件,选择合适的节能方法和节能技术。节能是一项长期性的工作,必须坚持。结合当地的实际情况,选择合适的节能技术,先进行试点的详细测试,重点是节能效果和可能的负面影响,取得经验后再逐步推广。

② 节能的安全性。节能工作应以确保通信生产安全和设备使用寿命为前提。既不能以牺牲通信网络的安全为代价,更不能影响到通信生产安全。运营商要关注和评估各种节能技术可能带来的负面影响,并努力使之降到最低。

③ 节能的有效性。一般说来,“开源拓流”是无限的,如尽可能充分利用室外冷源及太阳能等可再生能源,以节省有限的不可再生资源。而“挖潜节流”也是有限的,节能只能把一些原本富余的冷量、电量、水量及燃料节约下来,而不能把因正常生产而消耗的能量也节省掉。

④ 节能的经济性。节能实际上是两种效果,一种为节约资源,另一种为节约金钱。节能技术的应用要增加或改造一定数量的设备,或者要增加维护工作量及管理工作量。应在对节能项目是否能做到既节约能源又降低运营成本进行跟踪测试,进行经济效益分析并作出综合评估之后,才能最终确定节能效果。

(3)及时进行设备改造　要适时更新改造设备,如采用无主从自适应的并联技术能够充分满足企业改造升级的需要,并通过计算 TCO、TBU 及 PUE 等多维的参数,以找到更新改造的平衡点。对陈旧耗电大设备的及时更新换代,通过技术创新实现节能降耗。

综上浅述,节能型通信机房是一个有机的整体系统工程,各个学科相互之间既独立又互为关联,只有从系统节能的整体理念思考问题,才能从根本上解决节能减排所面临的实际问题,只有解决了节能减排存在的实际问题,才是当前国家政策所允许的。

8　外墙外保温薄抹灰的节能设计构造重点

建筑节能是建筑行业实现节能的重要手段,外墙外保温体系具有安全可靠、保温节能效果较好的优势,得到建筑设计及施工的广泛应用,在建筑设计中为了更好地运用薄抹灰外保温体系的特性,对其细部节点进行优化处理,使得安全性和节能的优势得到更好发挥。

目前我国能源的发展主要存在的问题有:人均资源拥有量和储备量低;能源结构依然以燃煤为主,约占 75% 以上;能源资源分布极其不匀,主要体现在经济发达地区能源短缺和农村商业能源供应紧缺,造成了“北煤南运”、“西气东输”和“西电东送”的状况;能源利用效率较低,能源终端利用效率仅为 33% 左右,较发达国家低出 10% 以上。伴随着城市人口的快速增加及城市化进程的加快,建筑能耗在逐年大幅度上升,已经达到全社会能源消耗的32%以上。如果继续按照目前水平较低的节能设计标准,将留下很沉重的能量损耗,庞大的建筑物能耗会成为国民经济的巨大负担,因此建筑行业全面实行节能措施十分关键。针对国情的实际情况,必须在建筑中合理使用和有效利用能源,提高能源的利用效率是最为有效的措施。

8.1 建筑节能概念及节能设计

建筑节能的含义是极其丰富和深刻的。自20世纪70年代,世界性的石油危机以后的20多年中,按照发达国家的说法已经发展了3个阶段:最初叫“建筑节能”;不久后则改为叫“在建筑中保持能源”,意思是减少建筑中能源的损失;近年来普遍称为“提高建筑中的能源利用效率”,也就表示不是消极意义上的节能,而是更积极地要提高能源利用效率。

现阶段建筑设计中,对于能耗节省的考虑仍然被称作建筑节能,就其含义来说应该是3层意思,即在建筑中合理使用、有效利用能源以及不断提高能源的利用效率。同自然气候环境相近的发达国家比较,由于过去建筑物围护结构的保温隔热多数比较差,采暖系统的热供效率普遍低,单位建筑面积采暖能耗为自然气候环境相近发达国家的3倍左右。为了贯彻执行国家节省能源、保护环境和实现可持续发展的战略目标,从国家到各地方政府都颁布了相应的节省能源的设计标准。国务院在2008年10月1日颁布的《建筑节能条例》已经实施了9年,为建筑节能提供有力的法规依据。

建筑节能设计是实行全面节能政策中一个极其重要的环节,有利于从源头上杜绝和减少对资源的浪费。在节能设计中就是要通过增强围护结构、屋面、门窗及地面的保温措施来达到降低能耗目的,而围护结构的保温隔热性能的优劣起到关键性作用。

8.2 外墙外保温系统的优势

在建筑节能设计中外保温系统作为一个结构的实体,具有其他节能设计所不可能具有的优势,主要包括如下方面。

(1)适用范围更广　外墙外保温系统不仅适用于广大三北地区的冬季保温采暖需求,也适用于广大南方地区需要夏季隔热的需求。该系统既适用于新建建筑,也适用于既有建筑的节能改造围护用。

(2)保温隔热效果明显　由于保温材料置于房屋外墙外侧表皮处,可以完全避免在各个部位可能出现的热(冷)桥现象,产生热(冷)桥的部位是指在内外墙交接处、框架梁、构造柱及门窗洞口细部部位。假若是内部保温热(冷)桥现象是难以避免的,而外保温既可以防止热(冷)桥部位产生结露,又可以消除这些部位的热损失,如此能充分发挥保温材料的应用效果,相对于外墙保温和夹心保温墙体,可以用较薄的轻质保温材料来达到较高的节能效果。

(3)可以极好地保护主体结构,从而达到主体结构的耐久性使用寿命,减少长期维护费用　当采用外保温技术后,由于保温材料置于房屋外墙的外侧,极大缓冲了因环境温度变化导致结构变形而产生的应力,从而避免了自然界干湿、雨雪或冻融循环造成的结构破坏,减少空气中有害气体和紫外线对墙体的侵蚀。一些研究资料表明,由于温度对结构的影响,房屋竖向的胀缩会引起建筑物内部一些非结构构件的损坏,因而只要墙体和屋面保温隔热材料选择合理匹配且厚度适中,实践表明外保温可以有效地防止和减少墙体和屋面的温差变形。

(4)改善室内的热环境　外保温不仅提高了墙体的保温隔热性能,而且确保室内的热稳定性。由于水蒸气渗透性高的围护体结构材料置于保温层内侧,只要保温材料选择合适,在墙体内部一般不可能产生冷凝现象,因而不需要设置隔气层。同时外保温墙体由于蓄热能力强的结构层在墙体内侧,当室内受到不稳定的热作用时,室内温度上升或下降,即墙体结构层能够吸引或释放热量,因而有利于室内温度的稳定,从而创造出舒适的室内环境。这样在一定程度上阻止了雨水及有害气体对墙体的侵蚀,进而提高墙体对防潮湿抵抗的能力,避免室内结露和霉变等现象发生。

(5)利于既有房屋的加固和改造　目前全国有大量的各种既有建筑由于外墙外保温效果较差且耗损能量大,导致冬季室内墙体透风、结露或发霉使居住环境变差。在对既有建筑房屋进行节能改造时,采取外保温方式最大的优点是不需要临时搬迁,几乎不影响用户的正常工作和生活,而且能确保其保温性能不受影响。

8.3　外保温薄抹灰系统的构造特点

外墙外保温薄抹灰系统有其自身的构造特点。目前在建筑节能设计中,对于外墙外保温的设计存在多种不同的体系,现在常见的体系有:①粘贴保温板薄抹灰体系;②大模内置聚苯板薄抹灰体系;③喷硬泡聚氨酯薄抹灰体系;④干挂板材、石材外保温体系;⑤保温装饰一体化外墙保温体系;⑥保温砌块、保温条板体系等。

建筑节能设计中比较常用的是薄抹灰外墙外保温体系,该体系以保温板为保温芯材,采用聚合物粘结砂浆保温板粘贴在外墙外侧,然后采用聚合物抗裂砂浆、复合耐碱玻纤网格布作为罩面层起到防渗、抗裂的作用,构成一套完整的体系。根据设计需要,可以在保温层外进行涂料、瓷砖或者石材等外装修施工。该体系在欧美等发达国家已经有40年的发展使用历史,且工艺完善、安全可靠、保温效果好、能够最大限度杜绝冷热桥的存在,并对建筑物主体结构起到外保护作用。该体系在20世纪末被引进至我国后,国内的技术人员对其进行了全面的改进与提高,使其更加适应我国的气候及建筑构造的特点,经济性也较好。薄抹灰外墙外保温体系的构造如图5-2所示。

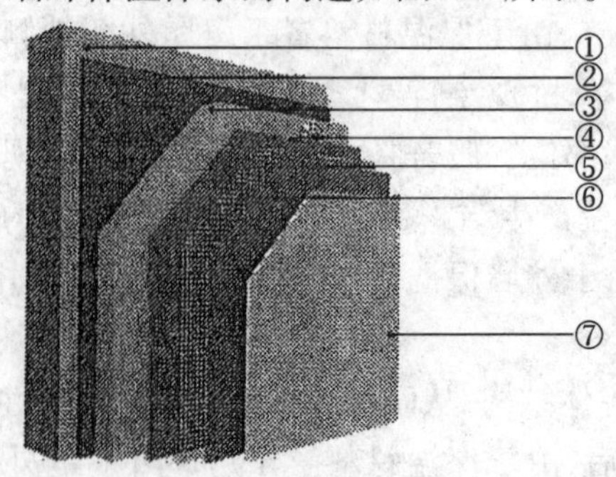

图5-2　薄抹灰系统构造

①—基层墙体;②—粘结砂浆;③—保温板;④—锚固钉;⑤—抗裂砂浆;⑥—耐碱玻纤网格布;⑦—外墙涂料

8.4 节点主要构造措施

对于薄抹灰外墙外保温体系，工程中需要注意的问题主要集中在外部结构构件和主体墙面交界的部位，例如凸窗或窗口等部位，对于各种容易出现的问题及构造节点加以浅要分析。

(1)对突出墙面的凸窗　在实际中由于凸窗有5个面在外墙临室外，如图5-3(a)所示，尽管凸窗上下左右板都采取了保温，但仍然增加了墙体的热损失，散热面积比平窗大，所以在节能设计中认为，当凸窗面积不超过外窗面积的30%时，热损失所占比例较小；当凸窗面积达到或超过外窗面积的30%时，则须通过加强外墙主体部分的保温来弥补，才能确保外墙平均传热系数达到节能标准的要求。如北京地区规定，居住建筑按照目前的节能标准要求，外墙的传热系数不大于0.6W/(m^2·K)，采用粘贴普通聚苯板的做法，聚苯板的厚度为70mm即可满足要求；如果凸窗的面积超过外窗面积的30%，还是采用粘贴普通聚苯板的做法，聚苯板的厚度要达到80mm才可能满足同样的节能设计要求。

针对存在的这些问题，应该保留凸窗设计的优点，改进其缺点及不足，如图5-3(b)所示。这个方案中采取了以下几点改进：①比原有凸窗减少了上下两侧与外相邻的墙面，提高了保温节能的效果；②在满足了凸窗室内空间和视觉上的要求的同时，增加了室内空间的利用率；③利用原有的凸窗下方空间放置了暖气片，使室内的空间更完整和美观。

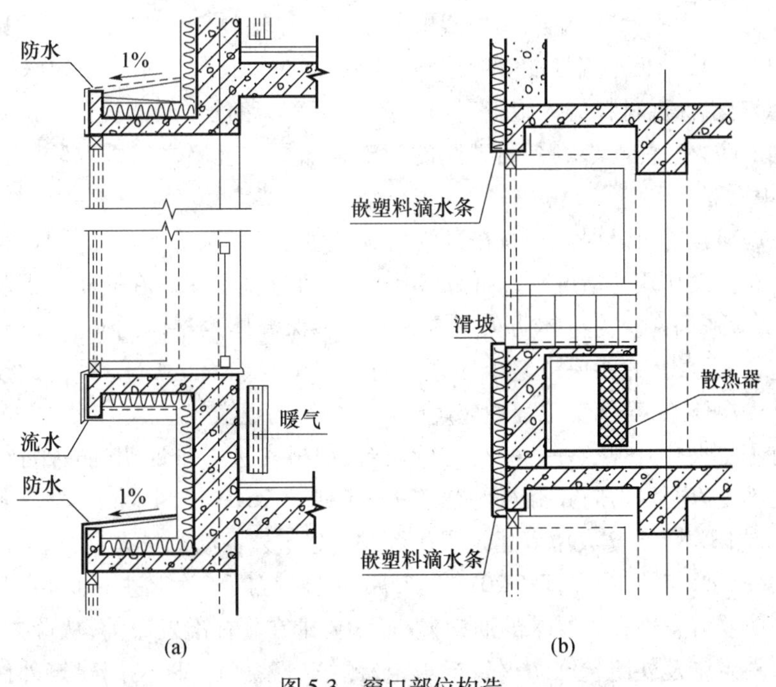

图5-3　窗口部位构造

(2)窗户安装位置的选择　窗户安装的位置一般情况下应尽量使外窗紧靠结构外墙皮安装，如果窗安装在墙的中部，窗外框应加设附框，保温层应贴至附框以阻断热桥，这种做法比窗靠结构外墙皮安装热损失要大得多，按照相关节能标准要求应另加修正系数,即增加保温层厚度。

(3)窗台构造处理　在外墙外保温的施工中,主要采用的是粘贴保温板体系,在这种体系中保温板与墙面是通过粘接(粘接面积不小于40%)来固定的,由于采用的是点粘法,保温板与墙面之间是有空隙的,如果墙面保温板某处发生破裂进水,容易在窗上口等薄弱环节形成漏水。为了解决这个问题,必须采用疏导水的做法,在窗上口设置塑料滴水线,滴水线起到两个作用:①滴水的作用;②如果保温层破裂进水,可以通过上方透气孔把进入的雨水排走,降低了在窗上口发生漏水的概率,从而减少冻胀破坏。

窗台下口同样是一个较薄弱的环节,由于主框与附框之间,或者附框与结构墙之间的密封胶或发泡胶没有打严密,容易在这些部位进水破坏了室内的墙面。为了处理好这个问题,采取在窗口下侧增加一个金属披水装置,这个金属披水装置对雨水起到了防范和疏导的作用,避免了由于施工的原因和密封材料年久老化失效的原因而造成的漏水。

8.5　外墙外保温薄抹灰体系的防火

通过已有的外墙保温的火灾事故表明,火灾发生分为三个时段:保温材料进入施工现场码放时段发生的火灾;保温材料施工上墙时段发生的火灾;建筑物投入使用时段发生的火灾。外墙外保温薄抹灰体系是否具有防火安全性,应考虑以下两个方面的问题:①点火性,在有火源或火种的条件下,材料或系统是否能够被点燃或引起燃烧;②传播性,当发生燃烧或火灾时,材料或系统是否具有传播火焰的能力。以现阶段工程中常使用的聚苯板为例,国家标准《绝热用模塑聚苯乙烯泡沫塑料》和《绝热用挤塑聚苯乙烯泡沫塑料》中规定:聚苯板燃烧性能等级达到 B2 级,同时氧指数应不小于 30%。在试验中发现,通过对有机保温材料进入施工现场前涂刷界面砂浆的方式能提高可燃材料在存放和施工期间的防火性能。涂刷界面砂浆的聚苯板如果在上墙之后采取防火分仓的构造措施,则效果更好。

上述措施对预防可燃保温材料在存放和施工过程中的火灾有一定效果,但不能满足在火源较大且持续作用的情况下,对保温系统防火性能的要求。在有机保温材料达到国家标准后,更应强调系统的整体防火安全性。只有保温体系整体的防火反应性能良好,系统的构造方式合理,才能保证整个体系的防火安全性能满足要求,针对此设计出的薄抹灰外墙外保温体系,对保温工程的应用产生了积极的现实效应。

尽管有了防火暂行规定等一些规定的出台,但事实进一步证明,防火暂行规定中的种种措施还不足以全面地防止和杜绝建筑火灾隐患。2010 年 11 月上海胶州教师公寓、2011 年 2 月沈阳皇朝万鑫大厦等建筑有相继发生建筑外保温材料火灾,造成严重人员伤亡和财产损失。鉴于此,公安部于 2011 年 3 月 14 日发布了《关于进一步明确民用建筑外保温材料消防监督管理有关要求的通知》。通知要求在新标准发布前,从严执行《民用建筑外保温材料系统及外墙装饰防火暂行规定》的第二条规定,即民用建筑外保温材料采用燃烧性能为 A 级的不燃材料。

由上海胶州教师公寓等特大火灾带给我们的警醒与提示可知,建筑设计中应考虑外墙外保温薄抹灰体系防火的解决方案,以尽量减少尤其是高层建筑的火灾隐患、减少类似火灾事故发生、减少人员生命和财产损失及不良的社会影响。

综上所述，在建筑节能以实现可持续发展的历史大趋势面前，建筑作为对国计民生影响广泛的行业，应重点加强建筑节能设计的实际应用。因此，在建筑设计中采用比较广泛的外墙外保温薄抹灰体系，如此在建筑节能设计中具有重要的实用价值。在工程设计中，应按照外墙外保温薄抹灰体系的特点，对于其较为薄弱的细节进行构造处理。对于保温材料的防火，应采取更合理的系统构造方式，保证外墙外保温薄抹灰体系具有良好的火灾阻隔体系。这样从设计的主动性和被动防御方面，全面保证了外墙外保温薄抹灰体系的节能优化设计功能得到充分发挥，为建筑节能发挥更加积极的效应。

9　建筑节能型玻璃结构一体化的工程应用

居住环境的恶化和天然资源的快速减少，建设用节能环保的绿色建材成为今后发展的一个方向。太阳能光伏玻璃和建筑光伏一体化设计的前景广阔，而真空玻璃则会是最佳隔热隔声的透明建筑材料。如果这两类玻璃材料广泛应用于建筑工程，我国的能源紧缺和环境保护会得到根本性改善。以后的房屋墙体和屋顶自身可以发电，并无污染物排放；另外真空玻璃门窗幕墙等构件具有保温隔热性能，达到节能环保目的。因此，它们是最具发展前景的玻璃产品，也是当今最具吸引力的绿色建材之一。

但是这些新理念玻璃产品在应用中却存在一些质量缺陷问题，如光伏玻璃在层合中会产生破裂现象，也有在存放或使用中发生自爆、脱胶甚至炸裂而造成事故。同样，真空玻璃也因一些质量原因导致其使用受到影响，由于真空玻璃长期受自然环境下大气压的作用，使内外表面存在不均匀拉应力，从而降低了玻璃承载力及耐久性，如常规真空玻璃的抗弯强度不足普通玻璃的1/2，弯曲变形和边缘剪切应力也受到较大限制。

显然，光伏玻璃和真空玻璃的节能环保功能在建筑上应用的最大障碍是安全和耐久性问题。虽然我国玻璃的用量占世界用量的一半略多，但建设用玻璃产品的质量却比较落后，在强调光伏玻璃和真空玻璃隔热隔声效果的同时，忽视了安全和耐久性，以致使用中产生一些不可避免的问题。为了在节能建筑中安全可靠地使用这些绿色建材，必须引进先进技术结合自主研发成果，使建筑玻璃向节能环保、安全耐久的综合性能得到改善，结构功能一体化是建筑光伏一体化和真空玻璃实用化的大趋势。

9.1　光伏玻璃结构功能一体化

随着经济的发展对能源的需求依赖更严重，而传统的石油煤炭资源在快速减少，可以再生的水能、风能及太阳能正在得到应用，尤其是太阳能不受地理位置限制，具有取之不尽用之不竭的优势。光伏建筑一体化（BIPV）是将太阳能光伏发电板集成到建筑物上，光伏器件在产生电能的同时，还承担外围保护的功能，如外墙面、屋顶及幕墙等。因此，光伏建筑一体化（BIPV）是清洁能源与建筑的完美结合。光伏玻璃在国内外的应用十分广泛，示范工程如北京奥运场馆、上海世博园、柏林中央火车站以及日本太阳光电公司等。国内近年来在光伏玻璃的开发生产中发展极快，新上多条生产线，包括单晶硅、多晶硅、非晶硅及太阳能超白玻璃生产线，都是企业自行引进国外的生产线。但同国外发达国家相比，研发及创新技术方面还有差距，一些TCO膜玻璃还属于进口产品。

(1)光伏玻璃不仅是满足作为一般光伏组件的电学、光学及安全性能的要求,而且要满足作为建筑用安全玻璃的特殊要求,用于玻璃幕墙时还要满足风压变形、雨水渗透及空气渗透的要求。目前世界上光伏玻璃结构大多是在光伏夹层玻璃和光伏中空玻璃的基础上,单独使用或多项组合而成。虽然光伏玻璃产品具有很大的市场应用价值,但是光伏玻璃在生产及工程应用中还存在一些问题,例如转换效率低、成本高及不透明等。在工程中主要考虑的是结构安全及耐久性,一些常见的结构失效包括如下方面:钢化玻璃层合成过程的自爆;非晶硅玻璃层合后沿导线的断裂;层间剪切应力的破坏和分层现象。作为顶棚玻璃受到日晒或积雪等自然环境因素荷载的性能老化、强度降低、安装应力不均匀及作为建筑用构件的风化和坠落隐患。

(2)对于光伏中空玻璃而言,光伏电池板是置于中空玻璃腔体之中,为外界负荷产生电流供给的同时,其本身由于存在内阻也会发热及升温现象。一般在室外自然环境中,其温度可以达到50~60℃。对于晶体硅电池,由于存在热斑效应,即局部电池片被遮挡、在旁路二级管失效的情况下,该部分电池片相当于一个电阻,发热造成温度很快上升,有时局部温度会达到近200℃,甚至造成电池片烧毁。如果晶体硅或非晶硅电池片位于中空玻璃腔体中,由于封闭空间没有可流动空气降温,腔体内气体会因温度快速升高造成体积膨胀;当没有太阳光时气温逐渐降低,腔体内气温也降低收缩。因此,光伏中空玻璃始终处于在高低温度长期循环的恶劣环境下使用,其密封材料如聚硅氧烷胶、丁基胶的寿命会大大缩短,造成中空玻璃密封失效甚至玻璃产生破裂。同时,在光伏中空玻璃电池片移位或外部拉动导线时,都会在有孔处造成密封胶的失效。

(3)造成光伏玻璃组配件失效的原因较多,与材料品质、结构设计与安装、受力荷载和服务环境都有关联,具体分析常见失效原因是:①玻璃本身含有杂质、缺陷或玻璃风化,造成玻璃强度下降;②如聚硅氧烷胶、丁基胶与玻璃粘结性能退化或老化,造成玻璃脱粘脱胶等;③环境腐蚀,高低温度循环及中空密封层密封胶老化;④光伏玻璃结构设计和安装过程中存在质量隐患。

采用钢化玻璃作为光伏电池的盖板时,合片过程中还会发生爆裂,这是与钢化玻璃中含有微量杂质有关。光伏构件在设计过程中既要考虑节能,又要重视安全耐久性,因此,在安装过程中如果局部区域存在应力集中,则会造成整个构件存在安全问题。光伏玻璃结构和强度的失效与玻璃的脆性关系密切,为了提高其安全可靠性,还要进行深入研讨。

9.2 真空玻璃结构功能一体化

用暖水瓶可以说明这一问题,如果暖水瓶能同房子大且可以住人的话,里面隔热及隔声效果会比任何材料建造的空间更理想,这也是制造真空玻璃的思路。真空玻璃是把两片平板玻璃周围进行封闭,将中间层抽真空并密闭而成。真空玻璃综合了玻璃工艺与材料的有机组合,具有比中空玻璃更好的隔热隔声及保温性能,也是今后建筑节能用玻璃发展方向。真空玻璃的结构如图5-4所示。

在真空玻璃的应用中,常规真空玻璃的抗弯强度不及普通钢化玻璃的1/4,边缘应力及弯曲变形也限制了真空玻璃的使用范围。真空玻璃虽然有最佳的隔热效果,但市场上

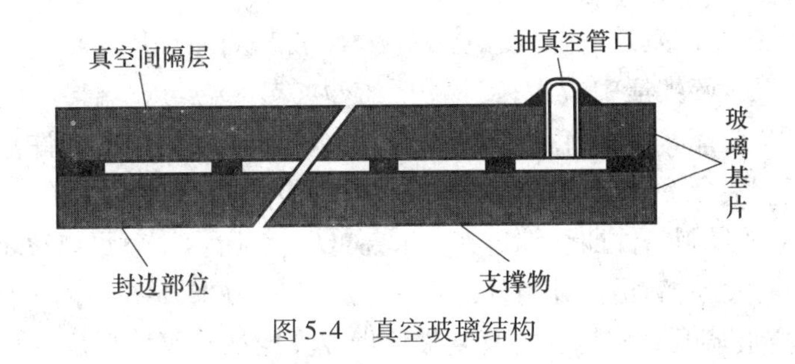

图 5-4　真空玻璃结构

的强度及可靠性却是最脆弱的。因此,其安全可靠性是制约真空玻璃推广使用的关键因素。按照现行的规范要求,高层建筑用窗和玻璃幕墙必须使用安全玻璃,现在的安全玻璃只有钢化玻璃及夹层玻璃两种,而普通真空玻璃不属于安全玻璃范畴,原有的技术无法生产钢化真空玻璃,其原因是真空玻璃生产中加热封接过程会使钢化玻璃应力松弛及强度降低。另外,由于真空玻璃两片之间被抽真空,负压力下使玻璃及支撑件产生很大持久附加张应力,其应力上限值为国际标准值,即 8MPa。环境中的风荷载及温差也会造成真空玻璃弯曲变形,为了使其安全可靠的应用,必须从玻璃结构上进行优化设计,尽量降低应力对真空玻璃强度的影响。提高真空玻璃可靠的结构功能一体化主要措施有如下方面。

(1)研发钢化和半钢化真空玻璃　目前生产的真空玻璃原片基本上只使用普通玻璃,如果能将钢化玻璃作为真空玻璃的原片,并尽量降低在真空玻璃制造过程中钢化应力的衰退,则可以制造出高强真空玻璃,从而真空玻璃结构可靠性大大提高。制造钢化和半钢化真空玻璃有两种技术措施,即低熔点封边焊料及缩短封接时间,降低钢化应力松弛。

现在的低熔点封边焊料点在 450℃左右,使边缘和抽气口封接高于 430℃,若是钢化或半钢化玻璃制作真空玻璃,如此高温下会退火,因此使用全钢化真空玻璃目前仍有一定困难;而影响钢化真空玻璃永久性应力下降的一个因素是加热时间,在 370℃热处理时间 1h,剩余时间几乎与时间成线性关系,所以在不改变玻璃焊料组成条件下,尽可能减少在高温环境的时间,是解决钢化玻璃应力松弛、提高真空玻璃强度的最有效措施。

(2)真空玻璃结构功能一体化优化设计　为了确保真空玻璃基片在自然环境中不致产生过大应力而变形,在真空玻璃内部布置了许多支撑件,玻璃基片与支撑件的互相配合使真空玻璃在几个地方明显不容忽视的应力,如图 5-5 所示。

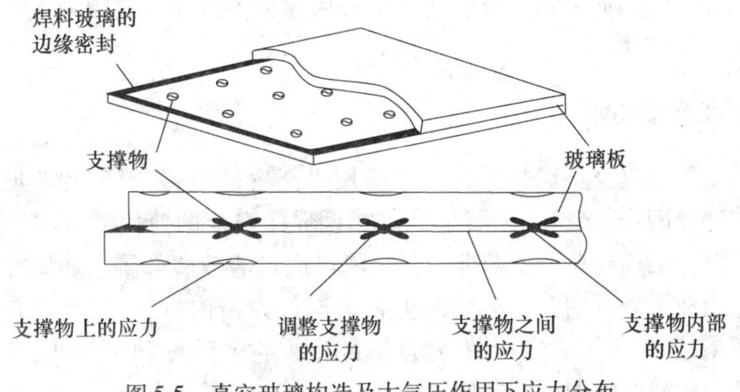

图 5-5　真空玻璃构造及大气压作用下应力分布

应力主要包括:玻璃基片的弯曲拉应力;在支撑点玻璃板上表面和两支撑点对接连线中点处玻璃下表面产生集中应力;支撑物压应力;支撑物与玻璃接触应力。通过合理布置支撑物间距及选择支撑物直径,可以保证这些应力在材料强度允许范围内达到真空玻璃最低热导率。结合不同玻璃品种强度的设计值及设计热导率,在给定玻璃基片厚度下,把制定出的4个限制条件曲线综合在一起,如图5-6所示。就可以决定真空玻璃中支撑物间距和直径的大小,满足设计条件的是一系列和值,如图5-6中阴影部分所示。

(3)夹层真空玻璃及其结构　把真空玻璃做成夹层结构可以形成一种安全玻璃从而供工程使用。通常的夹层玻璃制造有两种工艺,一种是使用PVB膜通过预压工序,最终在130℃左右、12atm作用下成型。但该方法对真空玻璃有一定的制约,是通过微小支撑物支撑两片玻璃的结构,本身支撑物承担了一个大气压作用,如再在真空玻璃表面施加12kg/cm²压力,真空玻璃在如此高的强压下是会压碎的,或者支撑物直接压入玻璃中。所以用PVB高压成型法合成有一定困难。

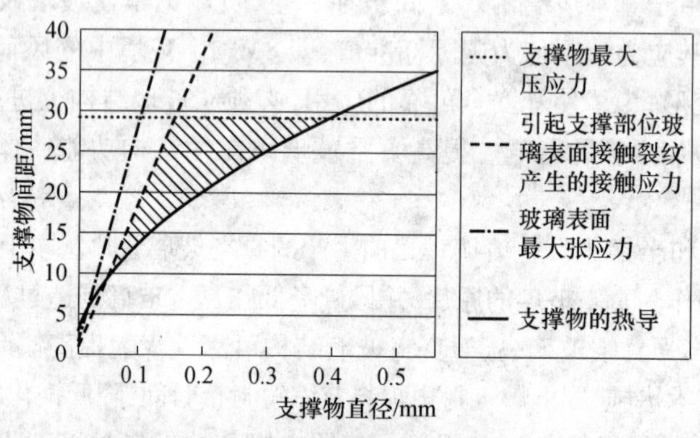

图5-6　真空玻璃支撑物设计综合约束曲线

还有一种使用EVA膜并用真空一步法成型的工艺制成,此方法由于作用在玻璃上的力始终是一个大气压,因此真空玻璃不会被压坏。这种夹层结构已被应用在一些建筑工程中。同时为了安全可靠性及节能效果,也可以双面钢化或半钢化玻璃做成"中空-真空-中空"复合式真空玻璃。复合式真空玻璃具有优良的隔热效果,又具有极好抗风压能力,特别是复合式真空玻璃受荷载作用后,由于真空玻璃强度相对较低,一般是在真空玻璃内部首先破裂,而复合玻璃内外表面两片钢化玻璃则完好无损。复合玻璃还具有一定的破坏后残余强度。由此可认为复合式真空玻璃弥补了普通真空玻璃安全性不足问题,可以在幕墙上广泛应用。

9.3　简要分析总结

对于光伏玻璃和真空玻璃构件在实际应用中产生的破裂、脱胶及密封失效问题,上述对存在其失效原因进行分析并探讨,本着绿色环保安全的使用需求,提出一种结构功能一体化的思路。当前这些环保节能、发电、隔热或自洁玻璃都属于功能性玻璃,而不属于结构材料。当前国外开始在一些建筑上将玻璃作为结构材料,它不仅有透明、美观和环保节能的效果,还可承担一定荷载,这就需要增加它的强度和可靠性。同样如果把作为结构材料使用的建筑玻璃附加其他功能,如光伏发电、隔热隔声,就可以达到更加节能环保的效果,即功能玻璃结构化,结构玻璃功能化。

虽然目前的建筑玻璃基本上是比较安全的常规玻璃,而且光伏玻璃和真空玻璃还是不够普及的,但是随着科学进步和结构功能一体化的逐步完善,以后的建筑玻璃将会对环境和人民生活起到更加密切的作用。设想除居住及公共建筑的安全美观效果之外,自身还可以发电、隔热、隔声及防火、抗冲击并可自洁的功能,这个建筑可自成体系形成舒适的居住环境,这也应当是建筑玻璃结构功能一体化优化设计的长远追求。

10 建筑节能工程质量检测应重视的问题

现行的《建筑节能工程施工质量验收规范》(GB 50411—2007)自执行以来,通过住建部和各地组织的培训与宣贯活动,对工程建设的节能工作起到了极大地推动作用。结合具体节能检测工作及其相关规范的验收要求,总结了在检测过程中发现及遇到的关于施工质量、节能材料与检测设备等问题,并提出适用于实际工作应用的建议,能给节能工作的进一步发展提供依据。

10.1 建筑围护结构墙体节能

目前,我国大部分采暖地区采取外墙外保温方式对建筑物进行节能保温,该方式具有保护主体结构、延长建筑物使用寿命、防止“热桥”和“结露挂霜”现象产生,并有不占室内空间、增大使用面积等优点。通过检测结果显示的数据可以看出,在实际节能工程中,无论是采用定型产品、成套或非成套技术,95%以上的建筑物的节能工程在整体热导率、密度及强度等方面均能达到规范或标准的要求,能够有效保证节能工程的施工质量。但是在一些检测过程中也仍然发现需要改进和提高的问题。

(1)保温材料阻燃性能 保温材料的燃烧性能与氧指数两项指标不合格率比较高,这给建筑物的防护性能带来了一定安全隐患,近年来由此引起的火灾次数也呈现逐步上升趋势,保温材料的阻燃性有待进一步改进提高。同时,要提高建筑物的防火性能,单纯提高保温材料的阻燃性能效果并不明显,还需从优化保温材料结构体系、施工工艺以及开发研制新型耐火保温材料等多方面着手,从而提高建筑物防火性能。

(2)保温材料吸水性能 广大地区对保温材料的强制性检测中,都忽略了保温材料的吸水量问题。对于保温材料尤其是胶粉聚苯颗粒保温浆料来说,相较之其他密实墙体材料则吸水量要大,对于冬季易结冰的北方地区来说,保温材料的冻胀极易引发或直接造成系统开裂,因此在施工过程中应加以注意。

(3)检测工作中遇到的具体问题 在实际保温检测工作中有时也遇到了一些难以检测和不便检测的项目,包括现场拉拔试验和保温浆料的同条件试样两个方面。在保温板材与基层粘结强度的现场拉拔试验中,特别要注意剔除由于粘结面积不足造成的异常数据。同时,在拉拔试验中,部分试样的破坏部位出现在粘结面上而非保温板材内,需重新试验,给检测工作带来难度。

对于采用保温浆料做保温层的工程,要求制作同条件试件,检测其热导率、强度及密度。但在实际检测过程中,可以看到测试时间过长,尤其是保温浆料强度的测试需56d,

同时规范 GB 50411—2007 中也未指明对检测结果不合格的处理意见，即要求其部分重新复检、拆除还是修补不明确，从而影响了检测工作的时效性，并对处理不合格材料在实际操作上造成了一定的困难。

10.2 建筑外窗节能

外门窗是影响建筑节能的最主要部位，尤其是在外围护结构体门窗的单位面积不断扩大的趋势下，造成其空气渗透现象更加突出。门窗的节能对建筑物的能耗有着关键性作用。目前的建筑门窗多采用带有隔热条的铝塑复合窗，在对其物理性和保温性能的检测中也存在一些问题。

(1)试验室内的检测　对外窗进场后抽样的复检内容包括气密性、水密性、抗风压及热导率 4 项，通过检验统计可知，送检测的外窗基本可以满足规范的相关指标及要求。仅有 5% 左右窗的气密性、热导率达不到要求。造成这部分窗的气密性不达标的原因大多集中在窗框与窗扇结合不严密，或是窗扇密封条安装不合格方面；而造成外窗热导率不合格的原因，主要集中在框扇隔热设计不合理和中空玻璃热导率较高两方面。

(2)现场实地检测　对外窗现场实地检测的内容包括气密性和水密性两项。通过检验统计可知，现场抽检测的外窗比在试验室内检测的不合格率仅高出 15%。通过现场实地检测和了解发现，空气渗透的主要现象是门窗框与预留洞口周围墙体连接处密封不严密、推拉扇滑槽构造设计不合适以及空气渗透严重等原因导致。造成这部分窗的原因是窗框与墙体连接处塞缝不严密、窗框制作不够规范、窗框与窗扇之间有缝隙不严或者窗扇密封条安装不合格几方面。控制窗的制作质量及安装质量以提高气密性能。

(3)窗用中空玻璃　中空玻璃检测内容主要包括可见光反射比、遮阳系数以及中空玻璃露点。通过检验统计可知，中空玻璃露点的不合格率较高，主要问题存在于中空玻璃密封性欠佳，内部不干燥，因此需要加强中空玻璃制造密封性。同时也有极少数玻璃遮阳系数虽达标，但因为其低辐射膜质量差，造成可见光透射比偏低，因此影响到室内的采光。

现在随着建筑节能的深入进行及居民对居住舒适度要求的提高，遮阳技术已得到一些应用。但遮阳设施的安全性、耐久性、美观度及舒适性所附属的电力驱动装置的安全性，只有通过标准的检测才能确定是否可安全使用。但是需要有一个对遮阳产品质量的检查标准来规范。

10.3 对系统节能的检测

建筑采暖、通风与空调以及配电与照明工程能耗，在建筑物总能耗中占有相当大比例，建筑工程的设计是否合理，安装完成后是否能够正常运行及其效果如何，直接影响到节能效果。因此，对系统节能的检测是必要的进行项目。在检测中发现尽量按照规范 GB 50411—2007 在可操作性方面努力去做，但由于系统检测的庞大且复杂，运行及管理单位及用户配合等问题，实际的系统检测仍存在一定困难和问题。

(1)室内温度检测　温度检测应该在冬季和夏季分别进行，需要的时间比较长。现行的《居住建筑节能检测标准》(JGJ/T 132—2009)实施以后，室内温度检测的时间需要整个采暖期,这在实际操作中是不方便的。规范中对居住建筑的测试要求每户都进行,如此导致工作量太大,遇到已经居住的建筑在测试时更加困难,在检测过程中会存在一些住户不予配合的情况等。这样检测一栋房屋需要多次进行,协调配合极其重要,实际工作开展困难多。

(2)供暖系统水率输送检测　在实际检测中发现,一些居住房屋的热水供应平衡度与补水率大大超过设计值或规范规定值。现场实测的热水管水流量远超过设计值或远低于设计值,水力失衡现象突出。表现在室内温度会产生有的房屋超过25℃以上,而同一栋房屋的另一住户的室温仅为15℃。造成水力失衡的原因是多方面的,其最主要原因是热水的循环量问题,它不是以系统中所设计的每一栋房的设计供热量所分配的流量平均值,现实情况是近处建筑大流量,远处建筑流量不足,分配不均匀,造成在同一热网采暖区域中,远处末端冷,导致近处温度过高的水力失衡现象。同时由于采暖系统设计和安装的不合理,流量和压力的分配无法做到合理均衡,也是造成供热水力不平稳的一个方面。

在检测过程中还发现实测的补水率多数达到2%以上,远远高于规范JGJ/T 132—2009中0.5%~1%的要求,有些工程提供的补水率甚至超过了5%,因此优化采暖方式、提高采暖工程安装施工质量和运行过程中的管理水平极其必要。

事实上当采暖工程安装完成后,其试运行及正常运行极其重要,系统检测过程存在不足并非是系统设计或设备本身的问题,而是由于系统运行不正常引起的。未进行良好运行调试的系统,一般需要多次往返现场进行重复测试,要消耗一定的时间、人力和材料。同时还需要重视的是,整个采暖系统运行正常以后,各项检测数据要同时进行,测出同一时间内室温与流量进行互相参考与比较,利于发现系统存在的问题。

在检测具体操作时会遇到的问题:如有的热力入口处有效直管段太短,超声波流量计不能安装就位;也有热力入口处老旧,热力井中有积水、淤泥等垃圾影响到检测的正常开展。因此在现场检测过程中要灵活变通,寻找适宜的检测部位。

(3)通风与空调系统检测　空调系统的现场检测主要是在运行调试阶段,施工企业最关心的是工程施工过程中的质量管理与进度,对系统的调试并不引起重视。有的空调安装企业基本无专业技术人员对空调系统进行联合试运转及调试,在检查过程中还遇到"机组在运行,但不向房屋送风"的现象。在检查现场往往是在检测风量或水流量出现异常以后,施工人员才查找原因,重新进行调试,这样会造成不必要的人员及财产损失。因此,通风与空调施工企业必须要配有专业技术人员,对工程质量进行有效监督与控制,并配合运行过程中的调试,改变"仅以安装设备仅单机试运行状况,尤其是制冷机组的试运转,认为风口出风就完成制冷"的弊端。

10.4　存在问题及改进

近年来在建筑节能检测过程中发现的节能质量问题及检测本身也存在不足,希望引起有关同行的重视,同时也提出一些改进意见。

(1)要优化围护结构外保温结构形式,使施工更加方便简单,提高保温系统耐久、防腐、防水及抗冻融性,研制开发新型耐火保温材料,提高节能的安全可靠。

(2)加大外窗框窗、扇隔热条的有效宽度,设计多空腔隔热条形式,采用双道中间密封形式,降低窗框热导率,提高外窗保温性能。同时也要提高现场施工质量控制,严把工序过程关,确保外窗气密性能。

(3)优化供热方式,努力推进供暖分户计量,并且严格控制采暖系统安装施工过程的质量控制,提高采暖工程施工和运行管理水平,降低采暖能耗并保证室温舒适。

(4)科学合理设计空调系统制冷方式,开发利用空调系统供冷新能源,提高空调系统运行及调试,还要重视系统余热的利用,注重系统节能效率合理性。

11 屋面保温用泡沫混凝土应用施工控制

屋面保温隔热材料的应用品种比较多,传统的炉渣、膨胀珍珠岩及蛭石等材料由于保温效果差已很少使用,而泡沫混凝土是一种新型质轻多孔节能材料,其原料如粉煤灰、矿渣及石粉等工业废料资源丰富,配置的材料具有保温隔热性能好、自重轻且施工方便及现场文明施工的优点,符合国家环保和绿色建筑的发展要求。随着生产应用技术的完善与提升,泡沫混凝土作为保温隔热材料,已被广泛地应用在有保温要求的楼(地)面、屋面及轻质隔墙工程中。现对一种采用 HT 复合型发泡剂的发泡混凝土用于屋面保温层施工的质量控制措施做分析与介绍。

11.1 工程基本构造

某工程地处夏热冬冷区域,屋面保温隔热面积约 4840m^2,为可上人屋面。具体做法:自上而下铺块材(防滑地砖、仿石砖、水泥砖)水泥擦缝;20mm 厚水砂浆隔离保护层;防水层(聚合物改性沥青防水卷材 2 层,每层厚 3mm);20mm 厚水砂浆找平层;保温隔热层 100mm 厚的挤塑聚丙乙烯泡沫塑料板,其板的传热系数为 0.43W/(m^2·K);坡度按 2% 控制。由于屋面板施工找坡用的材料为 HT 泡沫混凝土保温隔热层,其性能体积密度标准为(400±15)kg/m^3的泡沫混凝土。

11.2 材料应用及施工特点

(1)HT 复合型发泡剂的发泡力较强且无污染,与水有良好的亲和性,可以在水泥浆中产生大量分布均匀的且独立的封闭气泡,具有稳定的泡沫形态,体现出很强的体积扩张性和柔韧性,支持泡沫水泥浆料在终凝前保持气孔原态,在施工中采取泵送气泡不消不坍落。

(2)该泡沫混凝土质轻、隔声、环保且防火　传统泡沫混凝土的容重在 300~1200kg/m^3,可以使建筑物的自重降低 20% 以上。发泡剂接近中性,连同添加料均不含苯或甲醛等有害成分,对环境不造成污染。泡沫混凝土是多孔性材料,隔声效果明显。同时泡沫混凝土也是无机材料,是难燃性材料,耐久性可靠,可提高建筑防火功能从而消除火灾隐患。

(3)保温、隔热与节能　泡沫混凝土中含有大量封闭的细小孔隙,具有优良的热工性能,密度为(400±15)kg/m^3的泡沫混凝土热导率一般只有 0.08W/(m·K)左右,小于标准值 0.11;热阻约为普通混凝土的 10 倍以上,按最薄处 100mm 且 2% 找坡考虑,整体传热系数不大于 0.55 W/(m^2·K);满足设计要求,具有良好的节能效果。

(4)整体性、防水效果及耐久性好　泡沫混凝土进行的是现场浇筑施工,与主体结构紧密结合,浇筑12h后即可成型,吸水率极低,且相对独立的封闭气泡加上良好的整体性使得防水能力大大提高。同时泡沫混凝土的多孔性使其具有低的弹性模量,从而对待冲击荷载具有好的吸收和分散作用,其抗压强度大于0.5MPa,完全满足上人屋面需要,可承受人员活动荷重,不变形且与主体结构同寿命。

11.3　工艺流程及施工控制

(1)工艺流程　准备工作→基层清理→弹线打点→水+水泥搅拌→水+发泡剂+稀释液→发泡→拌成浆料泵输送→浇筑成型→养护→检查修补→验收。

(2)施工准备

① HT复合型发泡剂的性能:pH值为7±0.5;密度(20℃条件下,kg/L)为1.15±0.05;环保指标为1.5(g/L);游离甲醛为0.30(g/kg);苯不大于0.02(g/kg);外观为浅色透明液。

② 水泥:强度等级不低于32.5的普通硅酸盐水泥,且各项技术指标的抽检应合格;粉煤灰:要选用Ⅰ、Ⅱ级,且各项技术指标的抽检必须合格;水:应使用生活自来水或者混凝土用水,并按标准JGJ 63—2006的具体规定。

③ 屋面混凝土结构层的清理必须干净彻底,对各种缺陷进行修补、达到平整、坚硬且密实;对预留孔洞、落水管等在浇筑泡沫混凝土前应处理到位,不允许过后再打洞。

④ 要提前设置好浇筑厚度及排水坡度,保证泡沫混凝土最薄处为100mm及2%的排水坡度。

⑤ 水泥等原材料检验合格并储备齐全后,HT型泡沫混凝土专用机及输送软管根据浇筑距离提前安装到位,并保证电力及水供应正常。注意天气预报,遇雨天时不允许浇筑。

(3)操作控制要点

① 泡沫混凝土施工首先配置泡沫浆液,根据HT型泡沫混凝土的配合比及生产工艺配合泡沫浆液。配合比由专业生产厂家提供,密度为(400±15)kg/m^{3}的泡沫混凝土施工配合比是:水泥:水:泡沫剂:水及水泥比=400:240:1.9:60。

② 配置水泥浆体。把定量的水加入专用搅拌仓,再将称量准确的水泥和添加料投入搅拌仓搅拌,搅拌时间不少于150s。

③ 泡沫和水泥浆体通过HT型泡沫专门混合,使水泥泡沫浆料混合均匀、一致,直接泵送至浇筑点,且搅拌的成品必须在1h内用完。

(4)泡沫混凝土及其保护层施工

① 泡沫混凝土浇筑。由于泡沫混凝土的流动性较大,为达到设计厚度及坡度的要求,一般进行分层浇筑来控制。本工程按两层施工,第一层按2%坡度进行结构找坡,以控制坡度为主在表面留设50mm厚度作为面层,在结构找坡的基础上再刮平,用3m长的直尺找平。同时泡沫混凝土也可以进行整体一次浇筑施工,可以不留置施工缝,但是如果当地抗震结构设计中明确规定要设置时,按抗震结构设计要求留缝。

② 由于泡沫混凝土的粘结性能极强,现场可以根据工程状况划分浇筑区块,待二次浇筑接槎处,只需将施工缝处松弛的颗粒铲除干净,接触面最好洒一层素水泥浆便于结

合。正常情况下是一次浇筑完成,最好不要随便留置施工缝。当泡沫混凝土保温层施工完成时,女儿墙泛水、天沟及檐沟等处必须找坡,该部位泡沫混凝土保温层厚度保证不少于20mm。

③ 由于泡沫混凝土为多孔封闭型结构,排气均匀且整体性好,大面积浇筑施工不设分格缝,屋面排气只设竖向PVC排气管,原则上按6m×6m分格较宜,现场可根据实际进行调整,保证使用功能及外观质量;而且在浇筑施工后12~14h进行洒水养护,其时间不少于3d,在此期间不允许人员乱踏及堆放重物。

④ 泡沫混凝土上部要做水泥砂浆保护层,是在洒水养护3d后进行;保护层厚度一般为25~30mm的1∶3水泥砂浆,施工时泡沫混凝土表面要洒湿润,保护层面积为4~6m见方,并留置分格缝,缝宽为20mm且要直,缝内填聚氨酯油膏密封;屋面防水卷材转折处按规定要求与基础一同做圆弧,粘接按防水要求进行。

(5)施工中重视的问题　泡沫混凝土施工的环境温度必须在5℃以上,不宜在高温及雨天施工;由于泡沫混凝土的流动性较大,当屋面坡度大于2%时,要采取模板辅助浇筑控制坡度;施工中由技术人员在现场指导下进行,对每个工序环节要严格把关,使施工质量达到《建筑节能工程施工质量验收规范》(GB 50411—2007)的要求,并按要求制作试块进行抗压试验。

(6)检查及验收

① 泡沫混凝土配合比计量必须准确,搅拌时间不少于150s且均匀,浇筑分区、分层进行;还要对热导率、密度、抗压强度及随机取样送检记录齐全。其物理性能检测指标要满足表5-3要求。

表5-3　泡沫混凝土物理性能检测指标

干密度/(kg/m³)	热导率/[W/(m·K)]	抗压强度/MPa		吸水率/%
		3d	28d	
300±15	<0.070	≥0.20	≥0.25	17.8
400±15	<0.090	≥0.30	≥0.50	15.6
500±15	<0.12	≥0.55	≥0.90	14.7

② 泡沫混凝土表面应平整,坡向一致,表面检查应符合:3d养护期内不允许有大于1mm的裂缝;表面松疏允许不大于单个房间总面积1/15或单块面积不大于0.25m²的疏松现象;平整度为3m的直尺最大不平小于10mm。

③ 砂浆保护层或找平层表面不得有凹坑、裂缝、起壳或松散砂现象;对于分格缝的嵌填及密封必须连续一致,不允许存在气泡、开裂、不饱满及脱落问题。

④ 屋面天沟、檐沟、女儿墙泛水、变形缝、出屋管道、檐口等部位的防水构造,必须符合设计及施工规范要求。各隐蔽工程也必须进行分项验收,达到现行验收规范GB 50411—2007要求。

(7)安全文明施工　泡沫混凝土专用设备进现场后必须由专人调试和管理使用;现场不允许乱拉电线,对电动工具的安装、照明必须由专业电工负责;环境影响大的位置如水泥搬运及切割打磨人员必须有安全防护用品,并及时更换;材料堆放要规范,防潮材料下方要垫空;并在上部遮挡防晒及雨淋设施等。

通过工程应用可知,泡沫混凝土在屋面保温工程中比较其他传统材料还是有其优越性、节能环保并且可用于地面及其他部位,有可利用的社会及经济效益。

12 建筑遮阳技术在工程中的应用

许多发达国家建筑物的遮阳技术应用得极其广泛,而我国的居住建筑及公共建筑,每年通过透光围护结构产生的建筑能耗占建筑总能耗的比例却在不断上升。采取遮阳措施可以提高室内舒适度,明显降低空调用电和采暖用能。但是我国目前采用遮阳设施的建筑物很少,通过增加建筑遮阳设施使建筑节能产生的潜力是巨大的。

现行的《公共建筑节能设计标准》(GB 50189—2005)和《严寒和寒冷地区居住建筑节能设计标准》(JGJ 26—2010)的具体实施,对寒冷地区的公共建筑和居住建筑均规定了应对透光围护结构设置遮阳设施的要求。使建筑遮阳技术得到广泛认可并被积极采用。通过对地区的气候特点及各种遮阳产品进行分析,探讨适用于北方广大地区的遮阳产品类型。

12.1 国内外遮阳产品技术分析

(1)国外遮阳技术应用现状　根据"欧洲遮阳组织"在 2005 年 12 月发表的《欧盟 25 国遮阳系统节能及二氧化碳减排》研究报告,欧盟 25 国有 4.50 亿人口,住房面积约为 243.0 亿平方米,其中约有一半采用了遮阳技术,每年减少制冷能耗 2100 万吨油当量,减排二氧化碳 8000 万吨,每年还可减少能耗 1200 万吨油当量,减排二氧化碳 3100 万吨。在美国、日本也广泛采用了建筑遮阳措施,用于改善建筑物室内的热舒适性,从而降低能耗损失。

(2)国内遮阳应用现状　在我国每年通过外窗造成的建筑能耗,约占建筑总能耗的 30% ~43%。在寒冷地区,通过外窗传热产生的建筑能耗占建筑总能耗的 23% ~25%,通过门窗空气渗透造成的建筑能耗占总能耗的 22% ~37%。采用遮阳设施可节约空调用电的 25%左右,设置良好的遮阳设施可提高外窗保温性能,节约建筑采暖用能 10%左右。我国现行的《公共建筑节能设计标准》(GB 50189—2005)和《严寒和寒冷地区居住建筑节能设计标准》(JGJ 26—2010),在这两个标准中规定了在严寒、寒冷地区公共建筑和居住建筑应安装遮阳设施。近些年国家一直大力推进这样标准体系建筑,每年都公布新的建筑遮阳标准编制计划。先后编制发布了近 20 个关于建筑遮阳的行业标准,已基本建立了较为完整的建筑遮阳标准体系。国内也已经拥有了数千家生产企业,数十万人就业的遮阳产品制造行业,已为广大地区在新建筑和既有建筑改造中采用建筑遮阳设备,通过了技术和物质上的保证。

一些地区用曾未有的速度推进建筑节能工作。在既有建筑改造方面,先后进行了平改坡、更换外窗以及对建筑外围护结构进行整体节能改造等既有建筑节能改造工程;对于新建筑,则实施 65% 的技能设计指标,强化节能保温工程质量监督工作,推广使用节能新技术、新工艺并取得重要成果。

12.2 建筑遮阳产品分类

从目前的产品分类划分,建筑遮阳产品一般分为内遮阳、中置遮阳与外遮阳三类。

(1)内遮阳产品技术　内遮阳技术在我国早有应用,过去的百叶窗、窗帘及竹卷帘等都属于内遮阳应用。近年来,我国又从国外引入软卷帘、罗马帘、百褶帘及天篷帘等。过去的窗帘都是手动控制,随着现代科技进步,发展成电动或遥控控制。内遮阳制品由于完全处于室内,不受外界环境的影响,在大风天气也可使用,维护保养方便。内遮阳产品可将进入室内的太阳辐射热一部分透过遮阳装置进入室内,一部分反射出室外,一部分由遮阳装置吸收后通过对流、辐射进入室内。由于有部分太阳辐射热量进入室内,内遮阳产品的主要效果相对其他类型遮阳产品,效果较差。部分内遮阳产品与外窗洞口结合处理较好时,可改善外窗的气密性和保温性能。

(2)中置遮阳产品技术　目前中置遮阳用法有三种:第一种是遮阳百叶直接安装在中空玻璃空气内层,通过手动调整百叶帘的位置、开启度,称为内置遮阳百叶;第二种是在单框双层窗中间安装一套遮阳百叶,外窗单玻窗承受室外风压,内层中空玻璃窗保温,中间百叶帘遮阳;第三种是用于幕墙,在两层幕墙玻璃中间安装的百叶窗,一般为电动或遥控控制,可调控百叶展开位置和展开角度。中置遮阳都不直接与室外相连,受外界环境影响较小,在大风天气也可使用。但是中置遮阳安装空间狭小,不宜维修保养,一般采用手动控制,尺寸也不宜做大。中置遮阳在遮阳装置全部展开后,可基本阻止太阳辐射进入室内,也可通过调整百叶角度、百叶帘展开位置调整室内采光、受热。经有关部门测试,采用第一种中置遮阳形式的外窗,保温性能有明显提高,气密性能没有影响;采用第二种遮阳形式的外窗由于是双层窗构造,外窗整体的保温性能及气密性能高于单层窗构造;第三种中置遮阳形成的外窗用于幕墙,对幕墙的气密性和保温性能没有影响。后两种中置遮阳的结构比第一种复杂,成本也略高。

(3)外遮阳产品应用　外遮阳分为固定式和活动式两种。

固定式外遮阳分为水平式、垂直式、综合式和挡板式四种。由设计人员根据当地的太阳辐射角度和太阳辐射强度设计其尺寸和安装方式。固定式外遮阳安装好以后,只能遮挡设计角度的阳光,不能控制、调整使用,但是结构简单,安装调试好后基本无须维修。该种遮阳装置需在外立面总体设计时,与外立面的装修进行统一设计。

活动式外遮阳分为布卷帘、百叶卷帘、遮阳篷及翻板等,材质有布、木质、铝合金及不锈钢等。一般采用电动、遥控控制。遮阳装置安装在室外,受外界环境影响较大,在外界风力超出遮阳装置承受能力时,需收起卷帘,下大雨时也不能使用。遮阳装置维修保养困难,需与外窗设计统一考虑。百叶为中空构造,内部填充聚氨酯保温材料的硬质卷帘,可较大幅度提高外窗气密性能和保温性能,但安装要有专业人员进行,工程造价较高。

(4)三种遮阳材料技术比较　在三类遮阳装置中,从使用效果上分析,内遮阳不能把所有太阳辐射隔离到室外,遮阳效果最差,但是由于其安装在室内,空间宽广,可根据复检开间尺寸设计,遮阳装置尺寸可做得很大;中置遮阳可较好地改善外窗的保温性能,但安装空间狭小,不易维修保养;外遮阳效果最好,但受外界环境影响较大,且高层建筑的外立面不易维护保养。具体使用要结合投资额、设计要求和现场的具体使用条件进行选择。

北方广大地区气候特点按照现行行业标准《严寒和寒冷地区居住建筑节能设计标准》(JGJ 26—2010)被划为严寒 B 区,夏季炎热潮湿,风速较小,冬季寒冷,春秋两季气候较为温和,但有大风扬尘天气。这些特点决定了北方地区采用建筑遮阳不仅要考虑建筑遮阳效果，还要综合考虑对外窗的保温性能和气密性能的影响。

12.3 北方地区建筑遮阳产品选型

12.3.1 居住建筑遮阳

(1)内遮阳　建筑的内遮阳主要是窗帘等，这个涉及业主的个性要求和个人爱好。在这里主要介绍三种结构的内遮阳产品，即第一种是蜂巢帘，该种遮阳帘为布，材料为多层构造，在两层布之间分隔为一个个方孔结构，类似于蜂巢，由此得名，该种构造相当于在窗户内侧增加了一个空气隔热层，具有一定的保温隔热效果，其装饰效果与遮光效果与其他窗帘类似，控制方式可为手动，电动和遥控；第二种为室内软卷帘，这种卷帘多为布质或塑料，在公共建筑中采用较多，遮阳效果较窗帘稍好；第三种为室内百叶窗，这种遮阳装置叶片一般为金属材质，上面预加工出透光孔，控制较为灵活，可控制百叶展开位置和叶片展开角度来调整室内采光、受热。后两种遮阳帘多为单层结构，没有保温能力，价格相对较高，在既有建筑和新建筑中均可使用。

(2)中置遮阳　采用中置遮阳装置，外窗的保温性能达到均匀较好的效果。内置遮阳百叶对于外窗保温性能有较大提高，但对于外窗气密性能没有任何影响；第二种中置遮阳装置由于采用双层窗构造，外窗的气密性会有较好的表现，对于北方地区的气候条件有较好适应性，若遮阳装置的可靠性没有问题，是北方地区遮阳装置的一个较好选择，在既有建筑节能改造和新建筑中均可使用；第三种多用于公共建筑，居住建筑较少采用，它可使用现代化的控制方式，对智能建筑和自动化程度要求较高的建筑是一个很好的选择。

(3)外遮阳　固定式外遮阳和活动式外遮阳均可被采用。活动式外遮阳效果可根据用户生活习惯进行调整，遮阳效果较好。两种遮阳装置对建筑外装饰效果都有很重要影响，设计时要通盘考虑，整体安装。对于北方地区，百叶卷帘外遮阳最好能够选择填充了保温材料的硬质卷帘，该卷帘具有一定的抗风能力，对外窗整体的气密性和保温性能都有提高，若经济上许可的话，采用该种外遮阳效果最佳。

对于既有建筑平改坡节能改造工程，由于施工和材料问题造成了一些影响。对于屋面的节能改造，采用固定式外遮阳是一个不错的选择。固定式外遮阳可有效降低太阳辐射对屋面的影响，减少顶层房间的太阳辐射受热，在夏季可降低室内温度，改善室内舒适度，减少空调用电。而且实际较好时可不用破坏原来的屋面，避免了因施工造成的屋面防水层破坏，引起顶层楼面漏水的可能。

12.3.2 公共建筑遮阳

(1)内遮阳技术　公共建筑的内遮阳在我国南方和国外都有较为成熟的应用，一般采用天篷帘、室内布卷帘和室内百叶帘。这几种遮阳制品均可取得较好的遮阳效果，在北方广大地区也可使用。

(2)中置遮阳技术　前两种中置遮阳控制方式多为手动，尺寸不能做得太大，对实现智能控制不利，且对既有建筑的自动化程度要求不高或既有建筑改造的公共建筑是一个适当的选择。若既有建筑自动化程度要求较高的可采用第三种中置遮阳方式，如此可实现自动化控制,遮阳效果也较理想。

(3)外遮阳技术　公共建筑的外遮阳一般采用固定式和活动式两种。固定式安装在外窗周边或屋面,对外窗的气密性能和保温性能不造成影响,而活动式主要为翻板形式,水平翻板和垂直翻板均有,可采用手动开关、遥控、风光雨温控制及智能化控制方式,可与智能建筑控制系统结合,由中央控制室进行统一控制,在取得良好的遮阳效果的基础上,美化建筑装饰效果。

综上浅述,建筑遮阳技术的应用是一个需综合考虑的系统问题,且涉及建筑外观、结构及节能等诸多方面。但是,建筑遮阳可被单独采用,也可被相互结合采用,根据设计需要选择,以达到使用者满意,同时取得良好的节能效果。正确选择遮阳装置、改善室内舒适度、降低建筑空调采暖能耗以及减少维护维修费用对于保证遮阳产品的健康发展,是非常重要的。

在广大北方地区,建筑遮阳是一个新的建筑节能发展方向,搞好建筑遮阳工作对建设绿色城市、节能减排、降低城市耗能及保护环境以及完成"十二五"规划及我国对国际社会承诺的"到2020年中国碳减排达到40% ~45%节能目标"具有现实意义。

13　外墙外保温系统防火的施工技术

建筑工程的保温节能在近年来得到各地的认真对待及积极施行。外墙外保温系统在建设中的应用,无疑将成为建筑节能的核心部分。外墙外保温系统的防火性能已引起人们的较多关注。作为建筑节能的核心部分,外墙外保温系统以其成熟的理论性、优良的建筑节能效果和比较规范且简单的可操作性,成为建筑节能中主要的应用技术。随着外墙外保温技术的全面应用,其防火性能对于大量建筑物在施工环节及使用中产生的火灾隐患是否彻底排除有很大的影响。现在仍然应用的《建筑设计防火规范》(GBJ 16—1987)及《高层民用建筑设计防火规范》(GB 50045—1995)中都未对外墙外保温的防火设计提出要求。特别是对高层建筑火灾蔓延速度快、范围大、难控制及损失大的现实问题。其主要原因是对外墙外保温系统的防火性能缺乏重视。但是在近几年随着外墙外保温技术的大量全面应用,建筑外保温系统的火灾安全显得十分重要。下面对于外墙外保温系统防火性能的几种不同结构的设计浅要分析。

13.1　防火结构设计要求

外墙外保温系统是附着在墙体结构外侧的保温装饰系统,其自身的燃烧性能和耐燃烧能力是增加或阻止火势的重要影响因素。提高外墙外保温系统的整体防火安全性能在现实应用中非常关键。发达国家采用不燃或难燃材料作为外墙外保温系统的比例占70%左右。按照目前的情况如果采取有效的防火构造措施,提高外墙外保温系统的整体防火安全性能是可行的,也是唯一可靠的途径。鉴于防火材料本身具有的特性,一些保温板材在加工制作时掺入了阻燃剂,在燃烧中释放出大量有害气体使人中毒昏迷而死亡。此外在燃烧中还挥发出大量浓烟,使可见度大大降低,造成受困人员心中恐惧而无法逃难,同时也影响到消防人员的扑救进程。因此在选择保温材料时,必须选择符合国家相关标准规定的具有防火功能的保温材料。此外,还要结合火灾发生时的防火构造规定,目前具体的结构有以下几类。

(1)无空腔构造　有机保温板与基层墙体之间或与装饰面层之间如果构造上有空腔存在,将在火灾发生时为燃烧提供氧气助燃,在火灾发生后形成“烟囱效应”,从而加快火势蔓延。因此,无空腔构造可以更好地解决因空腔带来的火灾危害。

(2)设隔离带　防火隔离带也是系统的防火隔离带构造或防火分仓构造,可以有效地阻止火灾蔓延。隔离带在垂直方向和水平方向都应当设置。也可以利用窗台或是收缩沉降缝,采用混凝土板作为隔离带。对于直接相邻且都具有外墙外保温系统的建筑物,在建筑物分隔墙的部位,要铺设宽度为 1m 的不燃烧材料带,以便在火灾的情况下避免火灾蔓延到临近的建筑物。

(3)防火保护层　防火保护层包括防护层和饰面层。防护层主要是以水泥砂浆抹面层为主,其质量和厚度相对稳定,决定面层系统构造的抗火能力;饰面层以饰面材料和面砖为主。当饰面层采用外墙涂料且厚度不大于 0.6mm 时,可以不考虑饰面涂料对基材燃烧时的影响。不同的保护层材料材质、构造及不同的施工质量,其抗火能力是不同的。使用防火阻燃保护面层,可以减少或消除火灾对保温材料的侵袭损坏。

13.2　隔离带设计施工要求

隔离带设置的数量及防火等级必须按照现行的《民用建筑外保护系统及外墙装饰防火暂行规定》进行构造设计。隔离带必须使用 A 级不燃型保温材料进行施工。

13.2.1　常用几种耐火材料特性

A 级不燃型保温材料一般为无机非金属材料,主要包括矿岩棉、玻璃棉、加气混凝土、泡沫水泥、泡沫玻璃及粒状保温材料、复合保温板材和浆料。这些保温材料的热导率比较低;如岩棉热导率为 0.041W/(m·K);珍珠保温浆料热导率为 0.058W/(m·K);硅酸铝耐火纤维热导率为 0.11~0.24W/(m·K);蛭石保温浆料热导率为 0.1~0.3W/(m·K)。

(1)矿岩棉　矿岩棉是以高炉、矿渣、玄武岩及辉绿岩等天然岩石为原料而制成的人造矿物纤维保温隔热材料。岩棉纤维材料中含有大量的不流通气孔,具有热导率小、吸声、不燃及化学稳定性好特性。为此在世界各地的使用范围最广,也是耐火性好的建筑用保温材料。但是岩棉板整体相对松散,表面负荷不易过大,现在只能适用于涂料饰面的外墙外保温系统。

(2)硅酸铝耐火纤维　按其成分和使用温度一般分为 3 类:①普通硅酸铝耐火纤维,Al_2O_3含量为 46%~48%,SiO_2含量为 52%~53%,使用温度为 1000~1200℃;②高铝耐火纤维,Al_2O_3含量为 56%~64%,SiO_2含量为 35%~44%,使用温度为 1200~1400℃;③含铬硅酸铝耐火纤维,Cr_2O_3含量为 4%,使用温度为 1300~1400℃。

(3)膨胀珍珠岩保温浆料　膨胀珍珠岩保温浆料是以珍珠岩矿石为原料,经过破碎筛分、预热焙烧瞬时急剧加热膨胀而成的轻质多孔颗粒状物质配合成浆料。其材料具有容重轻、绝热性能好、使用温度广及化学稳定性好的特点,同时材料具有无毒无味、不腐蚀及耐酸碱的优点。适用于门窗、圈梁及柱的任何变化处;操作方便,是一种较适用的建筑保温材料。

(4)蛭石保温浆料　蛭石保温浆料是以蛭石为原料,经过晾干、破碎及筛选和焙烧膨胀而成的一种黄色或灰白色多孔颗粒状物质,与水泥、水玻璃或沥青等胶结材料混合,加工制成膨胀蛭石保温浆料。蛭石材料具有容重轻、热导率很小,且防火、无毒无味及抗菌的优点,而且应用历史较长。

13.2.2　防火隔热带设置要求

防火隔热带水平方向的全长应当是建筑物水平的通长;垂直方向的长度应该设置在上下窗间,高度宜等于上下窗距离;还应在下窗的上沿增加挑出宽度不小于700mm的不燃体水平挑檐。如果使用宽度大于100mm的聚苯板保温系统,则必须在窗楣和门楣的部位铺设不燃材料的保温隔离带,以保证在火灾发生时有效阻止聚苯板融化,如图5-7所示。

上窗
隔离带
水平挑檐
下窗

图5-7　防火隔离带垂直设置立面图

13.2.3　防火隔热带的不同施工方法

外墙外保温系统的基本构造主要由4部分组成,即保温层、找平层、抗裂防护层和饰面层。

(1)纤维材料隔离带外墙外保温系统　纤维材料隔离带外墙外保温系统用岩棉或硅酸铝耐火纤维及其他纤维类材料作为保温层的主要材料。具体构造处理及做法如图5-8所示。

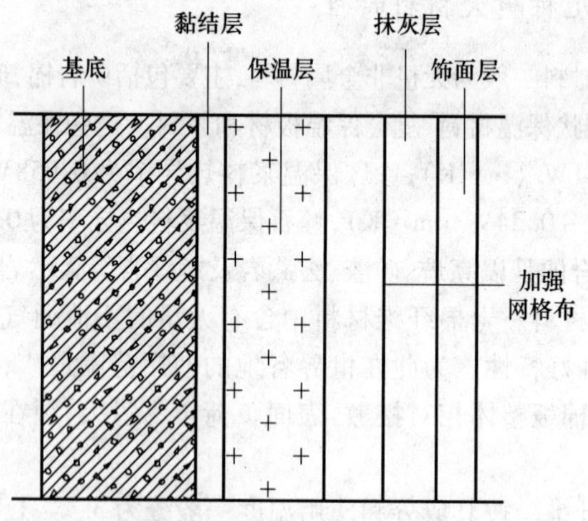

图5-8　纤维材料隔离带外墙外保温系统基本构造

① 保温层。经岩棉板界面砂浆处理的岩棉板或硅酸铝耐火纤维与热镀锌四角电焊网、尼龙锚栓与基层锚固。岩棉板或硅酸铝耐火纤维与热镀锌四角电焊之间要加垫片,使得热镀锌四角电焊网与岩棉板或硅酸铝耐火纤维之间存有一定的距离,有利于岩棉板表面做抹灰层处理。要求每平方米墙面上至少有3个锚固件,且每块岩棉板至少有2个锚固件,锚固位置应按设计排列加固。

② 找平层。用胶粉聚苯颗粒保温浆料,或者用胶粉聚苯颗粒粘结找平浆料。

③ 抗裂防护层。抗裂砂浆符合耐碱网格布与弹性底涂要求。

④ 饰面层。柔性耐水腻子涂料。

(2)保温砂浆隔离带外墙外保温系统　保温砂浆隔离带外墙外保温系统以膨胀珍珠岩或蛭石等为原材料的保温砂浆作为保温层的主要材料,其构造及做法如图 5-9 所示。

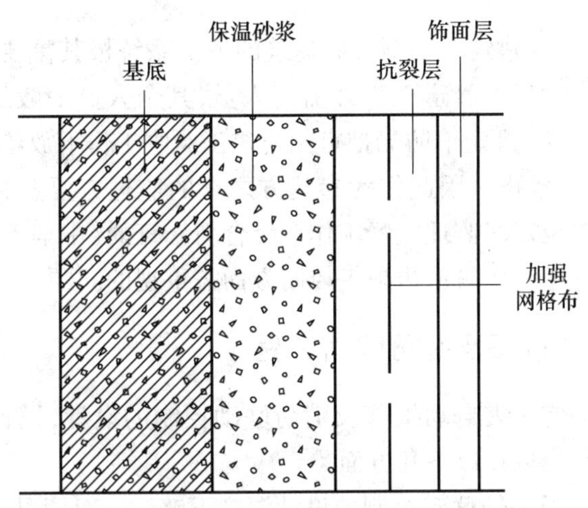

图 5-9　保温砂浆隔离带外墙外保温系统基本构造

① 保温层。用膨胀珍珠岩或蛭石,使用时加适当面层。要分两次将其抹好,每遍抹灰层厚度在 20mm 以内,总厚度控制在 40 ~ 45mm 之间。

② 找平层。无机保温砂浆保温层抹灰,厚度在 15 ~ 20mm 之间,并把耐碱网格布压在中间。

③ 抗裂防护层。采用抗裂砂浆加耐碱网格布,加强部位加设一道耐碱网格布加高分子乳液弹性底层涂料,厚度在 5mm 左右。

④ 饰面层。耐候涂料饰面,并用柔性耐水腻子。

上述两种保温系统的耐火性能均可达到不燃等级,在需要设置隔离带的部位,根据不同建筑要求选择适合的保温系统。

13.2.4　外墙外保温系统施工过程的防火控制

从近年来发生的几起外墙外保温系统的严重火灾分析,有的是操作人员违规作业如电焊火花引起的火灾,也有的是建筑物在施工过程中及交付使用后不重视而诱发的火灾事故。对此在今后的施工中首先从管理抓起,避免在工程建设中发生事故。保温工程中由于结构需要电焊明火作业是最大的火灾安全隐患,施工中应当时刻牢记这个观念,在聚氨酯保温层上进行明火作业等同于纵火,因此严格管理并采取严格控制防范措施是关键因素。施工前制定详细的防火措施并明确责任主体,对操作人员进行技术交底;合理安排交叉作业,尽量避免在保温层上二次明火作业,对违规人员进行严格处罚。当然最重要的还是提高保温材料防火性能,杜绝使用不合格产品,才能确保工程安全的施工与应用。

综上所述,外墙外保温系统的防火直接关系着人民的生命财产安全,是保温节能必须高度重视的问题。设计中综合分析防火结构、结合材料的特性和应用经验,总结上述防火系统设计方案。采取科学有效的构造措施,改善和提高系统整体构造安全等级,优化设计和材料选择是最重要的。

14 建筑施工中消防质量与监理控制措施

建筑工程尤其是工业建筑及大型公共建筑的消防系统极其重要,以前消防报警及消防联动工程施工,除自动喷淋管道工程外监理人员,其余人员一般不介入。但是修订的《中华人民共和国消防法》规定消防局把审图与竣工验收工作下放给参建4方,用意是把风险与责任一并由各方承担。因此作为参建方之一的监理方要熟悉消防法实质性条款的内容要求,为建筑单位好好监理监督工作。结合新修订的《中华人民共和国消防法》及工程应用实际,分析并探讨建筑消防施工控制方面需重视的问题。

14.1 火灾自动报警及消防联动工程

根据现实状况,当前火灾自动报警及消防联动控制的设计,设备配套及施工包括系统调试质量并不乐观,表现在以下几方面。

(1)火灾自动报警及消防联动控制的设计深度不够　一般情况是设计人员只做初步设计,只给出探测器和联动设备平面布置图、系统图及设备清单,也有的只简单照搬一些规范的条文而缺少必要的文字说明(如防火分区划分及联动关系等),很难从图中全面反映设计的消防系统联动控制功能。

(2)同其他相关专业未很好配合　设计人员未考虑与土建、电信及水暖等专业的结合,造成应当预埋预留构件的浪费或不够用,二次设计后改为明敷设外观感也差。这样做的后果是加大施工难度,大量变更及多次重复工作量在施工程序上造成混乱,影响了进度及施工质量;也有的大型地下工程各防火分区划分得不明确,且无文字说明。只有很少数设计者在图角上标有防火分区划分的示意图,导致调试时各分区联动设备不协调,只有重新进行划分,消防分包只有重新编制分区联动设备调试运行表。

(3)设计存在未按规范要求的情况　例如需要强行切割的设备比较分散,没有集中在某几个变压器低压侧面,设备主电源线与应急电源线未分别敷设或同槽盒时未作隔板,备用电源应带的消防负荷不明确,尤其是自动分级启动的发电机在启动程序中,不同等级阻燃耐火电缆不分别敷设等。

(4)设备生产与配套市场混乱

① 由于市场不规范导致消防配套件质量比较低劣,尤其是阻燃耐火线缆、火灾报警器、消防栓箱及水龙带等用品。供应商考虑的是这些设备可能在很长时间派不上用场,一旦使用也会被大火烧毁,无法进行检测,这样的想法带来的产品质量肯定低劣。主机与EPS一般会选用国外或合资品牌,其质量虽然较可靠,但国内代理商的服务低下,不能同消防施工企业配合编程、调试,又不允许消防施工企业进入程序内部修改,从而造成调试过程的复杂化甚至拖延工期,这个现象在大型工程中体现得尤为明显。

② 另一个值得重视的问题是,工程中火灾报警系统与火灾联动系统投资费用都很高,在真正发生火灾后这些系统是否起到自救的作用？这些年国内火灾事故不少,当发

生火灾消防专业人员救火时，一般只报道灭火过程及起火原因，从未见分析及追究从引燃到着火过程中，如何利用火灾报警系统与火灾联动系统的自救效果。不知是不易分析还是不愿意认真分析，导致火灾报警系统与火灾联动系统产品供应商有不重视质量的行为，可能与救火实际的导向有关。

③ 消防工程分包商的施工人员技术素质偏低，喷淋系统、气体灭火及雨淋系统等管道施工质量一般还可以，而安装布线及调试的技术水平仍然不高。而布线等专业分包是项目进行到中期或近后期才介入，不但受设计水平及进度工期要求，而且更受到结构、水暖、通风及强电等专业剩余空间的制约，尤其是大型工程设备繁多，吊顶空间较小，该专业几乎是在夹缝中布管线，难度大且困难多，这也是外部环境对施工形成的不利影响。

④ 由于受消防机构长期一家"包审包验"的法律规定，使施工单位缺乏过程质量监督理念，因此除配备智能系统专业监理的大型企业外，一般工程的火灾自动报警、消防联动系统控制的安装调试都缺乏有效的监督管理。据了解一些消防工程不能保证报警传感器完全安装准确，也不敢保证消防联动控制系统设备联动完全准确。由于工期原因调试过程未按规范要求的全部进行，特别是大型工程更不敢保证，这种现象不仅仅是个别现象，而且比例不少。

⑤ 实际是并非所有的消防设施都是由消防分包商完成，其中防排烟、正压送风、防火阀、防火门、卷帘门、水幕以及电源的安装，几乎都是由土建专业及水电分包单位施工。因此对于消防工程专业的施工质量，从根本进度上讲不但取决于消防工程单位的技术负责人、现场技术负责人员以及程序编纂者对整个工程防火系统逻辑功能全面理解和把握的深度，而且还取决于土建总承包方技术负责人对消防联动系统的理解深度与协调配合水平。不幸的是许多大型系统最终还是由于多种原因，导致工程在最后阶段调试不能彻底全面进行完毕，甚至验收留下尾巴或甩项，即使勉强通过也会留下安全隐患。

(5)消防工程现场监理的实况　消防工程中的自动灭火喷水系统、气体灭火系统、泡沫灭火系统和固定水枪灭火系统等含管道的系统，在现行《建筑工程资料管理规程(2009年版)》列入05分部第11-14子分部工程(新增条文)，其工程质量管理已被正式列入"建筑给排水及采暖"专业监理范围；在《建筑工程资料管理规程(2002年版)》虽未被列入，但是质量过程控制事实上已经由建筑给排水及采暖监理工程师，依据《自动喷水灭火系统及验收规范》(GB 50261—2002)进行监督管理。火灾自动报警系统、消防联动系统控制情况比较复杂，虽然同样穿管布线，传感器安装的质量过程控制与管线工程一样，事实上已由电气专业监理工程师依据现行《建筑电气工程施工质量验收规范》(GB 50303—2003)等相关规范监督管理了。不论是哪版《建筑工程资料管理规程》都是将该系统列入07分部"智能建筑"的04子分部工程，即"火灾报警及消防联动系统"中。但是施工单位自检与系统的统调及验收并未统一的规范。对此，监理人员对"火灾报警及消防联动系统"的调试及验收技术要求的主要依据仍然是《火灾自动报警系统设计规范》(GB 50116—2008)及《民用建筑电气设计规范》(JGJ 16—2008)，对于验收抽查方法的主要依据是《火灾自动报警系统施工及验收规范》(GB 50166—2007)、《建筑设计防火规范》(GB 50016—2006)及《高层民用建筑设计防火规范》(GB 50045—2005)。对此项抽检的方法涉及多个规范，在施工质量控制过程及监理工作带来不便。

目前绝大多数工程的火灾报警及消防联动系统自检、系统调试、试运行及验收过程监督一般不能到位。当前急需解决的问题是监理应加强对《中华人民共和国消防法》及与《中华人民共和国消防法》有关的9个设计,验收主要规范的学习理解,主动介入火灾报警及消防联动系统的自检、系统调试、试运行及验收全过程监督管理。

14.2 监理的监督控制措施

上述对火灾报警及消防联动系统的现状进行简要分析,主要目的是从监理角度对存在问题的应对入手,提出监理对质量控制以达到确保系统的安全运行,从而保护人民生命财产免受损失。

14.2.1 深入学习掌握应用规范实质要求

目前由于大部分工程中的火灾报警、消防联动系统分部工程及监理的工作都属于强电专业工程进行,如该系统的自检巡检、系统调试、试运行巡查及验收过程监督是无人监管。一些强电专业的监理工程师对该系统的自检、系统调试、试运行及验收过程中涉及的规范并不熟悉,尤其是该项监理工作还涉及其他4个设计规范,可能有的施工企业并非能做到所有规范都齐全。

(1)对火灾报警后及火灾确认后的概念必须明确　一般而言不能认为在火灾报警后立即开始启动消防联动。在火灾报警后应当有一个现场确认过程,确认过程是最可靠的,是由中(分)控制值班员或者启动起火灾区域的工作人员进行现场确认,待确认后才能自动或手动开启消防联动系统。

由于火灾报警与消防联动系统在“自动”状态时,同样有一个确认过程,这个过程可以由报警触发信号来完成。根据《火灾自动报警系统设计规范》(GB 50116—2008)规定,1个火灾报警器信号只能完成某区域火灾报警过程,还需要2个及以上独立报警器信号、1个火灾报警器信号及1个手报信号相“与”才能完成火灾确认过程。虽然如此,但多数火灾值班员还是采取实地的确认方法,以防误报蒙受损失。假若手报按钮应当是经人确认过的说法是不符合规范要求的,应是“火灾报警信号”应先于“手报信号”这样确认才可靠。

按照现行GB 50116—2008规定,将消防联动各系统联动归结属于火灾报警后的触发信号有7个,即在加压送风口烟感信号→打开正压风口;一个烟感信号→启动挡烟垂壁;防火门任何一侧报警器信号→关闭疏散通道防火门;防火门任何一侧报警器信号→防火区隔离防火卷帘门落地;任何一侧报警器信号→打开消防应急照明;任何一侧报警器信号→打开疏散涉及的栏杆;任何一侧报警器信号→监控系统监控火灾现场。属其他“火灾确认后”的触发信号有10多处,即自动喷水灭火系统、消防栓系统、气体泡沫系统、防烟系统、排烟系统、防火门系统、防火卷帘门系统、电梯系统、火灾报警和应急广播系统、消防应急照明系统及疏散指示系统等相关联动系统。这些信号必须经过2个及其以上独立报警器信号或1个报警器信号,以及1个手报信号“与”后才能触发联动控制装置,发出相关的消防设施联动指令实施联动。

(2)系统联动控制范围　现行的GB 50116—2008及相应的施工验收规范中仅提出

了联动控制装置与消防设施应实现的联动。而对联动系统如何应用及实现未作明确规定,一般要根据设计图纸划定的防火分区及确定的联动程序而定。现行《民用建筑电气设计规范》(JGJ 16—2008)等规范中把火灾报警后或火灾确认后的联动区域称作“相关区域”,这就表明联动不是要求所有区域的消防设施在同一时间都全部启动工作。要充分考虑不同类别的消防设施对火势发展的影响因素,合理选择联动参与区域和先后次序。例如火灾报警和应急广播,应急照明和疏散指示,正压送风、防火卷帘、空调、生活水泵、运人电梯及自动扶梯等,它们在发生火灾后的使用功能和效果是不一样的。如正压送风、应急照明和疏散指示等起快速疏散人群的作用,排烟系统、防火卷帘门和通风空调系统起防止烟雾扩散的作用。

当发生火灾后在一定范围内的相应设施要参与联动,而运人电梯及自动扶梯如远离相关区域,短时不会受到影响并可充分利用疏散人员;受到火灾威胁后再扩大联动范围;照明线路虽然也会在遇火后出现短路,引起火势蔓延,但过早切换或切换不当不是相关区域的照明,会影响疏散人员的安全和速度,尤其是大型公共聚集场所的火灾报警,应急广播和疏散指示,扩大到较远范围容易引起人员心理恐慌,甚至发生踩踏和坠楼事故。对于切断非消防电源,必须控制在着火的范围或楼层,当局部发生火灾没有必要把整个建筑物内非消防电源切断。要根据人员情况和火灾燃烧速度,按着火的范围或楼层依次切断相关部位的非消防电源。因此,消防联动一定要有联动区域范围的概念。

14.2.2 监理在消防系统工程中质量控制

综上所述,在新的《中华人民共和国消防法》出台以前的长时间内,采取由消防机构长期一家“包审包验” 的制度,从而造成消防工程的单体调试、系统调试与验收阶段的监理不到缺位,有一些监理工程师对调试过程、原理及涉及的规范并不掌握。但经过近年的观察和介入调试过程控制的主动性仍未提高,在不自觉中形成一定风险,为了预防风险和质量隐患的存在,需要做好以下几点。

(1)火灾自动报警及消防联动系统在施工开始前,应具备系统图纸,包括设备布置平面图、防火分区划分图样线路布置安装图以及消防设备联动程序说明书等相关的技术设计及检验文件。一般容易不全的图纸是防火分区划分图与消防设施联动系统程序说明书,这 2 个文件其实很重要,不但要求齐全而且要仔细看明白,这也是施工与监理工作的主要依据。

(2)火灾自动报警系统与消防联动系统的施工要按设计要求编制切合实际的施工方案。施工现场应具有需要的施工技术标准,齐全的施工质量管理体系和工程质量检验制度;调试阶段应按防火分区编制调试方案,详细说明系统中联动装置位置、名称数量及其之间关系等,并应按照此逻辑关系程序联动。这期间重点是要求施工企业按防火分区编制调试方案,详细说明系统中联动装置的位置,名称数量及其之间关系等,该方案是编制程序的依据,其位置、名称数量代号及其之间关系必须明确清晰准确。监理应仔细研究是否满足其合理性及可行性。

(3)整个火灾自动报警系统调试完成合格后,应连续运行 120h 且无故障。按照现行的 GB 50116—2008 规范的规定填写调试报告,才能进行正式验收。从上述一些原因分析可以看出，目前的施工及监理现状规范中许多条文并未认真执行，施工企业一般是只要通电调试了就不必连续运行，所以没有真正执行连续运行120h且无故障这个过程规定。监理在执行中也有一定难度，但还是应要求在编制的调试方案中列入此规定，必须要求坚决实施，否则不予验收来限制运行的进行。

通过上述浅要分析并探讨，结合多年工程实践学习总结考虑的问题，涉及工程建设中参加施工及监理各方，在这4方中监理一方不可能左右。尤其是进入施工后期的自检和调试阶段，监理更难以控制。在相关法律规定的责任与风险面前，监理只有加强自身的素质，从而提高原则性并尽量做好控制工作。

15　气凝胶材料在建筑节能领域的应用分析

气凝胶材料发现于20世纪30年代，是一种性能优越的保温隔热材料，但因其制备工艺发展且技术含量非常高，过去仅在航天航空、军工及医药载体等高端领域有所应用，随着使用范围的扩大，气凝胶材料逐渐应用到设备保温、工业管道保温等领域中。中国经济的发展，使建筑能耗成为占社会总能耗的30%左右，建筑节能已经成为刻不容缓的艰巨任务。外墙外保温是建筑市场应用最为广泛的外保温形式，而在当前外墙外保温材料防火性能不能满足并不断提高防火等级要求的情况下，寻找防火等级高、保温性能好的替代材料是外墙外保温行业必然的发展趋势。气凝胶材料具有较好的保温隔热性能和防火性能，是传统保温材料的理想替代品，具有广阔的应用前景。

15.1　气凝胶材料

(1)气凝胶材料及其导热性能　气凝胶材料是一种由超微粒子组成的固体材料，常见的有二氧化硅气凝胶、碳气凝胶等。这种材料具有小粒径、低密度、高比表面积和高气孔率等特点，其微观网络骨架与空隙一般都在纳米范畴之内。国外在1931年首次以水玻璃为原料采用超临界干燥方法成功制备了二氧化硅气凝胶。

气凝胶中大量细小气孔的尺寸处于纳米级、高孔隙率以及高比表面积等这些特殊的结构，导致气凝胶的热导率低于0.02W/(m·K)，甚至达到0.013W/(m·K)，比空气的热导率0.023W/(m·K)更低。几种常见保温材料的热导率的对比如图5-10所示。从图中的数据可以看到，气凝胶保温隔热性能的优势突出，因此，保温隔热是气凝胶的科学应用，目前仍是最受研究者关注的领域。

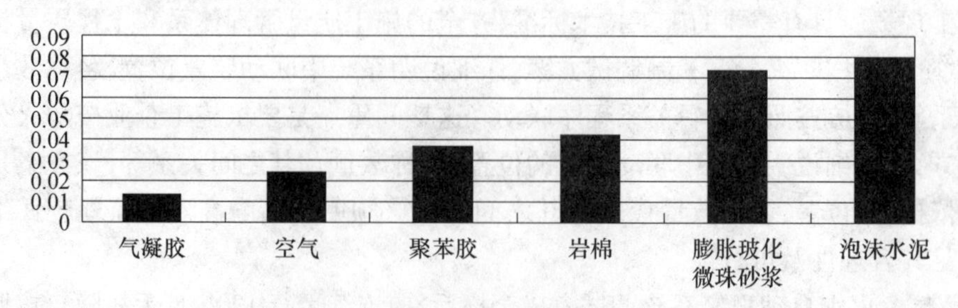

图5-10　几种常见保温材料的热导率[W/(m·K)]

(2)气凝胶材料低传导热机理　热量在介质中以热传导和辐射传热等3种方式扩散。热量在气凝胶中的传播也通过如下3种方式实现。

① 热传导。气凝胶密度非常小,具有极高的空隙率,气凝胶放入这些结构特点大大拖长了热量在材料内部传播的路径,有效降低了热量传播的效率,使固态热导率仅为均质材料热导率的0.2%左右。

② 对流传热。气凝胶的胶体颗粒尺寸为3～20nm,而空气分子平均自由程在70nm左右,空气分子在气凝胶材料内部没有足够的自由活动空间,因而,在气凝胶孔内没有空气对流,因此对流热传导率很低。

③ 辐射传热。气凝胶的热辐射属于3～5μm区域内的红外热辐射,红外线波长范围0.7～14μm,因此,气凝胶材料对红外光辐射有较好的对冲作用,又因气凝胶的多孔网络结构对热辐射形成层次障碍,体现了对热辐射的高遮挡效率,故气凝胶具有较低的辐射热导率。

气凝胶材料的传热导效率、对流传热效率和辐射传热效率都得到了有效的限制,所以,气凝胶具有非常低的热导率,其在常温常压下为0.01～0.03 W/(m·K),是目前世界上热导率最低的固体材料。

15.2　气凝胶材料的制备

(1)气凝胶材料制备工艺的化学反应过程　溶胶即凝胶工艺,是目前制备气凝胶应用最广泛、技术最成熟的一种工艺。自1931年气凝胶首次制备成功至今,经过几十年的努力,目前二氧化硅(SiO_2)气凝胶的制备由两个过程构成,即溶胶-凝胶过程和醇凝胶的干燥工艺过程。

在二氧化硅(SiO_2)气凝胶制备的溶胶凝胶过程中主要发生两项化学反应:前驱体(硅酸甲酯、水玻璃或正硅酸乙酯)在适当催化剂的作用下的水解反应和部分水解的有机硅发生缩聚反应:

$$Si(OR)_4 + 4H_2O \longrightarrow Si(OR)_4 + HOR \quad (\text{水解})$$

$$nSi(OR)_4 \longrightarrow (SiO_2)n + 2nH_2O \quad (\text{缩聚})$$

前驱体材料水解生成$Si(OH)_4$基团,$Si(OH)_4$基团之间发生缩聚反应,彼此连接在一起,最终形成网络结构的凝胶。在这个过程中,水解反应和缩聚反应同时进行,水解反应和缩聚反应的相对速率决定了所形成材料的结构、密度、凝胶颗粒形态及分布的特性。水解反应在酸性条件下进行地相对较快,这种情况下体系中存在大量硅酸单体,领域成核而不利于单核成长,最终将形成弱交联度、低密度网络的凝胶;缩聚反应在碱性条件下进行相对较快,这种情况下体系中硅酸单体较少,利于单核成长不利于成核,最终得到胶凝颗粒聚集较高的凝胶材料。

(2)气凝胶材料的干燥技术　气凝胶的干燥,是整个制备过程中的关键技术,干燥所形成的气凝胶材料网络结构的完整程度决定了气凝胶材料的性能。前驱体在经水解和缩聚反应形成过梁结构体后,需要在保持原有网络结构的前提下排除液相溶剂,才能得到固相的气凝胶材料。溶剂在排除过程中会因气凝胶微结构形成毛细管力,常温常压下进行干燥所产生的毛细管力将大于网络结构的支撑力而对凝胶网络结构形成破坏,只能制备出固体粉末而难以得到块体材料。因此,要得到性能优良的气凝胶材料,干燥过程中必须使网络结构强度大于毛细管力以保持较为完整的网络结构。

提高凝胶结构网络结构的支撑强度和降低毛细管力的影响,是气凝胶材料干燥的两个技术方向。目前来说,制备气凝胶材料所用的前驱体一般限于硅酸甲酯、水玻璃和正硅酸乙酯3种,而气凝胶前驱体所需条件苛刻,前驱体材料的开发进展有限,要通过开发合适的前驱体材料,以达到增强网络结构强度,但开发干燥工艺比较困难。

气凝胶制备,最初使用的是超临界干燥工艺,其原理是将液气界面消除或者转化为对网络结构产生较小附着力的界面,使其在干燥过程中对网络结构的完整程度破坏在有限范围内。一般来说,超临界干燥工艺的温度较高,而按超临界干燥工艺原理,将干燥工艺过程中所使用的干燥介质用二氧化碳(CO_2)替换,干燥的工艺温度可以降低至30℃以下,从而开发了低温超临界干燥技术。且二氧化碳为不燃气体,也非助燃气体,因此,可以有效地减少爆炸事故的发生,也大大降低了干燥过程中的危险性。依据利用转化界面降低对结构破坏的原理开发出的另一种气凝胶干燥技术就是冷冻干燥。冷冻干燥是将液(气)界面转化为固(气)界面,其原理在于在低温下将溶剂转化为固相,通过固-气升华的方式消除毛细管效应的影响,保持气凝胶材料多孔的网络结构特性。

通过选用合适的溶剂可以改善干燥工艺的条件和环境。根据研究,增加毛细管半径r_m、增大接触角θ和减少溶剂的表面张力等技术手段可达到减小结构破坏力的目的,这为开发新的干燥技术提供了理论依据,如图5-11所示。通过使用表面张力低的溶剂替代原表面张力较高的水和醇,可以使溶剂在干燥过程中对毛细管壁产生较小的附加压力,有利于保持较完整的凝胶网络结构,从而实现气凝胶的干燥。

(3)改善气凝胶材料性能的研究状况　在纳米孔超级绝热材料的研究方面,国内目前还处于起始阶段。在20世纪末和21世纪初,姜鸿鸣和同济大学的沈军等提出了将气凝胶作为绝热材料的观点,并进行了研究,但是气凝胶材料脆性大、强度低仍然是未能解决的、作为绝热材料应用的关键技术。

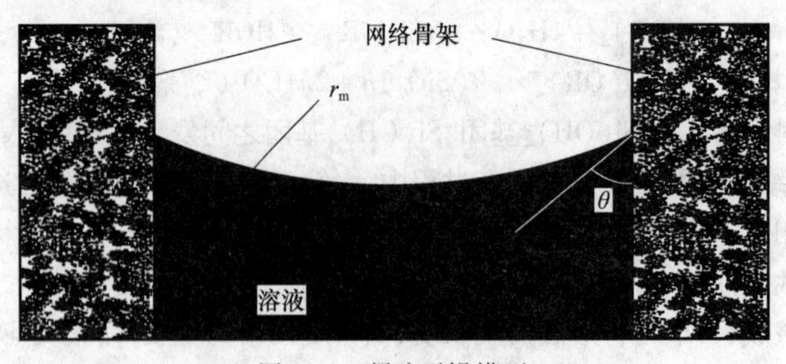

图5-11　凝胶干燥模型

二氧化硅(SiO_2)气凝胶大规模工业应用的瓶颈在于其生产制造工艺的技术门槛较高;原材料价格比较昂贵;以及其强度较低,无法单独应用等。一些学者研究了纤维增强二氧化硅气凝胶复合材料,掺杂莫来石纤维制备纤维增强二氧化硅气凝胶材料是这方面比较重要的一个措施。采取以TEOS(正硅酸乙酯)为硅源,以莫来石纤维作为纤维增强材料,采用溶胶-凝胶工艺和超临界干燥技术制备了一种莫来石纤维增强二氧化硅气凝胶材料。添加了莫来石纤维制备的纤维增强二氧化硅气凝胶的机械性能和力学性能得到了大幅度的改善。莫来石纤维添加量控制在3%(质量分数)左右可以使二氧化硅气凝胶材料保持较低的热导率和较高的机械强度。国内学者也有使用硅酸铝纤维或者玻璃纤维与纳米二氧化钛混合体作为增强材料制备了纤维增强的气凝胶材料,这些材料同样保持了较为优秀的保温隔热性能。

15.3 气凝胶在建筑节能领域的应用分析

气凝胶在建筑上的应用在国内还属于空白状态,现在的研究主要在开发高附加值的应用产品阶段,如应用在航天及药物载体等。而在国外,自2000年以后对于建筑用气凝胶材料已经有了一定的研究和应用。现在主要研究的方向有气凝胶节能窗、气凝胶涂料、气凝胶新型板材和屋面太阳能集热器。

目前国内市场上已有的气凝胶材料有气凝胶绝热毡、气凝胶绝热板、气凝胶粉体、气凝胶颗粒、绝热筒体异型件及绝热采光板等。这些气凝胶产品主要应用于工业管道和设备节能保温及太阳能集热器、冶金、军工及航空航天等领域。现在市场上部分气凝胶产品与目前较常用的墙体保温材料的性能对比如表5-4所示。

表5-4　几种气凝胶材料与现在常用保温材料性能比较

材料名称	使用温度/℃	干堆密度/(kg/m^3)	热导率/[W/(m·K)]	尺寸稳定性/max	燃烧等级	拉伸强度/kPa
聚氨酯板PU	≤120	45~60	0.017~0.023	1%	B1~B2	≥500
酚醛板PF	-190~200	48	0.033	1.5%	B1~B2	100
聚苯板	≤100	18~45	0.031~0.040	0.1%~0.3%	B1~B2	150~500
岩棉板	0~600	140~200	0.040	1%	A	≥7.5
玻化微珠砂浆	≤1000	300~550	0.070~0.085	0.25%	A	≥100
陶粒砂浆	≤800	≤700	≤0.100	0.3%	A	≥60
气凝胶绝热毡	-50~200	160~200	≤0.020	1%	S4	100
气凝胶颗粒		40~380	≤0.020		S4	
气凝胶粉体		40~380	≤0.020		S4	
气凝胶绝热板	0~650	180~250	≤0.020		S5	

15.3.1 已有的几种气凝胶材料应用形式

(1)气凝胶节能门窗　气凝胶节能门窗是至今气凝胶材料在建筑节能领域应用最多的一个产品。目前我国门窗耗能占到建筑围护结构耗能的40%左右,是建筑围护结构中保温节能的薄弱环节,而建筑围护结构节能是建筑节能的关键所在。因此,门窗结构的节能效果将极大地影响着整个建筑节能的实现。而且,目前我国的门窗节能水平与发达国家相比有一定的差距:在建筑能耗方面,我国居住建筑外窗单位能耗为气候条件相近发达国家的1.5~2.2倍。因此,增强门窗的保温隔热性能,减少门窗能耗,是建筑节能工作中的重中之重。而玻璃作为门窗结构的最主要材料,其节能性质正日益被引起重视。

玻璃的保温隔热性能由两个因素决定,即遮蔽系数和传热系数。在玻璃的制造或者价格过程中采用适当的工艺通过调节这两个参数可以达到调节玻璃保温性能的目的。在现有的建筑节能玻璃中也是根据这两个因素而发展来的,其中一条途径是采用镀膜工艺,在玻璃表面镀具有热反射、吸收及低辐射等功能的膜层,已达到降低玻璃的遮蔽系数的目的,另一条途径是通过中空玻璃、真空玻璃及夹层玻璃等来降低玻璃的传热系数,气凝胶节能门窗就是通过这条途径实现门窗节能的。

气凝胶节能门窗具有优秀的保温效果。厚度为25mm的气凝胶节能玻璃的传热系数只有相当厚度的双层玻璃的2/5,热导率低至0.57W/(m^2·K),同时可以保持透光率为45%,太阳能的总透射率为43%。这种保温隔热效果和透光性都很好的气凝胶玻璃适合应用于购物广场和游泳池的采光屋顶上。

目前,国外就气凝胶节能门窗的研究主要集中在以颗粒状气凝胶制作新型二氧化硅气凝胶透光隔热玻璃门窗,以及整块气凝胶制作夹层节能玻璃两个方向。前者主要是将一定粒度和颗粒级配的气凝胶颗粒填充在两层透明硬体材料的空腔中,以达到降低门窗传热系数的目的;后者是以整块气凝胶材料作为芯材制作夹层玻璃,而大块气凝胶材料的工业化制备仍然是有一定难度,在一定程度上限制了其推广使用。

(2)气凝胶新型板材　采用气凝胶生产新型绝热板材是现在国内外研究的重点之一。这种新型板材是以气凝胶材料作为板材的夹芯层,或者以气凝胶材料为主的复合材料作为夹芯层,采用粘结、压实等工艺制备的板材。气凝胶的块体、颗粒、粉体材料、气凝胶颗粒以及粉体为主制备的复合材料适合作为板材的夹芯层使用。

据介绍美国的一家公司设计生产了一种气凝胶新型板材,这种新型板材透光率为20%,传热系数为0.05 W/(m^2·K)。这种新型板材采用的内核材料即为纳米凝胶材料,两侧加设辅助材料制备了复合夹芯板。采用该技术的透明板材应用在了曼彻斯特一家旅馆的天窗系统上,经过工程试验,这种板材的保温隔热效果非常好,甚至热水池的高温在这种板材的保护下也不能融化覆在其上的雪花。

(3)应用于屋面太阳能集热器　气凝胶材料应用于屋面太阳能集热器的实例在国外已经有较长时间,其主要应用在民用领域的太阳能热水器及其他集热装置的保温中。气凝胶保温材料的使用不仅提高了太阳能的利用效率,也提高了太阳能热水器及其他集热装置的保温性和实用性。将气凝胶材料应用于热水器的储水箱、管道和集热器,将比现有太阳能热水器的集热效率提高1倍以上,而热损失下降到现有水平的30%以下。国外研究出了一种新型气凝胶真空集热器,这种背面使用不透明无定形硅绝热材料的集热器的正面用颗粒状的气凝胶进行填充。这种集热器正面气凝胶填充层中所使用的开裂要进行合理的搭配设计,以最大限度地减小间隙空气对集热器热导率的影响。

15.3.2　气凝胶材料在墙体保温工程中应用分析

(1)气凝胶材料替代现有的有机保温板的应用　现有建筑外墙保温形式有外墙外保温、外墙内保温和外墙夹芯复合保温3种形式。外墙外保温因操作方便、保温效果好而减少了热桥等不利因素影响,也因增加实用面积和不影响居住生活等优点而成为目前应用最广泛的一种墙体保温形式。现有外墙外保温系统主要有EPS和XPS薄抹灰外墙外保温系统、聚氨酯外墙外保温系统、岩棉薄抹灰外墙外保温系统以及无机玻化微珠保温浆料系统等。

在传统的保温材料中,有机类保温材料系统以其优异的保温效果、较轻的材料密度以及操作的方便性等优势占据了绝大多数市场份额。有机类保温材料虽然优点很多但是其致命缺点是不能阻燃,这使其在施工过程、实际应用中存在巨大的火灾隐患,并且其火灾环境中还有可能会成为火势蔓延的助手。如央视大楼、上海“11.15”大火就是在外墙外保温施工过程中,因操作不当由保温材料引发的大火。因此,国家相关部门已经开始关注外墙外保温材料的防火性能,公安部并于2011年3月中旬发布了加强居住建筑外墙外保温防火性能要求的第65号文件。为确保节能材料使用安全,无机A级保温材料系统岩棉外墙外保温和无机玻化微珠砂浆保温系统发展迅速。虽然克服了有机类保温材料不阻燃的先天性缺陷,但是也存在着不足之处。首先是岩棉系统吸水率较大,价格较高因而普及面不广泛;加之岩保温材料生产量有限,不能满足实际工程应用。无机膨胀玻化微珠砂浆保温系统的热导率较之有机类保温材料和岩棉板要高,若要达到建筑节能设计标准需要加大保温层厚度或者做内外复合保温。这种产品目前不能在北方严寒地区应用,使其推广受到了一定的限制。

目前市场急需一种低热导率的阻燃型保温材料,气凝胶材料板符合这些条件,其热导率一般为0.020 W/(m^2·K),并且其材料组成为无机物,属于A级不燃材料。这种材料可以替代现有机类保温板在外墙外保温系统中的应用,可以满足北方严寒地区建筑节能设计标准的要求,适宜在严寒地区推广应用。

(2)气凝胶材料在保温砂浆中应用的可能性　在建筑墙体保温体系中,可以不采用大块的气凝胶材料,而是采用具有一定粒径尺寸的颗粒材料,做成以无机胶凝材料为粘结剂、以纳米孔颗粒绝热材料为骨料的砂浆,其较低的强度可以由无机胶凝材料及外加剂来调和弥补,而其优越的绝热性能可以改善保温层的保温效果。目前市场上应用较为成熟的保温砂浆产品主要有无机玻化微珠保温砂浆、胶粉聚苯颗粒保温砂浆、陶粒保温砂浆以及陶砂保温砂浆等。从前文表5-4中可以看出,气凝胶颗粒材料较聚苯颗粒阻燃性能优越,而保温性能和干密度较玻化微珠砂浆、陶粒砂浆等具有优势。因此,气凝胶材料可以替代传统的聚苯颗粒、膨胀玻化微珠以及陶粒等作为砂浆的骨料。同济大学倪兴元等将采用溶胶-凝胶技术和常压干燥的方法制备的二氧化硅气凝胶与建筑用水泥砂浆混合,筑模成型,干燥后对复合样板进行测试。发现在掺入合适比例的气凝胶后水泥板的热导率由0.6~0.8 W/(m·K)降低至0.2~0.3 W/(m·K)。该实验表明,气凝胶材料掺杂在无机胶凝材料中将有可能大幅度降低热导率,因此,气凝胶材料在建筑保温砂浆领域有得到推广应用的可能性。但其在这个领域的适应性与应用仍然是新的课题,其应用在砂浆中颗粒材料的性能指标以及其为骨料的砂浆的性能指标都有待进一步的研究和论证。

(3)气凝胶材料在保温涂料中的应用　气凝胶粉体可以应用在涂料中,做成具有保温效果的保温涂料。保温涂料可以作为建筑保温的补充保温措施。其不仅可以应用在外墙体的保温中,还可以应用在建筑内墙保温、建筑顶部保温和建筑底部保温。目前市场上已经出现纳米涂料,这种涂料内所含微珠的平均直径为2mm,最小的可达到纳米级。上海世博会零碳馆及万科实验楼应用了该种涂料,表明这种涂料具有突出的节能效果。在国内市场上已经出现了粉体气凝胶材料产品。该种材料以耐磨二氧化硅气凝胶为主体材料，通过特殊工艺复合而成。其比表面积为$600m^2/g$，密度为40～$380kg/m^2$，气孔率为90%～98%。孔径为25～45nm。该种气凝胶粉体材料具备了用于气凝胶保温纳米涂料的基本性能要求，存在气凝胶材料用作保温涂料的可行性。

(4)气凝胶材料在保温装饰一体化板中的应用　保温装饰一体化板是墙体保温可发展的一个方向，具有施工方面的优势，也可实现工厂化预制生产，具有规模效应，这也是保温系统所具有的优势。现有的保温装饰一体化板构造一般分为3类：一是隔热保温材料层与饰面层简单复合的保温装饰一体化板；二是在两层隔热保温材料之间加以铝扳以增强系统强度的保温装饰一体化板；三是在饰面层与隔热保温层之间设置一层纤维增强水泥板以增强系统强度，并且在保温层内侧增设界面层，以增强保温层与基层墙体的粘结力，形成保温装饰一体化板材，构造如图5-12所示。

在保温层中使用的保温材料一般是EPS或XPS、酚醛板、岩棉板、聚氨酯、泡沫玻璃以及泡沫水泥等。工艺流程与现在现场保温系统相似，是通过适宜的环境条件控制，实现板材保温效果与装饰效果一致。气凝胶材质的毡和板材要求具备可在保温装饰一体化板中应用条件。现在保温装饰一体化板材的施工工艺可分为湿粘和干挂两种，干挂施工工艺的墙面安全性能好，但是干挂会使保温装饰一体化板与墙体基层之间产生空隙，保温效果不好。而湿粘施工无法采用锚固件紧固，因此，对粘结用砂浆的要求更高，并存在一些安全隐患。由于气凝胶材料的热导率是EPS、XPS等有机材料的50%，是无机保温材料的1/3左右，如果要达到节能设计标准，板材的厚度为传统板材的1/2左右即可，这样会大大降低板材的重量。

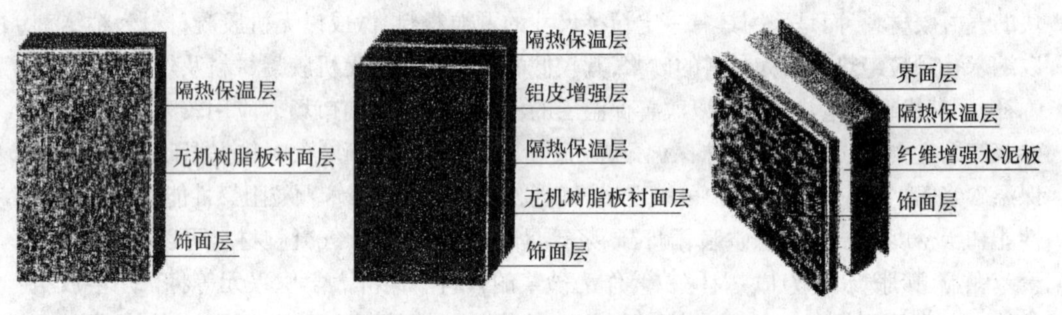

图5-12　几种保温装饰一体化板结构构造

综上浅述，气凝胶材料以其独有的结构表现出优异的保温隔热性能，而其优良的防火性能使得具有在外墙保温中的使用具有良好前景。其具体表现在，气凝胶材料可以完全替代有机保温板在外保温系统中的应用；气凝胶材料可替代无机玻化微珠、陶粒和陶砂及聚苯颗粒在保温浆料中的应用；掺入气凝胶材料可改善保温涂料性能应用；气凝胶材料在保温装饰一体化板材的应用等。由于气凝胶材料具有在外墙保温中的独特优势，因此前景十分被看好。

16　提高操作技能是外保温施工质量的重要保证

在绿色低碳及一系列节能政策的推动下，目前的建筑节能工作发展快速，建筑节能标准、法规、政策及措施不断完善,建筑节能新材料、新技术及新产品开发成果显著,按相关节能标准设计、施工建设的节能建筑的比例不断提高。然而,近年来部分建筑物的外墙外保温工程陆续出现了一些质量问题,最常见的问题有外保温工程防护抹面层开裂、空鼓及脱落,甚至保温板脱落等。这些质量问题不但严重影响外保温工程的使用寿命和建筑节能效果,而且影响到建筑的外表美观,甚至造成安全隐患。出现质量问题后,人们自然会从施工环节分析并查找原因:或外保温系统及组成材料性能不合格,或外保温工程施工程序不规范、质量控制措施不到位,或上述两者皆存在等等。这确实是引发质量问题的直接原因。

由于外保温系统的构造层次多、施工技术相对复杂,对材料性能和系统耐久性要求高,而且影响外保温工程质量的因素较多:如基层墙体表面状况、胶黏剂的粘结强度、纤维网格布耐碱率、抗裂砂浆抹面层厚度、施工程序和施工技术的掌握情况等。这些对施工人员而言属新型建筑材料和新的施工方法,目前建筑领域施工人员流动性大,结合近几年建筑节能专项检查结果分析,外墙外保温工程确实存在很多施工不规范,甚至是随意操作的不规范现象。因此,仍需要切实加强对外墙外保温施工人员的操作技能培训工作。

16.1　重视外保温人员施工操作技能的培训

目前以在严寒和寒冷地区应用较为广泛的EPS板薄抹灰外墙外保温系统为例,分析并介绍在外墙外保温施工人员培训中应特别重视的一些施工环节和操作要求。

(1)熟悉外保温系统构造层次　熟悉外保温系统的构造层次,是外墙外保温工程施工技术人员及操作人员应具备的最基础知识,这对了解外保温系统构造的合理性和掌握施工程序的规范性非常重要。膨胀聚丙乙烯泡沫板,即EPS板薄抹灰外墙外保温系统(简称EPS板薄抹灰系统),是目前外墙外保温体系中保温性能优良、技术较为成熟且工程质量最为可靠的一种体系,在北美及欧洲等一些国家外墙外保温工程中已有40年的使用时间,其构造如图5-13所示。

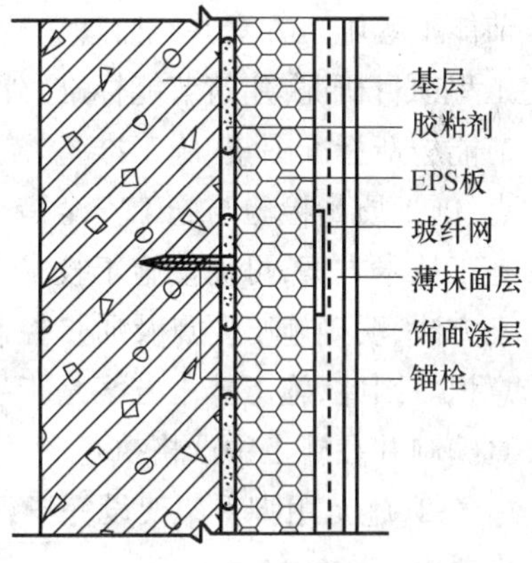

图5-13　EPS板薄抹灰系统

① 基层墙体。可以是混凝土墙体,也可以是各种砌体墙体。

② 胶粘剂。将EPS板粘贴于基层上的一种专用粘接胶料。

③ EPS保温板。是一种应用较为普遍的阻燃型保温板材。

④ 玻纤网。耐碱涂料玻璃纤维网格布,为使抹面层有良好的耐冲击性及抗裂性,在薄抹面层中要求满铺玻纤网。

⑤ 薄抹面层。抹在保温层上、中间夹有玻纤网、保护保温层并起防裂、防水及抗冲击一种的构造层。

⑥ 饰面涂层。在弹性底层涂料、柔性耐水腻子上刷的外墙装饰涂料。

⑦ 锚栓。建筑物高度在20m以上时,在受负风压作用较大的部位,或在不可预见的情况下为确保系统的安全性而起辅助固定作用。

(2)了解并掌握外保温系统组成材料的性能　外保温系统组成材料的性能及构造方式,将直接影响到外保温工程的耐久性和节能效果,必须符合设计文件、相关标准或现行的《外墙外保温工程技术规程》要求。外保温系统是一个整体系统,其中任何一种组成材料性能不合格或施工程序不规范都可能引发质量问题。施工技术人员对此应有所深刻理解。EPS板薄抹灰系统中的EPS板的主要性能指标如表5-5所示。

表5-5　EPS保温板主要性能指标

保温材料	密度/(kg/m³)	热导率/[W/(m·K)]	压缩性能(形变10%)/MPa	抗拉强度/MPa	尺寸稳定性	燃烧性
EPS保温板	18~22	≤0.041	≥0.10	≥0.10	≤0.3	阻燃型

(3)施工准备和施工条件的要求　为确保外墙外保温工程施工质量,应充分做好施工准备工作并在符合施工条件要求的情况下,科学规范地按工序施工。

① 通过技术交底熟悉设计文件、外保温系统施工要求及施工内容,熟悉施工作业环境,制定外墙外保温工程施工技术方案。根据工程量、施工部位的工期要求,科学合理地组织施工。

因外墙外保温工程对建筑节能的重要性及施工程序和施工方法的复杂性,现行《建筑节能工程施工质量验收规范》中明确要求"建筑节能工程施工前,施工单位应编制建筑节能工程施工方案并经监理单位审查批准"。外保温工程施工技术方案包括:编制依据、工程项目概况、建筑节能标准、外保温系统类型、保温系统及组成材料性能要求、选用的节能构造标准图集、施工准备、施工工艺及程序、特殊部位的保温构造、施工质量控制要点、施工质量检验与施工安全措施等。通过必要的组织培训学习和编制外保温工程专项施工技术方案,可促使施工技术人员深入了解外保温系统相关知识、熟悉施工程序和施工方法、明确施工要点及质量控制措施、掌握外保温工程施工技术要求并强化施工质量意识。因此,施工技术方案是指导和规范外保温工程施工的纲领性文件,施工单位应认真编制并在施工中严格执行。

② 施工用脚手架架设完毕,横竖杆距墙面、墙角的间距应满足保温层厚度和施工操作要求。

③ 严格做好防火安全工作。进入施工现场的EPS保温板最好存放在由不燃材料搭设的库房中。露天存放时,应采用不燃材料完全覆盖,且附近不得放置易燃、易爆等危险品,周围及存放地点上方不得有明火作业。外保温工程施工时,也必须严防明火。

④ 墙体基层处理直接影响保温工程施工质量和其耐久性,必须剔除原混凝土残浆、胀模、预埋件及铁丝等,墙体表面无油污、疏松、裂缝或粉化等现象。表面经处理且满足施工条件后方可进行粘贴EPS保温板的施工。外墙面上的雨水管卡、预埋铁件等应提前安装完毕,并预留外保温层厚度。

⑤ 施工作业期间环境温度不应低于5℃,风力不大于5级。在雨季施工应做好防雨措施,且雨天不得施工。

(4)外墙外保温 EPS 板薄抹灰系统施工工艺流程　机具、材料准备→基层处理、验收→吊垂直、套方、弹控制线→粘贴 EPS 板→安装锚固件→保温层打磨修理、验收→抹底层抗裂砂浆→铺设耐碱玻纤网格布→抹底层抗裂砂浆→抗裂面层验收→刮柔性耐水腻子、打磨→饰面涂料施工→表面自检修理→外饰面验收。

施工工艺流程程序可明确施工人员外保温系统的施工程序和施工方法。因此掌握施工工艺流程对保证外保温工程施工质量非常重要。

(5)施工质量控制要点　掌握施工质量控制方法是工作的重点,在了解施工工艺、熟悉施工程序的基础上,更重要的是明确施工操作技术要求,将质量意识和质量控制措施落实到施工过程的每一个环节。

① 基层处理。基层墙体的垂直、平整度应达到结构工程质量要求。墙表面无浮土、油污、空鼓、松动及风化部分,墙表面突出部分应剔除。粘贴 EPS 板的施工,必须在基层墙体表面处理验收,符合设计文件和外保温工程施工技术方案的要求,并满足施工条件后方能进行。这是提高 EPS 板与基层墙体粘结强度必不可少且不可降低的技术要求。

② 材料准备。首先,对粘结胶浆的配制。根据胶粘剂供应商提供的配比加入清水在干净容器中,用低速搅拌器搅拌成均匀的糊状胶浆,胶浆净置 5min。使用前再搅拌一次使其具有适宜的黏稠度。粘结胶浆应随用随搅拌,已搅拌好的胶浆料必须在 2h 内用完;其次,对聚苯板的切割。应尽量使用标准尺寸的聚苯板,需使用非标准尺寸的聚苯板时,应采用电热丝切割器或专业刀具进行切割加工;同时还要做好对使用网格布的准备:应根据工作的要求剪裁网格布,网格布应留出搭接长度。墙面的搭接长度为 100mm,阴阳角搭接长度均为 200mm。

③ 翻包网格布。应在以下各墙体尽端部位铺贴翻包网:门窗洞口、管道或其他设备需穿墙的洞口处;勒脚、阳台、雨篷或空调板等系统的尽端部位;变形缝等需要终止系统的部位;女儿墙顶部的装饰构件。

压入粘结胶浆内的一端需达到 100mm,余下的部分甩出备用,并应保持清洁;压入粘结胶浆内的标准网格布必须完全嵌入胶浆中,不允许有网眼外露。根据图纸要求,首先沿着外墙散水标高弹好散水水平线;需设置系统变形缝处,则应在墙面弹出变形缝线及变形缝宽度线。

④ 粘贴保温板。保温板施工目前一般有两种粘法,即点框粘法和满粘法两种。为保证 EPS 板粘贴质量考虑,最好采用“满粘法”。“满粘法”不仅可提高 EPS 板与基层墙体的粘结强度,而且利于提高外保温系统的防火安全性能。因为“点框粘法”中空腔构造的存在可能为系统中的保温材料的燃烧及火焰的蔓延速度提供所需的氧气。阴阳角处施工是保温工程施工的难点,必须先将阴阳角处保温板错缝贴好,聚苯板应垂直交错连接,保证拐角处板材安装的垂直,如图 5-14 所示。

粘贴聚苯板时应操作迅速,在聚苯板安装就位之前,粘结胶浆不得有结皮;聚苯板的接缝应紧密,且平齐,仅在聚苯板边需翻包网格布时,才可以在聚苯板的侧面涂抹粘结胶浆,其他情况下均不得在聚苯板侧面涂抹粘结胶浆,或挤入粘结胶浆(包括嵌缝用的 EPS 板条),以免引起开裂。门、窗等洞口四角处是应力集中部位,应采用整块聚苯板裁成刀把形,聚苯板的拼接板缝必须至少距离门窗洞口角部 200mm。

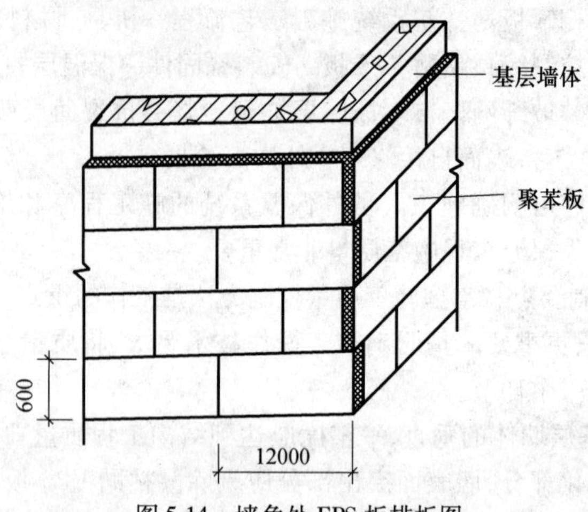

图 5-14 墙角处 EPS 板排板图

需要强调的是，即使采用粘、锚结合的方法固定 EPS 保温板，也不应降低胶粘剂涂抹面积和拉伸粘结强度的要求，因为锚栓只是起辅助固定作用。

⑤ 铺贴玻纤网格布。先检查聚苯板是否干燥，表面是否平整，并去除板面的有害物质、杂质或表面变质部分。在铺贴网格布时，先在聚苯板表面均匀涂抹一层厚度为 2 ~ 3mm、面积略大于裁剪好的网格布的底层聚合物抗裂砂浆，随后立即将网格布绷紧后铺粘上，用抹子由中间向四周把网格布压入地层砂浆的表层，要平整压实并保持网格布绷直，严禁出现皱褶，严禁“干铺”，只有这样才能有效分散抹面层中的拉应力。网格布之间必须搭接，而且要保证搭接宽度，一般要求横向宽度为 100mm、纵向宽度为 80mm，唯有如此方能确保网格布之间拉伸力的连续性。在底层砂浆凝结前再抹一道面层抹面抗裂砂浆，厚度为 1 ~ 2mm，以覆盖网格布、微见网格布轮廓为宜。面层抹面砂浆切忌不停揉搓，以免形成空鼓，网格布应自上而下沿外墙一圈一圈铺设。当遇到门窗洞口处时，聚苯板拼接板缝必须至少距离门窗洞口角部 200mm 外，还应在洞口四角处沿 45°方向补贴一块 300mm × 400mm 标准网格布，以防止开裂，其做法如图 5-15 所示。

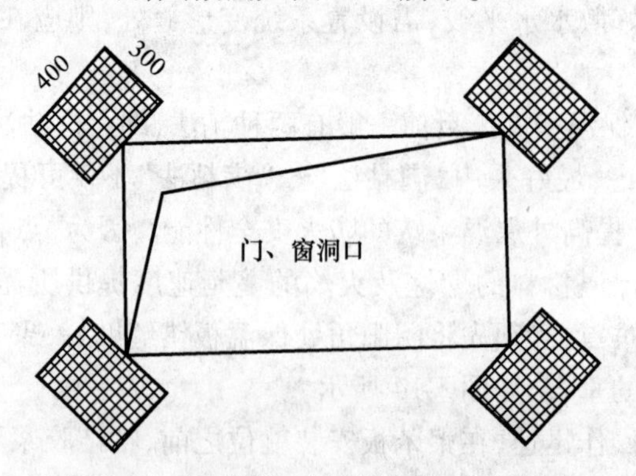

图 5-15 门、窗洞口处增贴网格布示意图

铺贴网格布应注意以下事项：不得在雨中铺贴网格布；标准网格布应相互搭接；在拐角部位，标准网格布应是连续的，从每边双向绕角后包墙宽度不小于 200mm；施工时，应

避免阳光直射，否则应在脚手架上搭防晒布来遮挡阳光直射施工墙面；应避免在风、雨气候条件下施工。

⑥ 抹抗裂防护砂浆层。待用于铺贴玻纤网格布的抗裂砂浆稍干至可以碰触时，立即用抹子涂抹第二道面层抹面抗裂砂浆，并且网格布需全部被覆盖，且微见网格布轮廓。

首层墙面应铺贴双层耐碱网格布。铺贴第一层网格布时，网格布与网格布之间采用对接方法，但严禁在阴阳角处对接，对接部位剪力阴阳角处不小于200mm；第二层网格布的铺贴方法如前所述，两层网格布之间抗裂砂浆应饱满，严禁干贴。在抗裂抹面层施工完2h后即可涂刷弹性底涂。涂刷应均匀，不得有漏底现象。

⑦ 刮柔性耐水腻子及刷面层涂料。大墙面刮腻子，宜采用400～600mm长的刮板，门窗口角等面积较小部位宜用200mm长的刮板。涂刷底漆及刷面层涂料，涂刷工具采用优质短毛滚筒。上底漆前做好分格处理，墙面用分线纸分格代替分格缝。每次涂刷应涂满一格，表面底漆出现明显接痕。底漆均匀涂刷一至两遍，完全干燥要待12h以后。

待底漆完全干透后，用造型滚筒滚面漆时应用力均匀让其紧密贴附于墙面，蘸料均匀，按涂刷方向和要求一次成活。外饰面涂料工程不得出现漏涂、透底、流坠、起皮、分色或开裂等施工质量缺陷。

综上浅述，外墙外保温工程施工质量对其耐久性和节能效果有直接和显著的影响。切实加强对施工技术人员的施工操作技能培训，使他们熟悉现在常用外保温系统的组成材料、构造层次，掌握施工程序、施工方法及施工技术要求，如此是提高外墙外保温工程施工质量的重要措施。

六、建筑防水设计施工技术应用

1　建筑防水理念的提升与新型材料的应用

近年来随着建设速度的提升与规模的扩大，建筑防水材料的研发应用得到更快发展，新型防水材料的推广使用中，尤其以聚合物水泥防水涂料和水泥基渗透结晶型防水材料，膨润土防水毯（垫）等一些新材料的设计和工程实际应用，促使人们以全新的视角对传统的柔性和刚性防水体系的设计理念、技术特性和优点及不足进行重新分析认识，找出传统防水体系设计方面存在的问题及不足，并提出行之有效的“以刚性为主，柔性为辅”的防水结构体系的新理念。

1.1　新型防水材料的应用及发展

1.1.1　防水材料的应用机理及条件

防水结构体系是根据工程的重要程度设计和采用且材料各异的体系，目前一般分为刚性和柔性两大类。新型防水材料的共性是无毒、无公害，既环保又节能，关键是防水性能优异，尤其是适用于在混凝土和水泥基面上应用。材料在施工过程中都能向基层混凝土或水泥砂浆中渗透，堵塞毛细孔和孔隙结构，并能与基层共同工作，从而使混凝土或水泥砂浆表面或内部变得更加致密，达到防水目的；对基层表面无特别要求，施工中可以直接在湿润的基面上涂抹作业，工艺简单方便，而且后期使用及维修也简单方便，费用低廉；防水的使用耐久年限可以达到与混凝土结构的“同寿命”，还具有保护和加强混凝土强度及耐久性、延缓结构件腐蚀和碳化进程以及防止钢筋锈蚀的综合功能。

同样，由于各类新型防水材料的防水机理各自不同，且适用条件又有差异，因此，要针对新型材料各不同建设工程的特点和现场实际，科学合理地采用施工控制，会得到更加切合工程需要的功能。

1.1.2　刚性材料防水体系

刚性防水材料主要是指把防水材料掺入混凝土或者水泥砂浆中，也可以将其配置成浆料涂刷使之渗透进入混凝土或砂浆表面中，与其共同结合成刚性的结构自防水材料。刚性防水体系是通过封闭混凝土或水泥砂浆内部的毛细孔和互相贯穿的微裂缝等缺陷，达到结构自防水的目的。

结构自防水的优点是能在混凝土或水泥砂浆内部形成结构自防水的整体功能，从微观结构分析材料，全都会形成可靠的防水屏障。而缺点是不能适应因应力变形所引起的混凝土或水泥砂浆裂缝的形成和发展。如果结构一旦发生因裂缝引起的渗漏水,修复也比较方便简单,费用也不高。刚性防水的渗漏传统的是采取综合的堵漏处理,而早期预防控制是最有效的防范措施。

1.1.3 柔性材料防水体系

柔性防水材料主要是指以防水涂膜材料在建筑物需要防水的表面,通过涂刷所形成的一层或几层防水层,并能适应基层的变形,且用高分子合成的材料。柔性防水体系通过在建筑物需要防水的表面所形成的薄膜来阻隔水的渗透。施工中的涂抹使防水膜与建筑物表层紧密结合在一起,阻挡水的浸入。

防水卷材也可以采取空铺的方式施工,不怕结构裂缝的影响,而用得最多的是采用满铺工艺施工。满铺时防水卷材的延伸率对基层出现的裂缝可以稍微调整其功能,但是在约束条件下的防水卷材,因结构变形引起的基层宏观裂缝是不可以调整的。其最大的缺陷是:①无论对卷材采取空铺还是满铺,一旦某一点遭受破坏,则整个防水层系统就遭到破坏;②防水层内外的结构构造不连续,会影响到建筑物的整体性,还会造成中间结构层的隐患。同时,由于大部分有机防水材料如改性沥青及橡胶塑料等的耐久性寿命较短,容易老化或变脆;大部分满铺的柔性防水卷材对基层及施工操作条件的要求很高,往往会满足不了施工要求;一些防水卷材与基层的粘结力较低,一旦产生渗漏水,会导致整个防水层与基层的脱离,并形成中间层的蹿水问题,而且一旦出现,排查寻找极其困难,修复处理彻底是不可能的;柔性防水卷材的自身柔韧性极其有限,在约束条件下调整基层裂缝的能力极其有限,防水的实际效果与刚性防水结构体系基本相当,只是在适应条件下效果优良。

1.1.4 柔性防水体系设计存在的问题

目前的实际情况是,在传统的防水设计材料使用中,防水失败及效果差的工程真不少,尤其是地下水位高的地下室及屋面防水工程,使用和维修中的渗漏处理一直困扰着设计和施工技术人员,存在的问题分析与探讨有以下几个方面。

(1)一些设计人员错误地认为,柔性防水卷材具有一定的延伸性特点,有调整混凝土或水泥砂浆基层开裂的能力。但大量工程实践表明,柔性防水卷材在有约束力(保护层)的条件下,基本不具备调整基层宏观开裂的能力,此时,柔性防水卷材在裂缝处必然承受较大的拉应力,膜层会被大大削弱甚至拉断。该部位如果存在压力水浸入,卷材与混凝土基层的粘结面会立即损伤,并逐渐出现层间的蹿水现象,进而导致整个防水体系及功能的失效。

(2)也有一些设计人员在工程中选择混凝土膨胀剂而不选择防水剂来配制自防水混凝土,并错误地以为膨胀剂可提高混凝土的密实度,从而达到自防水的目的。但应用多年的效果表明,膨胀剂与水泥反应生成的组分是钙矾石晶体,它只有在氢氧化钙饱和溶液的弱碱性条件下才是稳定结构,根据水泥水化凝结硬化的理论,钙矾石属于粗大结晶矿物,是一种初级水化产物,在自然状态下随着水泥石的水化而硬化,尤其是在混凝土碳化失水和中性化的过程中,钙矾石还会继续转化为最终产物 $3CaO \cdot Al_2O_3CaSO_4 \cdot 12H_2O$。

此时,由于钙矾石失去一部分结晶水,新生成结晶产物的体积会收缩,造成混凝土内部的孔隙率增多,强度也会下降,耐久性将大幅度降低。

(3)屋面的保温系统设计一直采用高吸水性保温材料。多年的应用实践表明,高吸水性保温材料是不适合做保温层的。屋面防水体系中一旦有一处损坏,保温层就会吸收大量水分且难以排出,此时屋面的保温功能丧失殆尽。由于屋面热导率在常温和负温下达到数十倍甚至更多,使屋面的混凝土结构伸缩变形加剧,再加上夏季炎热季节产生的水蒸气压力和冬季的冻胀循环压力,造成屋面防水层处于极端恶劣的周期性破坏环境中,因此,要彻底解决好屋面的不渗漏水问题,只有彻底清除原有的保温层及防水体系。

(4)多年形成的传统防水结构体系,即各层之间形成的不同位置,是否设计得科学合理。但是在应用的数十年间,把柔性防水卷材安置在结构变形最大的表面是有一定问题的,尤其屋面夏冬季节的温差变形影响更大。还有大型公共建筑的地下室及平屋顶表层。这些部位因在施工及使用过程中属于变形大且不稳定的区域,因此极容易造成防水卷材的损伤破坏,防水失效产生渗漏水是习惯性的。

1.1.5 刚性防水体系设计的新理念

目前国内对防水结构的设计理论有所转变,由原来的"以防为主,刚柔结合"改变为"以刚为主,以柔为辅"的新理念。刚性防水的特点强化了结构自身的、整体性的、基础的甚至是微观结构部分的防水理念,并以堵漏技术作为配套手段,从而达到完善防水体系的效果。

以刚性防水体系为主的设计防水新理念的建立和完善,是以多年来的工程应用实践为基础。同柔性防水技术相比,刚性防水体系具有使结构体系设计简洁、使用材料绿色环保、施工操作简单方便、防水功能稳定可靠以及后续维修费用低的绝对优势。只要适用条件符合设计要求,该防水体系应当是首选体系。

(1)对于防水和保温材料的选择

① 新的防水结构体系的设计理论在选择防水材料时,只要条件允许,首先考虑选择刚性或柔性防水技术方案及其材料。其优势是因为这些材料具有渗透性,因此与基层的结合力较好,不可能引起层间的蹿水问题,会大幅度提高防水层性能。

② 刚性或柔性防水材料中水泥基渗透结晶型防水材料、聚合物水泥防水涂料和聚合物水泥防水砂浆,因其具有可渗透到混凝土基层并与其共同工作的特性。尤其在背水面进行防水时,因为它们与结构基层混凝土或水泥砂浆的耐久性年限基本相同,因此在做防水设计时可以不考虑防水层的保护和老化影响。

③ 屋面保温层设计时对材料的选择基本原则是:不吸水及憎水,表面密度和热导率低,比热容应高,耐久性好。而吸水率高的传统保温材料坚决不用,并淘汰出建筑市场。

④ 目前建筑上可选择的主要防水结构体系所用的材料是:聚乙烯发泡挤塑板、膨胀聚苯乙烯发泡模塑板、轻质加气混凝土板与发泡聚氨酯板材等;也可以在现场发泡硬泡聚氨酯水泥、泡沫混凝土及陶粒混凝土等,其中现场发泡硬泡聚氨酯保温层具有保温和防水的双重功能。

(2)自防水混凝土用外加剂

① 在设计采用自防水混凝土时应优先考虑使用混凝土防水剂,而不应是膨胀剂。因为防水剂在混凝土中产生的是凝胶体,其防水效果是耐久可靠的。而膨胀剂在混凝土中反应产生的是结晶体,相对不稳定,用膨胀剂防水是没有什么保证的,而且存在隐患和风险,尤其是耐久性问题更突出。

② 虽然膨胀剂生成的水化硫铝酸钙即钙矾石,在混凝土水化凝结过程中产生的微膨胀作用能提高混凝土早期强度和致密性,从而补偿混凝土的收缩作用。但是由于其结晶结构的不稳定性,工程学术界一般认为是对混凝土耐久性有害的组分,因此,对于露天、有耐久性要求的、有冻融循环破坏和软水浸蚀的混凝土结构,一般应避免使用混凝土普通膨胀剂。

③ 如果设计要考虑控制混凝土的硬化过程的收缩,如后浇带问题最好的处理措施是采取复合高效防水剂方案。通常是把混凝土防水剂与其他低碱高效膨胀剂复合使用,也可采取高分子聚合物、水泥基渗透结晶型防水材料与低碱高效膨胀剂复合应用,使其发挥各自的优势进行互补,从而避免单独使用混凝土普通膨胀剂引起的不良后果。

④ 对于自防水混凝土工程的附加外防水层设计,应突破传统的"一刚一柔"防水设计理念,应提倡选用与混凝土粘结力强、不会引起结合层中蹿水的刚性或刚柔相结合材料,例如目前使用的水泥基渗透结晶型防水材料、聚合物水泥防水涂料以及聚合物水泥砂浆等。这样即便个别点引起开裂防水层失效,也不会引起大范围的渗漏水,处理时也相对容易。

1.2 选择有自闭功能的防水材料

1.2.1 材料使用特点

(1)聚合物水泥防水涂料属于渗透型防水涂料,它是一种通过涂刷在混凝土或砂浆表面,利用水性的高分子聚合物的渗透和填充作用,渗透并深入到混凝土或砂浆层内部的结构毛孔中,并在覆盖表面形成防水膜层;该涂料可以通过直接封闭混凝土或砂浆中的毛细通道,达到整体共同的防水功能。

使用聚合物水泥防水涂料时设计简单可靠,施工方便快速,对基层无特殊要求可以在潮湿表面涂刷施工。所形成的防水涂层可以深入渗透到混凝土或砂浆层内约2mm左右,与基层的粘结力较强,共同承担防水更安全可靠,也可以用于背水面进行防水,涂膜覆盖后还具有单向透气的功效;此防水涂膜耐久性好,有保护层时基本上与混凝土基层的寿命相同;且使用维修方便,现在的新品种自闭树脂还具有修复基层混凝土微裂缝的能力。

(2)水泥基渗透型防水涂料的防水机理是通过涂刷在基层混凝土或水泥砂浆表面涂层中的活性化学物质,以水为载体渗透到基层的空隙中,利用其激发效应与未水化的水泥颗粒加快反应,形成大量的不溶于水的水化硅酸钙凝胶,并在内部产生作用,形成微结晶体从而堵填毛细孔封闭其通道,使基层混凝土或水泥砂浆更密实无渗水通道,因此对混凝土中小于0.4mm的微小裂缝具有自行修复功能。

1.2.2 应用时应重视的问题

(1)不论是聚合物水泥防水涂料还是水泥基渗透型防水材料,在使用中与涂层接触的基层混凝土或水泥砂浆使用的水泥,应该是硅酸盐水泥或者普通硅酸盐水泥,防止基层表面因水泥的碳化使表面强度降低,从而影响涂层膜的粘结强度和自闭效果。

(2)要达到新品种自闭树脂能充分发挥其效益,就要特别重视与基层混凝土的相互作用及影响,设计中考虑主要作用在混凝土表层更好。因此,在混凝土设计时多采用其他方案,以避免设计和使用不当产生的质量问题。在施工中根据配合比和工艺采取不同的方法施工,对于变形较大和需要加强的构造部位,应该加铺一层无纺布或无碱玻璃纤维网格布,以增加涂膜的抗拉伸能力。

(3)水泥基渗透型防水涂料仍然属于新型防水材料。目前建筑上设计使用的大部分是防水功能可靠稳定的进口合资产品,按照使用方法其材料可分为:防水涂料(浓缩剂)、防水剂(掺合剂)及其配套的堵漏剂。浓缩剂用于涂覆在混凝土表面;掺合剂是掺入混凝土或防水砂浆中应用;堵漏剂是浓缩剂及掺合剂使用时,配合整个刚性防水系统堵漏时的配套材料。目前水泥基渗透结晶型防水涂料的施工方法主要是刮涂法、刷涂法和喷涂法,也可以用干撒法处理表面。不管哪种方法进行施工,其混凝土表面应清理干净,并洒水湿润;也可以直接撒布在混凝土垫层或未终凝的混凝土表面,其作用效果是相同的。

综上浅述,目前建筑防水材料的研发和新型防水材料的推广使用中,尤其以聚合物水泥防水涂料和水泥基渗透结晶型防水材料、膨润土防水毯(垫)等一些新材料的设计和工程实际应用,促使人们对传统的柔性和刚性防水体系的设计应用有所反思,对技术特性、优点及不足进行重新分析认识,找出传统防水体系设计方面存在的问题及不足,提出了行之有效的“以刚性为主,柔性为辅”的防水结构体系新理念,对促进建筑防水事业的发展起到了积极的作用。

2 建筑工程给排水设计的节能节水措施

在全国666个建制市中有1/2的城市不同程度用水紧张,其中严重缺水的城市达到100个以上,因缺水而影响的工业产值达数千亿元。因此如何在工程的给排水设计中采取合理技术措施达到节水节能目的,对国家经济发展有着极其重要的现实意义。

2.1 建筑工程节能设计的依据

目前建筑工程中对于给排水及节能设计的主要依据是国家及行业颁布实施的规范、标准及规程等,这些标准有《中华人民共和国节约能源法》、《中华人民共和国建筑法》、《中华人民共和国可再生能源法》,建设部颁布的《民用建筑节能管理规定》、《民用建筑节能设计标准》(JGJ26—95)、《公共建筑节能设计标准》(GB 50189—2005)、《住宅建筑规范》(GB 50368—2005)、《建筑给水排水设计规范》(GB 50015—2003)、《民用建筑太阳能热水系统应用技术规范》(GB 50364—2005)、《建筑给水排水与采暖工程施工质量验收规程》(GB 50242—2002)、《城市污水回用设计规范》(CECS 61—1994)、《污水再生利用工程设计规范》(GB 50335—2002)、《建筑中水设计规范》(GB 50336—2002)、《建筑与小区雨水利用工程技术规范》(GB 50400—2006)、《节水型生活用水器具》(CG 164—2002)及《绿色建筑评价标准》(GB/T 50378—2006)等。

2.2 利用管网压力分区供水

在设计前要做充分的调研准备,了解并掌握准确的市政水压及水量资料,此外还应充分考虑利用市政管网的剩余水头。

在建筑工程给排水设计中,会直接把市政管网水直接引入生活贮水箱,特别是贮水箱位于地下室时,会造成浪费。各区域市政管网的压力有所不同,一般市政管网的给水压力在0.2~0.4MPa之间,可以满足3~5层住宅房屋的供水需要,在具体设计中许多住宅都会超过5层以上,供水必须要有二次加压才能保持供水。合理利用市政管网的给水压力,采取分区供水方式和应用新型节能供水设施,可以减少二次加压的能耗。例如多、高层建筑的5层以下用水量较大的公共和服务商业设施可以单独分区,利用市政管网的给水压力直接供水,这样既充分利用市政管网压力,又减少生活水箱体积。供水时采用新型无负压供水设施也可以起到充分利用市政管网的给水压力作用。

2.3 认真选择二次供水加压形式

目前市政工程供水形式一般可分为以下4种:

(1)高位水箱供水方式　流程是市政管网自来水→水箱或水池→水泵→高位水箱→用户。这是以前习惯性的供水方式,其优点是压力稳定、供水可靠且水泵一直在高效运转中;缺点是供水压力受高位水箱放置高度的限制,占地面积较大且噪声也大,水质二次污染也严重,没有利用市政供水管网压力。

(2)气压给水方式　流程是自来水→水箱或水池→水泵→气压水罐→用户。这种方式在20世纪80年代早中期应用较多,优点是占地面积较小,罐体密闭且污染小;缺点是调节容量较小,水压变化大,水泵不完全在高效段工作,水泵的使用效率较低,而且水泵的扬程产生压力差值外的能量额外消耗,无用功率不可避免,一般要增加能耗15%~25%左右,自来水释放到水箱或水池却没有利用自来水管网形成的自然压力,现在应用得很少。

(3)变频给水方式　其流程是自来水→水箱或水池→水泵→用户。在20世纪90年代应用较多,优点是供水压力恒定,取消了高位水箱,避免了水质再次污染;缺点是没有利用自来水管网形成的自然压力,投资也高,占地面积大,在运行管理上不方便,保留了水箱或水池,从而产生水质的再次污染。

(4)无负压给水方式　其流程是自来水→稳流补偿器→水泵→用户。该种方法是在1997年研制出的一种二次供水方式,用户管道直接与自来水管网串接而不会产生负压,取消了水箱、水池,从而避免了因水箱水池的清洗或消毒及溢流所产生的水资源浪费,且节水效果比较明显。同时也彻底解决了二次供水造成的水质污染问题。当自来水管网压力达到用户给水系统所需要的供水压力时,水泵进入休眠停泵状态,自来水管网经旁通管直接给用户供水,利用自来水管网压力达到供水又节能的目的。

无负压给水方式在进行设计时,受一些条件的限制,如自来水管网的供水量、水压及电力情况的影响,可能会出现停电、停水现象。对有毒物质的辐射,生化危险品进行加工制造储存,这种二次供水场合不适宜使用无负压给水这种方式。在高位水箱供水、气压给水及变频给水方式中,因为变频给水方式更加节能卫生,应大力推广使用。无负压给水方式在应用时要充分考虑用户的实际用水情况,还要了解掌握当地自来水部门的规定及要求。

2.4 合理设计水泵的运行参数

目前设计中对水泵的选择主要有以下几个方面:

① 要选择高效水泵且安装在高效使用区,另外大泵的效率一般要比小泵的要高,设计时尽量选择大泵安装。

② 搭配选择水泵时,离心泵运行的高效区流量范围为1~0.5Q,建筑的用水量也是不停变化的,设计时要注意选择几种大、小泵(如2~3种泵),以适应用水量的变化。

③ 应优先选择变频调速水泵供水,变频调速水泵可自动调节水泵转速,避免电动机频繁启动,从根本上防止电能浪费,节电率在30%以上。

综上浅述,水泵选型应在准确计算设计秒流量后进行。考虑大小搭配,在高效使用区内选用合适的变频调速水泵,从而满足使用要求并节省电力。

2.5 使用减压节流及节水节能型器具

(1)生活给水管道的减压节流　按照现行的《建筑给水排水设计规范》中第3.3.5条文规定,高层建筑生活给水系统应竖向分区,各分区最低卫生器具配水点处的静水压不宜大于0.45MPa,特殊条件下不宜大于0.55MPa。规范中对给水压力作出限制规定,主要是考虑防止因给水配件承压过高而造成损坏问题,因为压力太高也会造成卫生洁具超压出流现象。这里的超压出流是指卫生洁具在单位时间内的出水量超过设定流量的现象,它不但破坏给水系统中水量的正常分配,还会产生无效用水量,并浪费水资源。在习惯性的设计中,为防止配水管静水压大于0.35MPa,可采用合理的分区,如安装减压阀、减压孔板及节流塞等相应减压限流措施。

(2)使用节能型卫生洁具和配水设备　住宅给水水嘴考虑选择可以限制出水率,陶瓷芯等密闭性好的节水型水嘴。节水型水嘴和普通水嘴相比较,在水压相同条件下,节水量总体在20%~30%。在厨房及卫生间水嘴和龙头可以选择充气水嘴,节水效果比较好且充气率一般在15%左右,即节水率在15%左右。同时还要选择节水型便器,坐便器水箱容积不大于6L,应选择大小便分档冲洗的器具,小便冲洗水量为3L。

在公共场所应选择感应式便器或延时自闭式冲洗阀和水嘴,延时自闭式冲洗阀在出水一定时间后自动关闭,可避免长流水现象。感应式阀门克服了上述不足,避免了触摸操作,节水也到位,但价格较高。在另外一些场合可以采用真空技术进行冲洗,从而达到节水目的。

2.6 正确选择新型管道材料

目前由于新型管材不断用于给水工程,对于传统的钢管依赖性也得到缓解。现在生产了很多安全可靠、性能好且美观实用的复合管材。如用于高压干管的铝塑复合管、钢塑复合管、薄壁不锈钢管及铜管,用于支管管线的承压如PP-R管、PE管等,较好地解决了资源浪费问题。

在对管道水头损失进行计算时，应严格对选用的管材性能参数进行选择，再进行水头损失计算，不可随意参照或套查水力计算表，否则会影响计算结果的准确性，其后果是导致供水系统压力过大或过小。在设计时要根据实际工程的使用需求，合理选择可以满足供水系统工作压力要求的管材，避免大管材造成的较大浪费。例如用 $P_N = 1.25\text{MPa}$ 的 PP-R 管替代 $P_N = 1.0\text{MPa}$ 管材时，不但早期投资浪费，还会增加28%的水头损失，从而造成能量浪费。另外由于给水系统设计需要选用公称压力为 $P_N = 1.25\text{MPa}$ 的给水管材时，应该选用 PE80 级或 PE100 级的 PE 给水管，不宜选用 $P_N \geqslant 1.25\text{MPa}$ 的 PP-R 管给水管材，这样可以减少28% ~30%的水头损失。当计算需要的管径不小于 DN70mm 时，可以考虑用衬塑钢管，相比 PP-R 或 PE 管，可以减少30%的水头损失。

在管道的连接方式上尽可能采用局部水头小的连接方式，如 PP-R 管。也可以采用分水器来分水，PE 管可以采用三通分水或对熔连接，这样可以减少大约20%以上的局部水头损失。

2.7 热水供应系统的节能

热水水资源的利用可以是太阳能、水源热泵及地热源热泵等技术。利用太阳能系统制备热水，既节省又环保。多层住宅设计太阳能适宜每户单独设置，在建筑的公共部位设置管道井，每户的太阳能进出水管均放置在公共管道井中，每户的太阳能集热板和储热水箱都放置在屋面，储热水箱需有辅助电加热功能。当太阳光不足时，热水由设在储热水箱内的辅助电加热系统提供。而高层住宅可以分户设置分散的太阳能热水器，每户的太阳能集热板放置在建筑外立面的向阳一侧，储热水箱需有辅助电加热功能，放置在阳台内。高层住宅也可以把整个屋面布置成几组串连的太阳能集热板，集中供热水。在楼梯间顶部设置储热水箱间，储热水箱需有辅助电加热功能，热水上供下回，循环泵在水箱间内。

热水循环方式的设计，应该采用集中热水供应系统，确保干管与立管中热水的循环。

2.8 建筑中水的充分利用

正常生活用水并不需要全部达到生活饮用水标准，例如冲厕、浇灌绿地及冲洗车辆等。在建筑单体的给排水设计中应采取分质排水，即厨房废水及大便冲水可以直接进入市政排水管网；其他水质较好的淋浴水，洗衣水应单独设置管道，收集用于中水的原水。处理后的中水代替自来水用于冲厕、绿化浇水及冲洗各种车辆用，这样可以为城市节省大量水资源，长期坚持也为用户节省水费用。

中水系统由于初期投资比较大，而且在既有工程中改造应用比较复杂，如果真正实施还是需要有一个过程，但是中水的利用是一个发展趋势，同样也是污水资源不被浪费、节省水资源的具体措施。

2.9 雨水资源充分利用

雨水系统的设计在过去的若干年里考虑到利用的概率很少，只是想方设法如何快速排放且不积存。未加利用使得雨水宝贵资源白白浪费，有效地利用雨水在国内一些缺水地区已经引起了重视。雨水的有效利用分为直接利用和中水资源的间接利用。

建筑物中收集雨水的一般做法是,用导管把屋顶雨水引至设置在地下室的雨水沉淀池,经过沉淀的雨水,上层清的流入储水池,再用水泵送入杂用水集中储水池,经加氯消毒后送至中水系统,水质较差的初期雨水不要利用。经过沉淀处理后雨水作为一种可以用于绿化种植、厕所冲洗及车辆冲洗和其他适合中水水质的用水,节省了大量水资源。

综上浅述,现在对于节能和节水,已经成为给排水设计中非常重要的任务,各种节排水措施已成为考评绿色节能建筑的一项重要指标。为了使给排水设计更加符合日益增长的节省能源需要,需要不断实践总结提高,使节能工作更深入更广泛。

3　房屋建筑雨水系统设计问题处理

建筑房屋雨水系统是给排水专业中必须涉及的一个系统。结合建筑设计过程中所发现和处理的一些问题,按照现行的《建筑给水排水设计规范(2009 年版)》(GB 50015—2003)中相应要求,就雨水系统设计中容易出现的一些具体问题和处理方法,浅要分析探讨并得到合理解决。

3.1　设计重现期平屋面与坡屋面要区别对待

现行 GB 50015—2003 规范第 4.9.5 条及 4.9.9 条中对建筑物的雨水量及溢流设施的重现期作出要求,但在平屋面与坡屋面没有区别要求,根据实际应用是值得区别对待的。事实上因排水量不足而引起屋面积水时,对平屋面与坡屋面的危害是有本质区别的。对内天沟坡屋面,若是钢结构厂房,采用钢结构屋面,下设檩条和钢梁,更不利的是钢结构厂房的屋面和天沟,在连接处虽然设有屋面封檐板,但仍然存在接缝,屋面和天沟不用防水卷材处理,因此当钢结构厂房的天沟中水位超过搭接缝时,雨水会从搭接缝泛水处进入室内,如果是钢筋混凝土厂房,采用预制混凝土大型屋面板及折线型屋架,钢筋混凝土厂房的屋面防水卷材覆盖了整个天沟,如果排水不及时,雨水虽不会像钢结构屋面那样泛入室内,但存在天沟部位及其低洼处的积水水位高度超过结构设计承受力,从而引发安全问题。

造成这种现象产生的根本原因是:平屋顶与坡屋顶最本质的区别是平屋顶由于坡度较小,在大雨或暴雨时排水不会顺畅且在屋面形成一定的积水厚度;而坡屋顶由于坡度较大及时排至天沟,这样屋面根本不存在积水厚度,也就是两种屋面对雨水的蓄积能力存在差别,造成在同样面积下坡屋顶的天沟汇水流量会相对在低洼处比较大,尤其是暴雨强度的特点是先大逐渐减小,这种现象更加明显。对此,如果规范对坡屋顶重现期的规定及要求增加溢流设施以满足 10 年以上的重现期排水量是有必要的。但对平屋顶而言,高要求的重现期及溢流设施并非必须需要。根据经验,平屋面的一般性建筑,可取 2 年为宜,而重要建筑物按 5 年进行设施,至于影响建筑物立面的溢流措施一般可以不设。

对此,选择重现期的决定因素应当是屋面形式,而非建筑物的重要程度。建筑物的重要性只能作为参考因素,并非所有屋面都存在积水,就是遇上特大暴雨,天沟泛水也可以适应。

3.2 地下建筑物入口重现期的合理性

《建筑给水排水设计规范》(GB 50015—2003)中对下沉式广场和地下车库坡道的低洼处，一旦大雨积水则成为严重积水处，殃及下沉式广场附属建筑物和设施，但问题是如果按50年重现期设计，集水池及排水泵做得很大，更关键的是有没有必要这样做大？可以这样认为，下沉式广场及地下车道允许有可以流水的位置，这同规范所借鉴的地铁场所有所不同，而且地面积水可流动厚度与地面的材料、坡度及地面形式等有关，设计排水量只要能满足把流入集水坑的水及早排出即可。

在设计下沉式广场及地下车库车道出入口时，要求引起设计人员重视的是：在百年一遇的情况下，如果排水泵因控制系统、供电系统及机械故障等原因而不能排水的最不利情况下，在24h内排除故障并排水，如不对规范强调的下沉式广场附属建筑和设施产生破坏，这是给排水专业必须与建筑专业协调处理的问题，建筑专业可以通过采取增高房间的门槛、下沉式广场的地面标高等措施进行综合考虑，如果广场地形构造不能避免形成低洼地，则低洼地的汇水面积必须要考虑所有能排入其地面的广场面积，如果只是提高低洼地雨水设计重现期是不能解决的。对于地下车库坡道出入口，即使在排水泵失去作用的情况下，由于坡道出入口的面积与地下车库比值会很小，如坡道出入口的面积不足$200m^2$，地下车库的面积达$10000m^2$，则地下车库的最不利积水为$(200/10000)\times 191.3$(最大暴雨量)$=3.83mm$，这已经是出入口排水泵、内部所有排水泵都失去作用时，又恰遇暴雨的最不利后果，所以3~5年的设计重现期是可以满足实际使用要求了。

3.3 设计满足重现期但钢构天沟仍泛水问题

对于钢构屋面厂房的雨水系统，其雨水管路系统已经按设计重现期10年以上计算，并且设置了溢流管道，但仍然有向室内泛水现象发生。例如某厂房经过现场实际观察及图纸分析，主要原因如下。

(1)天沟排水能力不足　其汇水面积为$A(m^2)$，降雨强度为$q(mm/h)$，则这个雨水口的排水量应该是$Q_{斗}=A\times q/3600(L/s)$；而天沟宽度为$W(m)$，深度为$H(m)$，坡度为$I$；沟底钢板摩擦系数$n=0.0125$，则根据谢才系数和曼宁公式求得天沟排水量为：

$Q_{天}=(1/n)\times A\times R^{2/3}\times I^{1/2}=(1/n)\times(W\times H)\times[W\times H/(2H+W)]^{2/3}\times I^{1/2}\times 1000$ (L/s)，满足$Q_{天}>Q_{斗}$是保证不泛水的必要条件，否则在天沟内会因涌水而产生泛水现象。这是由于一些天沟尺寸经复算并没有达到需要的排水条件。

(2)天沟设计构造深度不够　在满足一些必备条件后，天沟的深度应该提高不少于100mm的安全高度，有些工程并没有考虑此安全量，所以天沟的最低限度必须大于100mm，末端深度$>100+I\times L$，同时也应该大于100+设计流量下的斗前水深，取两者之间高值作为末端水深，再相应求出起点水深，为天沟合理结构水深的尺寸。

假如天沟不设坡度，则排水全都依靠沟内水位差推动排出，设受水屋面宽度为C，长度为L，可根据$Q_{天}=Q_{斗}$，$(1/n)\times(W\times H)\times[W\times H/(2H+W)]^{2/3}\times I^{1/2}\times 1000=C\times L\times q/3600$，经过重新整理得出$(1000/n)\times W^{1.4}\times H^{1.4}\div(2H+W)^{0.4}\times I^{1/2}=C\times q/3600$，$H$取相应型号规格雨水斗，在设计流量下的斗前水深$H_o$，再代入$W$、$n$、$q$值，计算求出水力坡度$I$

值。也即是平坡天沟的深度为 $H=H_{o}+I\times L+100\text{mm}$。其计算分析结果如图 6-1 所示。

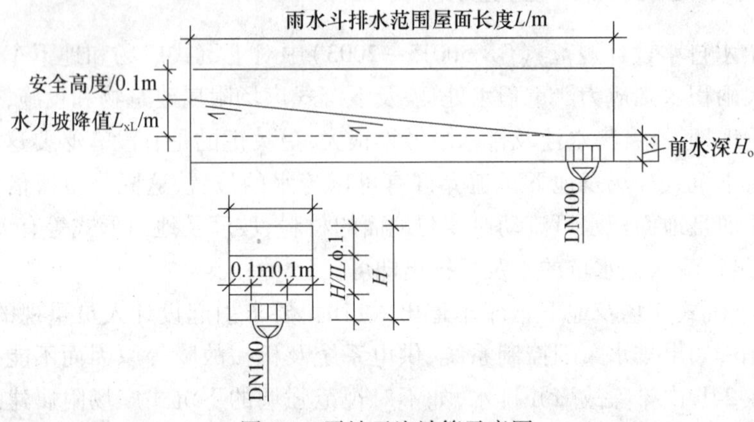

图 6-1　平坡天沟计算示意图

(3)天沟宽度不够　天沟的宽度应该是导流罩直径两边各增加不少于 100mm 的宽度,这样处理才能保证导流罩周围进水面畅通,满足雨水斗的设计排水量,也可以在该雨水口因为堵塞等原因排水不力或不畅顺时,达到雨水斗承担的排水量,通过加宽的 200mm 宽度协调分配给其他雨水斗。事实上整个屋面的天沟是连通的,各雨水斗的排水量应该是均衡的,天沟中的流水深度也基本接近。按照现在采用的国标图集示范,重力导流罩直径为公称管径 $D+140\text{mm}$,也就是天沟宽度大于 $D+340\text{mm}$;有压流(倒虹吸式)雨水斗应按各不同生产厂家为准,但基本范围在 300mm 以上,这样天沟宽度应该在 500mm 才能适应。现在的工程在具体设计及施工时,屋面天沟宽度是由建筑或钢结构专业来确定的,若是同给排水专业不协调配合并提出相应要求,天沟的实际宽度大部分小于 400mm 及以下,这个问题应该引起专业设计人员的重视。

需要强调的是,在一个建筑物屋顶设计中,平屋顶及坡屋顶的排水天沟,一个雨水斗若不排水时,其他排水斗的排水量应符合实际的需要,因为雨水斗口处不上人按时清理垃圾,任凭垃圾堵塞或是排水口处受到损坏,导致积存水流动不畅是一个概率较大的现实问题。

3.4　屋面及阳台汇水面积及立管敷设

3.4.1　坡屋顶汇水面积的计算

根据现行《建筑给水排水设计规范》(GB 50015—2003)中第 4.9.7 条的规定,“雨水汇水面积应按地面、屋面水平投影面积计算”。这条规范条文及其说明只适用于平屋顶,而对坡屋面并不适用。对屋面的檐口天沟而言,雨水风向对雨水飘落有影响,雨水汇水面积事实上也应是坡屋面面积,而并非投影面积。但是对两个坡屋顶汇合的天沟来说,应该是两个屋脊线组成的平面面积,并非是投影的面积,只有当两屋脊线等高时,规范规定的水平投影面积才符合实际。在此,规范的条文中要对平屋顶、坡屋顶汇水面积进行区别说明,平屋顶规范规定是正确的,而坡屋顶应为:雨水汇水面积按坡屋顶最大实际水平的面积计算为好。

3.4.2 屋面及阳台排水在直线段立管合用

现行《建筑给水排水设计规范》(GB 50015—2003)中第4.9.12条规定:“高层建筑阳台排水系统应单独设置,多层建筑阳台排水雨水宜单独设置”。阳台雨水立管底部应间接排水。从现实分析阳台排水可否与屋面排水合并,需要考虑的问题是:屋面排水是否有可能堵塞;阳台地漏接入处是否存在正压的问题。对于规范要求的“但当遇超重现期的暴雨时,其立管上端会产生较大负压,可将与其连接的存水弯水封吸抽掉;其立管下端会产生较大正压,雨水可以从阳台地漏中冒溢”的规定值得考虑,即阳台地漏不应设计有水封,因为采用了间接排水完全杜绝了臭味冒至阳台,设置水封没有必要,且易造成排水堵塞及不畅;由于每层无水封地漏的接入,相当于在每层设置了接合通气管,作为重力排水的雨水立管的排水条件有改善,负压值会很小以至忽略;以DN100的单斗系统实测值为例,当遇超重现期的暴雨时,排水流量为25L/s(DN100雨水斗额定流量为12L/s),立管底部紧靠出管处的压力也仅有26kPa(即2.6m的水头),相当于在每层设置了接合通气管,采用了间接排水,取消横向排出管,从而不会出现壅水及堵塞,在排水量小于25L/s的情况下,立管下部最底层地漏处不会形成正压。

对此可以认为,如图6-2(a)所示的情况时,屋面排水可以和阳台地漏排水共用排水立管;若如图6-2(b)所示,比最低层地漏还要低的部位有顶棚或空调外机搁板等允许返水的接入点,更适宜用;如果雨水立管需要横干管转向,考虑到壅水会产生正压,立管转向处容易堵塞造成泛水等现象,则不论是高层还是多层建筑,立管都应该独立设置。

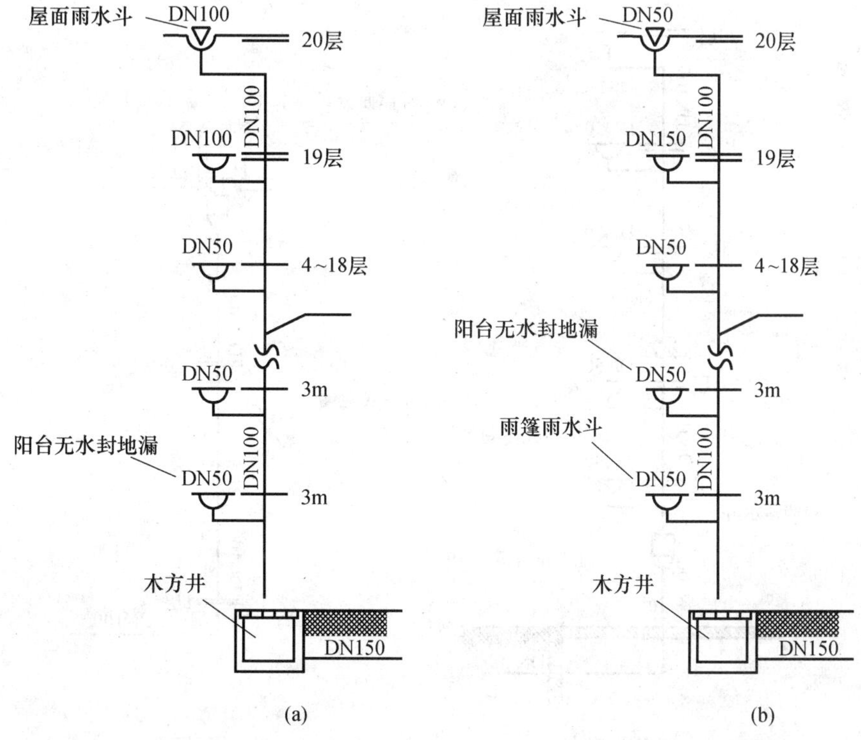

图6-2 高层建筑阳台地漏与屋面雨水合用排水立管示意图

3.5 外墙雨水斗的合理设置

现在许多建筑物考虑到立面的效果，不允许雨水管设置在墙壁正立面或进入某些房间，在建筑雨水排水中会采取外墙侧式雨水斗。侧式雨水斗有两种连接方式，即通过外墙落水斗连接和直接与立管连接。在这里除了建筑立面要求雨水斗直接与立管连接以外，还应尽量安装外雨水斗。以下结合建筑工程实际对外墙合理应用雨水斗进行浅要分析。

(1)小面积汇水不适合安装两根雨水立管的部位，因为雨水落水斗不但可较好地改善雨水排除状况，并且还起到相当于雨水外排系统的作用，假若雨水排出横管或者立管堵塞，则屋面雨水从落水斗溢流，从而避免在屋面形成积聚水。

(2)需要间接排水的某些部位，如阳台排水地漏或室内空调冷凝水等处，如果室外设置间接排水小井有困难，可以将雨水排入落水斗再接入检查井，如图6-3(a)所示。

(3)伸缩及沉降缝两边屋面排水需要合用一根雨水立管，若是伸缩及沉降缝结构处两边屋面汇水面积较小，且分设两根雨水管不美观经济时，利用雨水斗不同于落水斗固定的特点，可以把两个侧式落水斗接入同一个落水斗后再排出，如图6-3(b)所示。

(4)阳台及露台等雨水排水需要与屋面排水管合用的部位，在别墅等低层建筑物中，若屋面排水立管在旁边通过时，为一个阳台或露台采取在屋面雨水立管旁再设置一根雨水立管的处理肯定是不合适的。如图6-3(b)所示，采取外墙立落斗可以把阳台或露台地漏接入屋面雨水立管，由于落水斗比地漏要高，屋面雨水不会从地漏中返出。

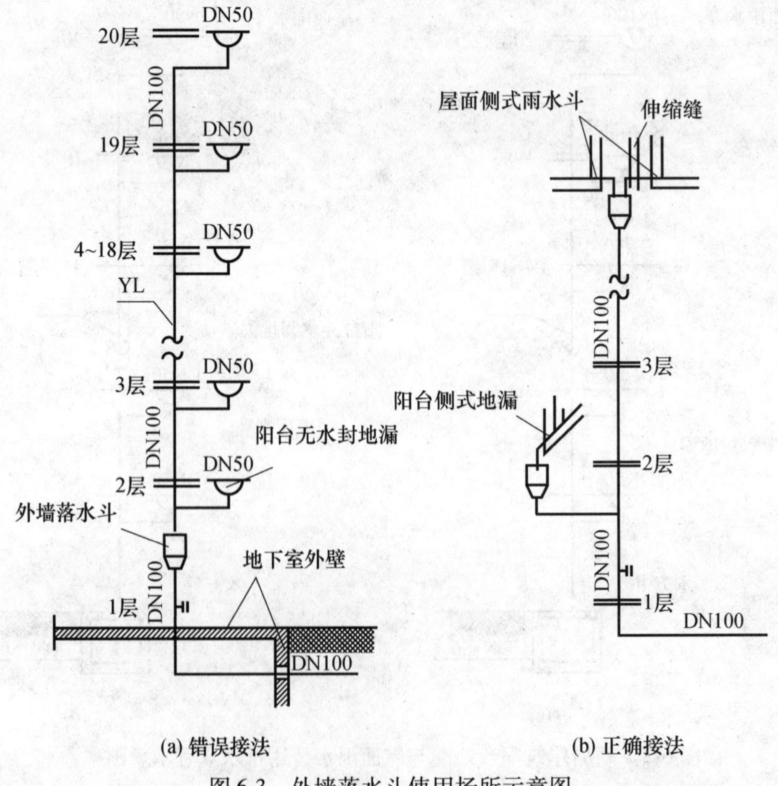

图6-3 外墙落水斗使用场所示意图

3.6 重视地下室排水泵接入外部检查井入口

在工程应用中及个别图纸设计中,发现地下室雨水和地面冲洗排水泵等接入雨水检查井,出水口淹没在雨水排水水位中,这是设计或施工中的严重失误,其存在的问题是:如果水泵出口止回阀关闭不严,室外雨水会倒灌入地下室;雨水检查井在充满情况下,雨水挟带的泥沙等杂物会流入排水泵的出水管,若是地下车库露天出入口排水泵,因使用频率高,虽然不会导致无法启动,但如果有较大颗粒泥沙、塑料及纤维与废纸杂物进入泵的出口,会造成沉淀物冲击水泵叶轮或是杂物使水泵出口止回阀无法关闭,从而造成检查井雨水倒灌入地下室的不良后果;如果是地面冲洗泵,消防电梯排水泵等很少用或者一般不用的地方,除了上述隐患外,还存在由于出水管积累较多泥沙而不易开启止回阀的问题,尤其是消防电梯排水泵由于长期不排水,更难发现这些问题,因而需要特别引起重视。要正确、可靠地处理存在的安全隐患,可以采取尽量抬高接入出水口顶端横管的高度,并斜向下出口接入雨水检查井的方式。

综上浅要介绍了雨水系统设计中存在的需改进的问题以及在工程实际应用中经过改进、提高取得的良好工程效果。其重点是:实际累计降雨量不等于设计降雨量乘以时间,对应各类雨水排水面积的实际蓄积和排放能力;其重现期选用值要考虑;坡屋面的汇水面积取值要分析;对雨水管路设置满足设计重现期要求的钢构天沟仍泛水现象要考虑;即阳台排水与屋面排水可否合用一根立管要根据实际进行分析,地下室排水泵接入室外检查井的方式要考虑;可以合理使用外墙排水斗的场合要进行分析处理。

4 新型屋面防水保温一体化施工技术

新型防水屋面即SF防水保温一体化屋面是将水泥、砂子、膨胀珍珠岩以及SF防水剂混合搅拌均匀,现场整体浇筑在屋面板上而形成的防水、保温一体的新技术。传统的屋面做法是采用不同的保温防水材料,经过多种工序的施工达到防水、保温要求。工序复杂且各工序之间相互影响比较大,一旦产生渗漏水则很难彻底修复。而SF防水保温一体化屋面解决了传统屋面的一些弊端,它取代了屋面施工传统的多层做法,使屋面工程更加简便,而且使用材料单一,避免了不同工种的交叉作业,能够大幅度加快进度、缩短工期,并降低费用,是一种较节能环保的屋面新构造做法。

4.1 工艺及构造措施

(1)防水性能　传统的防水材料在自然环境下经过若干年后会逐渐老化,会削弱甚至丧失防水功能而产生渗漏水问题。但SF防水材料却完全不同,它是先吸水至饱和,然后产生憎水功效把水堵住,使外部水不可能再浸入,从而达到防止渗漏水的目标。无水时SF层内所含水分蒸发,防水材料进入自然状态,而当与水后SF层晶体膨胀,将孔隙、毛细孔及裂纹封闭,达到防止漏渗水产生的目的。

(2)保温功效　传统的膨胀珍珠岩是一种天然酸性玻璃质火山溶岩,属于非金属产品,无需添加任何辅助剂,加热至1000～1300℃时其体积膨胀率增长30倍,人们根据它的特性称其为膨胀珍珠岩。由于材料本身具有优良的耐高温性,许多需要做保温的产品都把其作为保温填充材料使用。

(3)分层做法(如图6-4所示)　SF防水保温一体化屋面全部采用SF-Ⅲ型聚合物水泥砂浆分层进行施工,其具体做法是:①SF聚合物水泥防水砂浆保护层厚为20mm,内设一层玻璃纤维网格布,配合比为水泥:砂子:珍珠岩:防水溶液=1:2:0.2:1;②SF聚合物水泥防水砂浆底层厚为30mm,配合比为水泥:砂子:珍珠岩:防水溶液=1:2:0.5:1.3;③SF聚合物水泥珍珠岩保温兼找坡层,最薄处厚度为100mm,配合比为水泥:珍珠岩:防水溶液=1:1.8:2.0;④SF聚合物水泥防水砂浆找平层,配合比为水泥:砂子:珍珠岩:防水溶液=1:2:0.2:1.0。

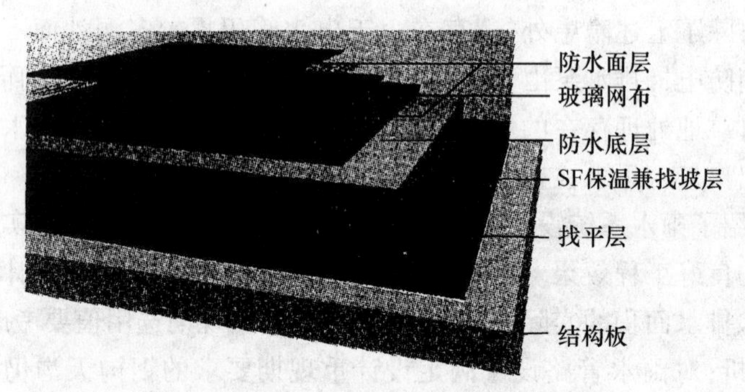

图6-4　SF防水保温一体化屋面分层

4.2　SF材料的适用范围及特点

SF系列防水保温材料属于高科技绿色环保产品,对人体无任何不良影响。其中SF-Ⅰ型适用于已建地下室的堵漏;而SF-Ⅱ型可以用于新、旧地下室,蓄水池,游泳池及厕浴间的防水;SF-Ⅲ型应用于屋面防水及立面的防水层,主要适用于Ⅰ、Ⅱ、Ⅲ级屋面,同时由于使用此种材料可以进行湿业施工,因此可以在阴雨天或潮湿环境下作业;SF-Ⅳ型是抗裂防水材料,用于屋面防裂的保护层工程。

SF防水保温一体化屋面具有明显优点,其表现在:施工简便,省工期,质量可靠;防水性能独特,不串水且维修方便;可以进行湿作业施工;重量轻且强度大;造价较低且使用寿命长。

4.3　主要材料与设备

(1)水泥　适合选择硅酸盐水泥或普通硅酸盐水泥,如果用矿渣硅酸盐水泥时应采取减少泌水的措施,水泥强度不低于32.5级,不要使用火山灰及粉煤灰水泥。水泥进场时必须要有合格证及复检报告,并按要求进行抽样复试,合格后才能用于工程。

(2)砂子　宜选用中粒径砂,模数为2.3~2.7mm,颗粒坚硬,含泥量小于1%。

(3)珍珠岩　膨胀珍珠岩的粒径要大于0.15mm,小于0.15mm的含量不要超过8%,堆积密度小于120kg/m^3,热导率应小于0.07W/(m·K)。SF-Ⅲ型防水材料必须要有出厂合格证,要按照出厂说明书的要求进行配置施工,不允许任意改变配合比例,防水剂质量要符合相应规范的规定。

(4)防水辅助用材　如玻璃纤维网格布、柔性防水材料、界面剂与塑料分格条等必须是合格产品。

(5)拌合用水　用生活自来水即可,如果无自来水,取用其他水要经过化验合格才能使用。

(6)施工用机具　砂浆搅拌机、磅秤、手推车、小翻斗车、平板振动器、刮杠、水桶、各种手执小型工具、胶皮水管及覆盖养护用塑料薄膜等。

4.4　施工过程质量控制

4.4.1　工艺流程

SF 防水保温一体化屋面施工工艺流程是:施工准备→基层清理→细部节点处理→找平层→保温层兼找坡层→防水底层→防水保护层→养护→验收。

4.4.2　施工过程控制

(1)SF 防水溶液的配置　把一块 700g 重的 SF 浓缩防水材料放到盛有 3kg 清水的铁容器中,加火烧至沸腾使其彻底溶解,然后倒入 97kg 的凉水里静置 10min 后再使用。要求在静置时无任何搅动,并不得用铝制器皿盛装。

(2)材料的拌制　在施工面积较小时可以用人工搅拌,当施工面积较大时必须用搅拌机集中搅拌。搅拌时要严格按照施工配合比材料计量,将水泥、砂子和珍珠岩干混搅拌 3 遍,使其基本均匀后再加入 SF 防水溶液搅拌。当采用机械搅拌时其顺序为:先砂子,再倒水泥,然后加珍珠岩,最后倒入防水液。搅拌时间以 2 ~ 3min 为宜。

(3)对基层的处理　检查预埋管、出气孔、雨水口及上下管道是否安装完毕;出屋面的人孔砌筑完成;将基层表面的所有杂物彻底清除干净,还要用水冲洗,然后用掺有界面剂的水泥砂浆扫浆结合层。

(4)找平层施工　找平层的抹灰厚度一般为 20mm,把搅拌均匀的 SF 聚合物水泥防水砂浆铺摊在处理干净的基层上,然后用长刮杠刮平整,用木抹子搓压至少两遍,最后用铁抹子压实抹光。

(5)保温层兼找坡层施工　保温层兼找坡层的施工厚度按最薄处 100mm 进行控制。操作前技术人员要进行技术交底,并按设计图纸规定的排水坡度进行放线找坡、冲筋打点,经过现场监理的检查验收达到合格后,再进行保温层施工,把搅拌均匀的 SF 聚合物水泥珍珠岩保温材料摊铺在找平层上,用刮杠刮平。铺设厚度每层控制在 150mm 以内,层间用平板振动器振捣密实。

(6)防水底层施工控制　防水底层厚度控制在 30mm,把搅拌均匀的 SF 聚合物水泥防水砂浆铺摊在保温层上,用长刮杠刮平整,用木抹子搓压至少两遍,最后搓成麻面。

(7)防水保护层施工控制　防水保护层的厚度一般为 20mm,要待防水底层初凝后再摊铺防水保护层。将搅拌合适的 SF 聚合物水泥防水砂浆摊铺均匀,厚度控制在 10mm,在表面铺设一层玻璃纤维网格布或细铁丝网,用木抹子压入浆内,然后在上面再铺设一层厚度为10mm的SF聚合物防水砂浆,用刮杠刮平,再用木抹子搓平,铁抹子压实收光三遍,至出浆。

(8)分格缝的留置处理　为防止大面积保护层开裂,在防水保护层上必须设置分格缝。分格缝双向留置中距不超过3m,缝内镶嵌10mm宽的塑料分格专用条。在屋面施工前及早设置好分格缝位置,在防水保护层施工时用木抹子将塑料分格条压入防水保护层中,在防水保护层初凝后再把落入分格条缝内的杂物清除干净,使缝内无杂物且平直。

(9)养护工作要确保　为了防止保护层由于早期失水而引起内部产生干燥裂缝,在施工抹压后的8h以内要及时补充水分,连续浇筑应该不少于14d;养护方法可以采取淋水,天气炎热时养护一定要覆盖塑料薄膜以防止水分蒸发过快,使水泥浆有充足的水化时间;养护早期强度比较低,应严禁人员踩踏及堆放重量大的材料,浇水应均匀,昼夜连续进行。

4.5　质量检查验收工作

SF防水保温屋面所选择的水泥、SF防水剂、砂子及膨胀珍珠岩等材料,其质量必须符合现行的国家相关规范及标准,出厂要有合格证、检测报告等备查资料,进场时由监理工程师再按要求抽查取样复检,检验合格后才能进行施工。严格控制各层次原材料的配合比,计量准确且充分搅拌,确保不同材料搅拌均匀。

施工提前放准线,要保证每层施工厚度达到设计要求;严格注重细部节点的构造处理,细部是薄弱环节要加强管理,并要求每结构层表面平整,接槎严密,线角平直,色泽一致;当整体屋面施工完成后按要求蓄水试验,蓄水时间不少于24h,且在下方仔细观察,底板无湿润及渍水现象即为防水合格。

通过对SF防水保温一体化屋面的施工实践表明,用SF防水材料做屋面保温及防水其效果满足房屋使用功能,综合造价相对较低,施工简单快捷,而且不会窜水,易修复,节省保护费用。同时材料节能环保,是一种新型绿色建筑材料,对人体无害,保温节能效果达到节能65%的要求。

5　防水施工程序具有科学易操作性

建筑房屋的渗漏水是长期困扰我国建筑业的老问题,大量工程实践和研究表明,若能根据防水工程特点,与建筑物渗漏原因结合起来进行防水治理,并严格尊重建设施工中的客观规律,那么许多问题是可避免的,本节在总结工程实践中提出防水工序的新理念。

5.1　防水工程的特点

防水工程的特点尽管不少,但归纳起来主要还是综合性、复杂性和滞后性三个。若把综合性作为功能、目标,复杂性作为方法、手段,滞后性作为质量、效果,这就为剖析建筑物的渗漏水原因提供了可行的切入点。

“综合性”既要求从防水设计、选材与施工方面，充分考虑防水功能质量和工程质量的有关问题，又要求根据防水工程各构造层次之间相互依存又相互制约的情况，解决好影响防水工程质量的“湿胀干缩”和“热胀冷缩”两种自然现象。防水工程综合性的特点则包括结构承重、防水、保温隔热、防火、节能及环保方面。

“复杂性”是指防水工程不仅受到外界气候和环境的影响，还与地基不均匀沉降和结构的变形密切相关。而防水层要求百分之百成功，与其他分部分项工程、相邻部位施工缺陷或允许偏差之间存在矛盾，不仅给防水工程质量带来严重考验，而且还有极大的风险性。特别是在一些特殊的地下工程细节中，因“先有荷载，后有防水”，施工中的不确定因素的增多，如何保证防水质量和基坑安全并非易事。此外，建筑防水中发现的问题还要考虑反复与叠加的多种因素，包括一些次生灾害方面的问题。而复杂性是设计、选材、施工及外部影响因素。

“滞后性”是防水工程的另一个鲜明特点，即问题隐患存在防水施工的全过程中，待到施工不久以至一年后甚至更长时间，在各种变形及变化因素基本完成后，渗漏水才会逐渐显现出来。因此防水工程质量效果要待工程竣工后的几个月，长的在 1 ~ 2 年后或经过大风暴雨、寒暑以及最大地下水压力的考验才能暴露出来。滞后性涉及质量和效果，如环境因素、地质及地下水因素；温度变化、地基不均匀沉降和管理不当等。

通过室内厕浴间、地下室、屋面工程及防水工程特点可与治理建筑物渗漏原因结合起来考量。这样，就可将防水工程质量“关口”前移，把过去出了质量问题后的“事故追究”，变为在施工前期的“隐患追究”，对确保工程质量存在现实意义。另外，若能“拒水于结构层次之外”，使结构处于防水层的严密包围中，那么对保护与延长主体结构的使用年限，乃至提高相邻项目工程质量都是有益的。

5.2　施工程序的科学性和可操作性

施工程序也就是常说的在建筑物或构筑物建造时，按照设计图纸提出的要求，结合施工验收规范的具体规定，施工过程中结构受力状态，考虑切合实际的工艺、施工环境及气候条件因素，设定的先后进行。如从基础、主体结构、墙体、屋面以及地面等分部工程，这也是编制施工进度，从而保证施工顺利安全进行的重要依据。而要制定科学合理的施工程序，不仅要有丰富的理论知识，更要具备多个工程应用的实践经验。

由于防水工程属于隐蔽项目，并且具有滞后性的特点，对此，一般会要求防水工程经过相应的验收达到不再渗漏，后续工序施工不会影响防水质量时，才能允许进行下道工序施工。一些防水工程因为没有重视这个问题，在防水层完成后，随意在上面干其他工作，凿孔打洞或重物砸撞冲击，造成防水层失效而返工，其教训是不少的，而且补救措施也并不理想。

施工程序应具有科学性和可操作性，如基础从人工降水开始至基础回填土结束，这中间有基槽验收、混凝土垫层、底层柔性防水、保护或滑动层、钢筋工程、强度高的抗渗混凝土底板、地下结构层施工、基础底部施工及回填、防水工程整体验收、地下室内地坪及墙体抹灰、防水验收合格与否，若是不合格则注浆堵漏。这些工作内容是一般地下室防水的基本做法。室外市政配套工程含给排水、电、煤气及通讯等各类配套设施。地下防水工程总体验收要分两步实施：首先，应在防水混凝土结构和柔性防水层（以上均含底板及外墙）完成后按有关规范及时进行质量验收；第二步则应在室内装饰工程前进行，此时主要检查地下各层室内地面与墙面是否渗漏水。地下室是一个由防水混凝土主体结构与柔性防水附加层组成的外包全封闭防水工程，明确了相关项目的先后次序。而在整个施工工程中，“人工降排水”须从基础验槽开始，直至室外回填土完成为止，这是保证质量的先决条件。此外，室外回填土不能用铲车直接填进，而应与市政配套工程交叉进行，否则对防水工程质量也有影响；与此同时，为确保明挖法基坑在施工中的安全稳定性，在检查底板混凝土浇筑后，应先对该部位基础回填土进行分层、切实与夯实。

5.3 防水工程应用效果

施工程序、施工条件和成品保护是保证防水工程施工质量的三个基本要素。这是根据建筑防水的工程特点，并通过大量工程应用过程实践后得出的科学认知，也是破解防水施工质量通病的有力措施。若能认真做好以上三个要素，当前大部分建筑渗漏水问题都能得到圆满解决。

（1）室内厨厕浴间　目前高层建筑商品住宅的厨房、厕浴间多数采用精装修，这是防止客户在购房后二次装修破坏结构的重要举措。但在精装修施工中，因为有土建、机电、装饰、管道改线及防水等多种交叉作业，需周密制订施工程序、进度计划、质量检查和成品保护措施等。根据厨房、厕浴间的工程特点，在做防水层前须先解决水管试压以及套管与混凝土之间固定密封问题。其中水管试压包括上水、中水（抽水马桶用）、排水及暖气管，应逐层配套进行，发现问题及时整修；另外，电气、煤气预埋及安装应同时穿管安装且不可滞后。

某联合办公楼工程共有84套厕浴间，经过认真研究，根据“抓进度先研究工序交叉，抓质量应注重成品保护”的原则制订出厕浴间防水工程施工程序。例如，主要程序包括：结构施工中预留套管或洞、主管及支管安装、水管试压、套管固定密封、墙面基层处理、地面处理、做防水层、闭水试验、砂浆保护以及墙地面装饰处理。当水管试压时，有压管采用水压试验，无压管采用灌水试验；套管固定与密封时指包括预留洞支模、浇筑混凝土以及采用混凝土浇筑接缝密封胶进行密封等工序；按设定程序施工及过程控制，克服了过去在类似工程中计划不周、盲目抢工、管理失控及野蛮作业的不良习性。

（2）地下室工程防水　科学安排施工程序，不仅存在管理问题，也存在技术问题，有些技术常识易被忽视且重复发生。如北方某一高层地下层建筑，埋深约8m。该工程占地面积约为4000m^2，底板厚度分别为1.2～1.7m，总计浇筑混凝土达5800m^3，地质资料显示，该基础持力层为中风化砂岩，地下水位埋深在3.2～7.2 m之间，场地内基岩裂缝渗水。该工程大体积防水混凝土底板施工时值初冬期，由于采取了一系列正确的冬期施工技术措施，混凝土施工质量较好，混凝土试件强度及抗渗等级均达到设计要求。10个月后主体结构封顶，1年后初冬，在确认底板长期干燥、无渗漏的情况下在上部浇筑50mm

厚细石混凝土保护层。12 个月后，地下二层底面出现积水并结冰，冰厚达 50mm 左右。14 个月后气温回升，四周开始回填土，随着回填土陆续完成及连续几场大雨，地下水压力逐渐增大，地下二层东、西塔楼的严重渗漏水问题才逐步暴露，由于炉渣混凝土等保护层已浇筑，给诊断与堵漏施工带来极大困难，因为寻找漏点不易。

通过分析，认为这一渗漏水事故与对地下水压力的形成认识不足，同时与施工程序安排不当有关。在地下工程防水设计中，地下水压力的计算应包括地下水、地表水、毛细管水以及工程建成后，由于生产用水和生活用水排放不当，上下水管道漏水和附近生活排水及绿化浇水等因素引起的水位上升等因素。而在施工初期及相当长的一段时间内，由于施工降水与回填土的滞后，地下水压远低于设计的最大地下水压力值，此时一般不会引起地下室的渗漏水。基于这一分析，地下室是否会出现渗漏水，应在回填土完成后才能确定，而此时处理渗漏的困难可想而知。事例说明，时隔 1 年多，大体积底板混凝土在巨大温度应力与地下水压的共同作用下，还会出现新生的贯穿性裂缝（其中包括由原来一些表面裂缝、收缩裂缝扩张而成），从而造成地下室的渗漏。至于在施工底板 13 ~ 14 月后，地下三层表面积水的来源，据了解主要是由于施工用水通过楼板预留洞及从塔式起重机空洞中流入的；但也不排除在底板混凝土中，因地下水的渗透压力使混凝土内部孔隙充满水分，而这些水分在冬季结冰膨胀过程中释放出的应力又扩大了裂缝的数量与宽度，并成为渗漏水的路径。因此对于北方完全裸露的在建地下室的越冬保护问题，应引起高度重视。

综上浅述，建筑物的防水由于是隐蔽项目，存在着综合性、复杂性和滞后性三个关键因素，工程实践表明，只有充分了解防水工程特点和材料特性，认真处理好工序过程的环节，做好对防水层的保护，才能达到防水耐久性和不渗漏的目的。

6 建筑外墙的质量与防渗漏预防控制

目前建筑外墙的使用材料品种多样，施工控制也有不同，尤其是各种幕墙和窗的使用更具特色。这些各具特色的材料应用及结构采用不同形式的结合，如果操作控制不当、对材质工艺了解不多或者对基层处理不到位，不仅会影响到外墙质量和观感，更加严重的是会引起外墙渗漏的严重后果。建筑工程的外墙渗漏是比较常见现象，也是属于工程质量的通病之一，外墙的渗漏会影响到人们的正常生活，污染室内环境也给人们的精神产生压力，维修处理不易彻底且后期仍然会出现渗漏现象，给生活带来诸多不便。根据工程施工及检查经验分析，对建筑物外墙的质量控制及防渗漏措施提出可行性具体方法。

6.1 外墙渗漏的现象

引起房屋外墙渗漏的原因是多方面的，主要还是设计构造的措施不当、材料选择不合理以及施工过程质量控制不到位；其次是细部构造不认真、不规范且个人进行装修造成的损坏；最后还有气候环境的影响因素等。具体存在以下几个方面：外墙的预留孔密封不严；外抹灰层饰面裂缝；外贴面砖基层处理不当，砖底粘结砂浆不饱满，面砖与基层之间存在进水通道；外窗框同洞口周围密封不严，塞堵材料不密实，窗框与扇间隙大不严密；屋面落水管安装存在缺陷；基础沉降不匀引起的墙体开裂；屋顶同墙面交接处温差引起开裂；材料因后期收缩量大而产生的裂缝；因幕墙密封不严而产生的裂缝及二次装修，因墙体打洞破坏结构整体性而产生的墙体开裂形成渗漏水等。

6.2　外墙渗漏原因分析

（1）外墙搭架架眼洞及其他临时留洞的后期封堵不规范　洞内无塞堵材料只在表面处理，穿越钢筋及铁丝也是漏水的隐患部位。这是由于穿越钢筋及铁丝在支设模板时容易产生松动，在外墙形成贯穿孔洞，在进行外墙基层处理时一般不采取处理措施，从而造成渗漏水通道；固定雨落水管的膨胀螺丝也会产生渗漏水。

外墙装饰造成的裂缝，由于外墙抹灰分格缝不交圈、不平整或砂浆残留物未清理干净，使雨水在分格缝内聚集，或是由于分格缝嵌条过深条底未砂浆，雨水渗漏进入墙体；饰面砖之间勾缝不连续密实，砂浆强度低存在大量毛细孔而形成渗漏水。同时在外墙上随着钻孔安装空调、太阳能热水器管孔与排烟孔等损伤外墙及保温层，也会造成渗漏。

（2）目前房屋的设计要考虑到节能的要求　外墙是节能的重点，外墙采用的外保温材料体系，多数采取点粘施工方法，在保温层和外墙面之间形成大量空腔，保温板块之间有无数的接缝，若任何一条缝处理不严密或材料老化都会形成渗水通道，这是处理难度最大也是新出现的渗漏通病之一。如果保温板采取铁丝网架聚苯板机械固定的保温体系，在固定保温板时，预留在外墙的钢筋固定点或者膨胀螺丝固定点也是引起渗漏水的另一原因。

（3）外墙砌筑时质量控制不当　由于目前外围护结构几乎都使用各种轻质保温砌块，表面吸水率及吸水速度相差很大，且块体比传统的黏土砖大数倍，操作人员为图方便，当监督力度不到位时，肯定达不到质量要求。砌块表面干燥，砂浆饱满度不够，尤其是竖向灰缝更差，透缝或瞎缝是难免的；由于干砌块上墙砂浆中的水分被快速吸干，造成砂浆中的水泥无法水化，砂浆的强度很低，砂浆体积收缩产生裂缝渗漏水；外墙基层局部一次抹灰过厚或外墙基层垂直度偏差大使抹灰过厚，又未采取分层抹灰的工艺，造成基层开裂及空鼓，外墙大面积而在基层未设置分格缝。

（4）框架结构填充墙用轻质砌块缝隙引起的渗漏　填充墙并不起承重作用的结构如加气混凝土砌块，其膨胀系数比混凝土框架梁柱小一倍，所以在温差过大及气候突然变化时，加气混凝土砌块与框架梁柱之间必然会产生裂缝，同时轻质砌块自身也具有收缩量偏大、吸水量也大且表面粗糙强度偏低的现象，从而易产生砂对防水有不利的影响作用。

（5）门窗洞口周边封堵密封不严造成的渗漏水　目前建筑物外窗大都使用铝合金或塑钢窗，由于环境温度变化引起与洞口材质不同的裂缝，也是存在框体与墙体之间填充材料内不密实、只在表面打胶、气候变化及胶干燥收缩形成缝隙导致渗漏。

（6）细部构造措施不当或施工未按图纸进行而引起的渗漏　为了使建筑立面丰富多彩，建筑外造形更趋多样性，外立面造型复杂线条多，更由于建筑节点多细部构造措施不到位，使外墙产生较多渗漏点，这也是外墙渗漏的一个方面。在外墙许多构件中，容易引起渗漏点如挑檐、雨篷、阳台及凸出墙壁的装饰线等，这些构件如未抹滴水线或抹得不规矩，也会造成沿外墙乱流。

6.3 外墙渗漏的预防措施

（1）对外墙预留孔洞的处理　通过改进工艺尽量减少外墙孔洞的留置量。必须清除干净孔洞内杂物和冲洗水且湿润后，用水泥砂浆及块材对孔洞分层填塞密实，块材周围要有砂浆且不许干堵；对外墙架眼及拉杆尤其是穿墙铁丝或钢筋要引起一定重视，要拌制掺有微膨胀剂的混凝土分层填捣密实，有必要时进行防水处理；对较低部位架眼进行先凿便于填充混凝土，小孔用发泡剂对进行内挤压处理。严格检查验收制度，对主体进行检查时重点检查架眼、孔洞的堵塞及穿墙钢筋的处理，不符合要求的坚决返工重做。

（2）屋面雨水管预防渗漏控制　在对屋面雨水管进行设计时，就经验而方，一般不要把排水管设在柱或墙内，如果是内排水确实需要设置的，要求用镀锌钢管埋设，特别是接头牢固可靠，并做灌水试验；外墙屋面雨落水管在使用过程中，应保证雨水管完整并畅通，下方如果碰撞及损坏进行及时修复与固定，防止水顺墙下流破坏墙面；对于固定落水管的膨胀螺丝及卡子，在墙内用结构胶粘结牢固，从而防止松动失效。

（3）窗框、洞口及窗台之间的渗漏处理

① 窗框的渗漏处理。把好材料质量关及严格制作关，下料尺寸必须准确，误差控制在允许范围内，使安装后的窗框的接缝严密，即方正并在下框有外排水口；还要严控施工质量关，预留洞口不宜过小但也不宜过大，以每侧有20mm的空隙较好；安装框垂直、内外打泡沫且外侧打胶，要打胶顺直严密；检查验收不放松，外窗进行淋水试验最好，不但可以检查到抗渗漏能力，也可以看到下框外排水速度及积存水的状况。

② 窗台的渗漏处理。窗台渗漏是因下台口处理不当造成的，针对窗台坡度过小、填充结构胶老化及脱落等原因，应采取的预防措施是：把硅胶沿窗台小圆弧的顺直方向抹压，部分胶透过窗下框与小圆环处预留的缝隙挤满，以确保框与墙洞口之间连接为柔性连接。

（4）外墙饰面砖缝隙造成的渗漏预防

① 对饰面砖外观的选择必须引起重视，进入现场的砖严格按规范要求进行抽样并复检。质量不合格或存在质量隐患的饰面砖不能用于工程，采取逐一挑选剔去有缺陷的以保证外镶质量。当镶贴面积较大时，可采取“一底一中一面”的工艺方法，即“一底”为刮底粗糙；“一中”为抹中层灰；“一面”为批灰镶贴面砖。当使用块材面积较大时才采用上述方法。

② 在施工前对墙面基层进行处理。检查平整度并对空鼓、起砂凸凹不平处进行修补，修补材料必须是不低于1∶3的水泥砂浆，以增加基层表面与面砖粘结强度。在抹灰施工前1d对墙面进行均匀浇水处理，冲洗浮尘并使表面有一定的湿润度，再抹厚度为5mm左右的砂浆并用铁抹子压实划毛，按照验收规范要求后检查符合要求才能施工面砖。

③ 面砖镶贴。先将选择合格瓷砖放在清水中浸泡不少于2h，然后取出晾至表干，在基层砂浆有一定强度开始粘贴面砖。粘贴面砖所用的粘结材料配合比，即水泥∶砂子＝1∶1；水泥∶胶∶水＝10∶0.5∶0.28。同时要严格控制使用时间，要随拌随用时间在1h以内用完，砂浆必须饱满密实，粘结牢固且无空鼓。

④ 勾缝。擦拭砖表面的灰浆并洒水湿润，再用 1∶1 的水泥砂浆勾缝，缝要比砖表面低 1mm；勾缝浆要连续不间断，且接缝顺直不应有砂眼等缺陷。勾缝完成后用棉纱擦拭表面，不允许存在任何污垢，再养护数日。

(5)外墙饰面因龟裂引起的渗漏及预防

① 预防分格条处引起的渗漏。在镶嵌外墙分格条时底层带浆应均匀饱满，镶嵌粘结牢固。

② 防止外墙面龟裂引起的渗漏。外墙抹灰前基体表面灰尘及油污应彻底清理干净，对凸凹不平的部分必须用水泥砂浆找平，对光滑混凝土表面要使用凿毛或涂抹界面处理剂处理，并提前浇湿且深度大于 5mm 以上；外墙抹灰必须分层进行，各抹灰层厚度以 6mm 左右为宜，直至上次抹灰表干后才能再次在上抹；抹灰用砂浆的水泥用普通硅酸盐水泥，砂用干净中砂；抹灰时间避开高温时间，养护控制不少于 3d。

③ 预防抹灰砂浆因掺外加剂引起的渗漏。由于微沫剂性能受掺量、配制方法及环境因素的影响较大，一般外墙抹灰砂浆中尽量不掺加；对引起渗漏的各种裂缝要及时修补，防止进一步延伸或扩大，具体措施是根据缝宽不同采用不同方法及材料进行修补或加强。

④ 严格控制施工程序。要切实加强工序过程的监管检查力度。施工技术人员对施工人员进行技术交底，并采取行之有效的自检、互检和专职检查相结合的方式；干砖不上墙，严格砂浆配合比例及和易性，水平灰缝砂浆饱满度不低于 90%，竖向灰缝饱满度不低于 80%，用挤压的方法来确保灰缝密实度。

⑤ 在找平抹灰前对外墙预留孔洞、框架填充墙顶部及空心砖外墙的竖缝等细部提前进行塞填封闭处理，并作为一道工序进行验收处理；找平抹灰时应分层进行，每层厚度小于 10mm，且两层抹灰的间隔时间在 24h；面砖施工前要求基层表面无明水，面砖勾缝表面必须干净，缝隙连续平整，且进行养护。

⑥ 因砌块填充墙受温度变化影响大，墙体与梁底和柱侧因不同材质接触，在两者上部加设钢丝网片，再用强度较高砂浆分层压抹，主要是防止不同材质结合处开裂。

对于内、外窗台，要求内窗台高出外窗台 15mm 左右，且外窗台向外排水坡不小于 20%；窗框周围要密封打胶，塞口要严密无孔隙，选择耐候性好的发泡剂和密封胶。打胶时要对固定窗框的木塞或支撑块取掉；窗洞口上面在外侧要抹滴水线，一般的做法是槽宽和槽深均在 10mm 为宜，也可以抹成鹰嘴滴水。

(6)外墙外保温引起的渗漏及预防　外墙外保温目前已经进行了 20 年时间，在做外保温之前除了严格按照外抹灰基层的要求，一般很少对基层进行淋水试验，如果必要时做淋水试验不渗漏更可靠，没有具体要求时可以不做，但是从砌体到外抹灰的过程中肯定要符合要求，外保温层也不会向室内出现渗漏。

(7)二次装修造成的渗漏及预防　在对主体外墙进行设计时，可以预先留置如空调、太阳能热水器孔洞，使用户在装饰时不再自行开孔打洞；交付用户后施工企业与用户加强沟通了解结构状况；现在住宅都有物业公司实行管理，物业管理部门要对住房的装修进行管理，使装饰不会对建筑物产生破坏。

(8)温度原因造成的渗漏及预防

房屋顶层外墙裂缝一般多发生在顶层两端外纵墙窗边，为“八”字形状，多数只裂一个端开间,个别也有裂二个端开间的;屋面圈梁下 1 ~2 皮砖有水平缝,外墙转角处有包角缝;少数下层外墙的圈梁上下也出现水平缝。造成外墙温度裂缝是由于屋面及圈梁和檐口的混凝土与砖墙的线性膨胀系数差别较大,混凝土及砖砌体约相差两倍。只有在采取有效的隔热、保温和设反射层的措施后,才能有效地减少、分散和消除温度裂缝发生。

采取有效设置保温隔热层和设反射层,选择保温性能好的材料,并按照计算及节能要求设置保温层厚度、平屋面及檐沟黑色防水卷材表面可以粘贴铝箔、涂抹银粉等白色反射材料;对房屋两端第一个开间的室内平面布置,应有良好的穿堂风过;对温度裂缝容易引发的部位,在墙体两侧抹灰前压入钢丝网片,抹在两层灰之间可以有效防止开裂。

6.4 从设计构造措施控制外墙渗漏

(1)设计人员重视细部大样构造设计,如窗台板坡度,滴水槽及鹰嘴做法,穿墙套管两端处理,外墙预埋构件,门窗与洞口周围的连接及密封最大宽度等。在设计中考虑外墙立面的防水及功能设定。加强细部构造及质量具体控制;例如内窗台要高于外窗台15mm 左右;外窗台向外的排水坡应大于 15%;滴水槽深宽不小于 10mm;外挑构件与外墙阴角处抹成 $R = 100$mm 的圆弧等。

(2)在房屋建筑工程的设计中,要充分考虑到外墙预留孔洞的处理,如空调洞、排烟孔与太阳能热水器孔等,减少住户装饰时对墙体的破坏;交付业主使用后,物业管理应切实加强对房屋装饰的管理,提出不允许随意凿砸墙体的要求等。

综上浅述,房屋外墙渗水的质量问题的防治,细部构造处理很重要,还要在施工工艺及过程控制环节上的选择、处理上来消除渗漏水的隐患,要根据当地条件制定出切合实际的施工措施,强化过程质量监管;认真执行国家规范及现行标准,有效预防渗漏的形成,从工程控制中入手;同时还可以用样板引路,技术交底不可缺少,操作人员素质和执证上岗是避免和减少渗漏不可忽视的方面。

7 房屋建筑在多雨季节防渗漏施工的控制

房屋建筑尤其是住宅工程的渗漏水问题多年来一直影响着施工企业,也给使用者带来许多不便,在处理渗漏水问题时也存在一定难度。房屋的渗漏水治理涉及设计、材料使用、施工及监理控制几个方面,现通过几个住宅小区反映的渗漏水问题及维修处理调查分析,归纳出渗漏水产生的部位及严重程度依次排序为:外门窗→外墙→屋面→设备与墙体结合处→地下室→卫生间→厨房→阳台。这些渗漏部位中外门窗及外墙渗漏的比例占绝对多数。在找到渗漏水原因的基础上再结合遇台风大雨的气候实际,会同建设小区施工企业将现建住宅作为重点控制内容,开展以防外门窗和墙体渗漏为主要控制重点的施工工艺,取得了预想的结果。

7.1 外门窗和墙体渗漏的主要原因

7.1.1 外门窗主要渗漏的原因

(1)外窗楣设置的滴水线槽不规范,坡度过小,鹰嘴和槽口不能有效阻挡雨水向内流淌。

(2)窗台板不是用混凝土预制板制成的,外窗台表面随着时间的延长而产生龟裂现象,雨水则沿着微裂缝渗入窗内;窗台泛水安装不当,有的出现倒坡水从而造成窗台渗漏水;窗框周围填充塞不密实,外侧与墙体交接处密封胶打不严,密封胶本身耐久性不好,也是引起从窗框向室内渗漏水的原因。

(3)铝合金窗框选材不当,框下滑槽轨道内侧挡水的高度不够,阻挡不住外部风压使雨水翻进入窗内;推拉窗的下滑槽轨道上开出的泄水口位置不当,在窗扇关闭的状态下外部雨水仍然从泄水口吹进。

(4)门窗框原材料下料时切割断面不规整,组装后横竖框料接缝宽度缝隙不匀,胶密封不严实,在窗扇关闭的状况下雨水沿玻璃流下从横竖框料接缝处渗入,流至窗下框进入室内。

(5)外窗扇内侧的毛条长度不够,或使用时间过长毛条缩短,造成上口低于上槛的内挡板,下口抵不到下槛的防水止口形成空隙,造成风洞效应使雨水被吹入窗内;固定窗扇的内外压条密封不严,打胶效果不佳造成雨水从缝隙中进入室内。

7.1.2 外墙渗漏的一般原因

(1)框架梁、柱与填充墙砌体的结合处,因混凝土与砌块材质的膨胀系数相差较大,形成温度收缩变形不同而产生的裂缝,则在缝隙处产生渗漏水。

(2)外墙抹灰前,脚手架水平拉杆洞,加强对拉螺栓孔及施工垂直电梯的临时穿墙连接部件处,其他管道支架穿越外墙的孔洞,在抹灰前没有认真封填严实或者只对表面处理,内部并未塞填密实,造成这些部位在迎风雨面处抹灰层空鼓开裂。

(3)外墙抹灰层的分格条直接在基层墙体上镶嵌,这条薄弱缝事实上形成一条进水通道,一旦墙体出现少数通缝或干缝,雨水会顺着分格条的缝无阻挡的进入室内。

(4)因外墙找平层施工控制差、抹压不紧或产生空鼓裂缝,而形成进水产生渗漏。

7.2 预防外门窗和墙体渗漏的对策

7.2.1 预防外门窗渗漏的对策

(1)设计选型非常必要　在进行结构主体施工期间,根据使用经验对整个建设小区的门窗进行二次深化设计,并应经业主及原设计人员审定及认可。设计采用了窗框外挡板高为30mm,内挡板高为60mm的系列中空玻璃断桥铝合金型材推拉窗,下滑槽挡板里高外低,从型材形式上解决了强降雨时的浸入问题。经过强风降雨后的检查,看出挡板高度对风雨阻挡的效果明显,未发现因挡板高度问题引起的进水现象。

(2)样板示范极其必要　门窗进场后必须对外观进行检查,在进行全面安装前要确定样板间门窗的施工工艺,再进行门窗的安装。样板间门窗安装后还要将实际采用的门窗外贴材料,主要是外墙块材按照实际镶贴要求进行镶贴,并在进行养护后对窗四周进行密封再嵌缝,胶缝干透后组织各有关方对样板门窗进行实地淋水验收检查,试验时间不少于2h,试验时人员在室内观察框周围有无渗漏水现象。参加验收人员根据淋水试验情况对样板工艺进行修改或确认,形成共识并以技术交底形式,对参与门窗安装专业班组进行培训及详细要求。

(3)改进及提高安装施工工艺　填缝的发泡剂应当由内侧向外挤出,外侧临时用木板遮挡,挤压发泡剂时应连续且均匀。待窗框与墙体之间的发泡剂充满以后,两边的砂浆嵌缝采用手工指压成型,自然形成圆弧形凹槽,以确保砂浆的嵌缝质量和密封胶的挤压厚度。

(4)控制标高及坡度朝向　当遇到外墙面用装饰块材时,为防止块材厚度把窗框遮盖,外窗台的标高要经过仔细计算,还要控制其不小于10%的外排坡度;窗框的下部要求有厚度不小于100mm的C25级细石混凝土基层包括窗台板,不论何种材质窗台板每端头伸入墙内不少于120mm;如果是混凝土的话,其强度必须达到50%以上时固定窗框,以解决外窗台表面可能产生裂缝而引起渗漏的弊端。

(5)控制节点细部的处理　对于外墙面使用块材装饰的建筑物,其窗框边缘通过二次深化设计处理,方法是用抹120mm宽水泥砂浆的窗套,表面涂抹相近颜色的外墙涂料,彻底解决了块材阳角嵌填不密实可能引起的渗漏水问题。

对于推拉窗下滑轨道必须设置泄水槽孔,长度大于30mm,高度为50mm,且内外错开设置,位置分别设置在外窗关闭时没有窗扇的轨道上;在外窗扇的下部粘贴1.2mm厚度的三元乙丙胶条,加强框扇的抗风压能力;内外窗扇关闭重叠的立梃毛条预留长度上口增加5mm,下口增加2mm,以防止随着使用时间的延长使毛条收缩磨短,降低其防水和防风沙渗透等现象。

(6)提高门窗加工制作的精度　采用精确度切割机床下铝合金门窗框料,而不是人工控制切割下料,经过机械准确下料组装后横竖框料严密合缝,交接处用中性聚硅氧烷密封胶封堵,48h后进行灌水试验。具体方法是:把长度为1m左右的铝板条粘贴在下滑边框外侧,水满24h后再检查横竖框料结合处有无渗漏水。如有渗漏应用刀片把胶条刮掉,用丙酮清洁净创面,重新打胶待干净后再进行满水试验,直到不再出现渗漏水为止。竖向拼樘料采用套插或搭接连接,拼接面施打中性聚硅氧烷密封胶防水渗入。

7.2.2　预防外墙渗漏的对策

(1)框架结构的填充墙目前基本都用轻质砌块作填充,砌块在柱边砌筑时砌块端头靠柱的砂浆必须饱满,框架梁底的斜砌块要等墙体自身下沉稳定后,大约在10d以后再进行封堵斜砌,整个砌体的水平灰缝饱满度大于90%,而竖向灰缝饱满度也不低于80%;对于不同墙体材料的结合部位,必须使用钢丝网片进行加强,而缝的两侧网片搭接长度大于150mm,且在抹灰层中偏下的位置。

(2)对于外墙脚手架眼水平拉杆洞,加强对拉螺栓孔及施工垂直电梯的临时穿墙连接部件处,其他管道支架穿越外墙的孔洞,要用水冲洗洞内并用原材质块材塞堵,块材要湿润且周围必须有浆,不允许干填入洞中。如果是30~100mm之间小洞,则用微膨胀细石混凝土填密实,如果洞大于200mm时用砌块封堵不可靠时,要采用不低于C20混凝土填补,一次不可能达到密实分多次填堵处理。无论洞大与小,洞内一定要清理干净并湿润,从而达到更好地结合,上述是重要的工序环节。

(3)墙面分格条固定在外墙抹灰层的第一遍面上,安装前必须浇水湿润,座浆饱满且牢固稳定;固定后抹上层灰前再全面检查条是否有翘曲、脱落及空鼓现象。如有不合格项则进行修复,避免由于分格条的变形造成不必要的渗水通道产生。

(4)凸出墙面的外挑线、空调板等与墙面交接处细部应用混凝土做翻边,其高度不小于150mm,并抹成不小于10%的排水坡度,分层多遍成活。面层抹灰一次成功控制压收光时间。

7.3 旧建筑外门窗和墙体渗漏的防治

(1)外窗台存在开裂等原因造成的渗漏　外窗台经过多年使用,产生裂缝是很普遍的,应将窗台与窗框交接处原来的密封材料彻底清除,有条件的用压力水冲洗干净,用丙烯酸防水涂料涂刷2遍,待涂料干燥后再用中性聚硅氧烷密封胶重新密封,尤其是窗台与窗框交接处是密封的重点。

(2)对于固定窗扇压条和窗中横档与框立梃相接处的渗漏　处理方法是用刀片将旧胶剔除,用毛刷将表面尘垢清扫干净,再用丙酮将两侧30mm的范围内擦拭干净,晾干后用新型透明中性聚硅氧烷密封胶仔细封堵,厚度掌握在2mm以上为宜。

(3)涂料墙面产生的渗漏　找到渗水缝处沿缝每边宽100mm的范围凿成槽,深度缝处中间30mm至边10mm左右,用水冲干净,后先刷一道JS防水涂料,接着贴一层耐碱网格布,再涂刷一道JS防水涂料,然后再用1∶3的水泥砂浆抹平、保湿及养护。时间在3d以上且有一定强度时,在表面刮腻子再涂刷同原墙面色泽相近的涂料,且不少于2遍。若是外贴块材面砖产生渗漏水,一般是将砖缝用专门工具剔除,清理干净之后用纯水泥或水泥砂浆重新勾缝,干燥后刷两道透明防水涂料。如果是渗漏比较严重的面砖,只能全部铲除并处理好基层墙体,再镶贴面砖恢复至原来状态。

通过上述具体措施的实践,在多雨地区对于外门窗和墙体渗漏的防治起到了重要作用,较随意性操作在效果上有比较大的提高。通过在大雨后的检查,一个住宅小区仅有两个窗户略有渗水,已按上述治理方法进行修复,以后的大雨天气后再次检查,未发现有渗漏水现象,达到了治理预期效果,建筑外窗和墙体的正常使用功能有明显的提高。

8　屋面防水质量的通病及控制措施

屋面渗漏直接影响到房屋的正常使用。多年来屋面从刚性防水到柔性防水,发展至今有几十种防水材料的应用和做法,但仍未能彻底解决屋面“渗、漏、滴”现象。有的工程竣工1~2年就出现渗漏,有的工程还未竣工验收,屋面就存在裂缝产生渗漏隐患需要进行返工。据有关部门提供的屋面防水工程出现渗漏现象的分析结果显示,其中约1/2的工程渗漏原因是由于施工粗糙造成的。由此可见,加强屋面防水施工过程中的质量控制是防水的关键所在。

8.1 常见屋面防水工程施工质量通病分析

常见屋面防水工程施工质量主要缺陷有:排水坡度不足,未按规范要求设置分创缝,涂膜防水厚度不够，连接屋面的管根、水落水、天沟、檐沟及泛水等细部未做好处理，保护层不符合要求，屋面泛水做法不规范，细部做法不符合要求等。根据工程实际分析造成施工质量问题的原因主要有如下一些。

（1）缺乏专业防水施工队伍　防水施工人员技术素质低，未进行培训便持证上岗，为严格按设计要求和施工验收规范进行施工，如防水层搭接长度不足或逆贴，防水层厚度不足或防水层数不够，泛水处防水层外贴，收口处挠曲开口，天沟纵向找坡小，存有积水，以及未进行分工序，分层次验收，尤其是对节点部位处理不认真，留下了渗漏的隐患。

（2）不按程序施工　为了抢工期赶进度，很多屋面在施工中不按程序施工。例如：在空心板灌注混凝土未达到强度时，即进行下道工序施工，施工中的荷载及振动使板缝混凝土松散、开裂并形成隐患，使后续的防水工程质量难以保证，找平层未干就急于铺设防水层，而又未采取排汽等有效措施，造成防水层出现起鼓、脱层、腐烂和渗漏等现象。不按设计、规范要求施工。施工人员没有严格按照设计要求及验收规范施工，没有适时进行相关检查和实测造成找坡层的厚度不均、涂膜防水层施工时涂膜厚度不均匀或涂膜过薄。

（3）防水材料选择不当　有些施工单位为了拿到工程竞标则尽量压低造价，而施工时为了降低成本使用一些固含量偏低的防水材料，或选用了防水性能差、延伸率小、耐热度低或粘结力、抗老化性、耐火性差的防水材料，而且厚度不均匀也是材料的严重质量问题。

（4）构造节点细部施工质量低劣　施工过程中防水重点部位的细节处理不够严密，没有按设计节点处理的要求进行施工或处理马虎，卷材防水接缝不够密闭，搭接宽度达不到要求，涂膜防水涂抹未能到位，厚薄不均，刚性防水层与混凝土面接触不够牢固，空鼓有裂缝，分块缝后期防水处理不妥当，排水坡度不够而形成积水等，还有的工程细部节点上的阴阳角未做成圆弧状，凸出屋面的管道、构筑物的根部周边也未做成锥台状，致使防水层在施工时就已出现裂纹，防水层的覆盖也不到位。

8.2　屋面卷材防水层施工质量控制重点

卷材防水的材料种类多样，常用的施工工艺有热粘法、热熔法、自粘法、机械固定法及埋量法等。施工中应检查承包单位是否按照施工工艺标准等施工规范要求，施工工艺流程进行、铺贴方向、两幅卷材层与层间的搭接宽度与长度是否符合要求。在卷材施工时，应注意以下几点。

（1）卷材防水层的铺贴一般应由层面最低标高处向上平行屋脊施工，使卷材按水流方向搭接。当屋面坡度大于10%时，卷材应垂直于屋脊方向铺贴；即两层卷材互相错开一平一竖不同向。

（2）基层上涂刮基层处理剂要求薄而均匀，一般干燥后不粘手才能铺贴卷材；且施工时气温控制必须不要过低，防水层施工温度高于5℃以上为宜。

（3）铺贴方法　剥开卷材脊面的隔离纸，将卷材粘贴于基层表面。卷材长边搭接保持100mm，短边搭接保持80mm。卷材要求保持自然松弛状态，不要接得过紧，卷材压实后，将搭接部位掀开，用油漆刷将搭接粘结剂涂刷，在掀开卷材接头两个粘面涂后干燥片刻手感不粘时，即可进行搭接粘合，再用橡胶榔头密实，以免造成漏水开缝。

(4)卷材冷粘施工时,胶接材料要依据卷材性能配套选用胶粘剂,调配要专人进行。及时采样化验,不得错用、混用,这方面要严加控制;且注意控制阴阳角粘接牢固,加强对加固层等细部节点的处理。

8.3 涂膜防水施工质量控制重点

涂膜防水施工质量控制要求:屋面找平层表面密实、无起砂、起皮、开裂,平整度偏差为2m,直尺不大于4mm,当表面干燥含水率不大于60%时,找平层上设分格缝;屋面采用水泥砂浆找坡,坡度为2%,聚氨酯防水涂料涂刷厚度保证不小于2mm,且涂刷均匀;涂膜防水层表面无裂缝,脱流坠、鼓泡或皱皮等现象;如果保护层用云母松散材料做覆盖时必须撒布均匀且粘接牢固;上人屋面用彩釉地砖要求同室内地面相同要求,铺设平整,缝隙均匀顺直、表面平整度为2m,直尺不大于4mm,砖块间的缝高低差不大于1mm。

涂膜防水施工按涂抹厚度分为薄质涂料施工和厚度涂料施工两种。无论是薄质涂料采用的涂刷法、喷涂法,还是厚度涂料常用的抹压、刮涂法施工,在单纯涂膜或胎体增强材料涂膜施工时,都要做到以下几条要求。

(1)防水材料规格型号符合设计要求　进场后的防水涂料应由监理随机抽样并复检,包括断裂延伸率、固体含量、低温柔性、不透水性和耐热度,对密封材料应随机抽样并复检其低温柔性和粘结性。

(2)操作施工方法符合工艺工序规定　严禁在结构层未达到设计强度时进行作业,吊装屋面设备等盲目赶工期现象,严禁过早拆除屋面梁板底部支撑,严禁基层未干燥就铺贴防水卷材或喷刷防水涂料等。

(3)防水涂料的选择要根据房屋使用需要而定　防水涂料的配方应符合工艺要求;胎体增强材料与所使用的涂料要匹配无误。

(4)施工操作的条件、配料温度、施工环境温度、操作时间配料用量和顺序、搅拌强度、涂刷次数必须符合工艺要求;施工顺序必须按照先高后低、先远后近的原则进行,涂刷后的表面干燥前必须进行保护。

8.4 刚性防水层施工质量控制重点

刚性防水层包括细石混凝土防水层、水泥砂浆防水层、块体刚性防水层及防水混凝土,施工时应注意以下内容。

(1)改善混凝土级配保证混凝土的施工质量　刚性防水屋面混凝土的强度等级不宜低于C25,砂子应采用过筛后的中砂,灰砂比宜为1:(2~2.5),砂率宜为38%~41%,水灰比不大于0.55,在混凝土施工过程中,应从原材料、配合比、搅拌、运输、振捣、成型及养护等多方面严格控制质量,尤其应注意混凝土的养护。

(2)混凝土中配置纵横钢筋　宜适量配置钢筋$\phi6\sim\phi8$钢筋,间距为150~200mm,最好双层双向用来抵御混凝土产生的温度应力和收缩应力,钢筋设在混凝土中偏上部、双向配筋、上下不得露筋并在分格缝处断开,以保证分格板块内的混凝土能够自由变形。

(3)设置分格缝　配筋混凝土其分格缝纵横间距不大于6m,无配筋混凝土分格缝最大间距不超过2m。深度不小于混凝土厚度的2/3,缝宽为10~20mm,缝中填嵌密封材料，并在分格缝上骑缝铺设200～300mm宽的防水卷材加强覆盖条层。

(4)设置隔离层　采用较广泛的是干铺设防水卷材隔离层和低强度等级砂浆隔离层的做法。前者操作工艺是在找平层上干铺一层防水卷材，防水卷材的接缝应均匀粘牢，表面涂刷两道石灰水或掺10%的水泥石灰浆，以防止日晒后防水卷材软化，待隔离层干燥并有一定强度后进行防水施工；后者采用黏土砂浆或石灰砂浆施工。黏土砂浆配合比为石灰膏：砂：黏土＝1：2.4：3.6，石灰砂浆配合比为石灰膏：砂＝1：4，铺设前先湿润基层，铺抹厚度为10～20mm，表面平整、压实、抹光后养护至基本干燥。

(5)采用外加剂　主要包括减水剂、膨胀剂及防水剂等，意在提高混凝土的密实性，减少用水量，抵消混凝土的收缩应力、阻水、隔水等，从而增强混凝土的防水抗渗能力。

(6)严格质量检查验收　施工完毕，应按主控项目和一般项目进行检查验收。其中混凝土的原材料、配合比和抗压强度，防水层的渗漏和积水，防水层的细部做法等属于主控项目且必须符合规范及设计规定。其余的一般项目为质量控制，也应严格检查验收，防止不合格项目出现。

8.5　密封防水材料施工质量控制要点

常用的密封材料主要有改性沥青和合成高分子密封防水材料两大类，施工方法根据材料性质而定，习惯上分冷嵌法和热灌法两种。为确保施工质量，应在施工机具的选用、配料和搅拌、粘法性能试验和嵌填背衬材料的控制，以及施工操作等几个关键环节进行监督控制。热灌法操作要重视密封材料现场塑化，加热温度一般在110～130℃，最高不得超过140℃，使用温度计测温时应在中心液体面下100mm左右处进行。塑化或加热后(温度不宜低于110℃)应立即现场浇灌，嵌填要高出板缝3～5mm。冷嵌法施工用手工操作，从底部嵌起，防止漏嵌、虚填，注意不得产生混气现象，嵌填要密实饱满，要按顺序进行，最好用电动或手动嵌缝枪进行操作。

8.6　防水层的保护层施工质量控制重点

保护层施工时要注意对防水层的保护，主要目的是保护防水层不受损伤。施工时要在防水层上做好临时保护措施，严防戳破防水层。相同材料、相同气候条件下有保护层的防水层的比无保护层的防水层寿命可延长一倍以上。所以在现行《屋面工程施工及验收规范》(GB 50207—2004)中对卷材屋面和涂膜屋面和屋面接缝密封等均要求在其上方设置保护层。

保护层材料应根据设计图纸的要求选用，保护层施工前，应将防水层上的杂物清理干净，并对防水层质量进行严格检查，有条件的应做蓄水试验，合格后才能铺设保护层；为避免损坏防水层，在保护层施工时应做好防水层的保护工作，施工人员应穿软底鞋，运输材料时必须在通道上铺设垫板、防护毡等，小推车倾倒砂浆或混凝土时，要在其前面放上垫木或木板，以免小推车前端损坏防水层，在防水层上架设梯子或架子立杆时，应在底部铺设垫板或橡胶板等。防水层上需堆放保护层材料或施工机械时，也应铺垫木板或铁板等，防止戳破损伤防水层且不易被发现弥补。

综上浅述，防水屋面的质量优劣与施工过程中的质量工序过程控制密切相关。如果施工中不能全面按照规范和设计要求进行施工,就可能给屋面防水工程留下许多质量问题和隐患,后期弥补也相当困难。提高屋面防水的施工质量,务必做到在施工前审查好图纸会审和技术交底工作;在施工过程中防水队伍必须选择专业的且有资质的,防水材料进场检查需严格把关并抽样复试,坚持操作人员和管理人员持证上岗,坚持按照施工规范和图纸要求施工;完工后要及时进行相关的功能性渗水检查。从设计、材料、施工及质量监督控制等多方面,采取综合控制才能保证屋面防水的质量,达到设计耐久性年限的正常使用。

9 房屋外墙窗洞口部位渗漏水现状及预防

外墙窗洞及窗框周围渗漏水比较多见,分析其原因也很多,有的只要求窗台的宽度,砌筑洞口与窗框或辅助框间空隙过大、封填不严密且很薄弱,用后塞口安装外窗和外窗台倒坡,内窗台与框缝隙小无填塞料存在空隙无法封闭渗入等问题。究其主要原因,还是在设计节点构造和施工加强现场管理上,因此以上是解决质量问题的关键。

全社会对节能及环境问题更加重视,很多建筑物用外置保温板体系的做法,但是在满足节能环境需求的同时,这种体系的建筑出现的质量问题,其中窗口部位渗水就是一种常见的质量通病。施工管理不到位是产生外窗渗水的直接原因,施工单位对外窗防水缺乏可行的方法及措施,工人操作时又不能获得正确的技术指导,如在外窗抹灰过程中,很少按施工规范要求在窗框外与墙体缝隙间用弹性材料分层填塞密封,而是违规的任意使用材料填塞,这样处理缝隙不可避免地会在外窗框与外墙抹灰层间的不严密处形成渗水通道。管理不到位和不规范的施工,给外窗的渗漏水提供了有机可乘的缺陷。另外,设计施工图对窗框安装的准确位置要求不清,更缺少节点细部的构造做法,也会造成施工时操作的随意性大,给渗漏水留下隐患。在此,根据工程应用实际分析探讨外窗渗水原因及处理对策。

9.1 窗台过宽存在的不足

(1)问题原因　现在一些做法是将窗户向外平移,甚至移出结构实体安装在外保温板上。一旦下雨则水从外保温板的裂缝中渗入,导致雨水顺着外保温板和结构墙体之间的缝隙直接流入室内墙面。

(2)预防对策　从使用安全及耐久性看,外窗必须安装在结构的实体之上,不要安装于外保温板范围内,为保证使用安全窗框外皮距结构外皮不要小于50mm。如果要增加内窗台宽度,与设计人员沟通后可以用增加混凝土窗套的做法,对于采用“大模内置”外保温的外墙施工者,可将窗口四周的外保温板切除80mm的一圈并预留8mm的锚固筋,这样浇筑墙体混凝土时就会自然形成一圈混凝土窗套。对于采取“后贴保温板”的外保温施工人员,可以在窗口四周预埋8mm的锚固筋,拆除墙体模板后将筋剔出,二次浇筑细石混凝土可形成窗套。需要引起重视的是应在窗套上口的混凝土施工缝部位涂刷JS防水涂料2遍,以免从二次浇筑混凝土形成的施工缝部位再渗水。

为避免形成热(冷)桥现象,混凝土窗套外侧应抹防水保温砂浆,防水保温砂浆具体厚度要通过设计人员沟通确定，主要是要热工经过计算才不会形成冷桥。

9.2 砌筑洞口与窗框间缝隙不严

如果处理措施不到位，雨水会从砌筑洞口窗框或副框间缝隙处渗入室内。按照工程施工实际，当缝隙大于 30mm 时，需要加筋挂网片用细石混凝土填补平，不能只用保温板填充的简单方法处理，不然会造成永久性的质量隐患，雨水渗漏不可避免；如空隙在 20 ~ 30mm 时可用水泥砂浆分层抹封堵塞，最后留上 10mm 的空隙再用发泡胶填充。对于个别洞口尺寸偏差过小或碰撞损伤严重的，需要对洞口进行修补合格再装窗框然后再根据缝隙大小封堵。

9.3 用后塞口安装外窗

9.3.1 存在问题及原因

采用后塞口安装外窗的施工时，需要在窗框与洞口之间填充发泡胶工序，这个处理方法非常必要，打胶工序看似简单，其实外窗渗水的发生在很大程度上与打胶与否有直接联系。

由于发泡剂本身防水能力较差，雨水通过发泡剂进入室内，会造成门窗洞口四周渗漏水，特别是门窗洞口尺寸偏大时，如果单纯使用发泡剂填塞封堵，发泡剂层过厚则更容易产生渗漏水，而发泡剂填塞封堵的空隙以 20mm 为宜。对于个别洞口尺寸偏差过大或碰撞损伤严重的窗洞口部位，必须对洞口先进行修补，然后再进行封堵。

发泡剂的填封应是方便快捷的，当填入发泡剂的 1min 后，可以完全固化。实际填充时操作人员有的只图方便和快速，而忽略了发泡剂的防水效果及其质量要求。填充外窗用的发泡剂被挤出以后，遇到空气后会立即膨胀固化，固化成型后内部会形成许多孔隙，而表面则产生一层光滑、致密强度比较高的表膜。这种完整的表膜具有较好的防水密封性能。但是在发泡膨胀固化过程中的膨胀，其形态无规则自然发展的，会有一些发泡剂挤出窗外框而停留在外，需要人工铲除刮平，否则影响到外装修的收口。

对于外窗框周围的填充收口工作，在操作中对这些缺陷的处理方法是：待发泡剂完全膨胀固化后，用刀片把凸出框外的发泡胶切掉，也有用手掰掉或用铁抹子砍切，这些做法破坏了发泡剂表面在固化时形成的光滑且致密强度较高的表膜，内部孔隙全露出，使防水性能大打折扣，更降低了发泡剂本身的耐久性和完整性。

9.3.2 预防对策

首先，窗框安装符合验收标准要求，垂直、方正且牢固。安有副框的收口时副框应高出面层 2mm；副框与结构层间的空隙用发泡胶填充。副框与窗框间的空隙打完发泡胶后，还要再打聚硅氧烷胶，把发泡胶彻底密封在内，如图 6-5 所示。

其次，挤打发泡胶时要注意一些合适的处理方法。在门窗框外侧施工缝中挤入发泡胶后，要等待观察发泡剂的发展进程。在发泡剂多余突出框外尚在柔软时，立即用勾缝工具将多出的挤压入缝中，待膨胀结束并基本固化后再离开，这样做会使发泡剂表膜完好无渗透可能。在短时间后再在其表面抹灰或做饰面,应在凹进5mm左右深的做防水效果最佳。

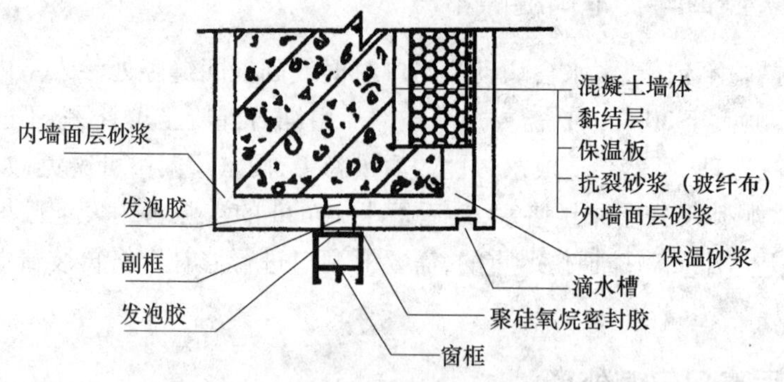

图6-5　副框与窗框之间填充示意

最后,填充发泡剂和封打聚硅氧烷密封胶要由熟练工人操作,如果个别部位发泡剂凸出框体外较多,不要用刀切掉,更不用手掰或抹子砍掉,而是返工重新打发泡胶。在所有工作完成后,在框周围打聚硅氧烷密封胶封口,最后进行验收。

9.4　外窗台产生的倒坡

外窗台倒坡甚至高于内窗台的情况时有发生,这样会造成外窗台积水渗漏进入室内。对外窗台采取如图6-6所示的技术构造,可以避免向室内渗水的现象。

外窗渗漏水的质量通病由来已久,但引起人们关注的程度并不高,而产生渗漏的原因比较多,要从根本上解决好这个难点,设计构造上对细部的措施必须可靠到位,在材料选择上用耐候性好的密封材料,施工要根据预留洞口大小采取不同的抹补处理措施,并加强管理和过程检查力度,只有设计、材料选择和施工过程三管齐下进行跟踪检查防治,才能给室内一个良好的环境。

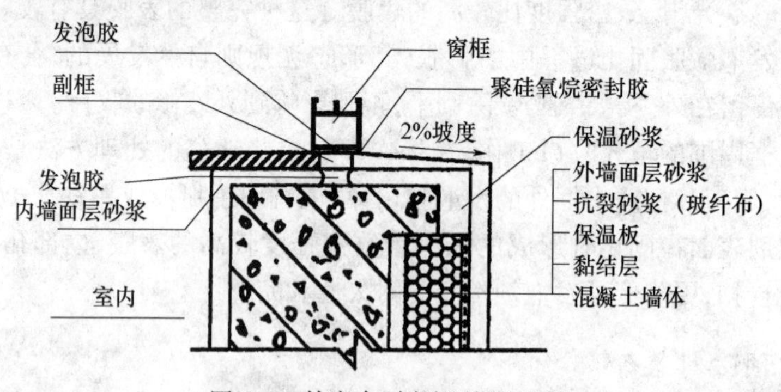

图6-6　外窗台“倒坡”处理示意

10　提前对基础及后浇带进行防水预处理

建筑物基础的底板及后浇带是容易引起渗漏的部位,而工程中广泛设置后浇带,主要是为了不影响后续工序,保证结构不留质量隐患并降低工程造价。对于基础的底板及外墙后浇带进行提前止水预防措施处置,也是为了使工程进展顺利的技术措施。对于后浇带的用途可以划分为沉降后浇带和伸缩后浇带。

对于建筑高差较大且结构分布不均匀的房屋,为了防止其结构的不均匀沉降而造成主体裂缝,在建筑物适当部位设置沉降后浇带。例如在裙楼与主楼之间、库房与主楼之间等处必须设置沉降后浇带。该后浇带一般要在主体结构施工后的两个月以后再用高一级补偿混凝土浇筑完成。

同时由于混凝土结构在水化凝结过程中,失水或水分补充不及时会产生收缩,其前期收缩量较大,加上结构体长而产生的收缩拉应力会导致结构体开裂,为了控制和预防较长结构开裂,目前采取的技术措施是留设后浇带。伸缩后浇带的保留时间要在两侧混凝土龄期超过42d后再施工,但是高层建筑的后浇带应在结构顶板浇筑混凝土14d以后再施工。

由此可见,无论沉降后浇带还是伸缩后浇带,其停留均比较长的时间后才能补浇。对于高层的房屋建筑工程,一般情况下基础都比较深,均处于地下水位中,采用传统的后浇带留置方法远远不能满足施工进度的需求,后浇带混凝土浇筑必须要在主体结构施工完成后的一段时间后才能施工,这就对后续工程的施工带来多方面影响。如一定要持续坚持降水,确保地下水位低于基础底板以下,待主体结构施工完成后才能将后浇带混凝土浇筑补充;这时才可以停止降水。对于主体结构施工周期过长的工程,会大大增加降水费用,成本相应提高;再者,对于广大北方地区昼夜温差很大的地方,基础工程长期暴露在自然环境中,这样会造成基础外墙极易产生伸缩裂缝的现象,同时在基础完成后不能立即进行回填土,对于深基坑工程存在一定安全隐患;另外如果基坑土方回填不及时,更会影响后续工序的开展,严重时则会影响进度工期。

10.1 混凝土底板及外墙后浇带预防水范围

对基础底板及外墙后浇带提前预防水范围,应该适用于所有建筑物基础底板、外墙后浇带处,尤其更适合基础位于地下水位以下的高层建筑,也可用于主体施工周期长的后浇带工程,同样也可适用于需要留置后浇带但基础不能长时间暴露在自然环境中,需要立即进行回填的基础工程,另外还适用于施工场地窄小或工期非常紧急的情况,要在短时间内进行砌体及工种间交叉穿插进行的快速工程。

10.2 混凝土底板及外墙后浇带预防水技术

要针对工程的分布及其结构特点,如有沉降或伸缩部位必须留置后浇带。后浇带提前进行止水的施工技术措施是:在基础底板或外墙后浇带部位增加一道50mm宽的伸缩缝混凝土底板或导墙,伸缩缝中填充甲聚硫密封膏或是遇水膨胀止水条,同时在伸缩缝混凝土底板或导墙外侧留设外贴式橡胶止水带。此底板或导墙与基础底板墙体同时浇筑,并留置后浇带。在基础工程施工后,立即进行外墙防水与土方回填等工作。同时要立即停止降水工作。在主体施工完后,采用高出原混凝土一级的微膨胀混凝土再补浇后浇带混凝土。

如克拉玛依联合办公楼工程基础就是比较合理地应用了此项技术措施。该工程采用了混凝土平板式筏板基础，地基基础设计为甲级，基础持力层为戈壁土层，筏板混凝土设计为C40级，抗渗等级为S8，人防地下室设有进排风机房，平时用作为车库。因地下水对混凝土中钢筋有中等腐蚀性，其水泥用普通硅酸盐水泥，并掺入水泥重量10%的粉煤灰。

10.3 施工措施及工艺

10.3.1 施工方法措施

对超前止水后浇带的钢筋工程，基础底板超前止水后浇带钢筋的绑扎应在底板钢筋绑扎之前进行，基础墙体超前止水后浇带钢筋的绑扎应在墙体钢筋绑扎之后进行；留置伸缩缝：在钢筋绑扎完成后预留伸缩缝或是沉降缝，缝宽为50mm为宜；预留缝使用挤塑聚苯板填塞，靠外侧迎水面部位加设外贴式橡胶止水带；对外贴式橡胶止水带施工：橡胶止水带位于加厚部分混凝土中间，紧粘加厚部分混凝土外侧，450型橡胶止水带宽度为450mm，施工过程要加强对止水带的保护。

后浇带处模板的施工：底板或墙体模板的侧模可以用成品"快易收口网"，也可以焊接钢筋梯子，外包2mm×2mm的密目钢丝网；外墙导墙模板考虑外墙钢筋不要断开，但模板不好支设，可以采取导墙中间留一道50mm宽度的隔离缝，隔离缝用挤塑聚苯板即可；底板混凝土浇筑：基础混凝土浇筑到后浇带部位时，应先浇筑后浇带加深部位混凝土，对超前止水后浇带部位混凝土应从伸缩缝两侧均匀下料，振捣时对称进行，防止伸缩缝变形受到损坏；当基础底板完成，地下室外墙隐蔽工程验收合格后，要立即进行外墙防水、土方回填等后续工作，停止降水的时间要根据上部荷载大于地下水浮力的条件下再定；后浇带混凝土浇筑时的气温宜低于后浇带留置时的温度；后浇带在浇筑混凝土前，必须要把整个混凝土表面按照施工缝要求进行认真处理；对于止水带安装：在后浇带两侧底板与加厚部位混凝土中间安装遇水膨胀止水条；而止水条要粘结牢固，在混凝土浇筑前要保护好止水带防止遇水产生膨胀而失去作用；对后浇带混凝土浇筑与养护：后浇带混凝土要用补偿收缩混凝土浇筑，其强度等级要比两侧混凝土高一个级别，即5MPa；在混凝土达到初凝时要采取二次抹压收光，并立即覆盖保温保湿，对此小面积补偿收缩混凝土要进行重点加强养护，其时间不少于14d。

10.3.2 施工工艺控制特点

对后浇带进行提前预防止水应用是根据水的浮力、水土压力、地基反力及建筑物荷载和现场实际而定，对基础底板及地下室外墙后浇带实行超前止水的一种实用做法。同变形缝形式的超前止水比较，后浇带超前止水方法不必改变后浇带的设计构造，从而可以避免在基础底板外侧、顶面及地下室外侧大量使用钢丝网支设附加结构模板造成的浪费现象。其具体做法是：在后浇带未浇筑混凝土进行封闭前，需要提前做后浇带的止水处置，然后停止降水作业；同时需要在基础底板下增设后浇带附加板带，在地下室外墙增设后浇带挡墙，用来承受房屋水平方向和侧向的作用力；还要增加一道附加防水卷材做防水，并要增设空铺卷材来调整结构的沉降变形影响。

10.3.3 工序流程和关键控制点

(1)基础底板的超前止水工序流程　基础底板后浇带超前止水构造技术措施及做法如图6-7所示。

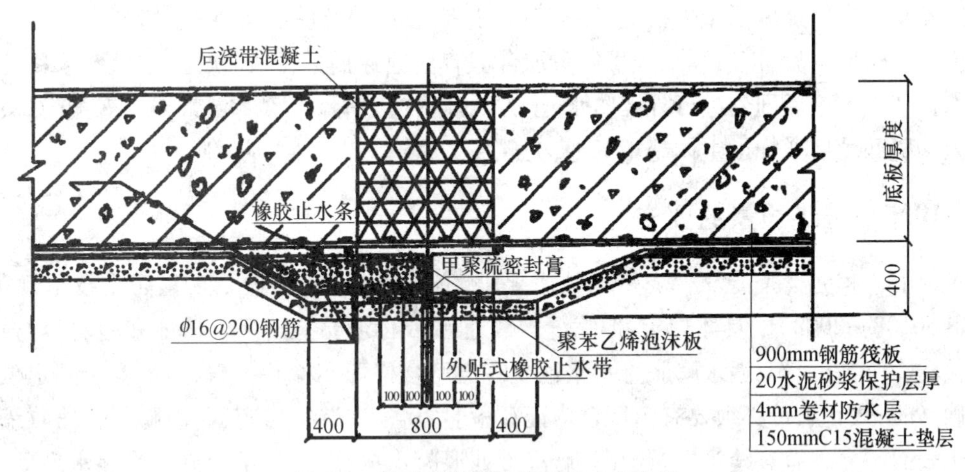

图6-7　基础底板后浇带超前止水构造

施工工艺流程：混凝土垫层→附加卷材及空铺防水卷材→外贴式橡胶止水带→水泥砂浆保护层→附加板带及水泥砂浆找平层→防水层→保护层。

附加板带厚度及混凝土强度等级、钢筋的配置要根据水的浮力、建筑物自重和地基反力确定；而附加防水卷材与防水层的压槎宽度为500mm用于空铺，其余为200mm用于附加防水卷材的粘结。

(2)地下室外墙的超前止水工序流程　地下室外墙后浇带的超前止水构造技术措施及做法同基础底板的超前止水工序流程。

施工工艺流程：混凝土垫层及找平层→附加卷材及空铺防水卷材→砌筑基础底板外侧挡墙并抹找平层→铺设挡墙附加防水卷材及基础底板下、砖胎模侧面的防水层→附加板带施工→基础底板外侧砖胎模、找平层的回填土施工→铺设附加板带顶部及后浇带砖胎模防水层→防水保护层→基础底板、地下室结构和基础底板顶面及地下室外墙外侧防水层→砌筑基础底板上部挡墙至地下水位以上500mm，铺设地下室防水保护层→在挡墙内侧附加防水卷材→设置挡墙防水保护墙→地下室外墙及挡墙外侧土方回填→考虑停止降水→浇筑基础底板及地下室处后浇带→修补基础底板及地下室外墙外侧防水层→做防水保护层→挡墙内侧土方回填。

挡墙的结构形式要根据土质侧压力而定，可以用实心砖及混凝土挡墙，挡墙至地下室外墙的距离要依据基础底板伸出外墙尺寸和基坑支护方法而定，一般不要小于800mm，当没有支护结构体时，可以紧贴支护设置挡墙。

降水时间应根据已建结构的自重和水可能产生的浮力，通过计算而定；浇筑后浇带的时间,要根据施工规范规定和设计要求具体确定,但不能少于42d。

10.4 基础底板及外墙后浇带预防水技术优势

基础底板及外墙后浇带采用了多道防水构造措施,可以更有效地保证混凝土的防水效果;其施工技术可以缩短基坑的排水时间,降低费用和成本;同时在基础完成后又能及时进行基础外墙防水、加快室外土方回填,从而有效防止由于昼夜温差较大造成基础长时间暴露在自然环境下产生裂缝的不利影响;地下基础及后浇带外墙的超前止水技术,在土方及时回填后,使后续工程可以更加合理有序地穿插进行,加快施工速度;采用此种技术在基础完工后即刻进行外墙防水、土方回填措施,消除了深基坑带来的安全隐患;同时因基坑回填后增加了主体施工场地,为现场文明施工带来便利条件。

10.5 施工质量的要求

地下工程尤其是涉及后浇带的技术要求,必须符合现行《地下工程防水技术规范》(GB 50108—2008)的具体规定:伸缩缝橡胶止水带必须要有出厂合格证和检验报告,外观整洁,不得有损伤;遇水膨胀止水条也要有出厂合格证和检验报告,施工安装固定位置准确;外贴式止水带必须要有出厂合格证和检验报告,安装固定牢固;微膨胀补偿收缩混凝土表面不允许有裂缝等质量缺陷;后浇带处混凝土振捣密实,不允许有渗漏水现象,结构表面无湿渍,要求达到一级防水等级;施工防水专业人员必须按照工序进行技术交底,并做好自检、互检和专职检查的三检制;对于止水条及止水带的安装不得下雨潮湿,防止效果降低;另外后浇带要加固牢固,不得产生位移现象。

综上浅述,对于基础的底板及外墙后浇带进行提前止水预防处置,是为了使工程进展顺利采取的技术措施。结合工程实际分析介绍后浇带的适用范围、具体实施技术和施工工艺方法,并提出了质量控制要求。超前止水施工技术的实际应用给建设项目带来了明显的经济社会效益,尤其是提高了工程质量和缩短了工期,是一种值得在高水位地区广泛应用的新技术,而且按此措施施工的地下工程,投用两年后,经检查无一处渗漏水现象。

11 膨润土防水毯(垫)在地下防水工程中的应用

采用天然钠基膨润土制作的防水毯(垫)是目前国内外公认的能使主体结构和基底形成共同作用的地下防水卷材,天然钠基膨润土形成时间久,位于地下100m或更深处,性能稳定,可与混凝土很好结合共同承受各种外力。天然钠基膨润土遇水膨胀可形成不透水的凝胶层,能长期追逐混凝土和岩土的细微孔隙及裂纹。同时天然钠基膨润土是天然的纳米级无机防水材料,颗粒直径在10nm以下的占60%;颗粒直径在10~50nm的占35%;颗粒直径在50~100nm的只占5%,因此具有独特的膨胀力及稳定性,具有渗透到防水施工结束后所必须产生的<0.2mm的裂缝,同其他防水材料对施工以后产生的缺陷无能为力相比,天然钠基膨润土持久发挥其防水性,更加耐久优异。

膨润土防水毯(垫)是一种新型的高科技防水产品,具有很高的防水抗渗透性能,耐化学侵蚀力强,物理力学性能稳定,抗腐蚀及耐久性极高,施工操作方便简单,对环境无任何污染,研制开发只有几年的时间,已被广泛地应用在地下各类建筑工程中。

11.1 施工前期阶段准备

(1)基层处理　基层表面应坚硬密实、平整洁净,基层土质的密实度应达到0.90以上,混凝土基层表面应平整,无起沙、掉皮或松散的现象,对不符合要求的部分应认真处理并达到坚硬密实、平整洁净的基本要求;表面干燥无积水;竖向基础施工时在高于地坪200mm处预留50mm深V形收边口,将防水毯立面铺后压入。基层经过正式验收合格才能进行膨润土防水毯的防水施工。

(2)使用的材料　表面覆膜的膨润土防水毯,是由两层土工织物包裹的天然钠基膨润土颗粒经针刺而成的毯状防水卷材,在防水毯无纺布一侧又粘附了一层聚乙烯薄膜;水泥钉用长度在30mm左右的钢钉或射钉枪专用水泥钢钉,用于固定立面的防水毯;垫片用厚度为2mm的塑料板或者1mm厚的镀锌铁皮,垫片规格形状不受限制,在20～30mm之间为宜,主要功能是防止水泥钉因用力过大而砸入穿越防水毯,从而失去固定的效果;塑料膜厚度不小于0.1mm,是用于防止意外来水或是水泥保护层中水分进入防水毯、造成水泥强度降低而采取的临时预防措施;收边条用50mm宽的塑料板或者镀锌铁皮,上口与防水毯平齐,接头采用平头对接。

(3)施工用机械　材料运送需要车辆如铲车或叉车,手执工具包括射钉枪、卷尺、裁纸刀、直尺、锤子、钳子及抹刀等。

11.2 施工过程工艺控制

膨润土防水毯的施工工艺流程是:原材料进场检验→基层处理→检查整改验收→卷材铺设→细部处理→初步验收→保护层施工→回填或下道工序。

11.2.1 防水毯的铺设过程控制

地下所有基层的阴角部位都要用大小为5cm左右的膨润土颗粒制作,或者用膨润土做成5cm的倒角,而阳角部位应在支模时抹成圆弧形或凿成钝角,并用水泥砂浆抹圆滑平顺;先铺设底板阴阳角处的附加层防水毯,附加层防水毯的宽度一般为500mm,转角处的两侧各不少于250mm;附加层防水毯用水泥钉固定在基层上,钉子间距以300mm为宜。为了减少膨润土颗粒的流失,应尽量减少现场裁剪的数量;施工缝和变形缝部位需要增设防水毯的层数,加强层的宽度一般为500mm,缝两侧宽度相等,其边缘要用水泥钉固定。

底板基础垫层施工完成后,砌筑240mm厚的保护墙,其高度与底板相同;施工底板膨润土防水毯铺至保护墙并甩出一定长度供日后搭接用,甩出外露部分用塑料膜包裹并用来砌筑临时墙压顶;砌临时墙时注意尽量减少保护墙外面渗水,防止防水毯提前遇水产生膨胀的现象;对于侧墙防水毯的铺设应连续进行,一次性铺至顶板外表面以上500mm

处,再进行临时封口处理。如果在铺设防水毯时遇到下雨的情况,要在已铺设的防水毯表面用塑料薄膜临时覆盖保护,上部进行施工时再揭去薄膜。预留搭接防水毯的边缘应采取临时封口处理,外露部分的防水层应用塑料薄膜临时覆盖保护,作用是防止提前浸泡过早发生膨胀。

11.2.2 膨润土防水毯的固定处理

在竖向或立面不易与基层粘贴密实部位的防水毯,必须采用水泥钉加垫片固定使之在原位不脱开;固定用的水泥钉长度应视立面高度和基层的材质而定,水泥钉的布置应呈梅花状,钉之间距离在立斜面接缝处不应大于 300mm,平面应控制在 500mm 左右为宜。

水泥钉穿透防水毯处,必须用膨润土防水膏认真处理;水泥钉的间距必须满足实际需要,垫片应完整无破损,防水膏的涂抹要均匀饱满,检查方法是用眼观察和用尺测量。

11.2.3 膨润土防水毯的大面积施工控制

(1)大面积平面铺设施工　大捆包装且宽幅的防水毯铺贴宜采用小型机械配合施工,不具备条件时则用人工铺设;铺设时要注意将无纺布一侧对着迎水面,即朝向下。顺序按现场情况安排布置,分区分块进行铺贴施工;铺贴顺序应为品字形走向,避免互相重叠的铺设走向;铺设防水毯应自然松弛地与基层接触,不要折褶或悬空放置。当底板平面的防水毯铺设完成后,与竖向结合处要预留不少于 500mm 长的搭接毯,并用 PE 膜包裹卷好用重物压住,确保预留的部分不损坏尤其是不浸水,以便同竖向整体搭接。

膨润土防水毯的搭接宽度宜在 200mm 左右,在搭接底层毯的边缘 100mm 处撒上密封粉,其宽度为 50mm 即可,重量约为 0.5kg/m。遇到风力 5 级时将施工用密封膏按 40mm 宽、12mm 厚的要求在同一位置均匀、连续涂抹一道于防水毯上,如图 6-8 所示。

(2)墙体竖向铺贴施工　防水毯在立面铺贴时应将无纺布一面朝下靠墙,使无纺布一侧朝向回填土一侧。底板平面预留的防水毯拉直铺贴时,要同墙面紧密贴实,并用水泥钉固定牢固,如图 6-9 所示。

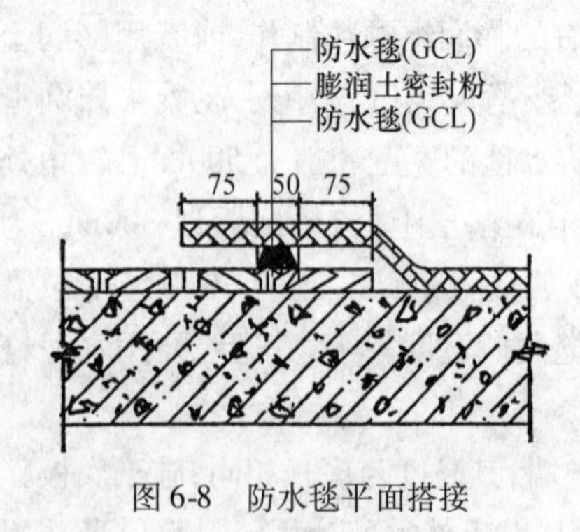

图 6-8　防水毯平面搭接

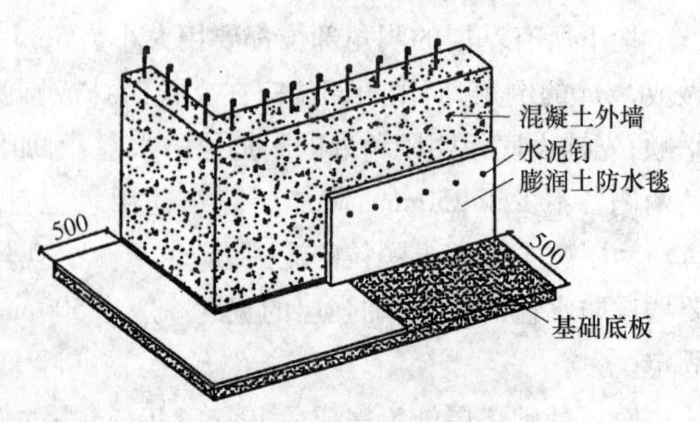

图 6-9　底板预留防水毯铺设

遇到阴角部位要先裁剪宽度为 500mm 的防水毯做加强层处理,然后再进行大面积铺贴施工,如图 6-10 所示。采取自下而上铺贴顺序进行外立面防水毯施工,铺贴方向应转圈闭合，尽量不相交、不重叠铺贴，边缘搭接按200mm的宽度；搭接缝边缘在100mm处用40mm宽、12mm厚的密封膏封闭。同时还要注意在搭接处，低部位防水毯应在内侧，以防回填土时垃圾进入缝中，如图6-11所示。

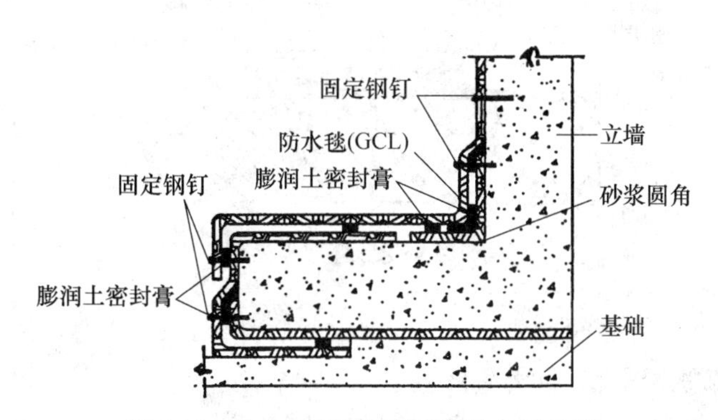

图6-10　外立面与基层阴角部位加强处理

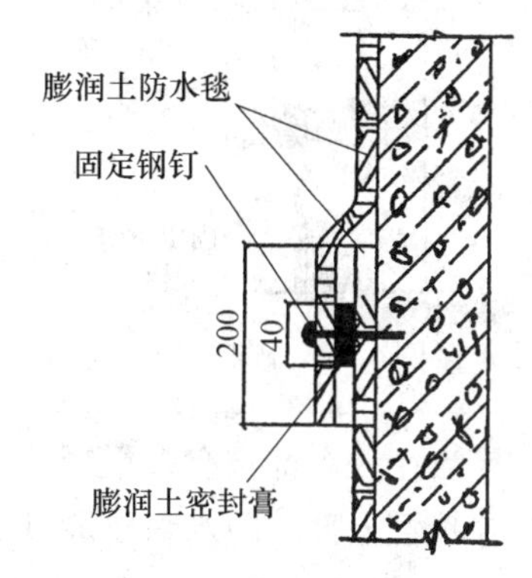

图6-11　防水毯立面搭接

对竖立面及大坡度表面铺贴防水毯时，为避免其滑落，在搭接处用水泥钉加垫片进行固定，或是用射钉枪固定，钉距应当在300mm左右。除了在搭接和边缘部位固定外，立面中间也应在每隔500mm的位置用水泥钉加固。竖立面高于室外地坪时，可将防水毯在预留的搭接收口处用收边条和水泥钉加垫片固定，然后再涂40mm宽、12mm厚的密封膏封闭，外部抹砂浆找平，如图6-12所示。

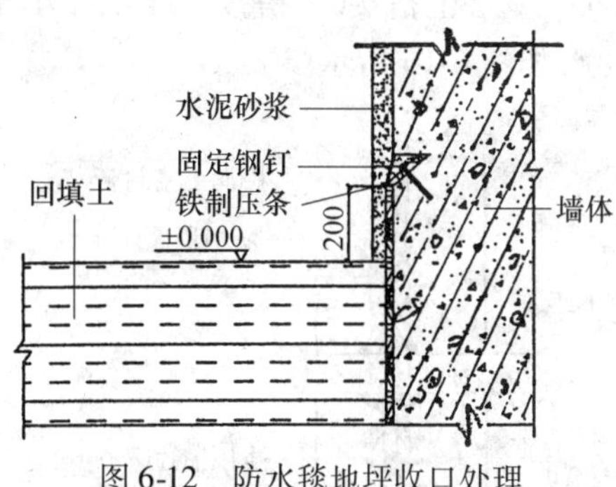

图6-12　防水毯地坪收口处理

11.2.4　结构细部施工处理

(1)施工缝处防水施工　混凝土浇筑后的施工缝处应设置500mm宽的防水毯加强层，缝隙处及附加层边缘内100mm处采用40mm宽、12mm厚的密封膏密封，并在密封膏部位用水泥钉固定，其他部位的施工同大面积铺贴工艺相同。施工缝及加强层施工如图6-13所示。

(2)变形缝处防水施工　变形缝处要加设500mm宽的防水毯加强层，附加层应铺贴在大面积防水毯下面，缝两侧宽度均匀，各不少于250mm；缝隙处及防水毯加强层的边缘内100mm处，用40mm宽、12mm厚的密封膏密封，并在密封膏部位用水泥钉固定，如图6-14所示。

(3)穿墙套管处的加强处理　要将穿墙套管部位的杂物清理干净，用密封膏在套管根部做成10mm×30mm的倒角。裁剪一块比套管直径大400mm的方块防水毯，作为洞口的加强层，严格按穿墙套管的大小在防水毯加强层上开洞，把挖好洞的防水毯套在穿墙套管上，与穿墙套管接触的部分用密封膏密封，如图6-15所示。

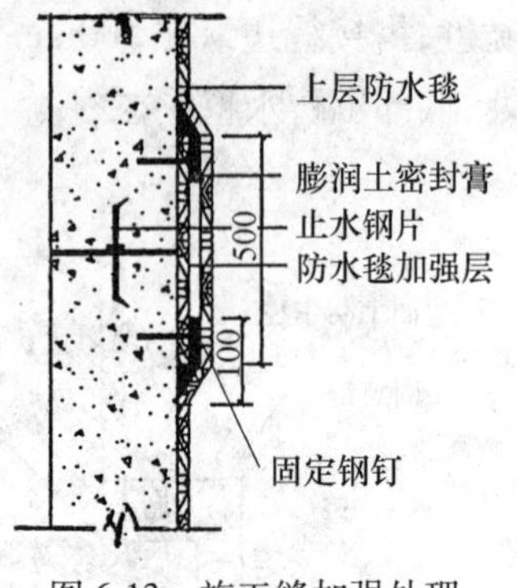

图 6-13　施工缝加强处理

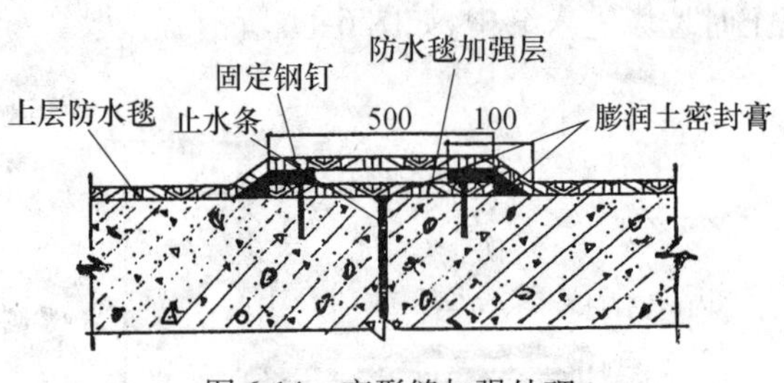

图 6-14　变形缝加强处理

当在一个部位有多根穿墙套管时，管之间也要用 20mm 厚的密封膏密封；对于竖向底板穿越管上部的防水毯要同基面贴紧密平整，且无皱褶。

(4) 膨润土防水毯与其他防水材料结合处做法　防水毯与塑胶类防水板材不需要粘贴在基层上搭接时，搭接宽度不应小于 300mm，塑胶类防水板材放在防水毯的上面较可靠，如图 6-16 所示。

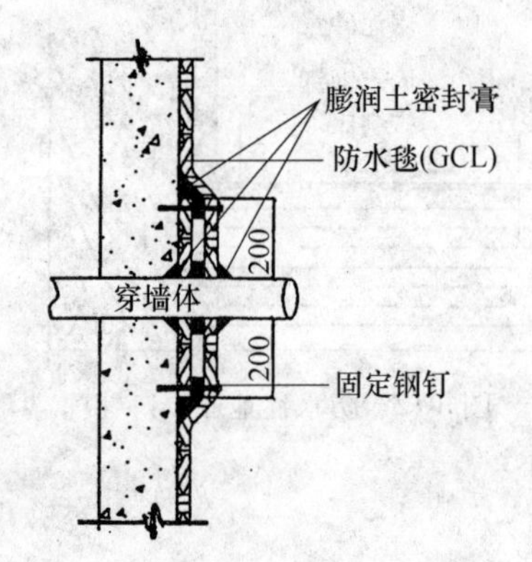

图 6-15　穿墙套管加强处理

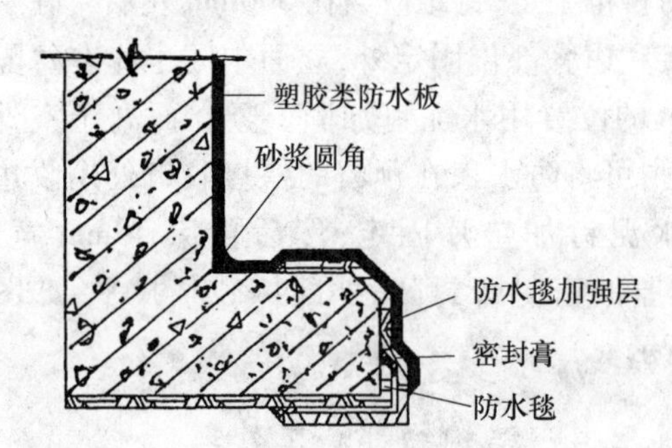

图 6-16　与塑胶类防水板的结合部位加强处理

防水毯、传统的 SBS 防水卷材与聚氨酯等防水涂料需要粘贴在基层上的搭接时，搭接宽度不应小于 300mm，防水毯应压在 SBS 防水卷材及聚氨酯等防水涂料的上方，如图 6-17 所示。

不论何种材料，搭接部位应尽量在平面位置，搭接部位距防水毯的边缘至少 100mm，用 40mm 宽、12mm 厚的密封膏密封并压实。

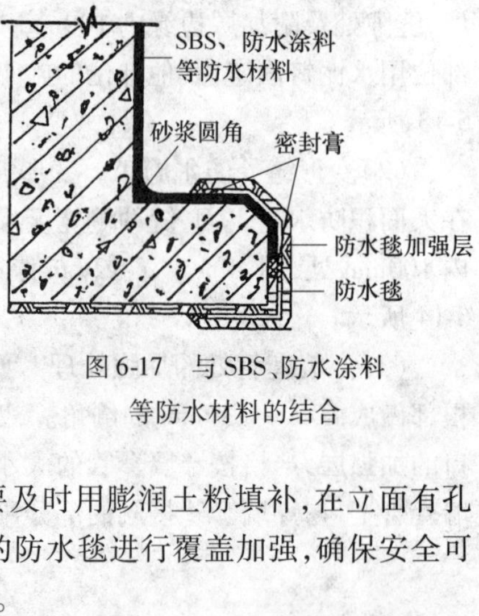

图 6-17　与 SBS、防水涂料等防水材料的结合

11.2.5　对破损防水毯的修复处理

膨润土防水毯在施工过程中会因多种原因造成损伤、破裂、不完整等缺陷，发现在平面有孔洞时要及时用膨润土粉填补，在立面有孔洞时用密封膏修补破损处，并在损伤部位用 200mm 的防水毯进行覆盖加强，确保安全可靠，对于边缘要按搭接要求进行处理，如图 6-18 所示。

若板底铺设中预留的防水毯被水浸泡或者损伤,需要在底板接触的部位用密封膏抹大于40mm 的倒角,用以搭接竖立面的防水毯,再进行立面的大面积铺贴。平立阴角接头如图 6-19 所示。

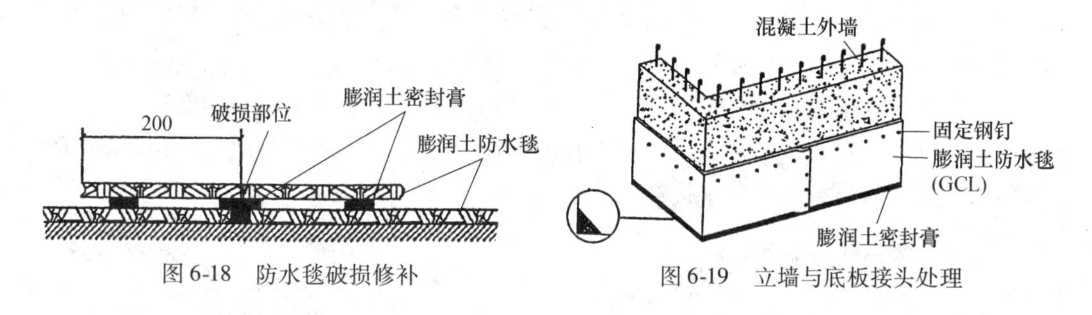

图 6-18　防水毯破损修补　　图 6-19　立墙与底板接头处理

11.2.6　保护层的施工控制

按设计要求,在施工完成全部防水毯的铺贴后,经过检查达到合格规定后要立即进行保护层的施工,并保证施工中不被水浸渍,保护层厚度应控制在50mm 左右。在保护层有一定强度后再进行下道工序。基槽回填时要砌侧墙做保护,砌筑时先铺砂浆,确保砖块与防水毯之间无任何缝隙,全部被砂浆填充,检查合格后再进行外围土方的回填。

直接用天然土回填时接触防水毯200mm 范围内的土必须用筛过一道的土,也可采用细砂回填;绝不允许有石块及硬物同防水毯接触,以免造成挤压伤。回填土必须按要求进行,分层回填分层夯实,每层厚度控制在300mm 左右,并且要有一定的含水率才能夯压密实,密实度最好达到 0.90 以上。地下室顶板外也要铺贴包裹防水毯,板上回填工艺要与周围相同。

11.2.7　膨润土防水毯材料的保护

防水毯的储存及运输要有防水及防晒等保护措施,储存时不要直接接触地面,而是要垫起竖向悬空;在搬运铺贴时要轻放,当进行下道工序或相邻施工时,要对已完成的铺贴毯做好保护;还要防止因膨润土颗粒掉失而降低防水功能。避免硬物砸压已铺好的防水毯,尤其是车辆更不能直接碾压毯面,铺贴好的表面不要在上面堆放材料及避免人员任意踩踏。膨润土防水毯仍然属于柔性材料,而所接触的表面都是刚性材料,混凝土保护层可能会出现局部开裂,由于主要是为下道工序提供工作条件,裂缝并不影响防水效果,可做好保护尽量减少保护层开裂。

通过上文所述可知,膨润土防水毯的防水施工工序基本同传统的 SBS 防水卷材相似,目前尚无专业规范,只要按照设计要求及参照现有的防水卷材施工,就可以满足地下防水的需要。目前防水毯在一些国家重点项目中得到应用,效果极其理想,必将得到更广泛的推广应用,为地下建筑的防水做出更大贡献。

12　密封材料在建筑防水工程中的应用

根据我国现行的规范与标准图集,密封材料在防水工程中有大量设计,几乎到了遇缝就设计密封材料的程度。而现实中,密封材料在防水工程中的用量微乎其微,这可从密封材料生产企业在建筑防水工程中的销售量得到确切的印证。形成这种现象的主要原因:①重视程度不够,密封材料防水工程中的重要作用不被重视,对密封材料在提高防水工程质量所发挥的作用认识不足;②使用位置不合理,对正确使用密封材料的工程部位认识不足,遇到缝隙就设计密封材料,这其中相当一部分设计对提高建筑防水性能不发挥任何作用,并造成了经济上的浪费;③使用方法不科学,对基层的表面性能要求认识不足,基层处理不符合要求,只是把密封材料嵌入缝处,易使密封材料产生粘结现象而破坏,从而导致密封材料未充分发挥水密作用。

12.1 密封材料的分类

现阶段密封材料一般分为定型和不定型(膏状)两种。定型密封材料包括橡胶止水带和遇水膨胀橡胶止水条;不定型密封材料包括聚硅氧烷密封胶、聚硫密封胶、聚氨酯密封胶、丙烯酸酯密封胶、丁基密封胶及改性沥青密封膏等。本节主要讨论不定型密封材料在建筑防水工程中的应用。

整体性是防水层必须具备的基本属性,现实防水层中存在着各种各样的透水接缝,密封材料应正确地应用到这些透水接缝处,把接缝两侧的防水层连接到一起,密封材料在接缝处发挥桥梁作用,使防水层具备整体性,使防水层之间的接缝具备水密性和气密性,这是使用密封材料的真正目的。

密封材料应满足两个条件:①收缩自如,能适应接缝位移并保持有效密封的变形量;②接缝位移过程中不产生粘结破坏和内聚破坏。在建筑防水工程中,密封材料处在长期水浸的状态时,也应满足上述两个条件。

12.2 密封材料的使用

(1)嵌入接缝　建筑接缝的深宽比设计为0.5~0.7,缝底放置填充材料,用以控制密封材料的嵌入深度,填充材料上覆盖隔离材料,防止密封材料与缝底粘结。为防止接缝位移时密封材料溢出接缝表面,密封材料的嵌入深度宜低于接缝表面1~2mm。

密封材料与接缝两侧的基层粘结牢固,接缝位移时,密封材料随之伸缩,从而使接缝达到水密与气密的要求。这种接缝密封适用于防水砂浆之间、防水混凝土之间以及防水砂浆、防水混凝土与金属(塑料)构(配)件之间的接缝密封。

(2)覆盖接缝　密封材料粘结于接缝两侧的基层上,当接缝发生位移时,密封材料随之伸缩,从而使接缝达到水密与气密的目的。这种接缝密封适用于卷材之间、卷材在女儿墙和金属(塑料)构(配)件上收头的接缝密封。

现行的《屋面工程技术规范》(GB 50345—2012)对密封材料做了如下定义:能承受接缝位移以达到气密、水密目的而嵌入建筑接缝中的材料。根据定义,密封材料是“嵌入”到建筑接缝中,该规范的条文说明中是接缝深宽比为0.5~0.7,可以看出,该定义主要针对密封材料的第一种使用形式。

覆盖接缝的密封形式在标准 GB 50345—2012 中有大量的设计,密封材料并没有嵌入接缝中,或者接缝的深宽比与规定的0.5~0.7相差甚远,此外,密封材料的定义也不包含定型密封材料的使用方式。因此,把密封材料规定为单纯的嵌入接缝中,没有包含密封材料的全部使用形式,似有不妥,且值得商榷。

12.3 密封材料在建筑防水工程中的应用部位

把密封材料应用到合理的工程部位,不仅可以使密封材料发挥应有的功能,而且可以避免浪费。

(1)必须设计密封材料的工程部位　密封材料是把防水层连接在一起的“桥梁”材料,因此,接缝两侧的材料必须具备防水性能,如果接缝两侧的材料不具备防水性能,或者其中一侧的材料不具备防水性能,水可以通过不具备防水性能一侧渗透,在接缝中或接缝表面使用密封材料就毫无意义。适用于使用密封材料的接缝有如下五种情况:

① 柔性防水材料之间的接缝。

② 刚性防水材料之间的接缝。

③ 柔性防水材料与刚性防水材料之间的接缝。

④ 柔性或刚性防水材料与塑料或金属构(配)件之间的接缝。

⑤ 塑料或金属构(配)件之间的接缝。

由于不定型密封材料均为柔性材料,应在迎水面使用,不适宜在背水面应用。在地下建筑的规范、图集中,密封材料设计在混凝土变形缝的背水面,似有不妥,值得商榷。

(2)不必设计密封材料的工程部位　降雨时,人们穿的雨衣由多片防雨布组成,在生产雨衣时,防雨布之间的接缝必须做防水密封处理。雨衣之内是服装,我们从来不会因惧怕雨淋而把服装的接缝也做防水密封处理。防水层如同建筑物的雨衣,因此,只要在防水层的接缝处使用密封材料,使接缝具备水密性,即可达到使用密封材料的目的。基层、结构层上的接缝,如同我们日常服装的接缝,可完全不必具备水密性,即不必使用密封材料。

在我国现行的规范、标准图集中大量设计了密封材料,但是其中一些设计并不妥当,值得商榷。以《屋面工程技术规范》(GB 50345—2012)为例,这类设计有如下几处。

① 结构层之间的接缝密封。《屋面工程技术规范》(GB 50345—2012)第4.2.10条明确规定,结构层不是防水层,屋面结构层不得作为一道防水层,即结构层不具备防水性能,因此,它们之间的接缝没必要为提高屋面防水性能而进行密封。涉及结构层接缝应用密封材料的条文有:第4.2.1条、第6.4.1条、第6.5.2条、第6.7.2条及第7.1.2条。

② 找平层之间的接缝密封。《屋面工程技术规范》(GB 50345—2004)明确规定,找平层也不是防水层,没有赋予找平层防水性能,即使找平层之间的接缝处理得十分完好,也不影响水通过找平层下渗,因此,没必要对其接缝进行密封处理。涉及找平层接缝采用密封材料密封的条文有:第4.2.5条。

③ 找平层和塑料或金属管(构)件之间的接缝密封。塑料或金属构件具备防水性能,而找平层不具备防水性能,因此,它们之间的接缝仍然没必要进行防水密封。《屋面工程技术规范》(GB 50345—2004)中涉及找平层和塑料、金属构件之间的接缝密封的条文有:第5.4.5条、第5.4.8条。

④ 防水层或防水构(配)件和不具备防水性能的墙体、梁柱之间的接缝密封。《屋面工程技术规范》(GB 50345—2004)没有给一些墙体、梁柱规定防水性能,它们显然不具备

防水性能,防水层或防水构(配)件和这类墙体、梁柱之间的接缝密封显然没有实际意义。若水从不具备防水性能的墙体、梁柱渗透,因而必须进行密封,首先应解决墙体和梁柱的防水性能。涉及这方面的条文有:第5.4.7条、第7.1.3条、第7.4.2条、第7.4.3条。

12.4 对接缝两侧基层表面的处理要求

在实际工程中,渗漏接缝中的密封材料很少产生内聚破坏,大多产生粘结破坏,说明在这些缝隙中,密封材料与基层之间的粘结力不能满足接缝位移的需要。影响密封材料与基层之间粘结力的因素很多,除密封材料本身的性能外,与基层的表面性质有重要的关系。

《屋面工程技术规范》(GB 50345—2012)中第8.1.2条对使用密封材料的基层做出了严格的规定,使用密封材料前,基层应牢固、干燥,表面应干净、平整、密实,不得有蜂窝、麻面、起皮或起砂等现象,这些规定对提高密封材料与基层之间的粘结力十分有利,应予肯定。对这一规定的解释,在条文说明中有详述,本节不再叙述,对条文说明中未涉及的地方,叙述如下。

(1)基层表面干净程度　要求基层表面干净的目的是防止密封材料与基层之间存在隔离层,使密封材料与接缝两侧的基层之间具有较高的粘结力。通常认为,干净的标准是基层表面无浮灰,这是一种错误的认识,基层表面不仅应无浮灰,而且也不应有强度较低的材料,这种强度较低的材料起到了隔离作用,从而降低了密封材料与基层的粘结力。

对不同的基层,应清除的隔离层如下。

① 金属构(配)件。应清除其表面的铁锈、油污或油漆,必要时应采用砂磨、酸洗等措施,直至露出金属本体。

② 塑料管(配)件。制造商为追求塑料管(配)件表面光洁效果,在成型过程中,加入了石蜡等润滑材料,石蜡附着在塑料管(配)件的表面,是一种看不到的隔离材料,应予以清除,清除的办法可采用棉纱蘸取有机溶剂(丙酮、油漆稀料等)擦拭。

③ 水泥砂浆与混凝土基层。看似坚固的水泥砂浆、混凝土表面,存在一层强度薄弱的素浆层,这一薄弱层不仅产生隔离作用,而且耐水性能很差,严重影响了密封材料与水泥砂浆、混凝土基层之间的粘结力。对这一强度薄弱层,小面积可采用砂轮湿磨予以清除,大面积可采用基层处理剂对其加固,提高基层表面强度和耐水性。

④ 卷材基层。不同的卷材表面有不同的隔离层,如隔离纸、PE膜、铝箔以及滑石粉等,这些隔离层必须予以清除,使密封材料粘结在卷材面层上。

(2)基层表面的干燥程度　由于目前市场上出售的水性丙烯酸酯类密封材料的耐水性差、干燥收缩大,只能应用在干湿交替的工程部位,在长期水浸的防水工程中不宜采用。防水工程应优先选用溶剂型或反应固化型(油性)密封材料。使用溶剂型和反应固化型密封胶时,基层必须干燥,以提高密封材料与基层之间的粘结力。当基层为塑料、金属或防水卷材时,很容易做到干燥,当基层为水泥砂浆、混凝土时,应在完工后10d方可嵌填密封材料,并应在施工前充分晾晒干燥。

基层的干燥方式应以自然干燥为主,尽量避免喷灯加热干燥。采用喷灯加热干燥时,火焰会损坏塑料管件和有机防水卷材,过度加热还会造成水泥砂浆或混凝土崩裂。对于有工期要求的工程,在规定的时间内基层不可能自然干燥时,应选用其他密封形式,如在水泥砂浆或混凝土接缝中设置遇水膨胀止水条，它依靠自身的膨胀力与基层连接在一起，对基层的干燥程度要求不高，潮湿基层仍可使用。

(3)界面处理剂　在基层表面应涂布界面处理剂，在现实工程中，界面处理剂的作用往往不被重视。使用界面处理剂可达到两个目的：①增强密封材料与基层之间的粘结力，防止产生粘结破坏；②对于防水砂浆、混凝土基层，还可增强基层的耐水性能和强度。因此，各密封材料生产企业应根据自身产品的配方，针对不同材质的基层，提供与之配套的界面处理剂。

综上可知，使用密封材料时，接缝两侧的基层应具备防水性能，基层的表面应进行必要的处理。建议密封材料的定义应包含密封材料的全部使用形式。这样的认识与现行的规范、图集并不完全相符，建筑企业业内人士应认真思考密封材料的作用与原理，正确使用密封材料，从而真正达到密封及防水目的。

13　建筑物基础降水施工的一些技术措施

许多建筑物基础施工都要采取降水措施，以确保建筑基础在干燥环境下施工的质量。降水采取以点代面局部降水技术，该技术是指在基槽大面积开挖和垫层施工时，因降水不到位或基槽内局部地下水位高于基槽开挖高度，造成基坑渗水、电梯坑及积水坑进水，使工程难以进行并无法进行防水作业。此时若采取外围降水和原井眼降水则不能满足施工要求，因此采取以点代面局部降水方法效果会更好。

13.1　以点代面局部降水工艺及重视的问题

(1)工艺特点　该工艺速度快且效益好，采取以点代面局部降水施工方法，比基础开挖前基坑周围打降水井投入少得多，而且工艺方法简单，降水目标清晰，针对性强，工期节省。如果在基坑周围采取水井降水至少需要 1 个月以上时间，采取此种方法可以在 5 ~7d 内收到效果，并且穿插于打钎、垫层、防水及基础施工中正常进行，有效缩短了工期，从而带来经济社会效益。

(2)适用范围及重视的问题　当地下水位低于基坑底面时不用降水；高于基坑底面 0 ~ 2m 时，采取以点代面局部降水方法；高于基坑底面 2m 以上且地下水含量过高时，此工艺则不适用；当基坑底部处于透水层以下时，采取轻型井点降水或是原有井点降水无法短时间达到施工要求。以点代面局部降水作业时要避开雨天进行。

13.2　工艺流程

测定水流量→井点设计布置→布置辅助降水井→浇筑集水坑坡面垫层→辅助降水泵安装降水→撤除辅助降水泵→启动主降水泵→集水坑底防水施工→撤除主降水泵→封闭基坑主泵。

(1)布置辅泵降水井　在集水坑四周开挖、设置 4 个辅助降水井。降水井深为 3.70m，直径为 1.0m，周围铺设碎石，然后将长度为 3.50m、直径约为 600mm 的圆形钢筋笼子(钢筋直径为 18mm，笼子外用 50mm × 50mm 的钢丝网包裹)埋入基底中，井中投入合适的泵,不间断地连续抽水。井点布置及集水坑如图6-20、图6-21所示。

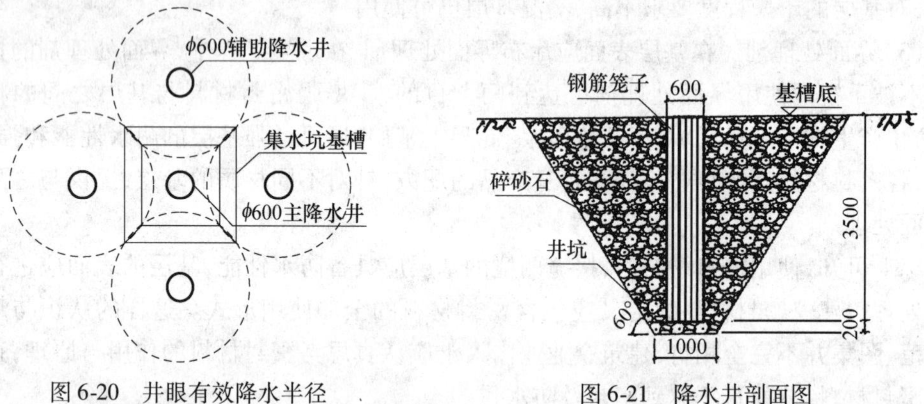

图6-20　井眼有效降水半径　　　　图6-21　降水井剖面图

(2)浇筑集水坑坡面垫层　当地下水位降至最低时,用块石堆砌集水坑坡面,形成一定的坡度,块石与块石之间用粗砂塞填,并挂钢丝网保护,再浇筑垫层混凝土。

(3)设置主降水泵降水　在集水坑底部的中间位置设置主降水泵,主泵的隔离保护措施和设置方法同辅助泵,但主降水井开挖深度为1.50m,埋入1.0m高的圆形钢筋笼子即可满足需求。主泵的出水口接直径为100mm的水龙带,排至基坑外的雨水井中。其中结构内部分排水软管要外套保护套管,套管使用直径为100mm的镀锌钢管,钢管长度宜高出基础底板200mm左右,且镀锌钢管在穿过基础底板时设直径为300mm的止水翼环。其做法如图6-22所示。

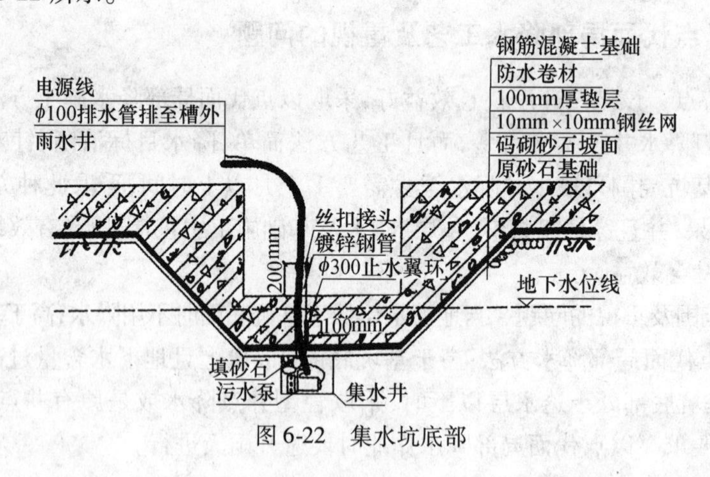

图6-22　集水坑底部

(4)防水及基底施工　垫层施工完成后,在主泵降水的同时,施工基础底板的防水层,把防水收口放在止水翼环的下方,并用金属箍固定锁牢。

基础底板施工工艺:防水层施工→保护层施工→绑扎基础钢筋→浇筑基础混凝土→检查验收。

(5)封闭基坑主泵　在基础底板施工完成检查合格后,准备好辅助材料,即壁纸刀、堵漏灵及镀锌堵头等材料,然后停电切断电源线和排水软管,把线头及水管塞入镀锌钢管内,灌注细石混凝土,标高至管口200mm处捣紧,再在上面压50mm油麻,最后再填入堵漏灵，分层打密实后用镀锌堵头按丝扣上紧封死，其做法如图6-23所示。

对堵头采取保护措施，用直径125mm的镀锌钢管做一个倒U字形保护短管，与基础底板固定，以防止施工时将堵头损坏，做法如图6-24所示。

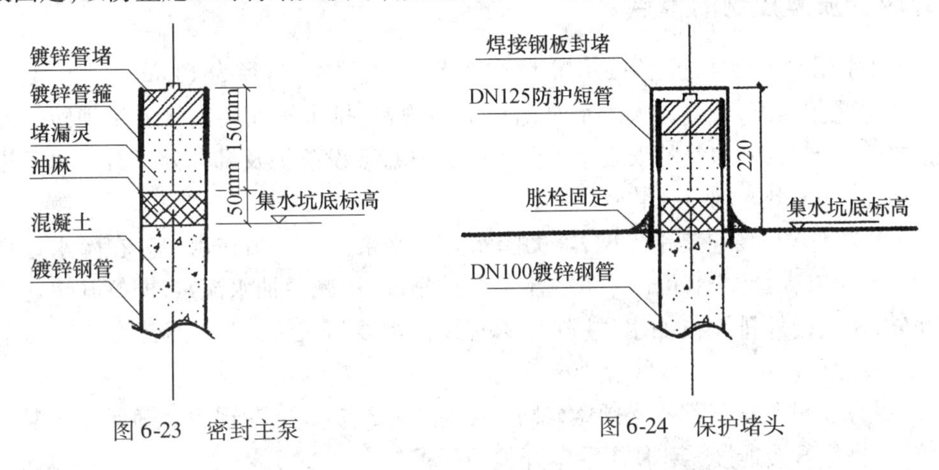

图6-23　密封主泵　　　　图6-24　保护堵头

13.3　施工中重视的问题

(1)水泵排水流量的确定　采用的排水泵要把水位降至垫层以下，同时集水井中的水不要抽干，泵开启过程中水位要始终高出泵面。进行现场实际计量计算时，先把集水坑内的水全部抽干并停泵开始计取。水位上升到原地下水位线标高用时为N，坑内水量为M，M/N为安全水量，修正后即是抽水量，如图6-25所示。

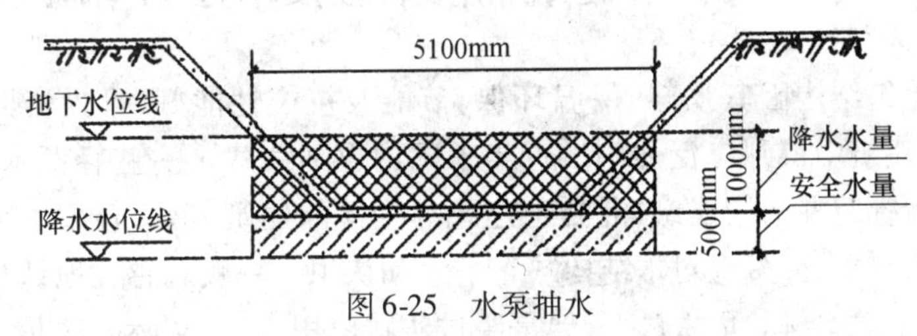

图6-25　水泵抽水

集水坑地下水位上口面积为5.1m×5.1m；抽干后地下水位上升至原水位用时为1.2s；集水坑内水满深度为1.0m；修正安全水深为0.5m。

水泵流量则为：$5.1\text{m}\times5.1\text{m}\times(1+0.5)\text{m}\div1.2\text{s}=32.51\text{m}^3/\text{s}$，取$33\text{m}^3/\text{s}$。

(2)水泵扬程的确定　水泵扬程为水泵进水口与排水管出口的高差加5m。

(3)撤除辅助降水泵　当集水坑中主泵安装就位后，集水坑坡面垫层浇筑混凝土1d以后，即可有选择地撤除辅助降水泵，同时开启主泵抽水。辅助降水泵撤除以后立即填实降水井，并完成垫层施工。

(4)集水坑底垫层的防水施工　集水坑底要求全部为砂石块，以利于水的渗透集中，垫层施工到降水井部位时，在降水井上压钢丝网片或钢筋网片，然后在上面浇筑垫层砂浆。防水收口时要保证无空鼓、翘边，确保密封严密、良好。

(5)主泵抽水　集水坑内主抽水泵要昼夜不停地运行，直到集水坑周围基础混凝土全部浇筑完，再把排水软管和电源线拆除，并封闭管口。

(6)封堵　抽水防护镀锌钢管管口的封堵施工,要尽量避开雨季,在地下水位低的时间段进行。集水坑内的防水施工,要与倒U形防护短管外壁统一整体进行防水处理。

13.4　质量控制的重点

(1)降水用水管最佳的选择是用消防水龙带,质量可靠,直径为100mm合适,必须与水泵出水口径相匹配,最好是大于水泵出口1个规格,排水管间的连接要用消防带专用的快速接头。同时,降水管的安装布置要牢固、平稳,架设防护及绑扎处要有对水管进行保护的措施,例如外套同口径软管。

(2)水泵进水口要包裹钢丝网,辅助降水井中水泵要悬空吊在水中。在降水过程中因抽的水中带有少量泥砂,可以采取在不停泵的情况下,减少抽水流量,即打开快速接头排除泥砂,再连接外排。在抽水过程中,所有泵体都要淹没在水中,不允许裸露在空气中,必要时向泵进行人工浇水降温措施。

(3)抽水机械的电气部分必须做好防水处理,不要有水渗、漏现象。确保漏水漏电保护措施,严格执行接地接零和使用漏电开关的要求。

综上浅述,采取以点代面局部降水的技术措施,其要点是由浅至深、由小至大,最后收到最深最大的集水坑处,逐步排除地下水,达到在地下干燥表面施工,具有很强的适用性及实用性。其方法措施科学合理,施工方便简单,有一定的经济社会效益,在一些工程中得到应用。

14　木材用于建筑的防潮湿技术控制措施

木材用于建筑结构因其质轻、保温环保、节能及抗震性能好,且投资回报率高的特点,在世界各类建筑中得到广泛使用。近年来国内也陆续建了一些轻型木结构建筑,对于长期以来的传统砖混结构建筑、混凝土建筑为主体的建筑体系,轻型木结构建筑仍然有一种亲近的新鲜感,许多人对木结构缺乏了解和认识。一般总感性地认为木结构易腐蚀损坏,尤其是水对木材的危害最大,但是经过实践应用表明,实际上这是一种误解。木材和水实际上是可以处理好共存关系的,由于木材本身可吸收和排出大量湿气,却不会产生任何问题,只有当木材长期处于潮湿环境中时,才可能出现质量问题。如果将木材在使用时采取有效排水、防潮和通风措施,木材作为一种使用了若干年的建筑材料,就可以在各种气候环境中表现出优良的耐久性。例如在欧洲及日本的一些地区,木结构的建筑占据主导地位,我国南方地区的木结构建筑也使用百年及更长时间,而且许多木结构建在多雨和潮湿地区。如何对木结构进行防潮处理,保护建筑物少受水的浸害,使木结构建筑物的安全耐久性得到提高,是建筑设计时要考虑的重要问题。

14.1　木结构潮湿的来源及含水率

首先,降雨是建筑结构基础、墙体和屋面渗漏的主要来源,而雨水渗漏是造成建筑物潮湿的主要因素;其次,冷凝水是墙体湿气的主要来源,是由空气在建筑物内外交换及水蒸气对木材构件作用引起的;施工过程中湿气的控制很重要,材料本身的含水率及施工中带入的湿气,使干木材可能在施工现场存放时受潮;最后,在基础部分吸入潮气,浸入地基的降雨或者土壤湿气是木框架潮湿的主要来源。

木材含水率及施工湿气浸入。为确保木材自身的含水率不成为造成木质腐蚀和微生物生长的环境,木构件本身的含水率应保持在20%以下。如果在堵塞水气源头及排水和通风仍不能有效地使木构件的含水率小于20%以下,就需提高木材的防腐蚀性能,使用木材在施工前后受潮的概率较大,使湿气含量可能增加。因此对于木料在运输过程中要被覆盖并防止雨淋;在存放时,下部垫起并脱离地面,上部靠遮挡防雨水浸入;施工中应最大限度地减少已安装木料受雨淋湿的程度,在建筑物围护结构封闭前借助自然通风,加热或除湿的方法尽量使其达到干燥。对于雨水及冷凝水、基础下部的土壤因素潮湿及毛细作用形成的湿气,可以通过设计构造措施加以阻止其进入及排除。

14.2 基础部分的防湿处理措施

木材结构在基础部分必须按防潮防水构造形式进行处理,一般采用架空及非架空两种基础形式。所谓的架空式基础,是底层楼面板与基础内地面之间设有通风透气层,架空层周围墙体上留有通风口,其面积不小于底层面积的1/150;当架空层覆土上方铺设防潮层时,通风面积可减少至底层面积的1/500,要确保底层木结构楼盖的干燥性,架空式基础构造形式如图6-26所示。

对于非架空基础是指一层楼板与地面直接接触,不设架空层;钢筋混凝土基础外侧、混凝土楼板或者垫层下铺设防水层,一般采用柔性防水卷材如SBS或者其他高分子防水卷材,达到使得基础不直接同水接触,用技术手段阻止降雨或地下水对基础的浸渍,防止底层木楼板受潮;底层木楼板上的穿管和开孔周围要进行切实有效的密封处理,非架空基础构造如图6-27所示。

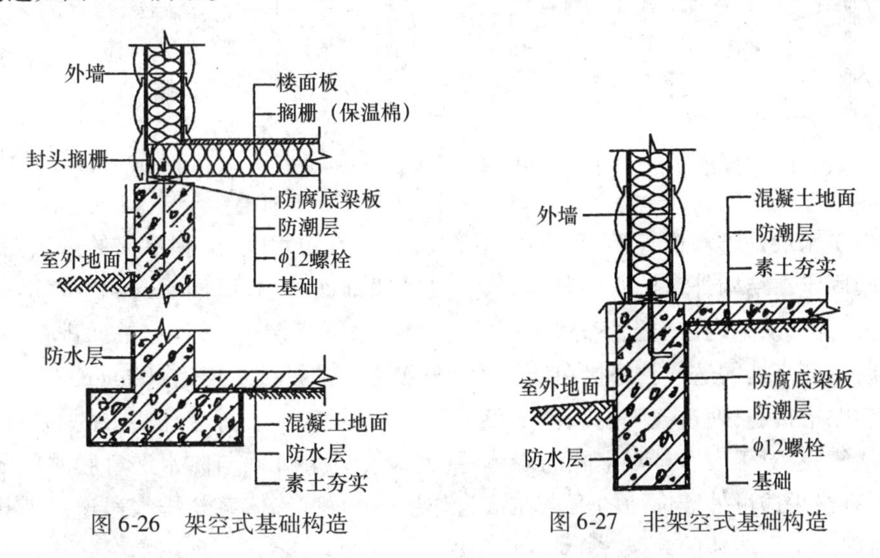

图6-26　架空式基础构造　　　图6-27　非架空式基础构造

基础与防腐木地下梁板的接触面要铺设防潮层,可采用改性沥青防水卷材SBS或其他防水材料,为的是阻止基础内湿气浸入木框架。同时由于木结构构件一般应高出室外地坪不少于200mm;距离室外地坪不少200mm以内的木构件,是暴露在露天环境中及直接与墙体或混凝土接触的木构件，极容易引起腐蚀或遭受环境气候影响导致老化或粉化的现象，对这部分木构件要采取有效的防腐蚀及耐久性处理。

14.3 墙体的防湿处理措施

雨水和冷凝水是建筑墙体湿气的主要来源，在自然环境中可以通过多种方式进入墙体内部，而雨水最多，其渗漏是造成墙体潮湿的主要原因，对此可以通过设计构造措施阻止雨水进入是设计者需考虑的重要内容。而避免雨水渗透最有效的方法是采取挑檐的方式，使建筑物背离主导风向，尽量减少雨水与围护结构接触。据介绍对于同一建筑物，当屋面挑檐宽度在301～600mm时，出现潮湿问题的墙体比例达到54%左右；但是当屋面挑檐宽度大于600mm时，则出现潮湿问题的墙体比例只有26%左右。同时还可采用泛水板和滴水槽，也可在一定程度上避免雨水的渗漏，这种方法也是传统的局部防渗漏措施。

有效的外墙设计构造目的是避免墙体雨水浸入从而造成受潮气影响，使房屋墙体干燥耐久。根据防潮技术措施的不同，现在外墙结构设计常采用的方法有两种，第一种为不设置成设置排水空隙，如图6-28所示。用于低度和中度风雨暴露建筑物中，防潮性能较好，设置排水空隙如图6-29所示，适合用在高度风雨暴露建筑物中。两种设计方法的外墙饰面均为主要排水通道。

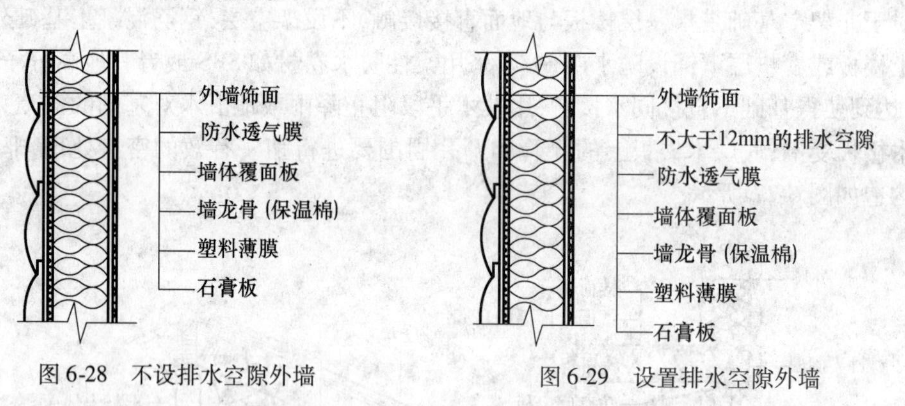

图6-28 不设排水空隙外墙　　图6-29 设置排水空隙外墙

墙体防水层是防水透气膜，又叫单向呼吸纸，具有防水、防潮和单向的透气功能，防水透气膜固定在结构外墙板的外侧，阻挡透过外墙饰面的雨水，同时起到空气屏障的作用，允许水蒸气从室内溢出至室外。防水透气膜在水平搭接时，按同一方向进行搭接；垂直搭接时应使高处的透气膜搭接在低处的透气膜之上。搭接宽度为100mm左右，要用专门胶带粘贴搭接缝，使透气膜的表面平整、无褶皱且无破损。有特殊要求的部位要铺双层防水透气膜，对于设有排水空隙的墙体，要使设在外墙饰面与防水透气膜之间的排水空隙，可将极少透过外墙饰面的雨水在重力作用下，通过墙体底部排水通道迅速排出墙体，同时起到干燥墙体的效果。

墙体中塑料薄膜防潮层是为防止当水蒸气从墙体高温一侧向低温一侧转移时，在内部形成冷凝水而设置，其薄膜厚度约0.15mm。因此塑料薄膜防潮层放在墙体中的具体位置应根据当地气候条件而具体选择。在寒冷地区的墙体或构件的部位，防潮层应设置在温度较高的一侧；而在炎热多雨的地区，可以将防潮层应设置在外墙的外侧为宜；在中部广大地区也可不设防潮层或者设在具有保温层的墙板外。

14.4 屋面顶部的防水防湿处理措施

自然界的降雨是建筑结构内部水蒸气的主要来源。而屋顶则处于建筑物最顶端，也是抵御降雨入侵的首道防线。为了方便屋面排水，木结构建筑应选择坡屋顶较好，在坡屋顶构造上使雨水在重力作用下迅速排流出屋面。一般是屋面坡度越大，重力作用就越明显，通过不同材料、材质的屋面的共同作用，屋面的防水质量就越显得重要。

采用木结构建筑的屋面系统是由屋面板、防水基层、屋面保温材料、屋面交界面细部、泛水及通风口等所构成。屋面板既是结构构件，也是上部构造的基础基层。屋面板本身仅能对雨水起到有限的阻挡作用，不可能依靠屋面板为建筑室内提供防水保护。屋面用防水材料多数采用普通防水卷材或防水透气膜，是屋面第一道防水屏障，防止透过屋面防水材料的水进入屋面板。屋面材料是指保温及表面材料，是房屋最顶端的防水构造层，因此必须具有优良的防水及耐久性能。

木结构建筑屋面材料多使用轻质瓦片进行排水，现在多使用玻璃纤维沥青瓦或木瓦片。对于具体工程大部分的屋面漏水都是出现在两个平面交界处的细部构造上，如屋脊梁、屋谷底、屋面同墙体交汇处或屋面穿管孔洞等处。施工时主要通过屋面防水基层和屋面材料的正确配合使用达到防治漏水现象。泛水板应采用耐腐蚀性强的材料制作，将在交结处透过屋面材料所渗漏的水引导至屋面材料的表面，防止不同材质交接界面处及升孔洞周围的渗漏水产生。更是为了防止冷凝水使屋面保温层受潮湿，不降低屋面保温效果，避免木材腐朽而给霉菌提供生存环境，一般可在保温层下铺设0.15mm厚度的塑料薄膜隔潮层，同时在屋盖内设置排风口的方法保持屋盖内空间干燥，通风屋盖如图6-30所示。

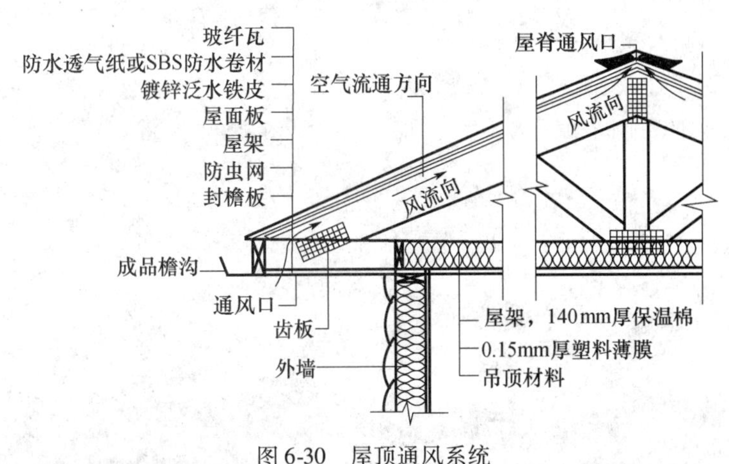

图6-30 屋顶通风系统

屋盖内设置排风口的作用：一方面排风口在屋面木质结构板和保温材料之间形成空气流通渠道，造成可能因渗漏或冷凝水作用变得潮湿的结构板和保温材料能够干燥；二是通风口在夏季可以降低该部位的温度，起到保温隔热的作用。屋面板的温度过高会影响到玻璃纤维沥青瓦的耐久性寿命，而屋面板下设置的通风口可以降低瓦片周围温度10℃以上。

屋盖中设置通风口的要求：屋盖内空间的通风口面积应不小于屋盖投影面积的1/150。当在房顶安装防潮层时，通风口面积可减少至屋盖投影面积的1/300。对于坡屋顶而言，当50%的通风口面积在屋盖结构上部，并且通风口底部距檐口的垂直距离大于1m时，通风口面积可减少至屋盖面积的1/300。另外，当每个贯穿屋顶处均设遮盖防水隔层时，把水分隔离在建筑物表层以外。在烟囱向上的斜坡屋面设置木质小坡屋顶，避免雨水在烟囱或屋面形成的暗沟而浸入屋面。当屋面与墙体相交处，要将防水层沿垂直墙体上翻100mm高。

综上浅述，木结构的应用在许多国家和地区历史悠久，其经济、安全及适应性已引起建筑界设计者的高度关注。上述从建筑结构的设计应用中分析了轻型木结构建筑影响关键的防水以及防潮方面的工程应用技术措施。大量工程应用实践表明，只要采取适当措施，木结构建筑可以发挥较好的防水与防潮性能，使结构达到耐久年限，同时也要加强人们对轻型木结构的认识和了解，改变一些人对木结构建筑不耐水，易受潮而影响耐久性的传统误区。

七、建设工程总承包模式及质量管理

1　以设计为主体的总承包安装工程现场质量控制

工程质量是建筑企业一个永恒的主体，也是实现项目设计功能的基本保证，工程质量不仅体现在工程实体本身，还应表现在使用功能和建筑造型等是否满足用户的要求。工程质量贯穿于项目的全过程，是施工的重要阶段，也是工程成功的关键环节。以设计为主体进行的工程项目总承包，设计单位既是设计方，又是工程质量的管理者，有利于对设计意图的总体把握，同时设计院熟悉设计规范及施工规范，有利于工程的质量管理控制，在工程建设中有优势明显。设计院利用自身的设计优势，成立工程承包公司，承揽国内多项大中型工程项目的总承包工作。以最近完成的某大型油田产能建设中，某厂房施工为例介绍工程承包管理中对基础工程、主体结构以及公用安装等重要分部工程质量管理中应重点控制的几个方面。

1.1　工程概况

本工程为大型油汽田产能建设工程，其主厂房的主体为钢结构，独立基础，基础与钢柱连接采用预埋螺栓铰接方式。车间宽度为100m，为5跨，跨度均为20m，长度为120m，车间面积为1.2万平方米。公用工程包括压缩空气、采暖供回水、消防和生产生活给水等管道安装工程及电气安装工程。

1.2　基础工程

(1)预埋设备螺栓　基础工程中预埋螺栓是基础施工控制的重点和难点，预埋螺栓用于固定厂房的主体钢柱，其安装的精度、准确度直接影响了后序主体钢构件的安装质量，从而影响整个工程的安全性和使用性，应在基础施工中重点控制。预埋螺栓存在安装偏差，一般体现在四个方面：轴线偏差(纵向、横向)、螺栓间距位置偏差、螺栓设计安装标高误差。在施工中根据预埋螺栓安装特点及规律，采用模具法进行预埋螺栓安装是控制其安装质量减少偏差的最有效措施，不仅安装精确度高、易于控制，而且安装效率高。模具上有预埋螺栓定位孔，定位孔位置由钢柱底板螺栓孔确定，孔距、孔径偏差均应满足螺栓定位偏差设计或规范的要求。定位模具的优点是固定螺栓后整体性好，上、下移动标高控制、左右移动纵向偏差控制以及前后移动轴向偏差控制非常方便。采用这种方法95%以上的螺栓安装精度应符合规范要求。预埋螺栓模具定位孔偏差控制在±2mm范围内。经验证明，要形成整个厂房基础的螺栓精确定位，仅靠单个轴线定位精确还不够，有可能纵向与横向轴线不垂直，因此还必须要求基础预埋纵向、横向轴线要垂直贯通，周边轴线正交闭合。混凝土浇筑完成后,应对预埋螺栓进行复测,防止由于混凝土浇筑时振捣所引起的安装偏差。

(2)土方回填　混凝土浇筑完成后土方回填也很重要,直接影响厂房基础周围地坪的沉降,沉降严重的将直接导致厂房柱基础的倾斜,应重点控制。控制回填质量应掌握回填土时机、回填土质量以及回填土压实度等,且要符合规范或设计要求。土方回填时混凝土强度应达到设计强度的75%以上,如此方可进行土方回填。回填土应控制分层回填、分层夯实,每层回填土根据回填土质控制分层回填的厚度,一般应在300mm内,压实系数要满足设计要求。回填土的土质视现场情况确定,有些土挖出后不能作为回填使用,如含水率大的土或含有腐蚀性物质的土等。本工程由于是原有厂房拆除后新建,原厂房长期受生产用水浸泡,土方含水率达到20%以上,无法达到回填要求。解决的方案:①土方外运,换填符合回填要求的新土;②对原土掺入一定量的块灰,充分拌合达到回填土的要求后再用于回填。经过费用的比较、施工的方便程度及工期等综合因素考量,确定土方回填方案,最后采用对原土进行掺灰处理来达到回填土要求,分层压实回填,厂房建成后地坪未出现裂缝或下沉现象,表明处理效果较好。

1.3　钢结构工程

工程主体为钢结构,质量控制应包括原材料质量、钢构件制作质量以及现场安装质量等几个方面进行有效控制。

(1)原材料质量控制　工程原材料钢屋架均采用Q345B级钢,槽钢、角钢及圆钢均为Q235。墙梁、檩条采用冷弯薄壁型钢,采用Q345热镀锌板(其双面镀锌量不应小于275g/m^2)冷弯成型。普通螺栓采用C级,强度级别4.6级,高强螺栓采用10.9级,在高强度螺栓连接的范围内,构件连接为摩擦连接,构件的接触摩擦面采用喷丸处理,摩擦系数不小于0.45。各种原材料均应有相应的合格证明与第三方检验证明。

(2)钢结构制作　钢结构制作包括钢材下料、组对、拼焊及焊接等工序。钢构件外形尺寸、原材料规格应符合设计要求,制作偏差符合规范要求,制作完成后的钢构件进行表面抛丸除锈处理。除锈等级应达到《涂装前钢材表面锈蚀等级和除锈等级》中Sa2 $\frac{1}{2}$的条件,涂装铁红醇酸底漆二度,漆膜厚度不小于125μm。对重要焊缝采用熔透焊,如吊车梁下翼缘拼装焊缝等为一级焊缝,按规范要求进行100%探伤检测。

钢结构构件运输至现场要注意构件堆放,防止堆放不规则引起的构件变形及涂层脱落,如果构件因堆放或制作原因有变形现象应进行现场矫正,现场矫正后仍不符合要求的要返钢构厂重新制作。如此避免影响主体结构的安全性,及安装积累偏差造成整个主体结构超差。

(3)钢结构安装　钢结构吊装首先应编制详细钢结构吊装方案,该方案根据现场钢结构的结构形式、单体或组件重量及吊装顺序编制。本项目为钢结构厂房,构件多为16mm以下钢板焊接而成,特别是屋架梁腹板和翼缘板都由8mm以下薄钢板焊接而成,单个刚性较差。厂房跨度为20m,由于跨度大,大多情况下还在空中对接。如果没有切实可行的吊装方案,不注意吊装方法,很容易在吊装过程中出现钢构件失稳,从而造成质量事故，更严重的还可能造成安全事故。所以，吊装方案要稳妥，必须事先进行周密、细致的审查。审查确定的吊装方案在施工吊装过程中要由专人在现场严格控制，不能有任何隐患存在。

钢构件组装成厂房主体结构，钢构件的连接主要采用螺栓连接，重要部位采用高强螺栓连接；梁的端板法兰式连接、主框架梁柱连接、吊车梁连接及夹层梁连接；其他部位采用普通螺栓连接；围护板或围护板支架采用自攻螺钉连接。对钢结构现场焊接焊缝要严格检查，不得有气孔、夹渣等缺陷，对设计要求一、二级焊缝重要部位要按规范要求进行探伤。

主体钢结构安装、调整完成后要对安装质量进行检查，钢柱垂直度、钢构整体平面弯曲度、吊车梁跨中垂直度、相邻柱间吊车梁顶面高差、相邻两吊车梁接头高差及同跨间任一截面的吊车梁中心跨距偏差应符合钢结构安装规范要求。

厂房主体钢结构安装完成后须进行防火涂料的喷涂，本工程选超薄型防火涂料。根据《建筑设计防火规范》要求本工程生产危险类别为戊类，耐火等级为二级，厂房钢柱耐火极限为2h，涂层厚度为2.0mm；屋架梁耐火极限为1.5h，涂层厚度为1.5mm。防火涂料涂层的厚度一般通过涂刷遍数进行总体控制。为此施工中重点控制涂料涂刷遍数，达到涂层厚度，施工中用测厚仪抽检。验收时根据规范要求对涂层采用专用测厚仪进行测量，并要满足规范的厚度要求。

1.4 地面工程

现代装配式厂房对作业环境的洁净度要求非常高，一般应采用无尘地面。无尘地面有环氧树脂、金属骨料面层耐磨地坪等。本工程装配厂房设计采用金属骨料面层耐磨地坪，金属骨料耐磨材料用量为6kg/m^2。金属骨料的耐磨地坪对结合层的商品混凝土配比要求较高，两者如果粘合不好，影响使用性能，严重的会脱壳。混凝土配比中粉煤灰是重要的成分之一，在泵送商品混凝土中主要起润滑作用使泵送更容易，同时使用粉煤灰可减少水泥用量，一般商品混凝土供应商为降低成本，粉煤灰用量取上限，但粉煤灰的掺入量对混凝土与耐磨材料结合不利，因此在满足泵送前提下应减少粉煤灰用量。由于混凝土配比对地面施工影响较大，为此在地面施工前应确定合理混凝土配比及浇筑方案。一般情况下应减少粉煤灰或缓凝剂等添加量，增大水灰比，增加混凝土含水量及流动性，利于混凝土与耐磨层的结合。具体施工阶段重点控制地坪平整度，要求地面施工人员耐磨骨料布撒要均匀，保证每平米用量符合设计要求。地面打磨采用圆盘打磨机，打磨遍数越多对形成的地面平整度、光洁度效果越好，施工中应控制地面打磨遍数，使地坪表面平整度、光洁度及每平米沙眼等缺陷数量控制在规范允许范围之内。

1.5 管道安装工程

工业项目由于生产、生活需要，采用的生产、生活介质多，输送各种介质的管道相应较多。生产类管道主要有输送自来水、压缩空气、丙烷、氧气、混合气、天然气及蒸汽等管道，生活用主要包括采暖、给水及蒸汽等管道。本工程工业管道包括压缩空气、给水管道及采暖通风管道等。

(1)确定管道安装方案　由于工业厂房设备的管道较多,安装方案一定要做细,管道与管道之间、管道与电气线缆以及桥架之间应根据输送介质的性质分层布置,按安装规范预留足够的安全与施工间距。管道安装应:①注意操作间距,利于以后的维修更换;②注意管道与其他管线间距符合规范要求。管道支管末端安装接头箱、配气器及消防箱等设备,所有管道支管集中在厂房钢柱上安装,同时还应考虑电气柜及电气设备的安装,一个钢柱周围安装这么多管道、阀门及设备等,安装时可能出现装不下去,或者装下去了也影响安装效果,重新调整重新安装,既浪费材料,又耽误了工期。所以管道安装前一定要周密策划,事前定好各种管道的安装标高及安装间距,避免返工。

(2)安装过程控制　管道安装工程有其自身特点,如氧气管道安装前必须进行脱脂处理;隐蔽工程在隐蔽前进行验收,如埋地压力管道应通过压力试验合格、排水管道应通过灌水试验并做好验收记录。

(3)事后控制　管道安装完成后应对管道规格、数量及安装位置是否符合设计要求,安装工程是否按图纸设计涵盖设计内容;管道支吊架与厂房主体结构固定是否牢固;管道与设备固定是否正确牢固,须进行仔细检查核实。各方检查合格方可进行压力试验测试其密闭性,测试管道强度及严密性是否符合施工规范要求。

1.6　电气安装工程

该工程为原有厂房拆除后新建,厂区有35kV变电站,进入车间变配电室时电压为10kV,车间用电电压为350~400V。高压电缆自变电站采用直埋方式进入车间变配电室,车间内低压采用放射式及树干式相结合供电方式,电缆通过桥架敷设至各用电点。电气工程管理采取事前、事中及事后控制。事前,主要从施工队伍选用、施工方案、材料进场、设计变更、工程量签证流程以及材料认价等方面进行控制。进场材料按验收规范合格证、外观感质量与铭牌等方面重点检查。特别是电缆、高低配电箱柜与变压器等应重点控制,重点检查设备参数、配电柜电气回路及开关的设计符合性、箱柜内铜排规格及布设是否符合规范要求。事中控制为质量形成的重要阶段,主要采取跟踪检查,对安装每一细节重点控制。电缆桥架与主体结构固定牢固、支吊架间距符合规范要求,车间范围内分布电缆规格、每个轴线主电缆布设符合设计要求,电缆接头与开关压接应牢固可靠。配电室送电前按规定应做耐压试验,合格后送电。事后控制主要对检查不合格的进行整改。

通过对油汽田产能建设中某大型厂房钢结构及其工艺的承包应用实践,设计院进行工程项目总承包是完全可行的。由于设计人员熟悉设计规范及施工规范,有利于工程的质量管理控制,在工程建设中优势明显,工程应用证明了这一点,只要严格按照国家现行规范标准管理控制,总承包模式会更加完善。

2　以设计为主导的EPC项目经营管理控制

以设计为主导的工程总承包是工程施工发展的必然趋势,也是设计院发展的一个主要方向,20多年来,各种建筑设计院由于相关市场主体的限制和自身定位的原因,在工程总承包领域已初显身手。早在2007年,新疆石油勘察设计研究院首次涉足项目管理这一相对新兴的行业。经过近几年的摸索和积累,2010年首次承接工程总承包业务,该项目以设计咨询为主,因此EPC项目和工程设计为主的业务板块布局的调整拉开了帷幕。现对项目实施过程中影响最大的财务管理,进行分析探讨供同行参考。

克拉玛依昆仑银行项目是新疆院的第一个工程总承包项目,对于院财务部门来说,总承包项目的财务管理也是一次全新的挑战。在项目实施过程中,项目财务管理作为项目管理的一个主要部分,通过与各个方面的互相联系与互相协作,在完成项目财务目标的同时,协助其他部门完成相应的目标,为项目提供服务。通过不断的学习、摸索、交流及沟通,在积累了一定的经验的同时,也发现了实施过程中存在的许多问题,本节通过对该项目财务管理工作中几个关键节点的总结进行分析,做好项目中的工作,更重要的是为后续的总承包项目积累经验。严格来说,银行项目主要是普通房屋的改造和扩新建,谈不上真正意义的EPC项目,只能称为"设计+建造"项目,但目前大多数总承包项目应该说都具备了EPC项目,即"设计+采购+施工建造"的特征,其设计和采购环节更显得重要。所以,通过对项目的总结和吸取经验教训,并结合后续项目,前瞻性地对EPC项目进行分析,将为今后更好地实施EPC项目施工的财务管理工作做好准备。

2.1 介入项目前期的准备工作

(1)在项目投标开始阶段,财务人员应从项目招投标阶段就开始介入,这样有利于做到事前控制,财务人员的提前介入不仅能从财务层面来保证招投标的规范性,也使财务经营人员能全面掌控项目进程,也为后续的管理工作打好基础。财务与项目经理、造价、合约部门以及分包单位充分沟通,可以在投标文件、报价、合同谈判及内部管理办法的制定等工作中起参谋作用,也有利于项目资金安排、成本管理以及与分包方、业主以及税务部门等打交道。

(2)项目中标后,应及时确定项目财务经理,并由其组成小型财务团队,及时投入前期准备工作中,整理中标通知书、报价清单及合同等,并与项目所在地的主管税务机关联系,携外出经营许可证办理异地税务机关备案及临时税务登记证,按时缴纳与合同、账册等有关的印花税,必要时,还要在项目所在地办理银行开户业务。

(3)从一些项目中试行的相关管理办法中,明确项目实施方案、组织构架、支付审批及材料采购流程等等,财务经营人员在日常工作中也是严格按照该管理办法执行的,管理办法对项目的顺利实施起到非常重要的指导作用。所以EPC项目部应在项目前期,通过充分讨论,针对项目特点及时制定相关管理办法,这样,财务人员可以较规范地开展财务管理工作。

(4)对于所建项目的财务处理,是将其放在院本部的总账中,按施工成本进行总体核算,在只有一个总包项目的情况下,这样做是完全可以满足各项需要的。而随着院总包项目数量的增加,在账务处理工作中,针对项目设置辅助核算体系,按项目核算收支,以确保每一个项目的核算清楚、收支清晰,并能及时、准确地为决策提供所需的项目数据。目前针对当全院总包项目的账务体系已设置完成后,可进行成本费用的归集和核算。

(5)承包管理模式也是在项目实施前应该明确的,据了解,一些简单的总包项目采取的方式为项目经理承包制,但这种方式在管理上存在的问题比较多,比如会计核算的合理性、承包人的个人风险以及质量责任主体等等,所以以设计为主导的EPC项目对施工采用分包方式,这样可以大大降低管理风险,从而提高工作效率。

2.2 资金管理保证项目资金安全、充足和高效

在企业的财务活动中,资金始终是一项值得高度重视的、高流动性的资产,因此资金管理是EPC项目财务管理的核心内容。现金一直以来都被视为企业资金管理的中心理念,企业现金流量的管理水平往往是决定企业存亡的关键所在。在面对日益激烈的市场竞争,总承包企业面临的生存环境复杂多变,通过提升企业现金流的管理水平,才可以合理地控制运营风险,从而提升企业整体资金的利用效率。

2.2.1 资金来源

EPC项目工程一般规模较大,决定了项目运作需要大量充足的资金作保证,其资金主要来源包括自有资金、项目预收款和借入资金。银行项目因为其项目的特殊性,政府对资金是有一定保证的,虽然经常拖延支付时间,但这个项目基本上对设计院的自有资金没有产生影响。通常来讲,总包项目对承包方自有资金肯定会有一定需求的,比如新承接的天然气项目就有占用自有资金的可能,对于暂时被占用的自有资金,必须加强管理和运营,加强催收工作,尽量减少自有资金的数量和占用时间;对于项目预收款应及时收取,以缓解项目前期的资金需求,减少自有资金或借入资金的数量;对于借入资金,应建立良好的企业信誉,充分利用银行的信贷资金,并尽可能享受信贷方简化手续、降低利率、费率和保证金率等诸多优惠。

2.2.2 资金管理

EPC项目普遍存在资金紧张的现象,而大量采购与施工却急需资金,所以必须加强资金成本意识,提高管理手段,进行有效监督、控制与考核。加强资金管理,应重点做好以下三方面的工作。

(1)资金集中管理　要牢固地树立资金管理是企业管理中心环节的观念,要建立起适合经营特点的资金运行管理机制。统一银行开户管理,确保货币资金的安全。项目集中结算,全面监控资金收付,统一调配使用资金,加强对项目现金的管理,对总承包项目实行资金集中管理。

推行全面预算管理,严格控制事前、事中资金支出,保证资金的有序流动。全面预算管理是对项目运作的各个环节实施预算的编制、分析与考核,把项目活动中所有的资金收支均纳入严格的预算管理之中。对于EPC项目而言,可按设计、采购、施工及其他制定预算,重点是采购及施工费用预算,占到项目预算金额的80%左右,按月、季、年编制相关的滚动收支预算,保证现金流正常,为项目成功运作提供保证。

(2)加速资金流转,提高资金使用效率　加强项目流动资金的管理,提高资金使用效率,对提高项目效益有非常重要的意义,加强项目资金流转的措施主要有以下几个方面。

① 加强保函保证金的管理。现在国内项目大部分业主发包工程时,都要求提供相应

的银行保函作担保。一般情况下,项目需要开出 4 种保函:投标保函、预付款保函、履约保函和质保金保函。这些保函应尽量使用在银行提供的授信额度内开出,如此可节约费用,提高使用效率。若银行要求提供高比例保证金抵押,对于总承包企业资金压力影响较大。投标保函,金额相对较低,时间较短,可提供100%的现金抵押开具;预付款保函及履约保函,由于金额较大、时间跨度较长,风险相对较大,开出银行一般都要求不同比例的保证金抵押,一般是30% ~100%。设计院通常都是银行的优质客户,银行都乐于主动向设计院提供无保证金的信用保函。

降低保证金的资金占用和成本的方法有:a. 尽力降低保函的手续费用,财务工作人员在办理保函的过程中,引入了竞争体制,支付了较低的手续费;b. 保函保证金可根据时间长短,采用定期存款的方式,增加利息收入,从而降低成本;c. 预付款保函额度,随着预付款分期偿还而逐步降低,可根据实际情况,变更保函合同,逐步降低保函手续费用;d. 保函到期,应及时收回保函原件并及时退还保函开出银行,解冻保证金。

② 及时收取预付款。开立了预付款保函后,根据合同应及时完善手续,由财务及时提醒项目部早日收取预付款。这样就可以解决项目前期费用和设备与物资采购的资金需求。

③ 及时收取工程进度款。工程开工后,项目部应按合同规定,每月按实际工作量提交合同规定格式和内容的月报表。由于合同规定,从支付报表经业主批准到工程款支付日的时间间隔一般较长,因此,每当收到一笔进度款后,造价及合约等部门应马上着手下一笔进度款的催收准备工作,想方设法争取业主早日付款,避免由于自身原因造成进度款的延付。

④ 早日办理工程结算与决算,及时收回质量保证金。根据合同规定,工程承包方应尽早提交合同结算资料,同业主积极沟通创造决算条件,决算后才具备收取质保金的条件。质量保证金,由业主在每次支付时从应付款项中扣除,比例一般为5%。承包商应根据合同规定,在工程质保期满后,向业主索要全部质保金。

⑤ 及时收回索赔款。承包方对业主的索赔主要是由业主违约(如逾期付款)或非承包商自身原因(不可抗力)引起的。承包方应让参与项目人员包括财务人员熟悉合同中相关索赔条款,在执行合同过程中收集相关证据材料,当合同规定的索赔情况出现时,承包方应在规定时间内向业主发出索赔通知,并提交索赔数额和索赔依据等详细资料,索赔一经确认,应落实相关责任人及时催收,保证索赔权益的实现。

2.3 加强项目各个环节的成本费用控制

由于目前国内承包工程市场尤其是民用建筑市场竞争非常激烈,企业为了使工程中标,往往不得不进行低价投标,所以对项目成本费用进行有效控制,对提高项目经济效益具有极为重要的意义。彭州项目属于住宅项目,技术含量不高,即便如此,由于工程总承包行业利润率偏低的原因,向成本要效益显得非常迫切,如果要承接油田或市政文化项目工程等难度更大的项目,成本控制就会显得更为重要。

对项目成本费用进行有效控制,就需要整个项目参与人员的参加,设计、采购、施工、合约、造价、财务和综合管理部门在项目成本费用控制中发挥着不同的作用,由各部门和财务对各类成本费用制定详细的预算和计划,并加以落实和监控。对成本费用的控制主要涉及以下几个方面。

2.3.1 加强设计阶段的控制

设计阶段的工作主要依靠设计和造价人员完成,设计工作在项目中特别是以设计为主体的 EPC 项目,在项目实施的全过程中起主导作用。工程设计图纸和文件是项目实施过程中后续几个阶段(采购、施工及运行)的主要依据。设计管理和控制水平的高低,直接关系到项目的安全、进度、费用、质量和材料的控制水平,也直接影响到企业的经营利润和外部形象。项目投资的80% ~90%是依赖于设计的。因此,设计阶段的费用控制是整个工程项目费用控制的工作重点。尤其是 EPC 项目,风险均由企业承担,能否将项目的投资控制在合同总价内,直接影响到企业利润目标的实现。因此,在设计过程中,项目管理人员特别是造价人员要和设计人员及时沟通,用限额设计的观念控制目标的实现。

2.3.2 加强采购管理控制

项目采购部门要制订采购计划,确定合格分承包单位,采买、催交、检验、运输和现场物资管理等环节以及采购分包管理。搞好项目采购工作,对节约项目投资,提高工程承包效益是至关重要的。项目采购工作要保证按项目的质量、数量及时间要求完成,以合理的价格和恰当的供应来源,获得所需的设备、材料及有关服务,在具体的执行过程中货比三家,公平竞争,严格控制独家供货,用制度来保证报价者之间的公平竞争,从而获取采购效益。尤其重要的是,应该特别重视采购人员和财务人员的及时沟通,比如,在采购计划编制过程中,财务部门要根据项目资金使用计划对采购计划提出相关意见,在采购过程中,财务应及时提出可能的涉税处理意见。

2.3.3 加强施工过程成本控制

施工过程是项目管理的重要组成部分。财务在施工过程管理的重心应该是围绕着成本费用控制而进行。在项目经理、现场工程师、进度经理及造价管理等现场管理人员核实并按报销程序由相关负责人同意支付后,交由财务人员比对合同等相关佐证资料后按实予以付款。同时,对于不符合付款要求或所附原始票据不合规的坚决不予支付。另一方面,也需要加强成本开支的预算管理,确保资金收支的安排合理性和项目成本核算的准确性,尤其是对于部分预算调整项目,应及时通知财务,并按月提供项目收支预算表。

2.3.4 加强项目管理部门的费用控制

对项目管理部门的开支建议实施预算管理,即分别对办公费用、招待费用、交通费用及人工费用等采用总额控制。费用的控制一方面要通过预算进行总量控制,另一方面,也需要在日常管理中严格控制,杜绝不必要开支,最终确保项目的利润目标。可考虑对办公费用、交通费用及招待费用等费用建立台账,记录具体开支明细,确保费用发生的真实性和准确性。

2.4 税务纳税条款管理

在EPC项目的涉税工作中,感受较深的现象是不同地区的税务机关工作人员对相关税法和流程的理解和解释都存在不同,这种现象主要缘于他们业务水平和对税法的研究程度各有差异。所以要求项目财务人员自身要加强对税法的研究,加强同税务人员的交流,在合理、合法及合规的前提下维护企业的正当权益。

2.4.1 参与合同条款的讨论

对于一个合同,如何签订,决定着税务方案如何确定的问题。因此,在合同的签订阶段,就要考虑税务方案,在签订合同前,通过预测,把税务问题考虑进去。财务人员要从合同的签订过程开始全程参与,特别要重视合同中的有关税务问题的条款,防止该类条款对项目正常的实施产生影响。

2.4.2 营业税的纳税筹划

营业税是工程总承包所涉及的主要税种,且相对简单,主要是涉及建筑安装工程的计税营业额确认问题,这里特别要注意总承包工程中涉及设备价值的问题。从理论上讲,建筑安装工程的计税营业额不应包括设备价值,但在实际操作中,各地方税务局对该问题的处理方式可能不尽相同,有些明确了具体扣除的名单,有的对于建筑安装工程中的设备规定一律不得扣除。而总承包项目中设备总价占合同额比重较大,有的甚至能占到60%,设备的认定对于计税营业税的确认有很大影响。住宅项目不存在这个问题,但公建项目设备数量比较大,因此,财务人员要特别注意处理好该问题。应采取的税收筹划措施有以下3方面。

(1)在合同谈判和签订时,可主动积极地要求将一个总承包合同分拆成两个分合同(设备部分和其他建筑安装部分),将设备部分单列,通过合同分立,避免设备部分再进行重复缴纳营业税。但是这种方式需要取得业主方的认可。

(2)如果无法签订分立的合同,在一个总合同项下,只能向工程所在地税务机关申请办理设备部分的扣除,即将工程项目情况、设备部分比例及其他需要提供的资料交给工程所在地的省级税务机关,办理设备部分扣除的申请工作,尽量说服税务部门同意将设备价值部分扣除。该项工作需要将工程中的设备部分进行列举,并说明其与工程其他部分具备相对独立的特性。这项工作需要企业与税务机关具有良好的沟通渠道,并取得税务人员的充分理解。

(3)承包方在采购设备时,对于设备的组件,最好在采购设备时合并在一起采购,不要分别采购,所提供的发票名称为相关设备名称,从而避免造成误解认为是材料采购发票等,造成无法作为设备采购发票进行扣除。

2.4.3 税务层面为合作方提供支持

以某项目为例,建安公司注册所在地在新疆,根据税法建安公司在异地提供建安劳务,必须由注册所在地税务局开具外出经营许可证并在项目所在地税务局注册、代开发票并缴税。该公司为了规避开具外出经营许可证等复杂程序,希望能够授权其昌吉分公司代为办理相关结算业务(其昌吉分公司正好在本项目所在地昌吉市A区地税局注册,主管税务所正好为本项目主管税务所)。

考虑到这样的实际情况,通过与A区地税局沟通,税务局提出如果油建公司授权其昌吉分公司办理结算业务的行为得到院与甲方的认可,税务局将视同其昌吉分公司为该项目的分包单位,并按照分包单位管理模式进行管理。当然,这种处理行为还应该符合工程项目工程施工相关的法律法规。

总之,通过近年在EPC项目财务管理方面的摸索,可以这样认为,只有做好项目前期财务准备、资金管理、全过程成本管理及纳税筹划这几个关键环节的工作,才能确保财务工作对整个项目的支撑,才能保证EPC项目的顺利实施和经济效益的顺利实现。

3 项目管理在工程建设中的作用及影响

在20世纪70年代改革开放前的计划经济体制下,我国的工程建设一直沿用"五位一体"模式,即任何一个建设项目从建筑法及国家管理层面上由建设方、承包方、设计方、监理方以及政府相关职能部门(消防、规划、土地、质检站等)构成,各方在工程建设过程直到项目竣工验收承担各自的责任和义务,工程建设期间及投入使用后,一旦发生问题,可以依照有关法律追究相关各方的责任。工程参与的各方在履行其职责时,也都有各自领域的法律、法规、规范、规定以约束各方严格按照相关程序完成其工作,从而使建设项目的质量、投资及进度得到有效的保证。

改革开放以后,西方的一些先进技术及管理模式逐渐被中国引进和接纳,工程建设领域也不例外,项目管理在西方,尤其是发达国家沿用多年的管理理念也开始进入中国的工程建设领域。

项目管理在西方的工程建设中扮演着重要的角色,并一直受到建设各方的推荐和接受,尤其是承建方,他们往往依赖项目管理公司对工程质量、进度甚至预算进行监督、控制以达到预期效果。项目管理公司在得到业主的授权后,就从征地、规划、土地使用办理、概念设计、设计招投标、规划设计、施工图设计、设计审查、消防审查、总包招投标及施工等全过程跟踪、监视与管理项目执行的各个阶段直至竣工交付使用,期间负责协调各方之间的关系,尤其是各方之间衔接出现的真空地带,使项目建设各方形成一个有机的整体,保证项目建设的顺利进行。

3.1 项目管理在中国工程建设领域的发展过程

随着中国的改革开放,外国的一些知名公司在中国投资建厂,西方的项目管理理念开始带到中国这个基础建设方兴未艾的大市场,使国内首先接触这个新鲜事物的业内人士逐渐了解了项目管理的模式及运作。随着改革开放的深入,越来越多的外资企业、公司逐渐扩大在中国的投资力度,在独资公司的基础上开始在中国发展合资及全资子公司。在此期间,工业建设项目蓬勃发展,项目管理也在中国这块封闭多年的土地上扎根、发芽并茁壮成长起来。改革开放30年后,西方的项目管理理念在中国得到了良好的实践，经过与中国本地文化、建设模式多年的融合，已完全渗入到本地的环境中。很多中国建设单位在国有项目的建设及国内投资项目的建设中也利用项目管理的经验与成果。在越来越多的工程实践中，使中、西方的文化与项目管理模式得到了完美的结合。

3.2 项目管理在工程建设中发挥的作用

(1)在项目初期筹划、可行性论证、开始实施阶段的作用　根据西方项目管理模式，管理公司从项目的初期就开始介入，按照建设方的委托和授权，参与对拟建项目所在地的选择、当地经济发展状况、周边环境及基础设施的调查，并根据这些条件为建设方对拟建项目规模、投资及发展前景制定可行的预测和规划提供帮助。建设方一旦对拟建项目做出决定，项目管理方的作用立即延伸到与当地政府的土地使用权合同谈判、项目参建各方(设计、施工总包及监理)的招投标组织、评标组织与投标授予等工作中，并成为参建各方与建设方责任、义务沟通的平台，特别是协调参建各方职责相互关联地带的平稳交接、过渡。根据项目的实际情况，制定可行的进度计划，并在项目实施过程中定期进行动态调整。对于一些项目，特别是中小型项目，项目管理方往往在建设方授权后，作为建设方代表负责拟建项目与当地政府各主管部门就项目的可研、规划、施工图、消防及竣工备案等报批或审查程序的操作。

(2)项目管理在施工过程直至竣工验收交付使用过程的作用　在项目的设计阶段，管理公司负责协调建设方和建设方委托的第三方根据项目性质、条件商讨、制定和完善符合设施功能的最优化概念设计总图布局。在项目的初步设计与深化设计过程中，项目管理方负责协调、主持由建设方及设计方参加的专项技术讨论会，协调建设方与设计方就项目的质量标准、结构形式、功能要求与设备/材料选型在满足总体预算的前提下达成一致。对存在分歧的双方意见，结合国内外经验与习惯做法协调，双方实现尽可能完美或切实可行的解决方案；跟踪设计方的进度，按照项目制定的总体时间表，定期向建设方汇报当前的进度完成情况、存在的问题、如何解决及哪一方负责落实；通过实时跟踪、协调并敦促各方按合同规定履行相应的职责，力求使细化设计在总进度计划规定的时间完成蓝图。

在项目的施工阶段，项目管理主要围绕投资、进度及质量开展工作。负责筹划、制定、组织开工仪式、施工方进场协调与项目总体计划各主要节点活动，包括：地基与基础验收、主体验收、主要机电设备、子项系统的调试验收、竣工验收以及落成典礼仪式的落实和实施。

作为项目参建各方的沟通平台，项目管理方负责组织并主持定期例会(周例会、月例会、季度总结会)，邀请并通知有关各方(政府相关职能部门、建设方、设计方、施工方及监理等)出席，就项目实际进展时发生的有关质量、安全、进度及预算方面的问题进行讨论，找出产生问题的原因、责成相关责任各方制定出相应的对策，并敦促责任方在规定的期限做出整改、纠正计划与方案，由建设方审查批准后在规定的时间内完成。根据政府职能部门提出的意见，责成设计方依照相关法律、规范进行设计变更，交建设方批准后由施工方落实执行，施工方由于现场施工条件的限制在某些地方不能按蓝图施工时，项目管理方通过组织专业技术会议，协调设计方、建设方及施工方达成妥善解决办法。对于因设计变更引起的施工成本的增加,项目管理方根据相关合同规定协调建设方、施工方就实际发生的增项费用达成一致。在工程建设期间发生有关质量、安全方面的突发事件时,项目管理方在第一时间通报建设方、政府相关职能部门、设计方及监理,立即组织现场会议,通报事故发生的时间、地点、影响及受害程度,要求相关责任各方听取、服从政府职能部门、建设方所做出的应急指示与对策;对于突发的质量事故,要求设计、监理参与专门的应急讨论,在保证质量、预算以及进度的前提下制定出合理的解决方案,由施工方整改。

(3)在项目竣工阶段的作用　在项目的竣工阶段,项目管理方代表建设方负责组织相关单位参与验收,记录各方在竣工验收时提出的意见,制定遗留问题清单,责成相关各方在规定的时间完成整改,使项目通过竣工验收阶段,及完成在当地的备案工作;协调建设方对已完成设施的交接工作。

在设施投入试生产、生产加速阶段,就主要设备、建筑物日常维护等方面协调设施使用方相关管理部门与供应商之间的培训、资料、操作说明及图纸等文件的交接。使使用方管理人员了解各主要设施、设备的质保、保修内容及供应商联系方式,熟悉设施、设备的正常操作以尽快实现试生产、生产加速,使项目达到初始预计目标。

3.3　项目管理在工程建设中的制约因素

综上所述,不难看出项目管理在工程建设中起到的作用,按我国计划经济时期的管理模式,其作用范围涉及工程咨询方、建设方、设计方与监理方所应发挥的一些职能,更重要的是它将传统工程建设涉及的“五位一体”更加紧密地联系起来,极大地减轻了过去工程建设中常常出现的推诿责任。例如,漫天加价等对工程质量、预算与工期带来的严重不良影响。能够为杜绝豆腐渣工程或烂尾工程做出积极的贡献。通过项目管理提供的平台,使参与建设的各方形成了一个更加有机的整体,为工程建设的顺利进行提供了积极的帮助,促进了工程建设的平稳实施。

然而,中华人民共和国成立后在长期的计划经济体制发展下,已形成了非常完整、规范的“五位一体”工程模式。从法律、法规、规定及习惯做法等角度看,工程建设方从立项、投资就需经过政府相关部门的层层审批,建设方是对项目成败负责的法律实体。对于设计方,他们也有针对各个领域、专业不断更新的法律、法规及规范等的严格约束,建设项目一旦发生问题,经过分析、评判与设计失误有关,则设计单位无论在经济上还是在公司信誉上(设计资质、等级)都会受到一定的惩罚和影响。而工程监理则更是具有一整套完善的工作原则、法律、法规及程序,对工程出现的质量与安全事故或多或少都要承担监管不利的责任,严重的会对其经济利益、从事该行业的资质等产生不利影响。工程的承包方往往是发生质量问题、安全事故的直接责任人,根据相关法律明文细则,都会根据事故造成的后果制定出相应的惩罚措施。政府的一些职能部门,如规划、土地、质检站及受政府授权的图纸审查部门、消防部门等在行使职权的同时,就承担着其应承担的法律、社会责任与义务。

对于项目管理来说,这个新鲜事物自从改革开放至今,虽然在越来越多的工程建设当中出现,但是由于没有《中华人民共和国建筑法》或其他相关法律的保护,它们在工程建设中扮演角色不会与法律规定应承担的责任联系起来，也没有任何的政府部门，甚至是建设方可以追究到它们的责任。因此，项目管理的出现，对于一些项目参与方来说，只是多了一个参建方，它们的出现可有可无，因为参与工程建设的各方都是直接与建设方签订相关的合同。当然，中国目前的工程建设也有交钥匙工程或工程总承包管理（即所有参建各方都是直接与工程总承包方签订合同），这种情况不在本文的讨论之列。由此可以看出，项目管理方与设计、施工、监理方只是松散的联盟，他们之间没有任何直接的利益冲突，也没有法律规定应遵循的相互之间的工作联系关系。另一方面，项目管理从事的工作在某种程度上与设计、监理、施工方需要做的事有重叠，而他们又各自有自己的法律、法规、规范、规定或程序去约束，这在某种程度上削弱了项目管理的作用。举例来说，当建设工程进行时，建设方出于使用目的对一些局部提出变更要求，设计方需要按照这个要求，结合已完成的设计和相关规范、规定进行判定，是否可以进行建设方所提出的变更，然后根据变更要求出更新的图纸。而施工方往往会由于变更的原因向建设方提出直接、间接成本甚至预算的增加。监理方则负责审核由于这样的变更，施工方提出的工程量、材料的增加数量是否准确，以及由于此变更对施工时间产生的影响，而不会对由此产生的成本或费用负责。这时，一个通常对工程不利的现象就是，施工方会对建设方施加压力，同意他们对成本、预算增加的要求；而建设方注重该变更的及时实施，从合同角度来说，只有建设方与施工方才能直接面对面解决或对变更产生的成本增加达成一致意见。这个过程往往需要较长的时间，对工程进度会产生不利的影响，特别是在建设方与施工方就变更成本增加意见分歧较大的时候。管理公司在这种时候的角色相当于一个调解方，能使双方矛盾的尖锐程度得到缓解，促使问题的解决，但问题的根本解决还要取决于合同双方。

3.4　项目管理在中国工程建设领域的发展前景

毋庸置疑，随着改革开放政策的实施和深入，西方盛行的项目管理理念在中国得到了广泛的应用，为中国建设领域学习西方先进的管理模式提供了实践机会，更多地了解了国外工程建设的运作模式，对中国建设项目的质量、进度及投资控制产生了积极的影响，对外商独资、合资项目在中国的顺利建设起到了推动作用。

根据中国计划经济时期以及一直延续到现在的工程建设“五位一体”的模式，可以认为项目管理如果要在中国工程建设中得到进一步的发展，则需要相关法律的支持，正式接受其为工程参建的一方主体，明确项目管理的责任、义务与承担的相关法律责任，并明确与其他参建各方之间的关系。使项目管理有机地融入到工程建设当中，结合中国的实际情况形成“六位一体”的结构，那么，项目管理将会有不可限量的作用，还会继续对工程建设起到更加积极的推动作用，也为我国建筑业进入国外市场积累管理经验。

4　钢结构工程管理模式的应用

钢结构在建筑中的应用在快速发展中，其结构形式会不断涌现出来，而与混凝土结构相比较，钢结构的施工及管理有其独特的特点。对于某新建主车间厂房钢结构子分部工程有钢架、钢行车梁及钢屋面等钢结构子分项。本工程钢梁总长度为40m,分段拼装起吊中最长的14m,约重1.02t,安装最高度为9.40m。为了使钢结构的制作和安装,在整个子分部施工过程中确保质量和进度及安全,特制定钢结构专项施工控制和管理方案。

4.1 工程管理方案

(1)制订工程管理目标　通过对本工程施工图的认真查看和分析,并对施工现场的勘察,结合先进的钢结构施工管理,将在此基础上力争提前完成施工任务,尽早将工程交给建设单位使用。

为保证该工程项目能按计划顺利、有序地进行,并达到预定的质量目标,必须对有可能影响工程按计划进行的不利因素进行分析,事先采取措施,尽量缩小计划进度与实际的偏差,实现对项目工期的主动控制。影响该项目进度的主要因素有计划因素、人员因素、技术因素、材料和设备因素、机具因素以及气候环境因素等。对于上述影响工期的诸多因素,我们将按事前、事中、事后控制的原则,分别对这些因素加以分析、研究,从而制定对策,以确保工程按期完成。

(2)组建工程管理机构　本工程钢结构施工严格按照《中华人民共和国项目法》施工,实行项目管理,推行项目法施工,实行项目经理负责制,使项目管理成为能协调各方面关系的高度指挥机构,配备素质高、能力强、有管理水平的项目经理部,使用经济和行政手段,确保施工进度及质量目标。强化项目部管理人员工期责任制和激励机制。施工现场推行"矩形体制、动态管理、目标控制、节点考核"的动态管理法。

(3)利用计算机进行计划管理　根据本项目的工程特点及难点,安排合理的施工流程和施工顺序,尽可能提供施工作业面,使各分项工程可交叉进行。在各工序持续时间的安排上将根据以往同类工序的经验,并结合本工程的特点,留有一定的余地,充分征求有关方面意见加以确定,同时根据各个工序的逻辑关系,应用目前国内较先进的梦龙网络软件或Project项目管理软件,编制总体网络控制计划,明确关键线路,确定若干工期控制点。

根据确定的进度计划检查日期,及时对实际进度进行检查,并据此做出各期进度控制点,及时利用微机对实际进度与计划进度加以分析、比较,及时对计划加以调整,在具体实施时应牢牢抓住关键工序及设定的各控制点这两个关键点,一旦发生关键工序进度滞后,则及时采取增加投入或适当延长日作业时间等行之有效的方法加以调整。

(4)施工协调管理

① 充分协调好业主、监理及设计等与工程相关部门的工作关系,取得相关机构对工期管理工作的支持。

② 充分协调好与业主的工作关系,对可能造成工期影响的工作内容,尽早知会对方,会同监理工程师协调解决。

③ 实施每周例会制度,由建设单位、监理单位及总承包单位参加,工程出现的问题应及早解决,以免延误工期。

④ 组织协调好土建、安装和装饰的交叉作业和分段流水施工。针对工程特点,采用分段流水的施工方法,减少技术性间歇,对主要项目进行力量集中,突出重点,从而加快施工进度。

4.2　钢结构施工准备阶段管理

(1)技术准备管理　首先,由项目经理主持,总工程师负责组织技术和管理人员,对工程设计图纸进行会审和技术交底,制定出相应的制作质量工艺流程、质量控制措施和主体结构吊装的施工方案、围护结构安装施工方案以及编制项目施工预算等,并会同业主、设计、监理以及其他施工单位对编制的施工方案进行审查和完善,及时解决存在的问题。其次,根据现场情况,绘制施工平面图,落实施工现场的临建、库房材料的堆放贮存场地和机具设备的安置。最后,准备钢结构制造、安装所需各项技术资料。

(2)进场管理　在进场前,尽快会同业主、监理及其他施工单位移交建设场地红线、水准点、施工技术资料,并完成场地布置。并根据施工方案及工期要求,编制工程构件和安装辅材进场计划,及时组织施工所需的人力、设备及材料。要求业主配合并解决施工现场内进场交通口、供水、供电及材料堆放场地等问题。按照规定编制季节性施工措施,制定施工现场管理制度等。

4.3　钢结构材料的管理

(1)材料采购与检验管理

① 在钢结构材料采购前,将所有拟购材料的品牌、型号、规格、样品、产地及生产厂家提供给业主与监理方核定,经认可后再采购。材料进厂后,会同业主、质监及设计单位按设计图纸和国家规范对材料按下面方法进行检验,检验合格后方可使用。

② 质量证明书。质量证明书应符合设计要求,并按国家现行有关标准的规定进行抽样检验,不符合国家标准和设计文件的均不得采用。

③ 钢材表面有锈蚀、麻点和划痕等缺陷时,其深度不得大于该钢材厚度负偏差值的1/2,并符合产品质量规范的规定。

④ 钢材表面锈蚀等级应符合现行国家标准和设计要求《涂装前钢材表面锈蚀等级和除锈等级》的规定。

⑤ 连接材料(焊条、焊丝、焊剂)、高强螺栓、普通螺栓以及涂料(底漆和面漆)等均应具有出厂质量证明书,并应符合设计的要求和国家现行有关标准的规定。

⑥ 合格的钢材按品种、牌号及规格分类堆放,并做好标识。钢材的堆放应成形、成方或成垛,以便点数和取用;最底层垫上枕木,防止进水锈蚀。

⑦ 焊接材料(焊条、焊丝、焊剂)应按牌号和批号分别存放在干燥的储藏仓库;焊条和焊剂在使用之前按出厂证明书上的规定进行烘焙和烘干;焊丝应无铁锈、油污以及其他污物。

⑧ 材料凭领料单发放,发放时应该核对材料的品种、规格及牌号是否与领料单一致,并要求质检人员在领料现场签证认可。

(2)钢构件现场堆放管理　依据吊车的起重能力确定构件堆放位置。现场构件分类单层摆放,以便于起吊。进场钢柱、钢梁下需加垫块,并且需注意预留穿吊索的空间。堆场需留出吊装机械通道。小件及零配件应集中保管于仓库,做到随用随领,如有剩余应在下班前作退库处理。仓库保管员对小件及零配件应严格做好发放领用记录及退库记录。

4.4 钢结构的组装和连接

在安装钢柱前,应检查螺栓间的距离尺寸,其螺纹是否有损伤(施工时注意保护)。结构吊装时应采取适当的措施,以防止过大的弯扭变形。结构吊装就位后,应及时系牢支撑及其联系构件,从而保证结构的稳定性。所有上部构件的吊装,必须在下部结构就位时,校正系牢支撑及其他联系构件,从而保证结构的稳定性。

组装是将制作完成的半成品和零件,按要求运输单元,组装成构件或其部件,经过焊接或螺栓连接等工序成为整体。组装的工艺方法应按安装次序进行,当有隐蔽焊缝时,必须预先施焊,经检验合格后方可覆盖,当复杂部位不易施焊时,也须按工艺次序分别先后组装和施焊,严禁不按次序组装和强力组对。为减少变形尽量采取小件组装,经矫正后,再大件组装,胎具及装出的管件须经过严格检验,方可大批进行组装工作。

组装前,连接表面及沿焊缝每边30~50mm范围内的铁锈、毛刺、油污及潮气等必须清除干净,并露出金属光泽。应根据金属结构的实际情况,选用或制作相应的工装设施(组装平台、胎架等)和工卡具(夹紧器、顶杠、拉紧器等),应尽量避免在结构上焊接临时固定件、支撑杆及其他零件。工具卡及吊具必须焊接在构件上时,材质与焊接材料应与该构件的相同,用完需除去时,不得用锤强力打击,应用气割或机械方法进行去除,对于残角痕迹应进行打磨修整。组装质量要求如表7-1所示。

表7-1　钢结构组装质量要求

项次	项目	示意图	允许偏差	项次	项目	示意图	允许偏差
1	间隙 d		+1.000	4	T型接头的最大间隙 e		$e \leqslant 1$
2	错边量 s		$4 < t \leqslant 8$　$s \leqslant 1$ $8 < t \leqslant 20$　$s \leqslant 2$ $t > 20$　$s = 0.1t$ 且 $s < 3$	5	对接焊接垫板组对间焊 e, d		$e \leqslant 1$ $d = 5 \sim 8$
3	搭接长 L 间隙 e		±5.000 $e \leqslant 1$	6	坡口角度 a 钝边 a		±5.000 ±1.000

焊接应在组装质量检验合格后进行。构件焊接应制定焊接工艺规程,并认真实施。焊接时应注意焊接顺序,采取防止和减少焊接应力与应变的可靠措施。当采用手工焊,风速大于10m/s,气体保护焊大于3m/s,或相对湿度大于90%时,雨、雪天气或焊接环境湿度低于-10℃时,必须采取有效措施,确保焊接质量,否则不得施焊。

通过上述浅要,结合从事一些钢结构工程的实践经验,从施工准备阶段的材料管理到钢结构施工等环节上对钢结构施工管理问题进行深入探讨,为钢结构工程管理积累一些比较成熟的经验,供同行在遇到类似工程时参考并希望灵活应用。

5　落实工程报验制是提高质量的保证

工程材料、设备等的报验是工程质量管理的主要工序环节,反映了建设监理工作的程序化、制度化和书面化，因而是使监理工作走向规范化与标准化的体现，是一种行之有效的质量控制手段。随着工程建设市场的规范化发展，对监理工作的要求也越来越高。监理工作要逐步走向规范化与标准化，提高监理工作水平，适应市场需求，落实到具体的工程管理上，就是要做到程序化、制度化及书面化。实行报验制度是对监理人员工作的要求，也是反映监理工作的程序化、制度化及书面化的必然。所谓报验制度，就是指监理人员对施工单位申报的或相关的质量文件、资料进行报验审批，对申报的进场材料、设备、工序与工程部位的质量进行报验检查的一种审核制度。实践证明，它是一种行之有效的质量控制手段。

5.1 工程报验制度的贯彻

监理是在业主的授权下，依据国家的法律法规而开展工作的。监理的各项工作、制度执行得好坏，不仅与业主的支持和监理人员自身的业务水平、工作能力有关，还与施工单位对监理工作的了解与配合有关。因此，项目监理机构进入现场以后，应立即召开第一次现场工地会议，总监理工程师要将监理规划、监理细则、监理工作程序、各项工作制度及质量控制措施等向与会各方进行交底，尤其要向施工单位明确报验制度的性质、报验方式、方法及报验内容，说明哪些资料、手续、材料、设备、工程部位及关键工序需要向监理人员申请报验，如何配合监理开展好报验工作，这是落实报验制度的前提条件。

5.2 工程报验制度的实施

监理工作在我国实行了20年，但有些参建单位对监理工作的认识还比较原始肤浅，甚至单纯地认为监理就是只盯住现场，只要钢筋、水泥质量合格或主体没有问题就可以了，并不注重对开工、竣工、施工组织设计及工序交接等方面的审查与核验。然而，正是这些因素直接或间接地影响着工程质量和建筑的使用功能。所以，对于报验的各项手续、环节与部位既要全面又要突出重点。

(1)施工组织设计报验审查　监理工程师对施工组织设计进行审核，能了解施工单位的技术水平、材料及设备准备情况，是否有可靠的措施保证工程质量，并针对工程特点采取监理措施，以便进一步搞好施工质量的事前控制。工程项目开工前，施工单位要填写施工组织设计报审表并附施工组织设计上报监理审查。监理工程师着重审核以下方面：

① 施工单位组织体系，特别是质量管理体系是否健全。

② 施工现场总平面布置图是否合理，是否有利于保证施工的正常、顺利进行，是否有利于保证质量。

③ 专职管理人员和特殊作业工种是否有资格证与上岗证。

④ 主要施工组织技术措施的针对性与有效性如何，主要项目的施工方法是否可行，是否符合现场条件及工艺要求，施工顺序是否合理，质量保证措施是否到位等。

(2)工程基准点、标高、测量放线的报验　工程施工测量放线是建设工程产品由设计转化为实物的第一步，施工测量质量的好坏，直接影响工程产品的综合质量，并且制约着施工过程中相关工序的质量，它是施工质量控制的一项重要内容。施工单位完成工程基准点、标高及基准线的测量放线工作后，要填写施工测量放线报验表并附测量放线记录，向现场监理工程师报验。专业监理工程师要对照测量放线报验表及记录从以下方面进行复审：

① 检查施工单位专职测量人员的岗位证书及测量设备鉴定证书。

② 复核控制桩的校核成果、控制桩的保护措施及平面控制网、高程控制网和临时准点的测量成果。

(3)开工报告报验　把好开工报验审核关，能有效地促进各项施工准备工作的进行与完善，为顺利开工并开好工提供有力的保障。施工单位经过一定的准备，认为具备开工条件，要向监理人员报送工程开工报审表及开工的相关资料。总监理工程师安排专业监理工程师按照开工报审表的内容分工检查施工单位的开工准备情况，主要审核以下几个方面的内容：

① 施工许可证是否获得政府主管部门的批准。

② 施工组织设计是否经过总监理工程师的批准。

③ 施工单位现场管理人员是否到位，机具、施工人员是否进场，主要工程材料是否已落实。

④ 进场道路及水电、通讯设施是否满足开工要求。

(4)施工过程资料报验

① 工程材料、设备及构配件的报验。施工单位要把已经进场的工程材料、设备、构配件按照施工组织设计中说明的位置摆放，并填写材料报审表，附材料合格证或有关质量证明文件、自检记录等，向现场监理工程师报验。监理工程师要对照报审表检查材料、设备、构配件的外观质量、规格及数量等是否满足要求。对于使用在工程结构部位的材料，如钢筋与水泥等还要检查材料是否具备正式的出厂合格证及材质化验单，如不具备或对质量证明文件有怀疑时，应补做检验或试验。某些需要检测部门复试检验的材料，监理工程师还要实施见证取样、送样的工作，避免将不合格的材料、构配件用于工程中。

② 进场机械、设备的报验。施工机械、设备进入现场后，施工单位要填写机械、设备报验申请表，提请监理人员审查。专业监理工程师依照报验申请表对进场机械、设备的规格、数量及型号进行检查，并着重检查其各项技术指标及安全性能是否满足施工要求。

③ 重点部位、关键工序及控制点的报验。一个工程的实体是在施工过程中形成的，是由相互关联、相互作用的各道工序组成，所以施工过程中质量控制工作就是以工序质量控制为核心，设置质量控制点及质量报验点进行预控。控制点的选择对象涉及面很广，它可能是技术要求高、施工难度大的结构部位，也可能是影响质量的关键工序、操作或某一环节。其设置对象可以是：

a. 施工过程中的关键工序或环节以及隐蔽工程，如钢筋混凝土结构中的钢筋架立、预应力结构的张拉工序及管道工程的管沟回填等。

b. 施工中的薄弱环节或质量不稳定的工序、部位，例如管道工程补口补伤、地下防水层施工。

c. 对后续工程或后续工序质量或安全有重大影响的工序或部位，例如模板的支撑与固定等。

d. 施工条件困难或在技术难度大的工序和环节，例如复杂曲线模板的放样等。

在实际工作中，施工单位在分项工程施工前或制订施工计划时，就要选定质量控制点，并将该计划提交监理工程师进行审批并确认。在已获确认的控制点到来之前，施工单位要填写该控制点的报验申请表，附相关的自检记录与资料等向监理工程师报验，并提前约定时间到现场见证或对施工实施监督。对质量控制点的报验使监理工程师能够在众多的工序与环节检查中分清轻重缓急，抓住主要矛盾进行质量控制。

④ 隐蔽工程的报验。当某些将被后续的工序施工所隐蔽或覆盖的分部、分项工程，在隐蔽或覆盖前，施工单位要填写该部位的工程报验申请表并附自检记录、评定资料及隐蔽记录等向监理工程师报验。专业监理工程师要对照报验申请表及各种记录对隐蔽部位进行验收检查。主要检查需隐蔽的部位是否按图施工、是否符合规范要求，并对其质量情况进行评定。只有经过监理工程师检查并确认其符合要求后，才允许予以覆盖。坚持隐蔽工程的报验检查，是防止质量隐患和事故的重要措施。

⑤ 工序交接报验。当某一工序或分项（分部）工程完工后，施工单位在自检合格的基础上，填写分项（分部）工程报验申请表并附自检、评定资料向监理工程师报验，并提请验收。专业监理工程师对照施工单位的报验表进行实物检查、复验。主要检查该部位的位置、尺寸、施工工艺、方法及质量是否与施工图纸和有关的规范相符，并对其质量进行评定、确认。要坚持“上道工序不合格严禁进行下道工序施工”的原则，这样每道工序都进行交接检查，环环相扣，使整个过程的质量就能得到保证。

（5）工程竣工验收报验　工程项目在施工单位按设计文件和合同要求完成后，应进行预验收。由施工单位向监理方报送工程竣工报验单及工程竣工资料。总监理工程师要组织专业监理工程师对施工单位报送的竣工报验单、竣工资料进行审核，并对工程实体质量进行全面检查、验收。主要检查以下几方面内容：

① 对于工程实体质量，主要检查各分部工程的观感质量和使用功能是否达到设计和验收规范的要求。

② 质量保证资料是否齐全，分部、分项工程质量评定是否准确、完整。

③ 各重要部位如主体等的隐蔽工程验收记录是否完整属实。

④ 设计变更及工程质量问题的处理报告或相关资料是否齐全、完整，各方签字手续是否完备。预验收是监理方对工程质量进行控制管理的最后一个环节，也是把好竣工报验审查最后一关，及时发现工程质量缺陷，责令施工单位限期整改，整改完毕后由总监理工程师签署工程竣工报验单，并在此基础上提出工程质量评估报告，从而为正式竣工验收做好准备。

5.3　油汽田地面工程施工阶段报验重点

（1）工程材料、设备、构配件（质量合格证明书，必要时附化验报告，质量证明书必须是原件或盖有销售单位红印章的复印件）与自检记录。

（2）电、气焊工等特殊工种作业资格（资格证与上岗证）。

（3）设备开箱——停止点“H”（开箱清单、附件与自检记录）。

（4）管道防腐保温（防腐保温材料合格证与防腐保温管道出厂合格证。如无合格证，自己进行防腐施工的要有自检记录)。

(5)焊缝外观及无损探伤——见证点“W”[自检记录与探伤记录(射线探伤前必须先进行报验申请)]。

(6)管道补口补伤(自检记录)。

(7)管沟深度、宽度、垫砂(自检记录)。

(8)管道强度试验、严密性试验及吹扫、通球——见证点“W”(试验吹扫方案与措施)。

(9)压力容器、设备安装(自检记录与安装质量评定)。

(10)立式圆筒形钢制焊接储罐底板预制、壁板预制、固定顶顶板预制、浮顶和内浮顶预制以及预制前、后[附:排版图、检查方法、构件清单(名称、编号、材质、规格及数量)、材料质量合格证明书、构件质量合格证明书以及构件预制检查记录]。

(11)立式圆筒形钢制焊接储罐底板、壁板、固定顶顶板、浮顶和内浮顶及储罐附件等组装前复检(复检记录)。

(12)立式圆筒形钢制焊接储罐底板、壁板、固定顶顶板、浮顶和内浮顶及储罐附件等组对、安装、焊接及检验(无损检测)(自检记录)。

(13)立式圆筒形钢制焊接储罐罐体几何形状和尺寸检查(自检记录)。

(14)立式圆筒形钢制焊接储罐充水试验——停止点“H”(试验记录,内容包括:罐底严密性、罐壁强度及严密性、固定顶的强度、稳定性及严密性、浮顶及内浮顶的升降试验及严密性、中央排水管的严密性以及基础的沉降观测)。

(15)土建、电气等分项工程(设备、原材料、自检记录等按照相关专业要求进行)。

(16)动火报告、动土报告、用电申请、高空作业、进入设备及容器作业(手续齐全并报监理机构察看)。

(17)联产、试运(含系统预热)及投产——见证点“W”(联产措施、试运方案以及投产保证措施等)。

5.4 简要小结

工程报验制的严格执行,是工程质量管理的主要方面,工作量大、涉及面广且持续整个施工全过程,工程建设各方要引起高度重视。监理要根据工程特点、技术要求、施工难易程度和隐蔽工程确定报验点,以书面形式通知施工单位。报验点完工后,施工单位必须进行自检,填写一式两份的报验资料(包括报验单、自检记录或隐蔽记录)后通知监理。监理到达现场时必须有施工单位指定的现场负责人(技术员、质量员或项目经理)配合监理检查,签署监理意见,合格后方可进行下道工序施工;对于施工单位无人配合监理检查的情况,监理人员可拒绝到现场。检查不合格的,施工单位进行整改或返工,整改或返工完毕后按上述程序重新向监理报验,直至合格。对于未向监理报验或报验检查不合格,擅自进行下道工序施工的,监理书面通知施工单位停工整改或返工,完毕后重新报验。监理对擅自隐蔽的工程部位或工序进行解剖,施工单位应给予配合,工程质量的检查结果无论是否合格,施工单位承担全部解剖费用,并给予相应经济处罚。

做好油汽田地面工程建设的施工方及监理人员,就必须制订相应的符合油汽田地面建设工程需要的实际工作及方法程序,合理划分工程的单位、分部及分项工程,制订相应的报验、停止与见证点,从而约束施工单位的不规范行为。坚持监理工作“先审核后实施,先验收后施工”的基本原则,采取“坚持程序,加快节奏”的工作方针,灵活机动地开展好监理工作。坚持工程报验与日常抽检相结合,现场巡检与关键工序旁站(如混凝土浇筑、基础回填)相结合,事前控制与过程控制相结合,事后控制验收及问题分析处理相结合的原则。并以事前控制为主,事后控制为辅,把监理工作的重点放在现场,严格按监理程序进行检查验收,做到报验检查及时,现场巡检到位,发现问题及时发出书面通知,要求返工整改,并督促落实整改,从而确保油田地面建设工程的质量目标与工期目标得以实现,确保建设工程早投产见效益。

6　工程管理人员怎样审查施工组织设计

建设项目的施工组织设计是由施工单位以施工项目为对象而编写的,用以指导施工全过程的技术、经济和管理的综合性指导文件。对于所建工程项目来说,施工组织主要是针对特定的工程项目,为完成预期的质量、进度和安全控制目标,所专门编制的质量方针措施,进度控制措施及安全预防措施,设备资源配置和投入顺序的可控文件,其作用是:对外作为建设项目施工质量和进度保证,对内则是针对特定工程项目进行质量管理和进度控制的依据。

6.1　施工组织的分类

施工组织设计根据建设项目阶段的不同,一般可分为两类:一类是标前的施工组织设计,又称之为建设工程施工管理规划大纲;另一类则是标后的施工组织设计,又称之为建设工程施工项目管理实施规划。二者的主要区别是:其一,编制的时间段和制定的人员不同,项目管理规划大纲是在投标前由投标企业编制,而项目管理实施规划是在签约以后,开工前由项目经理部编写。其二,主要特性和目标不同,项目管理规划大纲是对工程项目的整体规划,是经营管理层为了满足招标书的要求和签定施工合同的需要而编制,是决定施工企业是否可以中标的关键重要文件之一。项目管理规划大纲包括的内容是:项目管理目标、项目质量目标、项目工期目标、项目安全目标、项目成本目标、项目文明施工及环境保护目标,此外还涉及项目环境条件及其他需要内容。而项目管理实施规划是对工程项目的整体计划,也是为满足项目施工准备和项目实施的需要而编制,它重点突出了对施工项目管理目标的控制,主要用于指导项目的实施过程管理,是项目经理部为施工准备和工程实施及项目的最终验收而编制的可操作性文件,其中主要内容有:施工部署、技术组织设计、施工进度计划、施工准备计划、资源配置及供应计划等。施工单位应把经过内部审查批准的项目管理实施细则,即标后编制的施工组织设计报送监理项目部审查。

施工组织设计依据编制工程具体对象,编制依据及时间,编制单位的不同一般分为3类:即施工组织总设计、单位工程施工组织设计和分部分项施工组织设计。

施工组织总设计是以一个建设项目或建设群体为组成对象而进行编制的,用以规划整个拟建工程项目活动的技术经济文件。其作用是整个建设项目施工任务总的战略性的安排部署,涉及范围广泛且内容概括性强。它的目的是对整个工程的施工进行详尽考虑和全面规划,用以指导全工程的施工准备并有计划地调配施工力量,从而开展全面施工活动的管理性文件。施工组织总设计的主要作用是确定拟建工程的施工期限,临时设施及现场总的部署安排。它也是指导全施工过程的组织协调,技术经济的综合性文件,是建立健全工地临时设施建设,施工准备和编制不同时期施工计划的依据。

单位工程施工组织设计是以单位工程为对象进行编制的,用以指导单位工程的施工准备和调配施工力量而编制的单位工程施工活动的管理性文件。其作用和施工组织总设计相似,但是作用范围相对较小。

分部分项施工组织设计一般是以施工技术难度大、施工工艺相对比较复杂、质量要求相对较高且容易出现安全问题,或者采取新工艺的分部分项工程为对象进行编制。分部分项施工组织设计的指导性很专一,针对性也极强。

另外依据《建设工程安全生产管理条例》(中华人民共和国国务院令第 393 号)第 4. 26 条的规定,针对七项分部分项工程中,施工单位必须单独编制专项施工方案,其七项分部分项工程包括:基础支护与降水工程、土方开挖工程、模板工程、起重吊装工程、脚手架工程、拆除及爆破工程以及国务院建设行政主管部门或者其他有关部门规定的其他危险性较大的工程。同时依据危险性较大的分部分项工程安全管理办法建质(2009)87 号中第三条规定:针对较大规模的七项分部分项工程,施工单位在编制施工组织设计的基础上,应单独编制安全专项施工方案。并在第五条中规定:对于超过一定规模危险性较大的分部分项工程,施工单位应当组织专家对安全专项方案进行分析论证。

6. 2　施工组织设计的内容

现在普遍采用的施工组织设计的内容包括以下几个方面。

(1)工程概况　其内容重点为了说明工程的规模、工程特点、建设期限、工程费用及外部施工条件等。

(2)施工准备工作　列出准备工作一览表、各项准备工作的责任单位、配合单位与负责人员完成的日期及保证措施等。

(3)施工部署及主要施工对象的施工方案　包括建设项目的分期施工规划、各时期的建设内容、施工任务的组织分工、主要施工对象的施工方案和施工设备、全建设工程的技术组织措施、如全工地土方调配、地基的处理、大宗材料的运输吊安、施工机械及装配化技术措施水平等。

(4)施工总进度计划　包括整个建设项目的开工与竣工时间、总的施工程序安排、分期建设进度、土建工期与其他专业工程的交叉作业协调配合、主要建筑物及构筑物的工期安排等。

(5)全工地的施工总平面布置图　图中应说明工地内外主要交通运输道路,供水供电管网和大型临时设施的布置,施工场地内划分及用地规划等内容。

(6)主要原材料　半成品、预制构件和施工机具的需要量计划及进场先后顺序等。

6. 3　施工组织设计的审查程序

施工组织设计不仅是指导施工项目部进行施工的技术性文件,也是监理项目部对建设施工单位进行监督、监管和管理过程的依据，因此，监理工程师对施工组织设计的审查具有重要作用，而且是必须要进行的工作，其审查的程序一般包括以下步骤。

首先，在施工合同签订后及开工前的约定时间内，承包单位必须完成施工组织设计的编制及施工单位内部对施工组织设计的审批工作，必须采取编制、审核与批准的程序，相关人员签字要齐全，再填写施工组织设计的报审表，报送项目监理机构。如果施工组织设计的审批手续不全，或签字盖章不够规范，监理机构应当拒绝接受更不可能签章。

其次，总监理工程师在约定的时间内，应组织专业监理工程师对施工组织设计进行审查，专业监理工程师依照本专业的强制性标准进行审核，并填写审核记录。各专业监理工程师提出修改意见后由总监理工程师进行汇总，并根据各专业的审核意见由总监理工程师进行最终审核并签认。当需要承包单位进行修改时，总监理工程师签发书面意见，退还承包单位进行修改，当按要求修改完成后再重新履行报审程序，总监理工程师重新组织各专业工程师对修改后的施工组织设计再进行审查。经过重新修改并审查后的施工组织设计由项目监理机构报送建设单位审定。

最后，承包单位应按审定的施工组织设计文件组织施工，如果需要对其中部分内容进行较大的修改，应在实施前将变更内容报送项目监理机构审核。如果对规模很大且工艺复杂，或是属于新结构、特种结构的特殊工程，项目监理机构对施工组织设计在审查以后，还要报送监理单位技术负责人审查，提出审查意见后由总监理工程师签发，必要时与建设单位协调，组织相关专业部门及有关专家进行会审。

另外，根据危险性较大的分部分项工程安全管理办法建质(2009)87 号中相关条款规定，具有一定规模的且危险性较大的分部分项工程，应编制安全专项施工方案；超过一定规模的且危险性较大的分部分项工程，其安全专项施工方案应由施工单位组织召开专家论证会。实行施工总承包的由施工总承包单位组织召开专家论证会进行论证。文件中对具有一定规模及超过一定规模的危险性较大的分部分项工程作了具体规定，对专家的资格也要求明确，要求监理项目部一定督促承建企业和建设单位执行。监理工程师对专业方案应重点审查是否符合建设工程强制性标准条文的要求。

6.4 施工组织设计的审查原则

施工组织设计的编制、审查和批准应符合规定的程序，避免施工组织设计在编制完成后，施工单位内部在没有经过审查和批准的情况下就直接报送给项目部监理。经过审查批准的施工组织设计，内容必须齐全，不存在个别单位工程或分部分项工程的遗漏或缺项。同时施工组织设计应符合国家的现行规范及标准，充分考虑承包合同确定的条件，施工现场条件及相关法规条件的要求，突出质量和安全作为最重要的原则条款。

施工组织设计必须具有极强的针对性，承包单位应了解掌握本工程的特点及最大难点的不同，且施工条件分析应全面充分，不存在不经过修改就照抄或照搬其他项目的施工组织设计，而这种现象存在极普遍。同时施工组织设计更应具备可操作性，承包单位确定有能力认真履行并保证质量和工期目标的实现。制定的施工组织设计切实可行，避免施工组织设计所确定的技术方案与实际施工现状有一定差距。

施工组织设计要体现其技术的先进性，组织设计中所采用的技术方案和措施先进且适用,技术成熟可靠,不会采取国家限制使用的工具或设备,更不能采用已经淘汰或落后方法。施工组织设计中所涉及的质量管理体系与质量保证措施应健全且运行正常,而且切实可行。安全、环保、消防和文明施工措施得当而可操作性差。在满足合同及法规要求的前提下,对施工组织设计涉及的审查,要尊重承包单位的承诺,这是合同条款以外的双方约定内容,同时还要允许施工方的技术和管理决策权。

6.5 审查施工组织设计重视的问题

(1)对重要的分部分项工程的技术方案,承包企业在开工前,要向监理工程师提交详细的说明,内容主要是完成该项目的施工方法,施工用机械设备和人员配置与组织、质量管理措施、安全措施及进度计划安排等。在经过监理工程师批准以后方可正式实施施工。

(2)具有一定规模的七项危险性较大的分部分项工程,应在施工企业编制安全专项施工方案后进行施工。超过一定规模的七项危险性较大的分部分项工程的安全专项施工方案,也应由施工企业组织召开专家论证会,对其安全专项施工方案的可行性进行论证。

(3)在施工顺序上必须符合“先地下,后地上;先土建,后设备;先主体,后围护”的基本规律。此外在施工过程中还要考虑人流和车流是否合理有序,在平面与立面上要重视并确保施工质量与安全的措施;考虑工序的先后和区段的划分,并合理安排材料与构配件的运输及吊装安全。

(4)施工方案与施工进度计划要保持一致性。施工进度计划的编制要以已制定的施工方案为依据,正确体现施工的总体安排,流向顺序及工艺关系协调配合。同时施工方案与施工现场总平面图应布置得协调有序。施工现场总平面图的布置要依据物质的形态不同,可分为静态布置和动态布置。静态布置内容主要包括:临时施工用供水供电、供热及供气管道、施工道路、临时用办公室以及物资储存库房等;动态布置内容主要是:施工用模板、架杆、工具及器具用品等。这些总部署应考虑动态和静态兼顾,布置规范有序,方便于各个不同使用阶段施工方案的实施。

进度计划可否保证施工的连续性和均衡一致,所需要的人员、材料和设备的配置与进度计划是否协调,这是必须要确保的,否则只能是为了计划而计划。

6.6 施工组织设计容易存在的问题及应对

(1)施工组织设计审批程序不规范、不齐全　有的施工企业把施工组织设计编制完成后,并没有经过本单位内部进行审查批准,就直接报送给项目监理部,而监理工程师对不符合程序要求的施工组织设计收下,并进行审查和签字,这样处理的结果是,监理工程师不仅代替施工企业审查了文件,也增加了自身的工作责任性及风险。针对现在普遍存在的实际问题,监理工程师要拒绝接收此类文件,责成施工企业完善审批手续后再重新报审。

(2)施工组织设计的针对性缺乏也不具体　有的施工企业照抄照搬其他工程项目做的施工组织设计,并没有针对该工程的不同特点及难点而进行认真修改,使施工组织设计这个非常重要的管理应用文件，丧失了对该建筑项目在施工过程中的指导与支持作用，成为一纸空文。针对存在的现状，监理工程师应在审批结论上明确提出存在的问题，让施工企业对该文件进行修改或重写，然后再次重新报审，从而成为可以指导与支持施工的依据。

(3)施工组织设计应编制专项施工方案　按照建设工程安全生产管理条例(393号)中的规定，危险性较大的七项分部分项工程，应编制专项施工方案，而施工企业并未进行专项施工方案的编制；依据危险性较大的分部分项工程安全管理办法，即建质(2009)87号文中规定：具有一定规模的危险性较大的七项分部分项工程，应编制安全的专项施工方案；而施工企业并未进行专项施工方案的编制；超过一定规模的且危险性较大的七项分部分项工程，其安全专项施工方案应召开专家论证会，而施工企业并未组织专家进行论证。针对此类问题，监理工程师应及时通知施工单位按要求进行论证，补充并完善文件后再报审。

(4)施工组织设计缺少施工总平面图　由于施工总平面布置图反映出建设现场的部署，并对安全施工、安全用电及消防器材布置有条理地进行布放规划，是施工组织设计中不可缺少的内容。针对此种问题，监理工程师及早通知施工单位补充缺少的施工总平面图，完善后同施工组织设计一同再度报审。

(5)缺乏施工进度计划　有些施工企业的施工组织设计只有质量计划及质量保证措施，没有进度计划及进度保证措施，缺乏全面性。针对此类问题监理工程师应及时签署意见，并责成施工单位认真补充缺漏项，然后重新报审。

有的施工单位对临时用电方案及危险性较大的施工方案，不符合审批程序及降低审批级别，只是由施工项目部技术负责人审批并盖章，这样不符合程序及要求。施工组织设计、临时用电方案及危险性较大的安全专项方案，应由法人单位技术负责人签字并盖单位章。针对此问题监理工程师应拒收此文，并责成施工单位重新履行审批手续后再报审。

(6)未按专项方案审批和申报　有的施工单位错误地把安全专项施工方案按一般施工方案呈报，而没有按安全专项方案审批和申报。针对此类问题，监理工程师应拒绝接收此类不合格的文件，责成施工单位按要求填报审批表格后再次报审。

7　建筑结构损伤检测技术的应用与发展

建筑结构检测的意义是利用现场的无损伤监测方法获得结构内部信息，分析包括结构反应在内的各种特征，以便掌握了解结构因损伤或者退化而造成的性能改变。理想的智能健康监测系统应该能够在结构损伤出现的较早时间发现损伤，采用损伤识别技术确定损伤的位置，估计损伤的程度并预测结构的剩余有效寿命及结构的可靠度。结构健康监测的关键是结构损伤识别和状态的评估。

就土木工程结构健康监测的情况而言，自20世纪50年代以来人们才意识到结构安全监测的重要性。但是由于早期的监测手段比较落后，在应用上受到较大限制。进入21世纪随着现代测试及分析，计算机技术的广泛应用，极大地促进结构健康监测系统的初步完善,在实际土木工程结构中得到应用。

我国土木工程界的专业人士充分认识到结构健康监测的重要性,开始进行在重要土木工程结构中安装健康监测系统,对其运行使用状况进行监测研讨。如在香港的青马大桥上安装了6个风速仪、115个温度计、6台动态地秤、17个加速度计、2个位移计、118个电阻应变丝、9台水平仪和一套GPS系统;香港的另外几座大桥上,如汀九桥和汲水门桥上也安装了大量传感器,用以长期监测桥梁的使用安全性,并从结构的动态特性出发,获得了系列研究成果。在最近建成的长江润扬大桥是国内跨度最大的悬索桥,在其桥上安装了一套比较完整的健康监测系统,该系统包括4个子系统,即传感器系统、数据采集系统、数据通信与传输系统及数据分析和处理系统。还有虎门大桥、芜湖长江大桥、南京长江大桥及钱塘江四桥的桥梁上也安装了健康状况监测系统,对桥梁的健康状况进行监测。深圳市中心的大屋顶空间网络结构,是目前世界上最大的网架结构,由武汉理工大学等单位参加研发的结构健康智能监测系统,已经安装在此结构上。主要是监测结构在长期风雨等恶劣环境中的工作状态,并对其结构进行损伤评估。

7.1 结构损伤检测技术方法

结构损伤识别是结构健康监测的关键因素。现在对于结构损伤识别可以分为四个阶段:即通过全局检测手段探测损伤的存在,结构是否发生了损伤;如果结构发生了损伤,进一步对结构的损伤进行定位;建立损伤量化指标,确定损伤程度,以便于制订合理的维修方案;损伤识别的最终目的是,评估结构的安全状况,承载能力及剩余寿命。从20世纪70年代到现在,人们为了寻求解决大型结构损伤的诊断技术,进行了大量的研讨工作,并提出了许多方法。就这些方法进行分析探讨其优点及不足。

(1)对于频率观测的结构损伤识别　结构的固有频率表示结构固有特性的整体量,当结构的局部出现损伤时,结构的固有频率会发生变化,随着刚度的降低造成固有频率增大。正是由于这一特性加上结构固有频率易于测量,与测量位置无关且测量误差很小,一些研究人员将结构的固有频率作为结构损伤识别的损伤标示量。

但是利用频率作为损伤诊断的标示量也存在一定的局限性。如对损伤位置的不敏感性,即不同形式结构损伤可能引起相同的频率改变,在对称结构中,两个对称位置上结构相同程度的损伤会引起结构相同固有频率的改变;在结构不同位置的损伤对结构各阶固有频率的影响是不相同的。有的位置损伤对低阶频率影响较敏感,对高阶频率则不敏感;有的位置损伤对高阶频率影响较敏感,对低阶频率则不敏感;在实践中容易测得的结构固有频率是前几阶低阶频率,高阶频率则不易测出,用频率作为结构损伤标示量对结构某些位置的损伤不易探测到。

(2)对于结构固有振型变化的损伤识别方法　结构振型的测试精度虽然低于固有频率,但它包含了更多的损伤信息。利用振型的变化来诊断结构损伤的方法很多,在此只介绍常用的两种,即模态置信度判定法及振型曲率法。

模态置信度判定法的原理:在结构损伤识别的研究中引入振型数据,使用模态保证准则(MAC)或模态坐标置信因子(COMAC)来确定观测振型数据在损伤前后的相关程度,当损伤出现时,模态置信度判定为1,反之则为0。

振型曲率法:梁类结构件某一截面的曲率可以表示为:

$$V^n = M/EI \tag{7-1}$$

式中　M——截面弯矩;

EI——抗弯刚度。

模态置信度判定法的基本假定是如果结构产生破损,则破损处刚度会降低,曲率便会增大。在1991年有人通过计算研究了简支梁、悬臂梁模态曲率变化与损伤的关系。于1999年清华大学的邓炎、严普强做过类似的计算,并通过位移模态的差分运算求取模态曲率。2002年,昆明理工大学的李功宇和郑华文对悬臂梁进行了数值仿真模拟。

一些试验资料表明,给予结构固有振型对结构的局部变化较为敏感,可以用来确定结构模型误差和损伤的可能位置。但其缺点是,模态振型的测量由于系统噪声和观测噪声的影响存在较大的测量误差,使得特征振型的变化常常被测量误差所掩盖,给基于振型的结构损伤识别方法在实际应用中造成很大的困难;由于被现场条件限制,实际的观测振型数据是不完整的,而由于自由度不完整,振型数据的结构识别方法研究得还不是很充分。虽然结构的振型包括了更多的损伤信息,但这种方法由于需要非常密集的测点、测量振型不完整和噪声的影响问题,而不能得到广泛的应用。尤其当缺少破损影响较大的测量模态时,该类技术不能识别结构的损伤。

7.2　结构刚度和柔度变化的结构损伤识别方法

(1)对于刚度变化的损伤识别技术　由于结构损伤多表现为结构刚度的下降,因此很自然地想到利用刚度矩阵来判断结构损伤。该方法应用的基本思路是:用实际测量所得的模态数据求得模态曲率以及对应的模态惯性力,并由模态惯性力计算出相应的弯矩,然后,根据弯矩与曲率的关系由上式计算出结构的刚度。经试验分析证明,当结构发生较大的损伤时,其刚度发生显著变化。但是,当结构发生较小的损伤时(如小于5%),则刚度变化不明显,此方法也就无法对结构损伤进行有效识别。

(2)对于柔度变化的损伤识别技术　结构一旦发生损伤则意味着结果刚度的降低,即结构的柔度将增大。正是基于柔度的这一特性,中外较多研究者以结构的柔度作为结构损伤的标示量,对结构的损伤问题进行了研究。通过对比结构损伤前后柔度的变化,或对比实测柔度阵与FEM分析柔度阵之间的差异,可以探测结构的损伤或确定结构模型误差,由于观测柔度阵正比于观测频率的逆矩阵,观测柔度阵对结构低阶模态的变化更加敏感,适用于使用低阶模态数据进行结构识别。基于柔度阵的结构识别研究表明,结构柔度矩阵在低阶模态条件下包含了有关结构特性的丰富信息,为低阶模态条件下的结构识别提供了一种新的有效途径。对于在数据不完整、不精确条件下结构识别柔度法的研究目前进行得仍然比较少。为了充分利用柔度矩阵的低阶模态敏感特性,仍需进一步深入开展对于柔度矩阵的结构识别研究。

7.3　模态应变能量变化的结构损伤识别方法

对于模态应变能量变化的结构损伤识别方法是由STUBBS和KIM在1995年时提出来的。它的主要原理是首先定义了每个单元的模态应变能及其计算方法,然后通过计算损伤前后模态应变的差值来进行损伤识别。国内学者史治宇较早提出了结构单元模态应变能的概念,并导出了基于单元模态应变化率的结构破损位置的诊断方法。利用模态应变能方法进行结构的损伤检测时,主要步骤如下:

对未损伤结构进行有限元建模与分析,得到结构的频率、模态振型以及各单元的刚度矩阵;由振动试验和模态分析,获取损伤结构的频率和振型。测量振型不完整时,用振型扩充法扩充;由单元模态应变能变化比方法确定结构可能的损伤单元;求得损伤单元的损伤系数,得到结构损伤的大小。

试验证明模态应变能方法具有以下优缺点:基于单元模型应变的结构损伤检测方法简便有效,便于实际应用。振型的不完整性和测试振型的随机噪声都对结构损伤定位和损伤大小的确定有较大影响,采用多阶模态叠加的方法,能较好地改善结构损伤检测的结果。在实际应用中,结构刚度的破损多种多样,如何模拟刚度的各种破损情况将直接影响损伤大小的确定,有待进一步的研究。

7.4 模型修正的损伤识别方法

对于模型修正的损伤识别方法是基于振动结构模型矩阵或结构的物理参数,使修正后的模型与测试的实际结构尽可能接近,利用模型修正技术,使结构的损伤能够进行比较修正模型和原始模型去诊断损伤位置。主要包括最优矩阵修正算法、基于敏感型分析的矩阵修正算法,基于灵敏度分析的设计参数型模型修正算法3种方法。

7.5 统计分析的损伤识别方法

统计分析方法是从统计的角度,考虑特征参数的不确定性及统计分部特征。可利用相关的随机有限元模型分析研究特征值问题从而评估损伤,或利用谱密度估计的统计特性来获得模态参数的修正概率及密度表达式来分析损伤,包括广义的贝叶斯统计方法、规则化方法与模糊逻辑方法等。

7.6 神经网络法

神经网络是由大量神经元广泛互连而成的。在神经网络中,信息处理是通过神经元之间的相互作用来实现的,只是信息的存储表现为网络元件互连间分布式的物理联系。学习与识别取决于神经元与连接权系的动态演化过程,神经网络具有较强的容错性,较强的非线性性能,因而在控制、优化与识别等领域被广泛应用。

神经网络法不仅适用于线性系统,尤其适用于非线性系统,它比模态修正法及信号处理法的适应性更强,其另一个优点是处理环境振动的能力很强,省略了激振设备,更容易应用于实际工程中。人工神经网络技术用于结构损伤检测中其检测的准确性,对多位置损伤的同时检测以及神经网络结构的确定等方面的研究还处于初级阶段,这些因素限制了神经网络的实际应用,如何确定一个神经网络使其对结构损伤进行精确的检测,需要进一步分析与研究。

7.7 简要小结

土木工程结构的损伤检测技术是一门新兴的应用科学技术,目前正处于发展之中。

虽然这种技术已被广泛应用于航空、航天及精密机械等领域之中,但是在土木工程领域的研究还处于初级阶段,绝大多数研究还仅仅局限于试验性阶段。

(1)从目前土木工程损伤检测的研究动态来看,以下几个方面问题的研究在该技术的未来发展方向上有比较重要的意义和迫切性:发展更可靠的损伤判别指标,该指标不会误判及漏判;研究实验参数变化、环境参数变化对结构损伤识别的影响;不依赖外部激励源的损伤检测研究。

(2)同时,各种损伤检测技术多应用于实验室或数值模型中,在实际应用中,由于测量条件、周围环境和测量噪声等因素的影响,可能会存在较大的误差,从而导致损伤检测的效果不理想。因此,为了准确地判断损伤发生的位置和大小,并且依据损伤识别情况判断结构的寿命,应该从以下几方面进行:首先,寻找新的结构动力系数,要求该参数对于结构损伤更为敏感,并且抗环境干扰能力更强。从而为大量存在的小损伤结构的诊断和有复杂环境干扰的损伤提供保证;其次,从单一的质量指标检测向综合质量鉴定发展,对大型结构进行系统的实时检测和维护机制的研究;最后,对于结构损伤机理的研究,损伤的存在、位置、程度仍然是检测最主要的问题,而且对于受损结构的剩余承载力和结构寿命的研究应是最关键的,也是到目前为止都没有能有效解决的问题,因此还需要加强这方面的应用研究。

8 埋地钢管道防腐补口的质量控制

防腐蚀是一门专业性、技术性和安全性都很强的工作,并且还关系到人身健康、生命财产安全及环境保护,对于埋地钢质管道的补口及补伤还是存在一些技术问题。由于伴随着城市现代化水平的不断提高,百姓对清洁能源的需要、便利的生活方式的要求也日益增长。油田及长输埋地管道的建设有大量的补口及补伤需要进行,而材料的特性与施工是钢质管道的补口及补伤的质量关键。尤其是大量城市燃气管道的建设不仅在大中城市同样也在相当多的地区的县级城镇也得到了迅速发展,由于埋地燃气管道属于国家控制的特种设备,其质量的好坏直接影响到人民生命财产的安全、社会的和谐稳定以及政府的形象,同时,城镇燃气管道工程都是在市区进行露天作业,对市容市貌和人民的出行均有一定影响。

对此国家专门制定了《城镇燃气埋地钢制管道腐蚀控制技术规程》(CJJ 95—2003)、《城镇燃气输配工程施工及验收规范》(CJJ 33—2005),之后又制定了施工企业必须严格执行的强制性条文《城镇燃气技术规范》(GB 50494—2009)等。要想获得优质的燃气管道补口补伤质量,必须对燃气管道出厂等全过程进行严格控制,也就是质量管理体系中常说的:特殊过程(燃气管道补伤口是当然的特殊过程)处于严格的受控状态。只有这样燃气管道的补口补伤质量才能真正得到保证。影响燃气管道的补口补伤质量的因素很多,诸如防腐方法、配方、表面处理、防腐材料的质量、涂层厚度及其道数的选择,补口的搭接和固化时间,现场施工的环境、温度、湿度、风速及扬尘、作业条件(登高和地沟操作)、施工人员的素质及质量监督检查等。实践证明,将上述许多因素归纳整理为若干工艺控制环节,抓住这几个关键环节不放松,就能有效地使城镇燃气管道的补口补伤防腐处于受控状态,从而有效地保证燃气管道的防腐质量。

8.1 重点控制环节

从管道质量的管理角度来看,埋地钢质燃气管道的补口补伤的质量控制应从人员(包括项目经理、质量负责人、质检员、电火花检测人员和作业人员)、防腐材料、防腐工艺及防腐质量检验等几个重要环节入手。

(1)人员素质控制　对于城镇燃气管道而言,参与其中的相关防腐人员较多,如技术负责人、质量负责人、材料负责人、电火花检测责任人、项目经理、质量检验员、防腐工、管道工及土方施工员等。其中最主要的是项目经理、技术负责人、质量负责人、电火花检测责任人和防腐操作人员。

(2)项目经理　项目经理是管道防腐质量的重要负责人,在管理层面上要负责组织、安排、隐蔽工程的检查以及技术作业现场的管理全部工作,项目经理要与材料负责人、技术负责人及电火花检查责任人保持联系,随时掌握埋地管道施工中的材料(质量及代用情况等)与质量检验情况,以便适用于现场的防腐工艺,项目经理对现场施工环境比较清楚,掌握燃气管道补口补伤的第一手资料,应对防腐工艺中遵守其要求的情况进行指导与监督,协助质量检验员共同把好燃气管道防腐的质量关。对电火花检验员和质量检察员的工作给予支持和指导,对防腐涂料的保管、劳动保护用品的使用,收工后工具的清洗等工作进行指导监督。因此,要求项目经理具有丰富的现场管理知识和实践经验,并具备较强的责任心和敬业精神。

(3)防腐工作岗位　防腐工作人员是埋地管道防腐工艺的执行者,也是直接完成管道补口补伤的实际操作者,因此防腐工人的素质对保证燃气管道的防腐质量起着决定性的重要作用。对防腐工人的素质的要求主要体现在两个方面:首先是从事埋地管道防腐的防腐工必须具有熟练的实际操作技能,具体上岗要取得国家认可的职业资格证;第二必须具有良好的职业道德和敬业的责任心。

同时,防腐工的操作技能应按照 TSGZ 0004—2007《特种设备安全技术规范》对特种设备制造安装、改造维修、质量保证体系基本要求,防腐工须经业务主管部门考核合格,取得相关职业资格证书,才能担任钢质埋地管道中相应的防腐工作。

(4)防腐工考核首先是基本知识考试合格后,才能参加技能考试。基本知识考试的范围主要有:①金属腐蚀与控制原理;②表面处理的方法和重要作用;③管道常用外涂层种类;④埋地管道外腐蚀方法;⑤三层 PE 防腐层结构;⑥理解管道应急保护原理;⑦掌握管道电位测试方法;⑧玻璃钢的施工方法和技术特性;⑨防腐施工的安全技术要求。

(5)质量检验员和电火花检测员具备的素质　质量检验员和电火花检测员是直接对管道防腐质量检验的人员,他们的每一项检验结果及数据对评定燃气管道防腐质量的优劣都有着举足轻重的意义。因此,他们除熟悉有关的标准、规程规范外,还应有良好的职业道德,秉公执法,严格把握检验标准和尺度,绝不允许弄虚作假。对于他们的检验工作,技术负责人和质量负责人应予经常性的指导和监督,保证其检验结果的真实性和准确性,从而保证埋地管道防腐质量的真实性和可靠性。

8.2 防腐工艺控制

防腐工艺的一部分是防腐施工技术文件的编制，另一部分是防腐工艺文件的实际贯彻执行情况，两者相辅相成、缺一不可。防腐施工技术要求文件是指导防腐作业的技术规定和实施措施，一般由专业技术人员负责完成。

（1）防腐管储存与搬运要求　要保护埋地管道的防腐层必须从源头做起，其防腐管储存与搬运应按下列要求执行。首先，对防腐管的分级与储放。经检查合格的防腐管应按不同的防腐等级分别码放整齐。码放层数以防腐层不被压薄为准。防腐管底部应垫上软物，以免损坏防腐层。其次，装车与运送。防腐管装车时，应根据施工现场的要求，核对钢管直径和防腐等级，并按防腐厂的分类装车，不得将不同壁厚及不同防腐等级的钢管同车混装。再次，装车时的具体要求。装车时应使用宽尼龙带或其他专用吊具，应保护防腐层结构及管口，严禁摔、碰或撬等有损于防腐层的操作方法。每层钢管间应垫放软垫。捆绑时应用外套胶管的钢丝绳，钢丝绳与防腐层间应垫软垫。最后，卸管材的具体要求。卸管材时应采用专用吊具，严禁用损坏防腐层的撬杠撬动及滚滑的方法卸车，并按指定位置卸管，以减少现场的倒运。

（2）防腐管道补口补伤的原则要求　首先，管材焊接前要进行检查。管材对接焊缝经外观检查、无损探伤和试压合格后，应进行补口，管道用补口防腐材料，底漆的配制和涂刷应符合防腐要求。其次，对补口前的要求。补口前应将补口处的泥土、油污、冰霜等清除干净、除锈质量应达到设计规定等级的要求。最后，是对补口的要求。补口时，每层涂料或玻璃布应将原管端相应的留茬覆盖在50mm以上。外保护层的压茬与各层玻璃布的压茬相同。还有对补伤的要求。补伤时，应先将补伤处的泥土、污物或冰霜等清除干净，用喷打将伤口周围加热，石涂料熔化，分层涂料和贴玻璃布，最后粘外保护层。玻璃布之间，外保护层之间的搭接宽度大于50mm。当损伤面积小于100mm^{2}时，可直接用涂料修补平整。

8.3 防腐施工质量要求

（1）除锈质量　钢管表面除锈应达到设计要求的B1或B2级标准，一般高压喷砂容易达到除锈要求，若限于条件，也可使用电动钢丝刷和配以砂布除锈，除去油污或锈蚀物等，露出金属本色。

（2）涂料配置　防腐蚀涂料的配制，应按下述要求进行。先要使用桶漆准备工作：整桶漆在使用前，必须充分搅拌，使整桶漆混合均匀。底漆和面漆必须按厂家规定的比例配制，配制时应先将底漆或面漆倒入容器，然后再缓慢加入固化剂，边加入边搅拌均匀。在施工时应注意：刚开桶的底漆或面漆不得加入稀释剂，在施工过程中，当黏度过大不宜涂刷时，加入稀释剂的重量不得超过5%。配好的涂料需熟化30min后方可使用，常温下涂料的使用周期一般为4～6h，超时不再使用。

（3）涂刷底漆　钢管经表面处理合格后应尽快涂刷底漆，间隔时间不得超过8h，大气环境恶劣（如湿度过高，空气含盐雾）时，还应进一步缩短间隔时间。要求涂刷均匀，不得漏涂，每根管子两端各留螺管150mm左右，以便焊接时不损伤较远表面。

(4)刮腻子　如焊缝高于管壁2mm,用面漆和滑石粉调成稠度适宜的腻子,在底漆表干后抹在焊缝两侧,并刮平成为过渡曲面,避免缠玻璃布时出现空鼓。

(5)涂刷面漆和缠玻璃布　底漆表干或打腻子后,即可涂刷面漆。涂刷要均匀,不得漏涂。在室温下,涂底漆与涂第一道面漆的间隔时间不应超过24h。涂刷各层面漆之间的间隔时间应以漆膜表干为准。缠玻璃布应和面漆涂刷同时进行,使玻璃布浸透漆料。

(6)检查防腐层干性的方法　表干,即用手指轻触防腐层不粘手;自然干,即用手指推捻防腐层不移动略硬;固化,即用手指甲立划防腐层不留划痕。

因为防腐工艺文件的主要是专业技术人员根据设计、规范及涂料的试验结果,再结合本单位集体施工条件与经验编制的文字性技术资料,当然不可否认对其防腐实施过程的重要指导意义。管道工、质量检验员和电火花检测人员等人员要一丝不苟地切实按工艺文件要求去干,但其中最主要的当然是防腐工,操作在现场的施工处于有毒和又脏又累的工作环境,同时在施工现场要多个工种配合,使他们的施工行为都能规范在相关技术标准及工艺文件要求的范围之内,只有这样才能真正保证埋地管道的施工质量。

8.4　防腐材料的控制

防腐层使用的各种材料应均有出厂质量证明书、检验报告、使用说明书、安全数据列表、出厂合格证、生产日期及有效日期等,防腐层的各种进场原材料均应包装完好,并按厂家说明书要求存放,各种涂料应使用专用稀释剂,不能随意乱用,也不能想加多少就加多少,应严格按产品说明书正确使用。防腐材料对埋地管道的防腐质量的影响是极其关键的,特别是不同的防腐材料。防腐蚀性能和特点有着较大差别,因此材料质量控制的基本方法如下:

(1)严格实施对材料控制的各项基本要求,按照本企业材料质量控制系统中所设置的控制环节与控制点进行重点控制。

(2)对各控制环节、控制点均应明确控制人员及对控制点的控制形式。在制度中落实其具体的工作内容及职责,在执行过程中对所发现的问题应及时妥善处理,此外并及时做好材料控制的各项记录及其他见证资料的整理和保管工作。

(3)对材料质量系统的运转情况及质控人员的工作质量,经常进行检查,防止质控人员脱岗和材料管理工作的混乱。对防腐层的最小厚度(如聚乙烯防腐层)应符合表7-2规定。

表7-2　　防腐层最小厚度规定

钢管公称直径 DN	底涂层/μm	胶粘剂层/μm	防腐层最小厚度/mm	
			普通级	加强级
DN≤100	≥120	≥170	1.8	2.5
100 < DN≤250			2.0	2.7
250 < DN < 500			2.2	2.9
500≤DN < 800			2.5	3.2
DN≥800			3.0	3.7

8.5 防腐质量的检验控制

(1)外观观感　要求涂层必须饱满、均匀,表面漆膜光亮,对皱褶、鼓包等应及时进行修复补平。

(2)防腐层厚度　必须按设计防腐等级要求,总厚度应符合设计或有关质量要求规定实测实量。

(3)粘附强度　涂层完全固化后,用小刀剌舌形刀口,用力撕开玻璃布,只能断裂,不能大面积撕开,破坏处钢管表面仍被漆层所覆盖者为合格。

(4)绝缘性　用电火花检漏仪检查,发现有漏处应立即涂漆补上。电压根据防腐等级确定,如环氧煤沥青涂料,普通级不得小于2000V,加强级以上者不得小于5000V。

通过上述浅要分析介绍可知,只有在质量体系的全面贯彻执行控制下,实施全面的质量管理,对埋地钢质管道防腐参与的质量人员,从技术负责人、质量负责人、材料负责人、电火花检测人员和防腐作业人员对防腐材料、防腐工艺及防腐质量检验等几个重要工艺环节进行控制,才能真正做到各种钢质埋地质量符合设计及专业规范的要求,使管道安全可靠地运行,达到使用寿命期内无事故发生。

9　直埋"钢套钢"蒸气管道施工质量过程控制

蒸气直埋管道"钢套钢" 是一种新型热力埋地输送管材。由于"钢套钢"直埋地管强度高,防水密封性能优异,保温效果好于地下管沟内敷设方式,因此,近年来被广泛应用在城市集中供热的管网系统中。但在目前直埋管道"钢套钢"蒸气管道直埋技术并不很完善,系统工程中缺乏设计及施工检查验收相关规范标准,给施工过程中工序质量控制,尤其是监理工作的开展造成一定困难,根据工程施工实践结合的"钢套钢"蒸气管直埋的应用实际,分析介绍直埋管道"钢套钢"蒸气管直埋的施工及监理控制关键环节。

9.1 "钢套钢"蒸气直埋管道

"钢套钢"蒸气直埋管的结构形式是由工作管道、主保温层、屏蔽绝热辐射层、空气层、隔热式高强度滑动支架及外护管包括防腐层所构成,结构形式如图7-1所示。

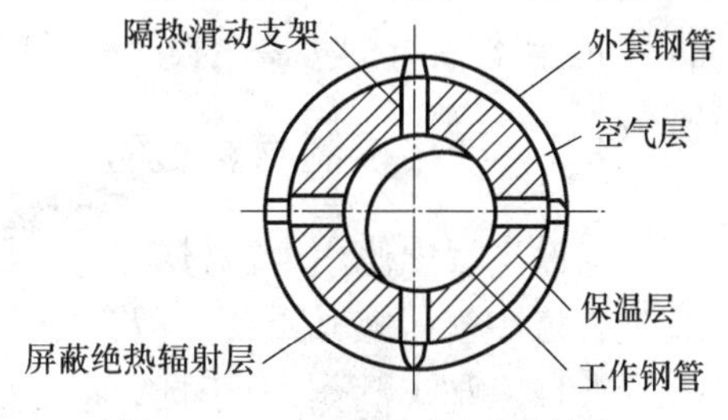

图7-1　HSC型直埋保温管结构

"钢套钢"直埋蒸气管在结构上具有如下特点。

(1)在工作钢管上采用特别设计的隔热式高强度滑动支架与外护钢管内壁摩擦,既保证内外管的同心度,使保温材料与工作钢管一同活动,不会出现保温材料的机械磨损及老化,还能有效保护工作钢管的挠度在允许范围内。隔热式高强度滑动支架设有不小于50mm的耐高温衬垫,可有效防止内外管道冷桥的产生,设计别致的滑轮使摩擦系数降到最低程度,大幅度降低内外管道之间的摩擦阻力。

(2)工作钢管保温层与外护管之间留有10~20mm的间隙,既可起到加强保温的作用,又是直埋管道和所需要的排除潮气通道,使排除的潮气真正发挥作用,同时还可以作为信号管用;工作钢管保温层选择用硅酸铝离心棉复合材料,根据使用介质及土壤条件因素来确定保温层的厚度,保证直埋管的保温满足要求;同时工作钢管的弯头、三通及波纹管补偿器等布置在钢套管内,使整个工作管道完全处于密封的运行环境中,安全可靠且无任何干扰。

(3)外套钢管的外壁采用耐高温树脂做特强级防腐处理,使外套钢管的防腐层使用寿命大大延长;而外套钢管的补头采用对接安装方式,避免了由于应力集中而导致对补头的损害。

(4)采取内固定支架方式,可以取消所有固定支墩,不仅减少支墩工程量加快工期,使直埋管运行更安全耐久;因直埋管的疏水采用全封闭式结构,疏水管接在工作钢管的低位或设计确定位置,不需要再设置检查井。

9.2 按规定把好前期审查关

(1)对使用管材货比多家择优选择　必须结合工程特点,由监理单位牵头会同建设单位、设计单位及总承包企业重点对管材、波纹管补偿器及阀门生产厂家进行考察,主要还是针对生产厂家的资质准生产证件、质量管理体系、产品检验设备及技术手段、生产规模及能力、产品品种价格及售后服务方面进行分析比较,通过综合评估择优选择生产供应厂家。

(2)严格选择有资质的施工企业　目前实行的工程监理制规定了监理工程师,要重点查验承包单位项目经理部的管理体系,技术运行体系、质量保证体系以及安全保证体系是否健全。查验各级管理人员,专业操作及特种人员资质及执证状况,尤其是焊接及探伤,防腐操作人员技术素质及证件,防止证件过期或执证人同证件不相符的假冒现象。

(3)施工技术方案是重点核查内容　要求总承包方在项目施工前,针对该工程项目特点编写施工组织设计。监理工程师重点对进场的检测程序,施工过程中对管道防腐层的防护措施,管道的焊接工艺措施和质量检验标准,接口部位保温及防腐,分段水压试验,钢套管气压检验及阀门的安装,管道的吹扫方法进行重点审查。对有特殊要求的部位要求施工方制定专项施工方案。同时要求施工方对每个工序都要对操作人员进行书面交底,留作备查的重要过程控制材料。

9.3 严格控制材料检验环节

确保工程中使用合格材料是保证工程质量的前提条件,这个问题在“钢套钢”蒸气直埋管道中显得尤其重要。因为整个管网的施工安装的装配,保温及防腐等工作都是在专业厂家加工制作,对于此,项目监理人员要根据工程实际状况,采取一些必要的检查措施。

(1)要求专业厂家必须提供不同型号产品的检查报告,按规定且有下列情况之一时应进行形式检验:产品投产时;工艺配方和原材料有较大变化时;可能影响产品质量时;停产180d以上重新投产时;正常生产每年检查一次;质量监督机构提出要求时。

(2)提前派专业监理工程师进入制造厂家,对加工全过程进行监督、抽查和重点跟踪。检查项目如:水压试验、管道除锈处理等级、各种焊口的外观及探伤检查、隔热环的安装、防腐涂料的材质及涂刷和管道出厂前的综合质量检测等各个环节是否按质量控制程序和规程进行,质量保证体系实行的情况;各种检验试验的设备是否在有效期内等。

(3)材料进入现场后,专业监理工程师和施工方技术人员共同对管材的质量进行现场检查,进行的内容包括:①钢套管、蒸气管、凝结水管道、排潮和放气管道的型号,管道几何尺寸,外观质量标准是否符合规范及设计要求,各种试验资料是否齐全完整;②保温材料是否符合规范及设计要求,保温层的固定方式、厚度、搭接长度及饱满度是否符合质量要求;③钢套管的防腐材料,防腐层厚度等是否符合规范设计的相关要求;④补偿器厂家的资质及生产许可证,产品检验报告和设计规定的各项参数是否符合设计要求;⑤各种阀门厂家的资质及生产许可证,产品检验报告和型号、规格是否符合设计要求。⑥防腐层的检查主要是厚度的检测,用电火花检漏仪探测及粘结力检验。

(4)管材运输及保存　管道吊装及移动必须用吊带以防止损伤;运输车辆要设置专门的固定设施,支架应托在预留焊口的位置;场地需要平整、无碎石类的坚硬杂物等,还要防止坍塌和倾斜现象;同时管道不要受日光强烈照射,雨淋应对表面进行覆盖;远离火源。

9.4　施工安装过程质量控制重点

(1)焊接工序是重点控制环节　“钢套钢”蒸气直埋管道对焊接质量的要求高且工作量最大,其质量的好坏直接影响到整个管网的工程质量。焊接工序控制重点主要是:施焊前要根据管材的化学成分、力学性能和焊接性能对被焊接材料进行焊接工艺评定,并按照焊接工艺评定报告编制焊接作业指导书,以规范焊接操作程序,保证焊缝质量;焊缝外观应光顺均匀,焊缝高宽与母材应平缓过渡,不得有裂纹、气孔、夹渣和弧坑的缺陷,管道的无损检测结果必须达到设计要求。

管材焊接的质量对直埋蒸气管道的正常使用十分重要,一旦发生焊缝泄漏肯定会造成全部保温材料的失效。对此,监理必须在过程中和细节上把好关,要求施工方对焊缝进行100%的X射线探伤。外套钢管具有连续密封、防水和防腐等功能,也就是确保保温层完好及绝热材料性能稳定的重要保护。由于外套管焊接时需要先把接口管纵向剖开,然后再对焊在工作管外侧,焊接过程最易产生变形,因此焊接难度比较大,必须要求焊接人员施焊符合工艺要求,尤其是防止焊接中的变形。

(2)补偿器安装质量控制　补偿器外形是波纹形状,其工作原理是通过内部金属波纹膨胀节的柔性来吸收一定量的管道外移伸缩,如果在安装过程中不规范,会造成膨胀节的使用寿命降低,进而导致整个管路系统提前失效。在安装工序的过程中,要重点控制的几点:①在安装补偿器前要把管底部铲平夯实,使波纹补偿器和管道要完全摆正顺直对中,在波纹补偿器的固定端应靠近管道支架安装;②严格禁止用波纹补偿器变形方法来调整管道安装中的误差,补偿器轴线与相连的管道轴线切实对正,波纹段不能承受扭矩力,因此不允许强行扭转补偿器;波纹补偿器所有活动原件不得被外部构件卡死或限制其活动范围,以确保各个部位可正常运转。

(3)阀门安装过程的控制　对于阀门的安装,要求施工方必须做到按设计要求逐一核对型号,外观检查无任何缺陷,开启灵活;阀门的开关手轮应放在方便操作的位置,蝶阀、止回阀的阀杆应安装垂直,阀门的操作机构和传动装置要调试并清洗干净,使得灵活安全可靠,无卡涩现象;开关程度指示标志应正确,截止阀要按介质流向低进高出安装;阀门安装前应清除封口保护挡片和杂物,阀门与管道用焊接方式连接时,阀门不要关闭;阀门运输吊装时要平稳起吊,不允许用阀门手轮作为吊装承重点,不要损坏阀门,已安装就位的阀门要防止重物撞击;焊接安装的球阀连接应注意的是:焊接时球阀必须打开,阀门在焊接完成后必须经过降温正常后再使用。

(4)蒸气及凝结水管水压试验控制　要求施工方在进行水压试验前,要做好准备工作并具备试压条件。首先,焊缝及其他待检部位还未做防腐及绝热处理,管道端部内部无固定支架波纹补偿器已设置了临时约束装置;其次,凝结水管固定支架已按设计要求施工完成,并经过检查达到合格;同时试验用压力表经过校验,其精度不得低于1.5级表的满刻度值应为被测最大压力的1.5~2倍,且表不少于两块;最后,待压管道与无关系统用盲板隔开,在气候合适时进水试压。

(5)外套管气压试验控制　在外套管焊接完成由施工方自行检验合格后,报专业监理工程师对外观检查确认后方可进行气压试验。气压试验是采用空压机升压,升压过程要缓慢进行,认真注意管道及压力表的状态,如果出现异常如泄压时应及时处理。检查漏点方法有多种,一般是用毛刷蘸发泡剂(肥皂水也可)逐一对焊缝涂抹,在带压力状态下仔细观察有无气泡冒出。

(6)管道吹扫质量控制　一般是在完成无焊口段回填后,对管网进行吹扫。吹扫前必须先暖管,并完成排气和疏水工序。暖管时间不要少于4h,而这个过程要分阶段进行,每升到一个设定温度后要保持恒温一段时间,以使保温层内的水分能够顺利由排潮口排出,暖管过程中会有大量凝结水汇集,因此一定要开启疏水装置排净汇集凝结水,当完成这样一个过程后才能启动阀门吹扫。

管道吹扫应具备的条件为:试验范围内的管道安装项目(除主管道阀门外)已按设计图纸全部完成,安装焊接质量经检查符合相应规范及设计验收要求;吹扫用的临时加固装置安装到位且合乎要求,检查人员确认后才能进行;吹扫用的压力表应准备两块,表的满刻度值应达到吹扫压力的1.5倍;水压试验时管道内局部有积水时,在吹扫末端应采取适宜排水措施,使积水顺利排出;吹扫结束后清理完毕,蒸气管道波纹补偿器已安好临时约束装置。根据规范要求,公称直径小于600mm的气体管道应采用空气吹扫,蒸气管道应以蒸气吹扫较宜。但是一般情况是现场无蒸气的条件,只有用压缩空气吹扫主管道最易现实,而支管的吹扫在则管道试运行过程中进行。

对于管道吹扫段的划分尽量以道路交叉口为基准成十字划分,十字末端为主干管直埋球阀处或其他标段的碰头位置。吹扫压力的控制:其压力应尽可能保持在设计工作压力的75%左右,但是最低不要低于设计工作压力的25%;开始吹扫阀门开启和关闭应缓慢,防止管中有积水段发生水锤现象,导致事故发生;当管中积水顺着气流排出后,再次吹扫时加大阀门开启量,把管中杂物吹扫干净;在蒸气管道吹扫时应设有明显标志,管口向上倾斜使排气口有牢固支架固定,排放口的截面不要小于被吹扫管的75%,长度应尽量短些;对吹扫效果检查,可用白木板或白布置于排气口处进行检查,木板或白布上无泥沙或铁锈脏物即合格。

9.5 管网的试运行控制

管网试运行必须在管线全部安装完成、直埋管管沟已按规定要求进行回填并夯实并在对管道吹扫合格后进行工作，试运行方案经过有关人员审查通过后才能进行。管道试运行前必须组织全体人员在全线大检查，应对全线的疏水装置、阀门及排潮管进行检查，保证疏水器前后的阀门关闭，旁通阀开启。在运行过程中管道内会产生许多冷凝水，而参与人员必须了解冷凝水的排放方法和疏水器的操作使用，并认真观察管道内部是否发生水锤现象。

在试运行过程中直埋管道内与外钢套管之间会产生相对位移，波纹补偿器会出现压缩，固定点处会承受很大推力。要求参加人员注意观察这些现象，一旦发生震动、声响、渗水或冒气、回填土裂缝或下沉问题，必须在最短时间内向上报告，同时做好准确内容记录。在蒸气出气口总阀门处配备熟悉工作的供热人员负责，当确认管网的各个部位均达到设计要求后，再缓慢调整并提高供气压力，供气参数达到设计要求后即可转入正常的供气运行程序。

综上浅述，蒸气直埋管道"钢套钢"是一种新型管材，其安装不同于其他的直埋管，有一些不同的工艺要求。在施工及监理过程中不但要督促施工方严格按相关规范及设计要求施工，而且针对具体问题具体分析对待，施工方要制定详细工艺和过程控制措施，监理全面控制主抓关键环节，使工程质量达到设计要求使用正常，实现使用耐久性年限，节省维护费用。

10 砖木结构加固改造修复技术措施

某大型公共娱乐建筑是20世纪50年代的重要建筑，它是在当时由县级设计院自行设计、结构计算并组织施工的具有典型式样的剧场建筑。经过50多年的使用，建筑结构老化、抗震设防及防火都存在安全隐患，亟待维修和加固改造才能正常使用。

10.1 检测结构验算与鉴定

(1)检测和验算工作　由于该建筑属于历史性保护建筑，因时间较长历经变迁原设计图纸遗失，检测难度增加，必须重新按实物测绘，为结构及其他专业的设计提供依据；同时局限于历史条件，该建筑在建造时无抗震设防要求，设计上也无抗震构造措施。

根据建筑物的实际状况，当地工程质量监督中心对该建筑原承重墙体和基础做出了原位检测，其检测结果为加固改造提供了可靠依据，地基采用旁压原位测试，没有考虑房屋使用年限及地基压密效应，将承载力提高30%～40%。因此，数据更加真实准确且可靠。该公建工程由于使用功能方面的要求，高而空旷，屋面木屋架刚度较差且不利防火。采用PKPM系列程序计算，对墙体进行抗震验算，大部分墙体的抗侧力小于地震效应，不满足现行抗震设计规范对安全的要求。

(2)鉴定结论及改造方案

① 经对砖柱柱基开挖勘查发现，原砖柱柱基和侧墙墙基为毛石砌筑阶梯形刚性基础，基础以下为粉质黏土为持力层，经旁压原位试验，地基土承载力特征值为100kN/m^2，

且经抗震加固后上部结构重量无明显增加,且新增的扶壁柱增加了结构重量,但采用轻钢屋架减轻了屋盖的重量,二者大致相等,经验算地基承载力及稳定性满足要求。

② 该剧场地面为木结构楼板,木屋架由于常年失修,木结构楼板和看台已不能满足结构安全和防火要求,部分屋架下弦开裂、老化严重、已丧失使用功能且石棉瓦屋面保温性能差且渗漏严重。故原木楼盖全部用现浇钢筋混凝土楼盖代替,原木屋架全部采用轻型钢屋架代替。

③ 观众厅、舞台两侧原墙体为370mm厚的实心黏土砖墙,沿纵向每隔3m(即屋架端部处)设排架砖柱。根据现行抗震规范的规定,七度设防区单层空旷房屋跨度大于18m者不应采用无筋转壁柱作为支撑屋盖的承重结构。本次加固设计在砖柱内侧加设钢筋混凝土扶壁柱,同时钢屋架底标高处设压顶圈梁。

④ 根据工程质量检测报告,前厅墙体的砌筑砖强度评定等级为MU10,但砌筑砂浆强度等级小于M2.0,不能满足抗震规范要求,且外墙砌体粉化剥落较严重。故采用钢筋网水泥砂浆加固墙体,同时新增构造柱和圈梁,钢丝网砂浆用压力喷射施工。对损伤的承重墙体起到有效的约束作用,从而提高了砌体的整体抗剪强度,增加了建筑物的变形能力及延性。

⑤ 剧场结构耐久性、老化问题突出,砌体用黏土砖有一定粉化现象,从而产生数量较多的斜裂缝、竖向裂缝及水平裂缝等,若继续使用,必须对开裂的墙体采取及时有效的维修加强措施。

10.2 保护性拆除处理

与一般的破坏性拆除不同,建筑加固改造工程中的拆除属于保护性拆除,拆除过程必须保证原建筑的结构安全。该剧场建成至今已有50多年的历史,基本达到设计的使用年限,结构本身已经很脆弱,保证拆除过程中的老结构安全是施工的难点,必须制定拆除方案。

(1)拆除原则　拆除原则包括:①先支护后拆除,左右对称,从上至下,分层拆除,严禁掏拆,严禁野蛮拆除损害结构;②拆除施工要求振动小,噪声低,不允许对非拆除构件造成结构性损伤,采取对相邻构件不产生不良影响的静力拆除;③根据不同的拆除部位选择不同的拆除方法和机械设备;④在完成拆除前各项准备工作后,方可机械拆除工作。

(2)前厅底面拆除　为减少震动可能对原有建筑造成的威胁,混凝土地面和灰土垫层拆除,全部采用人工方法拆除,先用大型切割机,将地面切割成500mm×500mm的方格块割透,再用撬杠将混凝土、灰土撬起来,用大锤砸碎,小推车推至指定集中堆放便于大车外运。

(3)舞台两侧墙体拆除　外墙的拆除首先要考虑脚手架的搭设和垃圾通道的设置:①易于工人拆墙操作;②保护好架子本身安全;防止被拆除下来砖块砸坏;③保证垃圾立即顺利落下楼层;垃圾只能从楼内落下,不能往架子外侧抛以减少扬尘。

拆除墙体重新砌砖时,从上而下人用小锤与凿子分层拆除,禁止整体推倒野蛮施工;每层墙体也应分段如1m左右的间隔拆除,先拆除上部300~500mm高,观察周围墙体及梁有无异常变化,再全部拆除;与墙体连接处应用无齿锯进行切割后,再用手锤剔凿拆除,不得用大锤夯打;边拆除边间隔推出拆下来的垃圾,以防垃圾大量堆放给两侧墙体增加侧压力荷载。

(4)观众大厅屋面结构拆除　屋面结构拆除要考虑4个方面的问题:①合理确定拆除顺序;②选择合适的拆除工艺;③注意所拆部分与相连部分的分离;④保证拆除部分安全地落到地面。

按照围护结构稳定性,减荷拆除原则和对称拆除原则,确定屋面结构总的拆除顺序为:屋面瓦→屋面板→檩条→屋架结构。

① 屋面瓦拆除。拆除屋面瓦时,查看屋面瓦的安装方面,拆除前垂直坡屋面顺屋面瓦,通常铺设木架板,施工人员在木架板上施工,自屋面瓦收头的地方开始,拧下固定屋面瓦的螺丝钉,一行行拆下屋面瓦,先集中在一起装在料盘内用吊车调运下来,再有人工推运至指定地集中堆放。

② 屋面木板拆除。拆除自北侧开始,拆除前将脚手架根据屋面的坡度,搭设至屋面高度,并把木屋架与脚手架固定牢固,拆除人员在脚手架板上施工,以保证拆除时人员及原结构的安全。

③ 檩条拆除。檩条采用机械吊拆,因此对其采用机械拆除。拆除自屋脊开始,向两侧机械拆除,不破坏檩条和屋架的节点,拆除后用适当粗的麻绳将檩条两端固定,拴到吊车上时要将麻绳拴成死扣。等拆除了这一间的木屋架后再继续拆除下一间。

④ 木屋架拆除。屋架拆除前先将屋架支座处四周的砌砖挑檐,人工用小锤凿子逐块剔除,以露出木屋架支座为宜,尽量控制剔凿数量,减少对原结构的破坏。检查木屋架的支座处,确信屋架与墙体没有连接。找准起吊点用吊索将木屋架捆绑结实,吊车将吊索绳用力后,先挺住待拆除固定的撑杆后再起吊,慢慢地放在拆除前计划好的屋架放置位置上。

10.3　加固改造技术措施

(1)基础的加固措施　经验算本工程地基承载力及稳定性可以满足使用要求,但毛石基础整体抗震性能较差,应结合混凝土壁柱基础的施工进行加固。设计采用增大截面法加固,在毛石砌阶形基础的内侧浇筑钢筋混凝土基础,混凝土基础埋深与毛石基础埋深相同,基础内配置钢筋,并设混凝土壁柱的插筋,如图7-2所示。

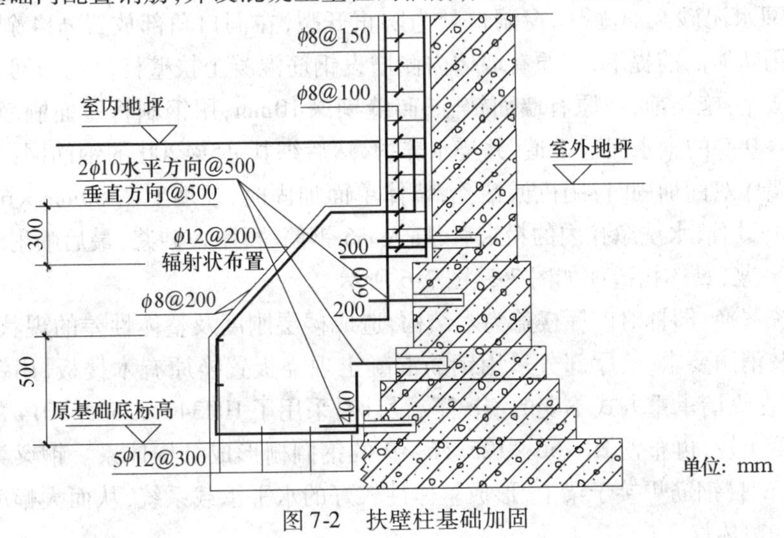

图7-2　扶壁柱基础加固

壁柱在室外地坪下至基础顶面范围内设封闭式圈梁，增强约束作用。为使新加部分与原基础有很好的连接，种植锚固筋，浇筑混凝土前涂刷乳液界面剂一道增加粘结力。改造加固后的柱基础底面积增大，厚度增加，基础承载力和抗震性能均有大幅度提高，抗震验算符合要求。

(2)观众厅加固改造措施　首先对墙体采取加固，即观众厅与舞台两侧砖柱通过增设钢筋混凝土扶壁柱、圈梁及增强结构的整体性，改善结构破坏形态，增大结构延性，提高抗震能力。本次加固设计在砖柱内侧增设钢筋混凝土扶壁柱，配置竖向纵筋及加密复合箍筋，如图 7-3 所示。采用 C30 细石混凝土浇筑，原有墙体与壁柱之间采用锚筋法连接，锚固筋为 3ϕ12@ 500，锚入墙内 350mm，如图 7-4 所示。

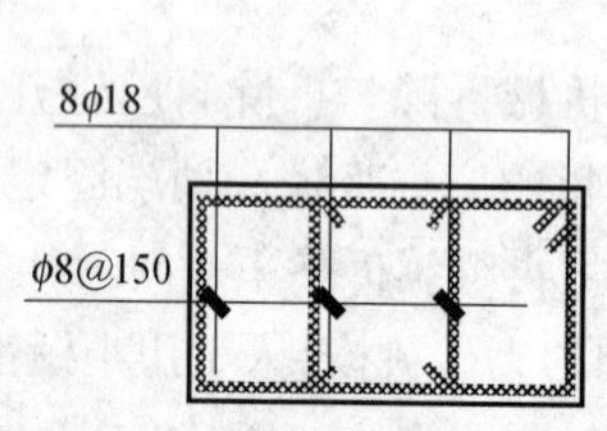

图 7-3　扶壁柱配筋构造

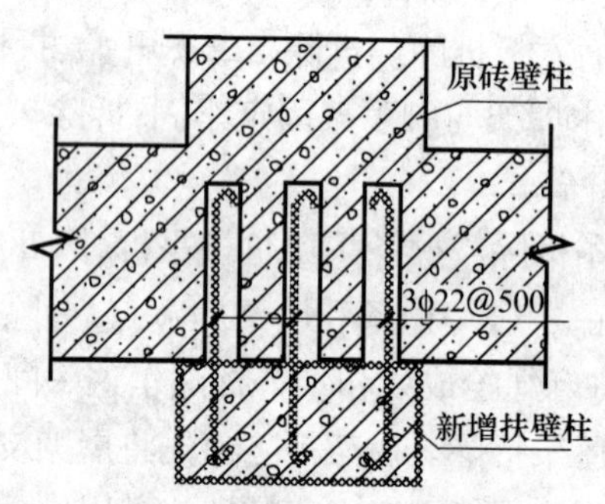

图 7-4　扶壁柱锚固筋

通过以上措施，使砖柱与新增设混凝土壁柱捆绑连接成为一个整体，柱截面抵抗力矩大幅提高，抗弯、抗剪能力明显提高，抗震承载力验算满足要求。

(3)屋盖系统置换　木屋架结构材质年久自然老化，存在严重安全隐患。考虑到木材造价过高，荷载又不能增加过多及消防要求等因素，采用三角形四点支承的轻钢屋架置换原有木屋架，采用有檩体系，端开间各设 1 道上、下弦横向支撑，利用檩条兼作纵向支撑中的支撑。屋面材料为两层彩色钢板为 0. 6mm 的夹保温板厚为 100mm。

(4)前厅加固改造措施　墙体加固，即对内墙采用双面钢筋网水泥砂浆加固，外墙采用单面钢筋网水泥砂浆加固，门窗洞口处为防止开裂，在洞口角部放置 ϕ14 斜向钢筋。在不影响使用功能的前提下，在原有墙体内侧增设钢筋混凝土扶壁柱。钢筋网水泥砂浆加固具体做法是：施工前，把原有墙面铲除，砖缝剔深 10mm，用钢刷将墙面刷净，并洒水湿润，先喷 1 : 0. 5 的素水泥浆 1 道，并浇水养护，然后绑扎 ϕ5@ 200 的钢筋网，并在墙面锚固牢固。墙体双面加固时，用机械钻孔，墙体单面加固时，在墙上凿 60mm × 60mm 孔，深度为 180mm，用清水洗净孔内的粉末后，插入 ϕ6 钢筋，再压入砂浆，最后喷射 40mm 厚的 M10 水泥砂浆，具体构造详如图 7-5、图 7-6 所示。

楼盖系统置换，即针对前厅楼盖为木结构，造成楼层刚度及整体性差的现状，考虑建筑使用功能及消防要求，前厅部分采用钢筋混凝土现浇板置换原有木楼板，用钢梁置换原有木屋架，在纵墙承重方式不变的情况下，设计时采用了 HM340 × 250 × 9014 的钢梁支承于钢筋混凝土柱，再布置 HN250 × 125 × 6 × 9 的钢搁栅形成结构体系。钢梁梁端埋设于柱中 250mm，柱钢筋焊接于梁上，形成整体性较好的水平承载系统，从而大幅度地提高楼层的刚度和整体性。

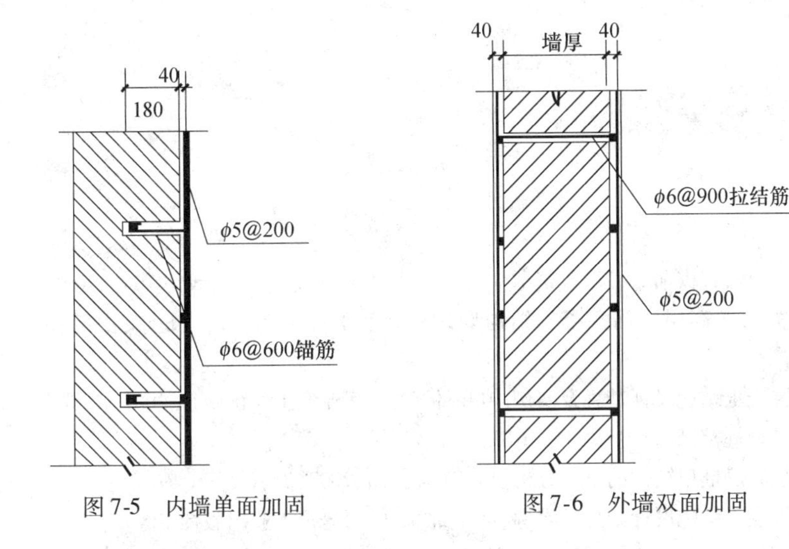

图 7-5　内墙单面加固

图 7-6　外墙双面加固

10.4　外墙修复技术措施

由于该剧院是几十年来人们熟悉的公共建筑,外墙要求恢复原有外貌。原外墙采用青灰色面砖粘贴,修复时先清理冲洗表面灰尘,修补替换已风化的砖块、砖缝,采用环氧树脂胶泥或渗入水泥的灌浆液处理表面裂缝,打磨干净、颜色一致且用水冲刷后,涂刷防水透明剂2遍。通过以上处理,保证了墙面的完整性和耐久性,原青灰色面砖人工斧凿见新,使得剧院建筑的外貌焕然一新,达到改造加固效果。

通过对使用了半个世纪砖木结构公共建筑剧场的改造加固,分析介绍了工程从鉴定、拆除、改造、新建、加固及修复为一体的综合改造设计施工处理过程,总结出一整套保护性拆除、加固改造、修复的实践方法及工程技术,为建筑物改造技术的应用提供了实践范例;对旧建筑进行加固改造,一方面既要保持原有建筑的艺术风格,又要充分吸收当今科技发展最新成就,满足我国建筑大师张搏老先生提出的"修旧如旧"与"照旧还新"的重要理念。对于保护性建筑一般已经过几十至上百年的时间,设计资料残缺,结构材料老化严重,问题多,其检测与加固的难度高,必须对项目进行整体规划,在全面检测的基础上设计和施工,使整个改造过程有机的成为一个整体。经过上述抗震加固改造后,各项构造措施应符合现行抗震规范的规定,使结构整体性增强,结构延性增大,抗震能力大大提高;而内部功能及室内使用空间基本保持不变,经室内外重新装修后,面貌焕然一新。

参考文献

[1] 高立人,方鄂华,钱家茹. 高层建筑结构概念设计[M]. 北京:中国计划出版社,2005.

[2] 张维斌. 多层及高层钢筋混凝土结构设计释疑及工程实例[M]. 北京:中国建筑工业出版社,2005.

[3] 李国胜. 混凝土结构设计禁忌及实例[M]. 北京:中国建筑工业出版社,2007.

[4] 建筑抗震设计规范[S]. GB50011—2010.

[5] 莫庸等. 填充墙框架结构的抗震分析[J]. 工业建筑,2007(37).

[6] 李国胜. 混凝土结构设计禁忌及实例[M]. 北京:中国建筑工业出版社,2007.

[7] 韩林海. 钢管混凝土结构[M]. 北京:科学出版社,2003.

[8] 胡庆昌. 钢筋混凝土结构楼梯间与楼梯的震害及设计建议[J]. 建筑结构,2006(11):31-33.

[9] 陈宗臣等. 由汶川地震中的楼梯破坏引发的思考[J]. 工程质量,2009(5):73-75.

[10] 薛彦涛等. 汶川地震钢筋混凝土框架结构震害及对策[J]. 工程抗震与加固改造,2009(31)5:93-100.

[11] 建筑控制设计规范,2008 版[S]. GB 50011—2001.

[12] 民用建筑电气设计规范[S]. JGJ 6—2008.

[13] 建筑物防雷设计规范[S]. GB 50057—2000.

[14] 高层建筑混凝土结构技术规程[S]. JGJ 3—2002.

[15] 混凝土小型空心砌块和混凝土砖砌筑砂浆[S]. JC 860—2008.

[16] 混凝土小型砌块建筑技术规程[S]. JGJ/T 14—2004.

[17] 民用建筑节能设计标准(采暖居住建筑部分)[S]. JGJ 26—2003.

[18] 高小旺等. 建筑抗震设计规范理解与应用[M]. 北京:中国建筑工业出版社,2004.

[19] 地下防水工程质量验收规范[S]. GB 50108—2008.

[20] 刘军等. 住宅建筑电气设计及电气安装技术的管理模式及发展趋势[J]. 建筑经济,2008(10)45-46.

[21] 耿西林. 住宅建筑电气安装技术的创新与科学发展[J]. 科技成果纵横,2007,10(13):56-571.

[22] 杨柳. 建筑气候学[M]. 北京:中国建筑工业出版社,2010.

[23] 邱法维等. 虎门大桥应变监测数据处理系统设计[J]. 桥梁建设,2003,33(2):66-69.

[24] 杨维菊. 略谈现代建筑遮阳形式[J]. 生态城市与绿色建筑,2010 增刊.

[25] 居住建筑节能设计标准[S]. DBJ 11—602—2006.

[26] 绝热用模塑聚苯乙烯泡沫塑料[S]. GB/T 10801. 1—2002.

[27] 绝热用挤塑聚苯乙烯泡沫塑料[S]. (XPS) GB/T 10801. 2—2002.

[28] 混凝土强度检验评定标准[S]. GB/T 50107—2010.

[29] 建筑工程施工质量验收统一标准[S]. GB 50300—2013.

[30] 游宝坤等. 大体积补偿收缩混凝土的结构稳定性问题[J]. 混凝土,2002(5).

[31] 砌体工程施工及验收规范[S]. GB 50203—2012.

[32] 本书编委会. 木结构设计手册[M]. 3 版. 北京:中国建筑工业出版社,2005.

[33] 外墙饰面砖工程施工及验收规范[S]. JGJ 126—2002.

[34] 混凝土小型空心砌块[S]. GB 8239.

[35] 公路路面基层施工技术规范[S]. JT 034—2000.

[36] 齐子刚等. 我国加气混凝土行业现状及发展趋势[J]. 墙体革新与建筑节能,2008(1).

[37] 陈渍水. 加气混凝土自保温体系在建筑工程中的应用[J]. 福建建材,2008(3).

[38] 外墙外保温技术规程[S]. JGJ/144—2004.

[39] 泡沫混凝土保温屋面及楼面(08BJZ16)[S].

[40] 建筑节能工程施工质量验收规范[S]. GB50411—2007.

[41] 刘小根等. 安全型真空玻璃结构功能一体化优化设计[J]. 硅酸盐学报 2010,38(7):1310-1310.

[42] 唐楚正等. 高效节能玻璃研发的新突破—半钢化真空玻璃[J]. 建筑节能,2009(8):50-53.

[43] 建筑节能工程施工质量验收规范[S]. GB 50411—2007.

[44] 吕永慧. 外墙外保温系统防火问题分析[J]. 低温建筑技术,2010(5):107-109.

[45] 王宗昌. 建筑工程质量精细化控制与防治措施[M]. 北京:中国建筑工业出版社,2013.

[46] 王宗昌. 建筑工程施工技术与管理[M]. 北京:中国电力出版社,2014.

[47] 王宗昌. 建筑工程质量控制防治与提高[M]. 北京:中国建筑工业出版社,2014.

[48] 王宗昌. 建筑工程施工全面质量控制必读[M]. 北京:中国建筑工业出版社,2016.

[49] 石金柱. 外墙外保温系统防火措施分析[J]. 建筑节能,2009(7):13-1.

[50] 郑国龙. 泵送混凝土施工通病成因分析与防治措施混凝土[J],2010(10).

[51] 建筑工程冬期施工规程[S]. JGJ/T 104—2011.

[52] 郭彦林等. 型钢组合装配式防屈曲支撑性能及其设计方法[J]. 建筑结构,2010(1):30-37.

[53] 建筑标准图集. 楼梯栏杆栏板. 06J 403-1[S].

[54] 城镇供热直埋蒸气管道技术规程[S]. CJJ 104—2005.

[55] 火灾自动报警系统设计规范[S]. GB 50116—2008.

[56] 火灾自动报警系统施工及验收规范[S]. GB 50166—2007.

[57] 高层民用建筑设计防火规范[S]. GB 50045—2005.

[58] 王宗昌. 建筑工程施工质量控制与防治对策[M]. 北京:中国建筑工业出版社,2010.

[59] 王宗昌. 建筑工程施工质量控制与实例分析[M]. 北京:中国电力出版社,2010.

[60] 王宗昌. 施工和节能质量控制与疑难处理[M]. 北京:中国建筑工业出版社,2011.

[61] 王宗昌. 建筑工程质量控制与防治[M]. 北京:化学工业出版社,2012.

[62] 民用建筑电气设计规范[S]. JGJ 16—2008.

[63] 混凝土结构工程施工质量验收规范[S]. GB 50204—2015.

[64] 建筑地基基础工程施工质量验收规范[S]. GB 50202—2002.

[65] 混凝土小型空心砌块建筑技术规程[S]. JGJ/T 14—2004.

[66] 建设工程监理规范[S]. GB 50319—2003.

[67] 刘新伟等. 室内排水管道防止堵塞的措施[J]. 科技资讯,2010(35):80.

[68] 苏华东等. 浅谈居住建筑室内设计中的节能措施[J]. 住宅科技,2010(02):34-37.

[69] 李晨光等. 体外预应力结构技术与工程应用[M]. 北京:中国建筑工业出版社,2008.

[70] 扈胜霞等. 黄土灰土地基的质量控制系统试验研究[J]. 施工技术,2002(6):33-35.

[71] 张振宁. 浅析用垫层法处理多底层建筑湿陷性黄土地基[J]. 工程质量,2011(4):23-26.

[72] 杨晓华等. 玻化微珠与闭孔膨胀珍珠岩性能比较[J]. 新型建筑材料,2009. 36(4):42-44.

[73] 屈志忠. 外墙外保温技术发展方向的若干问题[J]. 建筑技术,2009. 40(4):309-312.

[74] 钻芯法检测混凝土强度技术规程 CECS03:2007[S].

[75] 砌体工程现场检测技术标准[S]. GB/T 50315—2000.
[76] 张作栋等. 使用“点荷法”检测混凝土抗压强度初探[J]. 工程质量,2011(12):22-24.
[77] 刘世美. 基于高层建筑短肢剪力墙结构肢高比设计[J]. 工程建筑与设计,2010(10):67-70.
[78] 李海水. 剪力墙裂缝成因分析与施工防治措施[J]. 山西建筑,2010(10):122-123.
[79] 陈颖. 高层建筑结构优化设计分析[J]. 工程建筑与设计,2010(8):40-42.
[80] 刘金城等. 新型SF聚合物防水保温一体化施工技术施工技术,2010(1).
[81] 杨伟军等. 坍落度对预拌混凝土抗裂性能影响的试验研究[J]. 混凝土,2008(10).
[82] 李奇逊等. 大型地下室混凝土长墙裂缝控制技术[J]. 施工技术,2007(12).
[83] 黄子春等. 建筑地下室混凝土连续外墙裂缝成因与防治研究[J]. 混凝土,2010(6).
[84] 苏凯兵. 浅谈建筑给水排水节能节水技术措施[J]. 给水排水,2010,36(2).
[85] 夏伟光. 二次供水节能与防治水质污染对策[J]. 节能与环保,2010(1).
[86] 人民防空地下室设计规范[S]. GB 50038—2005.
[87] 人民防空工程施工及验收规范[S]. GB 50134—2004.
[88] 中国标准设研院. FG 01-05 防空地下室结构设计[M]. 北京:中国计划出版社,2007.
[89] 智能建筑设计标准[S]. GB/T 50314—200.
[90] 公共建筑节能设计标准[S]. GB 50189—2005.
[91] 王娜,沈国民. 智能建筑概论[M]. 北京:中国建筑工业出版社,2010.
[92] 曹琦. 建筑节能的误区[J]. 电子与智能建筑,2010(11):15-16.
[93] 齐全等. 高层建筑玻璃幕墙节能技术探讨[J]. 科技资循导报,2007(28):177-179.
[94] 公路工程质量检验评定标准[S]. JTGF 80/1—2004.
[95] 公路桥涵施工技术规范[S]. JTJ 041—2000.
[96] 张明等. 城镇燃气管道焊接质量控制重点[J]. 安装,2011(6).
[97] 埋地钢制管道聚乙烯防腐层[S]. GB/T 23257—2009.
[98] 李仕国,我国建筑能耗现状及对策分析[J]. 甘肃科技,2007,23(12):13-15.
[99] 王志勇等. 建筑遮阳在北京建筑工程中应用建议[J]. 建筑技术,2011(10):882-885.
[100] 建筑节能工程施工质量验收规范[S]. GB 50411—2007.
[101] 建筑节能检测标准[S]. JGJ/T 132—2009.
[102] 吴迪等. 探讨建筑工程造价分阶段管理的作用与意义[J]. 四川建筑,2007(9):23-24.
[103] 刘益惠. 浅析工程设计阶段的造价控制[J]. 中华建筑科技,2011(6):61-63.
[104] 马凯之. 建设工程投资控制[M]. 北京:中国建筑工业出版社,2011.
[105] 迟芊. 浅谈建筑工程施工进度的有效控制措施[J]. 中小企业管理与科技,2011(2).
[106] 唐奋强. 对建筑工程质量监督管理的分析[J]. 科技信息,2009(15).
[107] 尚守平等. 钢筋网水泥复合砂浆薄层的耐火性能试验研究[J]. 建筑技术开发,2007(2):61-63.
[108] 刘沩等. 高性能水泥复合砂浆钢筋网薄层(HPFL)加固混凝土结构斜截面承载力计算[J]. 施工技术,2008,37(4):11-14.
[109] 曾令宏等. 复合砂浆钢筋网加固钢筋混凝土梁静力和疲劳性能试验研究[J]. 建筑结构学报,2008,29(1):83-89.
[110] 尚卿. 高性能水泥复合砂浆钢筋网薄层加固混凝土结构端部及节点处理. 施工技术,2008,37(4):15-17.
[111] 殷惠君等. 中国国家博物馆加固改造过程保护性拆除施工[J]. 施工技术,2009,38(2):55-57.
[112] 彭志珍等. 海工混凝土耐久性能的研究[J]. 低温建筑技术,2010(9):20-21.

[113] 潘立. 混凝土梁板楼盖中次梁设计方法研究[J]. 建筑结构,2010,40(10):82-85.
[114] 钱登洲等. 昆明市金刚塔整体顶升施工新技术[J]. 施工技术,2005,34(8):17-19.
[115] 张卫喜等. 开封延庆观玉皇阁的整体顶升工程设计[J]. 工业建筑,2009. 39(12):110-114.
[116] 袁建立等. 虎丘塔的倾斜控制和加固技术[J]. 土木工程学报,2004(5):44-49.

中国建材工业出版社
China Building Materials Press